服装高等教育“十二五”部委级规划教材

◎ 宗亚宁 张海霞 主编 ◎ 姜怀 主审

纺织材料学（2版）

FANGZHI CAILIAO XUE

東華大學出版社

内 容 提 要

本书详细介绍了纺织纤维、纱线和织物的结构与性能特征，成形和加工对其的影响，测试和评价的依据与方法。内容涉及纺织材料的基础理论和涵盖范畴，包括：①纤维的分类、结构与形态，吸湿、力学、热学、光学、电学、声学等性质，纤维的鉴别与品质评定；②纱线的分类、结构与形态特征及力学性质和品质评定方法；③织物的分类、结构与基本组织，力学性能、耐久性、润湿性、保形性、舒适性，风格与评价，防护功能和安全性及品质评定。

本书为纺织工程和非织造材料与工程专业本科生的基础教材，并可作为与纺织相近的其他专业的教学参考用书，还可供纺织类和相关学科专业的学生、教师和企业技术人员学习参考。

图书在版编目(CIP)数据

纺织材料学/宗亚宁，张海霞主编．—2 版．—上海：
东华大学出版社，2013.6
ISBN 978-7-5669-0290-0

Ⅰ.①纺…　Ⅱ.①宗…②张…　Ⅲ.①纺织纤维—
材料科学—高等学校—教材　Ⅳ.①TS102

中国版本图书馆 CIP 数据核字(2013)第 121254 号

责任编辑：张　静
封面设计：魏依东

出　　版：东华大学出版社（上海市延安西路 1882 号，200051）
本社网址：http://www.dhupress.net
天猫旗舰店：http://dhdx.tmall.com
营销中心：021-62193056　62373056　62379558
印　　刷：上海新文印刷厂
开　　本：787 mm×1092 mm　1/16
印　　张：27.5
字　　数：687 千字
版　　次：2013 年 6 月第 1 版
印　　次：2013 年 6 月第 1 次印刷
书　　号：ISBN 978-7-5669-0290-0/TS·406
定　　价：46.00 元

2版前言

由于“纺织材料学”是纺织工程专业的基础课程，教授的内容以基本理论和基本知识为主，所以修订时未对教材的结构做太大的调整。主要根据各院校的教学实践，对1版的多个章节进行修改和充实，并对文字和图表等有差错或疏漏的地方予以纠正和完善。本次修订主要做了以下调整：

① 删去了不太常见的纤维分类提法，并对纤维分类中的疏漏进行修改和补充；

② 对涉及纤维的力学、热学、光学和电学的相关章节进行改写，以适应当前教学的要求；

③ 对纤维的结构、吸湿性能和形态特征的相关内容进行补充和完善。

本教材可用于纺织学科的纺织工程专业、非织造材料与工程专业、纺织材料与纺织品设计专业及各专业方向的教学。

在本次修订过程中，对编写人员进行了调整，具体分工如下：第一～四章、第十章由刘茜(上海工程技术大学)执笔，第五～七章由杨红英(中原工学院)执笔，第八、九章由孔繁荣(河南工程学院)执笔，第十一～十五章由唐淑娟、张凤涛(长春工业大学)执笔，第十六～十九章由张海霞(河南工程学院)执笔，第二十章由林海涛(广西科技大学)执笔，第二十一章由蒋芳(广西科技大学)执笔，第二十二～二十五章由宗亚宁(中原工学院)执笔。全书由主编宗亚宁、张海霞统稿、定稿，由姜怀老师主审。

本书在编写过程中得到了许多学校老师的大力支持，在此一并表达衷心的谢意。

由于编者水平、教学经验和专业范围有限，教材在选材、论述等方面可能存在不足和不妥之处，诚挚欢迎读者批评指正，以便今后不断改进与完善。

编者

2013年4月

前言

纺织材料学是研究纺织纤维、纱线、织物的结构、性能、结构与性能的关系，以及它们与纺织加工工艺的关系等方面的知识、规律和技能的一门学科。

“纺织材料学”是纺织学科与工程专业的专业基础课程，将向学生提供有关纺织纤维、纱线、织物的结构、性能和测试与评价方面的基本理论、基本知识和基本技能。其中，纺织纤维的结构、性能等内容是纺织工艺分析、纺织工艺设计和纺织设备设计的理论依据；纱线、织物的结构、性能、品质评定的测试技术等内容是有关专业的学生毕业后在实际工作中需要的专业知识和专业技能。尤其在从事新原料、新产品、新技术、新设备的开发研究中，将更多地用到“纺织材料学”的基本理论、知识和技能。在进一步探索纺织材料和纺织加工工艺的新课题时，必须具备纺织材料学更深入的理论知识和更娴熟精湛的测试分析技能。因此，纺织学科和工程专业的学生应该重视并认真学习纺织材料学的理论课和实验课。对纺织类其他专业的学生，这门学科的知识也是必不可少的。

有鉴于此，东华大学牵头，汇同上海工程技术大学、中原工学院、河南工程学院和长春工业大学，共同编写一本适合于当前工程类本科专业使用的《纺织材料学》教材，同时可供专业相近的本科或高职和中职院校选用。

本教材的编写指导思想如下：

① 紧扣普通本科生的培养目标和培养要求，在具有系统的本学科专业基础理论的基础上，以当前的企业生产实际和发展为依据，构建教材框架，精选教材内容，以增强针对性和实践性。在基本理论部分，以应用为目的，以必需、够用为度，在着重于应用理论和应用技术的讲解和训练上下功夫，为未来从事纺织品开发和创新工作，合理组织生产活动，开展科学研究，奠定比较扎实的理论和技能基础。

② “纺织材料学”课程的理论教学应与实践教学密切结合，重视实践教学，分配较多的实验教学时间，并创建良好的实验条件和手段。通过实验教学，加深学生对纺织材料学的基本理论的理解，掌握纺织材料测试的基本操作技能，养成严格、认真、实事求是的科学态度，提高观察、分析、解决问题的能力。

③ 坚持科学发展观，倡导创新精神，教材应具有科学性、系统性和先进性，能反映纺织材料科学近年来的发展，适当充实特种天然纤维、新一代化纤、纺织品应用领域的新发展等内容，以扩大学生的知识面和技术视野，适应纺织现代化发展的需要。

④ 符合“弘扬科学精神，掌握科学方法，深化科学知识”的要求，符合图书出版规范的要求，善于反映当前纺织学科与工程领域中的热点和前瞻问题，论述符合唯物辩证方法，

表达简明扼要，图文并茂，具有一定的创意和启迪性。

⑤ 第一次出现的专业名词附以英文对照，每篇之初列出“内容综述”“掌握”“熟悉”和“了解”的指导建议，各章之初列出“本章重点”的说明，各章之末列出思考题，以有利于教学工作的进行。

本教材内容划分为三篇，二十五章。各章节编写分工如下：前言、第五～九章和二十一章由姜怀（东华大学）执笔，第一～四章和十章由刘茜（上海工程技术大学）执笔，第十一～十五章由唐淑娟、张凤涛（长春工业大学）执笔，第十六～二十章由张海霞（河南工程学院）执笔，第二十二～二十五章由宗亚宁（中原工学院）执笔。全书由姜怀统稿、定稿。

本书编写中参阅和引用了有关著作和论文数据，承蒙朱美芳和于伟东教授（东华大学）主审，在此深表谢忱！

本书是作者在保证日常教学、科研工作的基础上，挤出时间而完成编写的。由于作者水平有限，书中可能存在不足或不妥之处，诚挚欢迎读者批评指正。

姜　怀

2009年8月

目　录

第一篇　纺织纤维

第一章　纺织纤维的定义、要求与分类 …… 003

第一节　纺织纤维的定义与要求 …… 003

第二节　纺织纤维的分类与命名 …… 004

第二章　天然纤维素纤维 …… 008

第一节　种子纤维和果实纤维 …… 008

第二节　韧皮纤维和叶纤维 …… 018

第三节　维管束纤维 …… 024

第三章　天然蛋白质纤维 …… 027

第一节　毛发类纤维 …… 027

第二节　腺分泌类纤维 …… 036

第四章　化学纤维 …… 041

第一节　化学纤维制造概述 …… 041

第二节　再生纤维 …… 044

第三节　普通合成纤维 …… 051

第四节　差别化纤维 …… 056

第五节　功能纤维 …… 058

第六节　高性能纤维 …… 060

第七节　无机纤维 …… 065

第八节　化学短纤维的品质检验 …… 068

第五章　纺织纤维的内部结构 …… 070

第一节　纺织纤维内部结构的基本知识 …… 070

第二节　纤维素纤维的内部结构 …… 080

第三节　蛋白质纤维的内部结构 …… 084

第四节　合成纤维的内部结构 …… 088

第六章　纺织纤维的吸湿性 …… 096

第一节　吸湿指标和测试方法 …… 096

第二节　纺织纤维的吸湿机理 …… 098

第三节　影响纺织纤维吸湿性的因素 …… 103

第四节　吸湿对纤维性质和纺织工艺的影响 …… 105

第七章　纺织纤维的形态特征 …… 110

第一节 纺织纤维的长度……110
第二节 纺织纤维的截面形状……115
第三节 纺织纤维的细度……120
第四节 纺织纤维的卷曲与转曲……124
第八章 纺织纤维的力学性质……128
第一节 纺织纤维的拉伸性质……128
第二节 纺织纤维的蠕变、松弛和疲劳……140
第三节 纺织纤维的弯曲、扭转和压缩……147
第四节 纺织纤维的摩擦和抱合性质……150
第九章 纺织纤维的热学、电学、光学和声学性质……157
第一节 纺织纤维的热学性质……157
第二节 纺织纤维的电学性质……168
第三节 纺织纤维的光学性质……175
第四节 纺织纤维的声学性质……181
第十章 纺织纤维的鉴别……185
第一节 纺织纤维的常规鉴别法……185
第二节 纤维鉴别的新技术……191

第二篇 纱 线

第十一章 纱线分类和构成……197
第一节 纱线分类……197
第二节 短纤维纱线的构成……201
第三节 长丝纱线的构成……212
第四节 纱线的标示……217
第十二章 纱线的细度和细度不均匀性……220
第一节 纱线的细度……220
第二节 纱线细度的不均匀性……226
第十三章 纱线的力学性质……233
第一节 纱线的拉伸性质……233
第二节 纱线的弯曲、扭转和压缩特性……245
第十四章 纱线的毛羽和损耗性……253
第一节 纱线的毛羽……253
第二节 纱线的损耗性……257
第十五章 纱线的品质评定……263
第一节 纱线的品质要素……263
第二节 纱线的品质评定……265

第三篇 织 物

第十六章 织物及其分类…… 275
第一节 织物的概念、分类与应用 …… 275
第二节 机织物的分类与命名…… 278
第三节 针织物的分类与命名…… 281
第四节 非织造布的分类与命名…… 282
第五节 特种织物概述…… 284
第十七章 织物结构与基本组织…… 287
第一节 机织物的结构与组织…… 287
第二节 针织物的结构与组织…… 294
第三节 非织造布的结构…… 300
第十八章 织物的力学性质…… 304
第一节 织物的拉伸性质…… 304
第二节 织物的撕裂性能…… 310
第三节 织物的顶破和胀破性…… 315
第四节 织物的弯曲性能…… 317
第十九章 织物的耐久性…… 320
第一节 织物的耐磨损性…… 320
第二节 织物的耐疲劳性…… 325
第三节 织物的耐勾丝性…… 328
第四节 织物的耐刺割性…… 329
第五节 织物的耐老化性…… 331
第二十章 织物的保形性…… 334
第一节 织物的抗皱性与褶裥保持性…… 334
第二节 织物的悬垂性…… 338
第三节 织物的起毛起球性…… 339
第四节 织物的尺寸稳定性…… 342
第二十一章 织物的润湿性…… 345
第一节 润湿与润湿方程…… 345
第二节 纺织材料的润湿特征…… 348
第三节 织物的浸润与芯吸…… 350
第四节 润湿作用举例…… 355
第二十二章 织物的舒适性…… 358
第一节 织物舒适性简介…… 358
第二节 织物透通性…… 359
第三节 织物的热湿舒适性…… 367
第四节 织物的刺痒感…… 373

第五节　织物的静电刺激与接触冷暖感……375
第二十三章　织物的风格与评价……381
第一节　织物风格的含义与分类……381
第二节　织物手感与触觉风格……383
第三节　织物的视觉风格……393
第四节　织物成形性……397
第二十四章　纺织品的防护功能与安全性……402
第一节　织物的物理防护作用……402
第二节　织物的生物与化学防护……409
第三节　智能纺织品……413
第二十五章　织物的品质评定……418
第一节　织物品质评定概述……418
第二节　机织物品质评定……420
第三节　针织物品质评定……424
第四节　非织造布品质评定……426

主要参考文献……429

第一篇↘纺织纤维

内容综述

纺织纤维是纺织品构成的基本单元，是决定纺织品品质、风格、功能和适用性的物质基础。纺织纤维的来源、组成、制备、形态、性能，极其丰富与复杂，使用中需要因材制宜地进行科学合理的加工，才能制成发挥原料优势、供求对路、效益优化的纺织品。现在，人们可以采用分子设计、结构设计、特殊加工，对传统纤维进行化学改性和共混；或采用化学合成，开发出感性纤维、功能性纤维、智能性纤维和高技术纤维，以满足不同领域的特殊需求。本篇主要阐述纺织纤维的要求和分类；传统纺织纤维和常用化学纤维的组成、形态结构和基本性能；纺织纤维的形态特征、吸湿性、力学性能、热学性能、电学性能、光学性能、声学性能和化学性能；纺织纤维的鉴别方法。

掌　握

① 天然纤维(棉、毛、蚕丝、麻)、化学纤维(涤纶、锦纶、腈纶、丙纶、维纶、氯纶以及再生纤维、差别化纤维、功能纤维中的常用品种)的组成、形态结构、基本性能与适用范围。

② 纺织纤维(纤维素纤维、蛋白质纤维、常用化学纤维)的内部结构及其对纤维性能(物理性能、化学稳定性、染色性及耐光性等)的影响。

③ 纺织纤维的吸湿现象与吸湿机理(吸放湿平衡曲线、吸湿保守性、吸湿等温线)，吸湿指标和公定质量计算，影响回潮率的内外因素，吸湿对纤维性能和纺织加工的影响。

④ 纺织纤维形态特征(纤维长度、截面形状、卷曲和转曲、纤维细度)的表征、指标计算(测算)及其对纺织加工和产品质量的

影响。

⑤ 纺织纤维的力学性质(拉伸、弯曲、扭转和压缩性能,摩擦和抱合性能,蠕变、应力松弛和疲劳特性)的基本特征、断裂与疲劳机理、评定指标及影响因素。

⑥ 纺织纤维其他性能(热学、光学、电学、声学)的基本特性、评价指标及影响因素。

熟　悉

① 原棉、羊毛、蚕丝及麻的物理性能检验。

② 化学短纤维的品质检验。

③ 纺织纤维的各种性能测试。

④ 纺织纤维的常用鉴别方法。

了　解

① 纺织纤维的一般分类。

② 纺织纤维的大分子结构、超分子结构和形态结构。

③ 化学纤维制造。

④ 21世纪纺织纤维材料的发展方向。

⑤ 纺织纤维鉴别的新技术。

第一章　纺织纤维的定义、要求与分类

本章要点

纤维是纺织材料的基本单元，要求掌握纺织纤维的定义和分类，了解纤维归类命名的规则。

第一节　纺织纤维的定义与要求

直径一般为几微米到几十微米，而长度比直径大百倍以上的细长物质称为纤维，如棉花、叶络、肌肉、毛发等。

可以用来制造纺织制品（如纱、线、绳带、机织物、针织物、非织造布等）的纤维称为纺织纤维(textile fiber)。纺织纤维必须具备一定的物理和化学性质，以满足顺利进行纺织加工和使用中各方面的要求。有关的物理和化学性质主要包括：

① 长度和长度整齐度。过于短、整齐度差的纤维，在纺纱过程中易形成粗、细节，甚至滑脱，使纱线解体，且成纱强力低，毛羽多。所以纺织纤维一般希望长度较长，长度整齐度较高。

② 线密度和线密度均匀度。纤维越细，线密度均匀度越高，可纺得的纱线越细，且均匀度越好。所以在纺织加工设备允许的条件下，纺织纤维的线密度可细些，线密度均匀度应高一些。

③ 强度和模量。模量即引起单位应变所需的应力，它反映材料的刚柔性。在纺织加工及穿着使用过程中，纤维受到拉伸、扭转、弯曲等多种外力的反复作用，故必须具备一定的强度和适当的模量。

④ 延伸性和弹性。延伸性是指在不大的外力作用下，纤维能产生一定的变形；弹性是指当外力去除后，变形回复的能力。

⑤ 抱合力和摩擦力。适中的抱合力和摩擦力使纤维保持相对位置的稳定。抱合力是指正压力为零时的切向阻力，主要来源于纤维的鳞片、棱、节结、卷曲、转曲等。摩擦力也不宜过大，以防止纺纱时受力过大而产生断裂、松懈。

⑥ 吸湿性。用于衣着、被单、毛巾等生活品的纺织纤维要求透气吸湿，这与吸湿性有密切关系。

⑦ 染色性。纺织纤维，特别是用于服装、装饰织物的纤维，对染料需有必要的亲和力，并

且具有无毒、无害、无过敏的生理友好性。

⑧ 化学稳定性。纺织纤维对光、热、酸、碱、有机溶剂等应具有一定的抵抗能力，即化学稳定性好。

此外，特种工业用纺织纤维还需具有特殊的性能要求，如轮胎帘子线要求耐疲劳，用于汽车内装饰用布的纺织纤维要求阻燃，等等。

第二节　纺织纤维的分类与命名

纺织纤维的种类很多，按来源和习惯分为天然纤维和化学纤维两大类。

一、天然纤维(natural fiber)

自然界生长或形成的适用于纺织的纤维称为天然纤维。根据其生物属性又可分为植物纤维、动物纤维和矿物纤维。其命名的最直接方式，是在动、植物的名称后加“丝”“毛”“绒”或“纤维”，如棉(纤维)、木棉(纤维)、羊毛(纤维)、山羊绒、桑蚕丝、蜘蛛丝、苎麻(纤维)、罗布麻(纤维)、石棉(纤维)。

1. *植物纤维*(plant fiber, vegetable fiber)

植物纤维是从植物上取得的纤维的总称，其主要组成物质是纤维素，故又称为天然纤维素纤维。根据植物上的生长部位不同，可分为种子纤维、韧皮纤维、叶纤维、果实纤维和维管束纤维。

① 种子纤维。从植物种子的表皮细胞生长而成的单细胞纤维，基本上由纤维素组成，如棉及彩色棉和转基因棉。

② 韧皮纤维(茎纤维)。从植物的韧皮部位取得的单纤维或工艺纤维，主要由纤维素及其伴生物质和细胞间质(果胶、半纤维素、木质素)组成，如苎麻、亚麻、大麻、黄麻、红麻、罗布麻等麻纤维。

③ 叶纤维。从植物的叶脉或叶鞘取得的工艺纤维，主要由纤维素及其伴生物质和细胞间质(含有木质素和半纤维素)组成，如剑麻(西沙尔麻)、蕉麻(马尼拉麻)、菠萝叶纤维等。

④ 果实纤维。从植物的果实取得的纤维，主要由纤维素及其伴生物和细胞间质(含有木质素和半纤维素)组成，如椰子纤维、木棉纤维等。

⑤ 维管束纤维。取自植物的维管束细胞，如竹原纤维，它是利用材料将竹杆中木质素、果胶、糖类物质除去，再经过机械蒸煮等物理方法，从竹杆中直接分离出来的纯天然的竹纤维。

2. *动物纤维*(animal fiber)

动物纤维是指从动物身上或分泌物取得的纤维，其主要组成物质是蛋白质，故又称为天然蛋白质纤维，包括丝纤维和毛发类纤维。

① 丝纤维。由昆虫丝腺特别是由鳞翅目幼虫所分泌的物质形成的纤维或由软体动物的分泌物形成的纤维，如蚕丝、蜘蛛丝等。

② 毛发纤维。动物毛囊生长出的、具有多细胞结构、由角蛋白组成的纤维，如绵羊毛、山羊绒、骆驼毛、兔毛、牦牛毛、马海毛等。

3. *矿物纤维*(mineral fiber)

矿物纤维是指从纤维状结构的矿物岩石中取得的纤维，主要由硅酸盐组成，属天然无机纤维。如石棉纤维，它不燃烧、耐高温、绝热性好，在工业中常用作防火、保温、绝热等材料，但由于危害人体健康，现已逐渐被淘汰。

二、化学纤维(chemical fiber)

化学纤维是指用天然的或合成的高聚物以及无机物为原料，经过化学和机械方法加工制成的纺织纤维。按原料、加工方法和组成成分，化学纤维又可分为再生纤维、合成纤维和人造无机纤维。

1. 再生纤维(regenarated fiber)

以天然高分子化合物为原料，经过化学处理和机械加工再生制成的纤维，其化学组成与原聚合物基本相同。按天然高分子化合物的不同，又可分为：

① 再生纤维素纤维。以自然界中广泛存在的纤维素物质(如棉短绒、木材、竹、芦苇、麻秆芯、甘蔗渣等)中提取的纤维素制成的浆粕为原料，通过适当的化学处理和机械加工而制成的纤维。该类纤维由于原料来源广泛、成本低廉，故在纺织纤维中占有相当重要的位置。

② 再生蛋白质纤维。用酪素、大豆、花生、牛奶、胶原等天然蛋白质为原料，经纺丝形成的纤维。为了克服天然蛋白质本身的性能弱点，通常与其他高聚物接枝或混抽成复合纤维，如大豆蛋白复合纤维、酪素复合纤维、蚕蛹蛋白复合纤维、动物毛蛋白复合纤维等。

③ 其他再生纤维。由甲壳质(指由虾、蟹、昆虫的外壳及从菌类、藻类细胞壁中提炼出来的天然高聚物)溶液再生改制形成的纤维，称为甲壳质纤维(chitin fiber)；由壳聚糖(是甲壳质经浓碱处理脱去乙酰基后的化学产物)溶液再生改制形成的纤维，称为壳聚糖纤维(chitosan fiber)；采用天然海藻中提取的海藻酸钠，再将其高聚物溶解于适当的溶剂中配成纺丝溶液，由湿法纺丝制备的纤维，称为海藻纤维(alginate fiber，abginic acid fiber)。

2. 合成纤维(synthetic fiber)

合成纤维是指采用低分子物质，通过化学合成制成高分子聚合物，再经纺丝加工而制成的纤维。合成纤维的分类如下：

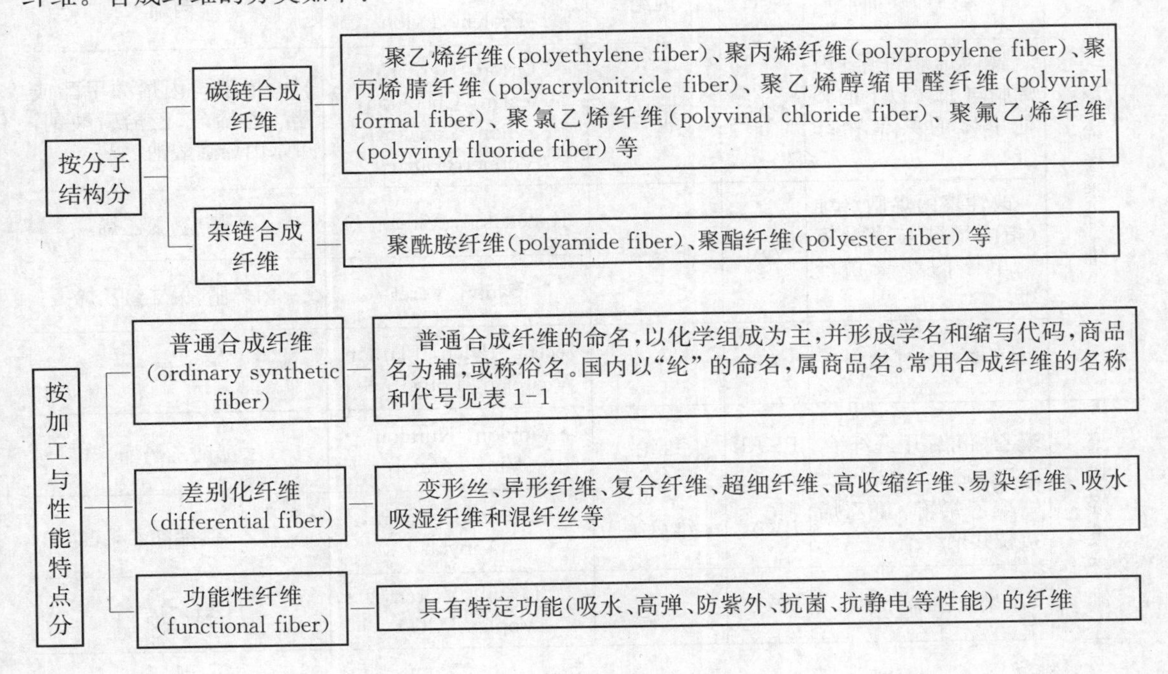

表 1-1　常用合成纤维的名称与代号

类别		化学名称	代号	国内商品名	常见国外商品名	单体
聚酯类纤维		聚对苯二甲酸乙二酯	PET 或 PES	涤纶	Dacron, Telon, Terlon, Teriber, Lavsan, Terital	对苯二甲酸或对苯二甲酸二甲酯,乙二醇或环氧乙烷
		聚对苯二甲酸-1,4环己二甲酯	—	—	Kodel, Vestan	对苯二甲酸或对苯二甲酸二甲酯,1, 4-环已烷二甲醇
		聚对羟基苯甲酸乙二酯	PEE	—	荣辉,A-Tell	对羟基苯甲酸,环氧乙烷
		聚对苯二甲酸丁二醇酯	PBT	PBT 纤维	Finecell, Sumola, Artlon, Wonderon, Celanex	对苯二甲酸或对苯二甲酸二甲酯,丁二醇
		聚对苯二甲酸丙二醇酯	PTT	PTT 纤维	Corterra	对苯二甲酸,丙二醇
聚酰胺类纤维	脂肪族	聚酰胺 6	PA 6	锦纶 6	Nylon 6, Capron, Chemlon, Perlon, Chadolan	己内酰胺
		聚酰胺 66	PA 66	锦纶 66	Nylon 66, Arid, Wellon, Hilon	己二酸,己二胺
		聚酰胺 1010		锦纶 1010	Nylon 1010	癸二胺,癸二酸
		聚酰胺 4	PA 4	锦纶 4	Nylon 4	丁内酰胺
	脂环族	脂环族聚酰胺	PACM	锦环纶	Alicyclic nylon, Kynel	双-(对氨基环己基)甲烷,十二烷二酸
聚烯烃类纤维		聚丙烯纤维	PP	丙纶	Meraklon, Polyeaissis, Prolene, Pylon	丙烯
		聚丙烯腈纤维(丙烯腈与15%以下的其他单体的共聚物纤维)	PAN	腈纶	Orlon, Acrilan, Creslan, Chemilon, Krylion, Panakryl, Vonnel, Courtell	丙烯腈与丙烯酸甲酯或醋酸乙烯,苯乙烯磺酸钠,甲基丙烯磺酸钠
		改性聚丙烯腈纤维(指丙烯腈与多量第二单体的共聚物纤维)	MAC	腈氯纶	Kanekalon, Vinyon N	丙烯腈,氯乙烯
					Saniv, Verel	丙烯腈,偏二氯乙烯
		聚乙烯纤维	PE	乙纶	Vectra, Pylen, Platilon, Vestolan, Polyathylen	乙烯
聚烯烃类纤维		聚乙烯醇缩甲醛纤维	PVAL	维纶	Vinylon, Kuralon, Vinal, Vinol	醋酸乙烯酯
		聚乙烯醇-氯乙烯接枝共聚纤维	PVAC	维氯纶	Polychlal, Cordelan, Vinyon	氯乙烯,醋酸乙烯酯
		聚氯乙烯纤维	PVC	氯纶	Leavil, Valren, Voplex PCU	氯乙烯

（续　表）

类别	化学名称	代号	同内商品名	常见国外商品名	单体
聚烯烃类纤维	氯化聚氯乙烯（过氯乙烯）纤维	CPVC	过氯纶	Pe Ce	氯乙烯
	氯乙烯与偏二氯乙烯共聚纤维	PVDC	偏氯纶	Saran，Permalon，Krehalon	氯乙烯，偏二氯乙烯
	聚四氟乙烯纤维	PTFE	氟纶	Teflon	四氟乙烯

3. 人造无机纤维(artificial inorganic fiber)

人造无机纤维已有很多品种，如玻璃纤维、碳纤维、金属纤维等。新型无机纤维的品种也很多，如碳化硅纤维、玄武岩纤维、硼纤维、氧化铝纤维等。

思　考　题

1-1　纺织纤维应具备哪些物理和化学性质？

1-2　纤维分类和命名的依据是什么？列出纺织纤维的分类树。

1-3　名词解释：纤维，合成纤维，再生纤维，人造无机纤维。

第二章　天然纤维素纤维

本章要点

熟悉天然纤维素纤维的主要品种，了解棉、麻纤维的生长和种类，掌握棉、麻纤维的组成、形态结构与主要性能，了解棉、麻纤维的初加工及竹纤维的性能和开发应用。

第一节　种子纤维和果实纤维

种子和果实纤维来源于植物果实中的纤维状物质，其原始功能是帮助植物种子在风中传播。种子纤维主要为棉纤维，果实纤维主要包括木棉纤维和椰壳纤维。棉纤维是天然纤维的主体，目前占天然纤维的3/4以上。木棉纤维的外观与棉纤维极为相似，是由果壳内壁细胞发育生长而成的，可用于絮填材料、隔热吸声材料和浮力救生材料。

一、棉纤维

（一）原棉概况

1. 棉花生长与棉纤维形成

棉花大多是一年生植物。我国约在四五月间开始播种，一两周后发芽，以后继续生长，发育很快，最后形成棉株。棉株上的花蕾约在七八月间陆续开花，开花期可延续一个月以上。花朵受精后就萎谢，花瓣脱落，开始结果，结的果称为棉桃或棉铃。棉铃内分为3～5个室，每个室内有5～9粒棉籽。棉铃由小到大，45～65天后成熟。这时棉铃外壳变硬，裂开后棉絮外露，称为吐絮。吐絮后就可收摘籽棉。根据收摘时期的早迟，有早期棉、中期棉和晚期棉之分。中期棉质量最好，早期棉和晚期棉质量较差。

棉纤维是由胚珠（即将来的棉籽）表皮壁上的细胞伸长加厚而成的。一个细胞就长成一根纤维，它的一端着生于棉籽表面，另一端成封闭状。棉籽上长满了棉纤维，这就称为籽棉。棉纤维的生长可以分为伸长期、加厚期和转曲期三个时期。

（1）伸长期

棉花开花后，胚珠表皮细胞开始隆起伸长。胚珠受精后初生细胞继续伸长，同时细胞宽度加大，一直达到一定的长度。这一段时期称为伸长期，为25～30天。在伸长期内，纤维主要增长长度而胞壁极薄，最后形成有中腔的细长薄壁管状物。

(2) 加厚期

当纤维初生细胞伸长到一定长度时,就进入加厚期。这时纤维长度很少再增加,外周长也没有多大变化,只是细胞壁由外向内逐日淀积一层纤维素而逐渐增厚,最后形成一根两端较细、中间较粗的棉纤维。加厚期为25～30天。

(3) 转曲期

棉铃裂开吐絮,棉纤维与空气接触,纤维内水分蒸发,胞壁发生扭转,形成不规则的螺旋形,称为天然转曲。这一时期就称为转曲期。

随着生长天数的增加,棉纤维逐渐成熟。随胞壁由外向内逐渐增厚,薄壁管状物逐渐丰满,因此纤维宽度(最大截径)逐渐减小,强度逐渐加大,单位质量(mass)的长度逐渐减小。

2. 原棉的种类

(1) 按纤维的长度和细度分

① 细绒棉(medium cotton)。为陆地棉种,发现于南美洲大陆西北部的安第斯山脉区,又称高原棉、美棉。纤维线密度和长度中等,色洁白或乳白,有丝光,是目前最主要的棉花品种。

② 长绒棉(long-staple cotton)。为海岛棉种,发现于美洲西印度群岛(位于北美洲东南部与南美洲北部的海岛)。较细绒棉细长,品质优良,色乳白或淡棕黄,富有丝光,是用于纺制高档和特种棉纺织品的原料。

③ 粗绒棉(coarse cotton)。又称亚洲棉。纤维粗短,色白或呆白,少丝光,只能纺粗纱,用于起绒织物等。由于产量低,纺织价值低,目前已趋淘汰。

(2) 按纤维的色泽分

① 白棉。指正常成熟及吐絮的棉纤维,原棉呈洁白、乳白或淡黄色。棉纺厂使用的原棉,绝大部分为白棉。

② 黄棉。指棉铃生长期间受霜冻或其他原因,铃壳上的色素染到纤维上,使纤维大部分呈黄色。一般属低级棉,棉纺厂仅有少量使用。

③ 灰棉。指棉铃在生长或吐絮期间,受雨淋、日照少、霉变等影响,纤维色泽灰暗的原棉。灰棉一般强力低,品质差,仅在纺制低级棉纱中搭用。

我国除西藏、青海、内蒙古和黑龙江等少数省、自治区外,都可种植棉花。一般划分为黄河流域、长江流域、西北内陆、华南和北部特早熟五大棉区,其中黄河流域和长江流域为我国主要棉区。

3. 棉花的初步加工

从棉田中采得的是籽棉(unginned cotton)。这时棉纤维并未从棉籽上分离,晒干后就送往轧棉厂进行初加工,或称轧花(cotton ginning)。初加工的目的是使棉纤维和棉籽分离,除去棉籽和部分杂质,得到皮棉(ginning cotton),又称原棉,然后进行分级打包。

籽棉经轧花后,所得到的皮棉质量占原来籽棉质量的百分率称为衣分率。衣分率一般为30%～40%。

根据籽棉初加工采用的轧棉机不同,得到的皮棉有锯齿棉和皮辊棉两种。

(1) 锯齿棉

采用锯齿轧棉机轧得的皮棉称为锯齿棉。锯齿轧棉机利用几十片圆形锯片抓住籽棉,带住籽棉通过嵌在锯片中间的肋条,由于棉籽大于肋条间隙,故被阻止,从而使棉纤维与棉籽脱离。锯齿轧棉机上有专门的除杂设备,有排僵肃杂的作用,因此锯齿棉含杂、含短绒较少,纤维长度较整齐。但由于锯齿轧棉作用剧烈,容易损伤较长纤维,也容易产生轧工疵点,使棉结、棉索和带纤维籽屑含量较高。又由于轧棉时纤维是被锯齿拉下来的,所以皮棉呈松散状态。锯齿轧棉机的产量高,细绒棉现都用锯齿轧棉。

(2) 皮辊棉

采用皮辊轧棉机轧得的皮棉称为皮辊棉。皮辊轧棉机利用表面毛糙的皮辊黏住籽棉,带住籽棉通过一对定刀和冲击刀,定刀与皮辊靠得较紧,使棉籽不能通过,冲击刀在定刀外侧上、下冲击,帮助棉籽与纤维脱离。皮辊轧棉机上没有排僵肃杂作用,所以皮辊棉含杂、含短绒较多,纤维长度整齐度较差。但由于皮辊轧棉作用较缓和,不易损伤纤维,轧工疵点也较少,但有黄根。皮棉呈片状。皮辊轧棉机产量低,适宜加工长绒棉和低级籽棉,留种棉也用皮辊轧棉机加工。

(二) 棉纤维的组成与形态结构

1. 棉纤维的主要组成物质

棉纤维的主要组成物质是纤维素。纤维素是天然高分子化合物,化学结构的实验分子式为$(C_6H_{10}O_5)_n$。正常成熟棉纤维的纤维素含量为94%~95%,另有少量多缩戊糖、蜡质、蛋白质、脂肪、水溶性物质、灰分等伴生物。伴生物的存在对棉纤维的加工使用性能有较大影响。棉蜡使棉纤维具有良好的适宜于纺纱的表面性能,但在棉纱、棉布漂染前要经过煮练,除去棉蜡,以保证染色均匀。糖分含量较多的棉纤维在纺纱过程中容易绕罗拉、绕皮辊等。过去棉纺厂采用蒸棉稀释糖分或用糖化酶与鲜酵母的水溶液喷洒以降低糖分。目前普遍采用由润滑剂、抗静电剂、乳化剂等组成的消糖剂喷洒棉纤维来解决含糖问题。

2. 棉纤维的形态结构

(1) 棉纤维的截面形态结构

成熟正常的棉纤维,截面是不规则的腰圆形,有中腔,见图2-1(a)。未成熟的棉纤维,截面形态极扁,中腔很大,见图 2-1(b)。过成熟棉纤维,截面呈圆形,中腔很小,见图 2-1(c)。

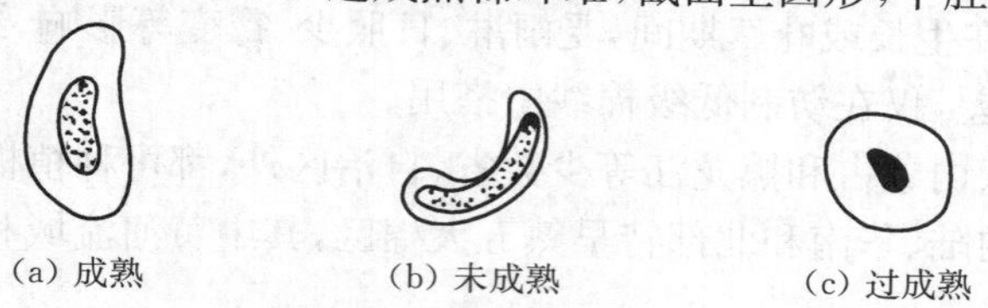

图 2-1　棉纤维的截面形态

棉纤维的截面由外至内主要由表皮层、初生层、次生层和中腔四个部分组成。

(2) 棉纤维纵向形态

棉纤维具有天然转曲,它的纵面呈不规则的而且沿纤维长度方向不断改变转向的螺旋形扭曲。成熟正常的棉纤维转曲最多,见图 2-2(a)。未成熟棉纤维呈薄壁管状物,转曲少,见图 2-2(b)。过成熟棉纤维呈棒状,转曲也少,见图 2-2(c)。棉纤维单位长度中扭转半周即180°的个数,称为转曲数。一般长绒棉的转曲数多于细绒棉,细绒棉的转曲数为每厘米 39~65 个。天然转曲使棉纤维具有一定的抱合力,有利于纺纱工艺过程的正常进行和成纱质量的提高。但转曲反向次数多的棉纤维强度较低。

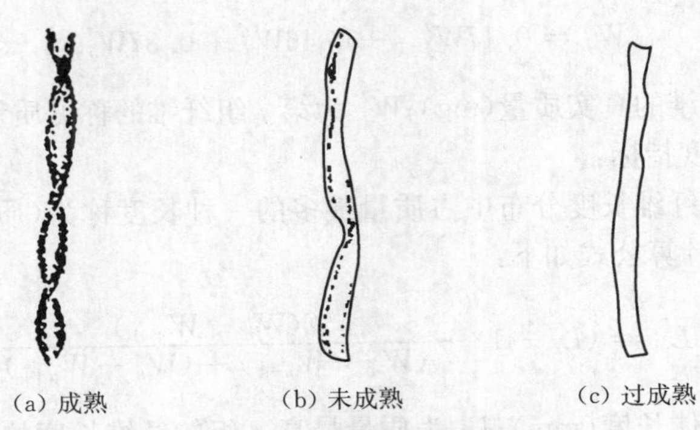

图 2-2　棉纤维的纵向形态

（三）棉纤维的主要性能

1. 棉纤维的物理机械性能

(1) 长度(length)

棉纤维的长度主要取决于棉花的品种、生长条件和初加工。通常，细绒棉的手扯长度平均为 23～33 mm，长绒棉为 33～45 mm。棉纤维的长度与纺纱工艺及纱线的质量关系十分密切。一般长度越长，且长度整齐度越高，短绒越少，可纺纱越细，纱线条干越均匀，强度高，且表面光洁，毛羽少。

长度检验是通过有关指标的测定全面掌握棉纤维的长度性质。长度检验的方法很多，如罗拉式分析仪法、梳片法、自动光电长度仪法、电容法等。反映长度性质的指标也很多。在此以实际生产中应用较为普通的罗拉式分析法为例，介绍其测试方法和常用的长度指标。

罗拉式长度分析器如图 2-3 所示。它的主要机件是一对罗拉(即金属罗拉 2 和压辊 3)。测试时，从试样棉条中取出 30～35 mg 纤维，用一号夹子 1 和限制器黑绒板，以手扯法整理成伸直平行、一端平齐、宽度一定的小棉束，并将整齐端放入分析器的罗拉和压辊之间。这时棉束整齐端 AB 恰与金属罗拉外表相切，如图 2-4 所示。金属罗拉 2 的周长为 60 mm，所以棉束整齐端 AB 离金属罗拉 2 和压辊 3 的握持线 CD 的距离为 $60/2\pi=9.55$ mm。转动手柄 4，使金属罗拉回转，逐步送出棉束(第一次手柄转 1 转，以后每次手柄转 2 转，金属罗拉转过 2 mm，送出棉束 2 mm)。用二号夹子 5 依次夹取纤维，得到长度依次相距 2 mm 且由短到长的各组纤维小束。将这些按长度分组的纤维小束依次在扭力天平上称得质量(mg)并记录。

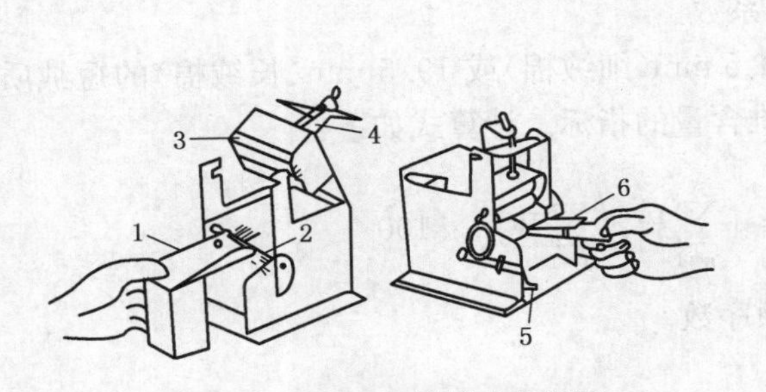

图 2-3　罗拉式纤维长度分析器

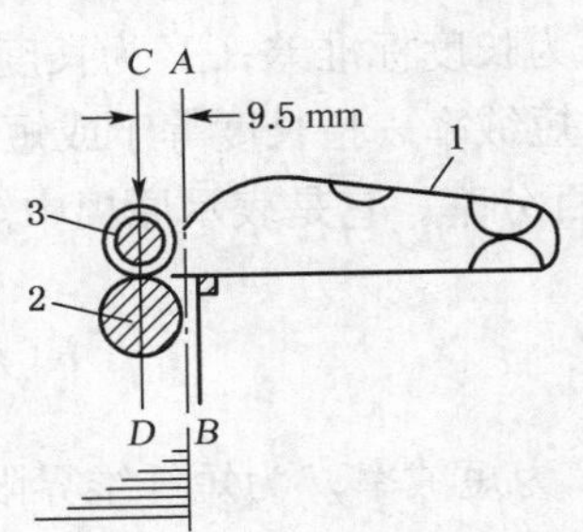

图 2-4　小棉束的放置

进行测试的各组纤维，因含有相邻两组长度的纤维在内，所以必须对各组的称见质量加以修正，以获得各组纤维的真实质量。计算公式如下：

$$W_j = 0.17W'_{j-1} + 0.46W'_j + 0.37W'_{j+1} \tag{2-1}$$

式中：W_j 为第 j 组纤维的真实质量(mg)；W'_j 为第 j 组纤维的称见质量(mg)。

然后计算下列长度指标：

① 主体长度。棉纤维长度分布中占质量最多的一种长度称为(质量)主体长度。手扯长度接近于主体长度。计算公式如下：

$$L_m = (L_n - 1) + \frac{2(W_n - W_{n-1})}{(W_n - W_{n-1}) + (W_n - W_{n+1})} \tag{2-2}$$

式中：L_m 为纤维的主体长度(mm)；L_n 为质量最高一组的纤维长度的组中值(mm)；W_n 为质量最高一组的纤维质量(mg)；W_{n-1} 为长度为($L_n - 2$ mm)组的纤维质量(mg)；W_{n+1} 为长度为($L_n + 2$ mm)组的纤维质量(mg)；n 为质量最高一组的纤维组顺序数。

② 品质长度。又称右半部平均长度或主体以上平均长度，是主体长度以上的各组纤维的质量加权平均长度。计算式如下：

$$L_p = L_n + \left[\sum_{j=n+1}^{k}(j-n)dW_j\right] \Big/ \left(Y + \sum_{j=n+1}^{k} W_j\right) \tag{2-3}$$

式中：L_p 为纤维的品质长度(mm)；d 为相邻两组的长度差($d = 2$ mm)；Y 为 L_m 所在组中长于 L_m 部分的纤维质量(mg)；k 为最长纤维组顺序数。

③ 平均长度。这里的平均长度是指各组纤维的质量加权平均长度。计算式如下：

$$L = \sum_{j=1}^{k}(L_j W_j) \Big/ \sum_{j=1}^{k} W_j \tag{2-4}$$

式中：L_j 为第 j 组纤维长度的组中值(mm)。

④ 长度标准差和变异系数。标准差和变异系数是反映离散程度的指标。这里即表示纤维长度的整齐程度，其值越大，表示整齐程度越差。计算式如下：

$$S = \sqrt{\sum_{j=1}^{k}(W_j L_j^2) \Big/ \sum_{j=1}^{k} W_j - L^2} \tag{2-5}$$

$$CV(\%) = (S/L) \times 100 \tag{2-6}$$

式中：S 为长度标准差；CV 为长度变异系数。

⑤ 短绒率。指长度等于或短于 15.5 mm(细绒棉)或 19.5 mm(长绒棉)的短绒质量占总质量的百分率。它是表示原棉中短纤维含量的指标。计算式如下：

$$R(\%) = \left(\sum_{j=1}^{i} W_j \Big/ \sum_{j=1}^{k} W_j\right) \times 100 \tag{2-7}$$

式中：R 为短绒率；i 为短纤维界限组顺序数。

(2) 线密度

棉纤维的线密度主要取决于棉花品种、生长条件等。一般，长绒棉较细，为 1.11～1.43 dtex；细绒棉较粗，为 1.43～2.22 dtex。在成熟正常的情况下，棉纤维的线密度小，有利于成纱强力和条干均匀度，可纺线密度低的纱。如果由于成熟度差而造成纤维线密度小，如未成熟、死纤维等，在加工过程中容易扭结、折断，形成棉结、短纤维，对成纱品质有害。

我国棉纤维的线密度检验现采用中段称量法和气流测定法。由于气流测定法快速、简便，代表性强，故已广泛应用于国产细绒棉。长绒棉和部分外棉则采用中段称量法。

国际标准中采用马克隆值（Micronaire）来标定气流仪上的刻度值，表示一定量棉纤维在规定条件下的空气流量。马克隆值为一个无严格定义但被公认的单位。它建立在由国际协议确定其马克隆值的成套“国际校准棉花标准”的基础上，其值接近于每英寸长棉纤维的质量微克数。马克隆值越大，棉纤维越粗，同时反映棉纤维的成熟度较高。

（3）吸湿性

表示吸湿性的指标是回潮率。我国原棉的回潮率一般为8%～13%。原棉含水的多少会影响质量、用棉量的计算和纺纱工艺。回潮率太高的原棉不易开松除杂，影响开清棉工序顺利进行，还容易扭结成“萝卜丝”。回潮率太低则会产生静电，造成绕罗拉、绕皮辊、纱条中纤维紊乱、纱的条干不均匀等现象。目前我国很多地方仍沿用含水率来表示原棉含水的多少，我国规定原棉的标准回潮率为8.5%。

（4）强伸性

棉纤维的强度由于品种而有较大差异，其湿强比干强增加2%～10%。一般细绒棉的断裂长度为20～30 km，长绒棉更高一些。棉纤维的断裂伸长率为3%～7%。我国棉纤维的主要物理性能列于表2-1中。

表2-1　中国棉纤维的主要物理性能

物理指标	白长绒棉	白细绒棉	绿色棉	棕色棉
上半部平均长度(mm)	33～35	28～31	21～25	20～23
中段线密度(dtex)	1.18～1.43	1.43～2.22	2.5～4.0	2.5～4.0
断裂强度(cN/dtex)	3.3～5.5	2.6～3.1	1.6～1.7	1.4～1.6
转曲数(个/cm)	100～140	60～115	35～85	35～85
马克隆值	2.4～4.0	3.7～5.0	3.0～6.0	3.0～6.0
整齐度(%)	—	49～52	45～47	44～47
短绒率(%)	≤10	≤12	15～20	15～30
棉结(粒/g)	80～150	80～200	100～150	120～200
衣分率(%)	30～32	33～41	20	28～30

2. 成熟度（maturity）

棉纤维中细胞壁的增厚程度，即棉纤维生长成熟的程度称为成熟度。随着成熟度的增加，细胞壁增厚，中腔变小。棉纤维在生长期内，如果受到病、虫、霜等的侵害，就会影响纤维的成熟度。棉纤维的成熟度几乎与各项物理性能都有密切关系。成熟正常的棉纤维，天然转曲多，抱合力大，弹性好，色泽好，对加工性能和成纱品质都有益。成熟度差的棉纤维，线密度较小，强力低，天然转曲少，抱合力差，吸湿较多，且染色性和弹性较差，加工时经不起打击，容易纠缠成棉结。过成熟的棉纤维，天然转曲少，纤维偏粗，也不利于成纱强力。因此成熟度能综合反映棉纤维的内在质量。表示成熟度的常用指标有成熟系数、成熟度比和成熟纤维百分率。

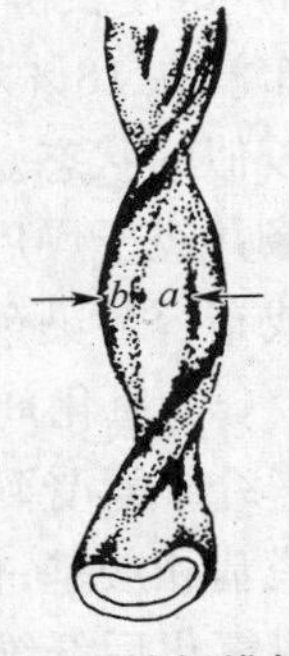

图2-5　棉纤维的腔宽与壁厚

成熟系数是根据棉纤维中腔宽度 a 与胞壁厚度 b(图 2-5)的比值制定的相应数值，见表 2-2。成熟系数越大，表示棉纤维越成熟。一般正常成熟的细绒棉，平均成熟系数为 1.5～2.0 左右。成熟系数在 1.7～1.8 时，对纺纱工艺和成纱质量都较理想。未成熟棉的成熟系数<1.5，过成熟棉的成熟系数>2.0，死纤维的成熟系数<0.7，完全不成熟纤维的成熟系数为 0，完全成熟纤维的成熟系数为 5.0。长绒棉的成熟系数较细绒棉高，在 1.7～2.5 之间时为成熟棉，理想的纺纱用棉成熟系数通常在 2.0 左右。

表 2-2　成熟系数与腔宽壁厚比值对照表

成熟系数	0.0	0.25	0.50	0.75	1.0	1.25	1.50	1.75	2.0
腔宽壁厚比值 $\frac{a}{b}$	30～22	21～13	12～9	8～6	5	4	3	2.5	2
成熟系数	2.25	2.50	2.75	3.0	3.25	3.50	3.75	4.0	5.0
腔宽壁厚比值 $\frac{a}{b}$	1.5	1	0.75	0.5	0.33	0.2	0	不可察觉	不可察觉

成熟度比是纤维胞壁的增厚度对人为选定的 0.577 的标准增厚度之比。纤维胞壁增厚度是纤维胞壁的实际截面积对具有相同周长的圆面积之比。成熟度比值为 1 时，说明纤维成熟度良好；低于 0.8 时，说明纤维未成熟。

成熟纤维百分率是棉花试样中成熟纤维根数占纤维总根数的百分率。

3. 化学稳定性(chemical stability)

棉纤维的主要组成物质是纤维素，它的化学稳定性具有以下特征：

(1) 溶解性能

尽管纤维素大分子中有很多亲水性的羟基，但由于分子间存在静电引力和氢键，纤维素不能溶解于水及一般有机溶剂中，仅具有一定的吸湿性。如果将这些分子间的力削弱并拆散它们，纤维素就能很好地溶解于水中。例如，铜氨溶液[$Cu(NH_3)_4(OH)_2$]能与纤维素大分子中的羟基生成络合物，将纤维素溶胀，然后溶解。

(2) 酸、碱的作用

纤维素分子中的苷键，遇酸发生水解，使分子链断裂，并在断裂处与水分子结合。分子断裂程度视水解程度而不同，水解后纤维素聚合度降低，强度不降。

苷键的结构和醚类相似，所以对碱较稳定，但有足够浓度的碱液能和纤维素分子中的羟基作用生成碱纤维素[$C_6H_7O_2(OH)_2ONa$]$_n$。生成碱纤维素后，由于碱的水化作用，它能吸附大量的水，使长链分子间距离扩大，发生溶胀，从而提高了纤维素的反应能力。如果把棉纱线或棉布浸在 18%左右的 NaOH 溶液中，棉纤维就膨润溶解，长度大大收缩而直径增大，表面呈现凝胶似的状态。将这样的棉纱线或棉布用机械拉紧，其表面就显示半透明状且平滑光亮，用水洗涤并经干燥后，便会得到具有独特外观、光泽很强，和丝类似(称为丝光)。经丝光处理的纱线或布容易染色。

(3) 氧化剂的作用

纤维素受到氧化剂作用后，伯羟基被氧化成为醛基，继续氧化则成为羧基；仲羟基被氧化成醛基和羧基；伯羟基和仲羟基也可同时被氧化。氧化时出现葡萄糖环的拆开和苷键的断裂，所以氧化后纤维强力下降，严重时会发脆，甚至变成粉末。在织物的漂练加工过程中，有时使用漂白粉等氧化剂，应严格掌握工艺条件，使纤维素尽可能少受损伤。

(4) 成酯、成醚反应

纤维素分子中的羟基能与相应试剂作用,形成纤维素酯类。例如,纤维素与浓硝酸和浓硫酸作用后生成纤维硝酸酯$[C_6H_7O_2(ONO_2)_3]_n$,纤维素与醋酸酐和醋酸混合物在少量浓硫酸的催化作用下,可以得到纤维素醋酸酯$[C_6H_7O_2(OCOCH_3)_3]_n$。

纤维素羟基上的氢,被烃基或具有其他基团的烃基取代后,即得到纤维素醚类。例如,纤维素以环氧乙烷处理,可以制得羟乙基纤维素$[C_6H_7O_2(OH)_2OCH_2CH_2OH]_n$;用一氯乙酸和碱纤维素作用可制得羧甲基纤维素(CMC)$[C_6H_7O_2(OH)_2OCH_2COONa]_n$。羧甲基纤维素的钠盐是一种用途广泛的水溶性高分子化合物,在纺织工业中用作浆料(其效率较淀粉高),还可用作胶黏剂等。

(四) 疵点和含糖程度检验

原棉疵点是指由于生长发育不良和轧棉加工不良而形成的,并存在于纤维本身外观的病疵,一般不易在纺纱工艺中清除,包括破籽、软籽表皮、带纤维籽屑、不孕籽、棉结、棉索、僵片、黄根等。

① 破籽。被轧碎的棉籽壳,面积为 2 mm^2 或以上,带有或不带有纤维。

② 软籽表皮。未成熟棉籽的表皮,软薄呈黄褐色,一般带有底绒。

③ 带纤维籽屑。带有纤维的碎小破籽屑,面积为 2 mm^2 以下。

④ 不孕籽。未受精的棉籽,色白,呈扁圆形,中心小粒上长有较短纤维。

⑤ 棉结。棉纤维纠缠而成的结点,一般在染色后形成深色或浅色细点。

⑥ 棉索(索丝)。棉纤维集紧相互纠缠成条索状、从纵向难以扯开的纤维束。

⑦ 僵片。从受到病虫害或未成熟的带僵籽棉轧下的僵棉片或连有碎籽壳。

⑧ 黄根。又称黄斑,是因轧工不良而混入皮棉的棉籽上的黄褐色底绒,常见于皮辊棉中。

上述都是对纺纱有害的疵点,含量多时会影响纺纱工艺和成纱质量,使成纱棉结、杂质增加。一般用手拣的方法进行检验,称取一定量的试样,拣出各类疵点,折算成每 100 g 原棉中所含疵点的粒数及疵点占原棉质量的百分率。

当棉纺厂使用的原棉产地改变时,需进行含糖程度的检验,以便采取相应的消糖措施,使生产正常进行。试验时从混合试验大样中随机抽取试样样品去除杂质,称取 5 个质量约 1 g 的试验试样;加入蓝色贝纳迪克特试剂,加热至沸,由于糖分子中的醛基—CHO—、酮基—R—CO—R′—具有还原性,将溶液中的二价铜还原成一价铜离子,生成的络合物和氧化亚铜发生沉淀而呈现各种颜色。随纤维中糖分含量的不同,分别显示蓝、绿、草绿、橙黄、茶红五种颜色,分别表示含糖程度为无、微、轻、稍多、多。对照标准样卡或孟塞尔色谱色标目测比色,即可确定含糖程度。一般,含糖超过 0.3%时,纺纱工艺将可能遭遇障碍。

(五) 棉的其他品种

转基因技术在农业上的应用主要是利用基因工程技术改变作物的某些遗传特性,使它们获得新的丰产优质的遗传性状,如获得抗虫、抗病、抗除草剂和抗逆境的转基因植物,以及改变果实的成熟期、改变花的颜色、改良种子的营养价值等品质。目前已经获得的这类转基因植株包括棉花等,并已投放市场。

1. 能抗虫的棉花品种

抗虫的棉花品种是通过基因工程植入抗虫类基因,使棉株产生对害虫有毒的物质,使棉株不再生虫，因此不需要喷洒农药，减少了农药对人体和环境的危害。而且，这种转基因的棉花对益虫和人体无害，具有卓越的环保性能，其制品在国际市场上倍受青睐。目前利用的抗虫基因主要是苏云金杆菌的S-内毒素基因和植物来源的抗虫基因（如蛋白酶抑制剂基因、淀粉酶抑制基因、凝集素基因等），此外还有来源于微生物的抗虫基因。这类抗虫基因编码的杀虫剂的使用浓度比人工合成的杀虫剂要低得多，并且生物杀虫剂都具有高度的专一性，对人类和家畜没有危害。

2. 能抗除草剂的棉花品种

抗除草剂的棉花品种是通过转基因技术将从抗草甘膦的大肠杆菌中分离得到的EPSPS基因导入植物而使棉株获得抗除草剂特性，这样在种植棉花的整个大田管理期间，就可以对杂草进行有效的控制。

3. 彩色棉(natural color cotton)

现在国内外棉花研究工作者正在利用生物遗传工程方法，在棉花的植株上接入某种色素基因，让这种基因使棉株具有活性，因而使棉桃内的棉纤维变成相应的颜色。所需颜色的色素基因均可采用生物技术来获得。天然彩色棉的培育和应用在发展，已培植出棕、绿、红、黄、蓝、紫、灰等多个色泽品系，但色调偏深、暗。彩色棉与白棉相比，产量低，衣分率低，非纤维素成分含量高，纤维长度偏短（一般为20～25 mm，中段线密度为2.5～4.0 dtex），强度偏低，可纺性差，且存在色谱不丰富、色泽不鲜艳、色泽稳定性差、色素遗传变异大等缺点。彩色棉中含有偏多的重金属物质，成为制约其发展的另一主要因素。目前彩色棉一般采用与白棉混纺加工，以增加色泽、鲜艳度和可纺织加工性。由于其天然有色，可回避染色加工，减少环境污染和能源消耗。但彩色棉色素不稳定，在加工和使用中会产生色彩变化。

现在新疆、江苏、四川等地种植的彩色棉主要为棕色和绿色。我国彩色棉的生产面积和产量仅次于美国，居世界第二位，彩色棉的单产是白棉的75%，其价值约为白棉的3倍，种植彩色棉可以获得较高经济效益。成熟白棉与彩色棉的化学组成见表2-3。

表2-3 棉纤维的化学组成

品种	白色细绒棉	棕色彩棉	绿色彩棉
α-纤维素	89.90%～94.93%	83.49%～86.23%	81.09%～84.88%
半纤维素与糖类物质	1.11%～1.89%	1.35%～2.07%	1.64%～2.78%
木质素	0.00%～0.00%	4.27%～6.84%	5.19%～8.87%
脂蜡类物质	0.57%～0.89%	2.67%～3.88%	3.24%～4.69%
蛋白质	0.69%～0.79%	2.22%～2.49%	2.07%～2.87%
果胶类物质	0.28%～0.81%	0.42%～0.94%	0.46%～0.93%
灰　分	0.80%～1.26%	1.39%～3.03%	1.57%～3.07%
有机酸	0.55%～0.87%	0.57%～0.97%	0.61%～0.84%
其　他	0.83%～1.01%	0.88%～1.29%	0.38%～0.87%

二、木棉

木棉(kapok，bombax)属被子植物门、双子叶植物纲、锦葵目、木棉科植物。木棉科植物约有20属180种，主要产地在热带地区。我国现有7种木棉科植物，主要生长和种植地区为广东、广西、福建、云南、海南、台湾等省。木棉不仅可以观赏，还具有清热利湿、活血消肿等药物功能。

异木棉植物是观花乔木，不结果实，多作为路边绿化树木。结果实并产纤维的木棉有6种，目前应用的木棉纤维主要指木棉属木棉种、长果实木棉种和吉贝属吉贝种三种植物果实内的纤维。我国的木棉纤维主要是木棉属木棉种（又称为英雄树，攀枝花），是一种落叶乔木，树高20～25 m，掌状复叶，早春开红色和橙红色花。夏季椭圆形蒴果，成熟后裂为5瓣，露出木棉絮。我国木棉的主要品种见表2-4。

表2-4 我国木棉的主要品种

属种	学名	纤维	原产地	我国种植地
木棉属	木棉（Bombax malabaricum）	有	中国	中国亚热带
木棉属	长果木棉（Bomax insigis）	有	中国	云南
异木棉属	异木棉（Chorisia speciosa）	无	南美洲	海南
吉贝属	吉贝（Ceiba Pentandra）	有	美洲	云南、海南、广东
瓜栗属	瓜栗（Pachira macrocarpa Walp）	有	中美洲	云南、海南、广东
轻木属	轻木（Ochroma lagopus Swartz）	有	美洲	云南、海南、广东

木棉纤维由木棉蒴果壳体内壁细胞发育、生长而形成。木棉纤维在蒴果壳体内壁的附着力小，比较容易分离，用手工将木棉种子剔出或装入箩框中筛动时，木棉种子就可以自行沉底而获得木棉纤维。

（一）木棉纤维的形态与结构

木棉纤维的纵向呈薄壁圆柱形，表面有微细凸痕，无转曲。木棉纤维具有独特的薄壁、大中空结构，其横截面及纵向外观照片（木棉纤维切断时已被压扁），见图2-6。

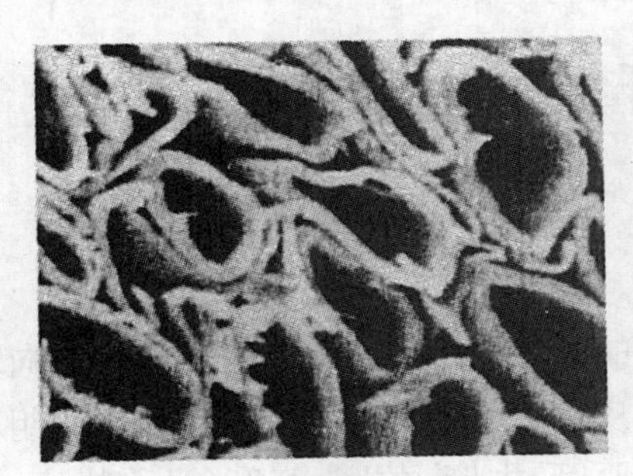

(a) 横截面

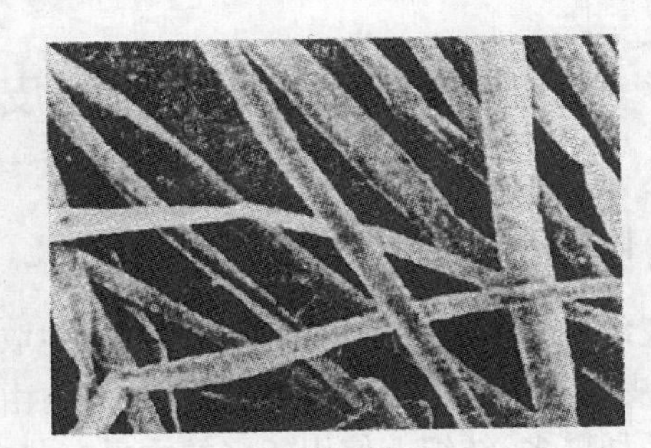

(b) 纵向外观

图2-6 木棉纤维的横截面和纵向外观

木棉纤维中段较粗，根端钝圆，梢端较细，两端封闭，细胞未破裂时呈气囊结构，破裂后纤维呈扁带状。纤维截面为圆形或椭圆形，纤维中空度高，胞壁薄，接近透明。木棉纤维表面有较多的蜡质，使纤维光滑、不吸水、不易缠结，并具有驱螨虫效果。

木棉纤维胞壁具有清晰可见的多层状结构，基本上区分为表面层（最为致密，同时也最薄，它含有大量蜡质，且纤维素的原纤排列没有规律，厚度为40～70 nm，起保护纤维的作用）；胞壁W_1层（紧贴表层，结构比较致密，仅次于表皮层，主要是纤维素原纤维砌层，厚度为90～120 nm）、胞壁W_2层（位于胞壁W_1内，纤维素原纤平行致密排列，厚度为100～200 nm）和胞壁W_3层（是细胞原生质和细胞干涸物质）四个基本层次。

木棉纤维横截面最小结构单元宽度为 3.2～5.0 nm，与棉纤维的基原纤尺寸相当。采用X射线衍射法测得木棉纤维的结晶度为33%。木棉纤维素的聚合度为10 000左右。木棉纤维为单细胞，是以纤维素为主的纤维，胞壁含有约64%的纤维素、13%的木质素、1.4%～3.5%的灰分、4.7%～9.7%的水溶性物质和2.3%～2.5%的木聚糖以及0.8%的蜡质和8.6%的水分。细胞壁的平均密度为1.33 g/cm^3。

（二）木棉纤维的主要性能

木棉纤维有白、黄和黄棕色三种颜色。木棉纤维的长度较短（8～34 mm），纤维中段直径为20～45 μm，线密度为0.9～1.2 dtex。木棉纤维的中空度高达94%～95%，胞壁极薄。未破裂细胞的密度为0.05～0.06 g/cm^3。木棉纤维块体的浮力好，在水中可承受相当于自身20～36倍的负载质量而不下沉。木棉块体在水中浸泡30天，其浮力仅下降10%。

木棉纤维的强力较低，伸长能力小。单纤维的平均强力为1.4～1.7 cN，纤维强度为0.8～1.3 cN/dtex，断裂伸长率为1.5%～3.0%。木棉纤维的相对扭转刚度很高，为71.5×10^{-4} cN·cm^2/tex^2，大于玻璃纤维，使纺纱加捻效率降低，因此很难用加工棉或毛的纺纱方法单独纺纱。

木棉纤维吸湿性好于棉纤维，其标准回潮率为10%～10.73%。木棉纤维的平均折射率为1.718，略高于棉纤维的平均折射率（1.596）。

木棉纤维的耐酸性较好，常温下稀酸、弱酸对其没有影响，木棉纤维溶于30 ℃、75%的硫酸和100 ℃、65%的硝酸，部分溶解于100 ℃、35%的盐酸。木棉纤维耐碱性良好，常温下氢氧化钠溶液对其没有影响。木棉可用直接染料染色，但上染率低，约为63%，而同样条件下棉的上染率为88%，主要原因在于木棉纤维有大量木质素和半纤维素。

第二节　韧皮纤维和叶纤维

一、韧皮纤维种类

韧皮纤维是从麻类植物茎干上的韧皮中取得的纤维，又称茎纤维。茎部自外向内由保护层、初生皮层和中柱层组成，中柱层由外向内由韧皮部、形成层、木质层、髓和髓腔组成。这类纤维的品种繁多，纺织上使用较多的主要有苎麻、亚麻、大麻、黄麻、红麻（又称槿麻、洋麻）、苘麻（又称青麻）和罗布麻等。

① 苎麻（ramie）。原产于中国，有中国草之称，也以我国产量为最多。其品质优良，有较好的光泽，呈青白色或黄白色。苎麻织物宜作夏季面料和西装面料，也是抽纱、刺绣工艺品的优良用布。

② 亚麻（flax）。前苏联的产量最多，我国主要产地是黑龙江、吉林等省。亚麻对气候的适应性强，种植区域很广。其纤维品质较好，脱胶后呈淡黄色，用途较广，除服装和装饰用外，亦可用于水龙带等工业用布。

③ 大麻（hemp）。大麻纤维的性状与亚麻相似，在欧洲常用作亚麻的代用品。目前，大麻用作纺织原料的研究已有突破。以大麻为原料生产的黏胶具有抗菌消臭、吸湿排汗、吸波消音、耐腐蚀等功能。

④ 黄麻（jute）、红麻、苘麻（qing）。常视作类似纤维，尤其是黄麻、红麻，其用途相同。黄

麻生长于亚热带和热带，红麻的习性及生长与黄麻十分相近。由于吸湿散湿速度快，强度高，常用作麻袋、麻布等包装材料、地毯底布等。苘麻纤维因粗硬，已逐渐被淘汰。

⑤ 罗布麻(apocynum)。属野生植物，在我国资源极为丰富，尤以新疆塔里木河流域最为集中。纤维较细软，表面光滑，长度较短，抱合力小，纺织加工中易散落，故制成率低。因罗布麻含有强心苷、黄酮、氨基酸等成分，对防治高血压、冠心病等具有良好效果。目前将罗布麻与其他纤维混纺的保健产品已开发成功，深受欢迎。

从茎纤维的韧皮中制取麻纤维需经过脱胶等初加工，使纤维片与植物的麻干、表皮或叶肉分离，除去周围的一些胶质和非纤维物质，从而得到适于纺织加工的麻纤维。各种麻纤维的来源、性质、用途不同，脱胶的方法和要求均不相同。按脱胶的原理分，大致有利用纤维素与胶质对酸、碱、氧化剂作用稳定性的不同的化学脱胶法和利用微生物以胶质为碳素营养源的微生物脱胶法。根据脱胶程度可分为全脱胶和半脱胶。全脱胶方法将胶质全部除去，得到的纤维呈单根状态，如苎麻。亚麻、黄麻、红麻等因单纤维长度较短且不整齐，则采用半脱胶方法，仅脱除一部分胶质，最后获得的是束状纤维。

二、韧皮纤维的结构

1. 苎麻纤维结构

苎麻纤维由单细胞发育而成，纤维细长，两端封闭，有胞腔，胞壁厚度与麻的品种和成熟度有关。苎麻纤维的纵向外观为圆筒形或扁平形，没有转曲，纤维外表面有的光滑有的有明显的条纹，纤维头端钝圆。苎麻纤维截面为椭圆形，且有椭圆形或腰圆形中腔，胞壁厚度均匀，有辐射状裂纹。苎麻纤维的横截面及纵向外观见图 2-7。

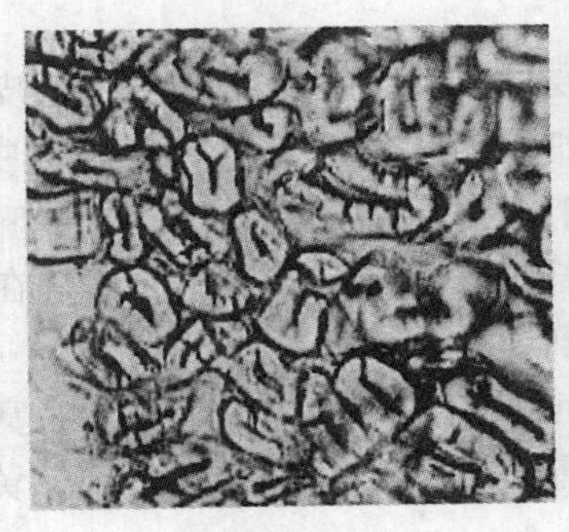
(a) 横截面

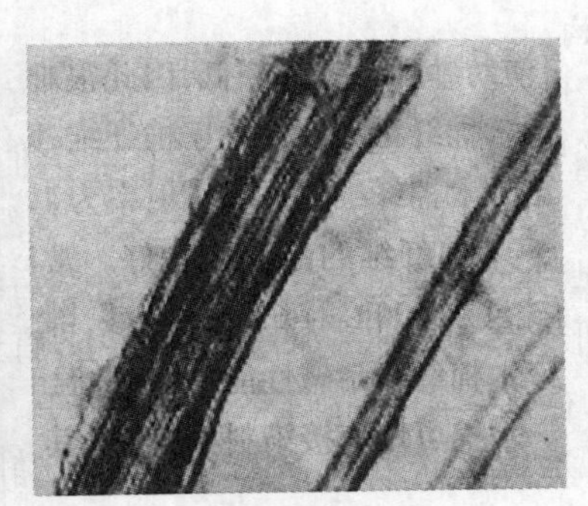
(b) 纵向外观

图 2-7　苎麻纤维的横截面和纵向外观

苎麻纤维初生胞壁由微原纤交织成疏松的网状结构，次生胞壁的微原纤互相靠近形成平行层。苎麻纤维截面有若干圈的同心圆状轮纹，每层轮纹由巨原纤(直径为 0.25～0.4 μm)组成，各层巨原纤的螺旋方向多为 S 形，平均螺旋角为 8°15′。苎麻纤维结晶度达 70%，取向因子为 0.913。

2. 亚麻纤维结构

亚麻韧皮细胞集聚成纤维束，有 20～40 束纤维环状均匀分布在麻茎截面外围，一束纤维中约有 30～50 根单纤维，由果胶等粘连成束。每一束中的单纤维两端沿轴向互相搭接或侧向穿插。麻茎中皮层占 13%～17%，皮层中韧皮纤维含量为 11%～15%。木质层由导管、木质纤维和木质薄壁细胞组成，木质纤维很短，长度只有 0.3～1.3 mm，木质层占麻茎的 70%～75%。

亚麻单纤维包括初生韧皮纤维细胞和次生韧皮纤维细胞，纵向中间粗两端尖细，中空而两端封闭，无转曲。纤维截面结构随麻茎部位不同存在差异，麻茎根部纤维截面为圆形或扁圆形，细胞壁薄，中腔大而层次多；麻茎中部纤维截面为多角形，纤维细胞壁厚，纤维品质优良；麻茎梢部纤维束松散，纤维细胞细。亚麻纤维的横截面形态和纵向外观见图 2-8。

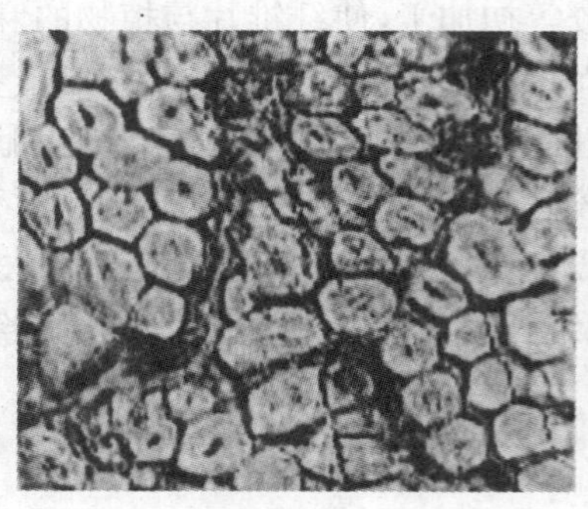

(a) 横截面　　(b) 纵向外观

图 2-8　亚麻纤维的横截面和纵向外观

亚麻纤维横截面细胞壁有层状轮纹结构，轮纹由原纤层构成，厚度为 0.2～0.4 μm，原纤层由许多平行排列的原纤以螺旋状绕轴向缠绕，螺旋方向多为左旋，平均螺旋角为 6°18′，原纤直径为 0.2～0.3 μm。亚麻纤维的结晶度约为 66%，取向因子为 0.934。

3. 黄麻结构

黄麻茎与苎麻、亚麻相似，分皮层和芯层，皮层中初生韧皮细胞和次生韧皮细胞发育形成黄麻纤维。麻茎皮层为多层分布，每层中的纤维细胞大都聚集成束，每束截面中约有 5～30 根纤维。每束中的单纤维的顶部嵌入另一束纤维细胞之间，形成网状组织。黄麻纤维细胞开始生长时，初生胞壁伸长，横向尺寸相应增大，然后纤维素、半纤维素、木质素等在初生胞壁内侧开始沉积加厚，形成次生胞壁，中腔逐渐缩小，直到纤维停止生长。

黄麻纤维的截面形态及纵向外观见图 2-9。黄麻纤维纵向光滑、无转曲，富有光泽。纤维横截面一般为五角形或六角形，中腔为圆形或椭圆形，且中腔的大小不一致。黄麻纤维的结晶度约为 62%，取向因子为 0.906。

4. 大麻结构

大麻茎截面由表皮层、初生韧皮层、次生韧皮层、形成层、木质层和髓部组成。大麻纤维分为初生韧皮纤维（在麻株为幼株时开始在皮层内生长）和次生韧皮纤维（在麻株拔节初期开始生长）。一般纤维束的最外一层为初生韧皮纤维，韧皮内层为次生韧皮纤维。初生韧皮纤维的长度为 5～55 mm，平均长度为 20～28 mm；次生韧皮纤维的平均长度为 10～18 mm，细度为 17 μm。

大麻工艺纤维束截面以 10～40 个单纤维成束分布在韧皮层中，束内纤维与纤维之间分布着果胶（7%，含量高于苎麻和亚麻）和木质素。大麻纤维主要由细胞壁和细胞空腔组成，细胞壁又由细胞膜、初生壁（木质素含量较多，纤维素分子排列无规则，并倾向于垂直纤维轴向排列）和次生壁（木质素含量较少，还可以分为三层，纤维素分子以不同方向和角度呈螺旋排列）。大麻纤维的结晶度约为 44%。大麻纤维的截面形态和纵向外观见图 2-10。横截面多为不规

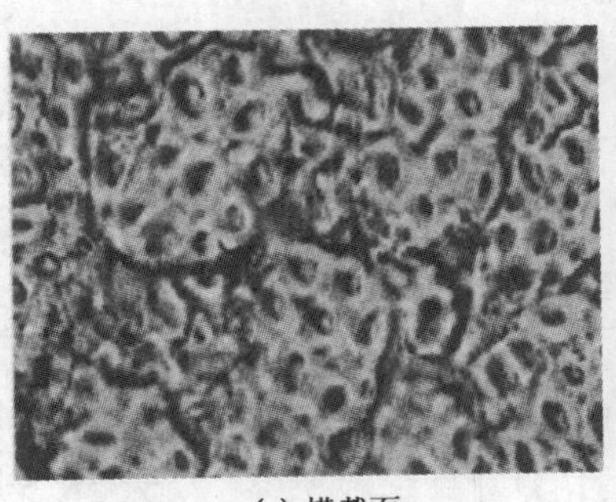

(a) 横截面

(b) 纵向外观

图 2-9　黄麻纤维的横截面和纵向外观

则的三角形、四边形、八边形、扁圆形、腰圆形或多角形等。中腔较大，呈椭圆形，占截面积的1/2～1/3。纤维纵向有许多裂纹和微孔，并与中腔相连。

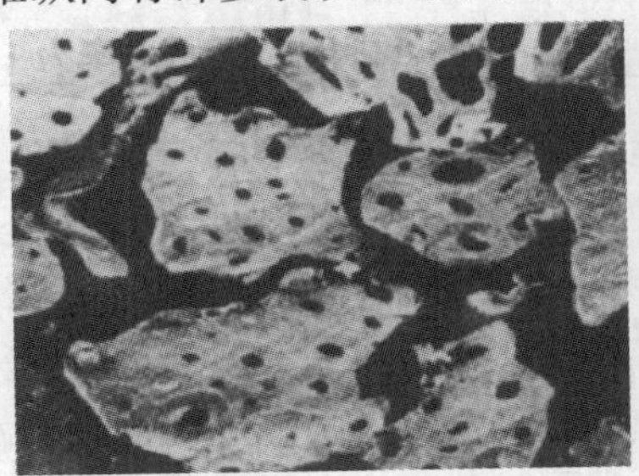

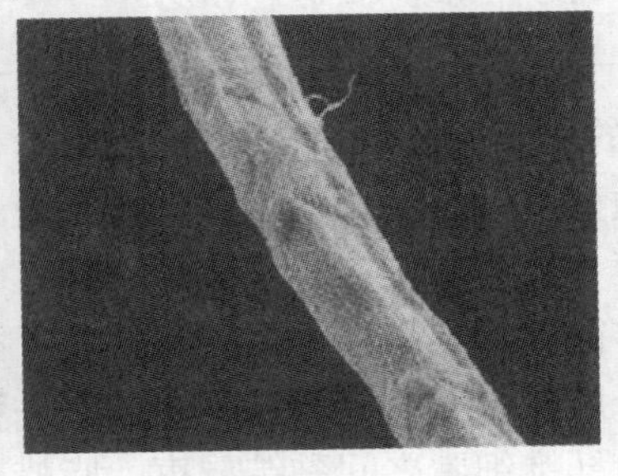

(a) 横截面

(b) 纵向外观

图 2-10　大麻纤维的横截面和纵向外观

5. 罗布麻结构

罗布麻茎杆截面与苎麻、亚麻等相似，由皮层和芯层组成，芯层髓部组织较发达，纤维取自皮层的韧皮纤维细胞。罗布麻纤维细长而有光泽，聚集为较松散的纤维束，但也有个别纤维单独存在。罗布麻单纤维为两端封闭、中有空腔（中部较粗两端较细）、纵向无扭转的厚壁长细胞。罗布麻的原纤组织结构与苎麻相似，具有较高的结晶度（59%）和取向度（取向因子为0.924）。罗布麻纤维的截面形态和纵向外观见图 2-11。横截面为多边形或椭圆形，中腔较小，胞壁很厚，纤维粗细差异较大。纤维表面有许多竖纹和横节。

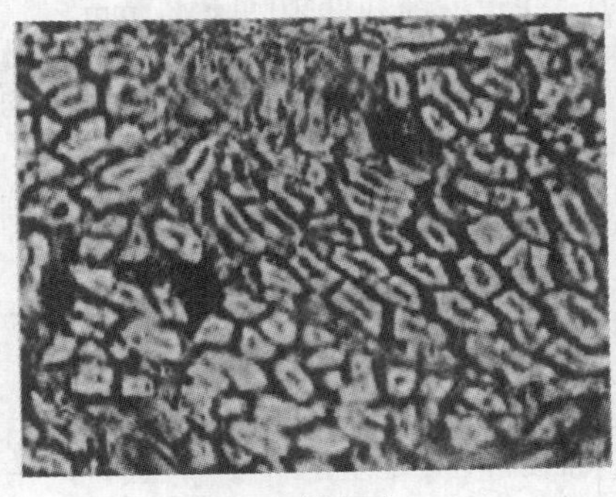

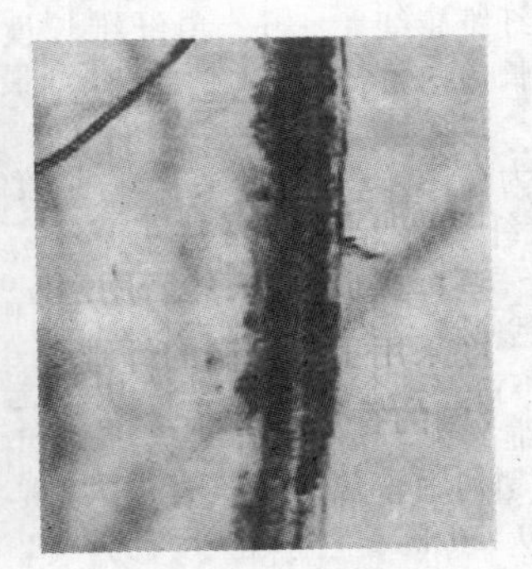

(a) 横截面

(b) 纵向外观

图 2-11　罗布麻的横截面和纵向外观

三、韧皮纤维的化学组成

韧皮纤维的主要组成物质为纤维素以及半纤维素、糖类、果胶、脂、蜡质、灰分等物质，各组成物质的比例因韧皮纤维的品种而异(表 2-5)。

表 2-5　韧皮纤维的化学组成

组成	苎麻	亚麻	黄麻	大麻	罗布麻			
					新疆产	山东产	甘肃产(脱胶前)	甘肃产(脱胶后)
纤维素	65%～70%	70%～80%	64%～67%	58.16%	44.19%	31.10%	48.20%	82.13%
半纤维素	14%～16%	12%～15%	16%～19%	18.16%	13.74%	23.54%	21.65%	6.43%
木质素	0.8%～1.5%	2.5%～5%	11%～15%	6.21%	4.98%	6.95%	19.00%	5.31%
果　胶	4%～5%	1.4%～5.7%	1.1%～1.3%	6.55%	6.55%	9.29%	5.20%	0.17%
脂蜡质	0.5%～1.0%	1.2%～1.8%	0.3%～0.7%	2.66%	14.16%	11.53%	1.68%	1.67%
灰　分	2%～5%	0.8%～1.3%	0.6%～1.7%	0.81%	—	—	—	—
水溶物	—				8.06%	7.41%	4.17%	4.27%

韧皮纤维的化学成分虽然与棉纤维相似，但其非纤维素成分的含量较高。韧皮纤维中的半纤维素、木质素对纤维的力学性能和染色效果都有较大的影响。半纤维素是聚合度很低的纤维素(聚合度一般为 150～200)、聚戊糖(五碳糖，包括木糖、阿拉伯糖等)、聚己糖(六碳糖，包括半乳糖、甘露糖等)等各种聚合度的化合物的总称。木质素是植物细胞壁的主要成分之一，其相对分子质量为 400～5 000。果胶是一种含有水解乳糖醛酸基的复杂碳水化合物，呈黏性物质状态，在纤维细胞之间黏结成束。脂蜡质主要成分为饱和烃族化合物及其衍生物、高级酸脂蜡以及类似的醛类物质等。

四、韧皮纤维的主要性能

各种韧皮纤维的主要性能归纳于表 2-6 中，有利于对比分析。

表 2-6　各种韧皮纤维的主要性能

项目	苎麻纤维	亚麻纤维	黄麻纤维	大麻纤维	罗布麻纤维
纤维规格	细度与长度明显相关，一般越长的纤维愈粗，越短的纤维越细 长度一般可达 20～250 mm，最长为600 mm 纤维宽度为 20～80 μm 线密度：传统品种为 6.3～7.5 dtex，细纤维品种为 4.5～5.5 dtex，最细品种可达 3.0 dtex	长度差异较大，麻茎根部最短，中部次之，梢部最长 单纤维长度为 10～26 mm，最长可达 30 mm 纤维宽度为 12～17 μm 线密度为1.9～3.8 dtex 纱线用工艺纤维：湿纺长度为 400～800 mm，线密度为 12～25 dtex	单纤维长度很短，一般为 1～2.5 mm，宽度10～20 μm 生产麻绳和麻袋的工艺纤维：长度为 80～150 mm，线密度为 18～35 dtex 生产麻布的工艺纤维：长度为 18～25 mm，线密度为 5.5～8.5 dtex 不同品种和产地的单纤维和工艺纤维规格有一定差异	单纤维长度较短，平均长度为 16～20 mm，最长可达 27 mm 单纤维在麻类纤维中较细，平均宽度为 18 μm	红麻纤维平均长度为 25～53 mm，宽度为 14～20 μm 白麻纤维平均长度为 50～60 mm，最长达 180 mm，宽度约为 18 μm

（续 表）

项目	苎麻纤维	亚麻纤维	黄麻纤维	大麻纤维	罗布麻纤维
断裂强度	6.73 cN/dtex	4.4 cN/dtex	2.7 cN/dtex（工艺纤维）	4.8～5.4 cN/dtex（单纤维）	2.9 cN/dtex（单纤维）
断裂伸长率	3.77%	2.50%～3.30%	2.3%～3.5%	2.2%～3.2%	3.33%
密度	1.54～1.55 g/cm^3	1.49 g/cm^3	1.52 g/cm^3	1.52 g/cm^3	1.55 g/cm^3
吸湿性	具有非常好的吸湿、放湿性能。润湿的苎麻织物3.5 h即可阴干	具有很好的吸湿、导湿性能	吸湿、导湿性很强	具有很好的吸湿透气性。帆布的吸湿速度可达7.34 mg/min，散湿速度可达12.6 mg/min	吸湿速度较慢，放湿速度较快
公定回潮率	12%	12%	14%	12%	12%
光　泽	具有较强的光泽	具有较好的光泽	富有光泽	光泽自然柔和	随脱胶程度而不同
颜色	原麻呈白、青、黄、绿等深浅不同的颜色，脱胶后精干麻色白且光泽好	脱胶打麻后，质优者呈银白或灰白色，次者呈灰黄色，再次者为暗褐色且色泽萎暗	花果种纤维本色为乳黄色或淡金黄色，圆果种纤维为乳白色或淡乳黄色	纤维颜色大多呈黄白色、灰白色，同时有青白色、黄褐色和灰褐色	有灰白色、灰褐色、褐色等
体积比电阻（Ω·cm）	4.25×10^8	1.67×10^8	3.26×10^8	3.31×10^8	
质量比电阻（Ω·g/cm^2）	6.58×10^8	2.59×10^8	5.05×10^8	5.31×10^8	—

五、叶纤维的品种和产地

叶纤维是从麻类植物的叶子或叶鞘中取得的纤维，如剑麻、蕉麻等。

（1）剑麻（agave，sisal）

取自于剑麻叶，属龙舌兰麻类，因叶形似剑，故得此名。主要有西沙尔麻、马盖麻、赫纳昆麻、堪塔拉麻等，为多年生草本植物。原产于中美洲，在我国有100多年的种植历史，主要在热带地区种植。

（2）蕉麻（acaba）

也是多年生热带草本植物，主要为菲律宾的马尼拉麻。这类麻纤维比较粗硬，商业上称为硬质纤维。纤维强度高，耐海水浸蚀，不易霉变，一般用作船用缆绳、网具、包装用布等。

（3）菠萝叶纤维（pineapple leaf fiber）

由菠萝叶片中提取的纤维。菠萝叶纤维的开发和利用，可以使菠萝叶由废变宝，提取纤维后的菠萝叶渣还可以制造饲料。我国菠萝的种植面积每年为4万～8万公顷，由新鲜菠萝叶中可以提取1.5%的干纤维，预测每年可提取7.5万吨纤维。

叶纤维的分离制取，所碰到的最大问题是叶肉和非纤维素物质的去除，这在韧皮类纤维中同样存在，但其含量更大。如果所花费的能耗太大以及产生的废弃物不易处理，将导致这类纤维实用性的降低和加工中的生态问题。

剑麻从鲜叶片割取纤维的工艺流程如下：

鲜叶片→刮麻→锤洗（或冲洗）→压水→烘干（或晒干）→拣洗分级→打包

剑麻纤维一般只占鲜叶片质量的3.5%～6%，其余为叶肉、麻渣和叶汁。

蕉麻在麻茎砍下后要尽快进行剥制工作，剥制时先分离出每片叶鞘内的纤维层，然后除去叶肉，同时抽出纤维。

六、叶纤维的主要性能

1. 剑麻纤维的主要性能

剑麻工艺纤维的平均长度为78 cm，质量加权平均长度为91 cm，工艺纤维平均细度为169 μm。剑麻纤维为高强度低伸型纤维，平均断裂强度为5.72～7.33 cN/dtex，平均断裂伸长率为3.02%～4.50%。剑麻纤维刚性大，具有较高的初始模量，纤维的平均初始模量为34.4～42.2 cN/dtex。剑麻纤维的强度和刚性高，但伸长率低，断裂功小，属于脆性纤维。剑麻纤维的弹性回复率不如黄麻，其压缩回弹率为9.57%（黄麻纤维为11.2%），压缩率为37.50%（黄麻纤维为63.52%）。剑麻工艺纤维比较轻，密度为1.29 g/cm^3。

剑麻工艺纤维具有很好的吸、放湿性能。在标准大气条件下，剑麻纤维的回潮率为10%～14%，剑麻纤维的放湿速率很快，每小时为6%～10%。

剑麻纤维对HCl的耐腐蚀性比其他麻类纤维好，与黄麻相比高50%，与苎麻相比高33%，与亚麻相比高38%。剑麻浸泡于H_2SO_4中10～30 min，对其强力无明显影响，但随着H_2SO_4浓度增加，其强力会有明显下降。剑麻纤维的结晶度、取向度高，染色较困难，其上染率为12.8%。

2. 蕉麻纤维的主要性能

蕉麻纤维表面光滑，直径较均匀，纵向呈圆筒形，头端为尖形。横截面为不规则卵圆形或多边形，中腔圆大，细胞壁较薄，细胞间由木质素和果胶黏结，极难分离。

蕉麻工艺纤维长度为1～3 m，最长达5 m以上；单纤维长6～7 mm，宽12～14 μm。束纤维断裂强度为0.88 cN/dtex，断裂伸长率为2%～4%，胞壁密度为1.45 g/cm^3，标准状态下的回潮率约为12%。

3. 菠萝叶纤维的主要性能

菠萝叶纤维单纤维长3～8 mm，宽约7～18 μm。工艺纤维的平均长度为10～90 cm，线密度为25～40 dtex。菠萝叶纤维为高强低伸型纤维，工艺纤维的平均断裂强度为3.96 cN/dtex，平均断裂伸长率为3.42%，拉伸模量为76.8 cN/dtex，纤维胞壁密度为1.542 g/cm^3。

菠萝叶纤维在306.7 ℃时开始分解，在372.2 ℃时完全分解。纤维色泽洁白，有绢丝般光泽。纤维吸湿性好，标准状态下回潮率为13%～14%。

第三节 维管束纤维

维管束纤维取自植物的维管束细胞。我国自主开发、利用的竹纤维（bamboo fiber），就是目前对维管束纤维开发、利用的典型实践。

一、竹纤维及其初加工

竹材杆部由表面组织、维管束组织、基本组织及髓腔等几个部分组成。竹杆的维管束组织存在两类纤维群体。竹材中竹纤维大多沿竹材轴向排列，并沿其径向从内部到外层逐渐增加。利用特种材料，除去竹材中的木质素、果胶、糖类等物质，再通过机械、蒸煮等物理方法，就可以从竹杆中直接分离出纯天然的竹纤维。

竹纤维的初加工工序如下：

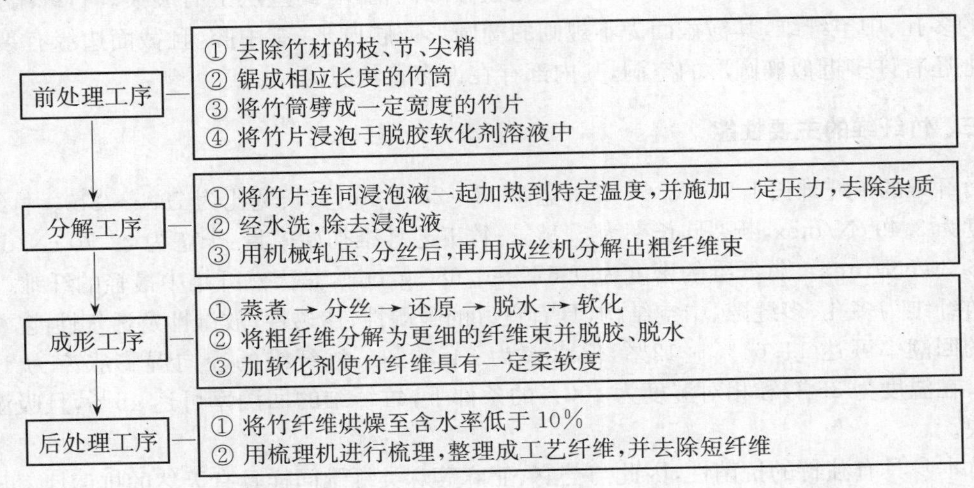

二、竹纤维结构与形态

竹纤维细胞壁结构有两种：一类纤维细胞壁呈多层结构，且由宽层（木质素含量较少）与窄层（木质素的含量较高）交替组合而成（各4～5层），纤维主要存在于维管束组织的周边部位，约占纤维总数的50%；另一类纤维细胞壁很厚而胞腔狭小，纤维次生壁内层由两个宽层组成，宽层厚度较内部宽得多。竹纤维微结构模型见图2-12。竹纤维壁上的纹孔稀少，纹孔口较小，细胞腔也较小。

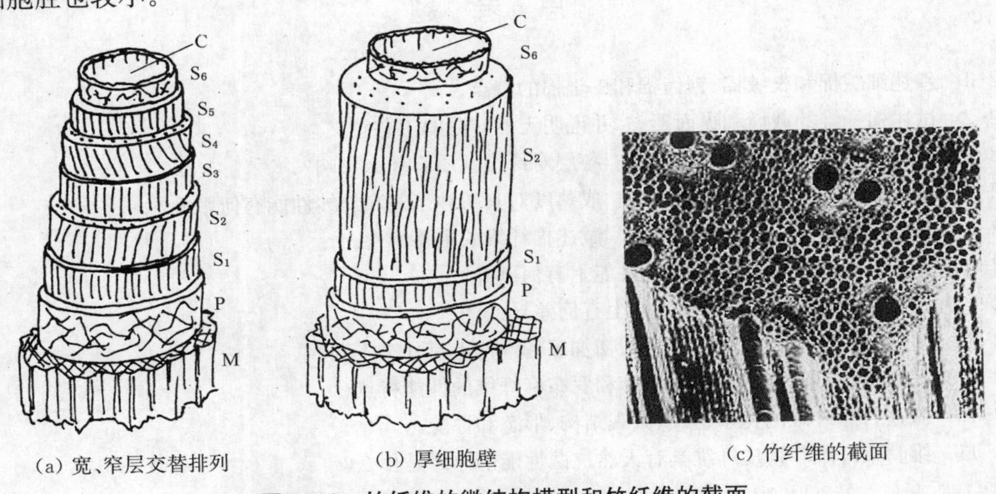

(a) 宽、窄层交替排列　(b) 厚细胞壁　(c) 竹纤维的截面

图2-12　竹纤维的微结构模型和竹纤维的截面

M—胞间物质　P—初生壁层　C—中腔　S_1—次生壁外层　S_2—次生壁中层　S_3～S_6—次生壁内层

在竹纤维束结构中，纤维的胞间物质 M 是木质素、果胶无定形的胶黏体。纤维初生胞壁 P 中的微原纤由半纤维素、木质素和果胶填充分隔，排列稀疏，呈不规则网状结构。纤维次生胞壁的外层 S_1 较厚，其微原纤的取向偏离纤维轴，而更接近横向；纤维次生胞壁的中层 S_2 最厚，其结构决定了纤维的性质；次生胞壁的内层 S_3～S_6，其微原纤取向几乎与纤维轴平行。竹纤维结晶度约为 31.6%。

天然竹纤维单纤维细长，呈纺锤状，两端尖。纵向有横节，粗细分布很不均匀。纤维内壁比较平滑，胞壁甚厚，胞腔小。纤维表面有无数微细沟槽，有的壁层上有裂痕。竹纤维是一种天然的多孔、中空纤维，其横截面为不规则的椭圆形或腰圆形，有中腔，且截面边缘有裂纹，横截面上还有许多近似椭圆形的空洞，其内部存在许多管状腔隙。

三、竹纤维的主要性能

竹纤维的单纤维长 1.33～3.04 mm，宽 10.8～22.1 μm，其长宽比为 79.5～210。竹纤维断裂强度为 3.49 cN/dtex，断裂伸长率为 5.1%。竹工艺纤维初始模量：干态为 22.70 cN/dtex，湿态为 6.30 cN/dtex。竹纤维的密度为 0.679～0.680 g/cm^3，是天然纤维中最轻的纤维。

竹纤维为多孔、多缝隙、中空结构，具有良好的吸湿性、渗透性、放湿性及透气性能，标准状态下的回潮率可达 11.64%～12%，保水率为 34.93%。竹纤维的径向湿膨胀率为 15%～25%。在温度为 36 ℃和相对湿度为 100%的条件下，竹纤维的回潮率可达 45%，且吸湿速率特别快。

竹本身具有独特的抗菌性，因此与苎麻、亚麻等麻类纤维同样具有天然的抗菌性。日本纺织检验协会对竹纤维、苎麻纤维、亚麻纤维抗菌性的测试结果是：对金黄葡萄球菌的抗菌率分别为 99.0%，98.7%和 93.9%；对白色念珠菌的抗菌率分别为 94.1%，99.8%和 99.6%；对芽孢菌的抗菌率分别为 99.7%，98.3%和 99.8%。竹纤维产品 24 h 的抑菌率达 71%，特别对大肠杆菌等四种细菌，在竹纤维中 40 min 以上将会被完全杀死。同时，竹纤维的天然抗菌性对人体安全，不会引起皮肤的过敏反应。

思 考 题

2-1　叙述细绒棉和长绒棉、锯齿棉和皮辊棉的特点。

2-2　试述棉纤维的截面和纵面形态，并说明天然转曲的工艺意义。

2-3　棉纤维由外向内由哪几层组成？各层对纤维性质有什么影响？

2-4　棉纤维成熟度如何测试和评定？成熟度对其纺纱工艺和纺纱性能有何影响？

2-5　棉纤维的主要组成物质是什么？试述棉纤维的主要特性。

2-6　棉纤维和木棉在结构、形态和性能上有何差异？

2-7　白色棉与彩色棉在结构和性能上有何差异？

2-8　韧皮纤维与叶纤维在纤维来源、初加工和性能上有什么不同？

2-9　列表比较苎麻、亚麻、黄麻、大麻和罗布麻纤维的性能特点。

2-10　叙述竹原纤维的化学组成、微观结构、形态和性能。

2-11　维管束纤维和韧皮纤维具有天然抗菌性能的原因是什么？

第三章　天然蛋白质纤维

本章要点

熟悉天然蛋白质纤维的主要品种，掌握羊毛纤维的组成、形态结构与主要性能，了解其他毛纤维品种；熟悉羊毛的品质特征，掌握蚕丝的组成、形态结构与主要性能。

第一节　毛发类纤维

一、毛发类纤维的分类与命名

毛发类纤维的分类是依据动物的名称进行的。其大宗类羊毛即绵羊毛的次级或其他分类较复杂，但一般以"定语＋羊毛"（或直接简称毛）命名。而其他动物毛发纤维，因资源较少或稀有，其分类较为简单，以毛或绒分类，即称为"动物名称＋毛或绒"，如山羊毛、山羊绒等。这里所称的毛是指主体支撑的毛发，较长且粗硬；绒则是指簇生的纤维，较短且细软。

二、羊毛纤维的品种、组成、形态结构与主要性能

通常所说的羊毛是指从绵羊身上取得的绵羊毛，在纺织用毛类纤维中其数量最多。羊毛具有许多优良特性，如弹性好、手感丰满、吸湿能力强、保暖性好、不易沾污、光泽柔和、染色性优良、独特的缩绒性等，既可用于织制风格各异的四季服装用织物，也可用于织制特殊要求的工业呢绒、呢毡、衬垫材料，还可用于织制壁毯、地毯等装饰品。

1. 羊毛纤维的生长和毛被形态

如图 3-1 所示，羊毛纤维是由羊皮肤上的细胞发育而成的。首先在生长羊毛处的细胞开始繁殖，形成突起物，向下伸展到皮肤 1 内，使皮肤在这里向内凹，成为毛囊 2。处于皮肤内的羊毛叫毛根 3，它的下端被毛乳头 4 所包覆。毛乳头供给养分，使细胞继续繁殖，向上生长，凸出皮肤，形成羊毛纤维 5。几个脂肪腺 6 开口于毛囊。羊毛生长时，脂肪腺分泌出油脂性物质包覆在羊毛纤维的表面，称为羊脂。汗腺 7 由皮肤深处通到毛囊附近，开口于皮肤表面。汗腺分泌出汗液包覆

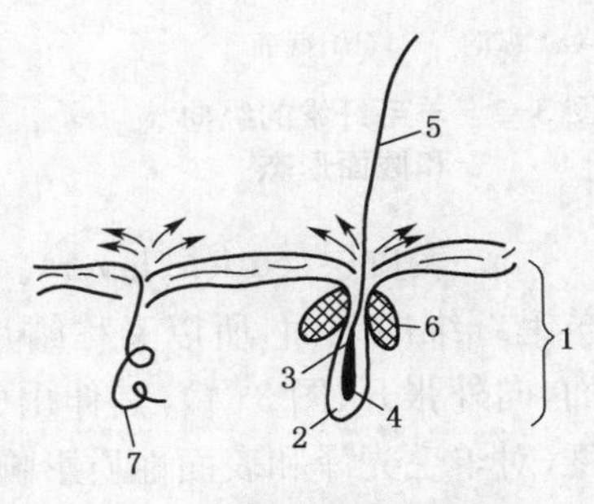

图 3-1　羊毛纤维的生长

在羊毛纤维的表面，称为羊汗。羊脂和羊汗混合在一起称为脂汗。

羊毛在羊的皮肤上是不均匀成簇生长的。在一小簇羊毛中，有一根直径较大、毛囊较深的称为导向毛。围绕着导向毛生长的较细的几根或十几根羊毛称为簇生毛。这样形成一个个毛丛。毛丛之间有较大距离。成簇生长的羊毛由于卷曲和脂汗等因素互相粘连在一起。因此，从羊身上剪得的羊毛是一片完整的羊毛集合体，称为毛被，又称套毛。

一般同质细毛羊种的导向毛较细，它与簇生毛的细度、长度等性质差异较小。毛丛的底部到顶部具有同样体积，顶端没有长毛突出，呈整齐的平顶形。毛丛从上部至底部都成一整块的，称为封闭式毛被。这种毛被毛的密度较高，含土杂较少，毛的质量较好。

异质粗毛羊种的导向毛与簇生毛的细度、长度等性质差异较大。细短的毛生在毛丛底部，粗长的毛突出在毛丛尖端，相互扭结成辫，形成毛辫形毛丛。剪下的毛被底部互相连在一起，而上部毛辫互不相连，称为开启式或开放式毛被。这种毛被毛的密度较稀，含土杂较多，毛的质量较次。

2. 羊毛纤维的组成与形态结构

(1) 羊毛纤维的主要组成物质

羊毛纤维的主要组成物质是一种不溶性蛋白质，称为角朊。它由多种 α-氨基酸缩合而成，组成元素包括碳、氢、氧、氮和硫。

(2) 羊毛纤维的形态结构

① 羊毛纤维的纵向形态。羊毛纤维具有天然卷曲，纵面呈鳞片状覆盖的圆柱体，见图 3-2(a)。

② 羊毛纤维的截面形态。羊毛纤维的截面近似圆形或椭圆形，见图 3-2(b)；由外至内由表皮层、皮质层及髓质层组成，见图 3-3。

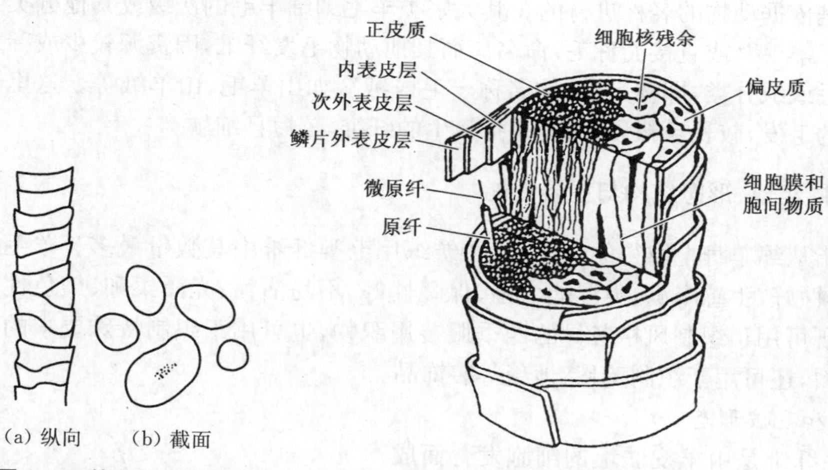

(a) 纵向　(b) 截面

图 3-2　羊毛纤维的纵向和截面形态

图 3-3　羊毛纤维各层次结构

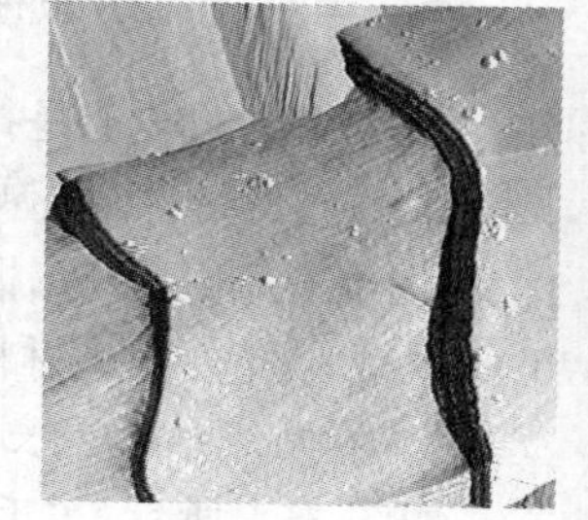

图 3-4　羊毛鳞片形态

a. 表皮层(cuticle layer)。由片状角朊细胞组成，它像鱼鳞或瓦片一样重叠覆盖，包覆在羊毛纤维的表面，所以又称鳞片层。鳞片的根部着生于毛干，梢部按不同程度伸出于纤维表面，向外张开(图 3-4)，其伸出方向指向羊毛尖部。鳞片排列的密度和伸出于羊毛表面的程度，对羊毛光泽和表面性质影响较大。细羊毛的鳞片排列紧密，呈环状覆盖，伸出端较突出，所以光泽柔和，摩擦系数大；粗羊毛的鳞片排列较疏，呈瓦片状或龟裂状覆盖。鳞片层对羊毛纤维起保护作用，使之不受或少受外界条件影响。

b. 皮质层(cortex)。是羊毛纤维的主要组成部分，由稍扁的角朊细胞所组成，它决定了羊毛纤维的物理性质。皮质层中的皮质细胞一般有两种，即结构疏松的正皮质和结构紧密的偏皮质(又称副皮质)，它们的性质有所不同。当正、偏皮质分别位于纤维的两侧并沿长度方向不断转换位置时，由于两种皮质层的物理性质不同引起的不平衡，形成了羊毛的卷曲。正皮质处于卷曲弧形的外侧，偏皮质处于卷曲弧形的内侧。如果正、偏皮质的比例差异很大或呈皮芯分布，则羊毛卷曲不明显。羊毛的皮质层发育越完善，所占比例越大时，纤维的品质越优良，表现为强度、卷曲、弹性等较好。皮质层中还存在天然色素，这是有些色毛的颜色难以去掉的原因。

c. 髓质层(medulla layer)。由结构松散和充满空气的角朊细胞所组成，细胞间相互联系较差且呈暗黑色。髓质层的存在使纤维的强度、卷曲、弹性、染色性等变差，影响纤维的纺纱价值。一般羊毛越粗，髓质层的比例越大。必须指出，并不是所有的羊毛都有这一层，品质优良的羊毛纤维不具有髓质层或只有断续的髓质层。

3. 羊毛的分类

根据不同的出发点，羊毛有不同的分类。

(1) 按纤维结构分

根据羊毛纤维中髓质层的存在情况，可分为无髓毛、有髓毛、两型毛和死毛。

① 无髓毛(non-medullated wool)。由鳞片层和皮质层组成，即无髓质层的毛纤维，见图3-5(a)，主要指绒毛。这类纤维较细，卷曲多，颜色洁白，呈现银丝光，品质优良，纺纱性能好。

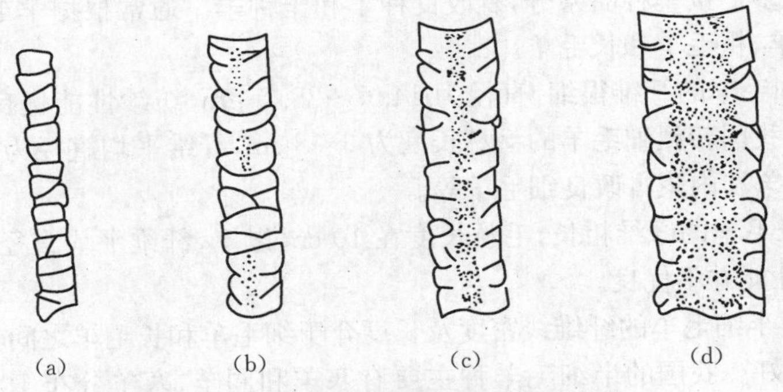

图 3-5 无髓毛、有髓毛、两型毛、死毛

② 有髓毛(medullated wool)。由鳞片层、皮质层和髓质层组成且髓质层具有一定的连续长度和一定宽度的毛纤维，见图 3-5(b)。这类纤维一般较粗长，无卷曲，无光泽，呈不透明白色，有髓部分的连续长度占纤维长度的 1/2 及以上。粗毛(直径为 52.5 μm 以上的毛纤维)即属此类，纺纱性能较差。

③ 两型毛(hetero typical wool)。同时具有无髓毛和有髓毛两种组织结构的毛纤维，见图3-5(c)。纤维一端表现似无髓毛形态，而另一端表现为有髓毛形态，或交替出现，纤维呈现全光、半光或无光，有髓部分为不透明的白色，其连续长度占纤维长度的 1/2 以下。纺纱性能较绒毛差。

④ 死毛(hempy wool/brittle hair)。充满髓质的毛纤维，见图 3-5(d)。这类纤维呈扁带状，色骨白，无光泽，僵直，少数有铅丝状弯曲，髓腔连续长度为 25 mm 及以上，宽度占纤维总宽度的 60%及以上。羊毛中如混有死毛则纺纱价值降低。

（2）按毛被上的纤维类型分

① 同质毛。羊体各毛丛由同一种类型的毛纤维组成，纤维细度、长度基本一致。我国新疆细羊毛及各国的美利奴羊毛多属同质毛。同质毛质量较优。

② 异质毛。羊体各毛丛由两种及以上类型的毛纤维组成。土种毛和我国低代改良毛多属异质毛，质量不及同质毛。

③ 基本同质毛。在一个套毛上的各个毛丛，大部分为同质毛形态，少部分为异质毛形态，如改良一级毛。

（3）按纤维粗细分

① 细羊毛(fine wool)。品质支数在 60 支及以上，毛纤维平均直径在 25.0 μm 及以下的同质毛。

② 半细羊毛(medium wool)。品质支数为 36～58 支，毛纤维平均直径为 25.1～55.0 μm 的同质毛。

此外，按剪毛季节分为春毛、秋毛、伏毛；按取毛方式和取毛后原毛的形状分为套毛、散毛和抓毛；按羊种品系可分为改良毛和土种毛；按羊毛的分级可分为支数毛和级数毛；按毛纤维在纺织工业中的用途不同分为精梳用毛、粗梳用毛、地毯用毛和工业用毛。还可按羊毛生产地或集散地分类，如澳毛、新西兰毛、河南毛、山东毛、西安毛等。

4. 绵羊毛和绵羊绒

（1）绵羊品种

绵羊的品种很多。按羊种品系分，有改良种羊和土种羊。通常根据羊毛的粗细和长短分为细毛羊、半细毛羊、粗毛羊和长毛羊。

① 细毛羊。细毛羊的纤维很细，直径为 14.5～25.0 μm，纺纱性能优良。美利奴羊是细毛羊的主要品种。我国新疆细毛羊的毛丛长度为 6～8 cm，纤维平均直径为20～25 μm。我国还有东北改良细毛羊和内蒙古改良细毛羊等。

② 长毛羊。长毛羊的纤维粗长，毛丛长度在 10 cm 以上，纤维平均直径为 29～55 μm，有明亮的光泽，纺纱性能并不优良。

③ 半细毛羊。半细毛羊的纤维线密度及长度介于细毛羊和长毛羊之间，平均直径为 25～35 μm，纺纱性能较好。我国的半细毛羊种主要有寒羊和同羊，寒羊分布于山西、河南、河北、山东等省，毛丛长度为 4～6.5 cm，纤维平均直径为 29～43 μm；同羊分布于陕西关中地区洛河流域一带，毛丛长度为 2～7 cm，纤维平均直径为 23～43 μm。我国现有改良半细毛羊的普遍弱点，是毛纤维线密度偏细、长度偏短、脂汗较少、手感粗糙、光泽较差。

④ 粗毛羊。粗毛羊的纤维平均直径为 36～62 μm，纺纱性能较差。英国的苏格兰黑面羊、美国的那凡荷羊，以及我国的蒙古羊、藏羊、哈萨克羊等土种羊，都属粗毛羊。

细毛羊和半细毛羊的毛被一般仅有一种绒毛纤维，属于同质毛。而粗毛羊的毛被通常分为内外两层，内层是绒毛，外层是两型毛、粗毛与死毛混合的粗硬纤维层，属异质毛。

（2）绵羊绒

绵羊绒是土种粗绵羊毛（包括裘用绵羊毛）毛被中的底层绒毛。长期以来，这种绒毛与绵羊毛被中的异质粗毛、两型毛和死毛混用，作为地毯和粗纺产品的原料。随着山羊绒的流行，导致用土种粗绵羊毛的混型毛，经梳理，将绒毛（直径在 30 μm 以下）与粗毛、两型毛等分离，加工成绵羊绒。绵羊绒的细度、卷曲特性、鳞片形状和密度与山羊绒近似。但绵羊绒粗细不匀，粗节、弱节较多，鳞片倾角大，鳞片边缘较薄，容易缺损而不光滑，品质和价值低于山羊绒。绵羊绒抗酸、碱等化学物质的能力比山羊绒强，着色深度差异则大于山羊绒。绵羊绒主要用于与山羊绒混纺，以降低成本。

5. 山羊毛和山羊绒

山羊毛是在脱毛季节从绒山羊身上抓下来的毛的统称。经分梳去掉其中的粗毛和死毛后即为山羊绒。平均每只山羊可抓绒 150～250 g。山羊绒又叫"开司米"或"克什米尔"(Cashmere)。18 世纪，印度克什米尔地区出产的山羊绒披肩闻名于世，此后国际上开司米便成了山羊绒制品的商业名称。现在生产山羊绒的国家主要有中国、伊朗、蒙古和阿富汗。我国产量居首位，占 40%以上，主要产地在内蒙古、西藏、新疆、宁夏、甘肃、陕西、河北等。

山羊绒由鳞片层和皮质层组成，没有髓质层。鳞片边缘光滑平坦，呈环状覆盖，间距较大。截面为圆形，纤维平均直径为 14.5～16.5 μm，线密度离散系数约为 20%，平均长度多为 30～45 mm，强伸性、弹性等优于绵羊毛，密度比羊毛低。因此，山羊绒具有轻、柔、细、滑、保暖等优良性能，但山羊绒对酸、碱和热的反应比羊毛敏感。

山羊绒根据颜色可分为白羊绒、紫羊绒和青羊绒，其中以白羊绒最为名贵。山羊绒是极其珍贵的纺织原料，一般用作羊绒衫、围巾、手套等针织品和高档粗纺呢绒，也可用作精纺高级服装原料。

6. 马海毛

马海毛(Mohair)是音译商品名称，亦称安哥拉山羊毛，是土耳其安哥拉山羊的马海种所产的毛。它以长度长和光泽明亮为主要特征。马海毛原产于土耳其的安哥拉省。土耳其、美国和南非是马海毛的三大产地。我国西北地区的中卫山羊毛也有和马海毛相近的品质特征。从 1985 年开始，我国引入安哥拉山羊以发展我国的马海毛。

马海毛属异质毛，夹杂一定数量的有髓毛和死毛，其比例随山羊年龄的增长而增长。幼龄山羊所产的马海毛中有髓毛含量不超过 1%，三岁以上山羊所产的马海毛中有髓毛含量可达 20%以上。马海毛截面大多为圆形，有髓毛呈椭圆形，且直径离散较大，平均直径为10～90 μm，平均长度为 120～150 mm。马海毛的皮质层几乎都是正皮质，只有少量偏皮质包覆在正皮质外面，形成类似皮芯结构，因此卷曲少。马海毛的鳞片扁平、宽大、紧贴毛干，重叠程度少，因而具有丝一般的光泽，且不易毡缩。此外，马海毛的强度、弹性较好，但对化学试剂的反应比羊毛敏感。

马海毛多用于织制高档提花毛毯、长毛绒和顺毛大衣呢等服用织物。将少量白色马海毛混入黑色羊毛织成的银枪大衣呢，银光闪闪，独具风格。马海毛也可用于高级精纺呢绒。

三、羊毛纤维的初加工

羊毛的初加工是去除非纤维类物质和不适于纺纱的纤维的过程，包括从原毛到洗净毛的各个生产工序。其工艺工程为：原毛→选毛→开毛→洗毛→烘干→洗净毛。选毛是根据工业生产需要，将原毛进行分选，以充分合理地利用原料。澳大利亚及其他产毛国在剪毛后即进行了细致准确的分选与归类，将套毛中的优质部分取出并按品质合并打包，将边坎、肚和尾部的污染毛、二剪毛、带皮毛等分离包装。

羊毛的初加工，首先是打开毛包中的原毛进行开毛，利用机械作用将大的毛块开松，同时去除纤维中的沙土杂质，为下一步的洗毛创造条件。然后进行羊毛初加工工序中最主要的过程——洗毛，即洗去羊毛纤维上的毛脂、汗、沙土、污垢等。羊毛洗净以后，若残留较多植物性杂质，如草籽、碎叶、草刺等，还必须进行化学去草杂处理，简称炭化。炭化是利用硫酸对含有植物性杂质的羊毛浸渍和烘干,使草杂变为易碎的炭化物质,而羊毛几乎无损伤,再经压碎、除杂、中和、清洗,得到炭化毛。对草刺较少的原毛,一般省略炭化过程,因为草刺可以在后道梳理加工中去除。洗净(包括炭化)后的羊毛经烘干、打包,称为洗净毛。

四、羊毛纤维的品质特征

1. 羊毛纤维的物理机械性能

(1) 纤维长度

羊毛纤维由于天然卷曲的存在,其长度可分为自然长度和伸直长度。纤维在自然卷曲下两端间的直线距离称为自然长度,一般用于表示毛丛长度。羊毛纤维除去卷曲、伸直后的长度称为伸直长度。在毛纺生产中都采用伸直长度。

羊毛纤维的长度随羊的品种、年龄、性别、毛的生长部位、饲养条件、剪毛次数和季节等不同而差异很大。细羊毛的毛丛长度为 6～12 cm,半细毛的毛丛长度可达 7～18 cm,长毛种绵羊毛的毛丛长度为 15～30 cm。在同一只羊身上,肩部、颈部和背部的毛较长,头、腿、腹部的毛较短。

当羊毛纤维的线密度相同时,纤维长而整齐、短毛含量少的羊毛,其成纱强力和条干较好。羊毛的长度也是决定纺纱线密度和选择工艺参数的依据。

(2) 纤维细度

羊毛纤维截面近似圆形,一般用直径表示其粗细,称为细度,单位为微米(μm)。细度是确定羊毛纤维品质和使用价值的重要指标。

绵羊毛的细度随着绵羊的品种、年龄、性别和饲养条件的不同而有相当大的差别。在同一只绵羊身上,不同部位的羊毛细度也不同,如肩部、体侧、颈部、背部的毛较细,前颈、前腿、臀部和腹部的毛较粗,喉部、腿下部、尾部的毛最粗。最细的细绒毛其直径约 7 μm,最粗的刚毛其直径可达 240 μm。

羊毛纤维的细度与各项物理性能的关系很大。一般羊毛越细,其细度较均匀,强度较高,卷曲多,鳞片密,光泽柔和,但长度偏短。羊毛纤维细,有利于成纱强力和成纱条干,但过细的羊毛纺纱时易产生疵点。羊毛纤维的细度与毛织物品质和风格的关系密切。

(3) 卷曲(crimp)

羊毛纤维的卷曲与毛被形态、纤维线密度、弹性、抱合力和缩绒性等有一定关系。卷曲对成纱质量和织物风格有很大影响。

羊毛纤维的卷曲有深有浅。根据卷曲的深浅(即波高)以及长短(即波宽)不同,卷曲形状可以分为三类,如图 3-6 所示。图中 1 为弱卷曲,特点是卷曲弧不到半个圆周,沿纤维的长度方向比较平直,卷曲数较少,半细毛的卷曲大多属于这一类型。2 为常卷曲,特点是卷曲的波形近似半圆形,细毛的卷曲大多属于这一类型。3 为强卷曲,特点是卷曲的波幅较高,卷曲数较多,细毛羊腹毛大多属于这一类型。常卷曲的羊毛多用于精梳毛纺,纺制有弹性和表面光洁的纱线和织物。强卷曲的羊毛适用于粗梳毛纺,纺制表面毛茸丰满、手感好、富有弹性的呢绒。

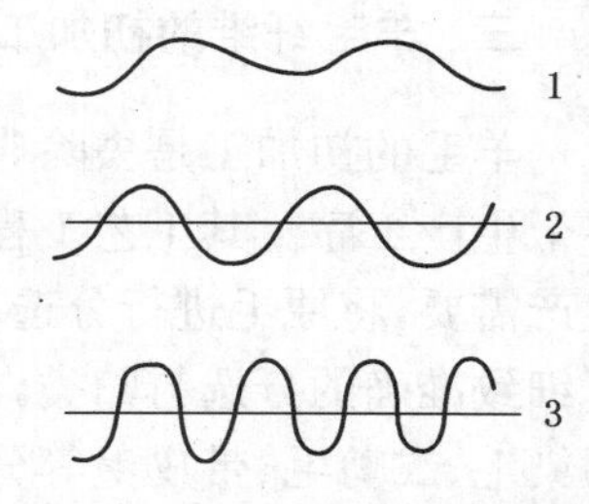

图 3-6 羊毛纤维的卷曲状态

表示羊毛纤维卷曲多少的指标是卷曲数(一般细羊毛的卷曲数为 6～9 个/cm);表示卷曲

深浅的指标是卷曲率；表示卷曲弹性的指标有卷曲回复率和卷曲弹性回复率。它们的定义、计算式和测试方法将在第四章中化学纤维的卷曲检验内容中述及。

(4) 吸湿性

羊毛的吸湿性是常见纤维中最强的，一般大气条件下，其回潮率为15%～17%。

(5) 强伸性

羊毛纤维的拉伸强度是常用天然纤维中最低的，其断裂长度只有 9～18 km。一般羊毛细度较细，髓质层越少，其强度越高。

羊毛纤维拉伸后的伸长能力却是常用天然纤维中最大的，其断裂伸长率干态时可达25%～35%，湿态时可达 25%～50%。去除外力后，伸长的弹性回复能力也是常用天然纤维中最好的。所以羊毛织物不易产生皱纹，具有良好的服用性能。

(6) 摩擦性能

羊毛表面有鳞片，鳞片的根部附着于毛干，尖端伸出毛干的表面且指向毛尖。由于鳞片的指向这一特点，羊毛沿长度方向的摩擦，因为滑动方向的不同，则摩擦系数不同。滑动方向从毛尖到毛根，为逆鳞片摩擦，摩擦系数大；滑动方向从毛根到毛尖，为顺鳞片摩擦，摩擦系数小，这种现象称为定向摩擦效应。

(7) 缩绒性

羊毛的定向摩擦效应，是羊毛纤维缩绒的基础。顺鳞片和逆鳞片的摩擦系数差异愈大，羊毛缩绒性愈好。羊毛的缩绒性是指毛纤维在湿热及化学试剂作用下，经机械外力反复挤压，纤维集合体逐渐收缩紧密并相互穿插纠缠而交编毡化的现象。

利用毛纤维的缩绒性，可把松散的短纤维结合成具有一定强度、一定形状、一定密度的毛毡片，这一作用称为毡合。毡帽、毡靴等就是通过毡合制成的。毛织物整理过程中，经过缩绒工艺，可促使织物长度收缩而厚度和紧度增加，表面露出一层绒毛，获得外观优美、手感丰厚柔软、保暖性能良好的效果，这一作用称为缩呢。缩呢分酸性缩绒和碱性缩绒两种，常用碱性缩绒，如皂液 pH 值为 8～9、温度为 35～45 ℃，其缩绒效果较好。

缩绒性使毛织物具有独特的风格，显示出优良的弹性、蓬松性、保暖性、透气性和细腻的外观。但会使毛织物在穿用洗涤中易产生尺寸收缩和变形，并产生毡合、起毛、起球等不良现象，影响舒适性和美观。近代各种毛织物和毛针织物，经织造染整加工达到性能和外观的基本要求之后，均要进行"防缩绒处理"，以降低毛纤维的后续缩绒性。

毛纤维的防缩绒处理有两种方法：①氧化法——损伤羊毛鳞片，降低其定向摩擦效应，减少纤维单向运动和纠缠能力，通常使用次氯酸钠、氯气、氯胺、氢氧化钾、高锰酸钾等化学试剂，其中以含氯氧化剂用得最多；②树脂法——在羊毛上涂以树脂薄膜或混纺时添加黏结纤维，以减少或消除羊毛纤维之间的摩擦效应或使纤维相互交叉处黏结，限制纤维的相互移动，失去缩绒性，通常使用脲醛、密胺甲醛、硅酮、聚丙烯酸酯等树脂。

2. 羊毛纤维的化学稳定性

毛纤维分子结构中含有大量的碱性侧基和酸性侧基，因此毛纤维具有既呈酸性又呈碱性的两性性质。

(1) 酸的作用

酸的作用主要使角质蛋白分子的盐式键断开，并与游离氨基相结合。此外，可使稳定性较弱的缩氨酸链水解和断裂，导致羧基和氨基的增加。这些变化的程度，依酸的类型、浓度、温度和处理时间而不同。

羊毛纤维较耐酸而不耐碱。较稀的酸和浓酸短时间作用,对羊毛的损伤不大,所以常用酸去除原毛或呢坯中的草屑等植物性杂质。有机酸如醋酸、蚁酸等是羊毛染色的重要促染剂。

(2) 碱的作用

碱对毛纤维的作用比较剧烈,使盐式键断开、多缩氨酸链分解切断、胱氨酸二硫键水解切断。随着碱的浓度增加,温度升高,处理时间延长,毛纤维会受到严重损伤。碱使毛纤维变黄、含硫量降低以及部分溶解。

(3) 氧化剂作用

氧化剂主要用于毛纤维的漂白,其作用结果也会导致胱氨酸分解,毛纤维性质发生变化。常用的氧化剂有过氧化氢、高锰酸钾、高铬酸钠等。卤素对毛纤维也有氧化作用,使羊毛缩绒性降低。

(4) 盐类的作用

毛纤维在金属盐类如氯化钠、硫酸钠、氯化钾等溶液中煮沸,对毛纤维无影响,因毛纤维不易吸收这类溶液。染色时,常采用硫酸钠(元明粉)作为缓染剂。

(5) 光的氧化作用

光照会使鳞片受损,易于膨化和溶解,同时使胱氨酸键水解,生成亚磺酸并氧化为 $R-SO_2H$ 和 $R-SO_3H$ 类型的化合物。光照的结果,使毛纤维的化学组成和结构、物理机械性能以及对染料的亲和力等都发生变化。太阳光对毛纤维的最终作用,随着光谱组成而变化,如紫外线引起泛黄、波长较长的光则具有漂白作用。

五、其他毛纤维的组成、形态结构与主要性能

用于纺织的动物毛,除绵羊毛、山羊毛、马海毛外,还有兔毛、骆驼毛、羊驼毛和牦牛毛等。

1. 兔毛(rabbit hair)

用于纺织的兔毛主要为普通兔毛和安哥拉兔毛两种,其中安哥拉兔毛的质量较好,毛色白,长度长,光泽好,似安哥拉山羊毛。我国是兔毛的主要生产国,兔毛产量约占世界产量的80%~90%。

兔毛由绒毛和粗毛两类纤维组成。绒毛(约占90%)直径为5~30 μm,且绝大多数为10~15 μm;粗毛(约占10%)直径为30~100 μm。兔毛长度最短的在10 mm以下,最长的可达115 mm,大多数为25~45 mm。刚毛含量多少是衡量兔毛品质的重要指标之一。细绒毛的强度为1.6~2.7 cN/dtex,断裂伸长率为30%~45%。绒毛的截面呈非正圆形或多角形,粗毛呈腰圆形或椭圆形。无论是绒毛、粗毛,几乎都含有髓质层,绒毛的毛髓呈单列断续状或窄块状;粗毛的毛髓较宽,呈多列块状。兔毛的密度小,仅为1.11 g/cm^3 左右,纤维轻、细、柔软、光滑、蓬松,保暖性好,吸湿能力强。但由于兔毛纤维的强度、伸长率低,卷曲少、卷曲弧度浅,加上鳞片厚度较低、纹路倾斜,且表面存在类滑石粉状物质,故摩擦系数小,抱合力差,易脱毛,单独纺纱较困难。兔毛纯纺必须添加特殊和毛油或经等离子体、酸处理来获得有效的抱合力。所以兔毛一般与羊毛或其他纤维混纺。兔毛含油率低,杂质少,不经洗毛即可纺纱。

2. 骆驼毛和羊驼毛(camel hair and alpaca hair)

骆驼毛是从骆驼身上自然脱落或经梳绒采集而获得的毛的统称。骆驼身上的外层毛粗而坚韧,称为骆驼毛;在外层粗毛之下有细短柔软的绒毛,称为骆驼绒(camel wool)。我国是双峰骆驼的主要产地。双峰骆驼的含绒量高达70%以上。骆驼绒的平均直径为10~24 μm,平均长度为40~135 mm,断裂强度为1.3~1.6 cN/dtex,断裂伸长率为40%~45%,密度为

1.312 g/cm³。骆驼毛的平均直径为 50～209 μm，平均长度为 50～300 mm，断裂强度为 0.7～1.1 cN/dtex，断裂伸长率为 40%～45%，密度为 1.284 g/cm³。骆驼毛带有天然的杏黄、棕褐等颜色。骆驼毛鳞片很少而且边缘光滑，所以没有像羊毛一样的缩绒性，不易毡并。可作衣服衬絮，具有优良的保暖性，也可织制高级服用织物和毛毯。

羊驼属于骆驼科，主要产于秘鲁。羊驼毛为粗、细毛混在一起的毛。粗毛长达 200 mm，平均直径约为 150 μm；细毛长 50 mm 左右，平均直径为 20～25 μm。羊驼毛髓腔随羊驼毛细度不同而差异较大，故羊驼毛物理机械性能存在较大差异。羊驼毛表面的鳞片贴伏、边缘光滑，卷曲少，卷曲率低，顺、逆鳞片摩擦系数较羊毛小。羊驼毛富有光泽，有丝光感，抱合力小，手感特别滑糯，防毡缩性较羊毛好。羊驼毛的洗净率高达 90%以上，不需洗毛就可直接应用。羊驼毛多用于织制夏季服装和衣里料等。

3. 牦牛毛(yak hair)和牦牛绒(yak wool)

牦牛是高山草原的特有牛种，主要分布在中国、阿富汗、尼泊尔等亚洲国家。从牦牛身上剪下来的牦牛毛被，以黑褐色为多，白色较少，由绒毛和粗毛组成。牦牛绒很细，平均直径约 20 μm，平均长度为 30～40 mm，断裂强度为 0.6～0.9 cN/dtex，具有无规则卷曲；鳞片呈环状，边缘整齐，紧贴于毛干，卷曲深度较大。牦牛绒产品不易掉毛，有身骨，蓬松、丰满，手感滑软，光泽柔和，是毛纺行业的高档原料。常与羊毛混纺织制绒衫、大衣呢等。牦牛毛略有髓腔，平均直径为 45～100 μm，平均长度为 110～120 mm，外形平直，有波纹状鳞片，光滑坚韧而有光泽，可织制衬垫织物、帐篷及毛毡等。白牦牛毛和绒的品质与光泽最优，有很高的纺用价值。

兔绒和兔毛、骆驼绒和骆驼毛、牦牛绒和牦牛毛的扫描电镜照片见图 3-7。

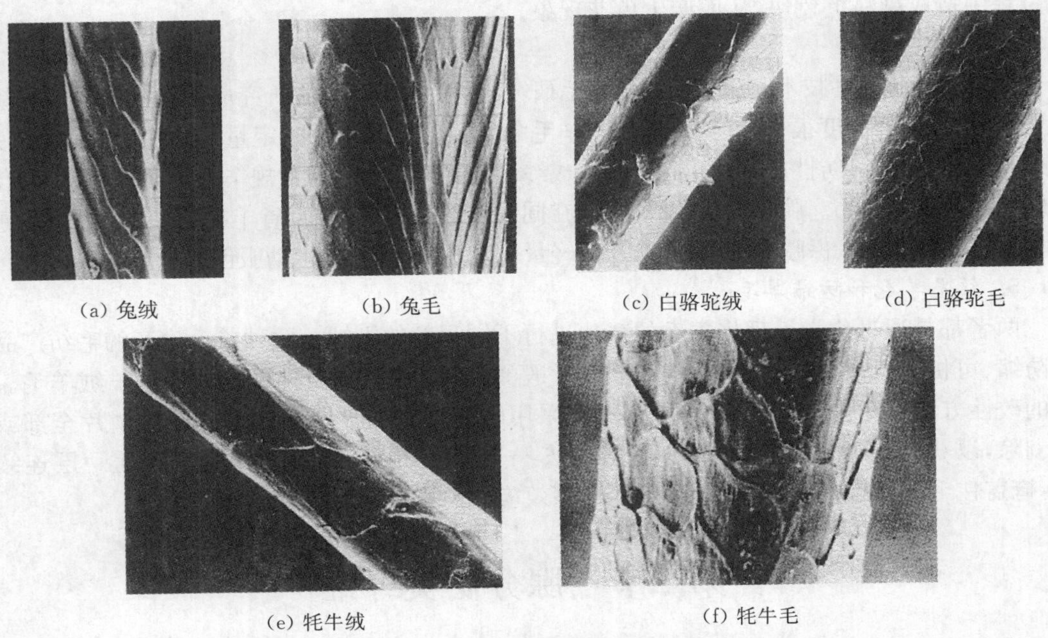

(a) 兔绒 (b) 兔毛 (c) 白骆驼绒 (d) 白骆驼毛

(e) 牦牛绒 (f) 牦牛毛

图 3-7 用于毛纺工业的其他动物毛的扫描电镜照片

六、改性羊毛

采用化学变性或物理方法，可以大大提高绵羊毛、山羊毛的使用价值，使这一丰富的自然资源得到有效的利用。同时,也可以为其他动物毛(如骆驼毛、牦牛毛、兔毛等)的开发利用提供有益的借鉴。

1. 经化学处理后的山羊毛

山羊毛的化学变性方法主要有氯化—氧化法、氯化—还原法、氯化—酶法、氧化法、还原法、氨—碱法等。经化学变性处理,山羊毛可变细、变软,卷曲度增加,伸长变形能力增大,顺、逆摩擦系数和定向摩擦效应均有所提高,而纤维强力未受太大的影响,甚至有一定程度的提高,从而明显地提高其纺纱性能和成纱质量。经化学变性处理的山羊毛可与黏胶纤维、腈纶、级数毛、精短毛等混纺,用于生产地毯、提花毛毯、衬布、粗纺呢绒以及仿马海毛绒等产品,产品性能稳定、可靠,已取得一定的经济效益。此外,经过氧化—酶变性处理的山羊毛,酸性染料染色时上染速率明显加快,这对缩短染色时间、减少纤维损伤具有重要意义。

2. 经物理机械处理后的山羊毛

采用物理机械处理方法,利用毛纤维的热定形性能,可增加纤维的卷曲数,使纤维的卷曲程度得到明显的提高,可纯纺成条,产品中的混用比例可达到50%以上,最高可达95%。成品的手感风格、覆盖性能和弹性等都有所改善。

3. 拉伸细化绵羊毛

澳大利亚联邦科学院(CSIRO)首先采用物理拉伸改性的方法,获得拉伸细化绵羊毛,因纤维直径变细、长度增加,可提高其可纺支数,生产高档轻薄型毛纺面料,具有布面光洁、手感柔软、悬垂性好、无刺痒感、滑爽挺括、穿着舒适等特点。但羊毛在物理拉伸过程中,其外层鳞片受到部分破坏,鳞片覆盖密度降低,且皮质层的分子间在拉伸过程中发生拆键和重排,在染色过程中造成染料上色快,从而产生色花现象。

4. 超卷曲羊毛

绵羊毛膨化改性技术起源于新西兰羊毛研究组织(WRONZ)的研究成果。大量的杂种粗羊毛,原料丰富但卷曲度很少,甚至不卷曲。羊毛条经拉伸、加热(暂时定量)、松弛后收缩,可使纤维外观卷曲,提高可纺性;线密度降低,改善成纱性能。膨化羊毛与常规羊毛混纺,可开发膨化或超膨毛纱及其针织品。膨化羊毛编织成衣,在同规格的情况下,可节省羊毛约20%,而且手感更蓬松柔软、服用舒适、保暖性好,为毛纺产品轻量化及开发休闲服、运动服创造了条件。

5. 丝光羊毛和防缩羊毛

两者都是通过化学处理将羊毛的鳞片进行不同程度的剥蚀。两种羊毛生产的毛纺产品均有防缩、可机洗效果,但丝光羊毛的产品有丝般的光泽且手感更润糯,被誉为仿羊绒羊毛。两者的改性方法有两种:①剥鳞片减量法——采用腐蚀法将绵羊细(绒)毛表面的鳞片全部或部分剥除,以获得更好的性能和手感;②增量法——利用树脂在纤维表面交联覆盖一层连续薄膜,掩盖住毛纤维鳞片结构,降低其定向摩擦效应,减少纤维相互滑移,以防缩绒。

第二节 腺分泌类纤维

一、腺分泌类纤维(蚕丝)的分类与命名

腺分泌类纤维(又称丝纤维)的分类是依据蚕食用的植物名称进行的,其命名由“植物名+蚕丝”构成。我国是蚕丝的发源地。蚕丝的种类很多,包括在室内培育的家蚕丝(即桑蚕丝)和室

外放养的野蚕丝(如柞蚕丝、木薯蚕丝、蓖麻蚕丝等)。目前应用最多的是桑蚕丝和柞蚕丝。其他蚕结的茧,因不宜缫丝,只能作为绢纺原料或制成丝绵。

此外,桑蚕丝(mulberry silk)可根据蚕的品种分为中国种、日本种、欧洲种三个系统,按蚕蛾一年内孵化的次数(即化性)分为一化性、二化性和多化性,按饲养季节分为春蚕丝、秋蚕丝,等;柞蚕丝还可按煮茧漂茧的方法及使用化学药剂的不同分为药水丝和灰丝。

二、蚕丝的形成和初加工

蚕丝是由蚕体内一对绢丝腺的分泌液所凝固而成的。蚕体绢丝腺结构示意图见图 3-8。绢丝腺是透明的管状器官,左右各一条,分别位于食管下面、蚕体两侧,呈细而弯曲状,在蚕的头部内两管合并为一根吐丝管。绢丝腺分为吐丝口、前部丝腺、中部丝腺和后部丝腺,绢丝腺各部分的长度比例为 1∶2∶6。后部丝腺分泌丝素,中部丝腺分泌丝胶。蚕长大成熟后,由这一对绢丝腺的后部泌丝部分泌出两根丝素(或称丝质、丝朊),到中部泌丝部分泌出丝胶和色素。丝胶并不与丝素混合,而是包覆在丝素的周围。然后通过前部输丝部,再经过吐丝口合并吐出体外,经蚕的头部摇动牵引,在空气中凝固成蚕丝。此时的蚕丝是由两根丝素和包覆在外面的丝胶所组成,称为茧丝。蚕吐丝时头部不断摆动,由外向内结成蚕茧(cocoon)。蚕茧的外层茧衣(cocoon outer floss)和内层蛹衬丝条紊乱、细弱,不能缫成连续的长丝,只能作为绢纺原料纺成短纤维纱即绢丝。蚕茧的中层即茧层为主要部分,茧层丝条排列有条不紊,品质优良,经过缫丝获得生丝,可直接供织造用。

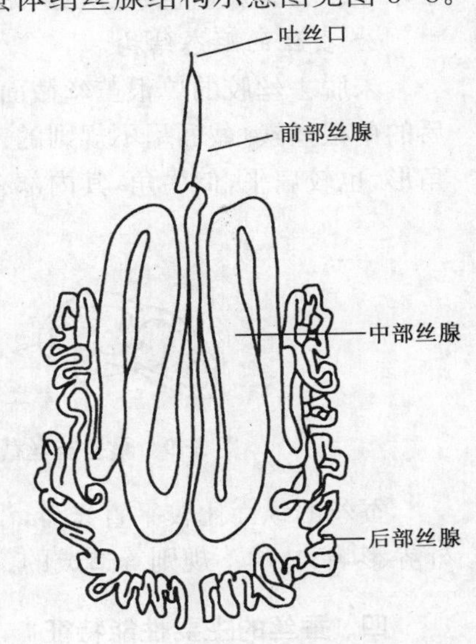

图 3-8　蚕体绢丝腺结构示意图

蚕茧的工艺加工包括剥茧(cocoon stripping)、选茧(cocoon sorting)、煮茧(cocoon cooking)、缫丝(silk reeling)。剥茧是剥去蚕茧外围松乱、细弱的茧衣,一般茧衣量约占全茧量的 2%。选茧是选去下脚茧,并根据缫丝要求,将原料进行分类。煮茧是在加热的煮茧汤中使丝胶适当膨润和部分溶解,使茧丝松散而便于从茧层上退下。缫丝是将几根茧丝顺序抽出,依靠丝胶抱合胶着而成丝束。缫得的丝束称为生丝,用机器缫制的称厂丝,用手工缫制的称土丝或农工丝。生丝手感较硬,光泽较差,经精练脱胶后称熟丝或精练丝,光泽悦目,柔软平滑。有时,两条蚕共同做成一个茧,称双宫茧,以双宫茧为原料缫制的丝称双宫丝。这种丝条具有不规则粗节,别具一格。

柞蚕丝的缫制工艺与桑蚕丝不同。按煮茧、漂茧的方法以及使用的化学药剂的不同可分为药水丝和灰丝。药水丝以过氧化物漂茧,色光淡黄优雅;灰丝利用碱性物质漂茧,色灰浅褐略灰暗。药水丝又有干缫丝和水缫丝之分。干缫丝在干缫机台上缫制,柞蚕茧处于脱水半干状态;水缫丝在立缫机温场中进行缫丝。

茧加工中的各种下脚,包括:剥茧时的茧衣;选茧中的疵茧,如双宫茧、口类茧(蛾口、削口、鼠口)、黄斑茧、蛆茧、柴印茧(或蔟印茧)、汤茧、薄皮茧、血茧等;缫丝的下脚,如索绪中获得的废丝(称长吐);缫丝最后的蛹衬丝(称滞头或汰头)以及缫丝厂或丝绸厂产生的废丝(称毛丝或经吐)。这些都是绢纺的重要原料,其中长吐、双宫茧、口类茧、柴印茧、蛆茧以及废丝,是上等优质绢纺原料。

三、蚕丝的组成和形态结构

1. 蚕丝的组成

蚕丝主要由丝素(fibroin)和丝胶(sericin)组成,它们都是蛋白质,主要组成元素为C,H,O和N。桑蚕丝中,丝素含量占蚕丝总量的70%~80%,丝胶含量占20%~30%;柞蚕丝中丝素约占85%,丝胶含量约占15%。丝素蛋白质呈纤维状,不溶于水;丝胶蛋白质呈球型,能溶于水中。另有少量色素、灰分、蜡质、碳水化合物,它们主要分布在丝胶中。

2. 蚕丝的形态结构

未脱去丝胶的单根茧丝截面呈不规则的椭圆形,由两根丝素外覆丝胶而组成。除去丝胶后的单根丝素,截面呈不规则的三角形,见图3-9。柞蚕茧丝较为扁平呈长椭圆形,丝素呈三角形,也较扁平,似牛角,其内部有细小毛孔,见图3-10。

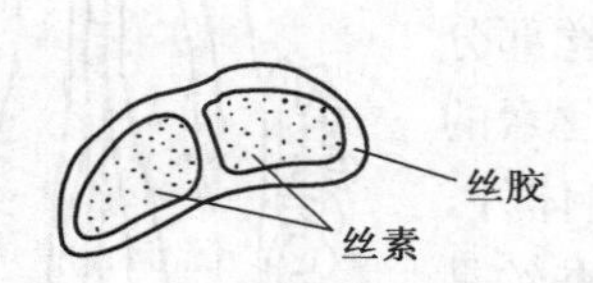

图3-9 桑蚕茧丝截面形态

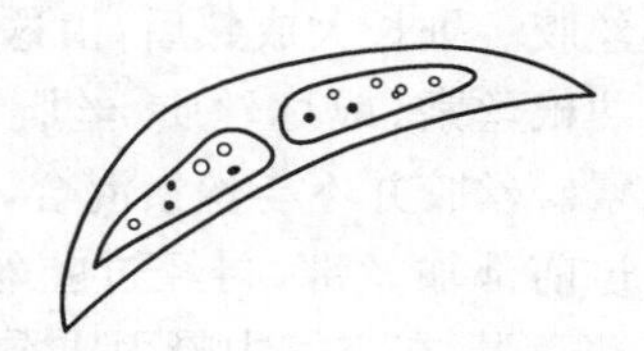

图3-10 柞蚕茧丝截面形态

蚕丝的纵面比较平直光滑,没有除去丝胶的茧丝表面带有异状丝胶瘤节,这是蚕吐丝时因外界影响、吐丝不规则等造成的。生丝的纵面形态和茧丝相似。

四、蚕丝的主要性能特征

1. 蚕丝的物理机械性能

(1) 长度

柞蚕茧的茧层量和茧形均大于桑蚕茧。柞蚕茧丝的平均直径为21~30 μm,桑蚕茧丝为13~18 μm;柞蚕茧丝的长度为500~600 m,桑蚕茧丝为1 200~1 500 m。

从茧子上缫取的茧丝很长,可获得任意长度的连续长丝(生丝),不需纺纱即可织造。也可将下脚茧丝、茧衣和缫丝废丝等经脱胶切成短纤维,由绢纺工艺获得绢丝以供织造用。

(2) 线密度

桑蚕茧丝的线密度为2.8~3.9 dtex。经脱胶后单根丝素的线密度小于茧丝的一半。柞蚕茧丝略粗,为5.6 dtex左右。生丝线密度则根据茧丝线密度(如缫丝时茧的定粒数)而定。生丝细度和均匀度是生丝品质的重要指标。丝织物品种繁多,如绸、缎、纱、绉等。其中轻薄的丝织物,不仅要求生丝纤细,而且对其细度均匀度有很高的要求。细度不匀的生丝,将使丝织物表面出现色档、条档等疵点,严重影响织物外观和其他性能。

(3) 密度

蚕丝的密度比较小,且随丝胶含量的多少而有差异,因为丝胶的密度大于丝素。一般生丝的密度为1.30~1.37 g/cm^3,熟丝为1.25~1.30 g/cm^3。

(4) 吸湿性

蚕丝的吸湿能力很强,公定回潮率为11%,且散湿速度快。吸湿后纤维膨胀,直径可增加

65%。柞蚕丝由于截面比较扁平，织物局部遇水滴后，纤维因吸湿膨胀，改变了单纤维在纤维束或纺织品中的排列角度，当光线照射到织物上时，就会形成反射上的差异，形成水渍印。

(5) 强伸性

蚕丝的强度大于羊毛而接近棉，桑蚕丝的强度为 2.5～3.5 cN/dtex，湿强下降 10%～25%；柞蚕丝的强度为 3～3.5 cN/dtex，湿强比干强略高 4%～10%。蚕丝的伸长率小于羊毛而大于棉，桑蚕丝的断裂伸长率为 15%～25%，柞蚕丝为 23%～27%。蚕丝的弹性回复能力也小于羊毛而优于棉。

2. 蚕丝的化学稳定性

蚕丝在酸碱作用下能被水解破坏，对碱的抵抗能力更差，遇碱即膨化水解。强的无机酸在常温下短时间处理也会使蚕丝溶解，但弱的无机酸和有机酸对蚕丝影响不大。同样条件下，柞蚕丝的耐酸碱性比桑蚕丝强。蚕丝的耐盐性也较差，中性盐一般易被蚕丝吸收，使蚕丝脆化。

3. 蚕丝的光学性质

桑蚕丝一般呈白色，除去丝胶后具有雅致悦目的光泽，这是由于丝素的三角形截面和层状结构所形成的。柞蚕丝具有天然淡褐色，光泽柔和，但比桑蚕丝差。

蚕丝的耐光性较差。紫外线的照射会使丝素中的酪氨酸、色氨酸的残基氧化裂解，使蚕丝发脆泛色，强力下降。柞蚕丝的泛色程度比桑蚕丝严重。

4. 蚕丝的热学性质

蚕丝耐干热性较强，能长时间耐受 100 ℃的高温。温度升至 130 ℃，蚕丝会泛黄、发硬。其分解点在 150 ℃左右。蚕丝也是热的不良导体，导热率比棉小。

5. 丝鸣

干燥的蚕丝相互摩擦或揉搓时发出特有的清晰微弱的声响，称为丝鸣。丝鸣成为蚕丝独具的风格特征。

五、蜘蛛丝

蜘蛛丝呈金黄色、透明，其横截面呈圆形。蜘蛛丝的平均直径为6.9 μm，大约是蚕丝的一半，是典型的超细、高性能天然纤维，与其他天然纤维和化学纤维的性能对比见表 3-1。人们早已知道蜘蛛丝的耐紫外线性好，耐热性好，强度高，韧性好，断裂能高，质地轻，是制造防弹衣、降落伞、外科手术缝合线的理想材料，但无法大量获得。

表 3-1　蜘蛛丝与部分纤维的性能对比

纤　维	密度(g/cm³)	模量(GPa)	强度(GPa)	韧度(MJ/m³)	断裂伸长率(%)
蜘蛛丝	1.3	10	1.1	160	27
锦纶 66	1.1	5	0.95	80	18
Kevlar 49	1.4	130	3.6	50	3
蚕　丝	1.3	7	0.6	70	18
羊　毛	1.3	0.5	0.2	60	50
钢　丝	7.8	200	1.5	6	1

蜘蛛丝由多种氨基酸组成，含量最多的是丙氨酸、甘氨酸和丝氨酸，还包括亮氨酸、脯氨酸和酪氨酸等大约 17 种。中国的大腹圆蜘蛛牵引丝的蛋白质含量约 95.88%，其余为灰分和蜡

物质。研究认为，中国大腹圆蜘蛛的牵引丝、蛛网框丝及包卵丝中都存在β-曲折、α-螺旋以及无规卷曲和β-转角的分子链，同时可能还有其他更复杂的结构，且蜘蛛丝中具有β-曲折构象的分子链沿纤维轴心线有良好的取向。蜘蛛丝的结晶度很低，几乎呈无定形状态，其中牵引丝的结晶度只有桑蚕丝的35%。

蜘蛛丝的皮芯结构使纤维在外力作用下，由外层向内层逐渐断裂。结构致密的皮层在赋予纤维一定刚度的同时，在拉伸起始阶段承担较多的外力，一旦内层原纤内的分子链因外力作用而沿纤维轴线方向形成新的排列结构后，纤维内层即承担很大的负荷，并逐渐断裂，因此蜘蛛丝最终表现出很大的拉伸强度和伸长能力，外力破坏单位体积纤维所做的功很大。蜘蛛牵引丝的模量为10～220 cN/dtex，强度为7.0 cN/dtex，断裂功为100 J/g，断裂伸长率为10%～33%。其强度与钢相似，虽低于对位芳纶纤维，但明显高于蚕丝、橡胶及一般合成纤维，伸长率则与蚕丝及合成纤维相似，远高于钢及对位芳纶，尤其是其断裂功最大，是对位芳纶的三倍之多，因而其韧性很好，再加上其初始模量大、密度最小，所以是一种非常优异的材料。干丝较脆而湿丝有很好的弹性。蜘蛛丝在常温下处于润湿状态时，具有超收缩能力，可收缩至原长的55%，且伸长率较干丝大，但仍有很高的弹性回复率。蜘蛛丝摩擦系数小，抗静电性能优于合成纤维，导湿性、悬垂性优于蚕丝。

蜘蛛丝是一种蛋白质纤维，具有独特的溶解性，不溶于水、稀酸和稀碱，但溶于溴化锂、甲酸、浓硫酸等，同时对蛋白水解酶具有抵抗性，不能被其分解，遇高温加热时可溶于乙醇。蜘蛛丝的主要成分与蚕丝丝素的氨基酸组成相似，有生物相容性，可以生物降解和回收，不会对环境造成污染。蜘蛛丝所显示的橙黄色，遇碱则加深，遇酸则褪色，它的微量化学性质与蚕丝相似。

思考题

3-1　试述羊毛纤维的截面和纵面形态。

3-2　羊毛纤维由外向内有哪几层组成？各层对纤维性质有什么影响？

3-3　羊毛纤维的卷曲是怎样形成的？卷曲对羊毛的弹性、抱合力和缩绒性有什么影响？

3-4　什么叫缩绒性？是否纤维都具有缩绒性？缩绒性的大小与哪些因素有关？用什么方法防止羊毛纤维毡缩？

3-5　什么是有髓毛、无髓毛、两型毛、死毛？什么是同质毛和异质毛？什么是细羊毛和半细羊毛？

3-6　羊毛纤维的主要组成物质是什么？它对酸、碱的抵抗力如何？

3-7　试述山羊绒、马海毛、兔毛的结构和性能特点。

3-8　试述蚕丝的截面和纵面形态。

3-9　柞蚕丝的结构和性能与桑蚕丝有什么不同？

第四章　化 学 纤 维

本章要点

熟悉化学纤维的制造过程，掌握纺丝成形方法及化学纤维的后加工，熟悉常见再生纤维的组成与特性，掌握常见合成纤维的组成与特性，掌握差别化纤维的主要品种与特性，熟悉常用的功能纤维与高性能纤维，熟悉化学短纤维的品质检验。

第一节　化学纤维制造概述

化学纤维品种繁多，但其制造基本上可概括为：成纤高聚物的提纯或聚合、纺丝流体的制备、纺丝成形以及后加工等四个过程。

一、成纤高聚物的提纯或聚合

化学纤维是以天然的或合成的高分子化合物为原料，经过化学方法及物理加工制成的纤维。

再生纤维素纤维的制造，需先从天然纤维素原料中提取纯净的纤维素，经过必要的化学处理将其制成黏稠的纺丝溶液；再生蛋白质纤维的制造，需先从天然蛋白质原料中提取纯净的蛋白质，经过必要的化学处理将其制成黏稠的纺丝溶液；再生甲壳质纤维与壳聚糖纤维的制造，需先从虾、蟹、昆虫的外壳及菌类、藻类细胞壁中提炼出天然高聚物、甲壳质和壳聚糖，再经过必要的化学处理制成黏稠的纺丝溶液。合成纤维的制造，需先将相应的低分子物质经化学合成制成高分子聚合物，然后制成纤维。

二、纺丝流体的制备

将成纤高聚物用熔融或溶液法制成纺丝流体。熔融法是将成纤高聚物加热熔融成熔体，适用于加热后能熔融而不发生热分解的高聚物。如果成纤高聚物的熔点高于分解点则须用溶液法，此法是将成纤高聚物溶解于适当的溶剂中制成纺丝液。

为了保证纺丝的顺利进行并纺得优质纤维，纺丝流体必须黏度适当，不含气泡和杂质，所以纺丝流体须经过滤、脱泡等处理。

为使纤维成品光泽柔和，在纺丝液中加入消光剂二氧化钛。根据二氧化钛的含量可生产有光、无光、半无光纤维。也可将颜料或染料掺入纺丝液中，直接制成有色纤维，以提高染色牢度，降低染色成本。

三、纺丝成形

将纺丝流体从喷丝头的喷丝孔中压出而呈细流状，再在适当的介质中固化成为细丝，这一过程称为纺丝成形。刚纺成的细丝称为初生纤维。

常用的纺丝方法有两大类，即熔体纺丝法和溶液纺丝法。

1. *熔体纺丝法*(melt spinning method)

这一方法是将熔融的成纤高聚物熔体，从喷丝头的喷丝孔中压出，在周围空气中冷却、固化成丝。此法纺丝过程简单，纺丝速度较高，但喷丝头孔数少，纺长丝时一般为几孔到几十孔，纺短纤维时一般为 300～1 000 孔，多孔纺可达 2 200 孔。当成纤高聚物的熔点低于分解点时，宜采用熔体纺丝法纺丝，纺得的丝大多为圆形截面，也可通过改变喷丝孔的形状来改变纤维截面形态。合成纤维中的涤纶、锦纶、丙纶等都采用此法纺丝。

2. *溶液纺丝法*(solution spinning method)

分湿法纺丝和干法纺丝两种。

(1) 湿法纺丝(wet spinning)

这一方法是将溶解制备的纺丝液从喷丝头的喷丝孔中压出，呈细流状，在液体凝固剂中固化成丝。此法的特点是纺丝速度较慢，但喷丝头孔数可多达 5 万孔以上。由于液体凝固剂的固化作用，截面大多不呈圆形，且有较明显的皮芯结构。大部分腈纶、维纶短纤、氯纶、黏胶和铜氨纤维多用此法。

(2) 干法纺丝(dry spinning)

这一方法是将溶解制备的纺丝液，从喷丝头的喷丝孔中压出，呈细流状，在热空气中使溶剂迅速挥发而固化成丝。只有溶剂挥发点低的纺丝黏液，才能采用此法。热空气的温度需高于溶剂沸点。此法的纺丝速度较高，且可纺制较细的长丝，但喷丝头孔数较少，为 300～600 孔。由于溶剂挥发易污染环境，需回收溶剂，设备工艺复杂，成本高，故较少采用。醋酯、维纶、氨纶和部分腈纶可用此法纺丝。

四、后加工

初生纤维的强度很低，伸长很大，沸水收缩率很高，没有实用价值。所以必须进行一系列后加工，以改善纤维的物理性能。后加工的工序随短纤维、长丝以及纤维品种而异。现将主要内容叙述如下。

1. *短纤维的后加工*

短纤维的后加工主要包括集束、拉伸、上油、卷曲、干燥定形、切断、打包等内容。对含有单体、凝固液等杂质的纤维还须经过水洗或药液处理等过程。

(1) 集束

将几个喷丝头喷出的丝束以均匀的张力集合成规定粗细的大股丝束，以便于以后加工。集束时张力必须均匀，否则以后拉伸时会使纤维细度不匀。

(2) 拉伸

将集束后的大股丝束经多辊拉伸机进行一定倍数的拉伸。这样可以改变纤维中大分子的排列，使大分子沿纤维轴向伸直而有序地排列（常称取向），从而改善了纤维的力学性质。改变拉伸倍数可使大分子排列情况不同，从而制得不同强伸度的纤维。拉伸倍数小，制得的纤维强度较低，伸长度大，属低强高伸型；拉伸倍数大，制得的纤维强度较高而伸长较小，属高强低伸型。

（3）上油

上油是将丝束经过油浴，在纤维表面加上一层很薄的油膜，减少纤维在纺织和使用过程中产生的静电现象，并使纤维柔软平滑，改善手感。

化纤油剂根据不同要求和不同纤维品种进行选用，一般包含平滑柔软剂、乳化剂、抗静电剂、渗透剂和添加刑。平滑柔软剂起平滑、柔软作用，采用天然动物油、植物油、矿物油或合成酯类。乳化剂起乳化、吸湿、抗静电、平滑等作用，采用表面活性剂。抗静电剂主要起抗静电作用，采用表面活性剂。渗透剂主要起渗透、平滑作用，采用表面活性剂。添加剂起防氧化、防霉等作用，采用防氧化剂、防霉剂、消泡剂、水、有机溶剂等。

化纤油剂除需达到抗静电、柔软润滑、改善手感等目的外，还要求能使纤维有一定的抱合力，对温、湿度稳定，不腐蚀机器，无毒、无臭、不刺激人体，染色加工时易洗去，不影响染色性能等。

（4）卷曲

卷曲是使纤维具有一定的卷曲数，从而改善纤维之间的抱合力，使纺纱工程顺利进行并保证成纱强力，同时可改善织物的服用性能。可利用纤维的热塑性，将丝束送入具有一定温度的卷曲箱挤压后形成卷曲，如涤纶、锦纶、丙纶等。此法所得卷曲数较多，但多呈波浪形，卷曲牢度较差，容易在纺纱过程中逐渐消失。另外，利用纤维内部结构的不对称性，将纤维置于热空气或热水中，使前段工序中的内应力松弛，因收缩不匀而产生卷曲，所得卷曲数较少，但呈立体形，牢度较好，如维纶、黏胶纤维等。并列型双组分纤维的内部不对称性更为明显，所得卷曲牢度好。

（5）干燥定形

一般在帘板式烘燥机上进行。目的是除去纤维中的水分以达到规定的含水量，并消除前段工序中产生的内应力，防止纤维在后加工或使用中产生收缩，改善其物理性能。

（6）切断

在沟轮式切断机上将丝束切断成规定的长度，切断时要求刀口锋利，张力均匀，以免产生超长和倍长纤维。

（7）打包

最后将纤维在打包机上打成包。

为了缩短纺纱工序和提高成纱强力，也可采用牵切法。长丝束不进行切断，而是在牵切机上依靠两对速度不同的加压罗拉牵伸而拉断纤维，所得纤维长度不等，可直接成条。

2. 长丝的后加工

黏胶丝的后加工包括水洗、脱硫、漂白、酸洗、上油、脱水、烘干、络筒（绞）等工序。

涤纶和锦纶 6 长丝的后加工包括拉伸加捻、后加捻、压洗（涤纶不需压洗）、热定形、平衡、倒筒等工序。

拉伸加捻是在一定的温度下，将长丝进行一定倍数的拉伸，使大分子沿纤维轴向伸直而有序地排列，从而改善纤维的力学性质。拉伸的同时丝条被加上一些捻度。

后加捻是对拉伸加捻后的丝条追加所要求的捻度，增强丝的抱合力，减少使用时的抽丝，并提高复丝的强度。

压洗是在压洗锅中用热水对卷绕在网眼筒管上的丝条循环洗涤，以除去丝条上的单体等低分子物质。

热定形在定形锅内用蒸汽进行，以消除前段工序中产生的内应力，改善纤维的物理性能，并稳定捻回。

平衡、倒筒是将定形后的丝筒放在一定温湿度的房间内 24 h，使丝筒内、外层的含湿量均匀一致，并达规定值，然后将丝从网眼筒管倒到纸管上并形成宝塔形筒管。

第二节 再生纤维

一、再生纤维素纤维(regenerated cellulose fiber)

1. 黏胶纤维(rayon)

黏胶纤维以棉短绒、木材、芦苇、甘蔗渣、竹等天然纤维素原料中提取的纯净纤维素为原料，经碱化、老化、黄化等工序制成可溶性纤维素黄酸酯，再溶于稀碱液中制成纺丝溶液，经湿法纺丝而制成。依据原料来源和制成的浆粕或浆液，命名为“原料名称＋浆＋纤维”或“原料名称＋黏胶”，如棉浆纤维或棉黏胶；木浆纤维或木黏胶；竹浆纤维或竹黏胶；麻浆纤维或麻黏胶等。能作为纺织纤维的材料，必须明确地将“黏胶”或“浆”字放入或直接称为“再生＋原料＋纤维”。

(1) 黏胶纤维的制备

$$\underset{\text{纤维素浆粕}}{(C_6H_{10}O_2)_n} \xrightarrow{NaOH} \underset{\text{碱纤维素}}{(C_6H_4O_4—ONa)_n} \xrightarrow{CS_2} \underset{\text{纤维素黄酸酯}}{\left[\begin{matrix} OC_6H_9O_4 \\ / \\ C{=}S \\ \backslash \\ SNa \end{matrix}\right]_n} \xrightarrow[\text{溶液}]{NaOH} \text{黏胶液} \xrightarrow[\text{喷丝头}]{\text{湿法纺丝}}$$

$$\text{喷出细流} \xrightarrow[\text{凝固浴}]{H_2SO_4,\ Na_2SO_4,\ ZnSO_4} \text{纤维成形}$$

(2) 黏胶纤维的结构特征

黏胶纤维的主要组成物质是纤维素，其分子结构与棉纤维相同，聚合度低于棉，一般为 250～550。黏胶纤维的截面边缘为不规则的锯齿形，纵向平直并有不连续的条纹。黏胶纤维中纤维素结晶结构为纤维素Ⅱ。纤维的外层和内层在结晶度、取向度、晶粒大小及密度等方面具有差异，这种结构称为皮芯结构。

黏胶纤维的结构与截面形状来源于湿法纺丝的凝固剂和溶剂的双扩散作用，使黏胶细流表层和内层的凝固和再生历程不同，皮层中的大分子和芯层中的大分子相比，前者受到较强的拉伸而后者受到较弱的拉伸，使纤维皮芯层在结晶与取向等结构上产生较大的差异，皮层的取向度较高，形成的晶粒较小，晶粒数量较多。而且纤维皮芯层不同时收缩，因此皮层随芯层的收缩，形成了锯齿形的截面边缘。不同黏胶纤维的截面皮芯结构见图 4-1。黏胶纤维的皮层在水中的膨润度较低，吸湿性较好，对某些物质的可及性较低。

(3) 黏胶纤维的主要性能

黏胶纤维的吸湿性是普通化学纤维中最高的，公定回潮率为 13%；在 20 ℃、相对湿度为 95%时，回潮率约为 30%。黏胶纤维在水中润湿后，截面膨胀率可达 50%以上，最高可达

140%。因此，一般的黏胶纤维织物沾水后会发硬。

普通黏胶纤维的断裂强度较低，一般为 1.6～2.7 cN/dtex，断裂伸长率为 10%～22%。润湿后，黏胶纤维的强度急剧下降，其湿干强度比为 40%～50%。在剧烈的洗涤条件下，黏胶纤维织物易受损伤。普通黏胶纤维在小负荷下容易变形且变形后不易回复，即弹性差(织物容易起皱)，耐磨性较差(织物易起毛起球)。

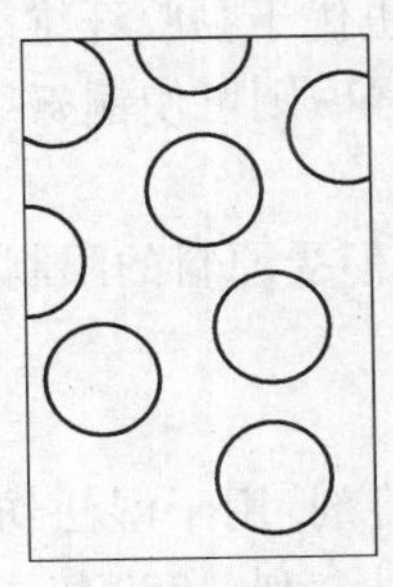

(a) 全芯层黏胶
(铜氨纤维)

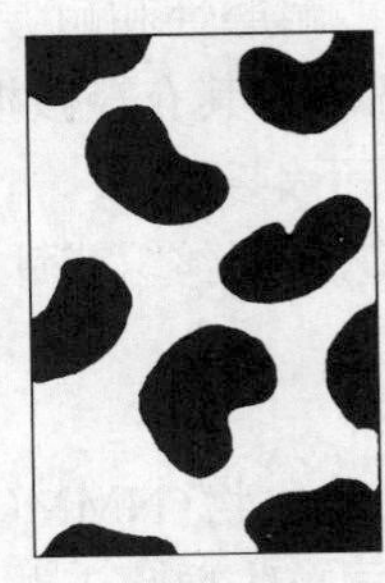

(b) 全皮层黏胶
(高强纤维、强力黏胶纤维)

(c) 皮芯层黏胶
(毛型普通黏胶纤维)

图 4-1 黏胶纤维的截面皮芯结构(与铜氨纤维对比)

黏胶纤维虽与棉同为纤维素纤维，但其相对分子质量比后者低得多，所以耐热性较差。普通黏胶纤维的染色性良好，色谱齐全，色泽鲜艳，染色牢度高。

(4) 黏胶纤维的种类与用途

黏胶纤维按纤维素浆粕来源不同，分为木浆黏胶纤维、棉浆黏胶纤维、草浆黏胶纤维、竹浆黏胶纤维、黄麻浆黏胶纤维、大麻浆黏胶纤维等。按结构不同，分为以下三种黏胶纤维：

普通黏胶纤维	① 黏胶短纤维：棉型(长度：33 ～ 41 mm，线密度：1.3 ～ 1.8 dtex)；毛型(长度：76 ～150 mm，线密度：3.3 ～ 5.5 dtex)；中长型(长度：51 ～ 65 mm，线密度：2.2 ～ 3.3 dtex)。可与棉、毛、涤纶、腈纶等混纺，也可纯纺，用于制织各种服装面料和家纺织物及产业用纺织品。成本低、吸湿性好、抗静电性能优良 ② 黏胶长丝：可纯纺，也可与蚕丝、棉纱、合纤长丝等交织，用于制作服装面料、床上用品及装饰织物。干态断裂强度为 2.2 ～ 2.6 cN/dtex，湿干强度比为45% ～80%
高湿模量黏胶纤维	① 通过改变普通黏胶纤维的纺丝工艺条件开发而成。我国商品名称为富强纤维或莫代尔(modal)，日本称虎木棉 ② 纤维截面近似圆形，厚皮层结构，断裂强度为 3.0～3.5 cN/dtex，湿干强度比明显提高(75% ～ 80%)
强力黏胶丝	为全皮层结构，具有高强度，耐疲劳性良好，断裂强度为 3.6 ～ 5.0 cN/dtex，湿干强度比为 65% ～ 70%。广泛用于工业生产，用于生产帘子布、运输带、胶管、帆布等

2. 铜氨纤维(cuprammonium rayon)

铜氨纤维是将棉短绒等天然纤维素原料溶解在氢氧化铜或碱性铜盐的浓氨溶液内，配成纺丝液，在水或稀碱溶液的凝固浴中纺丝成形，再在含 2%～3%硫酸溶液的第二浴内使铜氨纤维素分子化学物分解再生成纤维素，生成的水合纤维素经后加工即得到铜氨纤维。

铜氨纤维的截面呈圆形，无皮芯结构，纵向表面光滑。纤维可承受高度拉伸，制得的单丝较细，其线密度为 0.44～1.44 dtex。所以铜氨纤维手感柔软，光泽柔和，有真丝感。铜氨纤维的密度与棉纤维及黏胶纤维接近或相同，为 1.52 g/cm^3。

铜氨纤维的吸湿性比棉好，与黏胶纤维相近，但吸水量比黏胶纤维高 20%左右。在相同的染色条件下，铜氨纤维的染色亲和力较黏胶纤维大，上色较深。

铜氨纤维的干强与黏胶纤维相近，但湿强高于黏胶纤维。其干态断裂强度为 2.6～3.0 cN/dtex，湿干强度比为 65%～70%。耐磨性和耐疲劳性也优于黏胶纤维。

浓硫酸和热稀酸能溶解铜氨纤维，稀碱对其有轻微损伤，强碱则可使铜氨纤维膨胀直至溶解。铜氨纤维不溶于一般有机溶剂，而溶于铜氨溶液。

由于纤维细软，光泽适宜，常用于制织高档丝织或针织物，但受原料的限制且工艺较复杂，产量较低。

3. Lyocell 纤维

Lyocell 纤维是以 N-甲基吗啉-N-氧化物（NMMO）为溶剂，用干湿法纺制的再生纤维素纤维。1980 年由德国 Azko-Nobel 公司首先取得工艺和产品专利，1989 年由国际人造纤维和合成纤维委员会（BISFA）正式命名为 Lyocell 纤维。

Lyocell 纤维为高聚合度、高结晶度和高取向度的纤维素纤维，具有巨原纤结构，纤维截面呈圆形，具有高强、高湿模量等特点。Lyocell 纤维具有较高的强度，干强与涤纶接近，比棉纤维高出许多。该纤维在水中的湿润异向特征十分明显，其横向膨润率可达 40%，而纵向膨润率仅 0.03%，湿强几乎达到干强的 90%。Lyocell 纤维制品在湿态下，经机械外力的摩擦作用，会产生明显的原纤化现象。这种现象表现为纤维纵向分离出更细小的原纤，在纺织品表面形成毛羽。原纤化倾向是该纤维的主要缺陷，但可利用这一特性生产具有桃皮绒感和柔软触感的纺织品。

常见纤维素纤维的性能比较见表 4-1。

表 4-1　纤维素纤维性能比较

纤　维	公定回潮率（%）	线密度（dtex）	干断裂强度（cN/dtex）	湿断裂强度（cN/dtex）	干断裂伸长率（%）	湿断裂伸长率（%）	5%伸长湿模量（cN/dtex）	吸水率（%）	聚合度
铜氨短纤维	13	1.4	2.5～3.0	1.7～2.2	14～16	25～28	50～70	100～120	—
普通黏胶纤维	13	1.7	2.2～2.6	1.0～1.5	20～25	25～30	50	90～110	250～300
富强纤维	13	1.7	3.4～3.6	1.9～2.1	13～15	13～15	110	60～75	450～500
Lyocell 纤维	10	1.7	4.0～4.2	3.4～3.8	14～16	16～18	270	65～70	550～600
棉纤维	8.5	1.65～1.95	2.0～2.4	2.6～3.0	7～9	12～14	100	40～45	6 000～11 000

4. 醋酯纤维（acetate fiber）

醋酯纤维是以天然纤维素为骨架，通过与其他化合物（醋酸酐）的反应，改变其组织成分，再生形成天然高分子衍生物（三醋酯纤维素或二醋酯纤维素）而制成的纤维。

（1）醋酯纤维的制备

$$\underset{\text{纤维素}}{\text{cell—(OH)}_3} + \underset{\text{醋酸酐}}{3(\text{CH}_3\text{CO})_2\text{O}} \longrightarrow \underset{\text{三醋酯纤维素}}{\text{cell—(OCOCH}_3)_3} + \underset{\text{醋酸}}{3\text{CH}_3\text{COOH}}$$

将三醋酯纤维素溶解在二氯甲烷溶剂中制成纺丝液，经干法纺丝制成三醋酯纤维。

$$\underset{\text{三醋酯纤维素}}{\text{cell—}(OCOCH_3)_3} + H_2O \xrightarrow{\text{皂化反应}} \underset{\text{二醋酯纤维素}}{\text{cell—}(OCOCH_3)_2} + CH_3COOH$$

将二醋酯纤维素溶解在丙酮溶剂中进行纺丝，可制得二醋酯纤维。

(2) 醋酯纤维的结构

二醋酯纤维和三醋酯纤维的酯化度不同，前者一般为75%～80%，后者为93%～100%。醋酯纤维为无芯结构，横截面形状为多瓣形叶状或耳形，见图4-2。对于大分子结构对称性和规整性：三醋酯纤维好于二醋酯纤维；结晶度：三醋酯纤维高于二醋酯纤维；聚合度：二醋酯纤维为180～200，三醋酯纤维为280～300。

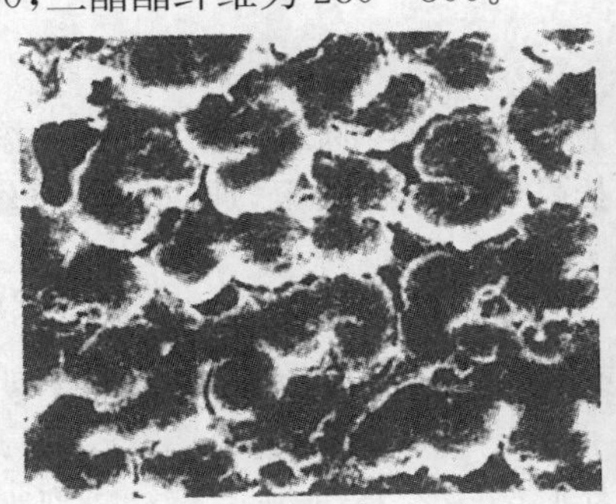
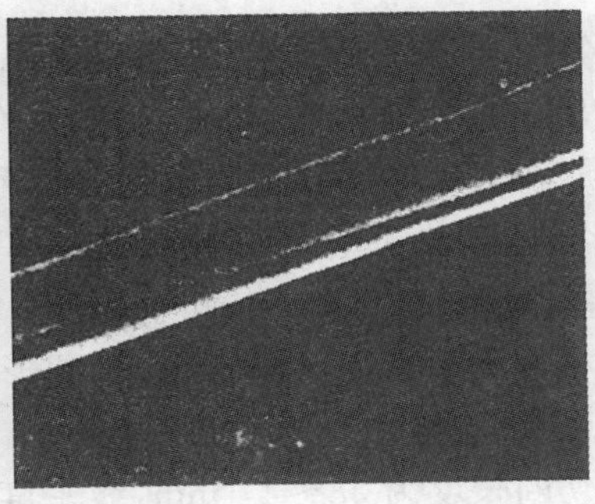

图4-2 醋酯纤维形态

(3) 醋酯纤维的性能与用途

醋酯纤维的性能对比见表4-2。

表4-2 醋酯纤维的主要性能

<table>
<tr><th colspan="2">主要性能</th><th>二醋酯纤维</th><th>三醋酯纤维</th><th>备注</th></tr>
<tr><td colspan="2">标准大气条件下的回潮率</td><td>6.0%～7.0%</td><td>约3.0%～3.5%</td><td rowspan="2">由于纤维素分子上的羟基被乙酰基取代，故吸湿性比黏胶纤维低得多</td></tr>
<tr><td colspan="2">染色性</td><td colspan="2">较差，通常采用分散染料、特种染料</td></tr>
<tr><td rowspan="3">力学性能</td><td>干态断裂强度</td><td>1.1～1.2 cN/dtex</td><td>1.0～1.1 cN/dtex</td><td rowspan="3">醋酯纤维易变形，也易回复，不易起皱，柔软，具有蚕丝的风格</td></tr>
<tr><td>湿干态强度比</td><td colspan="2">0.67～0.77</td></tr>
<tr><td>伸长特性</td><td colspan="2">干态断裂伸长率约25%，断裂湿态伸长率约35%，1.5%伸长变形时其回复率为100%</td></tr>
<tr><td colspan="2">耐热性</td><td>150 ℃左右表现出显著的热塑性，195～205 ℃时开始软化，230 ℃左右发生热分解而熔融</td><td>有较明显的熔点，一般在200～300 ℃时熔融，其玻璃化温度为186 ℃</td><td rowspan="3">醋酯纤维的耐光性与棉相近，电阻率较小，抗静电性能较好</td></tr>
<tr><td colspan="2">密度</td><td>1.32 g/cm³</td><td>1.30 g/cm³</td></tr>
<tr><td colspan="2">耐酸碱性</td><td colspan="2">均较差，在碱作用下会逐渐皂化而成为再生纤维素，在稀酸溶液中比较稳定而在浓酸溶液中会因皂化、水解而溶解</td></tr>
</table>

醋酯纤维表面平滑，有丝一般的光泽，适用于制作衬衣、领带、睡衣、高级女装等，还用于卷烟过滤嘴。

二、再生蛋白质纤维(regenerated protein fiber)

以动物或植物蛋白质为原料制成的纤维称为再生蛋白质纤维。目前已使用的蛋白质有：酪素蛋白、牛奶制品蛋白、蚕蛹蛋白、大豆蛋白、玉米蛋白、花生蛋白和明胶等。

1. 大豆蛋白纤维(soybeam protein fiber)

大豆蛋白纤维是由大豆中提取的蛋白质与其他高聚物共混或接枝后配成纺丝液，经湿法纺丝而制得。

(1) 大豆蛋白纤维的制备

以大豆或废豆粕为原料，先将豆粕水浸、分离，提出纯球状蛋白质，再通过添加功能型助剂，改变蛋白质空间结构，并在适当条件下与羟基高聚物接枝共聚，通过湿法纺丝生成大豆蛋白纤维，然后经缩醛化处理使纤维性能稳定。

(2) 大豆蛋白纤维的结构、性能与用途

大豆纤维横截面呈扁平状哑铃形、腰圆形或不规则三角形，纵向表面有不明显的凹凸沟槽，纤维具有一定的卷曲。

大豆纤维切断长度为38～41 mm，线密度为1.67～2.78 dtex。干态断裂强度接近于涤纶，断裂伸长率与蚕丝和黏胶纤维接近，但变异系数较大。吸湿后强力下降明显，与黏胶纤维类似。因此，纺纱过程中应适当控制其含湿量，以保证纺纱过程的顺利进行。初始模量较小，弹性回复率较低，卷曲弹性回复率也低，纺织加工中有一定困难。纤维的摩擦系数比其他纤维低，且动、静摩擦系数小，纺纱过程中应加入一定量的油剂，以确保成网、成条和成纱质量。因其摩擦系数低，易起毛起球，与皮肤接触滑爽、柔韧，亲肤性良好。

大豆纤维的标准回潮率在4%左右，放湿速率较棉和羊毛快，纤维的热阻较大，保暖性优于棉和黏胶纤维，具备良好的热湿舒适性。

大豆纤维中蛋白质接枝不良时，洗涤中会溶解逸失，因此染整加工中需增加固着技术，以防止蛋白质逸失。大豆纤维本色为淡黄色，可用酸性染料、活性染料染色。采用活性染料染色，产品色彩鲜艳有光泽，耐日晒、汗渍色牢度较好。

大豆纤维一般用于与其他纤维混纺、交织，并采用集聚纺纱以减少起球，多用于内衣、T恤及其他针织产品。

2. 酪素纤维

酪素(casein)纤维俗称牛奶蛋白纤维，是20世纪末开发出来的新型纤维。先将液态牛奶去水、脱脂，再利用接枝共聚技术将蛋白质分子与丙烯腈分子制成含牛奶蛋白质的纺丝液，然后经湿法纺丝工艺而制成。日本生产的牛奶蛋白纤维，含蛋白质约4%。

(1) 酪素纤维的结构、性能与用途

纤维横截面呈腰圆形或近似哑铃形，纵向有沟槽，有利于吸湿、导湿和透气性的增加。纤维具有一定的卷曲、摩擦力和抱合力。纤维密度大，细度细，长度长，含异状纤维较多；纤维表面光滑、柔软；纤维质量比电阻高于羊毛，低于蚕丝；纤维初始模量较大，断裂强度较高。

牛奶蛋白纤维具有天然抗菌功效，对皮肤无过敏反应且具有一定的亲和性。纤维耐碱性较差，耐酸性较好；经紫外线照射后，强力下降很少，有较好的耐光性。其化学、物理结构不同于羊毛、蚕丝等蛋白质纤维，适用的染料种类较多，上染率高且速度快，染色均匀，色牢度好。

牛奶蛋白纤维制成的面料光泽柔和、质地轻柔，手感柔软丰满，具有良好的悬垂性，给人以高雅、潇洒、飘逸之感，可以制作多种高档服装（如衬衫、T恤、连衣裙、套裙等）及床上用品。

(2) 酪素纤维应用中存在的问题

纺纱过程中因纤维间抱合力差，容易黏附机件，易出破网，纤维断裂和粗纱断头率高。

纤维耐热性差，在湿热状态下轻微泛黄。在高热状态下，120 ℃以上泛黄，150 ℃以上变褐色。故洗涤温度不要超过 30 ℃，熨烫温度不要超过 120 ℃（最好为 80～120 ℃）。纤维的化学稳定性较差，不能使用漂白剂漂白；抗皱能力差、具有淡黄色泽，不宜生产白色产品。

3. 蚕蛹蛋白纤维

(1) 蚕蛹蛋白纤维的制备

精选新鲜蚕蛹，经烘干、脱脂、浸泡，在碱溶液中溶解后过滤并用分子筛控制相对分子质量，再经脱色、水洗、脱水、烘干制得蚕蛹蛋白，将蚕蛹蛋白溶解成蚕蛹蛋白溶液，并加入化学修饰剂修饰，与高聚物共混或接枝后纺丝。

(2) 蚕蛹蛋白纤维的组成、结构与性能

该纤维是由 18 种氨基酸组成的蛋白质与其他高聚物复合生产的纤维。蚕蛹蛋白黏胶共混纤维由纤维素和蛋白质构成，具有两种聚合物的特性，纤维有金黄色和浅黄色，呈皮芯结构。

蚕蛹蛋白黏胶共混长丝的常用线密度为 133 dtex(48 f)，干态断裂强度为 1.32 cN/dtex，干态断裂伸长率为 17%，回潮率为 15%。共混纤维为皮芯结构，纤维素在纤维的中间，蛋白质在纤维的外层，在很多情况下纤维表现为蛋白质的性质，其织物与人体直接接触时，对皮肤具有良好的相容性、保健性和舒适性，一定程度上可以达到高度仿真且优于真丝绸。

蚕蛹蛋白丙烯腈接枝共聚纤维的干态断裂强度为 1.41 cN/dtex，断裂伸长率为 10%～30%，具有蛋白纤维吸湿、抗静电性等特点，同时具有聚丙烯腈手感柔软、保暖性好的优良特性。

4. 再生动物毛蛋白纤维

(1) 再生动物毛蛋白纤维开发的意义

利用猪毛（不可纺蛋白质纤维）、羊毛下脚料（废弃蛋白质材料）生产再生蛋白质纤维，其原料来源广泛，而且某些废弃材料得以充分利用，有利于环境保护。利用其他高聚物（如聚丙烯腈）接枝或混合纺丝，有利于克服天然蛋白质性能的弱点，制得的纺织品手感丰满、性能优良，价格远低于同类毛面料，故具有较强的市场竞争力。

(2) 再生动物毛蛋白纤维的结构、性能与用途

再生动物毛蛋白纤维的截面呈不规则的锯齿形，纤维具有缝隙孔洞并存在球形气泡，纤维的纵向表面较光滑。随着蛋白质含量的增加，缝隙孔洞的数量越多、体积越大，纤维表面光滑度则下降，当蛋白质含量过高时纤维表面就变得粗糙。

再生动物毛蛋白质纤维的干、湿态断裂强度均大于常规羊毛，其湿态强度大于黏胶纤维，纤维中蛋白质含量越多，其断裂强度则越低；回潮率仅小于羊毛纤维，并随着蛋白质含量的增大而变大；纤维的伸长率大于黏胶纤维，接近桑蚕丝；各项性能在湿态下比较稳定；体积比电阻随着蛋白质含量的增加而减少，并且远小于羊毛、黏胶纤维和蚕丝，因此其导电性能好，抗静电。

再生动物毛蛋白纤维有较好的耐酸耐碱性，水解速率随酸浓度的增加而增大，但损伤程度比纤维素小。纤维在碱中的溶解是先随浓度增大而增大，然后随浓度增大而降低。纤维具有一定的耐还原能力，还原剂对其作用很弱，没有明显损伤。

再生动物毛蛋白纤维性能非常优越，纤维中有许多人体所需的氨基酸，具有独特的护肤保健功能。各种氨基酸均匀分布在纤维表面，其氨基酸系列与人体皮肤相似，因此对人体皮肤有一定的相容性和保护作用。其制品吸湿性好，穿着舒适，悬垂性优良，具有蚕丝般的光泽，风格独特，适于制作高档服装、内衣的时尚面料。

三、其他再生纤维

1. 再生甲壳质纤维与壳聚糖纤维

(1) 甲壳质与壳聚糖的结构

由甲壳质和壳聚糖溶液再生而形成的纤维分别被称为甲壳质纤维和壳聚糖纤维。

甲壳质是一种带正电荷的天然多糖高聚物，是由 α-乙酰胺基-α-脱氧-β-D-葡萄糖通过糖苷连接而成的直链多糖，其化学名称是(1,4)-α-乙酰胺基-α-脱氧-β-D-葡萄糖，简称为聚乙酰胺基葡萄糖，其分子结构为：

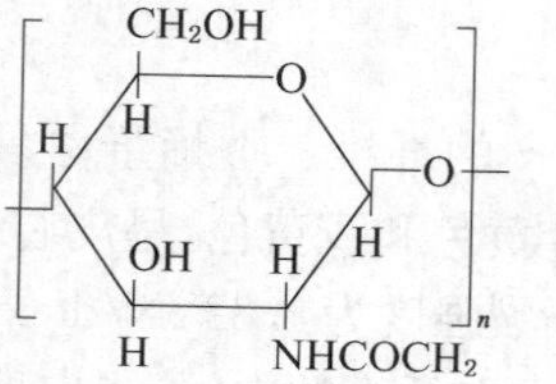

可将它视为纤维素大分子 C_2 位的羟基(—OH)被乙酰基(—$NHCOCH_2$)取代后的产物

壳聚糖是甲壳质大分子脱去乙酰基后的产物，其化学名称是“聚氨基葡萄糖”，其分子结构为：

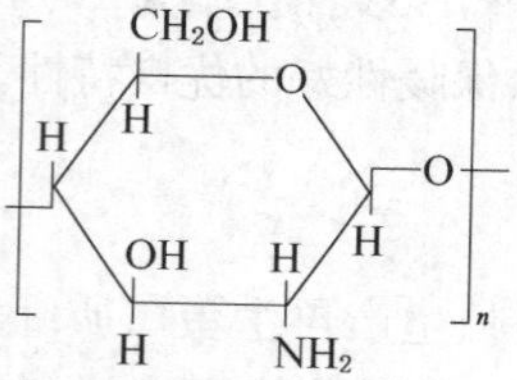

可将它视为纤维素大分子 C_2 位的羟基被氨基(—NH_2)取代后的产物

(2) 两种纤维的制备

首先将制备好的甲壳质粉末或壳聚糖粉末溶解在合适的溶剂中成为纺丝液，经过滤脱泡后用压力将纺丝原液从喷丝板喷出，进入凝固浴中，可经过多次凝固使其成为固态纤维，再经拉伸、洗涤、干燥，成为甲壳质纤维或壳聚糖纤维。

(3) 两种纤维的性能与应用

① 甲壳质纤维。断裂强度为 0.97～2.20 cN/dtex，断裂伸长率为 4%～8%，打结强度为 0.44～1.14 cN/dtex，密度为 1.45 g/cm^2，回潮率为 12.5%。具有良好的吸湿性，优良的染色性能，可采用直接染料、活性染料及硫化染料等进行染色，色泽鲜艳。甲壳质大分子内具有稳定的环状结构，大分子间存在较强的氢键，因此甲壳质纤维的溶解性能较差，它不溶于水、稀酸、稀碱和一般的有机溶剂，但能在浓硫酸、盐酸、硝酸和高浓度(85%)的磷酸等强酸中溶解，同时发生剧烈的降解。

② 壳聚糖纤维。断裂强度为 0.97～2.20 cN/dtex，断裂伸长率为 8%～14%，打结强度为 0.44～1.32 cN/dtex。壳聚糖纤维分子中存在大量的氨基，所以能在甲酸、乙酸、盐酸、环烷

酸、苯甲酸等稀酸中制成溶液。由于壳聚糖大分子的活性较大，其溶液即使在室温下也能被分解，黏度下降并完全水解成氨基葡萄糖。

两种纤维和人体组织都具有很好的相容性，可被人体溶解并被人体吸收，还具有消炎、止血、镇痛、抑菌和促进伤口愈合的作用。在一定的条件下，都能发生水解、烷基化、酰基化、羧甲基化、碘化、硝化、卤化、氧化、还原、缩合等化学反应，从而生成各种具有不同性能的甲壳质或壳聚糖的衍生物。纤维强度均低于一般纺织纤维，故纺纱、织造时均有一定的困难。

两种纤维都是优异的生物工程材料，可以制作无毒性、无刺激的安全生物材料，可用作医用材料，如创可贴、手术缝线（直径为 0.21 mm 时，断裂强力可达 900 cN 以上，打结断裂强力大于 450 cN，缝入人体后 10 天左右可被降解，并由人体排出）及各种抑菌防臭纺织品。甲壳质纤维与超级淀粉吸收剂结合制成妇女卫生巾、婴儿尿不湿等，具有卫生和舒适性。甲壳质纤维还可作为功能性保护内衣、裤袜、服装和床上用品以及医用新型材料。

2. 海藻纤维

（1）海藻纤维的制备

先用稀酸处理海藻，使不溶性海藻酸盐变成海藻酸，然后加碱加热提取可溶性的钠盐，过滤后加钙盐生成海藻酸钙沉淀，再经酸液处理转变成海藻酸，脱水后加碱转变成钠盐，烘干后即为海藻酸钠。海藻纤维通常由湿法纺丝制备：①将高聚物溶解于适当的溶剂中配成纺丝液，从喷丝孔中压出后射入凝固浴中固化成丝条；②将可溶性海藻酸盐溶于水中形成黏稠溶液，然后通过喷丝孔挤出并进入凝固浴（含有二价金属阳离子，如 Ca^{2+}，Sr^{2+}，B^{2+}），形成固态不溶性海藻酸盐纤维长丝。

（2）海藻纤维的特点与用途

海藻纤维的主要用途是制备创伤被覆材料，对皮肤具有优异的亲和性，有助于伤口凝血，吸除伤口过多的分泌物，保持伤口一定湿度，继而增进伤口愈合。海藻纤维被覆材料与伤口接触后，材料中的钙离子会与体液中的钠离子交换，使海藻纤维材料由纤维状变成水凝胶状，因凝胶具有亲水性，可使氧气通过又可阻挡细菌，进而促进新组织的生长，使伤口感觉舒适，更换或移除敷材时也可减少伤口不适感。海藻纤维能吸收 20 倍于自身体积的液体，因此可以吸收伤口的渗出物，减少伤口微生物的孳生及其产生的异味。此外，在海藻纤维中加入一些抗菌剂（如银、PHMB 等），能抵抗容易引起感染的细菌，减少部分或深层伤口引发感染之虞。这种材料还广泛用于制备多孔体、经编纱布、吸收性产品。

第三节　普通合成纤维

普通合成纤维主要指传统的六大纶，即涤纶、锦纶、腈纶、丙纶、维纶和氯纶纤维。其中前四种已发展成为大宗类纤维，以产量多少排序为涤纶＞丙纶＞锦纶＞腈纶，以服用纺织原料为主。

一、涤纶及其基本特性

1. 涤纶的组成

涤纶（terylene）是聚对苯二甲酸乙二酯纤维在我国的商品名称，由对苯二甲酸或对苯二甲酸二甲酯与乙二醇缩聚而成。它是聚酯纤维的一种，由熔体纺丝法制得。涤纶是合成纤维的最大类属，其产量居所有化学纤维之首，其品种很多，有长丝和短纤，长丝又有普通长丝（包括帘子线）和变形丝，短纤则可分棉型、毛型和中长型等。

2. 涤纶的基本特性

① 形态结构。普通涤纶的截面为圆形，纵向光滑平直。

② 吸湿性和染色性。涤纶的吸湿性差，在标准大气条件下，回潮率只有 0.4%左右，因而纯涤纶织物穿着有闷热感（吸湿少对工业用纤维却是一个有利特性）。涤纶染色性差，染料分子难以进入纤维内部，一般染料难以染色，现多采用分散性染料并以高温高压染色，阳离子染料可染性涤纶的染色性得到了显著的改善。

③ 机械性质。涤纶的断裂强度和断裂伸长率均大于棉纤维，但因品种和牵伸倍数而异。一般长丝强度较短纤高，牵伸倍数高的强度高、伸长小。涤纶的模量较高，仅次于麻纤维；弹性优良，所以织物挺括抗皱、尺寸稳定、保形性好，具有洗可穿性。涤纶的耐磨性优良，仅次于锦纶，但易起毛起球，毛球不易脱落。

④ 化学稳定性。涤纶对酸较稳定，尤其是有机酸；但只能耐弱碱，常温下与浓碱或高温下与稀碱作用会使纤维破坏；对一般的有机溶剂、氧化剂、微生物的抵抗能力较强。

⑤ 热学性质。涤纶的耐热性优良，热稳定性较好，在 150 ℃左右处理 1 000 h 稍有变色，强度损失不超过 50%。而其他常用纤维在该温度下处理 200～300 h 即完全破坏。涤纶织物遇火种易熔成小孔，重则灼伤人体。

⑥ 电学性质。涤纶因吸湿性差，比电阻高，是优良的绝缘材料，但易积聚电荷产生静电，吸附灰尘。

⑦ 光学性质。涤纶的耐光性仅次于腈纶。

⑧ 密度。涤纶的密度小于棉而大于羊毛，为 1.39 g/cm^3 左右。

3. 涤纶的主要用途

尽管涤纶投入工业化生产较迟，但由于其诸多的优良性能，使其无论在服装、装饰还是工业中的应用都相当广泛。短纤可与棉、毛、丝、麻或其他化纤混纺，用于衣着、装饰等。长丝特别是变形丝，用于针织、机织制成各种仿真型内外衣。长丝因其良好的物理化学性能，已广泛用于轮胎帘子线、工业绳索、传动带、滤布、绝缘材料、船帆、篷帐等工业制品。随着新技术新工艺的不断应用，对涤纶进行改性制得了抗静电、抗起毛起球、阳离子可染等涤纶。

二、锦纶及其基本特性

1. 锦纶的组成

锦纶（nylon）是聚酰胺纤维的商品名。其品种很多，目前主要有锦纶 6 和锦纶 66，前者的主要组成为聚己内酰胺，后者的主要组成物质是聚己二酰己二胺。

2. 锦纶的基本特性

① 形态结构。锦纶由熔体纺丝法制得，其截面和纵面形态与涤纶相似。

② 吸湿性和染色性。锦纶的吸湿能力是合成纤维中较好的。在标准大气条件下，其回潮率为 4.5%左右，故较易染色。

③ 机械性质。锦纶的强度高，伸长能力强且弹性优良，伸长率为 3%～6%时，弹性回复率接近 100%；而相同条件下，涤纶为 67%，腈纶为 56%，黏胶纤维仅为 32%～40%。因此，锦纶的耐磨性是常用纤维中最好的。锦纶在小负荷下容易变形，其初始模量是常见纤维中最低的。

因此，织物手感柔软，但保形性和硬挺性不及涤纶。

④ 热学性质。锦纶的耐热性差，随温度升高其强力下降、收缩率增大。一般，锦纶 6 的安全使用温度为 93 ℃以下，锦纶 66 为 130 ℃以下。与涤纶类似，遇火种易熔成小孔甚至灼伤人体。

⑤ 光学性质。锦纶的耐光性差。在光的长期照射下，会发黄发脆，强力下降。

⑥ 化学稳定性。锦纶的耐碱性优良，耐酸性较差，特别是对无机酸的抵抗能力很差。

⑦ 密度。锦纶的密度较低，为 1.14 g/cm^3 左右。

3. 锦纶的主要用途

锦纶是合成纤维中工业化生产最早的品种。近年来，虽然涤纶的发展超过了它，但其仍是合成纤维的主要品种之一。锦纶生产以长丝为主，用于民用可织制袜子、围巾、衣料及牙刷鬃丝等，还可以织制地毯；用于工业可制造轮胎帘子线、绳索、渔网等；国防工业中可用于织制降落伞等。

三、腈纶及其基本特性

1. 腈纶的组成

腈纶(acrylic fiber)是聚丙烯腈纤维的商品名。它由 85%以上的丙烯腈和不超过 15%的第二单体及第三单体共聚而成，经湿法或干法纺丝制成短纤或长丝。

2. 腈纶的基本特性

① 形态结构。腈纶的截面一般为圆形或哑铃形，纵向平滑或有 1～2 根沟槽，其内部存在空穴结构。

② 吸湿性和染色性。腈纶的吸湿性优于涤纶但比锦纶差，标准大气条件下的回潮率为 2.0%左右。由于空穴结构的存在和第二、第三单体的引入，其染色性较好。

③ 机械性质。腈纶的强度比涤纶、锦纶低，断裂伸长率与涤纶、锦纶相似。多次拉伸后，剩余伸长率较大，弹性低于涤纶、锦纶和羊毛，因此尺寸稳定性较差。在合成纤维中，耐磨性属较差的。

④ 光学性质。腈纶的耐光性是常见纤维中最好的，所以适合作帐篷、炮衣、窗帘等户外用织物。

⑤ 热学性质。腈纶具有热弹性。将普通腈纶拉伸后骤冷得到的纤维，如果在松弛状态下受到高温处理，会发生大幅度的回缩。将这种高伸腈纶与普通腈纶混在一起纺纱，经高温处理即形成膨松性好、毛型感强的膨体纱。腈纶不熔融，在 200 ℃内不发生热分解和色变，但纤维开始软化；300 ℃时已接近分解点，颜色变黑且开始炭化。

⑥ 化学稳定性。腈纶的化学稳定性较好，但在浓硫酸、浓硝酸、浓磷酸中会溶解，在冷浓碱、热稀碱中会变黄，热浓碱能立即导致其破坏。

⑦ 密度。腈纶的密度较小，为 1.14～1.17 g/cm^3。

3. 腈纶的主要用途

腈纶的许多性能如膨松、柔软与羊毛相似，有“合成羊毛”之称，故常制成短纤维与羊毛、棉或其他化纤混纺，织制毛型织物或纺成绒线，还可制成毛毯、人造毛皮、絮制品等。

四、丙纶及其基本特性

1. 丙纶的组成

丙纶是聚丙烯类纤维的商品名，产品主要有短纤维、长丝和膜裂纤维等。

2. 丙纶的基本特性

① 形态结构。丙纶经熔体纺丝制得，其截面与纵面形态与涤纶、锦纶等相似。

② 吸湿性和染色性。丙纶几乎不吸湿，但有独特的芯吸作用，水蒸气可通过毛细管进行传送。因此，可制成运动服或过滤织物。丙纶的染色性较差，不易上染且染色色谱不全。

③ 机械性质。丙纶的强伸性、弹性、耐磨性均较高，与涤纶相近；并可根据需要，制成较柔软或较硬挺的纤维。

④ 光学性质。丙纶的耐光性较差，易老化。制造时常需添加化学防老剂。

⑤ 热学性质。丙纶的熔点(160～177 ℃)和软化点(140～165 ℃)较低，耐热性能较差，但耐湿热的性能较好。其导热系数是常见纤维中最低的，保温性能好。

⑥ 化学稳定性。丙纶的化学稳定性优良，耐酸碱的能力较强，并有良好的耐腐蚀性。

⑦ 密度。丙纶的密度仅为 0.91 g/cm^3，是常见纤维中最低的。

3. 丙纶的主要用途

丙纶短纤维可以纯纺或与棉、黏纤等混纺，织制服装面料、地毯等装饰用织物、土工布、过滤布、人造草坪等；长丝(包括变形丝)可用于针织或机织内衣裤、运动服等；膜裂纤维则大量用于包装材料、绳索等制品，以替代麻类纤维。

五、维纶及其基本特性

1. 维纶的组成

维纶(vinylon)亦称维尼纶，是聚乙烯醇缩甲醛纤维的商品名，其主要组成，即聚乙烯醇的部分羟基，经缩甲醛化处理而被封闭。大多由湿法纺丝制得。

2. 维纶的基本特性

① 形态结构。截面呈腰圆形，皮芯结构，纵向平直有 1～2 根沟槽。

② 吸湿性和染色性。维纶的吸湿能力是常见合成纤维中最好的，在标准大气条件下，回潮率可达 5%左右，曾有“合成棉花”之称。但由于皮芯结构和缩醛化处理，染色性能较差，染色色谱不全，不易染成鲜艳的色泽。

③ 机械性质。维纶的强度、断裂伸长率、弹性等虽较其他合成纤维差，但均优于棉纤维，耐磨性较好，较棉纤维经久耐用。

④ 光学性质。维纶的耐光、抗老化性较好。

⑤ 热学性质。维纶的耐热水性差，在热水中剧烈收缩，甚至溶解，所以须经缩醛化处理以提高其耐热水性。维纶的热传导率低，故保暖性良好。

⑥ 化学稳定性。维纶的耐碱性优良，但不耐强酸，对一般有机溶剂的抵抗力强，且不易腐蚀，不霉不蛀。

⑦ 密度。维纶的密度较低，为 1.26～1.30 g/cm^3。

3. 维纶的主要用途

维纶的生产以短纤维为主，常与棉混纺。由于性质的限制，一般纺制较低档的民用织物。但维纶与橡胶有良好的黏着性能，故大量用于工业制品，如绳索、水龙带、渔网、帆布、帐篷等。

六、氨纶及其基本特性

1. 氨纶的组成

氨纶(spandex)是一种与其他高聚物嵌段共聚且至少含有 85%氨基甲酸酯(或醚)的链节单元组成的线型大分子构成的弹性纤维。我国简称为氨纶。国外商品名有 Lycra(美国杜邦)、Neolon(日本)、Cleerspan(美国环球)、Dorlastan(德国拜尔)、Opelon(日本东丽)等,其中以 Lycra(莱卡)最为著名。氨纶现多采用干法纺丝。

2. 氨纶的基本特性

① 形态结构。氨纶纤维截面呈圆形、蚕豆形,纵向表面暗深,呈不清晰骨形条纹。

② 吸湿性。氨纶的吸湿性较差,公定回潮率为 1.3%。

③ 机械性质。具有高伸长、高弹性,这是氨纶的最大特点。其断裂伸长率可达 450%~800%,在断裂伸长以内的伸长回复率为 90%以上,而且回弹时的回缩力小于拉伸力,因此穿着舒适。其强度(0.53~1.06 cN/dtex)比橡胶丝高 2 倍至 3 倍,但比其他常见纺织纤维低。

④ 光学性质。氨纶具有良好的耐气候性,在寒冷、风雪、日晒条件下均不失弹性。

⑤ 热学性质。氨纶耐热性差,熨烫时一般采用低温快速熨烫,温度为 90~110 ℃。

⑥ 化学稳定性。氨纶具有较好的耐酸、耐碱性,能抵抗绝大多数的化学物质和洗涤剂,但氯化物和强碱会造成纤维损伤。

⑦ 密度。氨纶的密度较低,为 1.0~1.3 g/cm^3。

3. 氨纶的主要用途

氨纶主要用于纺制有弹性的织物,制作紧身衣、袜子等。除了织造针织罗口外,很少直接使用氨纶裸丝。一般将氨纶丝与其他纤维的纱线制成包芯纱或加捻后使用。

七、氯纶及其基本特性

1. 氯纶的组成

氯纶是聚氯乙烯纤维的商品名,由聚氯乙烯或聚氯乙烯占 50%以上的共聚物经湿法或干法纺丝而制得。

2. 氯纶的基本特性

① 形态结构。氯纶截面接近圆形,纵向平滑或有 1~2 根沟槽。

② 吸湿性和染色性。氯纶的吸湿能力极小,几乎不吸湿,因此电绝缘性强。当积聚静电荷时,产生的阴离子有助于关节炎的防治。其染色性能较差,对染料的选择性较窄,常采用分散染料染色。

③ 机械性质。氯纶的强度接近棉,约为 2.65 cN/dtex;断裂伸长率大于棉,弹性和耐磨性均较棉优良,但在合成纤维中属较差者。

④ 光学性质。氯纶的耐光性优于棉和毛。

⑤ 热学性质。氯纶具有难燃性,离开火焰自行熄灭。但氯纶的耐热性差,70 ℃以上便产生收缩,沸水中收缩率更大,故只能在 30~40 ℃的水中洗涤,不能熨烫,不能接近暖气、热水等热源。氯纶的保暖性较好。

⑥ 化学稳定性。氯纶的化学稳性好,耐酸耐碱性均优良。

⑦ 密度。氯纶的密度为 1.38~1.40 g/cm^3。

3. 氯纶的主要用途

氯纶主要用于制作各种针织内衣、绒线、毯子、絮制品、防燃装饰用布等,还可制成鬃丝,用来编织窗纱、筛网、渔网、绳索,还可用于工业滤布、工作服、绝缘布等。在实际生产中,还常将纺氯纶用的高聚物(PVC)制成塑料制品,如塑料薄膜、塑料雨披、塑料管、塑料凉鞋等。最近,PVC 涂层织物以及由 PVC 薄膜制成的服装日趋流行。

第四节　差别化纤维

差别化纤维通常是指在原来纤维组成的基础上进行物理或化学改性处理，使纤维的形态结构、物理化学性能与常规化纤有显著的不同。纤维的差别化加工处理，起因于普通合成纤维的一些不足，大多采用简单仿天然纤维特征的方式进行以改进纤维形态或性能。

一、差别化纤维的获得方式

1. 物理改性

物理改性是指采用改变纤维高分子材料的物理结构而使纤维性质发生变化的方法。目前物理改性的主要内容包括：改进聚合与纺丝条件，如温度、时间、介质、浓度、凝固浴，通过改变高聚物的聚合度及分布、结晶度及分布、取向度等达到改性的目的；改变纤维截面，即采用特殊的喷丝孔形状来开发异形纤维；纤维的复合，即将两种或两种以上的高聚物或性能不同的同种聚合物，通过同一喷丝孔纺成单根纤维的技术；混合（或共混）纤维，即利用聚合物的可混合性和互溶性，将两种或两种聚合物混合后纺丝。

2. 化学改性

化学改性是指通过改变纤维原来的化学结构来达到改性目的的方法，包括共聚、接枝、交联、溶蚀、电镀等。共聚是采用两种或两种以上单体在一定条件下进行聚合；接枝是通过化学方法，使纤维的大分子链上能接上所需要的基团；交联是指控制一定条件使纤维大分子链间用化学链连接起来；溶蚀是对纤维表面进行有控制的溶解与腐蚀；电镀是使纤维表面的金属物质或电解质沉积。

3. 表面物理化学改性

表面物理化学改性主要指采用高能射线（γ射线或β射线）、强紫外线或激光辐射和低温等离子体，对纤维进行表面蚀刻、活化、接枝、交联、涂覆等改性处理，是典型的清洁化加工方法。

二、差别化纤维的分类

1. 变形丝（textured fiber）

变形丝主要针对普通化纤长丝的光滑平直、易分离或堆砌密度高所导致的织物光泽呆板、易于纰裂、手感滑溜、穿着冷湿而黏滑等缺陷，通过改变纤维卷曲形态，即模仿羊毛的卷曲特征，来改善纤维性能的方法。通常被称为卷曲变形加工，简称变形加工。变形加工一般是指通过机械作用给予长丝（或纤维）二度或三度空间的卷曲变形，并用适当的方法（如热定形）加以固定，使原有的长丝（或纤维）获得永久、牢固的卷曲形态。这种卷曲变形大大改善了纤维制品的服用性能，并扩大了它们的应用范围。

2. 异形纤维（profile fiber）

异形纤维是指经一定几何形状（非圆形）喷丝孔纺制的具有特殊截面形状的化学纤维。根据所使用的喷丝孔的不同，可得到三角形、多角形、三叶形、多叶形、十字形、扁平形、Y形、H形、哑铃形等，如图4-3所示。异形纤维具有特殊的光泽、蓬松性、抗起球性、回弹性、吸湿性等特点。如三角形截面的纤维有闪光效应；十字形截面的纤维弹性好；扁平截面的纤维能明显改善抗起球性。异形纤维具有良好的蓬松性,因此织物手感厚实,有温暖感。此外,由于表面积的增加,吸湿性和易干燥性明显提高。异形纤维大量用于各种仿丝、仿毛、仿麻产品。

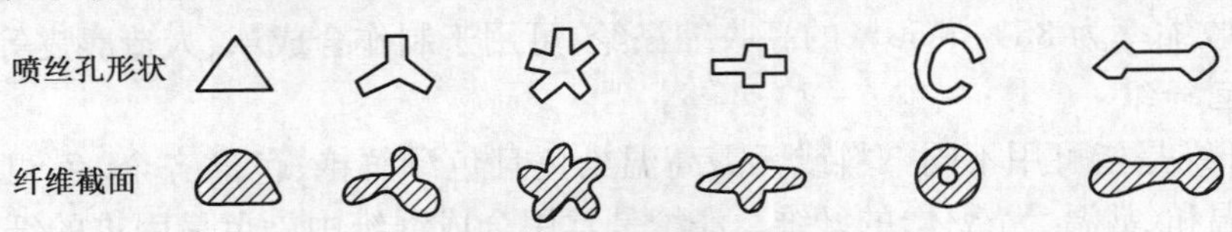

图 4-3 异形纤维截面形状

3. 复合纤维(composite fiber)

复合纤维由两种或两种以上聚合物或具有不同性质的同一聚合物,经复合纺丝法纺制而成。如由两种聚合物制成,即为双组分纤维(bi-component fiber)。根据不同组分在纤维截面上的分配位置,可分为并列型、皮芯型和海岛型等。

(1) 并列型(side by side)

两个组分分列于纤维两侧,如图 4-4(a)所示。利用两个组分在截面上的不对称分布,在后处理过程中产生收缩差异,可使纤维产生螺旋形卷曲,从而使化学纤维具有类似羊毛的弹性和蓬松性。

(2) 皮芯型(core-sheath)

两个组分分别形成皮层和芯层,如图 4-4(b)所示。利用皮芯的不同组分,可得到兼有两种组分特性或突出一种组分特性的纤维。如锦纶为皮、涤纶为芯的复合纤维,兼有锦纶染色性好、耐磨及涤纶挺括、弹性好的优点。利用高折射率的芯层和低折射率的皮层,可制得光导纤维。

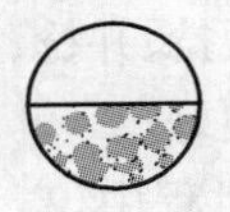
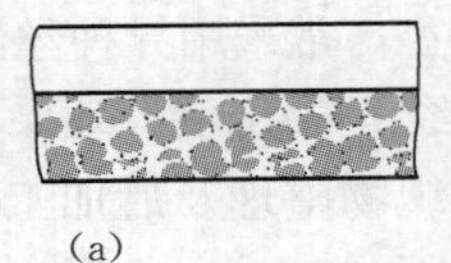
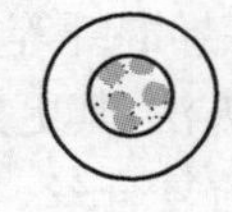
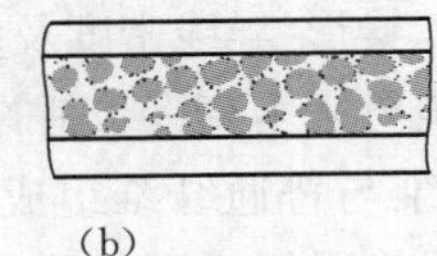
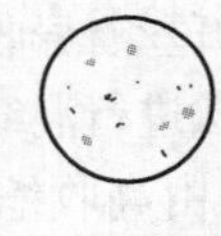
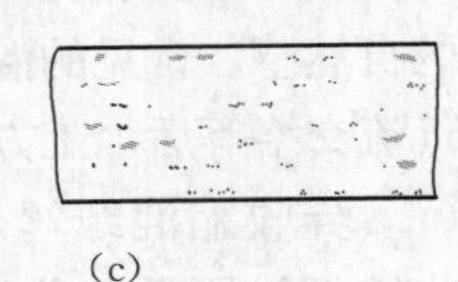

图 4-4 复合纤维的三种形式

(3) 海岛型(island-in-the-sea)

两个组分的配置如图 4-4(c)所示。利用纤维内部两种不相容的组分,经物理或化学方法可制得中空纤维或细特(旦)、超细特(旦)纤维,用于织制毛型、丝型织物和人造麂皮、填充料、防水透湿织物等。

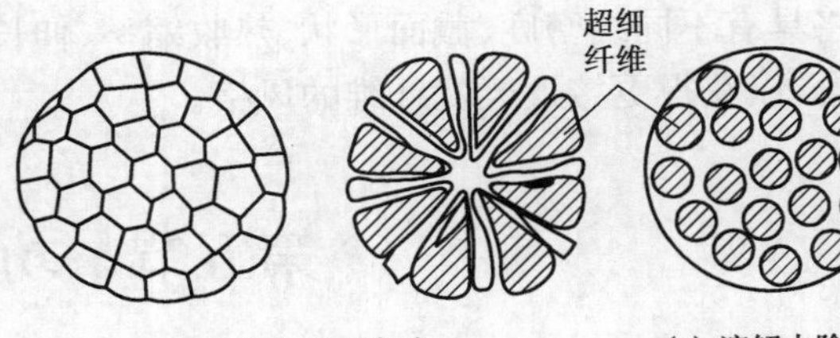

图 4-5 超细纤维形成示意图

4. 超细纤维(ultra-fine fiber)

超细纤维是指单丝线密度较小的纤维,又称微细纤维。根据线密度范围可划分为细纤维(线密度为 0.44~1.11 dtex)和超细纤维(线密度为 0.011~0.44 dtex)。超细纤维可通过直接纺丝法(如熔喷纺丝、静电纺丝等)、分裂剥离法和溶解去除法(见图 4-5)等方法加工而得。超细纤维抗弯刚度小,制得的织物细腻、柔软、悬垂性好,光泽柔和。纤维比表面积大,吸附性和除污能力强,可用来制作高级清洁布。但超细纤维染色时要消耗较多的染料,且染色不易均匀。常用于仿麂皮、仿真丝织物、过滤材料及羽绒制品等生产。

5. 高收缩纤维(high-shrinkage fiber)

高收缩纤维是指沸水收缩率高于 15%的化学纤维。根据其热收缩程度的不同,可以得到不同风格及性能的最终产品。例如热收缩率为15%～25%的高收缩涤纶，可用于织制各种绉类、凹凸和提花织物；收缩率为15%～35%的高收缩腈纶、涤纶，可用于加工膨体毛线、毛毯、人造毛皮等；收缩率为35%～50%的高收缩涤纶，可用于制作合成革、人造麂皮等。

6. 易染色纤维

易染色纤维是指可用不同染料或无需高温染色且色泽鲜艳、色谱齐全、色调均匀、色牢度好、染色条件温和（常温、无载体）的纤维。涤纶是常用合成纤维中染色最困难的纤维，易染色合成纤维主要指涤纶的染色改性纤维。20世纪60年代，美国杜邦公司开发了磺化邻苯二酸共聚的共聚酯纤维（商品名为Dacron T-64型、T-65型），成为阳离子可染涤纶（CDP）的先驱。易染色合成纤维常见的品种，除阳离子染料可染涤纶外，还有常温常压分散性染料可染涤纶（EDP）、酸性染料可染涤纶、酸性或碱性染料可染涤纶、酸性染料可染腈纶、阳离子可染锦纶等。

7. 吸水吸湿纤维

吸水吸湿纤维是指具有吸收水分并将水分向临近纤维输送能力的纤维。同天然纤维相比，多数合成纤维的吸湿性较差，尤其是涤纶与丙纶，这严重地影响了这些纤维服装的穿着舒适性和卫生性，同时带来了静电、易脏等问题。改善合成纤维的吸湿性，可以采用前述三种改性方法，即纤维混合或复合引入高吸湿性高聚物或表面改性或形成多微孔，增加纤维的吸水、吸湿能力。吸水吸湿纤维主要用于功能性内衣、运动服、训练服、运动袜和卫生用品等。

8. 混纤丝

混纤丝是指由几何形态或物理性能不同的单丝组成的复丝。混纤丝的目的在于提高合成纤维的自然感。常见的混纤丝有异收缩、异形、异线密度及多异混纤等类型。常采用异种丝假捻、并捻、气流交络等后加工方法进行混纤，也可采用直接纺制的方法，其更为经济简便，混纤效果更好。

异收缩混纤丝是由高收缩纤维与普通纤维组成的复合丝，在织物整理及后加工过程中，高收缩纤维因受热收缩而成为芯丝，普通纤维因长度差异而浮出表面，产生卷曲，形成空隙，赋予织物蓬松感。异形混纤丝是由截面形状不同的单丝组成的混纤丝，纤维间存在空隙及毛细管结构，可降低纤维间的摩擦系数，其织物具有良好的蓬松性、吸湿性和回弹性。多异混纤丝是指将具有不同线密度、截面形状、热收缩率、伸长率、单丝粗细不匀等多种特性差异的纤维进行组合，以获得更接近天然纤维的风格。

第五节 功能纤维

一、功能纤维的概念与功能分类

功能纤维是指具有特殊的物理化学结构而具有特定功能或用途的纤维，其某些技术指标显著高于常规纤维。功能性纤维的获得及其应用，涉及高水平的科学技术和边缘科学，工艺难度较大，成本较高，故产量少。主要用于工业、军事、医疗、环保、宇航等领域，所以又称为高技术纤维。

功能纤维按照功能的分类主要有以下几类：

① 具有特殊力学性能的纤维。主要包括高强度纤维、高模量纤维、高韧性纤维等。

② 具有特殊热学性能的纤维。主要包括耐高温纤维（亦称耐热纤维）、抗燃纤维（亦称阻燃纤维）、耐低温纤维等。

③ 具有化学稳定性的纤维。如耐强酸、耐强碱、耐有机溶剂的纤维。

④ 具有特殊物化性能的纤维。如导电纤维、发光纤维、光学透明纤维、耐辐射纤维、蓄热纤维、变色纤维、香味纤维、相变纤维、吸附纤维、离子交换纤维、催化纤维等。

⑤ 具有特殊生物性能的纤维。如生物活性(或惰性)纤维、抗菌防臭纤维、生物降解纤维、易溶易吸收纤维、易升华纤维等。

二、常用功能纤维

1. 抗静电和导电纤维

抗静电纤维(antistatic fiber)主要指通过提高纤维表面的吸湿性能来改善其导电性的纤维。广泛采用的方法是使用表面活性剂(即抗静电剂)进行表面处理。抗静电剂多为亲水性聚合体,所以纤维制品的抗静电性依赖于使用环境的湿度,一般要求相对湿度大于 40%。

导电纤维(electrically conductive fiber)包括金属纤维、金属镀层纤维和炭粉、金属氧化、硫化、碘化物掺杂纤维、络合物导电纤维、导电性树脂涂层与复合纤维以及本征导电高聚物纤维等。这类纤维的体积比电阻均低于 $10^7\ \Omega \cdot cm$。常用方法是把导电纤维的短纤维以一定的百分比(1%～5%)混入需要改性的短纤维中或把导电纤维的长丝等间隔地编入织物中。实践证明,通过混用导电纤维可防止纤维制品带电,其抗静电效果既可靠又耐久,特别是在低湿度下也能显示出优良的抗静电性能。

2. 蓄热纤维和远红外纤维

陶瓷粉末应用于纤维,最初是为了获得蓄热保温效果。根据所用陶瓷粉种类,其蓄热保温机理有两种:一种是将阳光转换为远红外线,相应的纤维称之为蓄热纤维(thermal storage fiber);另一种是在低温(接近体温)下能辐射远红外线,相应的纤维称之为远红外纤维(far-infrared fiber)。

医疗应用中认为,波长 3 μm 以上的红外线具有增强人体新陈代谢、促进血液循环、提高免疫功能、消炎、消肿、镇痛等作用。远红外纤维和众多的远红外治疗仪不同,在常温下就有较高的远红外线发射率,即不需要其他热源,所以对使用的时间和场所都没有限制。远红外纤维可将保健作用结合于使用过程中,作用时间长。但目前,蓄热纤维、远红外纤维的评价标准不一致,质量保障存在问题,副作用评价也极少进行,因此使用安全性受到质疑。

3. 防紫外线纤维(ultraviolet resistant fiber)

防紫外线的方法一般是涂层,但会影响织物的风格和手感。采用防紫外线纤维可克服这一缺陷。其方法是在纤维表面涂层、接枝或在纤维中掺入防紫外线或紫外线高吸收性物质,制得防紫外线纤维。目前的防紫外线纺织品包括衬衫、运动服、工作服、制服、窗帘以及遮阳伞等,其紫外线遮挡率可达 95%以上。

4. 阻燃纤维(fire-retardant fiber)

纤维阻燃整理可以从提高纤维材料的热稳定性、改变纤维的热分解产物、阻隔和稀释氧气、吸收或降低燃烧热等方面着手,以达到阻燃目的。阻燃黏胶纤维大多采用磷系阻燃剂并通过共混法制得,其极限氧指数一般可达到 27%～30%。

5. 光导纤维(photo conductive fiber)

光导纤维简称光纤,是将各种信号转变成光信号进行传递的载体,是当今信息通讯中最具发展前景的材料,具有传输信息量大、抗电磁干扰、保密性强、质量轻等特性。

目前应用的光导纤维主要有三大类:高纯石英掺杂 P 和 Ge 等元素组成的石英光纤,是光纤的主体；氟化物玻璃光纤，基本组成为 $ZrF_4-BaF_2-LaF_3$ 三元系；高聚物光纤，以透明高聚物为芯材，以折射率比芯材低的高聚物为包覆层而组成。

6. 弹性纤维(high elastic fiber)

弹性纤维是指具有400%～700%的断裂伸长率，弹性回复能力接近100%，初始模量很低的纤维。弹性纤维分为橡胶弹性纤维和聚氨酯弹性纤维。橡胶弹性纤维由橡胶乳液纺丝或橡胶膜切割而制得，只有单丝，有极好的弹性回复能力。聚氨酯弹性纤维即氨纶。

氨纶丝的收缩力比橡胶丝大1.8～2倍，所以只要加入少量氨纶丝就能得到与加入大量橡胶丝同样的效果。氨纶可改善织物的适体性和抗皱性，是衣着类织物增弹的最重要纤维原料。但橡胶丝的弹性回复速度较氨纶丝快，有些特殊用品必须用橡胶丝，如高尔夫球。

7. 抗菌防臭纤维(anti-bacterial and purifying fiber)

抗菌防臭纤维是指具有除菌、抑菌作用的纤维。抗菌纤维大致有两类。一类是本身带有抗菌、抑菌作用的纤维，如大麻、罗布麻、甲壳素纤维及金属纤维等；另一类是借助螯合、纳米、粉末添加等技术，将抗菌剂在纺丝或改性时加入纤维中而制成的抗菌纤维，但其抗菌性较为有限，而且在使用和染色整理加工中会衰退或消失。

8. 变色纤维(color change fiber)

变色纤维是指在光、热作用下颜色会发生变化的纤维。在不同波长、不同强度的光的作用下，颜色发生变化的纤维称光敏变色纤维；在不同温度作用下呈不同颜色的纤维称热敏变色纤维。实际上变色纤维往往与光和热的作用都有关。光敏变色纤维使用光致变色显色剂，热敏变色纤维使用热致变色显色剂。变色纤维多用于登山、滑雪、游泳、滑冰等运动服以及救生、军用隐身着装。

9. 香味纤维(aromatic fiber)

香味纤维是在纤维中添加香料而使纤维具有香味的纤维。香味纤维能持久地散发天然芳香，产生自然清新的气息。芳香纤维多为皮芯复合结构，皮层为聚酯，芯层为掺有天然香精的聚合物，所用香精以唇形科熏衣香油精或柏木精油为主，也可采用微胶囊填充或涂层的方法。香味除清新空气外，同时具有去臭、安神等作用。可以制成絮棉、地毯、窗帘和睡衣等。

10. 相变纤维(phase change fiber)

相变纤维是指含有相变物质(PCM)，能起到蓄热降温、放热调节作用的纤维，也称空调纤维。纤维中的相转变材料在一定温度范围内能从液态转变为固态或由固态转变为液态，在此相转变过程中，使周围环境或物质的温度保持恒定，起到缓冲温度变化的作用。常用的相转变材料是石蜡烃类、带结晶水的无机盐、聚乙二醇以及无机/有机复合物等。用相变纤维制成的纺织品用途很广，可以制作空调鞋、空调服、空调手套、床上用品、窗帘、汽车内装饰、帐篷等。相变能量、激发点温度、力学和相变性能的稳定，是这类纤维是否实用的关键。

第六节 高性能纤维

一、高性能纤维概述

高性能纤维(high performance fiber, HPF)主要是指高强、高模、耐高温和耐化学作用的纤维，是高承载能力和高耐久性的功能纤维。依据此特性的基本分类见表4-3。

表 4-3 高性能纤维的基本分类、构成与特性

分类	高强高模纤维	耐高温纤维	耐化学作用纤维	无机类纤维
名称	对位芳纶(PPTA)纤维 芳香族聚酯(PHBA)纤维 聚苯并噁唑(PBO)纤维 高性能聚乙烯(HPPE)纤维	聚苯并咪唑(PBI)纤维 聚苯并噁唑(PBO)纤维 氧化 PAN 纤维 间位芳纶(MPIA)纤维	聚四氟纤维(PTFE) 聚醚酮醚(PEEK)纤维 聚醚酰亚胺(PEI)纤维	碳纤维(CF) 高性能玻璃纤维(HPGF) 陶瓷纤维(碳化硅,氧化铝等纤维) 高性能金属纤维
主要特征	高强(3～6 GPa),高模(50～600 GPa),耐较高的温度(120～300 ℃),柔性高聚物	高极限氧指数,耐高温,柔性高聚物	耐各种化学腐蚀,性能稳定,高极限氧指数,耐较高的温度(200～300 ℃),高聚物	高强,高模,低伸长性,脆性,耐高温(>600 ℃),无机物

由表 4-3 可知,高性能纤维的最主要特点是高强、高模、耐热。所以,虽然 PBI 和芳纶 1313 的纤维强度和模量不高,但其耐热性高,仍习惯于放在高性能纤维之列,它们实属功能纤维。耐化学作用的纤维都具有较好的耐高温性能,故也属高性能纤维。金属纤维虽耐高温,也将其放在高性能纤维之列,但其密度值太大,难以成为微米级的纤维,往往只作为高性能纤维的对比物。

高性能纤维是高技术纤维的主体,其发展趋势是"三超一耐",即超高强、超高模量、超耐高温、耐化学作用。由于新的有机合成材料的出现及聚合、纺丝工艺的改进,将诞生比现有纤维强度高几倍甚至几十倍的纤维,其超高模量、超耐高温性能也将大大提高。目前的主要代表是芳纶、超高强高模聚乙烯、高性能碳纤维、人工蜘蛛丝以及 PBO 纤维、碳化硅高性能陶瓷、碳纳米管纤维、聚苯硫醚(PPS)纤维等,其制成品比铝轻、比钢强,却和真丝一样柔软,又像陶瓷一样耐热、耐腐蚀。超高性能是这类纤维改进的目标。

二、常用高性能纤维

1. 对位和间位芳纶

对位芳纶的中国学名为芳纶 1414,美国杜邦公司的商品名为Kevlar®,荷兰 Akzo-Noble 公司的商品名为Twaron®,俄罗斯则名为Terlon®。其分子式为:

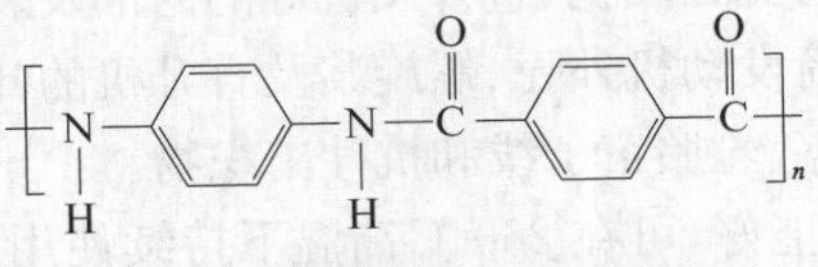

$$\left[-\underset{H}{N}-C_6H_4-\underset{H}{N}-\overset{O}{\overset{\|}{C}}-C_6H_4-\overset{O}{\overset{\|}{C}}- \right]_n$$

间位芳纶的中国学名为芳纶 1313,美国杜邦公司的商品名为Nomex®。其分子式为:

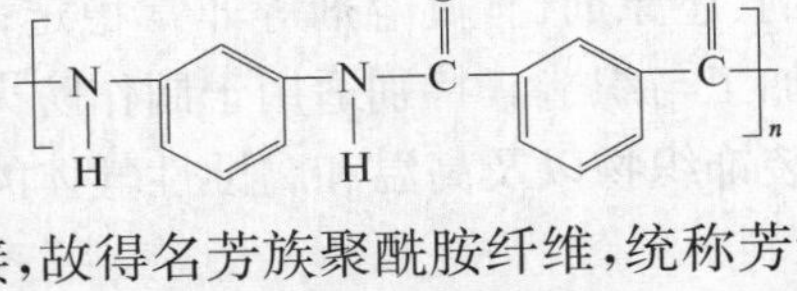

$$\left[-\underset{H}{N}-C_6H_4-\underset{H}{N}-\overset{O}{\overset{\|}{C}}-C_6H_4-\overset{O}{\overset{\|}{C}}- \right]_n$$

由于苯环都以酰胺键连接,故得名芳族聚酰胺纤维,统称芳纶纤维。其他有帝人的 Technora 对位芳纶共聚物纤维、芳纶 14 等。芳纶 1414、芳纶 1313 纤维最为成熟,产量最大,使用最多。目前美、德、日、俄等国生产的芳纶 1414,总生产能力近 5 万吨/年;美、日、俄等国生产的芳纶 1313 约 2.5 万吨/年。其基本物理性能指标见表 4-4。

表 4-4　几种高性能纤维的物理性能指标

纤维名称	密度 (g/cm^3)	强度 (cN/dtex)	模量 (cN/dtex)	伸长率 (%)	T_m (℃)	T_g (℃)	T_s (℃)	T_d (℃)	极限氧指数 (%)	回潮率 (%)
Kevlar 29	1.44	20.3	490	3.6	—	—	250	550	30	3.9
Kevlar 49	1.45	20.8	780	2.4	—	—	250	550	30	4.5
Kevlar 129	1.44	23.9	700	3.3	—	—	250	550	30	3.9
Nomex	1.46	4.85	75	35	—	—	220	415	28～32	4.5
Twaron 1000	1.44	19.8	495	3.6	—	—	250	550	29	4.5
Twaron 2000	1.44	23.0	640	3.3	—	—	250	550	29	4.5
Technora	1.39	22.0	500	4.4	—	—	—	500	25	3.9
Terlon	1.46	23.0	773	2.8	—	350	220	470	27～30	2～3
PBO AS	1.54	42.0	1 300	3.5	—	—	360	650	68	2.0
PBO HM	1.56	42.0	2 000	2.5	—	—	—	650	68	0.6
PBI	1.40	2.4	28.00	28.5	—	—	250	550	41	15
Dyneema SK60	0.97	28.0	910	3.5		—		—	<20	0
Dyneema SK65	0.97	31.0	970	3.6	144	—	—	80	<20	0
Dyneema SK75	0.97	35.0	1 100	3.8	～	—	～	—	<20	0
Spectra 1000	0.97	32.0	1 100	3.3	155	—	100	—	<20	0
Spectra 2000	0.97	34.0	1 200	2.9		—		—	<20	0
高模碳纤维	1.83	12.3	2 560	0.8	—	—	600	3 700	—	—
高强碳纤维	1.78	19.1	1 340	1.4	—	—	500	3 700	—	—
E玻纤	2.58	7.8	280	4.8	—	—	350	825	—	—
S玻纤	2.50	18.5	340	5.2	—	—	300	800	—	—
钢丝	7.85	4.0	265	11.2	—	—	—	1 600	—	—

注：T_m——熔点温度，T_g——玻璃化转变温度，T_s——长期安全使用温度，T_d——分解温度。

芳纶 1414 的纤维强度高、模量高、密度小，呈柔性，而且化学性能很稳定，除无机强酸、强碱外，能耐多种酸、碱及有机溶剂的侵蚀。故可以作为各种复合材料的增强纤维，用于航空航天和国防军工领域，如空间飞行器、飞机、直升飞机等的内部及表面材料，可大大减轻飞行器的质量；还可用于宇宙飞船、火箭发动机外壳、螺旋桨及直升机的叶片，起到增强、轻质、耐久的作用；还可用作防弹衣、防弹头盔、轮胎帘子线和抗冲击织物。

芳纶 1313 纤维的耐热性能好，可在 260 ℃高温下持续使用 1 000 h 或在 300 ℃下连续使用一星期，强度保持一半；有很好的阻燃性；能耐大多数酸的作用，除不能与强碱长期接触外，对碱的稳定性也很好，对漂白剂、还原剂、有机溶剂等非常稳定；具有良好的抗辐射性能；强度和伸长与普通涤纶相似，便于加工与织造。特别适用于制作防火帘、防燃手套、消防服、耐热工作服、飞行服、宇航服、客机的装饰织物以及高温和腐蚀性气体的过滤介质层、运送高温和腐蚀性物质的输送带和电气绝缘材料。

2. PBO 纤维

PBO 是聚-*p*-亚苯基苯并二噁唑，简称聚苯并噁唑，是美国空军基地 Wright 研发中心在 20 世纪 60 年代研究的、美国空军斯坦福研究所生产的耐高温的芳香族杂环高聚物。日本东洋纺的商品名为Zylon®。其分子式为：

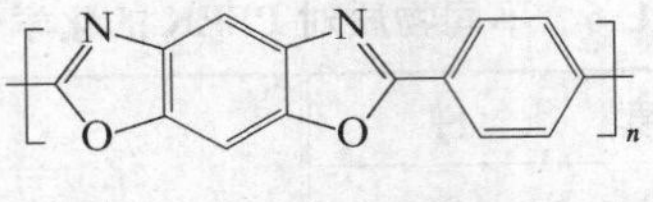

PBO的物理性能见表4-4。显然，PBO纤维有非常高的耐燃性，热稳定性比芳纶纤维更高，600～700 ℃开始热降解；有非常好的抗蠕变、耐化学和耐磨性能；有4～7 GPa的强度和180～360 GPa的模量；有很好的耐压缩破坏性能，不会出现无机纤维的脆性破坏。但PBO纤维的耐光或耐光热复合作用的性能较差，经氙弧灯照射4 h，强度损失30%～40%，伸长损失约45%，模量损失约10%。

PBO纤维可以制成短纤、长丝和超短纤维浆粕，主要用于既要求耐火和耐热又要求高强高模的柔性材料领域，如防护手套、服装、热气体过滤介质、高温传送带、热毡垫、摩擦减震材料、增强复合材料、飞机或飞行器的防护壳体及热屏障层等。

3. PEEK纤维

PEEK统称为聚醚酮醚，是半结晶的芳香族热塑性聚合物，属聚醚酮类(PEK)中的重要成员。它是芳香族高性能纤维中难得的可以高温熔体纺丝的纤维材料，玻璃化温度为143 ℃。其分子式为：

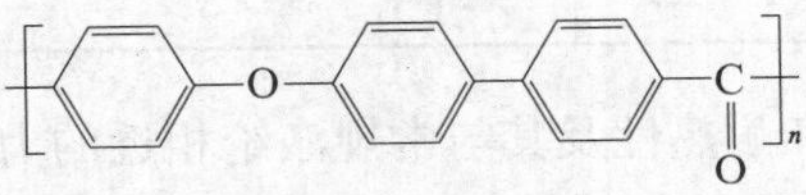

20世纪80年代初，PEEK纤维首次由ICI Advanced Materials公司推出，商品名为Victrex® PEEK。其他聚醚酮类纤维有BASF的PEKEKK，Dupont的PEKK和赫斯特的PEEKK，但唯一有前景的是Victrex公司和ZYEK公司的PEEK。

PEEK的颜色为砂岩色(粗品种部分)、金色(细品种部分)，密度为1.30 g/cm^3，结晶度为30%～35%，熔融温度为334 ℃，玻璃化转变温度为143 ℃，体积比电阻为5×10^{16} Ω·m，热容量为1.34 kJ/(kg·℃)，导热系数为0.25 W/(m·℃)，回潮率为0.1%(相对湿度65%、温度20 ℃)，强度为0.3～0.4 N/tex，伸长率为25%～30%，具有高弹性，模量为4～5 N/tex，80 ℃下的收缩率小于1%，耐湿热性极其优良。表4-5比较了PEEK与间位芳纶和涤纶在加压蒸汽中7天后的强度保持率。

表4-5　不同纤维的强度保持率

温度(℃)	7天后的强度保持率(%)		
	PEEK	芳纶1313	涤纶
100	100	100	90
150	100	100	0
200	100	90	0
250	95	0	0
300	80	降解	降解

PEEK的耐化学性见表4-6，表中符号“—”表示无作用，“△”表示略腐蚀，“×”表示严重腐蚀。另外，五氧化二磷、溴化钾、二氧化硫、四氯化碳、氯仿、三氯乙烯、芳香族溶剂、苯、矿物

油、石油、萘、甲烷、发动机油对 PEEK 均无侵蚀作用。

表 4-6　不同物质对 PEEK 的化学作用

化合物	温度条件			化合物	温度条件		
	23 ℃	100 ℃	200 ℃		23 ℃	100 ℃	200 ℃
醋酸(10%)	—	—	—	氨水	—	—	—
碳酸	—	—	—	氢氧化钠(50%)	—	—	—
柠檬酸	—	—	—	一氧化碳(气)	—	—	—
甲酸	△	△	—	氯化铁	△	△	—
盐酸(10%)	—	—	—	硫化氢(气)	—	—	—
硝酸	—	—	—	碘	△	—	—
磷酸(50%)	—	—	—	臭氧	—	△	—
硫酸(＜40%)	△	△	△	二甲基甲酰胺	—	△	—
乙醇	—	—	—	吡啶	—	—	—
乙二醇	—	—	△	二甲基亚砜(DMSO)	△	△	—
丙酮	—	—	—	二苯砜(DPS)	△	×	×
甲醛	—	—	—	—	—	—	—

基于 PEEK 的耐化学性和耐热性及其与常规涤纶相近的力学性能，它可以应用于各种存在腐蚀和热作用场合的传送带和连接器件、压滤和过滤材料、防护带及服装、洗刷用工业鬃丝、电缆和开关的防护绝缘层、热塑性复合材料的增强体、土工膜和土工材料以及乐器的弦线和网球拍用线等。

4. 聚四氟乙烯纤维

聚四氟乙烯纤维(PTFE)是已知的最稳定的耐化学作用和耐热的纤维材料，其分子式为 $\left[CF_2—CF_2 \right]_n$，是化学惰性物质，常用的物理和力学性能见表 4-7。PTFE 可以制成膜和纤维。纤维有长丝和短纤，是氟化类纤维的最典型代表。PTFE 长丝可用于低摩擦系数、耐高温和化学作用的材料或与其他纱线加捻混合利用。PTFE 短纤维可制作各种防热和化学作用的毡片或热气体液体过滤介质或与其他纤维混合利用。PTFE 的纤维碎末可与其他高聚物混合，制备耐热、耐化学作用的模具或复合材料，用于腐蚀环境。

表 4-7　聚四氟乙烯纤维的基本性能

制造商	DUPONT	LENZING	AIBANY
纤维名称	Teflon	PTFE	PTFE
强度(cN/dtex)	1.4	0.8～1.3	1.3
断裂伸长率(%)	20	25	50
熔融温度(℃)	347	327	375
软化温度(℃)	177	200	93
最高使用温度(℃)	290	280	260
极限氧指数(%)	98	98	98

第七节 无机纤维

天然无机纤维就是天然矿物纤维——石棉，人造无机纤维包括玻璃纤维、碳纤维、陶瓷纤维和金属纤维等。

一、石棉(asbestos, mountain flax, mineral cotton)

(1) 石棉来源及纤维结构

石棉是由中基性的火成岩或含有铁、镁的石灰质白云岩，在中高温环境条件下变质生成的变质矿物岩石结晶，其基本组成是镁、钠、铁、钙、铝的硅酸盐或铝硅酸盐且含有羟基，主要有角闪石石棉、透闪石石棉、阳起石石棉、直闪石石棉、蛇纹石石棉和铁石棉，其中最主要的品种是蛇纹石石棉，又称温石棉。

将单层片状的硅酸盐盘卷成空心圆管，卷叠层数一般为 10～18 层，即为石棉纤维。其外直径一般为 19～30 nm，空心管芯直径 4.5～7 nm。许多单根石棉纤维按接近六方形堆积结合成束，即构成石棉纤维结晶束。石棉束纤维及单纤维长度很长，我国开采保存的纤维束最长达 2.18 m，分离后长度视加工条件而定，一般为 3～80 mm。

(2) 石棉纤维的性能与用途

温石棉的颜色一般为深绿、浅绿、土黄、浅黄、灰白、白色，半透明，有蚕丝光泽，密度为 2.49～2.53 g/cm^3，耐碱性良好但耐酸性较差，在酸作用下氧化镁被析出而破坏。角闪石石棉的颜色一般为深蓝、浅蓝、灰蓝色，有蚕丝光泽，密度为 3.0～3.1 g/cm^3，化学性质稳定，耐碱耐酸性均较好。

石棉的断裂强度，未受损失时可达 11 cN/dtex 以上，受损伤后会降低。其比热为 1.11 J/(g·℃)，导热系数为 0.12～0.30 W/(m·K)，回潮率为 11%～17.5%。一般在 300 ℃以下时无损伤及变化且耐热性好，在 600～700 ℃时将脱析结晶水而结构变坏、变脆，在 1 700℃及以上时结构破坏，强度显著下降，受力后破碎。

石棉纤维广泛应用于要求耐热、隔热、保温、耐酸、耐碱的防护服以及锅炉和烘箱的热保温材料、化工过滤材料、电解槽隔膜织物、建筑材料石棉瓦和石棉板、电绝缘的防水填充料等。但石棉纤维破碎体中亚微米级直径的短纤末随风飞散，吸入人体肺部会引起硅沉着病，因此全世界范围内已公开限制或禁止应用石棉纤维。

二、玻璃纤维(glass fiber)

玻璃纤维是采用硅酸类物质并通过熔融纺丝而形成的无机长丝纤维。

(1) 玻璃纤维的种类

玻璃纤维的基本组成是硅酸盐或硼硅酸盐，其主要成分为 SiO_2，Al_2O_3，Fe_2O_3 和 Ca, B, Mg, Ba, K, Na 等元素的氧化物。按碱金属氧化物的含量不同可形成不同的品种，如 E 玻璃纤维、A 玻璃纤维、C 玻璃纤维、M 玻璃纤维、S 玻璃纤维、L 玻璃纤维、D 玻璃纤维和特种玻璃纤维(E—电绝缘，A—碱，C—耐化学，M—高拉伸模量，S—高强度，L—含铝，D—低介电常数)。

玻璃纤维按纺丝方法不同，分为玻璃球纺丝法、池窑纺丝法、气流牵伸纺短纤维法和离心纺短纤维法。按单丝直径不同，分为细玻璃纤维(直径为 5～25 μm)、中等细度玻璃纤维(直径为25 μm 以上）和光导玻璃纤维（直径为 125 μm 左右）三种，每束丝中单纤维根数一般为 50～4 000 根。一般玻璃纤维为均质圆截面单丝（作过滤用时，为圆形中空），而光导纤维用两种玻璃以皮芯复合结构熔融纺丝制得，呈皮芯结构，且外包涂层进行保护，所以其皮层玻璃折射率低、芯层玻璃折射率高，并利用界面的全反射效应，减少光能传输损失。

（2）玻璃纤维的主要用途

玻璃纤维是历史上人工制造最早的纺织纤维材料，目前已成为重要的功能纤维材料。它的主要用途如下：

绝缘材料	利用玻璃纤维的不吸湿、较高电阻率、较低介电常数和介电损耗因数及耐高温等特点，形成织物或絮片层等形式，作为层状电绝缘材料或热绝缘材料，还可利用于制作电缆绝缘防护管套等
过滤材料	利用玻璃纤维的耐高温、耐化学腐蚀、强度和刚度较高等特点，制成织物和毡类，作为化学物质过滤处理的重要材料
增强材料	利用玻璃纤维的强度高、刚性好、不吸水、表面光洁、密度低（比金属低）、抗氧化、耐腐蚀、隔热、绝缘、减震、易成形、成本较低等特点，以玻璃纤维为增强材料并以高聚物为基体制作复合材料，称为“玻璃钢”，广泛用于交通、运输、环保、石油、化工、电器、电子工业、机械、航空、航天、核能、军事等部门
光导纤维材料	利用玻璃纤维的导光损耗低、芯层与皮层界面全反射、折射泄漏少的特点，用作通讯信号传输专用材料，由它制成的光缆用作国际信号传输工具。近年来，在光导玻璃纤维原料配方中增加适量的稀土元素，可生产用于光学放大的纤维激光器

三、碳纤维(fibrous carbon, carbon fiber)

碳纤维是碳元素含量达 90%以上的纤维。

（1）碳纤维的种类

按原料的不同，分为纤维素基碳纤维、聚丙烯腈基碳纤维、沥青基碳纤维、酚醛基碳纤维、由碳原子凝集生长的碳纤维；按制备条件的不同，分为普通碳纤维（800～1 700 ℃条件下炭化得到的纤维）、石墨碳纤维（2 000～3 000 ℃条件下炭化得到的纤维）、活性碳纤维（具有微孔及很大比表面积的碳纤维）、气相中凝结生长的碳纤维（碳纳米管）；按纤维长度和丝束分，有小丝束碳纤维长丝（纤维根数在 6 000 根以下）、大丝束碳纤维长丝（纤维根数在 6 000 根以上，甚至 12 000 根以上）、短碳纤维（切断的碳纤维或碳纤维毡）、碳纳米管（直径为 0.4～200 nm、长度在 2 500 nm 以下的碳纤维）；按纤维性能分，有高性能碳纤维[按强度不同分为超高强度型(UHT)、高强度型(MT)和中强度型(MT)，按模量不同分为超高模量型(UHM)、高模量型(HM)和中模量型(IM)]及低性能通用碳纤维(GP)（耐火纤维、碳质纤维、活性碳纤维等）。

（2）碳纤维的结构、性能与用途

以丙烯腈基纤维为例，经致密化牵伸后的丙烯腈碳纤维中碳链伸直（由于碳原子价电子σ-π价键间夹角为 109°28′，故伸直链中的碳原子主键仍是曲折的），氮原子是侧基上的腈基。丙烯腈在 200～300 ℃高温预氧化加工过程中，腈基先环化，再脱氢，最后氧化形成耐热的梯形结构：

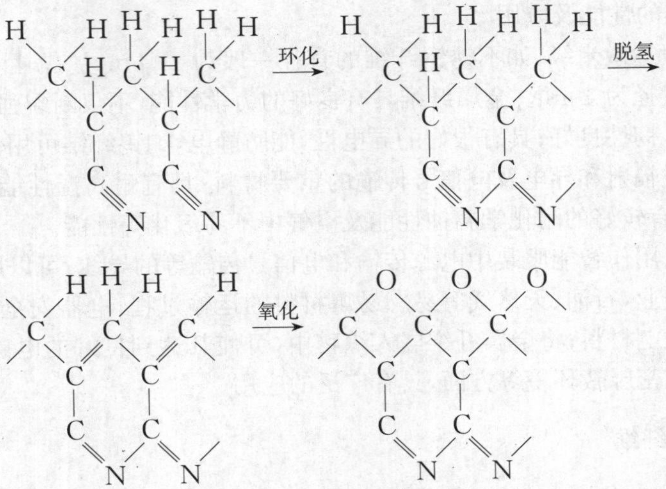

环化 脱氢

氧化

然后在 800～1 600 ℃高温炭化过程中进一步脱去氢、氧、氮，使碳含量增加到 90%以上或 92%以上，并最终成为相邻平行伸直的曲折链，相互结合形成稠环结构的碳纤维。

不同的碳纤维具有不同力学性能，如聚丙烯基腈碳纤维（T300），密度为 1.8 g/cm^3，拉伸断裂强度为 19.6 cN/dtex，拉伸模量为 1 280 cN/dtex，断裂伸长率为 1.5%；碳质纤维的单纤维直径为 9 μm，密度为 1.70 g/cm^3，拉伸断裂强度为 7.1 cN/dtex，拉伸模量为 2 764.7 cN/dtex。

碳纤维的比热容约为 0.712 kJ/(kg・K)，体积比电阻也相当低（高强度碳纤维为 0.0015 Ω・cm，高模量碳纤维为 0.000775 Ω・cm）。碳纤维还具有耐高温、耐烧蚀、耐化学腐蚀，以及防水、耐辐射等性能。

碳纤维用于纤维增强复合材料中的增强材料，以高聚物树脂、金属、陶瓷、无定形碳等为基体。碳纤维与高聚物树脂的复合材料具有质量轻、强度高、耐高温等特性，是飞机、舰艇、宇宙飞船、火箭、导弹等壳体的重要材料。碳纤维与陶瓷的复合材料具有强度高、耐磨损的特点。碳纤维与无定形碳的复合材料具有耐高温、耐烧蚀，是导弹、火箭、喷火喉管及飞机等刹车盘的重要制造原料。利用其导电性能制成的导体材料和防电磁辐射材料也有许多用途。碳纤维在建筑、交通、运输工程中也有应用。目前，全世界碳纤维的总生产能力已达 5 万吨/年。

四、金属纤维（metal fiber）

金属纤维是指金属含量较高并呈连续分布而且横向尺寸为微米级的纤维型材料。将金属微粉非连续性散布于有机聚合物中的纤维不属于金属纤维。

(1) 金属纤维的种类

按所含主要金属成分分为金、银、铜、镍、不锈钢、钨等；按加工方法和结构形态分，有纯金属线材拉伸法或熔融液纺丝法所形成的直径为微米级的纤维、在纯金属线材拉伸法形成纤维之外另加镀层的复合纤维、在有机化合物纤维外层裹镀金属薄层而形成的复合纤维或者为防止金属薄层氧化在其外层加包防氧化膜的纤维、在有机材料膜上溅射或镀有金属层的复合片材并经切割成狭条或再经处理形成的纤维以及其他复合型的含金属的纤维；按加工方法分，有线材拉伸法、熔融纺丝法、金属涂层法、膜片法和生长法。

(2) 金属纤维的性能及应用

金属纤维一般达微米级，如不锈钢纤维的直径一般为 10 μm 左右，目前市场供应的细不锈钢纤维的平均直径为 4 μm。金属纤维具有良好的力学性能，不仅断裂强度和拉伸比模量较高，而且可耐弯折，韧性良好；具有很好的导电性，能防静电，如钨纤维可用作白炽灯泡的灯丝，它同时也是防电磁辐射和导电及电信号传输的重要材料；具有耐高温性能；不锈钢纤维、金纤维、镍纤维等还具有较好的耐化学腐蚀性能及空气中不易氧化等性能。

金属纤维可以用作智能服装中电源传输和电信号传输等的导线；可以用作油、气田及易燃易爆产品的生产企业，石油、天然气等易燃易爆材料的运输过程，电器安全操作场所所需的功能性服装中的抗静电材料；将金属纤维嵌入织物中，可使其达到良好的电磁波屏蔽效果，在军事、航空、通信及机密屏蔽环境等方面，具有广泛的应用。

五、新型无机纤维

新型无机纤维，目前研究开发的有碳化硅纤维（由碳原子和硅原子以共价键结合的无机高聚物纤维）、玄武岩纤维（玄武岩在高温熔融后由耐高温、耐腐蚀的金和铂制的喷丝板孔喷出而纺成的长丝）、硼纤维（采用气相沉积法，即将三氯化硼和氢气混合物在 1 300 ℃高温条件下的化学反应所生成的硼原子沉积到芯丝上而形成，也可采用乙硼烷热分解或热熔融乙硼烷析出硼并沉积到芯丝上而形成）、氧化铝纤维[亦称陶瓷纤维，通常用 $AlCl(OH)_2$，Al(NO)(OH)或 $Al(HCOOH)(OH)_2$ 等的水溶液，采用凝胶纺丝法而制成]。

碳化硅纤维与纯碳化硅纤维都具有很好的耐热性，在大气环境下可耐 1 200～1 500 ℃的高温，目前主要用于宇宙飞行器上的耐高温结构部件和耐高温毡垫等产业用纺织品中。硼纤维可以与铝、镁、钛等金属作为基体或与高聚物树脂制成纤维增强复合材料，在航空、航天、工业制品、体育和娱乐等领域作为特殊材料。氧化铝类陶瓷纤维可用针刺方法，制成毡状、非织造毡状、纸状等用于工业窑炉膛、烟囱管的耐热、保形、隔热、保温建材以及石油化工的乙烯裂解炉、冶金轧钢板坯的匀热炉、钢带镀锌退火炉、燃气炉等炉体的热防护建材等，也有少量氧化铝纤维长丝织成在高温环境下使用的织物、缆绳、带等。玄武岩纤维目前主要用作纤维增强复合材料。

第八节　化学短纤维的品质检验

本节介绍的是化学短纤维的品质检验，有关化纤长丝的品质评定将在本书第十五章中阐述。化学短纤维根据物理、化学性能与外观疵点进行品质评定，一般分为优等、一等、二等、三等。各种化学纤维的分等项目和具体指标有所不同，在有关标准中均有具体规定，物理、化学性能一般包括断裂强度及其变异系数、断裂伸长率、线密度偏差、长度偏差、超长纤维率、倍长纤维含量、卷曲数、含油率等。根据化学纤维不同品种的特点需对其他指标进行检验，如黏胶纤维增加湿断裂强度、残硫量、白度和油污黄纤维等项目；对合成纤维常需检验卷曲率、比电阻、干热或沸水收缩率等；涤纶需检验 10%定伸长强度；腈纶要检验上色率、硫氰酸钠含量、勾接强度；维纶要检验缩甲醛化度、水中软化点等；锦纶要检验单体含量和成包回潮率。外观疵点是指生产过程中形成的不正常异状纤维。

化学短纤维的品质检验按批随机抽样。同一批纤维的原料相同、工艺条件相同、产品规格相同，抽样数量根据批量大小按标准规定进行。

化学纤维物理性能检验，规定在标准温湿度条件(温度 20 ℃±2 ℃，相对湿度 65%±3%)下进行。试样须先经一定时间的调湿平衡，对黏胶纤维来说，如果试样含湿太高，须经预干燥处理后再进行调湿平衡。

思考题

4-1 列举常见合成纤维的品种，写出它们的学名、分子式和主要特征。

4-2 常用纺丝方法有哪几种？各有什么特点？

4-3 初生纤维有无使用价值？为什么？拉伸、上油、卷曲等后加工对纤维的性质有什么影响？

4-4 化学短纤维的品质检验通常包括哪些内容？

4-5 试述再生纤维与天然纤维和合成纤维的区别，其结构和性能有何异同？命名上如何区分？

4-6 试述差别化纤维与功能纤维、高性能纤维与功能纤维的区别并给出理由。

4-7 试述人造无机纤维目前开发应用的主要品种、性能特点与应用范畴。

第五章　纺织纤维的内部结构

本章要点

了解纺织纤维内部结构的基本知识，熟悉纤维素纤维、蛋白质纤维、常用化学纤维的内部结构，掌握纤维内部结构与纤维性质的关系。

纺织纤维具有很多优良性能，不同纤维之间其性能有着很明显的差别，这主要是因为它们有着不同的纤维内部结构。

纺织纤维内部结构包括大分子结构(macro molecular structure)、超分子结构(hypermolecular structure)和形态结构(morphological structure)三级结构，其中，后两级结构又可以用纤维的多重原纤结构从另一个侧面进行描述。尽管近年来有关的实验技术有了较重大的进展，对纤维结构的理论研究工作正在逐步深化，在指导纤维科学的发展上也有很大成效，但是理论尚不健全，许多观点尚处于形成和发展之中。

第一节　纺织纤维内部结构的基本知识

一、纺织纤维的大分子结构

纺织纤维的大分子结构是研究纤维大分子构成的基本单元及其聚合度、大分子的相对分子质量及其分布、大分子链结构的组成、大分子链的构型与构象、大分子链的柔性和刚性。

高聚物大分子都是由许多相同或相似的原子团彼此以共价键多次反复连接而成的。这些相同或相似的原子团称为大分子的基本链节(basic chain link)或称基本单元或单基(monomer)。

纺织纤维的基本链节随纤维品种而异。例如，纤维素纤维大分子的基本链节是β-葡萄糖剩基；蛋白质纤维大分子的基本链节是α-氨基酸剩基；涤纶的基本链节是对苯二甲酸乙二酯；丙纶的基本链节是丙烯；腈纶的基本链节由丙烯腈与第二单体和第三单体共聚而成；维纶的基本链节是乙烯醇缩甲醛；等等(表5-1)。

单基的化学结构、官能团的种类决定了纤维的耐酸、耐碱、耐光及染色等化学性能；大分子上亲水基团的多少和强弱，影响着纤维的吸湿性；分子极性的强弱影响着纤维的电学性质；等等。

一个大分子中单基重复的次数 n 称为聚合度(degree of polymerization)。大分子的相对分子质量 M 取决于单基的相对分子质量与聚合度的乘积。纺织纤维的聚合度较大，天然纤维的聚合度更高，如棉纤维的聚合度为数千甚至上万。化学纤维为了适应纺丝条件，聚合度不宜过高，如再生纤维素纤维的聚合度为300～600，合成纤维则是数百或上千。而且，一根纤维中各个大分子的聚合度不相同，它们具有一定的分布。这就是高聚物大分子的多分散性。

表 5-1　一些纺织纤维的单基结构式

纤维名称	结构式
聚乙烯（乙纶）	$-[CH_2-CH_2]_n-$
聚丙烯（丙纶）	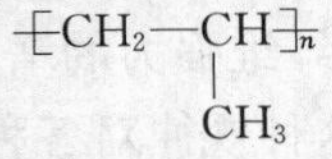 $-[CH_2-CH(CH_3)]_n-$
聚丙烯腈（腈纶）	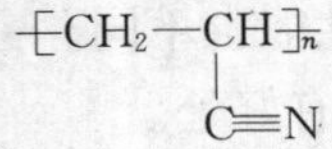 $-[CH_2-CH(C\equiv N)]_n-$
聚对苯二甲酸乙二酯（涤纶）	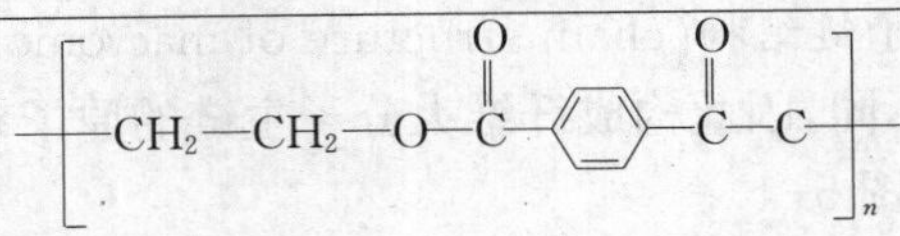 $-[CH_2-CH_2-O-C(=O)-C_6H_4-C(=O)-O]_n-$
纤维素纤维	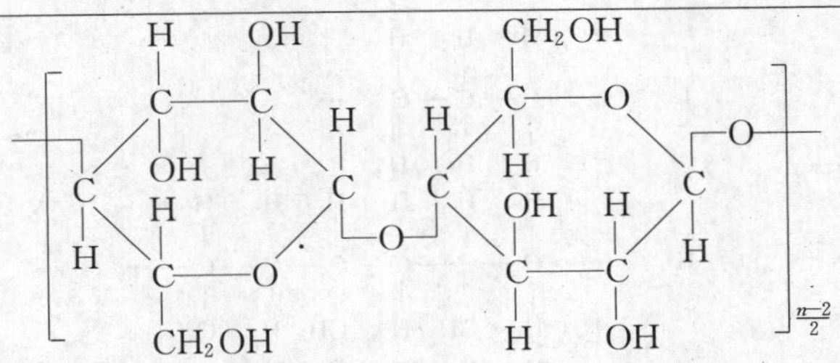 （纤维素结构式，重复单元 $\frac{n-2}{2}$）
蛋白质纤维	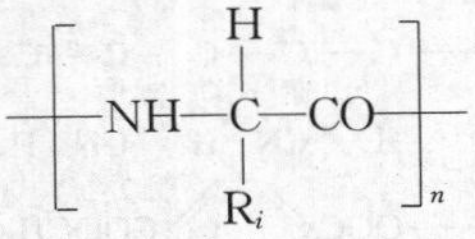 $-[NH-CH(R_i)-CO]_n-$ （R_i 为不同的基团）

高分子化合物的相对分子质量 M 具有多分散性，其数值只具有平均的统计意义。由于测定方法和统计方法的不同，故存在多种不同意义的平均相对分子质量（表 5-2）。

表 5-2　不同意义的平均相对分子质量

平均相对分子质量	定义和计算公式
数均相对分子质量 $\overline{M}_n$	按分子摩尔数目分布的统计平均相对分子质量： $\overline{M}_n=\sum_{i=1}^{n}(n_iM_i)/\sum_{i=1}^{n}n_i$ 式中：n_i 为 i 级分的分子数；M_i 为 i 级分的相对分子质量
质均相对分子质量 $\overline{M}_w$	按质量分布的统计平均相对分子质量： $\overline{M}_w=\sum_{i=1}^{n}(w_iM_i)/\sum_{i=1}^{n}w_i$ 式中：w_i 为 i 级分分子的质量
黏均相对分子质量 $\overline{M}_\eta$	用黏度法测定聚合物在一定温度下适当溶剂中的特性黏度，进而按下式得出黏均相对分子质量： $[\eta]=K\overline{M}_\eta^{\alpha}$ 式中：η 为一定温度下和一定溶剂中聚合物的特性黏度；K 和 α 为与温度、溶剂和聚合物形态有关的常数

多分散性高聚物的黏均相对分子质量介于质均相对分子质量和数均相对分子质量之间，即 $\overline{M}_{w} \geqslant \overline{M}_{\eta} \geqslant \overline{M}_{n}$。

大分子的聚合度与纤维的力学性质特别是与其拉伸强度关系密切。聚合度达到临界聚合度时，纤维开始具有强力，并随着聚合度的增加而增加，其原因是聚合度增加时大分子间的结合键增加、结合能量变大。但纤维强力的增加率为逐渐递减，当增加到一定的聚合度后，纤维强力不再增大并趋于稳定。这种规律对各种纤维都适用。

聚合度分布不同时纤维性能也不同。一般希望聚合度分布集中、分散度小，这对纤维的强度、耐磨性、耐疲劳性、弹性都有好处。

1. 纤维大分子链结构(chain structure of macromolecule)的组成

纤维的种类不同，因此构成纤维大分子主链的原子有多种类型。从现有的主要纤维来看，大致有三种类型(图 5-1)。

2a …—OOC—⟨苯环⟩—COOCH₂CH₂OOC—⟨苯环⟩—COOCH₂CH₂—…

2b …—NH—CH(R₁)—CO—NH—CH(R₂)—CO—…

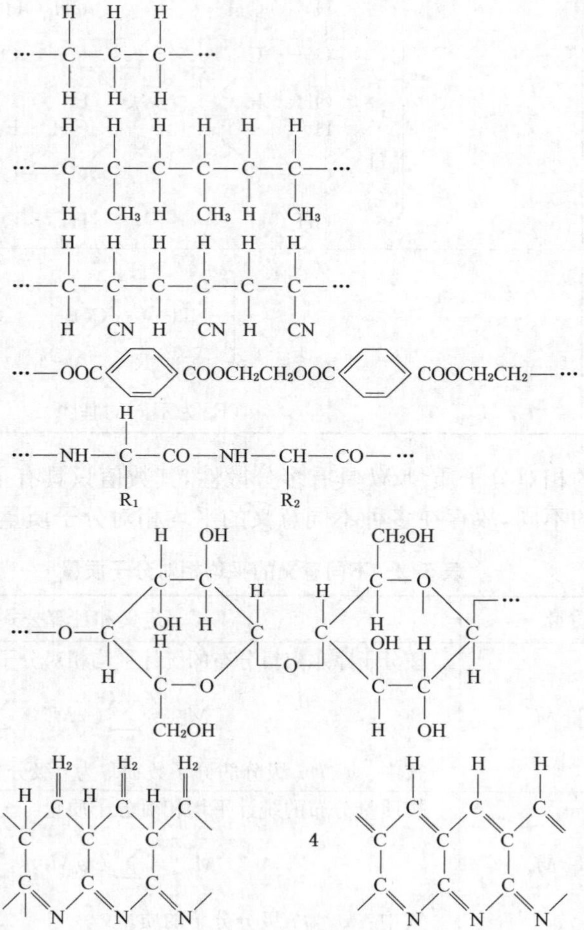

图 5-1 大分子链原子的类型与排列

1a—聚乙烯(乙纶) 1b—聚丙烯(丙纶) 1c—聚丙烯腈(腈纶)
2a—聚对苯二甲酸乙二酯(涤纶) 2b—蛋白质大分子(R_1，R_2 为不同的基团)
2c—纤维素大分子 3—碳纤维大分子 4—石墨纤维大分子

（1）碳链大分子

这类大分子主链都是靠相同的碳原子以共价键形式相连接的，如图 5-1 中 1a，1b，1c。乙纶、丙纶和腈纶的大分子均属此类，它们的可塑性较好，容易成型加工；原料构成比较简单，成本低；但一般不耐热，易燃甚至易熔，因此服用性能有一定的缺点。

（2）杂链大分子

这一类大分子主链由两种或两种以上的原子构成，除碳原子外，还有氧、氮等其他原子，它们也是以共价键相连接的，如图 5-1 中 2a，2b，2c。棉、麻、黏胶、蚕丝、羊毛、涤纶、锦纶等大多数常用纺织纤维均属此类。这类纤维有相当的强度，其服用性能好。

（3）梯形和双螺旋形大分子

这类主链不是一条直链，而是像“梯子”和“双股螺旋”的结构，如图 5-1 中 3 和 4。碳纤维与石墨纤维属此类，这类纤维具有较高的强力和耐高温的特点，其主要原因是它们的主链是双链形式，只有当两根链同时在一个梯格或螺旋圈内断裂时才会引起大分子的断裂与相对分子质量的降解，因此在外界条件作用下发生破坏的几率比单链大分子小得多。

从现有的纺织纤维看，单基的键接方式为由同一种单基构成的纤维大分子或由几种单基混杂键接的纤维大分子。后一种共聚物有四类不同结构：①交替共聚（两种单基有规则的交替键接）；②无规共聚（两种单基无规则的交替键接）；③嵌接共聚（两种不同单基的均聚键段无规则的键接）；④接枝共聚（在由一种单基构成的分子链上键接由另一种单基形成的侧链）。后两种键接共聚的方式常用于纤维的改性，例如通过接枝改善腈纶的染色性能、提高涤纶的吸湿性能等。单基的不同键接方式如图 5-2 所示。

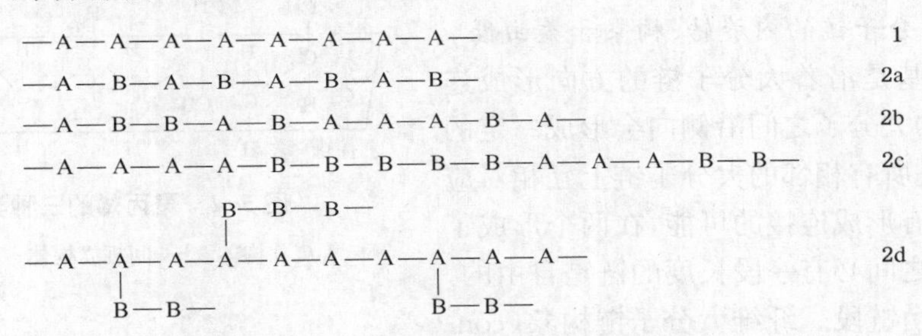

图 5-2　基本结构单元的键接方式

1—由同一种单基构成　2—由两种单基构成　2a—交替共聚　2b—无规共聚　2c—嵌段共聚　2d—接枝共聚

2. 纤维大分子链的支化和构型

纤维大分子的形状由于单基的键接方式不同，可以分为三种构造形式（构型 configuration），如图 5-3 所示。

（1）线型

大分子中每一个单基只有两个自由基可以形成接合键，当它们连接在一起时形成一个呈线型的大分子。

（2）枝型

大分子中少部分单基有三个自由基，其余单基只有两个自由基，后者可以构成线型接合键，前者可以支化成支键，它们连接在一起形成一个呈枝型的大分子。

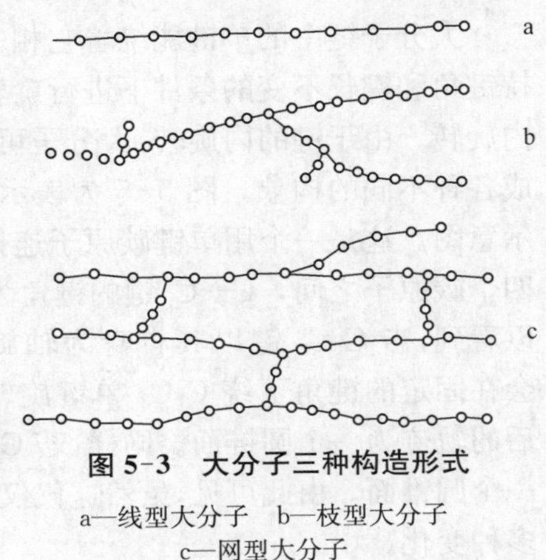

图 5-3　大分子三种构造形式

a—线型大分子　b—枝型大分子　c—网型大分子

(3) 网型

大分子中一部分单基有三个或者四个自由基可以形成接合键而构成沿三维空间分布的支链,并通过这一支链与同样的大分子链交联在一起,最终形成一个呈网型(或体型)的大分子。例如羊毛角朊大分子之间有一些二硫键(—S—S—)连接,属网型构造。

纺织纤维一般都是侧基很少或支链很短的大分子,且很少通过接枝方法接上较长的其他单基支链,所以通常把纺织纤维的大分子划为线型大分子。线型大分子为细长状,宽度约1 nm或以下,长度可达10 μm。

常见纺织纤维的分子构型(指分子为化学键所固定的几何形态)各有一定的特点,这表现在纤维大分子的单基中原子之间都有固定的相对位置。同一种分子如果构型不同,性能也会有差别。例如,丙烯在合成过程中,可能形成如图5-4所示的等规立构体、间规立构体和无规立构体三种异构体。其中,等规与间规立构的聚丙烯由于侧基(—CH_3)在平面两侧的分布比较有规律,分子链之间能形成紧密的聚集而产生结晶,可以形成具有较高结晶度和熔点的纤维(丙纶);无规立构体的聚丙烯则无法形成具有服用性能的纤维。

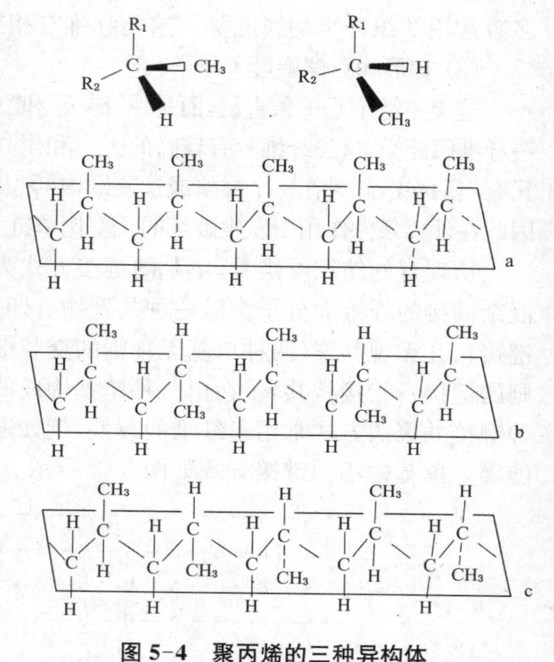

图5-4 聚丙烯的三种异构体

a—等规立构体 b—间规立构体 c—无规立构体

3. 纤维大分子链的内旋转、构象和柔曲性

单基与单基是沿着大分子链的方向形成连接的,在纤维的大分子之间沿侧向会形成一定的连接,但并不是所有相邻的大分子链上互相对应的单基之间都有形成连接的可能,在两个形成了连接的连接点之间必有一段长度的链是自由的,该链段称为自由链段。纤维大分子链构象(conformation)的变化主要就是通过这一自由链段来完成的。

大分子链中的单键能绕着它相邻的键,在保持键角和键长不变的条件下进行旋转,称为键的内旋转。由于键的内旋转,大分子可以在空间形成各种不同的构象。图5-5为表示单键内旋转示意图。这是一个用单键碳原子连接起来的链,四个碳原子之间,C—C键的键角为109°28′,可以看到,当C_1C_2键以其自身为轴旋转时,C_2C_3会在固定的键角下绕C_1C_2单键旋转,旋转一周后的轨迹为一个圆锥面。同样,若C_2C_3键在图中绘的位置上也绕自身旋转,C_3C_4的轨迹也是一个圆锥面。由此可见,虽然这仅仅是由三个键组成的短链,但也能引起原子的空间位置发生多种变化。

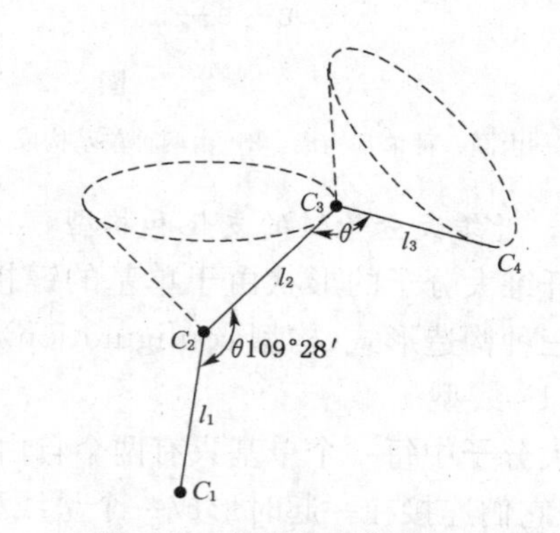

图5-5 单键内旋转示意图

纺织纤维大分子一般呈卷曲的构象，在没有外力作用时，是不可能伸展成直线状的，通常有伸展形、折叠形、折曲形和螺旋形四种类型，如图 5-6 所示。

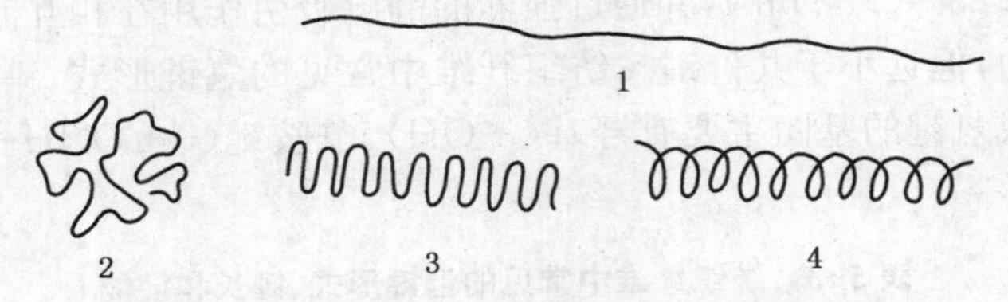

图 5-6　单个高分子的几种构象示意图

1—伸展形　2—折曲形　3—折叠形　4—螺旋形

纤维大分子链中键的内旋转并非完全自由，长链分子在一定条件(外力或热运动)下通过内旋转和振动而形成各种形态的难易程度，称为大分子的柔曲性。不同纤维，其大分子上基团和原子的特点、极性或者分布存在很大的差别，因此，内旋转阻力并不相同。纤维大分子的实际表现介于柔性链和刚性链之间，即表现为既有一定的柔性(softness)又有一定的刚性(stiffness)。纤维大分子在刚柔程度上的这种表现称为链的柔曲性。

根据纤维的内部结构，影响分子链柔曲性的因素有四个方面：

① 纤维大分子主链结构。由单键组成的主链能内旋转，因此柔曲性较好。主链上键长长、键角大的链其内旋转能力大，因此柔曲性较好。主链上不含芳杂环结构的可以内旋转，因此柔曲性好。

② 纤维大分子链上侧基的极性、体积、多少与分布位置。侧基的极性小，分子内吸引力和势垒小，分子间作用力小，内旋转较容易，因此柔曲性较好。侧基的体积小，位阻小，则柔曲性较好。极性基团数量小且极性基团相互间隔距离远，其相互间的作用力和空间位阻的影响小，内旋转容易，柔曲性较好。

③ 纤维大分子链之间的某些部位存在以主价键连接的交联(少数纤维)。如果主链本身比较易柔曲变形，同时交联点两端形成的桥距比较大，能够允许交联点之间单键的内旋转，其柔曲性较好。

④ 影响纤维大分子链柔曲性的最主要外因是温度。温度越高，热运动能越大，分子内旋转越自由，构象的数目也越多，分子链就越易柔曲变形。这是许多纤维热定形的机理之一。

二、纺织纤维的超分子结构

纤维的超分子结构又称聚集态结构，用来描述具有一定构象的大分子链通过次价力或其他力的作用而形成高分子聚集体的规律。

1. 纤维大分子链间的作用力

大多数纺织纤维中，大分子之间是依靠范德华力和氢键结合的，它们属于分子间偶极作用的力，即经常说的次价力；有些纤维则还有盐式键和化学键使之结合。

(1) 范德华力

它只存在于大分子之间，作用距离只能为 0.3～0.5 nm，并随着距离的增加而迅速衰减，超过 0.5 nm 时这种作用力可忽略不计。因此，它的强度比共价键的强度小得多，其键能为 $0.8\times10^{3}\sim2.1\times10^{4}$ J/mol。

(2) 氢键

分子上的氢原子以共价键与另一负电性大的原子(如氧、氮等)结合后,带有极性(氢原子带正电,氧、氮等带负电)。这种带正电荷的氢原子允许另外一个带部分负电荷的原子(如氧、氮等)充分接近它(0.23～0.32 nm),并通过强烈的静电吸引作用在相互间形成氢键。氢键的键能略大于范德华力,但远小于共价键。纺织纤维中常见的氢键形式、键长和键能见表 5-3。常见纤维中容易形成氢键的基团主要有羟基(—OH)、酰胺键(—CONH—)、氨基(—NH_2)和羧基(—COOH)。

表 5-3　纺织纤维中常见的氢键形式、键长和键能

氢键的形成	键　长　(nm)		键　能　(J/mol)	
	范　围	常　见	范　围	常　见
O—H…O	0.230～0.276	0.255～0.273	1.6×10^4～4.3×10^4	1.9×10^4～3.2×10^4
N—H…O	0.276～0.311	0.286～0.303	0.8×10^4～2.9×10^4	2.5×10^4～2.9×10^4
N—H…N	0.265～0.338	0.300～0.321		0.6×10^4
C—H…N	≈0.3	≈0.318	1.3×10^4～3.3×10^4	1.4×10^4～1.8×10^4

(3) 盐式键

部分纤维如羊毛、蚕丝大分子的侧基上有自由羧基(—COOH)和自由氨基(—NH_2)。成对的自由羧基和自由氨基在距离很小(0.09～0.27 nm)时,可以形成盐式键(—COO^- …^+H_3N—)使大分子结合(图 5-7)。盐式键(属于配价键)的键能小于共价键,但大于氢键。

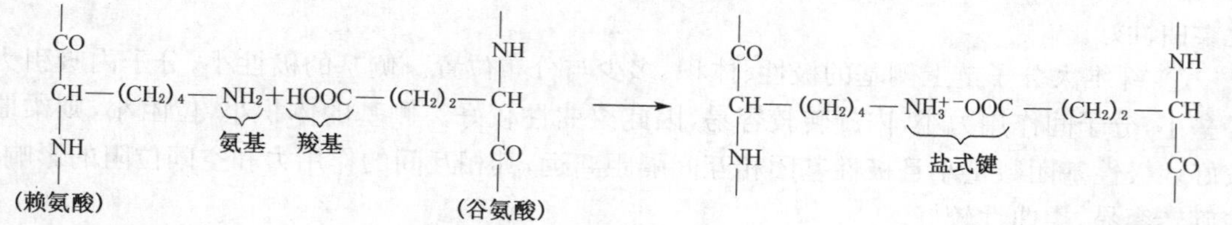

CO / CH—$(CH_2)_4$—NH_2 + HOOC—$(CH_2)_2$—CH / NH(赖氨酸)　氨基　羧基　NH / CO(谷氨酸)　→　CO / CH—$(CH_2)_4$—NH_3^+ $^-$OOC—$(CH_2)_2$—CH / NH　盐式键　NH / CO

图 5-7　左面的赖氨酸与右面的谷氨酸构成一个盐式键

(4) 化学键

网型构造的大分子之间可以由化学键(双硫键和酯键)构成交联。例如,在两个半胱氨酸侧链链端的—SH 基之间形成二硫键(—S—S—),蚕丝和羊毛中都有这种键,羊毛多于蚕丝;在一个氨基酸侧链端的羧基和另一个氨基酸侧链端的羟基之间,通过酯化可形成酯键,蚕丝和羊毛中都有这种键(图 5-8)。常见化学键的键能见表 5-4。

表 5-4　常见化学键的键能

化学键种类	键长(nm)	键能(J/mol)	化学键种类	键长(nm)	键能(J/mol)
S—S	0.208	29×10^4	C—N	0.147	27×10^4
C—C	0.154	36×10^4	N—H	0.101	35×10^4
C—H	0.109	34×10^4	O—H	0.096	46×10^4

存在于纺织纤维中的这些作用力,其大小顺序列于表 5-5 中。虽然范德华力、氢键和盐式键的键能比共价键小得多,但两个大分子间的范德华力和氢键等总的结合能量仍然相当可观。

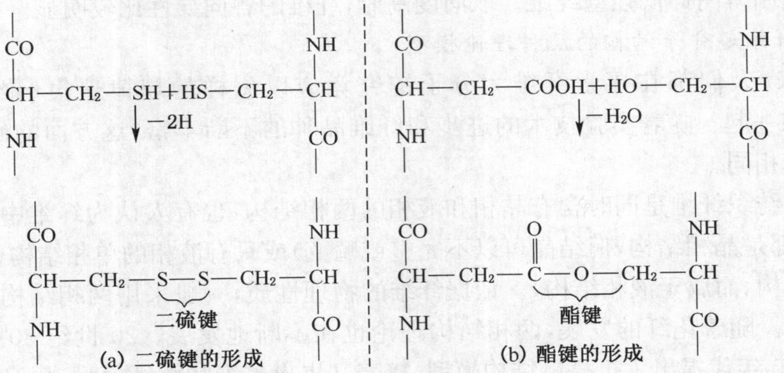

—CO—CH—CH₂—SH + HS—CH₂—CH—NH—　→（−2H）　—CH—CH₂—S—S—CH₂—CH—　二硫键

(a) 二硫键的形成

—CO—CH—CH₂—COOH + HO—CH₂—CH—NH—　→（$-H_2O$）　—CH—CH₂—C(=O)—O—CH₂—CH—　酯键

(b) 酯键的形成

图 5-8　二硫键和酯键

2. 纺织纤维的结晶度与取向度

由基本链节组成的各种聚合度的直链状大分子，在纤维内具有某种相对稳定的几何形状，一般有伸展形、折叠形、折曲形和螺旋形四种类型，如图 5-8 所示。

表 5-5　纺织纤维中常见的分子作用力

作用力的名称	作用的有效距离(nm)	作用的能量(J/mol)
范德华力	0.30～0.50	0.21×10^4～2.31×10^4(一般为 0.76×10^4～1.13×10^4)
氢　键	0.23～0.30	0.55×10^4～4.28×10^4(一般为 1.89×10^4～3.44×10^4)
盐式键	0.09～0.23	12.6×10^4～21×10^4(一般为 13.4×10^4～13.9×10^4)
化学键	0.09～0.19	21×10^4～84×10^4(一般为 29.4×10^4)

纺织纤维中大分子的排列具有较复杂的混合结构。纤维内某些区域由大分子的侧吸引力使大分子相互整齐稳定地排列成具有一定高度的几何规整性，称为结晶结构或有序结构；而另一些区域内大分子则随机弯曲配置，排列不规整，称为无定形区或无序区。

但是，纺织纤维中的大分子很少有严格的三维空间结晶结构，即完整的结晶结构。它可能是有缺陷的结晶结构或只有一维或二维空间有序排列的结晶结构，称为准结晶结构。而目前习惯上仍将其排列整齐有规律的区域称为结晶区(crystalline zone)或有序区。

纺织纤维内部同时存在结晶区和无定形区。结晶部分占整根纤维的百分比称为结晶度，用质量百分比表示的，称为质量结晶度；用体积百分比表示的，称为体积结晶度。

结晶区中大分子间由于侧吸引力形成许多固定连接点，能够承受较大的外力，受力时变形能力较小，坚固稳定。无定形区中由于大分子侧吸引力形成的固定连接点很少，受外力时容易滑移，产生较大的变形，且由于大分子呈随机弯曲配置，外力只作用于少数大分子上，使承受外力的能力较小。结晶区具有明显的熔点，密度较无定形区大，染色性较无定形区差，水分子不易进入结晶区。结晶度相同，如果结晶结构分布不同，对纤维性质也有影响，一般以结晶颗粒小而均匀为好。结晶度过高且结晶颗粒大的纤维则呈脆性。

纤维内大分子链主轴与纤维轴平行的程度，称为纤维大分子排列的取向度(orientation degree)。在化学纤维制造过程中，采用不同的拉伸倍数，可以得到不同的取向度。当拉伸倍数较大时，纤维中大分子排列的取向度较高，纤维强度较大，伸长能力较小，所得纤维为高强低伸型;反之,则制得高伸低强型纤维。取向度高时,纤维的各向异性比较明显。

3. 纺织纤维超分子结构的几种理论模型

许多年来,人们都在探索纤维大分子链究竟应以怎样的规律聚集(聚集态,state of aggegation)在一起?随着实验技术的进步和纤维品种的不断丰富,这方面的研究不断进展,观点也不完全相同。

有人认为纺织纤维是同时含有晶相和液相的两相结构,也有人认为纤维中只有晶相的单相结构(纤维都是晶相结构,但结晶可以不完整或畸变)或只有液相的单相结构(纤维中不存在严整的结晶结构,而属于液相结构)。依据纤维的物理性质,一般采用两相结构理论来说明纤维的内部结构。随着化纤的发展,两相结构理论也在不断地发展。20 世纪 30 年代提出了缨状微胞模型,50 年代提出了折叠链结构模型,接着又提出了缨状微纤模型,后又发展为折叠链微纤模型。现分别介绍如下:

(1) 缨状微胞结构模型理论

认为纤维中既存在由许多胶束(或称胞)形成的结晶区,也存在由胶束间区域形成的非结晶区(亦称无定形区)。胶束由许多分子集束而成,每个集束的长度约 5~8 nm,比纤维大分子链短得多。一个纤维大分子链的伸直长度为 50 nm 左右,因此它必然要从一个胶束经过胶束间的非结晶区进入另一个胶束,从而把许多晶区和非晶区沟通在一起。在无约束的条件下,纤维中的胶束是随机分布的,如图 5-9(a)。但如果在纤维成形时加上一定的约束条件(例如拉伸),则胶束将沿外力场的方向排列,如图 5-9(b)。用这个模型可以解释某些天然纤维的结构与性能(如吸湿性、染色性)的关系。

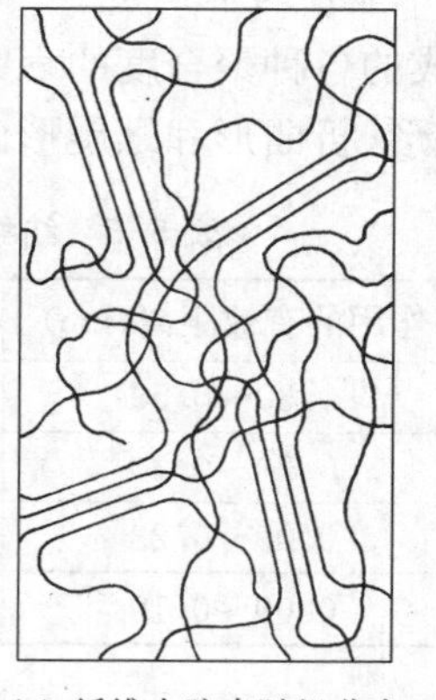

(a) 纤维中胶束随机分布

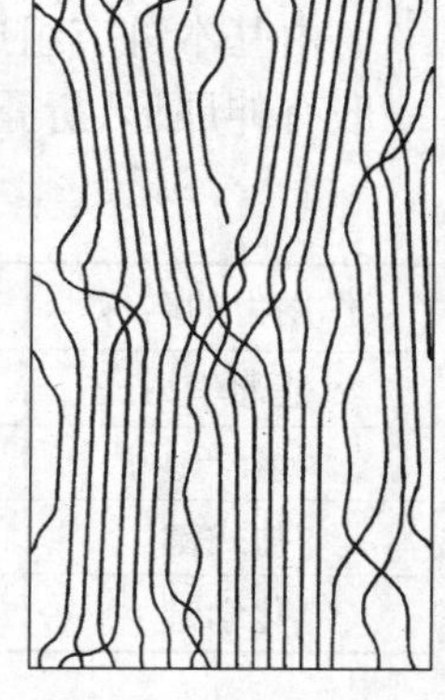

(b) 纤维中胶束取向分布

图 5-9 缨状微胞模型

(2) 缨状原纤结构模型理论

认为纤维中有分子排列规整与不规整两个部分,一个分子可以在这两个部分中贯穿。排列规整的部分,实际上只是连续的缨状原纤,由来自不同方向的漫散分子组成。规整部分的晶格可以有一些畸变,处于结晶部分的原纤可以有微小的曲率或形成支化。从结晶部分向非结晶部分是逐渐过渡的,这两部分的周界不能很清晰地分开,如图 5-10。这是目前为较多的学者所接受的用来解释除某些合成纤维以外的其他纤维结构的一种主要模型。

(3) 折叠链结构模型理论

认为各种合成纤维及再生纤维素纤维中存在片晶。片晶中,纤维大分子的轴垂直于片晶的晶面,由于片晶的厚度比大分子的长度小得多,因此片晶中纤维大分子是平行有序的折叠状排列。片晶常常是多层的,在多层片晶中,分子链可以跨层折叠。当大量的多层片晶以某晶核为中心,呈辐射状向外伸展排列就形成球晶,如图 5-11。

(4) 折叠链微纤结构模型理论

认为纤维是由微纤组成的。微纤中含有交替的折叠链晶区和非晶区。微纤和折叠链晶区中的大分子基本平行于纤维轴,折叠链晶区间和微纤间依靠缚结分子串联起来。在非晶区还可以存在有松弛的末稍和圈环,如图 5-12。

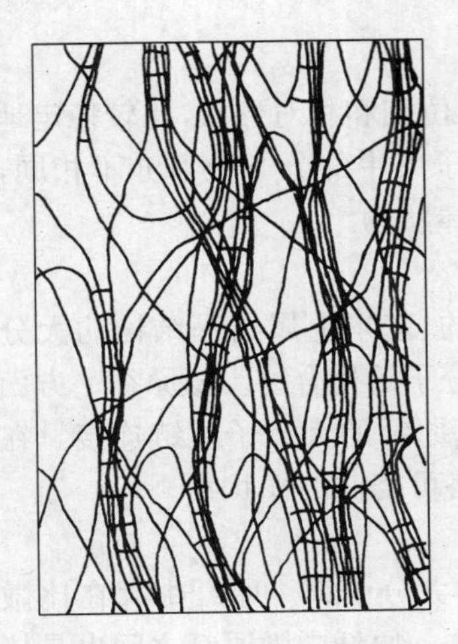

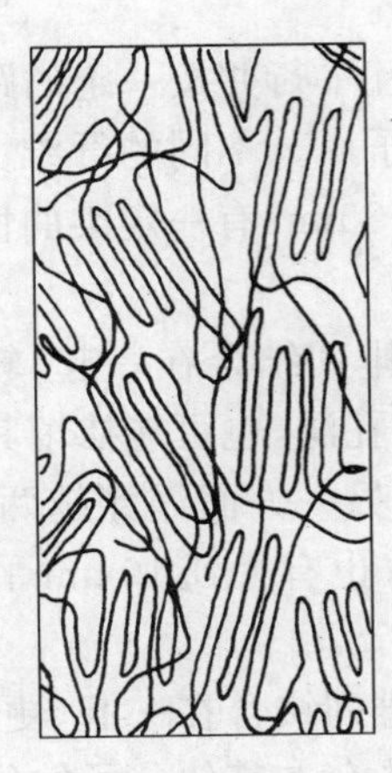

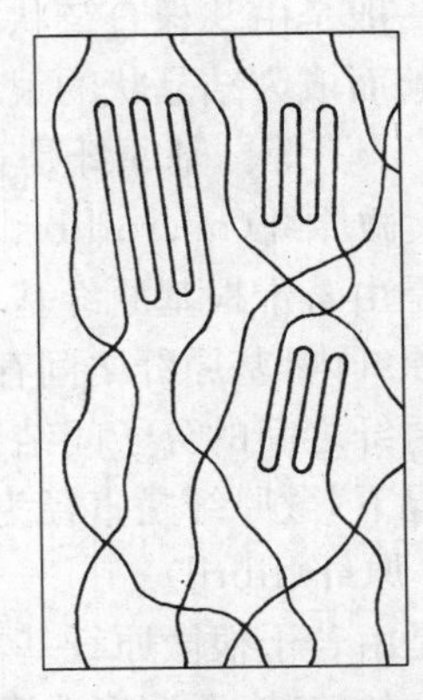

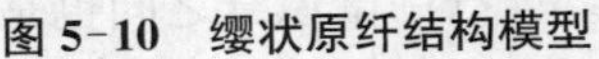

图 5-10　缨状原纤结构模型　　图 5-11　折叠链结构模型　　图 5-12　折叠链微纤结构模型

关于纤维内部结构理论，目前存在着多种不同的观点，尚不能肯定哪种观点是正确的。从目前的情况看，用缨状胶束或缨状原纤模型来解释一些天然纤维（如棉、毛、丝等）和再生纤维素纤维的结构和性能的关系较为合适；用折叠链结构模型来解释锦纶、涤纶等合成纤维的结构和性能的关系较为合适。近年来，为了解释折叠链分子形成原纤的过程，折叠链模型又有了许多新的发展。

三、纺织纤维的形态结构

纺织纤维的形态结构，一般是指用测试手段能够看到的结构，其尺寸随着测试手段的发展不断变小。形态结构分为以下两种：

① 微观形态结构。用电子显微镜能观察到的结构，如微纤、微孔和裂缝等。

② 宏观形态结构。用光学显微镜能观察到的结构，如截面形态、径向结构、外观形貌等。

形态结构对纤维的力学性质、光泽、手感、保暖性、吸湿性等均有影响。例如，存在裂缝时纤维强力低，三角形、多角形异形化纤具有特殊的光泽，多叶形化纤具有麻的手感，中空纤维的保暖性和吸湿性较好，异形纤维不易起毛起球，等等。

纺织纤维具有不同层次的宏观和微观结构，各层次结构都对纤维的性能产生影响，但并非所有的高分子材料都可用作纤维。能够形成纤维大分子的应具备一些基本特征要求：

① 大分子组成和结构上，相对分子质量较高且相对分子质量分布较窄、支链较短、侧基要小，以得到黏度适当的熔体及溶液和浓度足够高的溶液。

② 聚集态结构上，要求分子排列有一定的结晶度和取向度，使分子间和轴向作用力增强，从而使纤维具备必要的强度和形态稳定性；又必须有一定的无定形区，使纤维具有可及性和可加工性。

③ 形态上，能够使纤维具备一定的长度和细度，有较长的长径比，具备形成一维材料的基本条件。

四、纺织纤维的多重原纤结构

纺织纤维从大分子开始到结合成纤维，其中有许多结构层次。不同种类纤维的结构层次并不相同，大致上有以下几个层次，但不是所有纤维都具有每个层次。

(1) 基原纤(proto-fibril)

它一般是由几根直链状大分子相互平行并按一定的距离、位相和相对形状,比较稳定地结合在一起而成为结晶状的很细的大分子束。不同的纤维大分子束中的分子数目亦不相同,由3个到7个不等。基原纤是直径为1～3 nm,有一定柔曲性的棒状物。

(2) 微原纤(micro-fibril)

它是由若干根基原纤基本平行地排列结合在一起、较粗的、基本上属结晶结构的大分子束。微原纤内,基原纤之间存在缝隙和孔洞,也可能掺填其他分子的化合物。微原纤一方面靠相邻基原纤之间的分子间结合力连接,另一方面靠穿越两个基原纤的大分子主链连接。在大部分情况下,微原纤是直径为4～8 nm(也有大到10 nm的),略可挠曲的棒状物。

(3) 原纤(fibril)

它是由若干根微原纤基本平行地排列结合在一起、更粗的大分子束。原纤中存在比微原纤中更大的缝隙、孔洞和非晶区,也可能存在其他分子的化合物。原纤中微原纤之间也是依靠相邻的大分子间结合力和大分子主链来连接的。在一般情况下,原纤是直径为10～30 nm的棒状物。一根原纤上可能出现很多段由非晶区隔开的结晶区。

(4) 巨原纤(macro-fibril)

它是由原纤基本平行地堆砌而成的更粗的大分子束。巨原纤中原纤之间存在着比原纤中更大的缝隙、孔洞和非晶区。原纤之间主要依靠穿越非晶区的大分子主链和一些其他物质进行连接。巨原纤的直径一般为0.1～1.5 μm。

(5) 细胞(cell)

它由巨原纤堆砌而成。纤维中巨原纤之间存在着比巨原纤内更大的缝隙和孔洞。巨原纤之间的连接也更松懈一些,甚至有的纤维主要靠其他物质如多细胞纤维的胞间物质来连接,而不是靠穿过非晶区的大分子主链。细胞与细胞间由细胞间质黏合而成,联系物质和结构与原纤不同,较为疏松,还有从纳米到微米的缝隙和孔洞。

正如前述,并非所有纤维都有如此清晰的层次或划分。如棉纤维无巨原纤、羊毛无原纤且副皮质中无巨原纤结构。有的纤维就是单细胞体,如棉、麻等;有的纤维为多细胞体,由细胞堆砌而形成,如毛纤维、麻的工艺纤维。化学纤维和天然丝无细胞,但单一组分的纤维可以看做"单细胞"纤维,如普通化纤、蚕丝的单丝等;而多组分复合、共混化学纤维、蚕吐出的丝等,可以看做"多细胞"纤维。

第二节　纤维素纤维的内部结构

一、纤维素纤维的大分子结构

纤维素大分子的基本链节是β-葡萄糖剩基,相邻的葡萄糖剩基转过180°,彼此以1,4苷键(—O—)相结合而形成大分子。因此,纤维素大分子的重复单位是纤维素二糖,其结构式如图5-13所示。

纤维素纤维大分子的每一个葡萄糖剩基上有3个醇羟基,其中2个仲醇羟基、1个伯醇羟基,分别位于②③⑥位碳原子上,它们有着不同的反应能力并能与相邻大分子中的羟基形成氢键结合。羟基和苷键是纤维大分子的官能团,它们决定了纤维素纤维耐碱不耐酸并具有一定

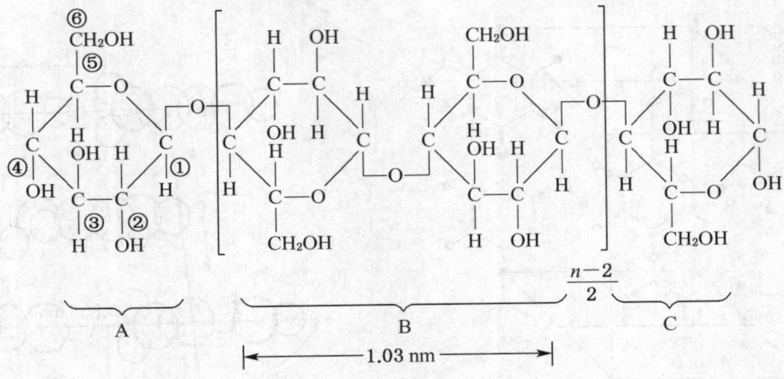

A B C
1.03 nm

图 5-13　纤维素大分子结构

A—非还原性端基（含有 4 个醇羟基）　B—纤维素二糖（纤维素纤维大分子的基本结构单元）
C—还原性端基（含有 3 个醇羟基和 1 个醛羟基）

的吸湿能力等性质。

纤维素大分子的聚合度 n 视不同纤维种类而异。棉纤维纤维素大分子的平均聚合度为数千至上万（6 000～15 000）；麻纤维在 1 万以上；黏胶纤维则比棉纤维小，普通黏胶纤维的平均聚合度约为 300，富纤一般为 400～600。

纤维素纤维大分子中，纤维素二糖由相邻 2 个葡萄糖剩基反向对称且一正一反连接而成，但每个葡萄糖剩基的①②位碳原子并不在一个平面上，两个葡萄糖剩基的中心平面也不在同一平面内，它的空间结构属于椅式结构，如图 5-14。苷键连接使纤维大分子具有柔曲性，而氧六环的存在使纤维素大分子的柔曲性受到影响。相邻的氧六环反向排列的最大好处是使纤维素纤维大分子有较好的直线对称性，相互排列较好时能形成结晶结构。一般认为纤维素大分子的构象是较为僵直的直链状，但可以有一定程度的弯曲和扭转。现在也有人认为黏胶纤维中存在折叠链。

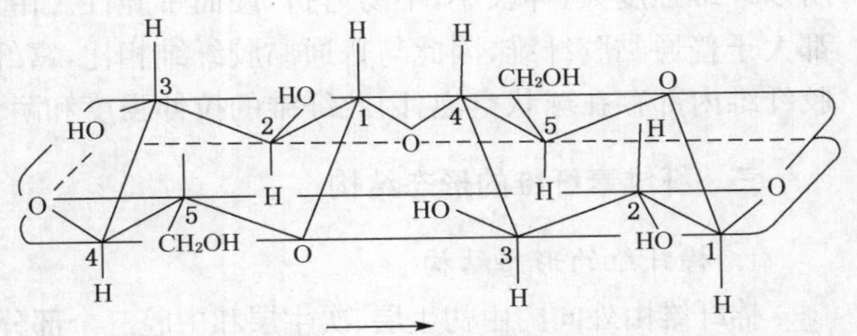

图 5-14　纤维素纤维一个结构单元的空间构型

二、纤维素纤维的超分子结构

纤维素纤维大分子间依靠范德华力和氢键相结合。纤维素纤维的单元晶格（或称晶胞，即最小结构单元）如图 5-15 所示，是由 5 个平行排列的纤维素纤维大分子在 2 个氧六环的一段上组成，中间的 1 个大分子与棱边的 4 个大分子是倒向的，它为单斜晶系。

不同种类的纤维素纤维，其单元晶格的尺寸 a, b, c 和 β 角是不相同的。棉、麻纤维的单元晶格为 $a=0.835$ nm，$b=1.03$ nm，$c=0.795$ nm，$\beta=84°$，称为纤维素Ⅰ型晶胞。黏胶纤维的单元晶格为 $a=0.814$ nm，$b=1.03$ nm，$c=0.914$ nm，$\beta=62°$，称为纤维素Ⅱ型晶胞。这是由于黏胶纤维属再生纤维素纤维，曾经历碱液处理，纤维素发生膨化和破坏，从而导致晶胞结构发生变化（晶胞 a 轴和 c 轴的尺寸及 β 角均有变化，分子面转动，晶胞发生倾斜）。晶胞倾斜导致黏胶纤维结晶度和取向度降低，引起纤维强度降低、伸长度增加等性质变化；晶胞膨化则

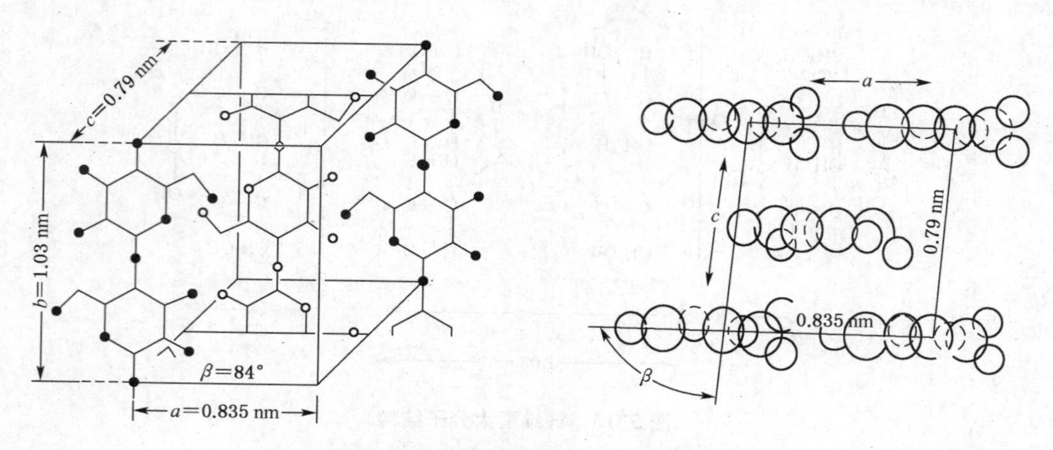

图 5-15　纤维素纤维Ⅰ型的单方晶格

使水分子能少量地进入水化纤维素的结晶部分，而对于天然纤维素纤维，水分子是不能进入其结晶区的。因此，黏胶纤维的吸湿性增加，对染料的吸着性大大增加，而湿强降低很多。

纤维素纤维中棉、麻纤维的结晶度较高，黏胶纤维较低，富纤比普通黏胶纤维高；麻纤维的取向度很高，棉比麻低，富纤优于普通黏纤。麻纤维大分子的聚合度、结晶度和取向度都很高，所以纤维强度大，伸长小，不易弯折，硬而带脆性。由于富纤大分子的聚合度、结晶度和取向度都大于普通黏胶纤维，因此与普通黏胶纤维相比，富纤强度较大，伸长较小，纤维较脆。普通黏胶纤维内部存在球状空泡，因此纤维的拉伸强度和耐弯曲疲劳强度均较低。

三、纤维素纤维的形态结构

1. 棉纤维的形态结构

棉纤维由外向内由初生层、次生层和中腔三个部分组成，其结构如图 5-16 所示。

(1) 初生层

其外皮是一层极薄的蜡质与果胶的淀积层。外皮之内是纤维的初生胞壁，一般认为初生胞壁由原纤呈网状结构而组成。原纤与纤维轴倾斜约 70°，有时呈直角。初生层很薄(仅 0.1～0.2 μm)，纤维素含量低(占纤维质量的 2.5%～2.7%)。

(2) 次生层

次生胞壁占棉纤维的绝大部分，是棉纤维生长期间由外向内逐渐分层淀积而成的原组织，占纤维总质量的 90% 以上，形成日轮。次生胞壁可分为三层：外层 S_1 由原

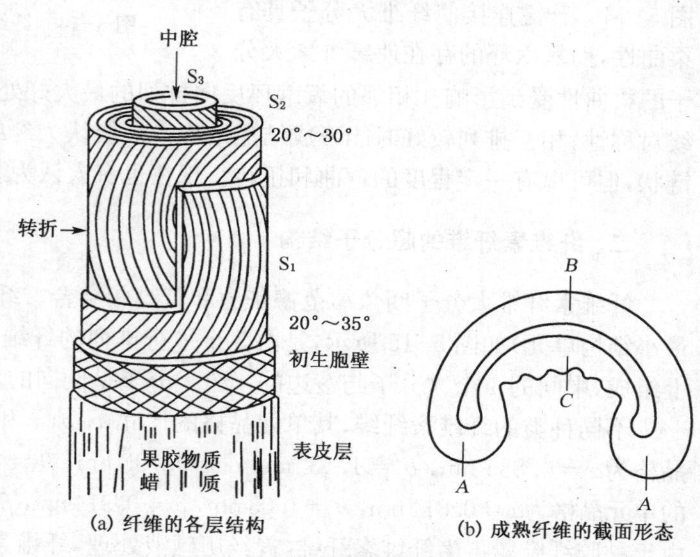

(a) 纤维的各层结构　(b) 成熟纤维的截面形态

图 5-16　棉纤维形态结构示意图

纤紧密堆砌而成，厚度小于 0.1 μm，原纤与纤维轴呈倾角为 20°～35°的螺旋状排列，较为紧密，而且不断改变螺旋方向，在一层中，几乎没有空隙和孔洞；中层 S_2 是棉纤维的主体，厚 1～4 μm，全部由纤维素组成，原纤与纤维轴的夹角约为 20°～35°，螺旋方向周期性地左右改变，一根纤维上这种反向可达 50 次以上，微原纤间形成空隙，使棉纤维具有多孔性；内层 S_3 中原纤与纤维轴的夹角大且夹有非纤维素物质，厚度小于 0.1 μm。

(3) 中腔

棉纤维的中空部分，含有少数原生质和细胞核残余，它对棉纤维颜色有影响。

棉纤维的初生层和次生层中均有缝隙和孔洞。由于次生层中原纤不断改向的螺旋排列，使棉纤维吐絮干燥后形成天然转曲，其转曲即发生在螺旋改向处，但转曲方向和它并不一致。棉纤维成熟干燥后管状体即压扁转曲，截面呈典型的腰圆状。棉纤维压扁后，次生胞壁各个位置上的密度发生变化，微原纤的集积方式也随之改变，因此原纤的膨化能力和试剂的可及性均不一样。图中 *A* 区的曲率更大，密度最高，溶液渗入最难；*B* 区的结构和压扁前相近，溶液进入比较容易；*C* 区因受压而成内凹状，溶液最易进入，因此反应最为活泼。*A* 区及 *C* 区之间化学反应的活泼程度是自 *C* 区至 *A* 区逐渐递减并形成中间区。

棉纤维表面具有棱脊和沟槽相间的螺旋状条纹，螺旋角约为 30°，棱脊的高度和距离约为 0.5 μm，长约 10 μm 以上。一般认为是由于次生胞壁的原纤所引起的。

2. 麻纤维的形态结构

麻纤维成束聚集生长在植物的韧皮部或叶中。单纤维是管状的植物细胞，与棉纤维不同，麻纤维的细胞两端封闭。纤维与纤维之间由果胶黏结，经脱胶后纤维分离。麻纤维具有初生层、次生层和第三层，其内纤维素分层淀积，纤维素大分子也聚集成原纤结构。

苎麻纤维在植物茎中呈单纤维状，不形成工艺纤维，纤维的纵向条纹呈急骤的错位。初生层和次生层中的纤维素原纤呈 S 向螺旋线分布，其中初生层内的倾角可达 12°，次生层中的倾角由外层的 10°～9°减小到内层的 0°。

亚麻纤维的截面呈不规则的多角形，中间有狭窄的空腔。纤维表面有纵向条纹，在纤维的某些部位，这些条纹会发生横向错位。空腔的宽度保持不变。亚麻纤维的初生胞壁由原纤构成，原纤与纤维轴形成 8°～12°的 S 向螺旋线。次生层的原纤呈 Z 向螺旋线配置。其中外层原纤的倾斜角与初生胞壁相同，向内逐渐减小，有时会达到 0°，甚至向相反方向变化。原纤间的果胶分布不均匀，越接近中腔其含量越多。

3. 黏胶纤维的形态结构

黏胶纤维中纤维素大分子聚集成微原纤、原纤和巨原纤再形成纤维。微原纤和原纤的尺寸大体与棉纤维接近，但排列没有棉纤维整齐，缝隙孔洞较大，所以黏胶纤维的吸湿能力大于棉。

黏胶纤维中不分初生层和次生层，没有“日轮”层，但有皮芯结构和锯齿形截面。与芯层相比，皮层具有较小的结晶区和无定形区，结构比较均一，溶胀性较小，可能存在亚微观空隙，密度较小，取向度较高。

第三节　蛋白质纤维的内部结构

一、蛋白质纤维的大分子结构

蛋白质大分子是由基本链节 α-氨基酸残基依靠肽键连接而成，其化学结构式如图5-17所示。每两个相邻的 α-氨基酸通过缩合反应失去一个 H_2O 分子，即分别来自羧基的羟基(—OH)和氨基的氢(—H)，把两个单基连接在一起的即肽键，因此 α-氨基酸的残基又称为肽基，形成的大分子又称为肽链或多肽链。

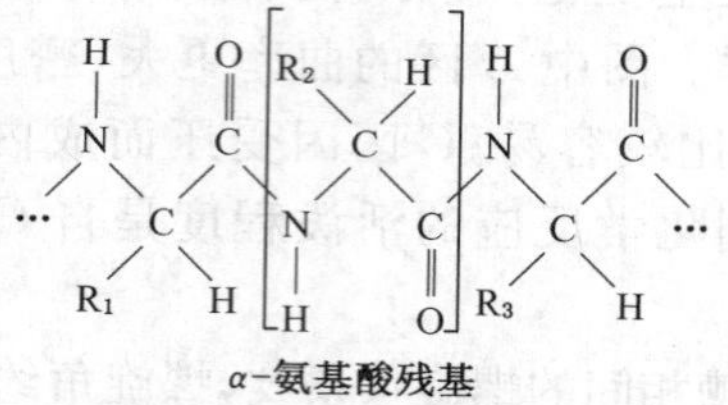

α-氨基酸残基

图 5-17　蛋白质大分子结构

R、R_2、R_3，…—不同的基团　(—HN—CH(R)—CO—)—α-氨基酸残基　(—C(=O)—N(H)—)—肽键

$RCH(NH_2)COOH$—α-氨基酸(是一种既有氨基又有羧基，具有两性性质的有机酸，由于其氨基位于紧邻羧酸的 α 碳原子上，故称为 α-氨基酸)

基团 R 不同形成的 α-氨基酸也不同，有酸性、碱性和中性之分。角朊大分子的 R 基团较大较复杂，羊毛角朊由 20 多种 α-氨基酸组成，其中最为特殊的是含量达 10%以上的胱氨酸，即在羊毛角朊大分子间形成二硫键的氨基酸。丝朊大分子的 R 基团则较小，组成丝朊的α-氨基酸种类也较少。表 5-6 中列出了羊毛角朊和桑蚕丝丝朊中 α-氨基酸的含量，以 100 g 干燥朊类物质水解后测得的各种氨基酸的干量克数表示。

表 5-6　羊毛角朊和桑蚕丝朊中 α-氨基酸的含量

α-氨基酸名称	分子结构式	羊毛角朊(g)	桑蚕丝朊(g)
甘氨酸	$H_2N—CH(H)—COOH$	3.10～6.50	37.5～48.3
丙氨酸	$H_2N—CH(CH_3)—COOH$	3.29～5.70	26.4～35.7
缬氨酸	$H_2N—CH(CH(CH_3)_2)—COOH$（$H_3C—CH—CH_3$）	2.80～6.80	3.0～3.5

（续 表）

α-氨基酸名称	分子结构式	羊毛角朊(g)	桑蚕丝朊(g)
亮氨酸	$H_2N-CH-COOH$ │ $CH_2-CH-CH_3$ │ CH_3	7.43～9.75	0.7～0.8
异亮氨酸	$H_2N-CH-COOH$ │ $CH-CH_2-CH_3$ │ CH_3	3.35～3.74	0.8～0.9
苯丙氨酸	$H_2N-CH-COOH$ │ $CH_2-C_6H_5$（苯环）	3.26～5.86	0.5～3.4
脯氨酸	$HN-CH-COOH$ │　　│ H_2C　CH_2 ＼　／ CH_2	3.40～7.20	0.4～2.5
松氨酸 （赖氨酸）	$H_2N-CH-COOH$ │ $(CH_2)_4-NH_2$	2.80～5.70	0.2～0.9
精氨酸	$H_2N-CH-COOH$ │ $(CH_2)_3-NH-C=NH$ │ NH_2	7.90～12.10	0.8～1.9
胱氨酸	$H_2N-CH-COOH$ │ CH_2 │ S │ S │ CH_2 │ $H_2N-CH-COOH$	10.84～12.28	0.03～0.9
半胱氨酸	$H_2N-CH-COOH$ │ CH_2 │ SH	1.44～1.77	
蛋氨酸	$H_2N-CH-COOH$ │ $(CH_2)_2-S-CH$	0.49～0.71	0.03～0.2
组氨酸	$H_2N-CH-COOH$ │ CH_2-C ── N ‖　　‖ CH　CH ＼　／ NH	0.62～2.05	0.3～0.8

（续　表）

α-氨基酸名称	分子结构式	羊毛角朊(g)	桑蚕丝朊(g)
色氨酸	$H_2N—CH—COOH$ $CH_2—C$（吲哚环） HC NH	0.64～1.80	0.4～0.8
丝氨酸	$H_2N—CH—COOH$ CH_2OH	2.90～9.60	12.6～16.2
苏氨酸	$H_2N—CH—COOH$ $CH—OH$ CH_3	5.00～7.02	1.2～1.6
酪氨酸	$H_2N—CH—COOH$ $CH_2—C_6H_4—OH$	2.24～6.76	10.6～12.8
羟脯氨酸	$HN—CH—COOH$ H_2C　CH_2 $HC—OH$	—	1.5
天门冬氨酸	$H_2N—CH—COOH$ $CH—COOH$	5.94～9.20	0.7～2.9
谷氨酸	$H_2N—CH—COOH$ $(CH_2)_2—COOH$	12.30～16.00	0.2～3.0

R基团中的羧基、氨基和α-氨基酸残基间的肽键(—CO—NH—)以及胱氨酸上的二硫键是蛋白质大分子的官能团，它们决定了蛋白质纤维耐酸不耐碱以及具有良好吸湿能力等性质。

羊毛角朊大分子的聚合度约为576，蚕丝丝朊大分子的聚合度约为400。蛋白质大分子没有环形结构，所以柔曲性较纤维素大分子好。

蛋白质大分子可以是直线状的曲折链(β型)，也可以是螺旋链(α型)。羊毛纤维中两种都有，蚕丝则基本上是直线状的曲折链(图5-18)。在一定条件下极度拉伸纤维，可使螺旋链伸展成曲折链，去除外力后仍可能回复。由于大分子间结合力特别是二硫键的阻碍，使羊毛纤维大分子在充分转变到β型前纤维就被拉断。给以湿热条件，使二硫键拆开，大分子间结合力减弱，α型、β型的转变就较充分，再回复到常温条件时，则形成新的结合点，外力去除后不再回复。这一作用就是羊毛热定形的基本原理。

二、蛋白质纤维的超分子结构

羊毛角朊含有胱氨酸，而蚕丝中无论是丝朊还是丝胶，胱氨酸的含量都极少。因此，羊毛的蛋白质大分子间依靠范德华力、氢键、盐式键和二硫键相结合，形成网型构造形式；蚕丝的蛋白质大分子间仅依靠范德华力、氢键和盐式键相结合。

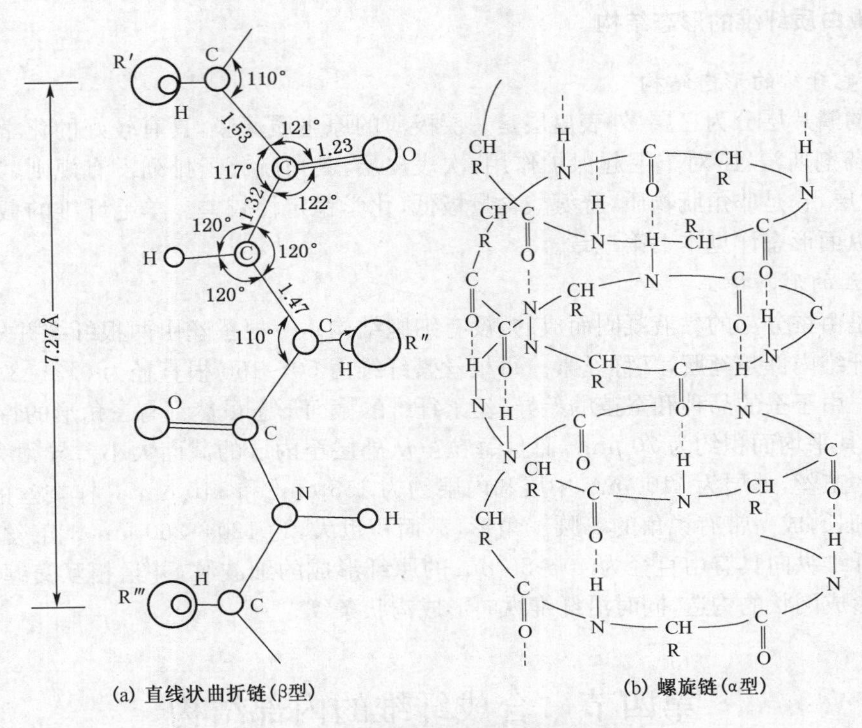

(a) 直线状曲折链(β型)　(b) 螺旋链(α型)

图 5-18　多肽长链分子的空间结构示意图

1. 羊毛纤维的超分子结构

羊毛纤维的皮质层细胞主要有两类:①正皮层(软皮质),其结晶区较小,吸湿性较高,对盐基染料易上色,机械性质和化学性能较柔软,抵抗酸作用的能力较强;②偏皮层(硬皮质),其结晶区较大,吸湿性较弱,吸湿层膨胀率较低,机械性质和化学性能较坚硬,对酸性染料易上色,抵抗酸的能力较弱。羊毛的正皮质细胞原纤化结构明显,形成基原纤→微原纤→巨原纤→细胞的结构层次。其微原纤是由几个基原纤平行排列组成的直径约 8 nm 的棒状结晶区,其中有约 1 nm 左右的缝隙孔洞,并部分填有非晶态的朊类大分子。若干微原纤在结晶区中基本平行排列连接成直径为 100～300 nm 的棒状巨原纤。这些巨原纤组成毛纤维正皮质层的角朊的纺锤状细胞。

2. 蚕丝的超分子结构

蚕丝的基原纤基本上是直线状曲折链的大分子束。它的微原纤和原纤与毛纤维的角朊相似,微原纤直径为 4～9 nm,原纤直径为 25～30 nm。蚕丝横向结合的化学键较少,但蚕丝丝朊中含侧基很小的 α-氨基酸的比例极高,在高取向度条件下可以排得比较紧密,故一般情况下蚕丝有较高强度。丝胶中含有侧基带亲水性基团(羟基、胺基、羧基等)的 α-氨基酸的比例极高,因而吸湿性极高。

羊毛角朊分子中有较大的 R 基团并有螺旋链,因此很难形成完整的三维结晶,它的结晶度较小,取向度也较小。蚕丝丝朊分子中,R 基团较小且为直线状曲折链,所以能够形成较完整的结晶。它的结晶度较大,取向度较高。

三、蛋白质纤维的形态结构

1. 羊毛纤维的形态结构

羊毛的鳞片层分为三层：外表皮层是一层极薄的原生质薄膜，具有较好的化学稳定性，不易为化学药剂所浸蚀，对羊毛起保护作用；次表皮层，其角朊分子排列没有规则，为无定形结构；内表皮层，它是非角朊物质，胱氨酸含量极低，化学稳定性较差。羊毛纤维的截面形态、截面结构和纵面形态详见本书第三章。

2. 蚕丝的形态特征

蚕丝是由蚕分泌的黏液凝固而成的，没有细胞结构。一根蚕丝由两根纤维并外覆丝胶而组成。丝纤维内部是丝朊，又称丝素。每根丝素纤维由 50～150 根直径为 0.3～3.0 μm 的原纤所构成。由于蚕的品种和蚕茧的差异，丝素纤维的截面形态虽然都有三角形的特征，但并不完全一样，其平均面积约为 70 μm^2，而且每粒茧从外层至内层的截面大小差异很大。一般中日杂交种的茧丝，外层为 110 μm^2，中层和内层约为 155 μm^2 和 110 μm^2。柞蚕丝的截面形态比桑蚕丝细长，成一带有锐角的等腰三角形，截面积也大，为 120～260 μm^2。茧丝脱胶后，可以看到沿纤维纵向具有由直径为 40～50 μm 的原纤形成的细波纹，并且相互交缠在一起，在纤维表面形成网状的构造，同时沿纤维纵向形成沟状条纹。

第四节　合成纤维的内部结构

合成纤维的分子聚合度和纤维成形是在人工控制下进行的，所以可采用不同的生产工艺条件来得到不同结构和不同性能的纤维。这里仅讨论用常规方法制成的主要合成纤维的结构和性能。

一、涤纶的内部结构

1. 涤纶的大分子结构

涤纶(PET)的单体是对苯二甲酸乙二酯(BHET)。涤纶大分子就是聚对苯二甲酸乙二酯(PET)，其化学结构式为：

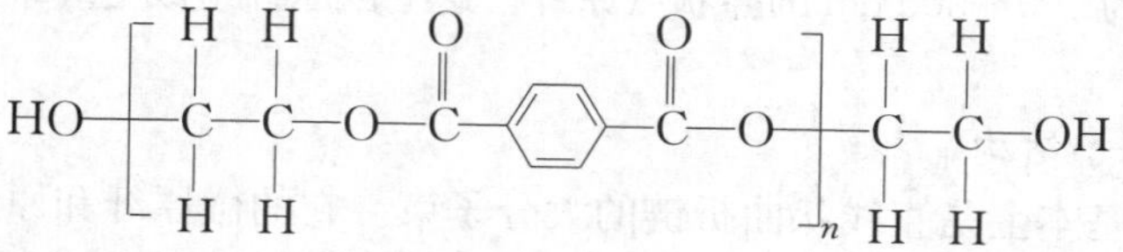

$$HO\left[\begin{array}{c}H\\|\\-C-\\|\\H\end{array}\begin{array}{c}H\\|\\C-O-\\|\\H\end{array}\overset{O}{\overset{\|}{C}}-\langle C_6H_4\rangle-\overset{O}{\overset{\|}{C}}-O\right]_n\begin{array}{c}H\\|\\-C-\\|\\H\end{array}\begin{array}{c}H\\|\\C-OH\\|\\H\end{array}$$

式中方括号内为涤纶大分子的基本链节，n 为平均聚合度，约为 130。涤纶的相对分子质量一般在 20 000 左右，涤纶分子中含 1%～3%的不纯物。

从涤纶分子组成来看，它由短脂肪烃链（CH_2 链段）、酯基（$-\underset{\underset{O}{\|}}{C}-O-$）、苯环（$-\langle C_6H_4\rangle-$）、端羟基所构成，其中酯基和端羟基是官能团。由于缩聚的涤纶单体结构对称，因而涤纶分子具有对称的化学结构。涤纶分子中除存在两个端醇羟基外，并无其他极性基因，因而涤纶亲水性极差，属疏水性纤维。

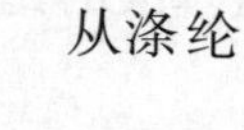

涤纶分子中约含46%酯基，使涤纶耐碱性较差，只耐弱碱，在强碱中易水解，温度越高越易水解；而耐酸性较好，但高温浓酸也会使它水解；对氧化剂比较稳定，但在高温下会发生氧化、热裂解。由于大分子上缺乏与染料分子结合的官能团，所以染色性差，常用载体染色和高温高压染色法染色。

由于涤纶大分子的基本链节中含有苯环，阻碍了大分子的内旋转，使主链刚性增加。但其基本链节中还含有一定数量的亚甲基(即短脂肪烃链)，使涤纶分子具有一定的柔曲性。刚柔相济的大分子结构使涤纶具有弹性优良、挺括、尺寸稳定性好等优异性质，在常见纺织纤维中首屈一指。

由于涤纶大分子链的结构对称，没有庞大的侧基，苯环位于一个平面上，大分子形态比较伸展，呈稍带曲折的直链。

2. 涤纶的超分子结构

涤纶大分子间依靠范德华力结合。分子中苯环和羰基的平面几乎平行于纤维轴，具有较高的几何规整性，所以有可能实现三维有序的规整排列而形成结晶，但是苯环结构不容易发生结晶，然而一旦形成结晶却稳定牢固。涤纶基原纤的晶胞属于三斜晶系，其尺寸为$a=0.456\,\text{nm}$，$b=0.594\,\text{nm}$，$c=1.075\,\text{nm}$(纤维轴向)，$\alpha=98.5°$，$\beta=118°$，$\gamma=112°$，如图5-19所示。涤纶的结晶度较高，取向度也较高，并随纺丝时拉伸倍数而变化，因此纤维强度很高。

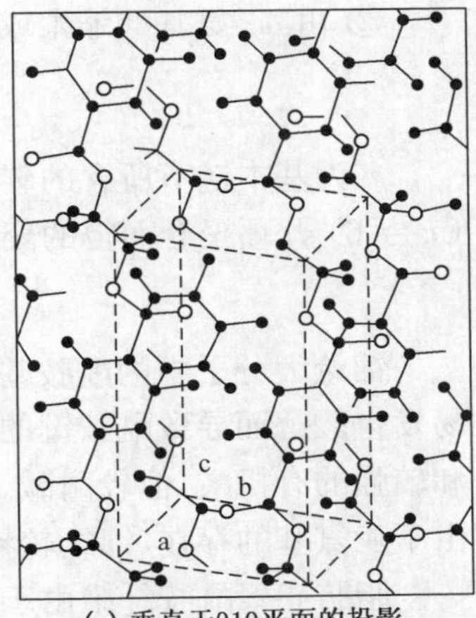

(a) 垂直于010平面的投影

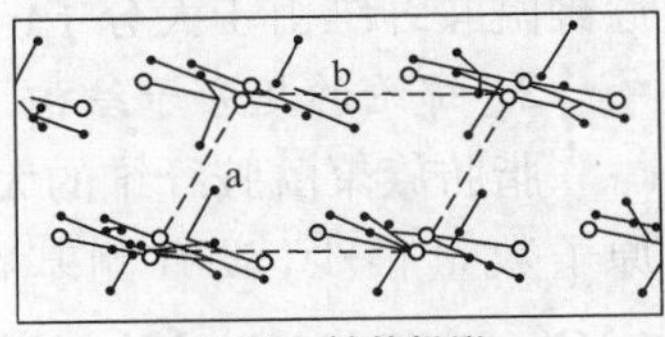

(b) 沿c轴的投影

图5-19 涤纶基原纤的晶胞

涤纶的聚集态结构一般认为符合折叠链缨状原纤结构模型。折叠链片晶的厚度约为10 nm，相当于9个涤纶分子的单基长度(约为1.075 nm)，而涤纶大分子链长约140 nm，因此涤纶片晶大分子链必然呈折叠链结构，而且涤纶内部折叠链结晶和原纤结晶是共存的。这两种结晶比例随拉伸倍数、热定形条件而异，这一结构已为红外光谱图证实。

3. 涤纶的形态结构

合成纤维的结构层次，一般没有明显的界限。由基原纤排列成横向尺寸为10～30 nm的大分子束，然后形成纤维。

涤纶为熔纺合纤，截面为圆形，内外层结构差异不及湿纺纤维明显，因此皮芯结构不明显；表面形态较平滑，孔洞少。

二、锦纶的内部结构

1. 锦纶的大分子结构

锦纶(PA)是我国脂肪族聚酰胺纤维的商品名，品种很多，它们的分子结构中都含有数量不等的酰胺键($-\underset{\underset{\displaystyle O}{\|}}{C}-\overset{\overset{\displaystyle H}{|}}{N}-$)。主链上含酰胺键的纤维还有芳香族聚酰胺，其商品名为芳纶，其结构式参见第四章“高性能纤维”一节。也就是说，聚酰胺纤维分为脂肪族和芳香族两类。

脂肪族聚酰胺纤维又可以分为两类。

① 由二元胺和二元酸缩聚而得，通式为：

$$\left[NH(CH_2)_x NHCO(CH_2)_{y-2} CO \right]_n$$

x 和 y 分别为二元胺与二元酸中所含的碳原子数，以“锦纶 xy”命名。例如，锦纶 66 是由含 6 个碳原子的己二胺（$x=6$）和含 6 个碳原子的己二酸（$y=6$）缩聚而成的聚己二酰己二胺纤维，其分子式为：

$$\left[\underbrace{NH(CH_2)_6 NH}_{\text{己二胺}} \underbrace{CO(CH_2)_4 CO}_{\text{己二酸}} \right]_n$$

② 由 ω-氨基酸缩聚或由内酰胺开环聚合而得，通式为：

$$\left[NH(CH_2)_{x-1} CO \right]_n$$

x 为基本链节所含的碳原子数，以“锦纶 x”命名。如，锦纶 6 是由含 6 个碳原子的己内酰胺（$x=6$）开环聚合而得的聚己内酰胺纤维，分子式为：

$$\left[NH(CH_2)_5 CO \right]_n$$

锦纶大分子中的酰胺基和端基（—COOH，$—NH_2$）为官能团。由于大分子链上的酰胺基易发生酸解而导致酰胺键的断裂，使聚合度下降，所以锦纶对酸的作用较敏感，特别是无机酸和较强的有机酸，但较耐碱。端基对光、热、氧较敏感，使锦纶变色、变脆，所以锦纶不耐晒。但由于亚氨基的存在，锦纶较易染色。

脂肪族聚酰胺纤维由于大分子上有很多亚甲基（$—CH_2—$），所以大分子柔曲性好。芳香族聚酰胺纤维由于大分子链上引进了芳香环，降低了大分子的柔曲性，所以主链刚性增加。

2. 锦纶的超分子结构

脂肪族聚酰胺纤维的大分子主链由碳原子和氮原子相连而成，且碳原子、氮原子所附着的原子数量很少，没有侧基存在，因此分子结构形成伸展的平面锯齿状，相邻分子间可借（>C═O）基和（H—N<）基相互吸引形成氢键结合，也可与其他分子相结合，所以锦纶的吸湿性较涤纶好。锦纶分子中亚甲基之间只能产生较弱的范德华力，含有亚甲基的链段部分的卷曲度较大。不同的锦纶，由于含亚甲基的个数不同，分子间的氢键结合就可能不完全相同，分子卷曲构型概率也不一样，从而具有不同的性能。

图 5-20 表示锦纶 7、锦纶 6、锦纶 66 的大分子排列式。锦纶 6 中只有一半（H—N<）基和（>C═O）基对位，锦纶 7 和锦纶 66 中（H—N<）基和（>C═O）基全部对位。锦纶 66 与锦纶 7 相比，酰胺基间的亚甲基个数少，酰胺键多，可能形成较多的氢键。

锦纶因为相邻分子链上的羧基和氨基间最大限度地生成氢键，因此有形成片晶的倾向。锦纶的微细结构，一般是折叠链和伸直链晶体共存的体系。随着拉伸和热处理的条件不同会有很大变化。一般锦纶的结晶度为 50%～60%，甚至高达 70%。锦纶 6α 晶体属单斜晶系，晶格参数为：$a=0.956$ nm，$b=0.801$ nm，$c=1.724$ nm，$\beta=67.5°$。

3. 锦纶的形态结构

锦纶由熔纺法制成，在显微镜下观察，其形态和涤纶相似，具有圆形的截面和均匀、光滑无特殊结构的纵向特征，异形丝的截面形状则由喷丝孔的形状决定。

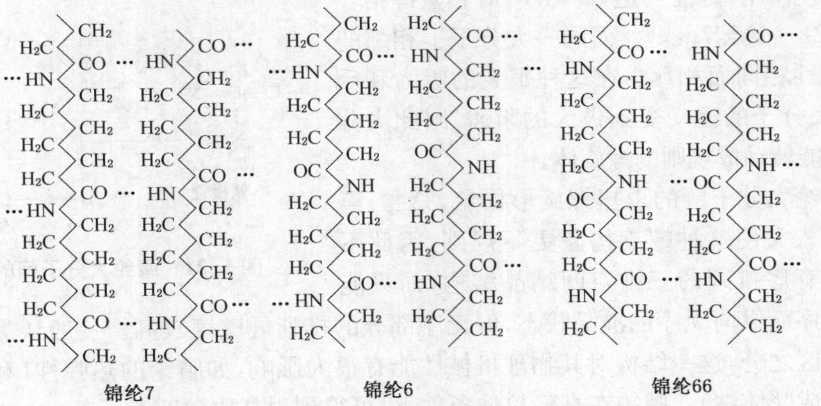

锦纶7　　锦纶6　　锦纶66

图 5-20　不同锦纶分子的平面锯齿状结构示意图

锦纶与涤纶等合纤一样，具有皮芯层结构，这是锦纶在冷却成形和拉伸过程中，由于纤维内外条件的不同而形成。

三、腈纶的内部结构

1. 腈纶的大分子结构

腈纶(PAN)的单体是丙烯腈(含量在80%以上)，腈纶大分子就是聚丙烯腈，其结构式如下：

$$\left[\mathrm{CH_2-\underset{\displaystyle CN}{\underset{|}{CH}}}\right]_n$$

纯聚丙烯腈难以溶解在适当溶剂中而配置成符合要求的纺丝流体，不能适应高倍拉伸，制得的纤维发硬变脆，吸湿性差，染色困难。因此，需在丙烯腈中加入第二单体(如丙烯酸甲酯或醋酸乙烯酯)和第三单体(如丙烯磺酸钠或衣康酸钠盐等)进行无规共聚。我国生产的腈纶纤维，为丙烯腈的三元共聚物。三种单体在共聚物中沿分子链的排列是随机的，以下结构式只是可能出现的形式之一：

$$\sim\sim\mathrm{CH_2-\underset{\displaystyle CN}{\underset{|}{CH}}-CH_2-\underset{\displaystyle COOCH_2}{\underset{|}{CH}}-CH_2-\underset{\displaystyle CH_2SO_2Na}{\underset{|}{CH}}}\sim\sim$$

第一单体(丙烯腈)　第二单体(丙烯酸甲酯)含量 5%～10%　第三单体(衣康酸钠盐)含量 1%～3%

由于聚丙烯腈为碳链结构，其化学稳定性较好，所以腈纶对酸、氧化剂及有机溶剂均较稳定，但在碱液中纤维会变黄，浓酸、强碱会使氰基(—CN)水解，破坏纤维性能。由于氰基能吸收能量较高的紫外线并转化为热能释放出来，从而保护主链不断裂，因而腈纶具有优良的耐光性。

腈纶大分子的聚合度 n 为 1 000～1 500，相对分子质量一般为 25 000～80 000。

2. 腈纶的超分子结构

腈纶大分子间除依靠范德华力结合外，还依靠相邻大分子间氰基异性相近而结合(图5-21)。氰基为强极性基团，偶极矩比较大，约为 3.3×10^{-8} 静电单位，因此大分子间可以通过氰基发生偶极之间的相互作用(键能可达 33 kJ/mol)和氢键结合(键能可达 21～42 kJ/mol)。而同一大分子上相邻的氰基却因极性相同而相斥。在这种很大的吸力和斥力作用下,大分子的运动受到极大的阻碍,因此大分子主链不可能转动成规则的螺旋体。

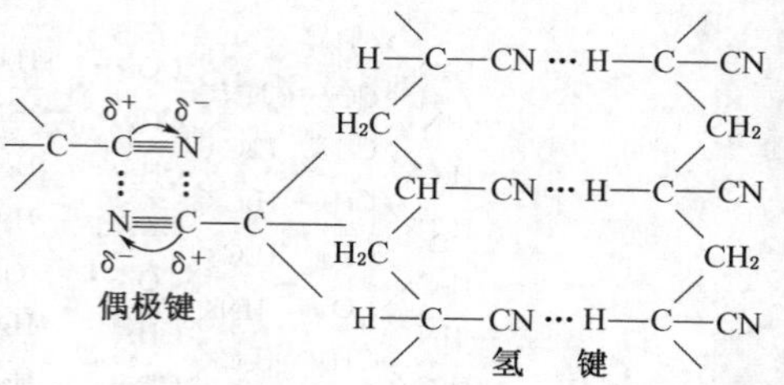

由于腈纶大分子链的歪扭螺旋形构象,第二、第三单体的加入又使这种螺旋构象更不规则,因此不能形成整齐有序排列的三维空间结晶结构,而只能形成横向有序而纵向无序的准晶状态,但无序部分的排列规整度较高。一般认为腈纶只有高序区与低序区之分,这一结构对其物理机械性能有很大影响,如腈纶的热弹性(利用腈纶的热弹性可加工成膨体纱)。腈纶在高倍拉伸条件下,可得到很高取向度。

图 5-21 腈纶大分子间的连接方式

3. 腈纶的形态结构

用通常圆形纺丝孔纺制而得的腈纶,其截面随纺丝方法的不同而异。湿纺腈纶的截面基本为圆形,而干纺腈纶的截面为哑铃形,纵向呈轻微条纹。

腈纶内部存在空穴结构,初生丝的空穴比较显著,经拉伸后纤维空穴变小。腈纶内部的空穴大小和多少,随纤维的组成、纺丝成形的条件不同而变化。因为腈纶存在空穴结构,所以腈纶较轻,密度约为 1.17 g/cm^3。纤维中的空穴便于染料分子向纤维内部渗透而有利于染色,但使纤维机械性质变差。缓慢的成形条件下,有利于减少和缩小空穴,从而得到结构较均匀、机械性质良好的纤维。

四、维纶的内部结构

1. 维纶的大分子结构

维纶是聚乙烯醇缩甲醛纤维的商品名,它的单体是醋酸乙烯,聚合后得聚醋酸乙烯,再醇解得聚乙烯醇:

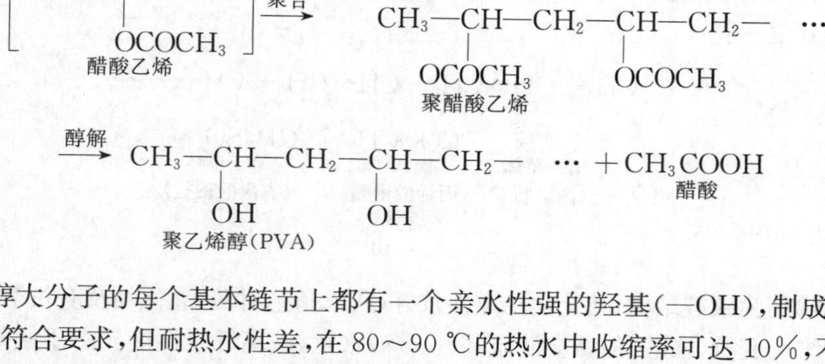

$$\left[\begin{matrix} CH_2{=}CH \\ \quad | \\ \quad OCOCH_3 \end{matrix}\right] \xrightarrow{\text{聚合}} \begin{matrix} CH_3{-}CH{-}CH_2{-}CH{-}CH_2{-}\cdots \\ \quad\ | \qquad\qquad\ | \\ \quad OCOCH_3 \quad OCOCH_3 \end{matrix}$$

醋酸乙烯　　聚醋酸乙烯

$$\xrightarrow{\text{醇解}} \begin{matrix} CH_3{-}CH{-}CH_2{-}CH{-}CH_2{-}\cdots \\ \quad | \qquad\qquad | \\ \quad OH \qquad\ OH \end{matrix} + CH_3COOH$$

聚乙烯醇(PVA)　　醋酸

聚乙烯醇大分子的每个基本链节上都有一个亲水性强的羟基(—OH),制成的纤维,虽然强伸性、弹性符合要求,但耐热水性差,在 80～90 ℃的热水中收缩率可达 10%,不符合穿着要求。故需再经缩醛化处理,使甲醛与纤维中的羟基作用,封闭部分羟基,生成聚乙烯醇缩甲醛纤维,其反应主要发生在纤维的无定形区:

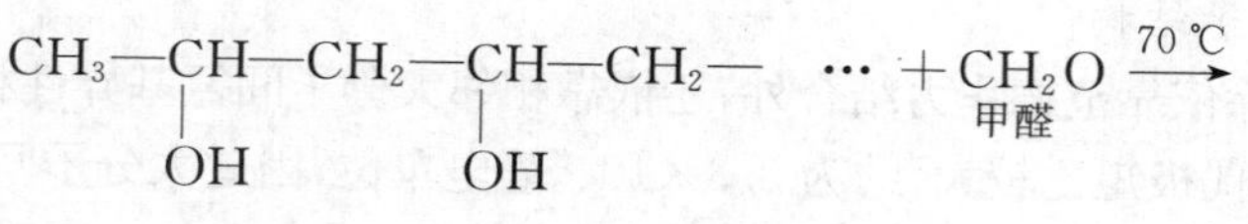

$$\begin{matrix} CH_3{-}CH{-}CH_2{-}CH{-}CH_2{-}\cdots \\ \quad | \qquad\qquad | \\ \quad OH \qquad\ OH \end{matrix} + CH_2O \xrightarrow{70\ ℃}$$

甲醛

$$\begin{array}{l} CH_3-CH-CH_2-CH-CH_2-\ \cdots\ +H_2O \\ \qquad\quad | \qquad\qquad\quad | \\ \qquad\quad O-CH_2-O \end{array}$$

维纶

缩醛化的程度以缩醛度(聚乙烯醇中羟基参与缩醛化反应的摩尔百分数)表示,要求纤维的缩醛度在30%左右。缩醛度过小,纤维的耐热性差;缩醛度过高,纤维的染色性能差且强度下降过多。经过缩醛化处理,纤维可耐115℃的热水,但由于自由羟基数目减少约30%,使纤维吸湿性及染色性减弱,而且由于纤维缩醛化时产生溶胀和松弛,因此纤维的收缩率略有增加,强度稍有下降。

维纶的耐碱性较好,在强碱液中纤维发黄,但强度变化不大。维纶不耐强酸,缩甲醛化后可提高其耐酸性。维纶耐海水性良好,耐日光性也较好。

2. 维纶的超分子结构

维纶大分子的聚合度约为1 700,其主链是平面锯齿形,柔曲性较好,大分子链上带有较多的羟基。维纶大分子间依靠范德华力和氢键相结合。缩甲醛化如发生在大分子之间,则还有共价键的结合。

维纶分子链间平行有序排列,可形成结晶结构。晶胞尺寸:$a=0.781$ nm,$b=0.252$ nm,$c=0.551$ nm,$\beta=91°42'$,属单斜晶系。维纶密度为1.26～1.30 g/cm^3,热处理后维纶的结晶度为60%～70%。

3. 维纶的形态结构

维纶大多采用湿法纺丝,截面一般为腰圆形,有明显的皮芯结构。皮层结构紧密,芯层结构疏松,有很多空隙。纤维中微孔越粗大,纤维力学性能越差,纤维失透、泛白,染色后色泽呆滞不鲜艳。纤维成形和热处理工艺越好,则微孔越小。

不同纺丝工艺可使维纶截面形态不一。如降低凝固浴的浓度,截面形状趋向于接近圆形;提高凝固浴温度,截面形状趋向于充实和均匀化;如果用氢氧化钠或甲醇作为凝固剂,则纤维截面接近圆形并看不到皮芯结构;纺丝液浓度为30%时截面呈哑铃状,浓度为40%时为圆形。

五、丙纶的内部结构

1. 丙纶的大分子结构

丙纶是聚丙烯纤维的商品名,它的单体是丙烯,通过定向聚合反应,可获得相对分子质量相当高,而且能作为纺丝原料的等规聚丙烯。采用熔融纺丝,纺成结晶度约为33%的初生纤维,然后在热空气(热水或蒸汽)中拉伸,使纤维得到47%左右的结晶度,最后进行热定形。丙纶的化学结构式为:

$$\left[CH_2-CH(CH_3)\right]_n \quad 或 \quad \begin{array}{c} \ \ CH_3\,H\quad CH_3\,H\quad CH_3\,H \\ \cdots -\overset{|}{\underset{|}{C}}-\overset{|}{\underset{|}{C}}-\overset{|}{\underset{|}{C}}-\overset{|}{\underset{|}{C}}-\overset{|}{\underset{|}{C}}-\overset{|}{\underset{|}{C}}- \cdots \\ \ \ H\quad H\quad H\quad H\quad H\quad H \end{array}$$

丙纶大分子的聚合度为310～430,相对分子质量为10万～200万。丙纶约含有85%～97%的等规聚丙烯和3%～15%的无规聚丙烯。与非等规的大分子相比,等规大分子具有较高的立体规整性,容易形成结晶。等规聚丙烯大分子的柔曲性较好,分子链呈主体螺旋状结构。

丙纶为碳链纤维，没有极性基因，所以它的化学稳定性优良，既耐碱又耐酸。但是，聚丙烯大分子中叔碳原子上的氢原子相当活泼，易受光、热等影响而起作用，使大分子链断裂。这种现象称为老化。所以，丙纶的耐日晒性能很差，制造时加入防老化剂可以改善这一现象。丙纶大分子上没有亲水性基因，几乎不吸湿，但有芯吸作用。丙纶的染色性很差，静电现象较严重。

2. 丙纶的超分子结构

丙纶大分子间依靠范德华力结合。等规聚丙烯大分子的结构规整性好，没有侧基，排列紧密，能形成侧基相嵌的规整结晶，结晶有单斜、六方、三斜晶系，丙纶的结晶度很高，是常见合成纤维中最高的。单斜晶系的晶格参数为：$a = 0.665$ nm，$b = 2.096$ nm，$c = 0.654$ nm，$\beta = 99°$。

3. 丙纶的外形结构

丙纶是熔纺合纤，它的形态结构与涤纶相仿。

六、氨纶的内部结构

氨纶是聚氨基甲酸酯弹性纤维的商品名，它的大分子链节中含有氨基甲酸酯（—NH—C(=O)—O—）。纤维呈无定形结构，玻璃化温度较低。在常温下大分子的柔性链段处于高弹态，这种结构特点使纤维在标准温湿度下具有很大的延伸性，可达500%～700%。

氨纶之所以有特殊的弹性，是因为其结构的特殊性。如果把聚氨酯制成均聚物纤维，这种纤维与普通纤维一样，不具有弹性。而氨纶是用镶嵌共聚物制成的纤维，它的分子中既有柔软的不结晶的低分子链段，如聚酯或聚醚链段；又有硬的刚性链段，如具有结晶性并能产生横向交联的二异氰酸酯。这两种不同性能的链段镶嵌地连接起来，其中的柔性链又有一定程度的交联，形成网状结构。当纤维受外力作用时，由于分子链间相互作用力较小，柔性链段很容易被拉长变形，这是氨纶易被拉长的原因。另一方面，由于刚性链段的存在，受外力作用时分子间不会滑移，赋予纤维足够的回弹性。而且，柔性链段的分子链形成一定的网状结构，使分子之间总是保持一定的相对位置，即使是拉伸上万次，依然能够像橡皮筋一样具有回弹性。

聚氨基甲酸酯弹性纤维简称聚氨酯弹性纤维，是由柔性链段和刚性链段构成的$(AB)_n$型嵌段共聚物。A代表线型柔性大分子二醇（聚酯），B代表刚性短链（由异氰酸酯和扩链剂组成），通过异氰酸酯和羟基进行反复加成，生成主链上交替出现 —C(H)—C(=O)—O— 基团的化合物。目前生产的有两种不同的交联型式：

（1）物理交联型

通过刚性链段间的紧密敛集以产生结晶，从而使大分子间发生横向连接。其分子式为：

$$\cdots NH-R'-NH-\overset{\overset{\large O}{\|}}{C}-NH-R-NH-\overset{\overset{\large O}{\|}}{C}-O\cdots$$

$$\cdots O-\overset{\overset{\large O}{\|}}{C}-NH-R-NH-\overset{\overset{\large O}{\|}}{C}-NH-R'-NH\cdots$$

（2）化学交联型

通过柔性链段间发生化学交联，使大分子间横向连接。其分子式为：

```
···N—CO—NH        ···N—CO—NH···
   |                  |
   CO                 CO
   |                  |
   NH                 NH
   ⋮                  ⋮
   NH                 NH
   |                  |
   CO                 CO
   |                  |
···N—CO—NH        ···N—CO—NH···
```

思　考　题

5-1　名词解释:单基,聚合度,大分子的柔曲性,结晶度,取向度。它们对纤维结构与性能分别有何影响?

5-2　举例说明纤维大分子链结构的三种组成类型及其特点?

5-3　名词解释:范德华力,氢键,盐式键,化学键。它们作用的有效距离和作用的能量范围有多大?纺织纤维中常见的氢键形式、键长和键能,常见的化学键种类、键长和键能如何?纺织纤维中常见的分子间作用,其大小顺序如何?

5-4　名词解释:纤维分子结构,超分子结构,形态结构。叙述它们对纤维性能的影响。

5-5　纺织纤维超分子结构有哪几种理论模型?何种理论模型适用于解释一些天然纤维和再生纤维的结构和性能?何种理论模型适用于解释锦纶、涤纶等合成纤维的结构和性能?

5-6　从内部结构来说明:为什么黏胶纤维的强度小于棉,伸长度大于棉,吸湿能力比棉强,对染料的吸着性优于棉?为什么纤维素耐碱不耐酸,而动物纤维耐酸不耐碱?为何涤纶亲水性极差属疏水性纤维?为何腈纶具有优良的耐光性?为何丙纶的化学稳定性优良但易受光热的影响?为何氨纶既有类似橡胶的特性又胜过橡胶?

5-7　合成腈纶时为什么要加入第二单体和第三单体?

5-8　比较并分析说明丙纶、锦纶和维纶的吸湿率的大小。

5-9　比较并分析说明涤纶、锦纶、丙纶和棉纤维对酸、碱的作用。

5-10　比较并分析说明涤纶、锦纶、丙纶的染色性能。

第六章　纺织纤维的吸湿性

本章要点

了解纺织纤维的吸湿现象，掌握吸湿指标和公定质量的测算，熟悉纺织纤维的吸湿机理和影响因素，掌握纺织纤维吸湿后的性状变化。

通常把纺织材料从气态环境中吸着水分的能力称为吸湿性，把纺织材料从水溶液中吸着水分的能力称为润湿性。其差别只在于前者的水分来自气态的水分子，后者的水分来自液态的水分子。本章仅讨论吸湿性，润湿性参见本书第二十一章。

纺织材料放在空气中，一方面不断地吸收空气中的水蒸气，同时不断地向空气释放水蒸气。如以前者为主即为吸湿过程（moisture sorption process），如以后者为主则为放湿过程（moisture liberation process），吸湿和放湿是一个动态过程，最终会达到动态平衡。纺织材料在空气中吸收或释放水蒸气的能力称为吸湿性（hydroscopicity）。

第一节　吸湿指标和测试方法

一、吸湿指标

表示纺织材料的吸湿多少的指标通常采用回潮率（moisture regain）。而棉纤维等材料传统上习惯使用含水率（moisture content）。回潮率是指纺织材料中所含的水分质量对纺织材料干量的百分比，计算式如下：

$$W(\%) = [(G - G_0)/G_0] \times 100 \tag{6-1}$$

式中：W 为纺织材料的回潮率；G 为纺织材料的湿量（g）；G_0 为纺织材料的干量（g）。

含水率则指纺织材料中所含水分质量对纺织材料湿量的百分比，计算式如下：

$$M(\%) = [(G - G_0)/G] \times 100 \tag{6-2}$$

式中：M 为纺织材料的含水率。

二、吸湿指标的测试方法

纺织材料吸湿性指标的测试方法，可分为直接测试法和间接测试法两大类。

1. 直接测试法

先称得纺织材料的湿量，然后除去纺织材料中的水分，称得其干量，最后按式(6-1)计算试样回潮率。根据除去水分的方法不同，可分为以下几种测试方法：

(1) 烘箱烘干法

将纺织材料置于烘箱中，利用箱内电阻丝通电加热使箱内空气温度升高，材料中水分子的热运动因此增加，另外，箱内饱和水蒸气压随温度升高而增加，相对湿度降低，使试样逐渐脱湿，其质量不断减轻，当连续两次称见质量的差异小于后一次称见质量的 0.1%时，后一次的称见质量即为干量。烘燥过程中的全部质量损失都作为水分，用于计算回潮率。该方法测试精度高，测试结果比较稳定，虽费时较多且耗电量大，目前仍不失为主要的测试方法，并常用作校验其他测试方法的基准。

称取干量的方法有以下三种：

① 箱内热称。用钩子勾住试样烘篮，用烘箱上的天平称量。由于箱内温度高，空气密度小，试样浮力小，故称得的干量偏重，所得回潮率值偏小，但操作比较简便，目前大多采用此法。

② 箱外热称。将试样烘干取出后迅速在空气中称量。由于试样纤维间为热空气，其密度小于周围空气，称量时有上浮托力，会导致称得质量偏轻；另一方面，干纤维在空气中要吸湿，会使称得质量偏大。而且与称量快慢有关，因此测试结果稳定性较差。

③ 箱外冷称。将烘干后的试样放在铝制或玻璃容器中，密闭后在干燥器中冷却约 30 min 后称量。此法较精确，但费时较多。当试样较小、要求较精确时，如测试含油率、混纺比等，须采用此法。

(2) 红外线烘干法

用红外线灯泡照射试样，由于红外线的辐射能量高，穿透力强，使纺织材料内部能在短时间内达到很高的温度，将水分去除。此法烘干迅速(5～20 min)，耗电量低，设备简单，但温度无法控制，能量分布也不均匀，往往使局部过热，甚至使材料烘焦变质，试验结果难以稳定。

近年来，采用远红外线代替近红外线，既有烘箱法的优点又省时节电。远红外线辐射源的获得，只需在原有的加热设备上涂上一层能辐射远红外线的物质(如各种金属氧化物、氮化物、硫化物、硼化物等)即可。

(3) 其他干燥法

① 真空干燥法。将试样放在密闭的容器内，抽成真空进行加热烘干。由于气压低，水的沸点降低，在较低温度(60～70 ℃)下就能将试样中的水分除去。此法特别适用于不耐高温的合成纤维，如氯纶等。

② 高频加热干燥法。将试样放在高频电场中，使纤维内部分子极化，极化分子随高频交变电场而迅速调向，产生内摩擦发热而被烘干。依据所用的频率可分为两类：电容加热法(1～100 MHz)和微波加热法(800～3 000 MHz)。此法烘干比较均匀。但试样中不能含有高浓度的无机盐或夹有金属等物质，否则会引起燃烧。另外，微波对人体有害，必须很好地加以防护。

③ 吸湿剂干燥法。将纺织材料和强烈的吸湿剂放在同一密闭的容器内，吸湿剂吸收空气中的水分，使容器内空气的相对湿度达到 0%，使纤维充分脱湿。效果最好的吸湿剂是干燥的五氧化二磷粉末，最常用的是干燥颗粒状氯化钙。此法精确，但成本高，费时长，实用价值不大，仅用于特殊精密的试验研究。

2. 间接测试法

即利用纺织材料的含水率与某些性质密切相关的原理，通过测试这些性质来推测含水率或回潮率。这类方法测试迅速，不损伤试样，但影响因素较多，使测试结果的稳定性和准确性受到一定的影响。根据测试工作原理的不同，可分为以下几种：

（1）电阻测湿法

纤维在不同的含水率下具有不同的电阻值。对于大多数纤维来说，当空气相对湿度为30%～90%时，其含水率 M 和质量比电阻 ρ_m 有如下关系：

$$\rho_m M^n = K \tag{6-3}$$

式中：K 为随试样的数量、松紧程度、温度和电压等因素而定的常数；n 为随纤维种类而定的常数。

电阻式测湿仪就是根据这一相关关系来设计的。K 值通过规定测试条件和修正仪器读数的方法而确定。对不同种类的纤维，同一电流值所反映的含水量并不相同，可采取选用不同的表头来适应不同的 n 值。例如 Y412 型晶体管原棉水分测湿仪的表头只适用于棉纤维。

（2）电容式测湿法

将纺织材料放在电容器中，由于水分的介电常数比纤维大，随着材料中水分的多少，电容量发生变化，据此来推测纺织材料的含水率或回潮率。电容式测湿仪的结构比电阻式测量仪复杂，稳定性也比较差，目前使用较少。但此法不接触试样，便于连续测定，同时对速度的限制比较小，因此常用作自动仪器监控信号的第一级。

（3）微波吸收法

利用水和纤维对微波的吸收和衰减程度不同这一原理，根据微波通过试样后的衰减情况，测得纤维的含水率或回潮率。微波测湿法不接触试样，快速方便，分辨能力高，可以测得纤维中的绝对含湿量，并可以连续测定，便于生产中进行自动控制。

（4）红外光谱法

水对不同波长的红外线有不同的吸收率，吸水量又与纤维中水分的含量有关，根据试样对红外线的吸收图谱，可推测纤维的回潮率。

第二节　纺织纤维的吸湿机理

一、纤维的吸湿机理(moisture sorption mechanism)和理论

纤维的吸湿是比较复杂的物理化学现象，相关的理论很多。

一般认为，吸湿时水分子先停留在纤维表面，此为吸附。产生吸附现象的条件是纤维表面存在分子相互作用的自由能。吸附水的数量与纤维的结构、表面积和周围环境有关。吸附过程很快，只需数秒钟甚至不到1秒便达到平衡状态。然后水分子向纤维内部扩散，与纤维内大分子上的亲水性基团结合，此为吸收。由于纤维中极性基团的极化作用而吸着的水分称为吸收水。吸收水与纤维的结合力比较大，吸收过程相当缓慢，有时需要数小时才能达到平衡状态。然后水蒸气在纤维的毛细管壁凝聚，形成毛细凝聚作用，称为毛细管凝结水。这种毛细凝聚过程，即便是在相对湿度较高的情况下，也要持续数十分钟，甚至数小时。

棉纤维吸湿的两相理论认为，棉纤维的吸湿包括直接吸收水分和间接吸收水分。直接吸

收水分是由亲水性基团直接吸收的水分子，它们紧靠在纤维大分子结构上，使纤维大分子间的交键断裂，结合力发生变化，较大地影响了纤维的物理性能。间接吸收水分则重叠在已被吸收的水分子上，松松地保持着。纤维吸收的水分子绝大部分进入纤维内的无定形区。

羊毛纤维吸湿的三相理论认为，羊毛纤维吸湿的第一相水分子和角朊分子侧链中的亲水基紧密地相结合；水分子的第二相被吸着在主链的各个基团上，并取代大分子间的交键；水分子的第三相较松地被吸着，只有在高湿度时才值得重视，这是由毛细凝聚作用所致，可看做类似上述的间接吸收水。

从纺织材料吸着水分的本质上来划分，吸附水和毛细管凝结水属于物理吸着水，吸收水则属于化学吸着水。在物理吸着中，吸着水分的吸着力只是范德华力，吸着时没有明显的热反应，吸附也比较快。在化学吸着中，水分与纤维大分子之间的吸着力与一般原子之间的作用力很相似，即是一种化学键力，因此必然有放热反应。

二、平衡回潮率与条件平衡回潮率

纺织材料在大气中会不断地和空气进行水蒸气的交换，在大气中的水分子进入纤维内部的同时，水分子又因热运动从纤维内逸出，这是一个对立统一的过程。当进入纤维内的水分子数多于从纤维内逸出的水分子数时，纤维即吸湿；反之，纤维即放湿。

当大气条件一定时，经过若干时间，单位时间内被纤维吸收的水分子数等于从纤维内脱离而返回大气的水分子数时，纤维的回潮率会趋于一个稳定的值。吸湿过程的这种状态称为吸湿相对平衡状态，放湿过程的这种状态称为放湿相对平衡状态。处于平衡状态时的纤维回潮率就称为平衡回潮率(equilibrium moisture regain)。

图 6-1 所示为纤维吸湿、放湿过程中的回潮率—时间曲线。由图可见，开始时回潮率变化速度很快，变动幅度也较大，但随着时间的增加，回潮率变化逐渐趋缓。若要获得真正的平衡回潮率，需经过很长的时间，一般纤维数天才能达到。实际中，纤维经过6～8 h 或稍长时间的放置，即可认为达到平衡状态，因为之后的回潮率变化已很微小，这种状态称为条件平衡状态，这时的回潮率就称为条件平衡回潮率(condition equilibrium moisture regain)。

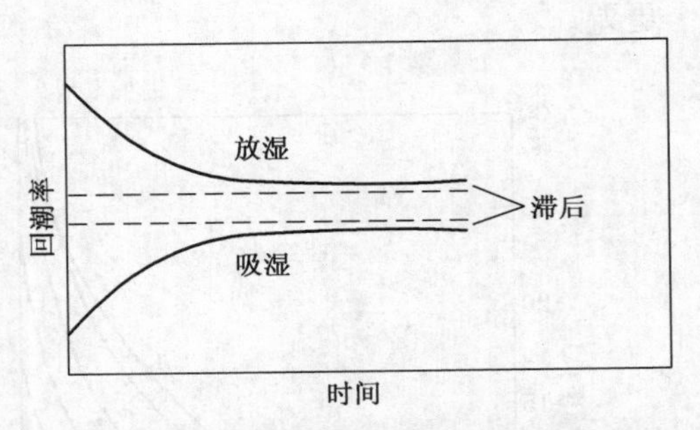

图 6-1　纤维吸湿、放湿的回潮率—时间曲线

三、吸湿保守性

实际试验发现，把干、湿两种含湿量不同的同种纺织材料放在同一大气条件下，原来含湿量高的纤维，将通过放湿过程达到与大气条件相平衡的平衡回潮率；而原来含湿量低的纤维，则将通过吸湿过程达到同一大气条件下的平衡回潮率。如图 6-1 所示，在相同大气条件下，放湿的回潮率—时间曲线和吸湿的回潮率—时间曲线最后并不重叠而有滞后值，从放湿得到的平衡回潮率总是高于从吸湿得到的平衡回潮率。纺织材料的这种吸湿滞后现象，称为纺织材料的吸湿滞后性(hydrosorpic hysteresis)或称吸湿保守性。

对纺织材料吸湿保守性的成因，有多种解释。一般认为，吸湿时由于水分子进入纤维的无定形区，使大分子间距离增加，少数连接点被迫拆开，而与水分子形成氢键结合。放湿时，水分子离开纤维，连接点有重新结合的趋势，但由于大分子上已有较多的极性基因与水分子相吸引，阻止水分子离去，且大分子间的距离不能及时完全地回复原状而保留了一部分水分子。因此同一纤维在同样的温湿度条件下，从放湿达到平衡比从吸湿达到平衡具有较高的回潮率。

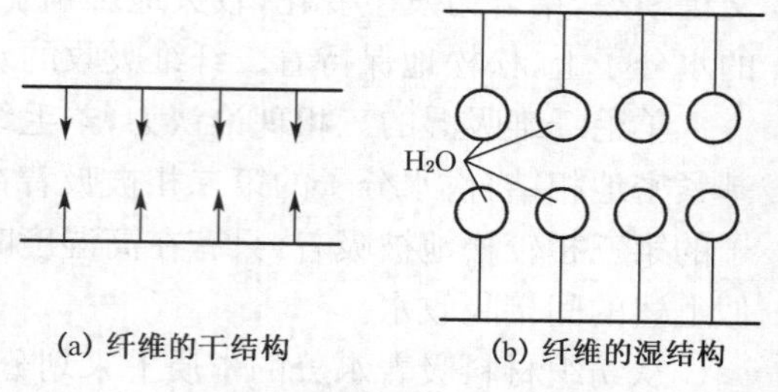

图 6-2 纤维吸湿保守性的解释模型

也有人认为，由于吸湿之后的纤维已从干结构变成湿结构，即分子间距离增加了，如图 6-2 所示。放湿时，水分子由纤维内向外散逸后，湿结构中的活性基将变为游离态，但一个游离的活性基不会永远保持游离状态，它不是再去吸收一个水分子，就是重新形成氢键，但形成交键的机会取决于另一个活性基的靠近程度。由于湿结构中的分子距离比较远，交键不易建立，所以吸收水分子的机会就比较大，因而产生了吸湿滞后现象。

四、吸湿等温线和放湿等温线

在一定的温度条件下，纤维材料因吸湿达到的平衡回潮率和大气相对湿度的关系曲线，称为纤维材料的吸湿等温线(moisture adsorption isotherm)；由放湿达到的平衡回潮率和大气相对湿度的关系曲线，称为纤维材料的放湿等温线(moisture liberation isotherm)。

图 6-3 表示一些纤维材料的吸湿等温线。由图可见，在相同的湿度条件下，不同纤维的吸湿平衡回潮率是不相同的。羊毛和黏胶纤维的吸湿能力最强；其次是蚕丝、棉和醋酯纤维；合成纤维的吸湿能力都比棉弱，其中维纶、锦纶的吸湿能力稍强，腈纶较差，涤纶更差。

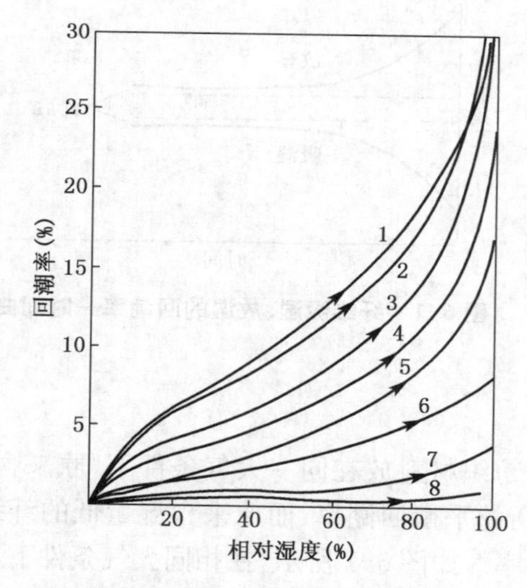

图 6-3 各种纤维的吸湿等温线

1—羊毛 2—黏胶纤维 3—蚕丝 4—棉
5—醋酯纤维 6—锦纶 7—腈纶 8—涤纶

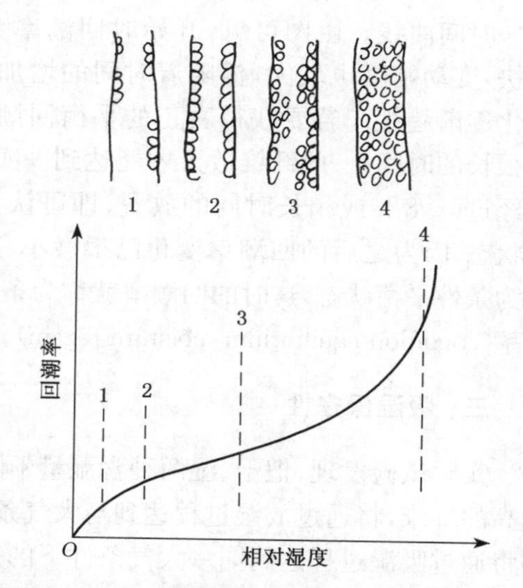

图 6-4 吸着过程模型与吸湿等温线的对应关系

1—开始阶段 2—表面已形成单分子膜
3—水分子开始重叠 4—毛细管浸湿状态

虽然不同纤维的吸湿等温线不一致，但曲线的形状都呈反S形，说明它们的吸湿机理基本上是一致的，即相对湿度很小时，回潮率增加率较大；相对湿度很大时，回潮率增加率亦大；但在相对湿度10%～15%至70%的范围内，回潮率的增加率较小。

可用图6-4所示的模型来解释这一变化规律。吸着过程与吸湿等温线的对应关系是：1——开始阶段，水分子吸附至纤维部分内表面；2——纤维内表面被水分子基本覆盖，形成一层单分子膜；3——水分子开始形成重叠，这部分水分子的活动性大，排列不稳定，在动态平衡的情况下，形成这样的吸着比较困难；4——纤维内部已基本是水分，相当于处在毛细管浸湿状态，这时吸着的主要是毛细水。由此可知：从开始阶段1至2，吸湿速度很快；至阶段3附近，吸收比较困难，回潮率上升缓慢；阶段4，吸着的主要是毛细水，回潮率增长很快，特别是这时纤维自身不断膨胀，空隙加大，毛细作用增强，进一步增加了回潮率的上升速度。

吸湿保守性，也表现在同一种纤维在相对湿度从0%到100%的范围内，放湿等温线高于吸湿等温线。这说明，在同一相对湿度条件下，由吸湿达到的平衡回潮率低于由放湿达到的平衡回潮率，二者的差值称为吸湿滞后值。它取决于纤维的吸湿能力及相对湿度大小。在同一相对湿度条件下，吸湿能力大的纤维，吸湿滞后值也大。对于同一种纤维，相对湿度较小或较大时，其吸湿滞后值较小；中等相对湿度时，吸湿滞后值则较大。在标准大气条件下，吸湿滞后值：蚕丝为1.2%，羊毛为2.0%，黏纤为1.8%～2.0%，棉为0.9%，锦纶为0.25%。涤纶等吸湿性差的合成纤维，其吸湿等温线与放湿等温线基本重合。

此外，纤维的实际平衡回潮率除随大气条件变化外，还与纤维以前经历过的吸湿、放湿过程有关。如图6-5所示，在纤维正常的吸湿、放湿滞后圈中，若纤维在放湿过程中达到 a 点，平衡后再施行吸湿，其吸湿曲线是沿着虚线 $\widehat{ab}$ 而变化；同样，若纤维沿吸湿过程到达 c 点，平衡后再施行放湿，则其放湿曲线是沿着虚线 $\widehat{cd}$ 而变化。

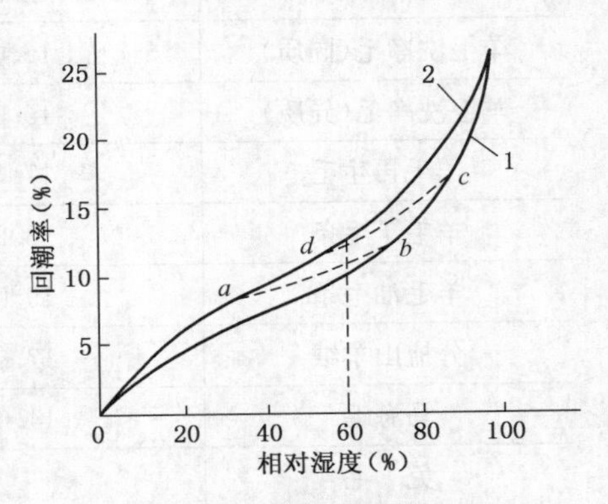

图6-5　吸湿保守性在吸湿(放湿)等温线上的表现

1—吸湿等温线　2—放湿等温线

由此可见，为了得到准确的回潮率指标，应避免试样历史条件不同而造成误差。除吸湿差的合成纤维之外，纤维试验需先在低温下(45 ℃±2 ℃)预烘，此过程被称为"预调湿"；然后进行平衡，以获得准确的回潮率指标。实际生产中车间温湿度的调节，也要考虑这一因素，如果纤维处于放湿状态，车间的相对湿度应该调节得比规定值略低一些；反之，则相反。这样才能使纤维得到比较合适的平衡回潮率。

五、标准大气状态下的回潮率和计量核价时的公定回潮率

1. 标准大气状态下的回潮率

各种纤维及其制品的实际回潮率随温湿度条件而变。为了比较各种纺织材料的吸湿能力，往往须把它们放在统一的标准大气条件下，停留一定时间后使它们的回潮率达到一个稳定值，此过程被称为"调湿"。这时的回潮率称为标准大气状态下的回潮率。

关于标准大气状态的规定，国际上是一致的，而允许的误差各国略有不同。我国是执行国家标准GB 6529《纺织品的调湿和试验用标准大气》，该标准对纺织品物理和机械性能测定前的调湿和测定时的大气条件做出规定。纺织品试验用标准大气状态如表6-1所示，大气压力为1个标准大气压，即101.3 kPa(760 mm汞柱)。

2. 公定回潮率

在贸易和成本计算中，纺织材料并非处于标准状态。而且标准状态下同一种纺织材料的实际回潮率，还与纤维本身的质量和含杂等因素有关。为了计量和核价的需要，必须对各种纺织材料的回潮率作统一规定，这称为公定回潮率(conventional moisture regain)。各国对于纺织材料公定回潮率的规定，并不一致。我国常见的几种纤维的公定回潮率见表 6-2。

表 6-1　纺织品试验用标准大气

标准级别	温度(℃)		相对湿度(%)
	温　带	热　带	
一　级	20±1	27±2	65±2
二　级	20±2	27±3	65±3
三　级	20±3	27±5	65±5

表 6-2　常见纤维的公定回潮率

纤维种类	公定回潮率(%)	纤维种类	公定回潮率(%)
棉纤维	8.5	莫代尔纤维	11.0
羊毛洗净毛(同质)	16.0	莱赛尔纤维	10.0
羊毛洗净毛(异质)	15.0	醋酯纤维	7.0
羊毛再生毛	17.0	三醋酯纤维	3.5
羊毛干毛条	18.25	涤　纶	0.4
羊毛油毛条	19.0	锦　纶	4.5
分梳山羊绒	17.0	腈　纶	2.0
马海毛	14.0	维　纶	5.0
兔　毛 骆驼绒/毛 牦牛绒/毛 羊驼绒/毛	15.0	丙　纶 乙　纶 含氯纤维(氯纶、偏氯纶) 含氟纤维	0.0
黄　麻	14.0	氨　纶	1.3
苎麻　亚麻 大麻(汉麻) 罗布麻　剑麻	12.0	二烯类弹性纤维(橡胶) 碳氟纤维 玻璃纤维 金属纤维	0.0
椰壳纤维	13.0	聚乳酸纤维(PLA)	0.5
桑蚕丝　柞蚕丝	11.0	芳纶(普通)	7.0
木　棉	10.9	芳纶(高模量)	3.5
黏胶纤维 富强纤维 铜氨纤维	13.0	—	—

关于几种纤维的混合原料、混梳毛条的公定回潮率,可按混纺比例和混合纤维的公定回潮率加权平均计算,计算式如下:

$$混纺材料的公定回潮率(\%)=\sum_{i=1}^{n}(W_iP_i)/100 \tag{6-4}$$

式中:W_i 为混纺材料中第 i 种纤维的公定回潮率;P_i 为混纺材料中第 i 种纤维的干量混纺比。

第三节　影响纺织纤维吸湿性的因素

影响纤维吸湿性的因素有内因和外因两个方面,而外因也是通过内因起作用的。内因包括纤维大分子亲水基团的多少和亲水性的强弱、纤维的结晶度、纤维内孔隙的大小和多少、纤维比表面积的大小,以及纤维伴生物的性质和含量等;外因则指周围的空气条件、放置时间长短,以及吸湿放湿过程等。

一、纤维内在因素

1. 亲水基团的作用

纤维大分子中,亲水基团(hydrophilic group)的多少和亲水性的强弱均影响其吸湿性。如羟基、酰胺键、氨基、羧基等都是较强的亲水基团,它们与水分子的亲和力很大,能与水分子形成化学结合水(或称接收水)。这类基团越多,纤维的吸湿能力越高。此外,大分子聚合度低的纤维,如果大分子端基是亲水性基团,其吸湿能力也较强。

2. 纤维的结晶度(degree of crystallinity)

纤维分子在结晶区中能够紧密地集聚成有规则的排列,这时活性基在分子间形成了交键,如氢键、盐式键、双硫键等,因此水分子不易渗入,若要产生吸湿作用必须打开这些交键,显然这是困难的,因而纤维的吸湿作用主要发生在无定形区。

纤维分子结构中,无定形区所占的百分比和吸湿性能有着密切的关系。纤维的结晶度越低,吸湿能力就越强。例如棉和黏胶纤维,虽然它们的每一个葡萄糖剩基上都含有3个羟基,但由于棉纤维的结晶度为70%左右,而黏胶纤维仅30%左右,所以黏胶纤维的吸湿能力比棉纤维高得多。

3. 纤维的比表面积和内部空隙

单位质量的纤维所具有的表面积,称为比表面积(specific surface area)。纤维表面分子由于引力的不平衡而比内层分子具有多余的能量,称为表面能。表面能具有尽量使液体表面收缩的趋向,这就是表面张力。纤维是固体,空气中的水蒸气是气体,在固—气界面上,其表面能不能使纤维表面缩小,仅产生吸附一定水蒸气的表面吸附能力。纤维的比表面越大,表面能也越多,表面吸附能力越强,纤维表面吸附的水分子数就越多,表现为吸湿性越好。所以细纤维的回潮率较粗纤维大。

纤维内的孔隙越多、越大,水分子越容易进入,毛细管凝结水可增加,使纤维吸湿能力增强。如黏胶纤维结构比棉纤维疏松,合成纤维结构一般较致密而天然纤维中有微隙等。一些吸湿能力较差的化学纤维，为了提高它们对水分的导通能力，增加毛细水和吸附水的吸着量，现已采取增加纤维内部孔隙(internal void)的措施(如中空纤维)，但提高幅度很小。

4. 纤维内的伴生物和杂质

纤维的各种伴生物(concomitant)和杂质(foreign matter)对吸湿能力也有影响。例如，棉纤维中有含氮物质、棉蜡、果胶、脂肪等，其中含氮物质、果胶较其主要成分更能吸着水分，而蜡质、脂肪不易吸着水分；羊毛表面油脂是拒水性物质；麻纤维中的果胶和蚕丝中的丝胶均有利于吸湿；化学纤维表面存在油剂，当表面活性剂的亲水基团向着空气定向排列时，纤维吸湿量增大。

此外，天然纤维在采集和初步加工过程中，总会留有一定数量的杂质，这些杂质往往具有较高的吸湿能力。

二、外界因素

1. 相对湿度的影响

在一定温度条件下，相对湿度(relative humidity)越高，空气中水气分压力越大，单位体积空气内的水分子数目越多，水分子到达纤维表面的机会越多，纤维的吸湿就较多(图 6-6)。接收水在起始阶段随着相对湿度的提高迅速增加，而后趋于不再增加；而毛细管凝结水在起始阶段增加缓慢，当相对湿度较高时则迅速增加。

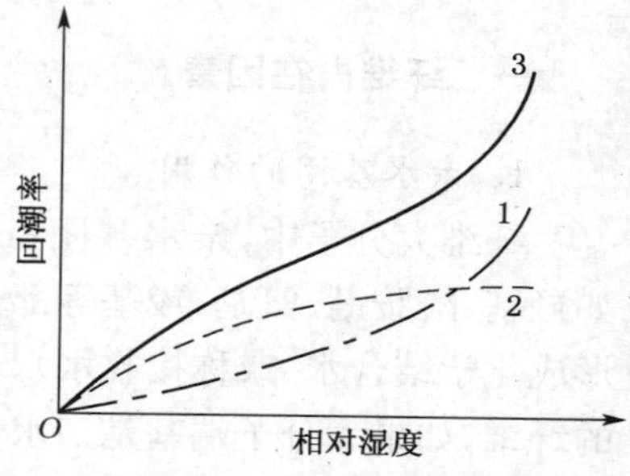

图 6-6　纤维回潮率和相对湿度的关系

1—毛细管凝结水的等温线
2—接收水的等温线　3—纤维吸湿等温线

2. 温度的影响

在相对湿度相同的条件下，空气温度低时，水分子的活动能量小，一旦水分子与纤维亲水基团结合后就不易再分离。空气温度高时，水分子的活动能量大，纤维分子的热振动能也增大，从而削弱水分子与纤维大分子中亲水基团的结合力，使水分子易于从纤维内部逸出。同时，存在于纤维内部空隙中的液态水蒸发的蒸汽压也随之上升。因此，一般情况下，随着空气和纤维材料温度的提高，纤维的平衡回潮率下降。图 6-7 至图6-10 分别为棉纤维、毛纤维、黏胶纤维和锦纶 66 在不同温度时的吸湿等温线。

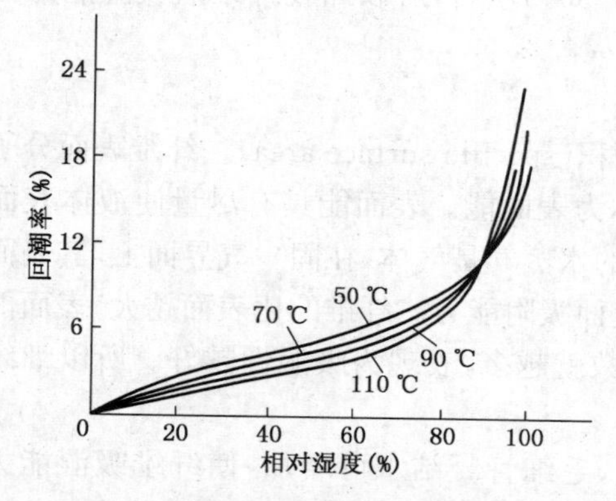

图 6-7　温度对棉纤维的吸湿等温线的影响

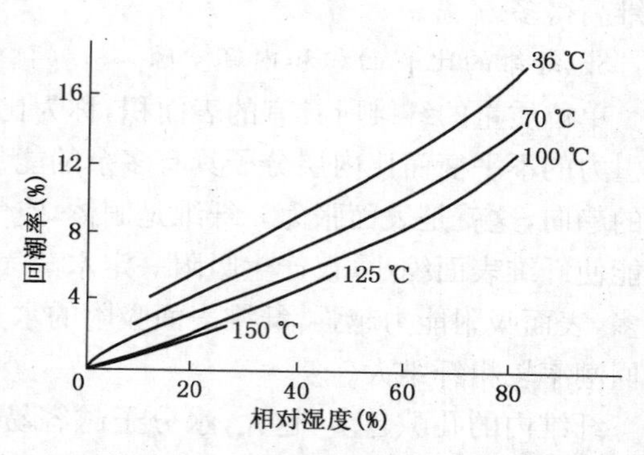

图 6-8　温度对毛纤维的吸湿等温线的影响

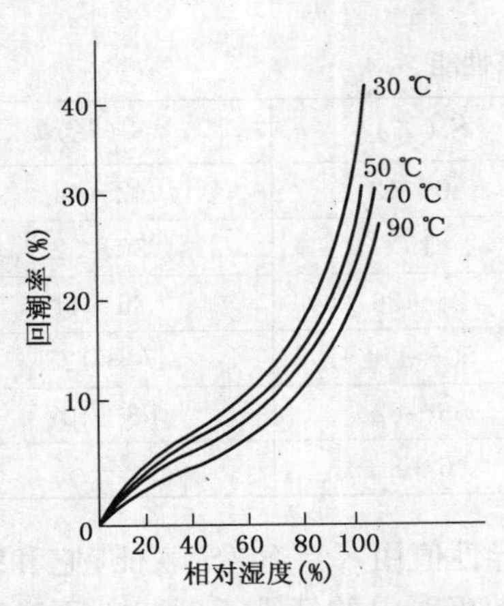

图 6-9　温度对黏胶纤维的吸湿等温线的影响

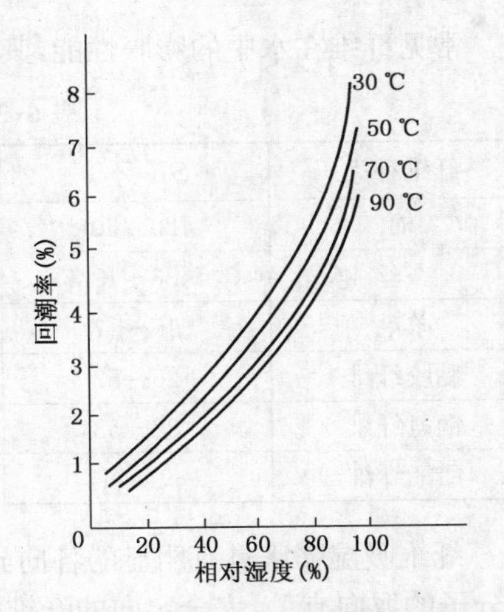

图 6-10　温度对锦纶 66 的吸湿等温线的影响

由图可见，棉纤维在不同温度时的吸湿等温线与其他纤维不同，当相对湿度在 80%～100%区间时出现了尾部相交的现象。这是由于棉纤维在高温高湿时发生热膨胀，其回潮率随着温度的提高而略有提高。

3. 空气流速的影响

当周围空气流速快时，纤维的平衡回潮率有所降低。

第四节　吸湿对纤维性质和纺织工艺的影响

一、吸湿对纤维性质的影响

1. 对质量的影响

吸湿后纤维的称得质量增大，因此计算纺织材料质量时，必须折算成公定回潮率时的质量，称为公定质量(简称公量)，计算式如下：

$$G_k = G_a \times (100 + W_k)/(100 + W_a) \tag{6-5}$$

$$G_k = G_0 \times (100 + W_k)/100 \tag{6-6}$$

式中：G_k 为纺织材料的公量；G_a 为纺织材料的湿量；G_0 为纺织材料的干量；W_k 为纺织材料的公定回潮率；W_a 为纺织材料的实际回潮率。

2. 吸湿后的膨胀

纤维吸湿后体积膨胀，横向膨胀大而纵向膨胀小。纤维的膨胀值可用直径、长度、截面和体积的增大率来表示，计算式如下：

$$S_d(\%) = \Delta D/D,\ S_l(\%) = \Delta L/L,\ S_a(\%) = \Delta A/A,\ S_v(\%) = \Delta V/V \tag{6-7}$$

式中：D，L，A，V 分别为纤维原来的直径、长度、截面积和体积；ΔD，ΔL，ΔA，ΔV 分别为纤维膨胀后其直径、长度、截面积和体积的增加值。

常见纤维在水中的膨胀性能，其实验数据见表 6-3。

表 6-3 各种纤维在水中的膨胀性能

纤维种类	S_d(%)	S_l(%)	S_a(%)	S_v(%)
棉	20～30	—	40～42	42～44
蚕丝	16.3～18.7	1.3～1.6	19	30～32
羊毛	15～17	—	25～26	36～41
黏胶纤维	25～52	3.7～4.8	50～114	74～127
铜氨纤维	32～53	2～6	56～62	68～107
醋酯纤维	9～14	0.1～0.3	6～8	—

纤维吸湿膨胀具有明显的各向异性，即 $S_l < S_d$，各向异性值用 $K = S_d/S_l$ 表征，它和纤维中分子的取向有关，完全定向的纤维 K 为无穷大，而完全随机取向的纤维 K 为 1。不过锦纶例外，其 K 值小于 1。纤维内大分子基本上沿纵向排列，吸湿主要是水分子进入无定形区，打开分子间的连接点和扩大分子间的距离，因此，纤维变粗。至于纵向，由于大分子并非完全定向而且大分子本身有一定的柔曲性，水分子进入大分子之间可导致其构象改变，因而纤维长度方向也有增加，但数值远小于横向膨胀值。

纤维吸湿后的膨胀，特别是横向膨胀，使织物变厚、变硬并产生收缩现象。吸湿后纤维的横向膨胀使纱线变粗，纱线在织物中的弯曲程度因此增加，迫使织物收缩，这是造成织物缩水的原因之一；同时，纱线变粗会造成织物空隙堵塞，使疏松的织物增加弹性。

3. 对密度的影响

纤维在吸着少量的水分时，其体积变化不大，单位体积质量随吸湿量的增加而增加，使纤维密度增加，大多数纤维在回潮率为 4%～6%时其密度最大；待水分充满孔隙后再吸湿，则纤维体积显著膨胀，而水的密度小于纤维，所以纤维密度逐渐变小。图 6-11 表示几种纤维密度随回潮率而变化的情况。

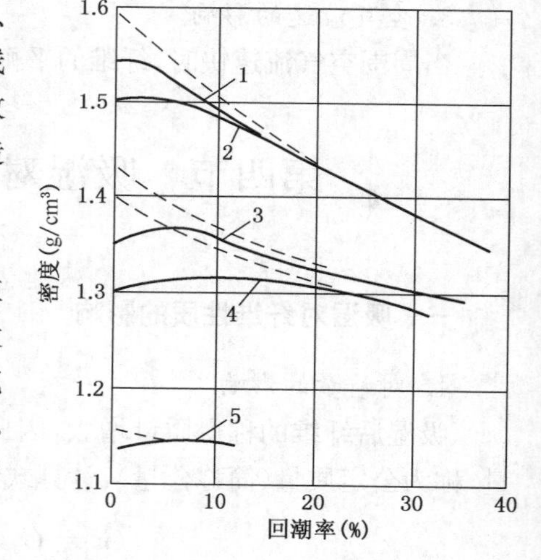

图 6-11 纤维密度随回潮率而变化的情况

1—棉 2—黏纤 3—蚕丝 4—羊毛 5—锦纶

4. 对力学性质的影响

一般纤维随着回潮率的增加，其强力下降。这是因为水分子进入纤维内部无定形区，减弱了大分子间的结合力，使分子间容易在外力作用下发生滑移。强力下降的程度，视纤维内部结构和吸湿多少而定。合成纤维由于吸湿能力较弱，所以吸湿后强力降低不显著。黏胶纤维由于大分子聚合度和结晶度较低，纤维断裂主要表现为大分子间的滑脱，而水分子进入后对大分子结合力的减弱很显著，因此吸湿后强力下降非常显著。但是，棉和麻纤维不同于一般纤维，吸湿后强力反而增加，这是由于棉和麻纤维的大分子聚合度很高，结晶度也较高，纤维断裂主要表现为大分子本身的断裂，而水分子进入后对大分子间结合力的减弱不显著，并且可将一些大分子链上的缠结拆开，分子链得以舒展和受力分子链的增加，因此纤维强力增加。

吸湿后，纤维的伸长率有所增加，纤维的脆性、硬性有所减小，塑性变形增加，摩擦系数有所增加。常见的几种纤维在润湿状态下的强伸度变化情况见表 6-4。

表 6-4　纤维在润湿状态下强伸度的变化

纤维种类	湿干强度比(%)	湿干断裂伸长比(%)	纤维种类	湿干强度比(%)	湿干断裂伸长比(%)
棉	110～130	106～110	黏胶纤维	40～60	125～135
毛	76～94	110～140	锦纶	80～90	105～110
麻	110～130	122	涤纶	100	100
桑蚕丝	80	145	维纶	85～90	115～125
柞蚕丝	110	172	—	—	—

5. 对电学性能的影响

干燥纤维的电阻很大,是优良的绝缘体。在相同的相对湿度条件下,各种天然和再生纤维素纤维,其质量比电阻相当接近;蛋白质纤维的质量比电阻大于纤维素纤维,蚕丝则大于毛;合成纤维由于吸湿性很小,所以质量比电阻更大,尤其是涤纶、氯纶、丙纶等。纤维的质量比电阻随相对湿度增高而下降,其下降的比率在相对湿度达到 80%以上时将很大。

由于纤维的绝缘性,在纺织加工过程中纤维之间、纤维与机件之间的摩擦会产生静电,且不易消失,给加工和成纱质量带来问题。一般可通过提高车间相对湿度或对纤维给湿,使纤维回潮率增加,电阻下降,导电性提高,电荷不易积聚,以减少静电现象。

6. 吸湿放热(heat of sorption)

纤维吸湿时会放出热量,因为空气中的水分子被纤维大分子上的极性基团吸引而与之结合,分子的动能降低而转换为热能并被释放出来。

纤维在给定回潮率下吸着 1 g 水放出的热量称为吸湿微分热。各种干燥纤维的吸湿微分热是差不多的,约 837～1 256 J/g。随着回潮率的增加,各种纤维的吸湿微分热会不同程度地减小。

在一定的温度下,质量为 1 g 的绝对干燥纤维从开始吸湿到完全润湿时所放出的总热量,称为吸湿积分热。吸湿能力强的纤维,其吸湿积分热也大。各干燥纤维的吸湿积分热见表 6-5。

表 6-5　各种纤维的吸湿积分热

纤维种类	吸湿积分热(J/g)	纤维种类	吸湿积分热(J/g)
棉	46.1	醋酯纤维	34.3
羊毛	112.6	锦纶	30.6
苎麻	46.5	涤纶	3.4
蚕丝	69.1	腈纶	7.1
黏胶纤维	105.5	维纶	35.2

纺织纤维吸湿和放湿的速率以及吸湿放热量对衣着的舒适性有影响。干燥纤维暴露在一定相对湿度的大气中,会吸收水蒸气并放出热量,使纤维中水蒸气的压力和纤维本身的温度增加,吸湿速度减慢;回潮率高的纤维放湿时则吸收热量,使纤维中水蒸气的压力和纤维本身的温度降低,放湿速度降低。这就好似气候突变时添加了保护性阻尼机构,有利于人体体温调节。吸湿放热对服装的保暖性有利,但对纤维材料的储存不利,库存时如果空气潮湿,通风不良,就会导致纤维吸湿放热而引起霉变,甚至会引起火灾。

二、吸湿对纺织工艺的影响

由于纤维吸湿后其物理性能会发生相应的变化，生产厂必须控制车间的温湿度，以创造有利于生产的条件。

1. 纺纱工艺方面

一般当湿度太高、纤维回潮率太大时，不易开松，杂质不易去除，纤维容易相互扭结，使成纱外观疵点增多；在并条、粗纱、细纱工序中容易绕皮辊、绕皮圈、增加回花，降低生产率，影响产品质量。反之，当湿度太低、纤维回潮率太小时，会产生静电现象，特别是合成纤维更为严重，这时纤维蓬松，飞花增多；清花容易黏卷，成卷不良；梳棉机纤维网上飘，圈条斜管堵塞，绕斩刀；并条、粗纱、细纱绕皮辊、皮圈，绕罗拉，使纱条紊乱、条干不匀、纱发毛等。实践经验认为，棉、黏纤和合纤在纺纱过程中的吸湿还是放湿，可按表 6-6 进行控制。

表 6-6　纺纱过程中吸湿、放湿的安排

纤维种类	工序				
	清	钢	条	粗	细
棉	放(吸)	放	吸	吸	放
黏胶纤维	吸	放	放	吸	放
合成纤维	吸	放	放	放	放

2. 织造工艺方面

棉织生产中，一般当湿度太低、纱线回潮率太小时，纱线较毛，影响对综眼和筘齿的顺利通过，使经纱断头增多，开口不清而形成跳花、跳纱和星形跳等疵点，还会影响织纹的清晰度，有带电现象时尤为严重。所以，棉织车间的相对湿度一般控制较高。但也不应太高，否则纱线塑性伸长大，形成荡纱而导致三跳；纱线吸湿膨胀导致狭幅长码等。丝织生产中，使用的原料大多是回潮率增加后强力下降、模量减小和伸长增加的材料，车间湿度偏大或温度偏低时，应适当降低加工张力，否则会在织物表面出现急纡、亮丝、罗纹纡等疵点。

3. 针织工艺方面

如果湿度太低、纱线回潮率太小，纱线发硬、发毛，成圈时易轧碎，增加断头，针织物眼子也不清晰。合成纤维还会由于静电现象与金属吸附而造成生产困难。如果湿度太高、纱线回潮率太大，纱线与织针和机件之间的摩擦增大，张力增大，所得织物较紧密，编织袜子的袜头、袜跟时会引起两边起辫子花的现象。

4. 纤维、半制品和成品检验方面

为了使检验结果具有可比性，试验室的试验条件应有统一的规定，各项物理机械性能指标都应在标准大气条件下测得，否则测试数据将因温湿度的影响而不正确。

思考题

6-1　名词解释：含水率，回潮率。推导出它们之间的换算式，将原棉的含水率 10%折算成回潮率。

6-2　试用两相理论解述棉纤维的吸湿机理。名词解释：平衡回潮率，条件平衡回潮率，吸湿保守性，吸湿等温线，吸湿滞后值。为什么不同纤维的吸湿等温线均呈反S形？

6-3　名词解释：标准状态，标准状态下的回潮率，公定回潮率，公定质量。证明 $G_k = G_a \times \frac{100 + W_k}{100 + W_a}$。

6-4　一批腈纶的质量为1 000 kg，取50 g试样，烘干后称得其干量为49.2 g。求该批腈纶的回潮率和公定质量。

6-5　为什么黏胶纤维和麻的吸湿能力大于棉，合成纤维的吸湿能力低于天然纤维，成熟度差的棉纤维的吸湿能力大于成熟度好的棉纤维？

6-6　为什么必须将纤维放在标准温湿度条件下调湿一定时间后，才可进行物理性能的测试？当纤维含水较多时，为什么还须先经预调湿？

6-7　计算棉/维50/50混纺纱的公定回潮率。

6-8　计算涤/黏65/35混纺纱在公定回潮率时的混纺百分比。

6-9　说明纤维吸湿后体积、密度、强度、伸长率、摩擦系数的变化。

6-10　说明纤维吸湿对其他性能的影响，纤维吸湿放热对其制品服用性能的影响。

6-11　说明纤维吸湿对纺织工艺的影响，生产中需采取什么对策？

第七章　纺织纤维的形态特征

本章要点

了解纺织纤维长度、截面形状和卷曲转曲的测试方法，熟悉纤维长度指标和纤维长度分布的有关分析，熟悉纤维截面形状表征的有关指标和方法，掌握纤维细度指标和不同指标之间的互算，熟悉纤维卷曲和转曲形态指标，重点了解纺织纤维形态特征与纺织工艺和产品质量的关系。

纺织纤维的形态(modality)是指纤维的长度、细度、截面形态、纤维的卷曲和转曲，它们是纤维性状定量描述的内容，也是确定纺织加工工艺参数(processing parameter)的先决条件。

纤维长度直接影响纤维的加工性能和使用价值，反映着纤维本身的品质(quality)与性能(performance)，为纤维最重要的指标之一，是纺织加工中的必检参数。纤维形态是以纤维轮廓为主的特征，其几何外观形态属于纤维结构的范畴，并与纤维内部结构形成对应，影响着纱线、织物的质量、性能与风格(mood, style)。

第一节　纺织纤维的长度

纤维的长度是指纤维伸直而未伸长时两端的距离。天然纤维的长度随动、植物的种类、品系与生长条件等而不同。化学纤维的长度是根据需要而定的，可以切断成等长纤维或不等长纤维。化纤切断长度的依据是纺纱加工设备型式和与之混纺的纤维长度，主要有：

① 棉型化纤。其长度为 30～40 mm，用棉纺设备纺纱，可纯纺或与棉混纺。

② 毛型化纤。其长度为 70～150 mm，用毛纺设备纺纱，可纯纺或与毛混纺。

③ 中长型纤维。其长度为 51～65 mm，用棉纺或化纤专纺设备纺纱，生产仿毛织物，产量高成本低，受到消费者欢迎。

一、纤维长度的测定方法

1. 手扯法

手扯法所得指标称为手扯长度。它被认为是纤维中所占数量最多的纤维长度，广泛应用于原棉的工商、农商贸易中。由于手扯法不采用仪器，全凭人工操作，因此从未以任何纤维长度分布的统计理论正式下过定义。

2. 罗拉式长度分析器法

将纤维整理成伸直平行、一端平齐的纤维束后，利用罗拉的握持和输出，将纤维由短到长并按一定组距分组后称量，从而得到纤维长度质量分布。我国原棉测长大多采用这一方法。

3. 梳片式长度分析机法

利用彼此间隔一定距离的梳片，将羊毛或不等长化纤整理成伸直平行、一端平齐的纤维束后，由长到短并按一定组距分组后称量，从而得到纤维长度质量分布。我国羊毛测长目前采用这一方法。

4. 排图测长法

用人工或借助于梳片式长度分析机，将纤维经过整理后，由长到短、一端平齐、密度均匀地排列在黑绒板上，从而得到纤维长度排列图。我国羊毛、山羊绒、兔毛、苎麻等测长目前采用这一测试方法。

5. 切断称量法

将整理成伸直平行、一端平齐的纤维束切断后，求得纤维的根数平均长度。目前多用于粗细均匀、长度整齐的化学纤维。

6. 单根纤维长度测试法

对纤维逐根测量其长度，得到纤维长度根数分布。

7. 光电式长度测试法

以 530 型数字式纤维长度照影机为例（图 7-1）。首先在取样器上用梳夹随机抓取纤维，并梳理纤维制成试样。将梳夹装入照影机，用尼龙刷刷去浮游纤维。从梳夹握持处逐渐外移，对纤维进行光电扫描。该机上有两条光路：一条是测量光路，光源 1 通过集光镜 2、平面透镜 3 和下透镜 4，成为基本平行、均匀的条形光束并照射到梳夹 5 的纤维束 6 上，光束通过纤维束后，再通过上透镜 7 和扇形透镜 8 汇集在光电管 9 上；另一条是比较光路，光源 1 另外经过一束导光纤维 10 而直接通向光电管 11。

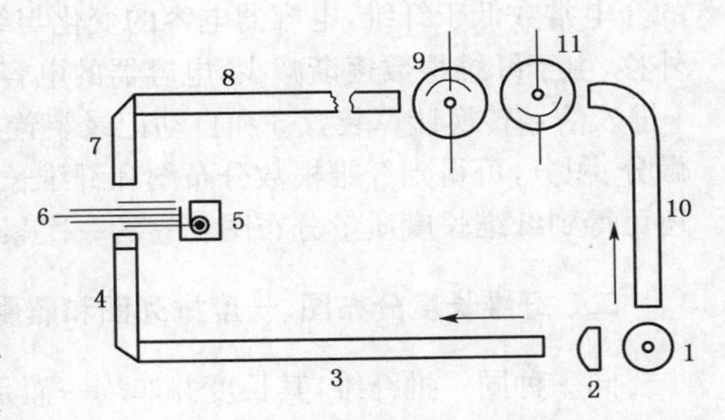

图 7-1　530 型数字式纤维长度照影机工作原理

光电管 11 接收到的光信号不变，而光电管 9 接收到的光信号随纤维束的根数而变化。光信号经光电管被转化成电压信号。两个光电管的电压信号分别送入对数除法器的两个输入端。对数除法器的输出电压随两个输入电压的比值的对数而变化。当梳夹 5 逐渐移动时，扫描线即逐渐离开梳夹握持线，纤维根数将逐渐减少，对光束的遮光量也逐渐减少，而光电管 9 收到的光信号逐渐增强，这样，输入对数除法器的两个电压信号差异逐渐减小，输出电压也逐渐减小。假设纤维的细度以及纤维在梳夹上的分布是均匀的，这一电压经过修正后就与纤维根数近似成线性关系，从而可以得到纤维束伸出握持线的距离与该处纤维根数的分布关系。

以纤维束伸出握持线的距离为横坐标，以纤维根数（通过电压反映）为纵坐标作得的曲线，称为照影机曲线，如图 7-2 所示。开始光电扫描处（即离握持线 3.81 mm 处）纤维的相对根数取为 100%，则相对根数为 2.5% 和 50% 处离纤维握持线的距离，即对应于图中的 2.5% S. L. 和 50% S. L.。2.5% 跨距长度与纤维手扯长度相关；50% 跨距长度与 2.5% 跨距长度的百分比用来表征纤维长度的整齐度，即：

$$\text{整齐度}(\%) = \frac{50\%\ \text{S.L.}}{2.5\%\ \text{S.L.}} \times 100 \tag{7-1}$$

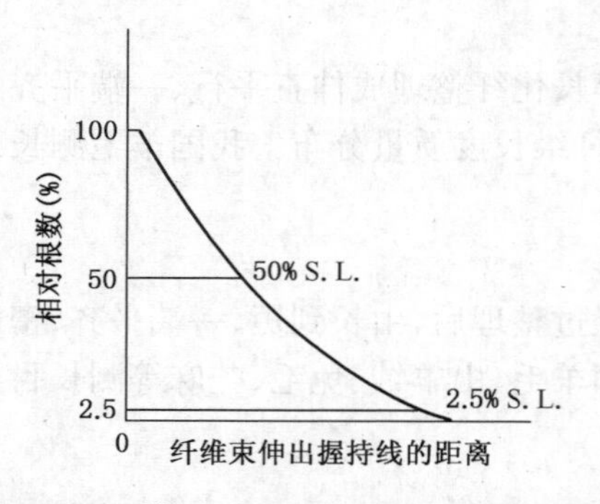

图 7-2　530 型数字式纤维长度照影机的照影曲线

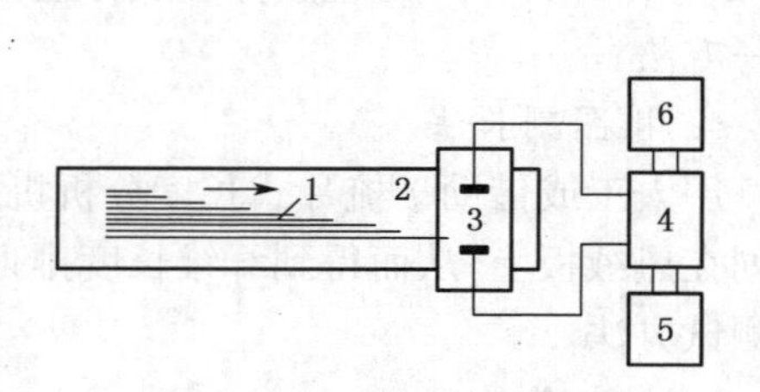

图 7-3　ALMETER 长度仪工作原理图

8. 电容式测试法

以 ALMETER 长度仪为例。先将纤维试样做成纤维条，用梳片式自动取样机夹取纤维条中的纤维，做成一端平齐的纤维束，如图 7-3 所示。将纤维束 1 放在两片透明的薄膜之间，送入接收装置 2。该装置以恒速缓缓进入仪器，纤维束 1 将通过电容器 3 的极板。由于空气的介电常数低于纤维，电容器电容的变化与纤维束层厚度的变化成正比例。从根部开始逐渐外移，由于纤维根数逐渐减少，电容器的电容也逐渐减少，与这种变化相应的电流经过放大器 4 进入信号转换计算装置 5 和自动记录装置 6。该仪器可以绘制纤维长度排列图，经过计算机微分、积分，可得到纤维根数分布图和纤维长度根数分布的二次累积曲线。经过计算机计算，还可得到纤维长度质量分布图和它的一次累积曲线。

二、纤维长度分布图、长度排列图和照影机曲线

同一种同一批纤维，其长度并非均一而是形成一个分布，用纤维长度分布图、纤维长度排列图或照影机曲线图表示。

1. 纤维长度分布图

在二维平面上，以纤维长度为横坐标，以纤维根数（根数频率）为纵坐标，作出的图称为纤维长度根数（根数频率）分布图；以纤维长度为横坐标，以纤维质量（质量频数）为纵坐标，作出的图称为纤维长度质量（质量频数）分布图。

在图 7-4 中，横轴上 a 点表示最短纤维的长度，b 点表示最长纤维的长度。实曲线 1 为长度根数分布图，虚曲线 2 为长度质量分布图。罗拉式长度分析器和梳片式长度分析机按纤维长度分组后称量，得到的都是纤维的长度质量分布。原棉的长度根数分布图常出现双峰现象。

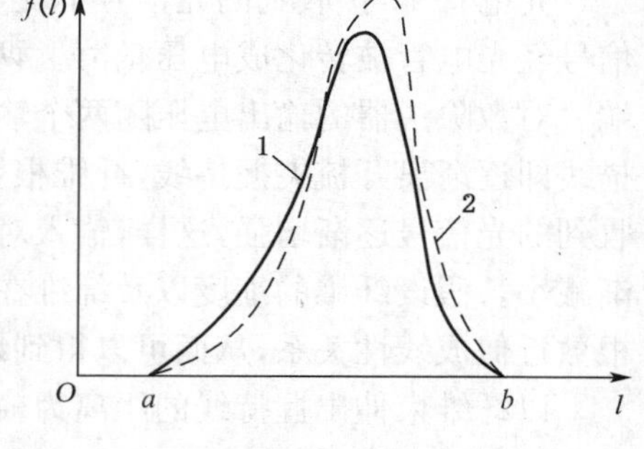

图 7-4　纤维长度分布图

1—长度根数分布图　2—长度质量分布图
a—最短纤维的长度　b—最长纤维的长度

化学纤维以及彼此纠缠的纤维或者短纤维（例如棉短绒、洗净毛等），测长度时，必须逐根测定。按长度根

数分布求得的平均长度,称为根数平均长度。按长度分组的情况下,其计算式为:

$$\overline{L}_{\mathrm{n}}=\sum_{i=1}^{k}(L_{i}n_{i})\Big/\sum_{i=1}^{k}n_{i} \tag{7-2}$$

式中:$\overline{L}_{\mathrm{n}}$ 为纤维的根数平均长度;L_i 为第 i 组纤维的长度组中值;n_i 为第 i 组纤维的根数。

按长度质量分布求得的平均长度,称为质量加权平均长度。按长度分组的情况下,其计算式为:

$$\overline{L}_{\mathrm{g}}=\sum_{i=1}^{k}(L_{i}g_{i})\Big/\sum_{i=1}^{k}g_{i} \tag{7-3}$$

式中:$\overline{L}_{\mathrm{g}}$ 为纤维的质量加权平均长度;L_i 为第 i 组的长度组中值;g_i 为第 i 组纤维的质量。

较长的纤维所占的质量比例 $g/\sum_{i=1}^{k}g_{i}$,总是大于所占的根数比例 $n/\sum_{i=1}^{k}n_{i}$,因此,$\overline{L}_{\mathrm{g}}\geqslant\overline{L}_{\mathrm{n}}$。而且纤维的长度不均匀性越大,这一差值越大。

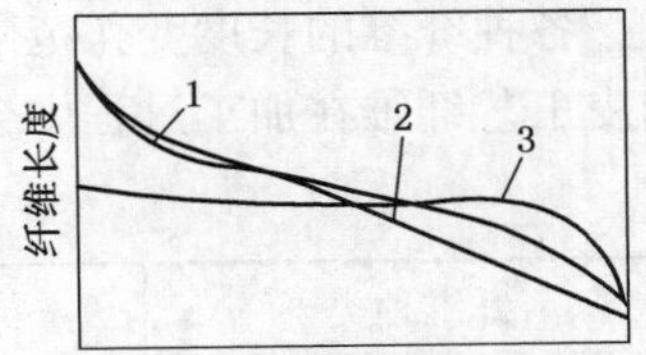

图 7-5　纤维长度排列图

1—羊毛　2—化学纤维斜形切断
3—化学纤维等长切断

质量加权主体长度是长度质量分布中质量值最大一组纤维的长度,该值总是略大于长度根数分布中根数最多一组纤维的长度。

质量加权品质长度是长度质量分布中大于质量加权主体长度那部分纤维的质量加权平均长度,又称右半部平均长度。棉纤维的质量加权品质长度约为其质量加权主体长度的 1.1 倍。

根据纤维的长度分布,可以求得平均长度、主体长度、品质长度、整齐度、均匀度和短绒率等指标。它们的意义和计算,已在前文述及。

2. 纤维长度排列图

如果将纤维由长到短、一端平齐、密度均匀地排列,可以得到纤维长度排列图,如图 7-5 所示。图中,纵坐标为纤维长度 l,横坐标的物理意义是大于这一长度的纤维累积根数 $q(l)$。因此,纤维长度排列图实质上是纤维长度向下累积根数分布图。

根据纤维长度排列图可求得主体长度、有效长度、中间长度、短绒率、长度差异率和长度整齐度等指标。

3. 照影机曲线

用梳夹随机取得的纤维试样,在照影机上进行光电扫描后得到的照影机曲线,实质上就是纤维长度根数分布的向下二次累积曲线,如图 7-6 所示。

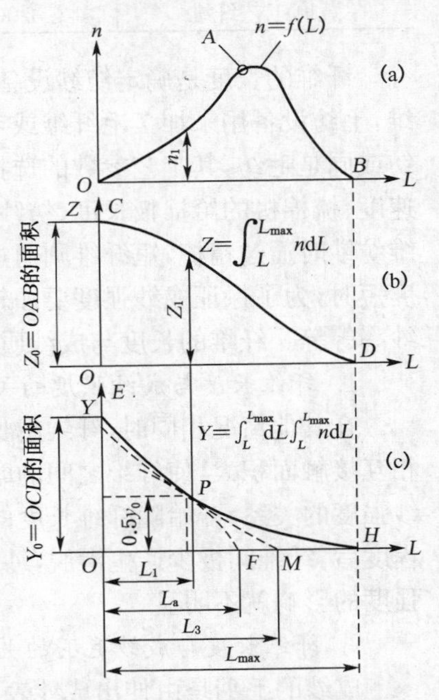

图 7-6　纤维长度根数分布的向下二次累积曲线

(a) 纤维长度根数分布曲线
(b) 纤维长度排列图
(c) 须条厚度变化曲线(照影机曲线)

照影机曲线的微分曲线是纤维长度排列曲线,纤维长度排列曲线的微分曲线是纤维长度根数分布曲线。换言之,纤维长度排列曲线是纤维长度根数分布曲线的积分曲线,照影机曲线是纤维长度排列图的积分曲线。因此,照影曲线是纤维长度根数分布曲线的向下二次累积曲线。

根据照影机曲线，可求得上述跨距长度外，还可求得纤维的平均长度、上半部平均长度等指标，如图 7-7 所示。

图中：① 从照影机曲线的起始点 A，作曲线的切线 AD，分别交纵坐标、横坐标于 C 点和 D 点，则 $\overline{OD}$ = 纤维的质量平均长度；② 取 OC 的中点 E，从 E 点作曲线的切线 EF，交横坐标于 F 点，则 $\overline{OF}$ = 纤维的上半部质量平均长度，其物理意义是质量占一半的纤维平均长度。

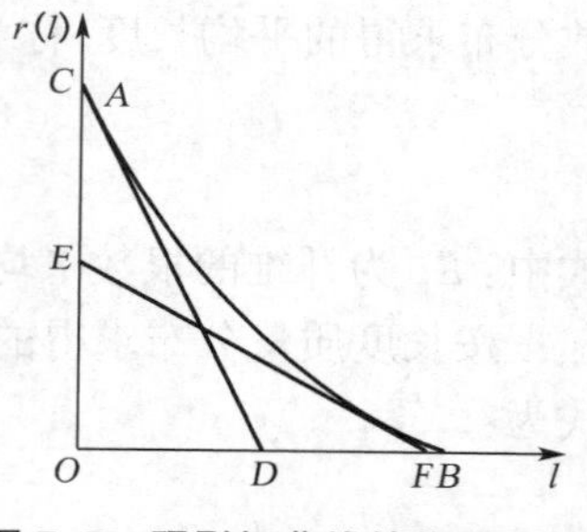

图 7-7　照影机曲线的作图分析

三、纤维长度与产品质量和纺织工艺的关系

各种纤维的长度变化范围相当宽广，下面列举各种纤维长度的典型数据（表 7-1）。其中，韧皮工艺纤维在加工过程中会分裂成更短的纤维。

表 7-1　各种纤维长度的典型数据

纤维种类	长度(mm)	纤维种类	长度(mm)
棉纤维	25～45	细毛、半细毛	50～100
亚麻单纤维	15～20	粗毛、半粗毛	50～200
亚麻工艺纤维	500～750	黏胶纤维	34～120
大麻单纤维	10～15	涤　纶	35～100
大麻工艺纤维	700～1 500	腈纶短纤维	33～95
黄麻单纤维	2～4	锦纶 6 短纤维	55～110
黄麻工艺纤维	2 000～3 000	石棉纤维	1～20

纤维的长度是确定纺纱设备和纺纱工艺参数的依据。棉纺设备用来加工棉纤维或棉型纤维，毛纺设备用来加工毛纤维或毛型纤维，棉纺和毛纺的设备及其工艺有很大的不同。同是棉纺或同是毛纺，其工艺参数的选择须与纤维长度相适应，例如开清棉工程中的打手型式和打手速度、梳棉机的给棉板长度、纺纱设备工作机件的隔距等，都要根据纤维的长度来考虑。长纤维纺纱时通过精梳，短纤维则通过普梳（粗梳），细纱加捻的多少也与纤维长度有关。当纤维长度短时，为了保证成纱强度要加较多的捻度；而纤维长度长时，加捻可少些，以提高细纱机的成纱率等等。纤维的长度与成纱质量的关系十分密切。

1. 纤维长度与成纱强度的关系

在其他情况相同时，纤维越长，成纱强度越大。这是由于纤维长度长时，成纱中纤维之间相互接触面积大，使纤维之间的摩擦阻力较大，受拉伸外力作用时就不易滑脱。纤维长度与成纱强度的关系，开始随纤维长度的增加，成纱强度上升较快，以后则较慢。当长度增加到一定程度后，纤维间极少产生滑脱，纱线断裂主要由纤维断裂所致，此时，纤维长度再增加，对成纱强度的影响就不明显。

2. 纤维长度与成纱毛羽的关系

成纱的毛羽是由伸出成纱表面的纤维端头、纤维圈等形成的。毛羽的性状同纤维性状、纺纱方法、纤维的平行顺直程度、捻度、成纱线密度和其他因素有关。在其他条件相同的情况下，长度较长的纤维，成纱表面比较光滑，毛羽较少。

3. 纤维长度整齐度和短绒率与成纱强度和条干的关系

当纤维长度整齐度差、短绒率大时，纺纱牵伸过程中纤维的运动就不易控制，使成纱条干恶化，强度下降。一般当原棉的短绒率大于15%时，成纱条干和强度即显著下降。故生产高档产品时，须经过精梳工程除去短纤维，以改善长度整齐度。然而，过于整齐的纤维会在牵伸过程中出现同步纤维，从而恶化成纱条干。所以，对化学纤维来说，有时为了提高成纱条干均匀度和织物毛型感，可选用长度差异控制适当的不等长纤维。

在保证一定成纱质量的前提下，纤维长度越长、整齐度越好、短绒率越少，可纺的纱越细。

第二节 纺织纤维的截面形状

一、纺织纤维的截面形状及表征

天然纤维的截面都呈非圆形，即使截面最接近圆形的细羊毛纤维，严格地说，也是椭圆形，其长短径之比平均为1.1～1.2。化学纤维中，熔融法制得的纤维一般为圆形截面，而干、湿法纺制的纤维或特殊要求的异形纤维都是非圆形的。

纤维的截面变化（或称异形化），主要有两类形式：①截面形状的非圆化，包括截面轮廓波动的异形化和截面直径不对称的异形化；②截面的中空和复合化。纤维截面异形化的基本分类内容及过程见图7-8所示。

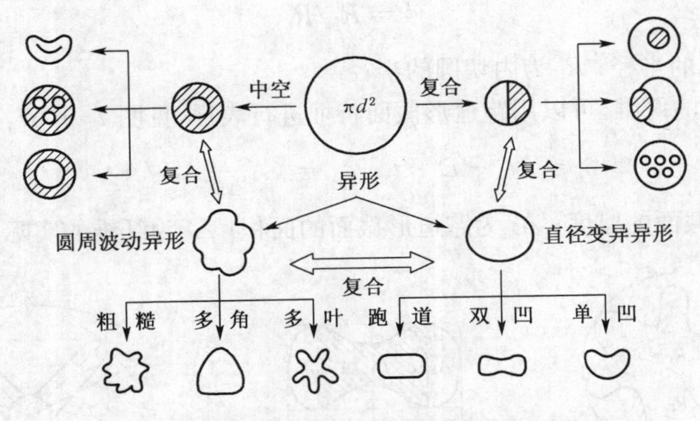

图7-8 纤维截面变化的过程、类型及相互关系

由图可知，有几种异化形式：①从单一改变直径到截面轮廓的波动；②从单中空到多中空；③从单组分到多组分；④从对称到不对称，甚至从形式间独立到相互间的复合。纤维截面的异形化，不仅给纤维带来巨大的变化和丰富的内容，而且使纤维制品及其性能变得多样化（diversifialize）、功能化（functionize）和舒适化（comfortabilitialize）。

1. 纤维截面异形的表征

(1) 截面的轮廓波动异形

对此类特征的表达可采用最基本的异形系数（异形度）表示。

径向异形度：
$$D_r = (R_0 - r)/R_0 \tag{7-4}$$

截面异形度：
$$S_r = (A_0 - A_r)/A_0 = (R_0^2 - r^2)/R_0^2 \tag{7-5}$$

式中：R_0为最多接触点的外接圆半径；r为可替代半径；A_0为最多接触点的外接圆的截面积；

A_r 为可替代半径 r 对应的圆的截面积。

其中 D_r 较多地强调径向的波动，S_r 则偏重截面积的变化，而可替代半径为：

$$r=\begin{cases} R_i & \text{(内切圆半径)} \\ (R_0+R_i)/2 & \text{(平均半径)} \\ r_0=\sqrt{\dfrac{100N_{dtex}}{\pi\gamma}} & \text{(理论半径)} \end{cases}$$

式中：R_i 为最多接触点的内切圆的半径；N_{dtex} 为纤维的线密度；γ 为纤维的密度。

对于多叶形的异形，除上述异形指标外，还应该补充叶数 n 的表达，称为造形系数：

$$\pi=\frac{8}{7}\left(1-\frac{1}{n}\right) \tag{7-6}$$

对于表面粗糙波动的异形，仅用异形度不足以表达其表面积的增大，应采用比表面积 S_s 或周长系数 η：

$$S_s=L/A_f,\ \eta=LS_s$$

式中：L 为纤维截面轮廓的实际周长；A_f 为纤维的实际截面积。

(2) 截面的直径变异异形

对于纤维截面存在长短轴差异的，如图 7-9(a)，可以采用椭圆比来表达其异形度。

椭圆比异形度：

$$\phi=R_0/R_i \tag{7-7}$$

式中：R_0 为外接圆的半径；R_i 为内切圆的半径。

对于内凹截面的纤维，可以用跑道形截面特征进行表征，见图 7-9(b)：

内凹度：

$$\delta_t=(t_s-D_i)/t_s,\ \delta_A=(A_s-A_f)/A_s \tag{7-8}$$

式中：t_s 为跑道形截面的厚度；A_s 为跑道形截面的面积；A_f 为纤维的实际截面积。

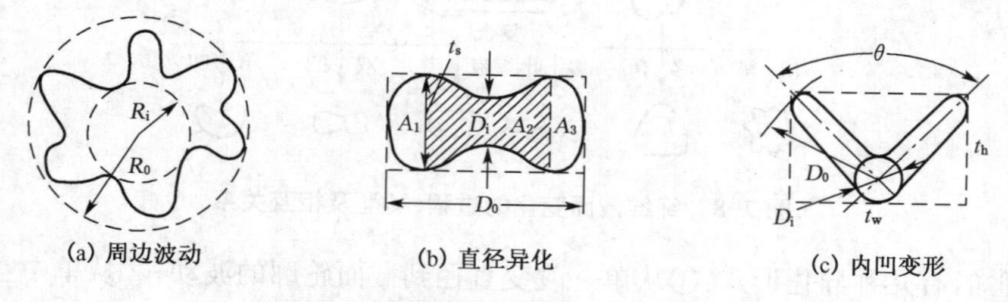

图 7-9 截面异形几何特征参数示意图

纤维的实际截面积可以按下式计算：

$$A_f=(A_1+A_3)+A_2=(D_0-t_s)t_s+\pi t_s^2/4$$

式中：A_1、A_2、A_3 分别为纤维两侧的半圆和当中内凹块的面积。

对于非对称内凹的如 V 形或腰圆形的截面，见图 7-9(c)，还可增加内凹角 θ 来表达内凹的程度，其 δ_t 和 δ_A 分别为：

$$\delta_t=(t_h-D_i)/t_h,\ \delta_A=1-A_f/(t_h t_w) \tag{7-9}$$

式中：t_h 和 t_w 如图 7-9(c)所示。

由于化学纤维的异形化加工会产生钝化，即圆形化，所以加工中更关注纤维异形的保持率，即纤维截面形状与喷丝板孔的相近程度（或称成形相似度）：

$$DM = S_f / S_H \tag{7-10}$$

式中：S_f 为纤维的异形度；S_H 为喷丝板孔的异形度。

2．截面空心与复合的表征

（1）空心截面的表征

中空截面也是一种异形截面，是指纤维内部的空缺异形。截面空心的表征常用以下指标：

① 中空度。指纤维截面中孔洞的横截面积 A_v 占纤维表观横截面积 A_f 的百分比：

$$H(\%) = (A_v / A_f) \times 100 \tag{7-11}$$

单孔圆形用 $H(\%) = (d_v/d)^2 \times 100$，多孔圆形用 $H(\%) = n(d_v/d)^2 \times 100$ 表示（这里 d_v 为孔洞截面直径；d 为纤维直径）。

② 空隙率。对于孔径大小不一的多孔结构纤维，用孔隙体积 V_v 与纤维表观体积 V_f 之比来表征，即空隙率：

$$\varepsilon = V_v / V_f \tag{7-12}$$

当孔隙均匀分布时，截面积比≈体积比，则 $\varepsilon \approx A_v / A_f$。

③ 中腔率。对于一般中腔截面不一致而且两端和中间都可能封闭的纤维，则用中腔率来表征：

$$H_v(\%) = (V_h / V_f) \times 100 \tag{7-13}$$

④ 中空偏心。在天然纤维和化学纤维中，一般极少发生中空偏心，其绝大多数单中腔的轴心与纤维的轴心一致。只有多中空结构时，各中腔的轴心与纤维轴不一致，见图 7-10(a)。中空偏心为：

$$e = r_e / (R - r_v) < 1 \tag{7-14}$$

式中：r_e 为中腔中心至纤维中心的距离；r_v（$r_v = d_v/2$）为中腔的半径；R 为纤维的半径。

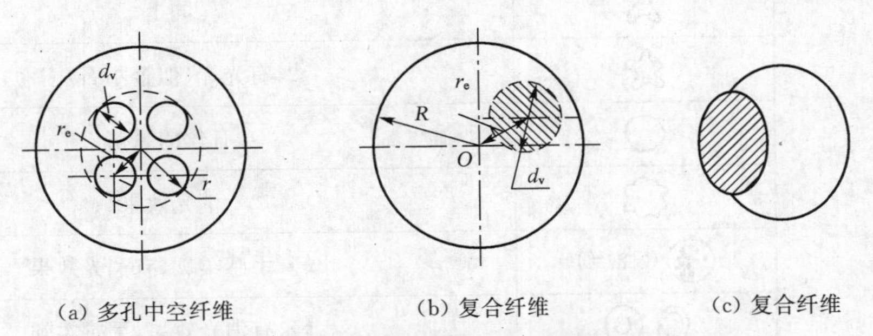

(a) 多孔中空纤维　　(b) 复合纤维　　(c) 复合纤维

图 7-10　中空和复合纤维的几何特征参数示意图

中腔偏心 e 恒小于 1，否则即破孔。

（2）复合截面的表征

复合纤维是由两种或多种组分构成的纤维，其几何形态相当于将原中腔改为其他高聚物。那么，皮芯结构的复合纤维即相当于中空纤维；双边分布相当于偏心度 $e = 1$ 的中空纤维；海岛基质型则相当于多孔的中空纤维。分别采用对应的空心截面的表征方法，并增加复合纤维各组分的复合比：

$$\begin{cases}\text{双组分} & a_1 : a_2 \\ m\text{ 组分} & a_1 : a_2 : \cdots : a_i : \cdots : a_m\end{cases} \tag{7-15}$$

式中：m 为复合组分数；a_i 为第 i 个组分的比例（可以是截面也可以是质量）。

复合纤维没有中空破裂的限制，按式（7-14），$e \geqslant 1$ 时开始双边分布，$e=(R+r_v)/(R-r_v)$ 时为完全双边分布，$e<1$ 时为偏心的皮芯结构。因此，双组分复合的偏心度可表达为：

$$e_c = 1 - r_e/R \tag{7-16}$$

当 $r_e=0$ 时为同心环复合；当 $r_e=R_A+R_B$ 时为完全双边分布；当 $r_e<(R_A+R_B)$ 且 $R_A>R_B$ 时，则B组分嵌入A组分中；当 $r_e<(R_A+R_B)$ 且 $R_A<R_B$ 时，则A组分嵌入B组分中。

二、纺织纤维截面形状对纤维性能的影响

纺织纤维的力学性质、表面吸附性质，会随纤维截面的异形而变化；即使是圆形纤维，也会随内部的中空和复合产生结构形态和线密度的变化，使纤维的空间造型和表观占有空间变大。中空使纤维的弯曲、扭转刚度增大，纤维变粗；纤维内含有静止空气或含有其他物质时，纤维的隔热性能增强，而透气性能仍可保持。复合纤维的结构不均匀性和非对称性会增大，使纤维内外层性质不一或产生空间卷曲，有助于纤维表面性质和纤维集合体蓬松性的改善。化学纤维的截面由圆形变为异形截面时，则呈现与圆形截面不同的性质。譬如，纤维间的摩擦系数增大，表观密度下降，制成织物时有蓬松感。各种异形截面纤维的截面形状和功能见表7-2，表7-3所示为复合纤维的截面结构与用途。

表7-2　异形纤维截面的形状和功能

用途		截面形状	效果
衣用			有丝的光泽和丝的风格，蓬松性好
			同上
			有光泽（似金刚石）
			有丝的风格
			消光效果
		（发泡丝）	轻，手感柔软，有消光效果
			轻，有消光效果，手感柔软
			仿麻风格，籐、竹、纸状外观
室内用品	地毯		压缩弹性率提高（压感好，形变回复快），耐脏
			同上（比三角形截面更高），保温性好（尼龙）
	被褥		轻，蓬松性好，压缩弹性率提高，保温性好（聚酯）

（续　表）

用　途		截面形状	效　果
工业材料用途	皮包料		仿毛皮外观（尼龙）
	叠材		蔺草外观（聚丙烯）
	籐椅用料		仿籐外观（尼龙、聚氯乙烯）
	紫菜网		紫菜孢子易附生（聚乙烯）
	人造草坪		天然草坪外观（尼龙）
	保温材料（羽毛等）		可提高保温性（涤纶、腈纶）

表 7-3　复合纤维的截面结构与用途

目　的	截　面　结　构	
卷曲（不包括特殊的卷曲）		热收缩率不同的组分并列型地结合，用染色等热水处理或汽蒸使其产生卷曲，手感柔软和蓬松性好
赋予导电性		芯部含炭黑成分，皮层不含炭黑成分，纤维有导电性，炭黑的颜色柔和
		内层含炭黑成分，中层的折射率比外层低，炭黑的颜色不刺眼
		楔状部分含炭黑成分的复合纤维，导电性优良，但颜色不显眼
		均考虑导电性和颜色不显眼而制得的纤维
赋予抗静电性	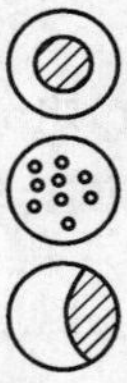	将含有 PEG 的聚合物按左图所示方式加入，提高抗静电性
赋予吸水性		在 PET 纤维中，如左图所示加入用碱易分解的共聚聚酯，用碱处理得到有中空部分的吸水性高的纤维
超细纤维制造		在 PET 纤维中，于左图所示的斜线部分加入用碱易分解的共聚聚酯，用碱处理制得超细纤维
		赋予超细纤维柔软的手感和蓬松感，亦可用于人造皮革

第三节 纺织纤维的细度

天然纤维的细度随纤维种类、品系与生长条件等而不同；化纤的细度可根据需要采用不同的喷丝孔直径和牵伸倍数进行控制，棉型化纤的细度为 1.67 dtex 左右，毛型化纤的细度为 3.3～5.5 dtex，中长型化纤的细度为 2.78～3.33 dtex。

天然纤维的细度是不均一的，即使同一根纤维其各处的细度也不相同。如，棉纤维的细度中部最粗，梢部最细，根部适中；同一根羊毛中，其直径差异可达 5～6 μm；化纤的细度也有差异，但比天然纤维小得多。

一、纤维的细度指标和指标间的换算

纤维的细度指标分为直接指标和间接指标两大类。

1. 细度直接指标

纤维细度的直接指标有直径、宽度和截面积之分。截面直径是纤维主要的细度直接指标，单位为“μm”。羊毛通常采用直径来表示其细度。

纤维的截面形状如图 7-11 所示。当纤维截面形状不规则时，可以用当量直径 d_{yc} 来表示其细度，它是假定纤维无中腔并呈圆形时其截面积与原截面积相等时的直径。

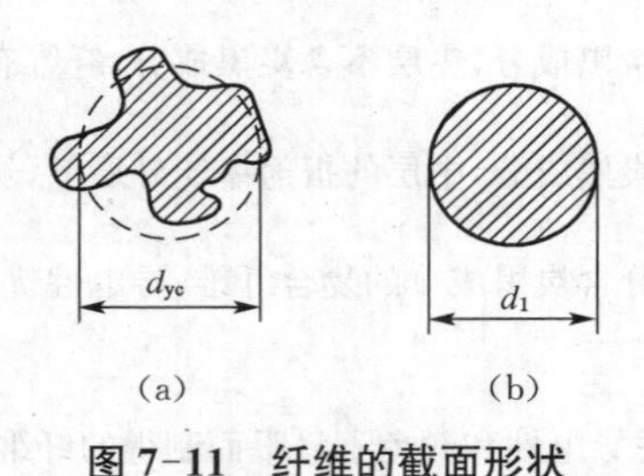

图 7-11 纤维的截面形状

(a) 截面形状不规则无中腔 (b) 圆形截面无中腔

2. 细度间接指标

纤维细度的间接指标有定长制（特克斯和旦尼尔）和定重制（公制支数）之分。它们是利用纤维长度和质量间的关系来间接表示纤维的细度的。因为长度和质量测试比较方便，所以生产中都采用间接指标。

(1) 定长制

系指一定长度纤维的质量（线密度）。它的数值越大，表示纤维越粗。我国线密度的法定计量单位为“特克斯”（tex）。它是指 1 000 m 长的纤维在公定回潮率时的质量克数，计算式如下：

$$N_{tex} = (1\,000 \times G_K)/L \quad (7\text{-}17)$$

式中：N_{tex} 为纤维的线密度（tex）；L 为纤维的长度（m 或 mm）；G_K 为纤维的公量（g 或 mg）。

分特克斯（dtex）是指 10 000 m 长的纤维的公量克数，计算式为：

$$N_{dtex} = (10\,000 \times G_K)/L \quad (7\text{-}18)$$

式中：N_{dtex} 为纤维的线密度(dtex)。

传统上习惯用纤度来表征丝和化纤的细度。纤度是指 9 000 m 长的纤维在公定回潮率时的质量克数，单位为“旦”(den)，计算式为：

$$N_{den} = (9\,000 \times G_K)/L \tag{7-19}$$

式中：N_{den} 为纤维的纤度(den)。

(2) 定重制

系指一定质量的纤维在公定回潮率时的长度米数。它的数值越大，表示纤维越细。其中，公制支数是指公定回潮率时每克(毫克)纤维的长度米(毫米)数，计算式为：

$$N_m = L/G_K \tag{7-20}$$

式中：N_m 为纤维的公制支数(公支)。

必须强调指出，纺织材料的质量随回潮率不同而变化，所以细度间接指标中所用的质量均应是公定回潮率时的质量，即公量。否则，就没有可比性。生产中，纤维多采用在标准温湿度条件下调湿后称量计算。

3. 细度指标间的换算

(1) 间接指标间的换算

纤度和公制支数的换算式：$N_{den} \times N_m = 9\,000$

线密度和公制支数的换算式：$N_{tex} \times N_m = 1\,000$

线密度和纤度的换算式：$N_{den}/N_{tex} = 9$

(2) 间接指标与直接指标间的换算

当纤维截面形状不规则且无中腔时，可假设纤维为圆柱体，截面直径为 d_{yc}(mm)，纤维密度为 γ(g/cm³)，长度为 L(m)，则纤维质量 G 和假设直径 d_{yc} 为：

$$G = (\pi d_{yc}^2 \times L \times \gamma)/4$$

所以：

$$d_{yc} = \sqrt{4G/(\pi \times L \times \gamma)} \tag{7-21}$$

根据上式，可以求得以下换算式：

$$d_{yc} = 35.68\sqrt{N_{tex}/\gamma}\ (\mu m) = 0.03568\sqrt{N_{tex}/\gamma}\ (mm)$$

$$d_{yc} = 11.3\sqrt{N_{dtex}/\gamma}\ (\mu m) = 0.0113\sqrt{N_{dtex}/\gamma}\ (mm)$$

$$d_{yc} = 1\,129/\sqrt{N_m\gamma}\ (\mu m) = 1.129/\sqrt{N_m\gamma}\ (mm)$$

$$d_{yc} = 11.89\sqrt{N_{den}/\gamma}\ (\mu m) = 0.01189\sqrt{N_{den}/\gamma}\ (mm)$$

由这些换算式可知，纤维的当量直径不但与细度有关，还与纤维密度有关。也就是说，当纤维的密度不同时，相同线密度的纤维，其直径也不相同。这一点应该引起注意。

二、纺织纤维细度的测定方法

1. 直接测量法

直接测量法采用仪器直接测量纤维的直径，常用于直接近似圆形的羊毛细度的测量，也可用于截面为圆形的化学纤维的直径测量。

直接测量法早期借助光学显微镜和投影仪放大测量，即所谓的纤维投影测量法，其原理是利用普通光学显微镜加投影仪，将纤维形态放大投影在平面上，用专用的标尺卡量纤维的直径，并计数根数，然后计算纤维的平均直径和直径不匀率。

直接测量法现在采用光学显微镜、CCD 摄像头和计算机，利用计算机图像分析技术获得纤维直径等信息。CCD 摄像头安装在显微镜上并与计算机相连，将纤维形态传送到计算机，利用软件可方便地在计算机屏幕上测量纤维直径、计算纤维直径的各类指标并可绘制直径分布图。

利用上述原理开发出来的光学纤维直径分析仪可以自动分离试样、测试直径，具有速度快、样本大、准确、干扰因素少等优点，用于毛纤维测量时还可测定髓腔纤维含量等。自动式直接测量仪器还有激光纤维直径分析仪，其原理是利用纤维对激光的遮挡量给出纤维直径。

2. 气流仪法

流过纤维的气体流量或压力差与纤维的线密度有关，测定流量或压力差，可以间接得知纤维的线密度。气流仪基本分为定压式和定流量式两类。

(1) 定压式气流仪

测定时要求微压计处的压差保持在规定数值 ΔP(即常量)，这时流量计显示为空气流量 Q(L/h)。它受比表面积 F_0 的影响：

$$Q = \Delta P / F_0^2 \tag{7-22}$$

(2) 定流量式气流仪

测定时要求空气流量 Q 保持一定，根据微压计显示的压力差 ΔP 计算纤维的直径。

3. 振动法

用振动法测定纤维的线密度，其基本原理是纤维存在一定的固有振动频率，这一频率与纤维的线密度有关。在具有一定频率和振幅的振子作用下，可引起纤维振动，如果试样的长度和张力已知，根据测得的固有频率，可按下式计算其线密度(tex)：

$$N_{tex} = g \times m / (4L_0^2 \times f^2) \tag{7-23}$$

式中：g 为重力加速度；m 为预加张力锤的质量；L_0 为试样长度；f 为固有振动频率。

测定前，应选用适当质量的重锤和试样长度，使测得的结果与测长称量法相吻合。当 $(N_{tex})_{max} / (N_{tex})_{min} = 1/4$ 时，振动仪才符合上述公式规定的标准。

4. 测长称量法

测长称量法是间接测量线密度的基本方法，主要包括短纤的中段切断称量法和长丝/纱线的摇取定长称量法(参见本书第十二章)。

中段切断称量法是将纤维整理成平行伸直、无游离纤维 A 和长度短于切断长度 L_C 的纤维 B(图 7-12)，然后将纤维切断，取中段称取质量 G(mg)，并点数中段纤维根数 n。

L_C 的大小由纤维的平均长度粗略确定，一般棉的 $L_C = 10$ mm 或 20 mm，毛、麻的 L_C 为 20 mm 或 30 mm。有专用的切刀，见图 7-12 右图。L_C 太短，测量精度会受影响；L_C 太长，纤维长度有限制，且纤维在切刀中的伸直和平行难度增大。

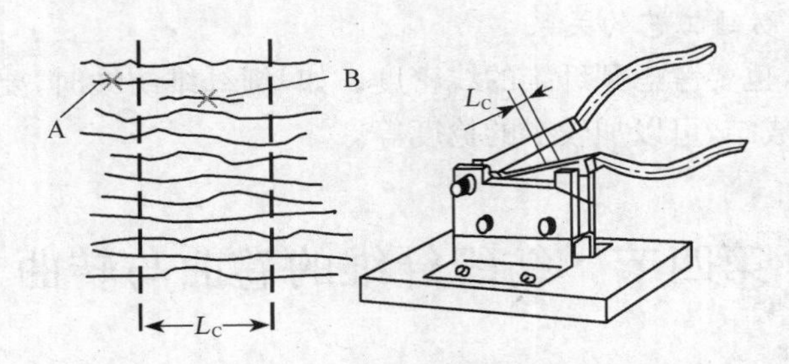

图 7-12　中段切断称量法示意图

根据以下公式计算纤维的线密度值：

$$N_{dtex}=\frac{10^4G}{nL_C}\times\frac{1+W_k}{1+W_a} \tag{7-24}$$

式中：W_k和 W_a分别为纤维的公定回潮率和实际回潮率。

通常在标准大气条件下进行测量，可用下式估算：

$$N_{dtex}\approx\frac{10^4G}{nL_C},N_m=\frac{10^4}{N_{dtex}}\approx\frac{nL_C}{G} \tag{7-25}$$

中段切断称量法一般适用于伸直性较好的纤维，如棉、麻、丝、卷曲小的化纤等。其本身起源于棉纤维的细度评定。由于棉短绒（≤16 mm 或≤20 mm）被梳去，且棉的中段偏粗，故实测细度偏粗。测量重点是点数纤维根数，要求 $n>1\,500$ 根。n 小了，试样代表性差；n 大了，点数出错概率和花费时间量增加。尽管如此，该方法仍是其他间接指标测量方法的校验基础。

三、纤维线密度与产品质量及纺纱工艺的关系

1. 纤维线密度与成纱强度的关系

其他条件相同时，纤维线密度小，成纱强度较大。因为在同样线密度的成纱截面内，线密度小的纤维根数较多，纤维之间接触面积较大，摩擦阻力较大，受拉伸外力作用时不易滑脱。与纤维长度对成纱强度的影响一样，纤维线密度对成纱强度的影响开始时比较明显，而细到一定程度后其影响就不明显。对棉纤维来说，成熟度差的纤维虽然较细，但纤维自身强度较低，天然转曲又较少，反而对成纱强度带来不良影响。对羊毛纤维来说，过细的羊毛纺纱时较易产生疵点。

2. 纤维线密度与成纱条干的关系

在其他条件相同的情况下，纤维线密度低，成纱条干较均匀。因为成纱截面中细的纤维随机排列，对成纱粗细不匀的影响较小。条干均匀的纱，强度一般较高。

纤维线密度均匀时，对成纱条干和强度都有利。根据理论计算，成纱条干不匀率 C 与成纱截面中平均纤维根数 n 和纤维截面积不匀率 C_a 有关：

$$C=\sqrt{(1+C_a^2)/n} \tag{7-26}$$

在保证一定成纱质量的前提下，细而均匀的纤维可纺的成纱线密度较小。

3. 纤维的线密度与织物服用性能的关系

在其他条件相同的情况下，粗纤维制成的织物较硬挺；细纤维制成的织物较柔软，光泽较柔和，但容易起毛起球。

4. 纤维线密度与纺纱工艺的关系

纺纱工艺的选择，也要考虑到纤维的线密度。如，细纤维纺纱时，要注意开清工程中避免纤维遭受损伤或纠缠成结，可以加较少的捻度等。

第四节　纺织纤维的卷曲与转曲

纺织纤维的卷曲(如羊毛)与转曲(如棉纤维)是纤维具有抱合力(即零正压力下具有的切向阻力)的根本原因。

可以利用合成纤维所具有的热塑性、高弹性和长期保持缠结能力等特殊性能，通过改变合成长丝的形态结构，而使它们具有卷曲或转曲，以赋予它们宝贵的服用性能。

一、纺织纤维的卷曲形式及表征

1. 卷曲的基本形式

羊毛及毛发类纤维的卷曲形式见图 7-13 所示。

其中：①～③——无卷曲或弱卷曲，其卷曲弧度小于半圆形，属浅平波形，且卷曲数少，半细和土种羊毛多属此类；④——锯齿波形，是人工所为，非羊毛的自然卷曲；⑤⑥——正常卷曲波形，波形的弧度接近或等于半圆形，卷曲对称于中心线，属常波卷曲，美利奴羊毛和中国良种羊毛属于此类，多用于精纺，纺制表面光洁的毛纱；⑦——深波；⑧——大曲波，属高卷曲纤维，每个卷曲的弧度都超过半圆，且有非平面的波动，多发生在粗羊毛和新西兰羊毛上，不适于精纺而适用于粗纺系统，呢绒丰满有弹性；⑨⑩——典型的三维螺旋转曲，存在于部分粗羊毛和土种毛中，是副皮质偏心分布的结果，有长螺距螺旋⑨和短螺距螺旋⑩，这种卷曲在人工变形纱中较常见。

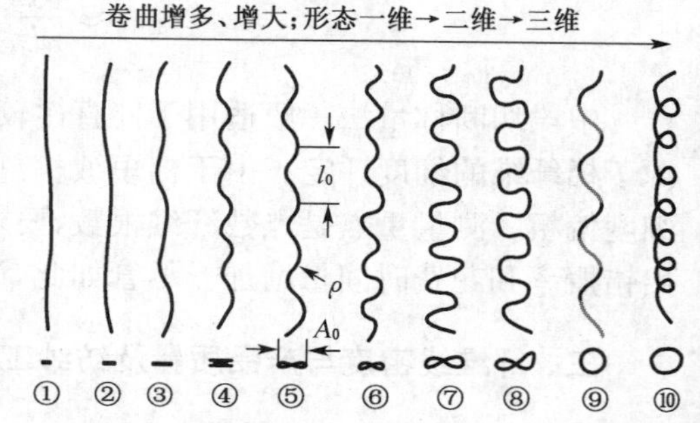

图 7-13　羊毛及毛发类纤维的各种卷曲与表达

变形加工所获得的纤维卷曲，希望能与羊毛的常态卷曲相近，但大多数是锯齿波、混杂波、无规则小圈等，如填塞箱法、机械挤压法、空气变形法等。假捻法和复合法获得的螺旋卷曲⑨和编织解脱法获得的大屈曲波⑧，与羊毛相似，但螺旋形态的一致性和屈曲波仍不及羊毛规则和细微。变形纱(bulked continuous filament yarn)的卷曲形态见图 7-14。

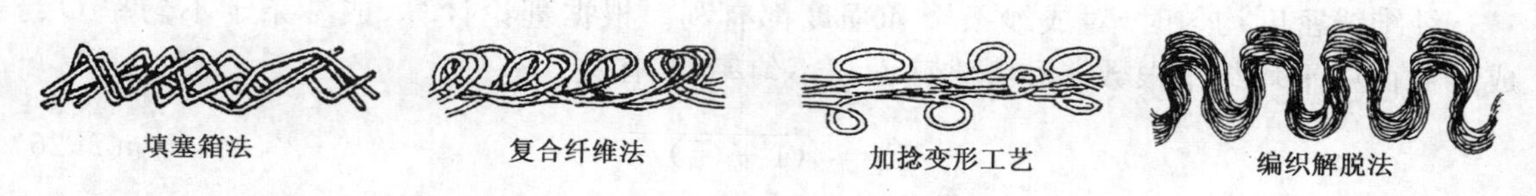

图 7-14　变形纱的卷曲形态

2. 卷曲的不均匀及变化

纤维的卷曲是不均匀的，不仅表现在卷曲波长 l_0、波幅 A_0 和曲率半径 ρ 的变化，而且卷曲波形会发生变化，即①～⑩之间的转变，故称为复合卷曲或混杂卷曲。纤维的卷曲会发生变形，即卷曲存在不稳定性。天然纤维的卷曲，因其固有的结构，一般是稳定的，虽受热、湿作用会发生变化，但最终大多能回复到原来状态，即具有“记忆性”。而人工变形纤维（除复合纤维外）在使用中，尤其在热、力的作用时，其卷曲很容易消失且不能回复。

羊毛在高 pH 值或具有膨胀作用的液体浸泡下，其卷曲不但会消失，而且会出现相反的卷曲，当膨胀作用消除后又会回到原来的状态。这也是羊毛织物吸湿膨胀和易于毡缩的主要原因。

3. 纤维卷曲表征指标与测量

纤维的卷曲有多种测量方法及对应的表达指标。最常用的有单纤维卷曲的测量和纤维集合体膨松度的测量。前者最为直接和常用，是其他方法的基础和校验方法；后者是纤维卷曲的间接表达，有助于解释纤维集合体的保暖性和热阻变化。

（1）单纤维卷曲的测量与指标

单纤维卷曲有两种测量方法：一种是根据力学拉伸曲线的前段进行解析；另一种是用专用的纤维卷曲弹性仪进行测量。前者是后者的理论和实验基础。

力学拉伸曲线法如图 7-15(a)所示。由拉伸曲线直线段 ab 作拟合直线，或通过最大斜率点 e 作切线，交伸长轴于 c 点，过 c 点作垂直线，交拉伸曲线于 d 点。d 点的高度即为力轴上的 T_0。T_0 就是确定纤维由带有卷曲的自然长度 L_0 变为伸直长度 L_1 所需的初张力（或称为卷曲张力）。也就是说，在 T_0 的作用下，纤维伸直，但无伸长。纤维的卷曲度（或称为卷曲率）的计算式如下：

$$C(\%)=\frac{Oc}{L_{T_0}}\times 100=\frac{\Delta L}{L_1}\times 100 \tag{7-27}$$

式中：L_{T_0} 为 $T=T_0$ 时的夹持隔距；L_1 为纤维的伸直长度；$\Delta L=L_1-L_0$；L_0 为纤维的自然长度。

克服纤维卷曲时所做的功 W_C 为拉伸曲线中 $OdacO$ 所围的面积，即：

$$W_C=\int_0^{\Delta L_a}T(L)\mathrm{d}L-\int_{\Delta L_c}^{\Delta L_a}K(L)\mathrm{d}L \tag{7-28}$$

式中：ΔL_a 和 ΔL_c 分别为 a 点和 c 点的绝对伸长；$K(L)$ 为直线（K_{ab}）或切线（K_{max}）的方程。

采用纤维卷曲弹性仪进行测量时，先以轻负荷 W_0 使纤维由自然卷缩状态达到自然长度状态，W_0 很小，在力学测量中认为 $T=0^+$。此时点数纤维 L_0 上的卷曲数，为保证准确，常分两边记数 n_0，如图 7－15(b)所示。然后以重负荷 W_1 使纤维长度由 $L_0\to L_1$，再卸去 W_1，得到回复后的自然长度 L_2。由此可计算纤维卷曲的各类指标：

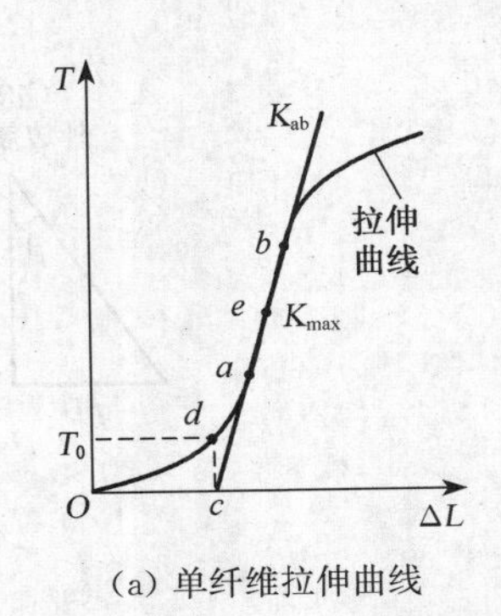

（a）单纤维拉伸曲线

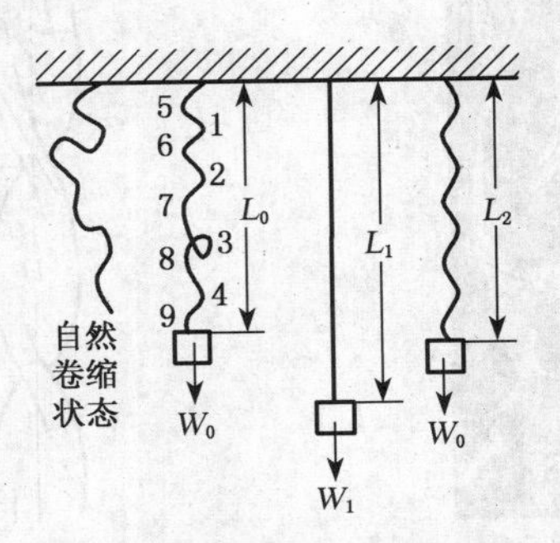

（b）纤维卷曲弹性测量仪测量

图 7-15　单纤维卷曲测量示意图

$$\text{卷曲数} \quad C_n(\text{个}/\text{cm}) = \frac{10n_0}{2L_0} \tag{7-29}$$

$$\text{卷曲率} \quad C(\%) = \frac{L_1 - L_0}{L_1} \times 100 \tag{7-30}$$

$$\text{卷曲回复率} \quad C_R(\%) = \frac{L_1 - L_2}{L_1} \times 100 \tag{7-31}$$

$$\text{卷曲弹性率} \quad C_e(\%) = \frac{C_R}{C} = \frac{L_1 - L_2}{L_1 - L_0} \times 100 \tag{7-32}$$

上述几式中，L_0，L_1和L_2的单位为“mm”，卷曲数C_n和卷曲率C表征纤维的卷曲程度，卷曲回复率（也叫剩余卷曲率）C_R和卷曲弹性率C_e表征纤维卷曲的弹性。

（2）纤维集合体蓬松性的测量

纤维卷曲可以增大纤维间的空隙，纤维集合体的表观体积（V）因而会比纤维的真实体积（V_f）大很多，而这种差异的大小与纤维卷曲的大小明显地存在正相关关系，由此可以间接地表达纤维卷曲度的大小，常用的指标有膨松度：

$$B = \frac{V - V_f}{V} \tag{7-33}$$

$$V_f = n \times A_f \times \overline{L} \times 10^{-9} \tag{7-34}$$

式中：n为纤维根数；A_f为单纤维的截面积（μm^2）；$\overline{L}$为纤维平均长度（mm）。

由于表观体积V必须实测而得到，而且很少以估计的V_f值计算，所以一般采用加重压时的比容υ_1（cm^3/g）与轻压时的比容υ_0（cm^3/g）的比值，称为膨松系数β：

$$\beta = \frac{\upsilon_1}{\upsilon_0} = \frac{V_1}{V_0} \tag{7-35}$$

$$\upsilon_1 = V_1/m,\ \upsilon_0 = V_0/m$$

式中：V_0和V_1为纤维集合体加轻压和重压时的体积；m为纤维集合体的质量。

二、纺织纤维的转曲与表征

转曲（convolution）指扁形状纤维的轴向扭转现象，典型的例子是棉纤维的表观形态，见图7-16（a）。棉纤维的转曲，可用显微镜观察方法进行表征，见图7-16（b），如将扭转带的边缘线

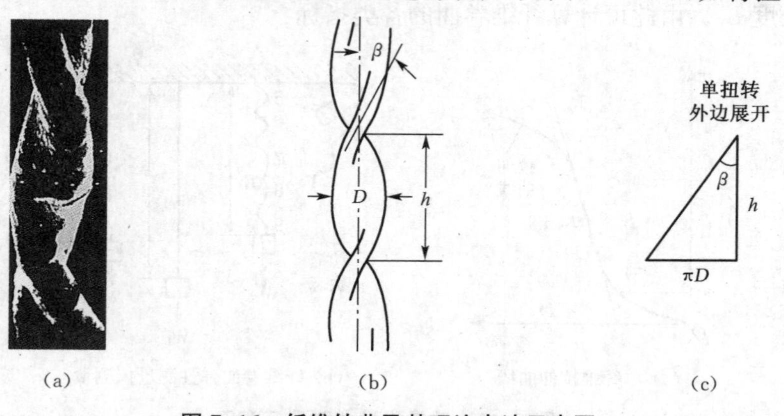

图7-16　纤维转曲及其理论表达示意图

展开，该线是在带宽为 D 的假想圆柱体上的螺旋线，每一转曲的高度 h 和倾斜带边缘线与中心轴的夹角 β 可确定如下：

$$h = 1/\tau_{n},\ \beta = \tan^{-1}(\pi D/h),\ \tau_{n} = 1/h = \tan\beta/(\pi D) \tag{7-36}$$

式中：τ_{n} 为单位长度上棉纤维的扭转个数(个/cm)。

圆柱形纤维的轴向扭转，会使纤维产生空间螺旋，从而影响纤维的抱合作用或摩擦性能。由于纤维不是完全弹性体以及纤维的粗细变化和纤维轴向结构的不一致，会造成纤维轴向各段的扭转角不同，即存在扭转的非均匀传递。实践表示，高性能芳纶和超高相对分子质量聚乙烯纤维，存在捻度转移的不完善性(滞后性)。

思　考　题

7-1　说明化学纤维长度切断的依据，棉型、毛型和中长型纤维长度的范围，需在何种纺纱设备上加工？

7-2　为什么棉纤维的长度性质显得比羊毛重要，而毛纤维的线密度性质显得比棉重要？

7-3　说明纤维长度分布图、纤维长度排列图和照影机曲线三者间的关系。

7-4　在纤维长度质量连续分布图上说明质量平均长度、主体长度、品质长度和短绒率。什么叫跨距长度？

7-5　试列出常见纺织纤维长度的典型范围，试述纤维长度和线密度性质与成纱质量的关系。

7-6　在显微镜中调节目镜测微尺和物镜测微尺的刻度，使之重合，观察得目镜测微尺的刻度 40 格对准物镜测微尺的刻度 12 格。取下物镜测微尺，代之以要测量的纤维，观察纤维的直径相当于目镜测微尺 5 格。求该纤维的直径(已知物镜测微尺每格为 10 μm)。

7-7　名词解释：线密度(tex)，纤度，公制支数。导出上述细度间接指标之间的换算式。

7-8　证明 $d = 0.03568\sqrt{N_{tex}/\gamma}$ 和 $d = 1.129/\sqrt{N_{m}\times\gamma}$。

7-9　说明纤维线密度与成纱条干的关系。成纱条干不匀率如何计算？

7-10　对纤维截面的检测、分析，主要有哪些手段和方法？

7-11　异形纤维的截面形态有哪些表征方法？其特征值有何意义？

7-12　纤维转曲与卷曲对加工和使用有何影响？

第八章　纺织纤维的力学性质

本章要点

熟悉纺织纤维的拉伸曲线类型，掌握表示纤维拉伸性质的指标，掌握纺织纤维的拉伸断裂机理和影响因素，掌握纤维力学性能的时间依赖性，熟悉纤维弯曲、扭转和压缩性能及其表征，掌握纤维摩擦抱合的指标和影响摩擦抱合的因素。

纤维和纱线在纺织加工和纺织品使用过程中都要受到各种外力的作用，会产生相应的变形和内应力（与外力场相平衡），当应力和应变达到一定程度时，纤维和纱线就被破坏。

纤维和纱线承受各种作用力所呈现的特性称为力学性质（mechanical property）（机械性质）。纤维和纱线的力学性质取决于组成物质及其结构特征。大多数纺织材料为高分子化合物，测定其变形时，应考虑到某些影响较大的因素——力的作用时间、作用次数，以及各种外界因素，如温度、吸收水蒸气和其他物质的数量等。

第一节　纺织纤维的拉伸性质

一、纺织纤维拉伸曲线的基本特征

纺织纤维在拉伸外力作用下产生的应力应变关系称为拉伸性质（tensile property），人们广泛采用试验方法对它进行分析研究。利用外力拉伸试样，以某种规律不停地增大外力，结果在比较短的时间内试样内应力迅速增大，直到断裂。表示纤维拉伸过程中负荷和伸长的关系曲线称为纤维拉伸曲线。拉伸曲线有两种：以负荷为纵坐标，以伸长为横坐标得到的为负荷-伸长曲线；以强度为纵坐标，以伸长率为横坐标得到的为应力-应变曲线。图 8-1 所示为黏胶长丝和锦纶长丝的负荷-伸长曲线（试样长度均为 50 cm）和应力-应变曲线。

各种纤维的负荷-伸长曲线形态不一。图 8-2 所示为典型的负荷-伸长曲线（tensile curve）。图中：$O' \rightarrow O$ 表示拉伸初期未能伸直的纤维由卷曲逐渐伸直；$O \rightarrow M$ 表示纤维变形需要的外力较大，模量增高，主要是纤维中大分子间连接键的伸长变形，此阶段应力与应变的关系基本符合胡克定律给出的规律；Q 为屈服点，对应的应力为屈服应力；$Q \rightarrow S$ 表示自 Q 点开始，纤维中大分子的空间结构开始改变，同时原存在于大分子内或大分子间的氢键等次价力开始断裂，并使结晶区与非结晶区中的大分子逐渐产生错位滑移，所以这一阶段的变形比较显著，模量逐渐变小；$S \to A$ 表示这时错位滑移的大分子基本伸直平行，由于相邻大分子的互相靠拢，使大分子间的横向结合力有所增加，并可能形成新的结合键，这时如继续拉伸，产生的变形主要是氢键、盐式键的变形，所以，这一阶段的模量再次升高；A 为断裂点，当拉伸到上述结合键断裂时，纤维便断裂。

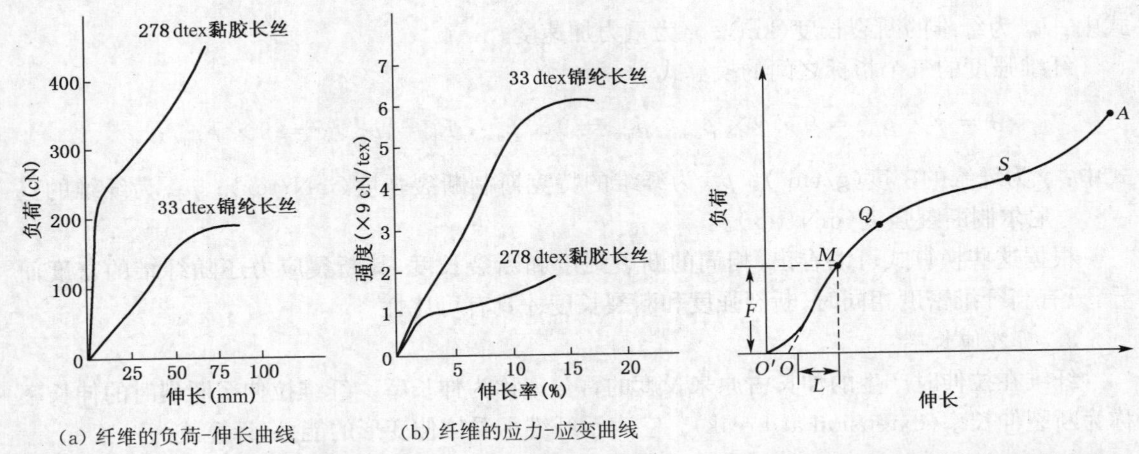

图 8-1 278 dtex 黏胶长丝和 33 dtex 锦纶长丝的拉伸曲线

图 8-2 典型的纤维负荷-伸长曲线

二、纺织纤维的拉伸性能指标

纤维在拉伸外力的作用下常遭到破坏的形式是被拉断，表示纤维拉伸性能的指标可分为两类：与断裂点有关的指标和与拉伸曲线有关的指标。

（一）与断裂点有关的性能指标

1. 断裂强力

断裂强力又称绝对强力（tensile load），是指纤维能够承受的最大拉伸外力，单位为“牛顿”（N）。纤维通常较细，单位常用“厘牛”（cN）。各种强力机测得的读数都是强力。例如，单纤维、束纤维强力分别为拉伸一根纤维、一束纤维至断裂时所需的力。强力与纤维的粗细有关，所以对不同粗细的纤维，强力没有可比性。

2. 强度

拉伸强度（tensile strength）用于比较不同粗细纤维的拉伸断裂性质的指标。根据采用的线密度指标不同，强度指标有以下几种：

（1）断裂应力（breaking stress）（强度极限）

指纤维单位截面积上能承受的最大拉力，单位为“N/mm^2”（即 MPa），计算式为：

$$\sigma = P/S \tag{8-1}$$

式中：σ 为纤维的断裂应力（MPa）；P 为纤维的强力（N）；S 为纤维的截面积（mm^2）。

（2）断裂强度（breaking tenacity）（相对强度）

指单位细度的纤维所能承受的最大拉力，单位为“N/tex”（或 N/den），计算式为：

$$p_{tex} = P/N_{tex}, \ p_{den} = P/N_{den} \tag{8-2}$$

式中：p_{tex} 为特克斯制断裂强度（N/tex）；p_{den} 为旦尼尔制断裂强度（N/den）。

(3) 断裂长度(breaking length)

设想将纤维连续地悬吊起来，直到它因本身重力而断裂时具有的长度，即重力等于强力时的纤维长度，为断裂长度。在生产实践中，断裂长度是按强力折算出来的，计算式为：

$$L_p = P \times N_m / g \tag{8-3}$$

式中：L_p 为纤维的断裂长度(km)；g 为重力加速度。

纤维强度的三个指标之间的换算式为：

$$\sigma = \gamma \times p_{tex} = 9 \times \gamma \times p_{den}, \ p_{tex} = 9 \times p_{den}, \ L_p = p_{tex}/g = 9 \times p_{den}/g$$

式中：γ 为纤维的密度(g/cm^3)；p_{tex} 为纤维的特克斯制断裂强度(mN/tex)；p_{den} 为纤维的旦尼尔制断裂强度(mN/tex)。

根据这些换算式可以看出，相同的断裂强度和断裂长度，其断裂应力还随纤维的密度而异，只有当纤维密度相同时，断裂强度和断裂长度才具有可比性。

3. 断裂伸长率

纤维在拉伸时产生的伸长占原来长度的百分率称为伸长率。纤维拉伸至断裂时的伸长率称为断裂伸长率(extension at break)。它表示纤维承受拉伸变形的能力，计算式为：

$$\varepsilon(\%) = \frac{L - L_0}{L_0} \times 100, \ \varepsilon_p(\%) = \frac{L_a - L_0}{L_0} \times 100 \tag{8-4}$$

式中：L_0 为纤维加预张力伸直后的长度(mm)；L 为纤维拉伸伸长后的长度(mm)；L_a 为纤维断裂时的长度(mm)；ε 为纤维的伸长率；ε_p 为纤维的断裂伸长率。

纤维的强力变异系数(不匀率)、伸长变异系数(不匀率)以小为好，否则对纱线和织物品质都有影响。

(二) 与拉伸曲线有关的性能指标

强力、强度和断裂伸长率等指标，只能反映纤维一次拉伸至断裂时的性质。然而在纺织加工和纺织品使用过程中，大量遇到的却是远小于断裂强力和断裂伸长率的负荷和伸长。为此，还必须研究它们在拉伸全过程中的应力、应变情况，因此有必要引出与拉伸曲线有关的其他指标。

表示纤维在拉伸全过程中的指标是初始模量、屈服应力与屈服伸长率、断裂功、断裂比功和功系数以及纤维柔顺性系数。

1. 初始模量

初始模量(initial modulus)是指纤维负荷-伸长曲线上起始段直线部分的应力和应变比值，如图 8-2 所示。在曲线起始部分的直线段上任取一点 a，根据这一点的负荷、伸长和该纤维的细度和试样长度，可求得它的初始模量，计算式为：

$$E = (P \times L) / \Delta L \times N_{tex} \tag{8-5}$$

式中：E 为初始模量(N/tex)；P 为 a 点的负荷(N)；ΔL 为 a 点的伸长(mm)；L 为试样长度(即强力机上下夹持器间的距离，mm)；N_{tex} 为试样的线密度(tex)。

如果负荷-伸长曲线上起始段的直线不明显，可取伸长率为 1%时的点作为 a 点。

在应力-应变曲线上，初始模量反映为曲线起始段的斜率，其大小表示纤维在小负荷作用下变形的难易程度，它反映了纤维的刚性。初始模量大，表示纤维在小负荷作用下不易变形，刚性较好，其制品比较挺括；反之，初始模量小，表示纤维在小负荷作用下容易变形，刚性较差，其制品比较软。涤纶的初始模量高，湿态时几乎与干态时相同，所以涤纶织物挺括且免烫性能好；富纤的初始模量干态时较高，但湿态时下降较多，所以免烫性能差；锦纶的初始模量低，所以织物较软，没有身骨；羊毛的初始模量比较低，故具有柔软的手感；棉的初始模量较高，而麻纤维更高，所以具有手感刚硬的特征。

2. 屈服应力与屈服伸长率

当拉伸曲线的坡度由较大转向较小时，表示材料对于变形的抵抗能力逐渐减弱，这一转折点称为屈服点(yield point)。屈服点所对应的应力和伸长率为屈服应力(yield stress)和屈服伸长率(yield extension percentage)。

纺织纤维的拉伸曲线不像低碳钢材料那样有明显的屈服点，而是表现为一个区域，一般需用作图法求得屈服点。首先在纤维拉伸曲线上坡度较大的部分和坡度较小的部分分别作切线1和2，然后按以下方法确定屈服点Y，如图8-3所示：

① 作两切线1和2的交角的平分线，交拉伸曲线于Y点，即为屈服点，见图8-3(a)。

② 从两切线1和2的交点作横坐标的平行线，交拉伸曲线于Y点，即为屈服点，见图8-3(b)。

③ 在拉伸曲线上，作坐标原点O和断裂点A的连线，再作$\overline{OA}$的平行线与拉伸曲线转折区域相切于Y点，即为屈服点，见图8-3(c)。

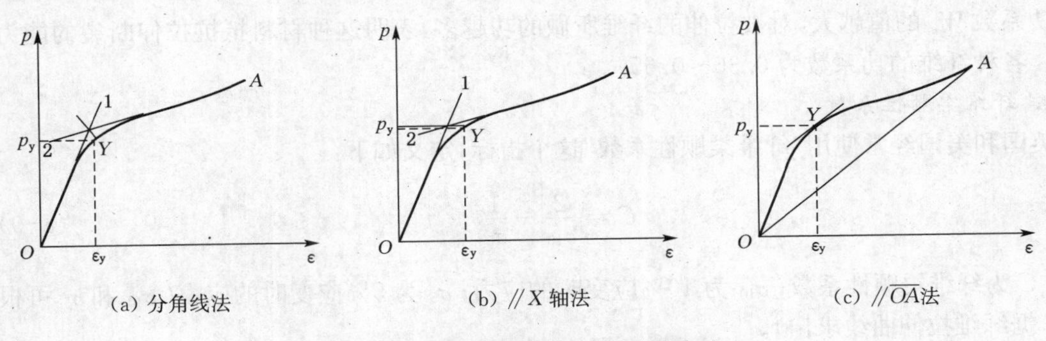

图8-3　屈服点的三种确定方法

屈服点Y以前产生的伸长变形，大部分是可以回复的弹性变形，而屈服点Y以后的伸长变形，有相当一部分是不可回复的塑性变形。一般而言，屈服点高，即屈服应力和屈服伸长率大的纤维，不易产生塑性变形，拉伸弹性较好，其制品的尺寸稳定性较好。

3. 断裂功、断裂比功和功系数

(1) 断裂功(work of break)

它是指拉断纤维所做的功，也就是纤维被拉伸到断裂时所吸收的能量。在负荷-伸长曲线上，断裂功就是拉伸曲线所包含的面积，其计算式为：

$$W=\int_0^{L_a} P\mathrm{d}L \tag{8-6}$$

式中：P为纤维上的拉伸负荷(N)；$P\mathrm{d}L$为P力作用下伸长$\mathrm{d}L$所需的微元功；L_a为断裂点A

的断裂伸长(cm)；W 为断裂功(N·cm)。

目前的电子强力测试仪可直接显示或通过打印输出断裂功的值，也可用求积仪根据拉伸曲线求取，或用匀质纸张将拉伸图剪下称量而求得。断裂功的值与试样粗细和试样长度有关，所以对不同粗细和不同长度的纤维，没有可比性。

(2) 断裂比功

它是指拉断单位线密度(1 tex)、单位长度(1 cm)的纤维材料所需的能量，计算式如下：

$$W_r = W/(N_{tex} \times L) \tag{8-7}$$

式中：W 为纤维的断裂功(N·cm)；W_r 为断裂比功(N/tex)；N_{tex} 为试样线密度(tex)；L 为试样长度(cm)。

断裂比功在拉伸曲线中反映为应力-应变曲线下的面积，当纤维的密度相同时，对不同粗细和不同长度的纤维材料具有可比性。

(3) 功系数

它是指实际所做功(即断裂功)与假定功(即断裂强力×断裂伸长，相当于从断裂点 A 作纵横坐标的平行线所围成的矩形面积)之比，计算式为：

$$W_e = W/(P_a \times \Delta L) \tag{8-8}$$

式中：W_e 为功系数；W 为纤维的断裂功(N·cm)；P_a 为纤维的断裂强力(N)；ΔL 为纤维的断裂伸长(cm)。

功系数 W_e 的值越大，对被拉伸的纤维所做的功越多，表明这种材料抵抗拉伸断裂的能力越强。各种纤维的功系数为 0.36～0.65。

4. 纤维柔顺性系数

英国和美国经常使用“纤维柔顺性系数”这个指标，定义如下：

$$C = \frac{2}{\sigma_{10}} - \frac{1}{\sigma_5} \tag{8-9}$$

式中：C 为纤维柔顺性系数；σ_{10} 为 10%应变时的应力；σ_5 为 5%应变时的应力(σ_{10} 和 σ_5 可根据纤维拉伸曲线求出)。

刚性纤维和低延性纤维(如玻璃纤维、韧皮纤维等)，$C=0$；某些在一定伸长范围内具有弹性的纤维(如聚酰胺纤维)，$C<0$。可塑性越大的纤维，C 值越高。

三、常用纺织纤维的拉伸曲线

对于具体的纤维来说，实际的负荷-伸长曲线并不完全符合典型曲线的形态。可以依据断裂强力与断裂伸长的对比关系，将纤维的负荷-拉伸曲线划分为三类。

(1) 强力高而伸长率很小的负荷-伸长曲线

棉、麻等天然纤维素纤维属于这一类型。它们的拉伸曲线近似于直线，斜率很大。这是由于这类纤维的聚合度、结晶度和取向度都比较高，其大分子链属刚性分子链。

(2) 强力不高而伸长率很大的负荷-伸长曲线

羊毛、醋酯纤维属于这一类型。它们在受力后表现为强力不高，屈服点低，模量较小而伸长率很大。这些纤维的大分子聚合度虽然不低，但分子链柔曲性高，结晶度与取向度较低，分子间不能形成良好的排列，过长的分子反而增加了自身的卷曲，因此这类纤维的分子空间结构改变的过程比较长，分子间滑脱的比例比较大。

(3) 强力与伸长介于上述两类之间的负荷-伸长曲线

蚕丝、锦纶、涤纶等纤维属于这一类型。这类纤维的结晶度和取向度也介于上述两类之间。对属于这类负荷-伸长曲线的具体纤维来说，其差异也很大，如锦纶、涤纶的负荷-伸长曲线大多略呈反 S 形，但锦纶的分子链的柔曲性比较大，与刚性分子链的涤纶相比，后者的初始模量大，故其曲线在锦纶之上。

几种常见纤维的应力-应变曲线如图 8-4 和图 8-5 所示。常见纤维的有关拉伸性质指标参阅表 8-1。从拉伸图中可以看到上述三种类型的拉伸曲线：图 8-4 中，1，2 和 3 属于强力高伸长率很小的类型，10，11 和 12 属于强力不高而伸长率很大的类型，4，5，6，7，8 和 9 属于强力与伸长率居中的类型，其中 5 和 6 略呈 S 形。

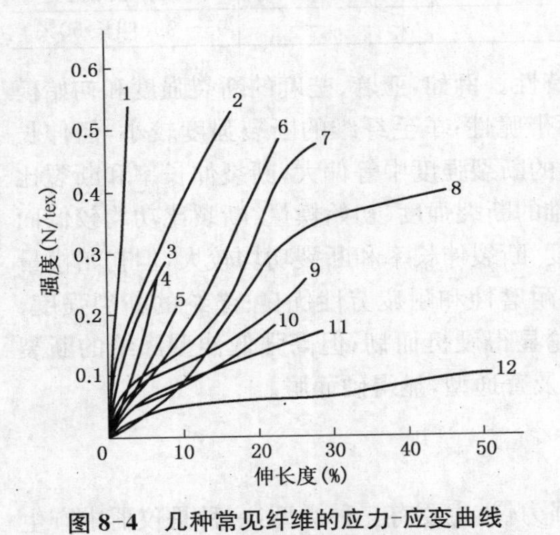

图 8-4　几种常见纤维的应力-应变曲线

1—苎麻　2—高强低伸棉型涤纶　3—棉型富纤
4—长绒棉　5—细绒棉　6—棉型维纶
7—普通棉型涤纶　8—毛型锦纶　9—腈纶
10—棉型黏胶纤维　11—毛型黏胶纤维
12—15.15 tex(66 公支)新疆改良羊毛

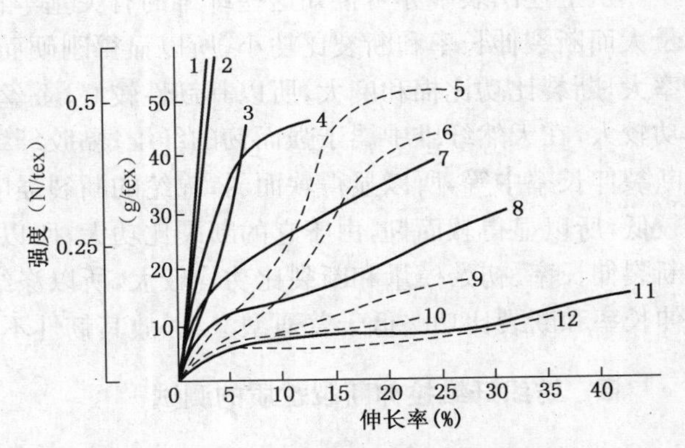

图 8-5　不同纤维的应力-应变曲线

1—亚麻　2—苎麻　3—棉　4—涤纶
5，6—锦纶　7—蚕丝　8—腈纶　9—黏纤
10，12—醋纤　11—羊毛

表 8-1　常见纤维的拉伸性质指标参考表

纤维种类		断裂强度(N/tex)		断裂伸长率(%)		初始模量(N/tex)	定伸长回弹率(%)(伸长 3%)
		干态	湿态	干态	湿态		
涤纶	高强低伸型	0.53～0.62	0.53～0.62	18～28	18～28	6.17～7.94	97
	普通型	0.42～0.52	0.42～0.52	30～45	30～45	4.41～6.17	
锦纶 6		0.38～0.62	0.33～0.53	25～55	27～58	0.71～2.65	100
腈纶		0.25～0.40	0.22～0.35	25～50	25～60	2.65～5.29	89～95
维纶		0.44～0.51	0.35～0.43	15～20	17～23	2.21～4.41	70～80

（续 表）

纤维种类	断裂强度(N/tex)		断裂伸长率(%)		初始模量(N/tex)	定伸长回弹率(%)(伸长3%)
	干态	湿态	干态	湿态		
丙纶	0.40～0.62	0.40～0.62	30～60	30～60	1.76～4.85	96～100
氯纶	0.22～0.35	0.22～0.35	20～40	20～40	1.32～2.21	70～85
黏纤	0.18～0.26	0.11～0.16	16～22	21～29	3.53～5.29	55～80
富纤	0.31～0.40	0.25～0.29	9～10	11～13	7.06～7.94	60～85
醋纤	0.11～0.14	0.07～0.09	25～35	35～50	2.21～3.53	70～90
棉	0.18～0.31	0.22～0.40	7～12	—	6.00～8.20	74(伸长2%)
绵羊毛	0.09～0.15	0.07～0.14	25～35	25～50	2.12～3.00	86～93
桑蚕丝	0.26～0.35	0.19～0.25	15～25	27～33	4.41	54～55(伸长5%)
苎麻	0.49～0.57	0.51～0.68	1.5～2.3	2.0～2.4	17.64～22.05	48(伸长2%)
氨纶	0.04～0.09	0.03～0.09	450～800	—	—	95～99(伸长50%)

从上述图表中亦可推知这些纤维的有关基本特性。例如，亚麻、苎麻的断裂强度和初始模量大而断裂伸长率和断裂比功小，所以显得刚硬而带脆性；羊毛纤维的断裂强度较小，但伸长率大，断裂比功比棉和麻大，所以其韧性较好；蚕丝的断裂强度中等偏大，断裂伸长率和断裂比功较大，在天然纤维中属于强而韧的纤维；黏胶纤维的断裂强度、初始模量、断裂比功均较低而断裂伸长率中等，所以显得软而弱；锦纶的断裂强度、断裂伸长率和断裂功均较大，但初始模量较低，所以显得软而韧，由于它的断裂比功大，所以耐磨性和耐疲劳性优良；涤纶的断裂强度、断裂伸长率、初始模量和断裂比功均较大，所以涤纶显得硬挺而韧；但高强低伸型涤纶的断裂伸长率和断裂比功略低于普通型涤纶，故其韧性不及普通型，显得硬而脆。

四、纺织纤维拉伸断裂性质的测试

用于测定纤维拉伸断裂性质的仪器称为断裂强力仪，主要有三种类型：一种是仪器中产生拉伸作用的夹持器以恒定的速度运动，这时材料的受力和变形与材料性质有关，摆锤式强力仪、弹簧测力仪属于这一类型；第二种是仪器施加作用力的增长速度保持恒定，天平式强力仪、斜面式强力仪属于这一类型；第三种是仪器中试样变形的速度保持恒定，电子传感器（电容式、电感式）测力器、弹簧测力仪属于此一类型。

1. 摆锤式强力仪

目前纺织生产上广泛采用的Y161型单纤维强力仪和Y162型束纤维强力仪，都是摆锤式强力仪。工作时，下夹持器等速下降，属于等速牵引式强力仪。摆锤式强力仪由摆锤摆动而对试样逐渐施加负荷，摆锤则由下夹持器下降并通过试样拉动上夹持器而摆动，以摆锤的摆动角度或上夹持器的下降距离表示所测试样的强力，上、下夹持器的下降距离之差表示试样的伸长。一般伸长刻度尺与下夹持器相连，伸长指针与上夹持器相连，用下夹持器和上夹持器分别传动记录纸和笔尖，可以作得负荷—伸长曲线。带有自动积分仪的摆锤式强力仪可直接读得断裂功的值。

摆锤式强力仪的主要缺点是：拉伸的速度随材料的性质而改变；由于沉重摆锤的惯性，试样会受到增大负荷的冲击；没有足够的通用性，必须根据试样的强度选择重锤质量。尽管存在这些缺点，但由于这类仪器结构简单、性能可靠，仍然得到广泛的使用。

2. 秤杆式强力仪

卜氏强力仪就是一种秤杆式强力仪，基本属于等加负荷式强力仪，其工作原理如图8-6所示。上、下夹持器1和2之间的距离，即试样长度。秤杆3的支点为O，秤杆的一端与上夹持器相连，另一端有滑块4。下夹持器装在机架上。将制好的小棉束5夹入上、下夹持器之间，切除两端伸出的纤维，以保持试样长度一定。将夹持器装上强力仪后，使滑块4左移。由于杠杆作用，上夹持器被带动而上移，从而对试样施加负荷。随着滑块左移，它离支点O的距离增大，试样上的负荷逐渐加大，直到被拉断。此时，根据滑块离支点O的距离，就可读得试样的强力。

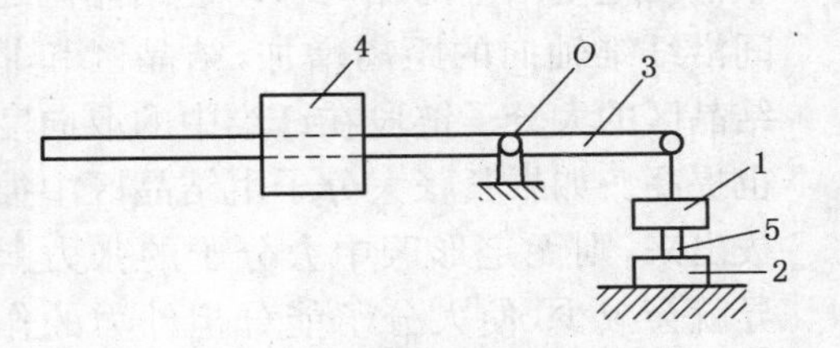

图8-6 卜氏强力仪的工作原理

3. 电子强力仪

随着非电量电测技术的发展，出现了电子强力仪。INSTRON断裂强力仪的示意图如图8-7所示。电子强力仪的测力和测伸长机构不是机械式的，试样10被上夹持器12和下夹持器9握持。下夹持器9装在横梁7上，横梁借助螺母8安装在螺杆11上。螺杆旋转时，通过螺母8使横梁7连同下夹持器9一起等速下降并拉伸试样。上夹持器12与张力传感器的金属丝可变电阻13相连接。金属丝电阻连成电桥式线路。传感器测试作用力时几乎没有移动，故上夹持器12可视为固定不动。因此，拉伸过程中，试样伸长的速度恒定不变。

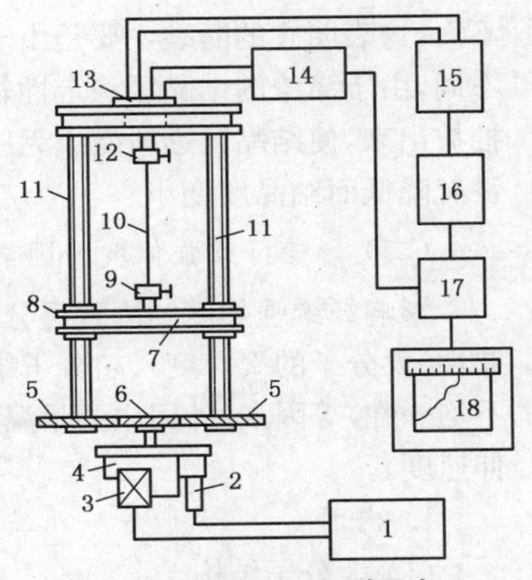

图8-7 INSTRON断裂强力仪示意图

试样拉伸速度为0.000 5～0.5 m/min，是由电动机3经变速箱4和齿轮6与5传动螺杆11，装置1借自动同步机2控制电动机3，并供给电力来达到的。传感器13由发电机14供应电流，电流自传感器经两个串联的放大器15和16后输入滤波器17和自动记录器18，记录拉伸曲线。

仪器还可进行卸载过程的试验并记录滞后圈。传感器13可以更换，因此同一型号的仪器可测试各种负载。1101型具有4个负荷测试范围(从0～0.02 N至0～1 000 N)；1102型有5个负荷测试范围(从0～0.02 N至0～5 000 N)。

新型INSTRON断裂强力仪带计算处理程序，可以处理测定结果，记录并积累常规统计量指标(平均数、变异系数、试验误差等)。

五、纺织纤维的拉伸断裂机理与纤维强伸度的影响因素

(一) 纤维的拉伸断裂机理

纤维在整个拉伸过程中的情况非常复杂。如图8-8所示，纤维受拉力时，首先是纤维中各结晶区之间无定形区中长度最短的大分子链伸直，并成为沿纤维轴向平行排列且弯曲最小的大分子，此时纤维取向度提高，接着这些大分子在继续受力时键长、键角增大，大分子产生伸长。在此过程中，一部分伸直、紧张的大分子可能被拉断，也可能逐步地从结晶区中抽拔出来，

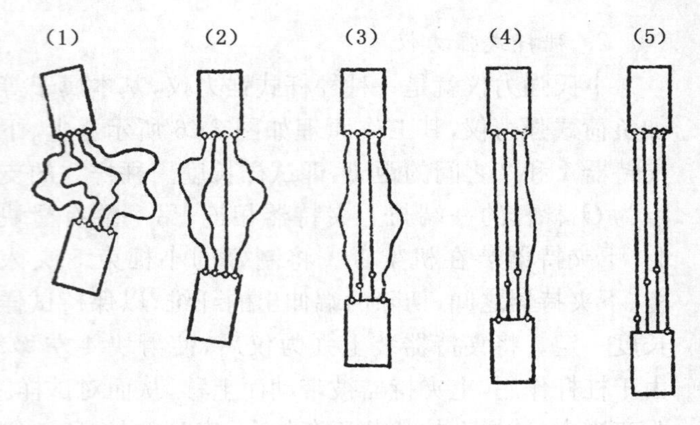

图 8-8　纺织纤维拉伸示意图

结晶区逐步产生的相对移动使结晶区之间沿纤维轴向的距离增加，结晶区和非结晶区的大分子链段在纤维中的取向度也提高。如果紧张大分子由结晶区中抽拔出来，则无定形区中大分子的张力差异就会减少，使大分子能分担外力的作用。当外力达一定程度后，大分子被拉断，大分子间的结合力被破坏，产生滑移，从而使纤维断裂。

不同纤维的拉伸断裂情况视其内部结构而不同。棉、麻主要是由于无定形区中大分子断裂而使纤维断裂。锦纶 6 拉断后，其大分子的相对分子质量降低而结晶度变化不大，这表明它的断裂主要是由于折叠链晶区间缚结分子断裂而引起的。涤纶的情况则有所不同，由于涤纶的结晶区稳定性较差，所以较多的缚结分子在拉伸外力作用下陆续从结晶区中抽拔出来，使结晶区逐渐变成无序而被破坏，所以涤纶断裂后，大分子的相对分子质量基本上没有降低而结晶度变小。

（二）影响纤维强伸度的因素

影响纤维强伸度的因素可分为内因和外因两个方面。内因包括大分子结构（大分子的柔曲性、大分子的聚合度）、超分子结构（取向度、结晶度）和形态结构（裂缝孔洞缺陷、形态结构、不均一性）等因素；外因主要是温度、湿度和强力仪的测试条件（主要是试样长度、试样根数、拉伸速度）。

1. 内因

（1）大分子结构

纤维大分子链的柔曲性（或称柔顺性）与纤维的结构和性能有密切关系，会影响纤维的伸长。一般而言，当大分子较柔曲时，在拉伸外力作用下，大分子的伸直、伸长较大，所以纤维的伸长较大。

纤维的断裂取决于大分子的相对滑移和分子链的断裂。当大分子的平均聚合度较小时，大分子间结合力较小，容易产生滑移，所以纤维强度较低而伸长较大；反之，纤维强度较高而伸长较小。例如，富纤大分子的平均聚合度高于普通黏胶纤维，所以富纤的强度大于普通黏胶纤维。当聚合度分布集中时，纤维强度也较高。

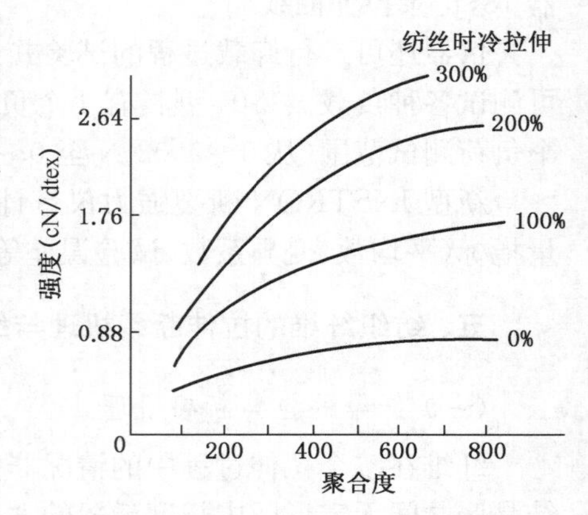

图 8-9　不同拉伸倍数下黏胶纤维的聚合度对强度的影响

图 8-9 表示在不同拉伸倍数下黏胶纤维聚合度对纤维强度的影响。开始时，纤维的强度随聚合度增大而增加，但当聚合度增加到一定值时，纤维的强度不再增加。因为此时断裂强度已达到了足以使分子链断裂的程度，继续增加聚合度对纤维的强度就不再起作用。

(2) 超分子结构

纤维的结晶度高,纤维中分子排列规整性好,缝隙孔洞少且小,分子间结合力强,纤维的断裂强度、屈服应力和初始模量较高,而伸长较小。但结晶度太大会使纤维变脆。此外,结晶区以颗粒较小、分布均匀为好。结晶区是纤维中的强区,无定形区是纤维中的弱区,纤维的断裂发生在弱区,因此无定形区的结构对纤维强伸度的影响较大。

取向度高的纤维有较多的大分子沿纤维轴向平行排列且大分子较挺直,分子间结合力大,有较多的大分子来承担较大的断裂应力,所以纤维强度较大而伸长较小。麻纤维的大分子绝大部分和纤维轴平行,所以其强度较大;而棉纤维的大分子呈螺旋形排列,其强度较麻低。化学纤维在制造过程中,拉伸倍数越高,大分子的取向度越高,所制得的纤维强度较高而伸长较小。图 8-10 表示由拉伸倍数不同而得到的取向度不同的黏胶纤维的应力-应变曲线。由图可见,随着取向度的增加,黏胶纤维的断裂强度增加,断裂伸长率降低。

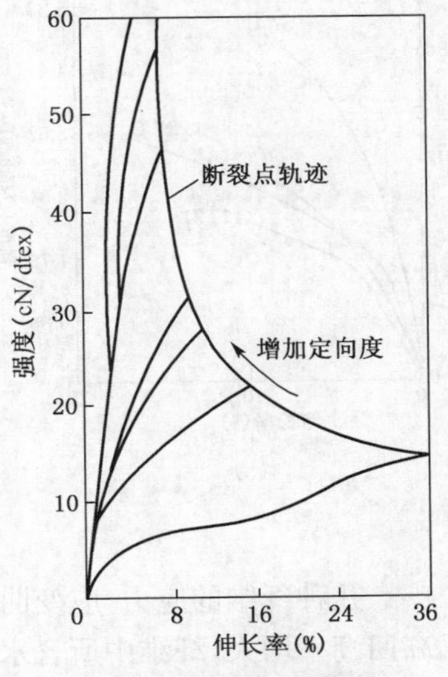

图 8-10　不同取向度的黏胶纤维的应力-应变曲线

(3) 纤维形态结构

纤维中的裂缝、孔洞等缺陷和形态结构的不均一(纤维截面粗细不匀、皮芯结构不匀以及大分子结构和超分子结构不匀),都会使纤维强度下降。例如,普通黏胶纤维内部缝隙孔洞大而多,还有相当数量直径约为 100 nm 的球形空泡,而且黏胶纤维形成皮芯结构,芯层中纤维素分子取向度低、晶粒较大,这些都会降低纤维的拉伸强度和耐弯曲疲劳强度。三种主要黏胶长丝的强度和伸长率见表 8-2。

表 8-2　三种主要黏胶长丝的强伸度数据

黏胶长丝	干强度 (cN/dtex)	湿强度 (cN/dtex)	相对湿强度 (%)	干伸长率 (%)	湿伸长率 (%)
普通黏胶丝	1.5～2.0	0.7～1.1	45～55	10～24	24～35
强力黏胶丝	3.0～4.6	2.2～3.6	70～80	7～15	20～30
富纤丝	1.9～2.6	1.1～1.7	50～70	8～12	9～15

2. 外因

(1) 温湿度

空气的温湿度影响纤维的温度和回潮率,从而影响纤维的强伸度。

温度对各种纤维的影响不一致,但都具有这样的规律:在纤维回潮率一定的条件下,温度高,纤维大分子热动能高,大分子柔曲性提高,分子间结合力削弱,因此,纤维强度降低,断裂伸长率增大,初始模量下降。图 8-11 所示为温度对蚕丝、涤纶和羊毛的拉伸性能的影响。

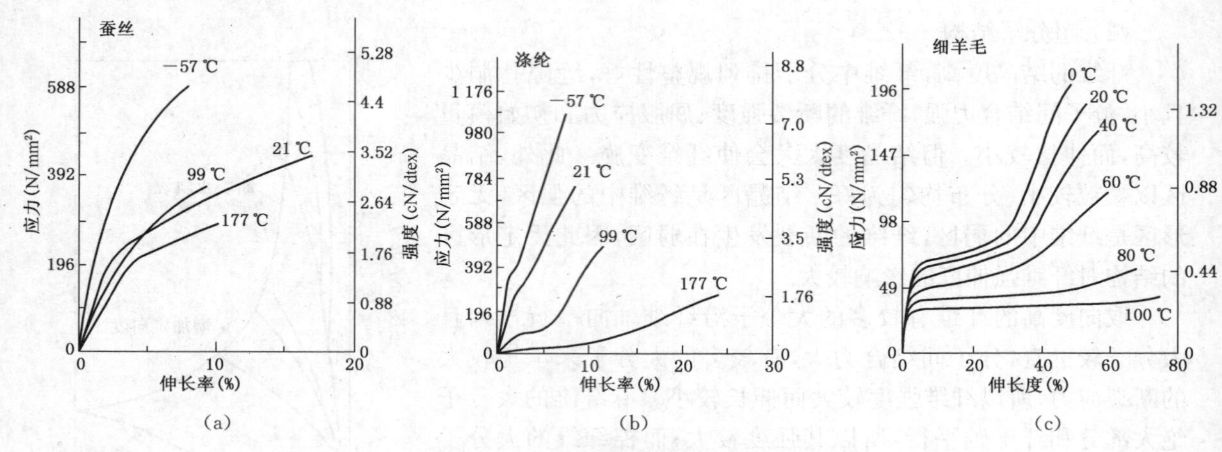

图 8-11 温度对纤维拉伸性能的影响

几种纤维的应力-应变曲线与相对湿度的关系如图 8-12 所示。多数纤维随相对湿度的提高回潮率增大,纤维中所含水分增多,分子间结合力减弱,结晶区变得松散,因此纤维的强度降低、伸长增大、初始模量下降。但棉、麻的断裂强度随相对湿度的提高而上升,这是一个例外,其原因已在吸湿对纤维性质和纺织工艺的影响一节中述及。化学纤维中,涤纶、丙纶基本不吸湿,因此,它们的强度和伸长率几乎不受相对湿度的影响。

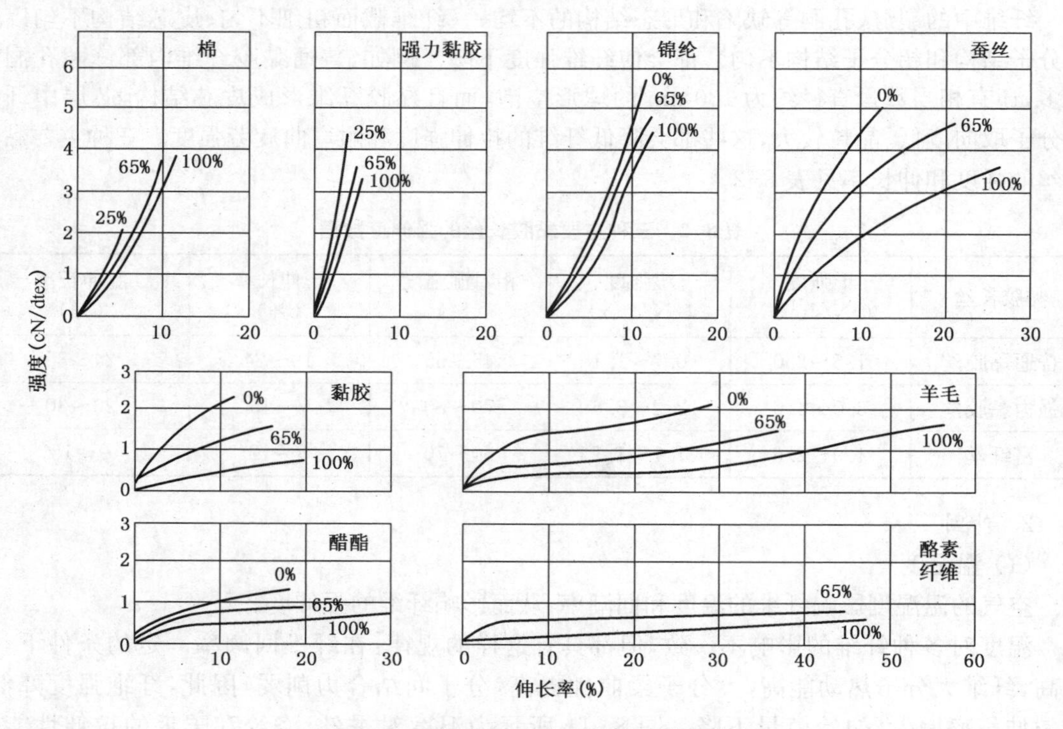

图 8-12 不同相对湿度下纤维的拉伸曲线

(2)试验条件

① 试样长度。当试样长度长时,测得的强度较低。原因是纤维在长度方向上各处的截面

积和结构不均一，同一根纤维上不同截面处的强力是不相同的，其中必存在强力较低的地方，称为弱环。断裂总是发生在弱环处，测试所得强度实际上是试样最弱一点的强度。试样越长，可能出现最薄弱环节的机会越多，测得的强度就较低。被测试样的不均一性越大，试样长度对测试结果的影响也越大。

② 纤维根数。进行束纤维测试时，随着纤维根数的增加，测得的单纤维强度下降。原因是束纤维中各根纤维的强度、伸长能力和伸直状态不一致，在外力作用下，伸长能力小、强度差、较伸直的纤维首先断裂，导致未断裂纤维承受的外力突然增大而提前断裂，即束纤维中单纤维断裂的不同时性，所以测得束纤维的强力必然小于单根纤维强力之和。当束纤维中纤维根数越多时，断裂不同时性越明显，测得的强力就越小。因此，单纤维的平均强力应按下式进行修正：

$$P_s = P_b/(n \times K) \quad (8\text{-}10)$$

式中：P_b 为束纤维强力（cN）；P_s 为单根纤维的平均断裂强力（cN）；n 为束纤维中的纤维根数；K 为修正系数（棉：$\frac{1}{K}=1.412 \sim 1.481$；苎麻：$\frac{1}{K}=1.582$；蚕丝：$\frac{1}{K}=1.274$）。

③ 拉伸速度。试样的拉伸速度对纤维强力与变形的影响也较大。拉伸速度大，即拉伸至断裂所经历的时间短，测得的强力较大而伸长较小。不同拉伸速度时锦纶 66 和黏胶纤维的拉伸曲线如图 8-13 所示。

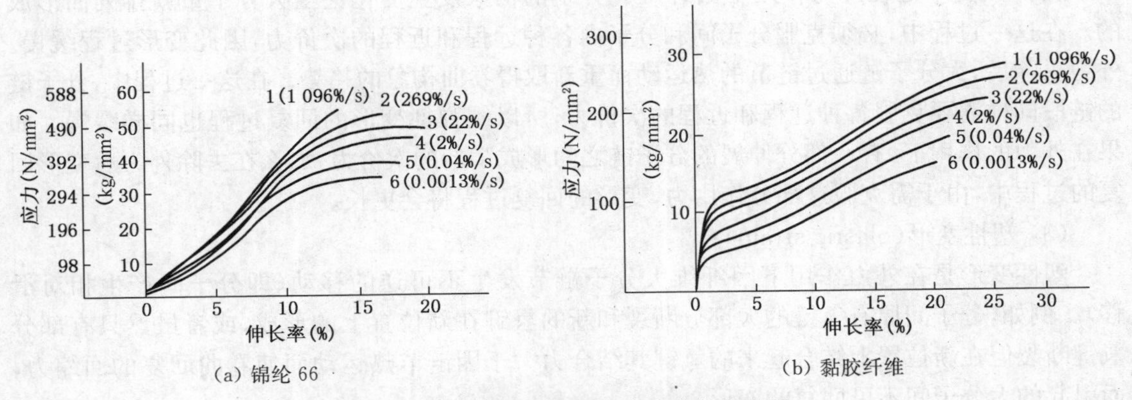

图 8-13 不同拉伸速度时纤维的拉伸曲线

图 8-13 中，曲线 1，2，3，4，5，6 的拉伸速度分别为 1 096%隔距长度/s、269%隔距长度/s、22%隔距长度/s、2%隔距长度/s、0.04%隔距长度/s、0.001 3%隔距长度/s。为了减小拉伸速度对测试结果所造成的误差，应控制强力仪下夹持器以一定速度下降，从而保持拉伸至断裂的时间不变。一般保持断裂时间为 20 s±3 s。

④ 其他方面。强力仪对试样加负荷的方式、强力仪的量程、夹持器对试样的夹持状态、预加张力的大小等，对测试结果也有一定的影响。

第二节　纺织纤维的蠕变、松弛和疲劳

一、纺织纤维的拉伸变形与弹性

（一）纤维的拉伸变形

纤维受拉伸后产生变形，去除外力后变形并不能全部回复。这就是说纤维的变形包括可回复的弹性变形和不可回复的塑性变形两个部分。可回复的弹性变形又可分为急弹性（外力去除后能迅速消失的部分）和缓弹性（外力去除后需经一定时间后才能逐渐消失的部分）两部分。纤维的变形能力与纤维的内部结构关系密切，现对纤维的三种变形作如下说明：

（1）急弹性变形（fast-elastic deformation）

急弹性变形是在外力作用下由纤维大分子的键角与键长发生变化而形成的。变形的同时积累了弹性能，外力去除后，键角和键长立即复态，急弹性变形回复。急弹性变形在被测试的纤维中以音速传播，外力去除后又以传播时的速度很快地消失。

（2）缓弹性变形（delayed elastic deformation）

缓弹性变形是在外力作用下因纤维大分子的构象发生变化甚至大分子重新排列而形成的。在这一过程中，必须克服分子间和分子内各种远程和近程的次价力，因此变形过程缓慢。外力去除后，大分子链通过链节的热运动而重新取得卷曲构象的趋势。在这一过程中，分子链的链段同样需要克服各种远程和近程的次价力，所以缓弹性变形的回复过程也同样缓慢。如果在外力的作用下，有一部分伸展的分子链之间形成了新的次价力，那么在去除外力后变形回复的过程中，由于需克服这部分作用力，变形的回复过程将会更长。

（3）塑性变形（plastic strain）

塑性变形是在外力作用下因纤维大分子链节发生不可逆的移动（即分子间产生相对滑移）。例如，分子间原有氢键的大部分断裂和新的氢键在新位置上的形成，或者虽然只有部分氢键断裂但在新位置上结合起来的氢键其结合力大于因链节热运动而使卷曲回复的回缩力，而引起的大分子间不可回复的变形。

纤维受力产生的三种变形不是逐个依次出现而是同时发展的，只是各自的速度不同。急弹性变形的量不大，而发展速度很快；缓弹性变形以比较缓慢的速度逐渐发展，并因分子间相互作用条件的不同而变化甚大；塑性变形必须克服纤维中大分子之间更多的联系作用才能发展，因此比缓弹性变形更加缓慢。外力停止作用后，两种可逆变形以不同的速度同时开始回复。当存在强迫缓弹性变形时，缓弹性变形衰减过程有时会停止，以后当材料遇到新的条件（如加热、加湿等），其衰减过程将继续进行。塑性变形不可逆，因为在外力去除后，没有促使这种变形消失的因素。

纤维的完整绝对变形 l 和完整相对变形 ε 分别为：

$$l = l_{急} + l_{缓} + l_{塑}\text{，}\varepsilon = \varepsilon_{急} + \varepsilon_{缓} + \varepsilon_{塑} \tag{8-11}$$

式中：$l_{急}$、$l_{缓}$、$l_{塑}$分别为急弹性变形、缓弹性变形和塑性变形（mm）；$\varepsilon_{急}$、$\varepsilon_{缓}$、$\varepsilon_{塑}$分别为急弹性相对变形（%）、缓弹性相对变形（%）和塑性相对变形（%）。

三种变形的相对比例，随纤维的种类、负荷的大小以及负荷的作用时间而不同。测定时，必须选用一定的时间作为区分三种变形值的依据。所用时间限值不同，三个部分的变形值即不相同。一般规定：去除负荷后 5 s（或 30 s）后能够回复的变形，作为急弹性变形；去除负荷后 2 min（0.5 h 或更长时间）以后不能回复的变形，作为塑性变形；在上述两种时间限值之间能够回复的变形，即作为缓弹性变形。

几种主要纤维的拉伸变形组分的典型数据见表 8-3。测试条件：利用断裂强力仪测定滞后圈；加载 0.24×断裂强力的定负荷；加载负荷时间 4 h，卸荷后 3 s 读取急弹性变形，回复 4 h 后读取缓弹和塑性变形；温度 20 ℃，相对湿度 65%。

表 8-3　几种主要纤维的拉伸变形组分的典型数据

纤维种类	线密度（tex）	各种组分变形占完整变形的比例			施加负荷终了时完整变形占试样长度的百分率（%）
		$l_{急}/l$	$l_{缓}/l$	$l_{塑}/l$	
中粗棉纤维	0.2	0.23	0.21	0.56	4
亚麻工艺纤维	5	0.51	0.04	0.45	1.1
细羊毛纤维	0.4	0.71	0.16	0.13	4.5
生丝	2.5	0.30	0.31	0.39	3.3
锦纶 66 短纤维	0.4	0.71	0.13	0.16	9.5
涤纶短纤维	0.3	0.49	0.24	0.27	16.2
腈纶短纤维	0.6	0.45	0.26	0.29	8.6

（二）纤维的弹性

弹性（elastic performance，elasticity）是指纤维变形的回复能力。

1. 弹性指标

表示弹性大小的常用指标是弹性回复率（或称回弹率），它是指急弹性变形和一定时间内可回复的缓弹性变形之和占总变形的百分率，其计算式为：

$$R_e = (L_1 - L_2) \times 100/(L_1 - L_0) \tag{8-12}$$

式中：R_e 为弹性回复率（%）；L_0 为纤维加预加张力伸直但不伸长时的长度（mm）；L_1 为纤维加负荷时伸长的长度（mm）；L_2 为纤维去负荷再加预加张力后的长度（mm）。

弹性回复率是一个条件值，它是在指定的条件（负荷、负荷作用时间、去负荷后变形回复时间等）下测定并计算而得的。

还可根据定伸长或定负荷弹性测试的拉伸图（滞后图）求得弹性功率表示弹性的大小。如图 8-14 所示，$\overset{\frown}{oa}$ 为纤维加上负荷后达到一定伸长率时的拉伸曲线；$\overline{ab}$ 是保持该伸长一定时间，伸长不变而应力下降的直线；$\overset{\frown}{bc}$ 是去负荷后应力和应变均下降的曲线；$\overline{cd}$ 是去负荷后保持一定时间，缓弹性变形逐渐回复的直线。即 $\overline{ec}$ 为急弹性变形；$\overline{cd}$ 为缓弹性变形；$\overline{do}$ 为塑性变形；弹性回复功（△*cbe*）对定伸长拉伸时所做的功（△*oae*）的百分比就是

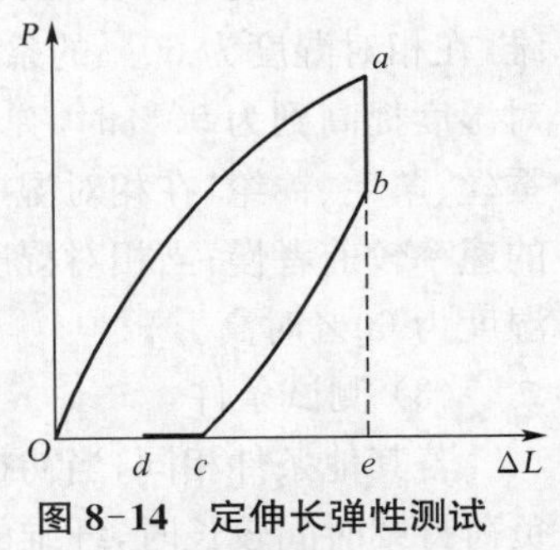

图 8-14　定伸长弹性测试的拉伸图

定伸长弹性功率 W_e。

纤维变形回复能力，是构成纺织制品弹性的基本要素，与制品的耐磨性、抗折皱性、手感和尺寸稳定性都有很密切的关系，因此弹性回复率和弹性功率是确定纺织加工工艺参数极为有用的指标。弹性大的纤维能够很好地经受拉力而不改变其构造，能够稳定地保持本身的形状且经久耐用，其制品同样能保持纤维本身的形状，如织物不起皱折也不伸长。

2. 影响纤维弹性的因素

(1) 纤维结构

如果纤维大分子间具有适当的结合点，又有较大的局部流动性，其弹性就好。局部流动性主要取决于大分子的柔曲性，大分子间的结合点则是使链段不产生塑性流动的条件。适当的结合点取决于结晶度和极性基团，结合点太少、太弱，易使大分子链段产生塑性变形；结合点太多、太强，则会影响局部流动性。

根据这一原理，可设法使纤维大分子由柔曲性大的软链段和刚性大的硬链段嵌段共聚而成，这种纤维的弹性就非常优良，如聚氨基甲酸酯纤维(氨纶)。

在相同的测试条件下，不同纤维的拉伸弹性回复率的变化曲线，如图 8-15 所示。初拉伸应力或初拉伸变形较大时，拉伸弹性回复率较小，即剩余变形较大。

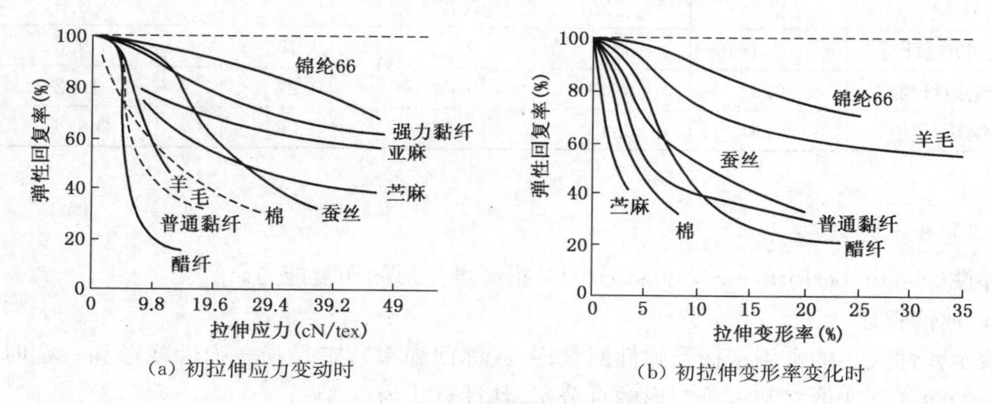

图 8-15 纤维的拉伸弹性回复率

(2) 温湿度

温度高，分子的热动能较大，大分子的柔曲性增加，分子间结合力减弱，有助于缓弹性变形的增加；相对湿度对纤维的弹性回复率的影响因纤维而异，如图 8-16 所示，棉、黏纤和醋酯纤维，在相对湿度为 60%的条件下，随着初拉伸伸长率的增加，弹性回复率降低得相当快，当相对湿度提高到为 90%时，弹性回复率在一定的区段内，随着初拉伸伸长率的增加而变得更低；蚕丝、羊毛、锦纶，在相对湿度为 60%的条件下，弹性回复率随着初拉伸伸长率的增加而降低的速率较前者慢；当相对湿度提高到 90%时，在相同的初拉伸伸长率下，其弹性回复率比相对湿度为 60%时高。

(3) 测试条件

若其他条件相同，当初拉伸应力或初拉伸伸长率较大时，测得的纤维弹性回复率较小；加负荷持续时间较长时，纤维的总变形量较大，塑性变形也有充分的发展，测得的弹性回复率较小；去负荷后休息时间较长时，缓弹性变形回复得比较充分，测得的弹性回复率较大。

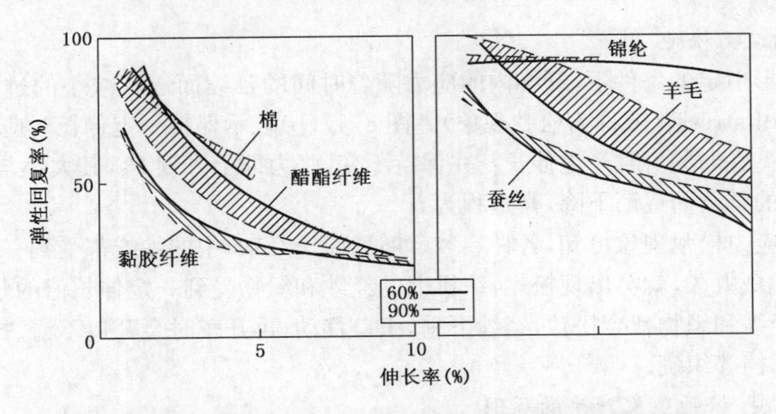

图 8-16 相对湿度为 60%和 90%时纤维的弹性回复率变化

二、纺织纤维的蠕变和应力松弛

大多数纺织纤维为高分子材料，在外力作用下变形时，其变形不仅与外力的大小有关，同时与外力作用的延续时间有关，即具有蠕变和应力松弛两种现象。

1. 纤维的蠕变现象

在拉伸外力恒定的条件下，纤维变形随着受力时间的延续而逐渐增加的过程称为蠕变(creep)。图 8-17(a)表示纤维在不变外力作用下以及外力去除后变形的蠕变现象。在时间 t_1 时将外力 P_0 作用于纤维而产生瞬时伸长 ε_1，其大小与 $\overline{ab}$ 相当；继续保持外力 P_0，则变形逐渐增加，其过程为 $\widehat{bc}$，即拉伸变形的蠕变过程；在时间 t_2 时去除外力，急弹性变形 ε_3 立即消失，其大小与 $\overline{cd}$ 相当；接着开始回复变形的蠕变过程，表现为缓弹性变形 ε_4 随时间的延续而逐渐消失，纤维中的内应力也逐渐衰减，其过程为 $\widehat{de}$，最后留下不可回复的塑性变形 ε_5。根据纤维蠕变现象可知，即使是较小的外力但长时间地作用在纤维上，也会由于蠕变而使伸长率不断增加，最后导致纤维的断裂(蠕变断裂，creep rupture)。

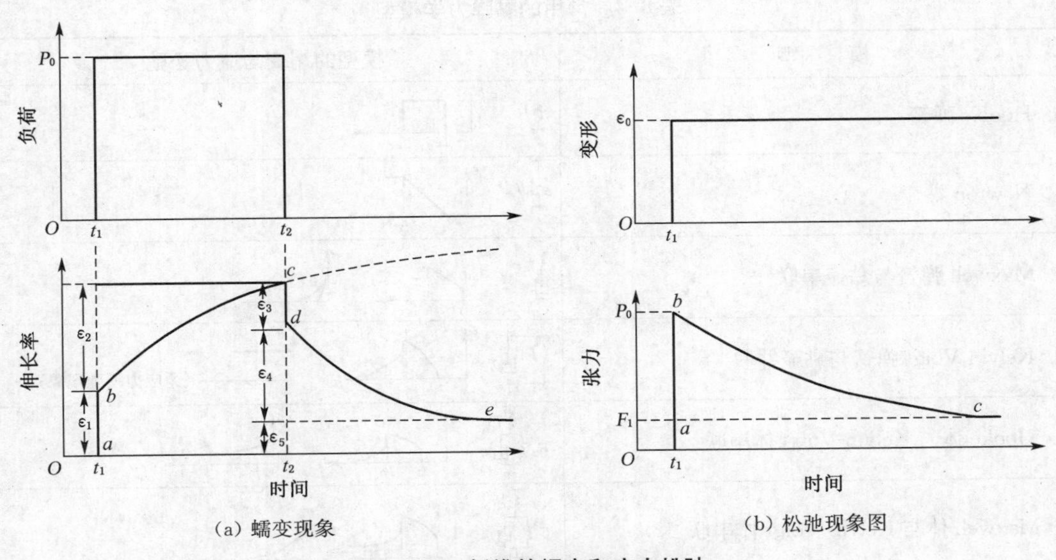

(a) 蠕变现象 (b) 松弛现象图

图 8-17 纤维的蠕变和应力松弛

2. 纤维的应力松弛

在拉伸变形恒定的条件下，纤维内的应力随着时间的延续而逐渐减小的过程称为应力松弛(relaxation of stress)(或称为松弛现象)。图 8-17(b)表示保持一定伸长时应力随时间而变化的关系曲线。在时间 t_1 时产生伸长 ε_0 并保持不变，张力即上升到 P_0，其大小与 $\overline{ab}$ 相当，以后应力随着时间的延续而逐渐下降，其过程为 $\widehat{bc}$。

根据纤维应力松弛现象可知，各种卷装(纱管、筒子经轴)中的纱线都受到一定伸长值的拉伸作用，如果贮藏太久，就会出现松烂；织机上的经纱和织物受到一定伸长值的张紧力作用，如果停台太久，经纱和织物就会松弛，经纱下垂，织口移动，再开车时会开口不清、打纬不紧，就会产生跳花、停车档等织疵。

3. 纤维蠕变、松弛现象产生的原因

纤维材料的蠕变和应力松弛是一个性质的两个方面，都是由于纤维中大分子重新排列引起的。蠕变是由于随着外力作用时间的延长，不断克服大分子间的结合力，使大分子逐渐沿着外力方向伸展排列或产生相互滑移而导致伸长增加，增加的伸长基本上都是缓弹性和塑性变形。应力松弛是由于纤维发生变形时具有的内应力使大分子逐渐重新排列，同时部分大分子链段间发生相对滑移，逐渐达到新的平衡位置，形成新的结合点，从而使内应力逐渐减小。

绝大多数纺织纤维都是高分子聚合物，都具有流变性质，蠕变(变形的弛缓现象)和松弛(应力的弛缓现象)就是其外在表现，它们同是分子链运动的结果。因此，凡是会影响分子链运动的因素，也会影响流变性质。提高温度和相对湿度，会使纤维中大分子间的结合力减弱，促使蠕变和应力松弛的产生，所以生产上常用高温高湿来消除纤维材料的内应力。例如织造前对纬纱进行蒸纱或给湿，有助于消除加捻时引起的剪切内应力，以防止织造时因纱线退捻导致纬缩、扭辫而产生疵点。

4. 纤维蠕变、松弛现象的黏弹力学模型

为了对纺织纤维的蠕变、松弛现象进行定性或半定量的分析，通常借助于一些黏弹力学模型，如表 8-4 所示。

表 8-4　常用的黏弹力学模型

模　　型	模型的蠕变与应力松弛
a. HooKe 弹簧	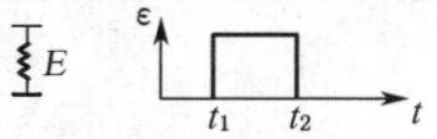 E；ε，t_1，t_2，t
b. Newton 黏壶	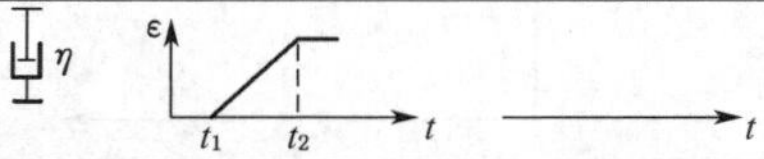 η；ε，t_1，t_2，t；t
c. Maxwell 弹簧与黏壶串联	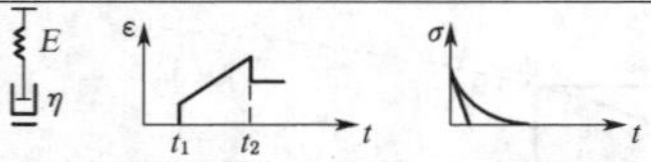 E，η；ε，t_1，t_2，t；σ，t
d. Kelvin-Voigt 弹簧与黏壶并联	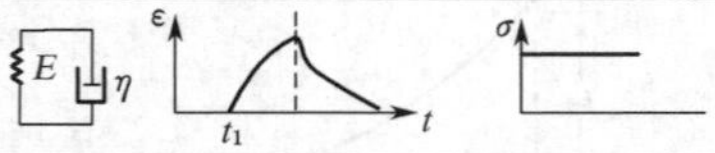 E，η；ε，t_1，t；σ (无应力松弛现象)
e. Hooke 体与 Kelvin-Voigt 体串联	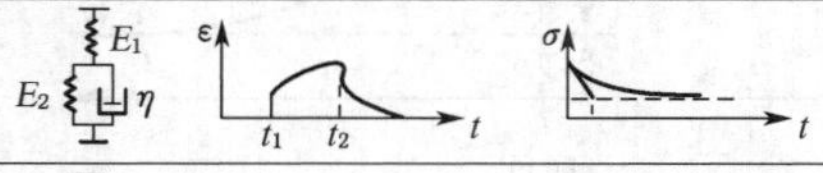 E_1，E_2，η；ε，t_1，t_2，t；σ，t
f. Maxwell 体与 Kelvin-Voigt 体串联	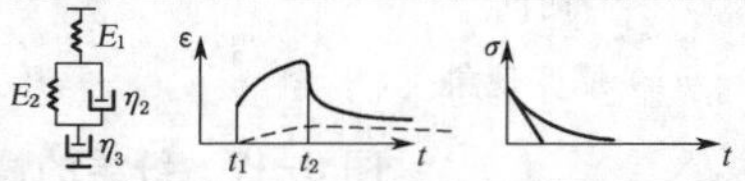 E_1，E_2，η_2，η_3；ε，t_1，t_2，t；σ，t

由表中 f 可知，可采用四元件模型予以近似描述。该模型的变形是虎克弹簧(E_1)的变形、Kelvin-Voiget 模型(E_2 和 η_2)的变形与牛顿黏壶(η_3)的变形之和。下面列出该模型的本构关系式：

$$E_1\ddot{\varepsilon}+\frac{E_1E_2}{\eta_2}\dot{\varepsilon}=\ddot{\sigma}+\frac{E_1}{\eta_2}\left(1+\frac{E_2}{E_1}+\frac{\eta_2}{\eta_3}\right)\dot{\sigma}+\frac{E_1E_2}{\eta_2\eta_3}+\sigma$$

在恒定应力作用下，即 $\sigma=\sigma_c=$ 常数 时，上式可简化为：

$$E_1\ddot{\varepsilon}+\frac{E_1E_2}{\eta_2}\dot{\varepsilon}=\frac{E_1E_2}{\eta_2\eta_3}\sigma_c$$

根据初始条件：$t=t_1$，$\varepsilon(t_1)=\dfrac{\sigma_c}{E_2}$，$\dot{\varepsilon}(t_1)=\dfrac{\sigma_c}{\eta_2}+\dfrac{\sigma_c}{\eta_3}$，解上述微分方程式，即可得出四元件模型的蠕变方程：

$$\varepsilon(t)=\frac{\sigma_c}{E_1}+\frac{\sigma_c}{E_2}\left[1-\exp\left(-\frac{E_2}{\eta_2}(t-t_1)\right)\right]+\frac{\sigma_c}{\eta_3}(t-t_1)$$

式中：ε 和 σ 为模型的总应变和总应力。

蠕变方程清楚地表明，在恒定应力 σ_c 的作用下，变形由三部分组成，其中 $\dfrac{\sigma_c}{E_1}$ 为急弹性变形，$\dfrac{\sigma_c}{E_2}\left[1-\exp\left(-\dfrac{E_2}{\eta_2}(t-t_1)\right)\right]$ 为缓弹性变形，$\dfrac{\sigma_c}{\eta_3}(t-t_1)$ 为塑性变形。后两种变形随时间 t 增加而增加，但塑性变形是不可回复的。蠕变回复曲线方程为：

$$\varepsilon(t)=\varepsilon_2 e^{-\frac{E_2}{\eta_2}(t-t_2)}+\varepsilon_3$$

式中：$\varepsilon_2=\dfrac{\sigma_c}{E_2}\left[1-\exp\left(-\dfrac{E_2}{\eta_2}(t_2-t_1)\right)\right]$；$\varepsilon_3=\dfrac{\sigma_c}{\eta_3}(t_2-t_1)$。

在求解四元件模型的应力松弛方程时，为了克服数学处理上的困难，可以改用与其等效的四元件模型，它由两个 Maxwell 模型并联组成。

上述简单的四元件模型，只能描述单一松弛时间或推迟时间 ($\tau_k=\eta_2/E_2$) 的黏弹行为。纤维高聚物具有相对分子质量多分散性和结构多分散性，它们的黏弹行为不止一个松弛/推迟时间，而是由长短不同的许多松弛/推迟时间形成一定的分布，甚至是连续分布，成为松弛/推迟谱，统称“松弛谱”。因此，要定量地描述高聚物的黏弹行为，其线性微分方程包括很多项，这些更复杂的方程等价于很多个 Maxwell 单元并联(普效串联模型)，如图 8-18(a)所示；或很多个 Kelvin-Voigt 单元串联(普效并联模型)，如图 8-18(b)所示。前者可更近似地描述松弛时间分布或松弛谱，后者更接近

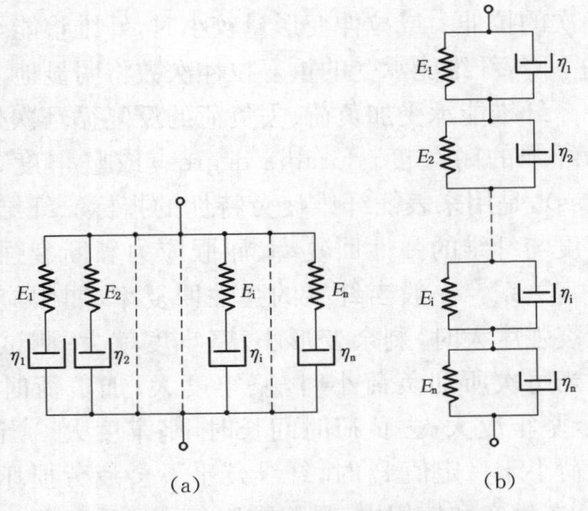

图 8-18 普效串联模型和普效并联模型

于描述推迟时间分布或推迟带。

三、纺织纤维的疲劳特性(fatigue property)

疲劳是逐渐衰竭(纤维内部大分子局部损伤,大分子断裂,结构有缺陷的位置应力集中,主裂缝增大,塑性变形迅速增长等)造成的,有静止疲劳和多次拉伸(动态)疲劳。

1. *静止疲劳*

静止疲劳是指对纤维施加一个不大的恒定拉伸力,开始时纤维迅速伸长,接着较缓慢地逐步伸长,然后伸长趋于不明显,到达一定时间后纤维在最薄弱的一点发生断裂的现象。这是由于在蠕变过程中,外力不断对纤维做功,当外力所做的功积聚到一定程度,即材料的破坏积累到一定程度,使纤维内部的结合力抵抗不住这一拉伸力时,就呈现整体破坏,因此又可称为蠕变疲劳。当施加的力较小时,静止疲劳断裂所需的时间较长;在相同的恒定负荷下,温度高时,纤维容易出现蠕变疲劳。

2. *多次拉伸疲劳*

多次拉伸疲劳是指纤维经受多次加负荷、去负荷的反复循环作用,因塑性变形的逐步积累,纤维内部局部损伤而形成裂痕,最后被破坏的现象,也称动态疲劳。

纤维经受多次加负荷、去负荷反复循环作用的拉伸图,如图8-19所示。图中:$\widehat{oa}$ 为第一次加负荷;$\overline{ab}$ 为加负荷停顿;$\widehat{bc}$ 为去负荷;$\overline{cd}$ 为去负荷停顿;$\widehat{de}$ 为第二次加负荷,以后依次类推。第一次循环后的剩余变形为 $\overline{od}$,第二次循环后的剩余变形为 $\overline{oh}$,以后依次类推。随着每一次循环的剩余变形积累,每一次循环的拉伸曲线右移,每一次循环的曲线四边形越来越窄且越来越靠近,这反映了每一次循环新增的缓弹性变形和塑性变形逐渐减小。最后,纤维内部结构的破坏积累到承受不住拉伸外力时,纤维就被拉断。

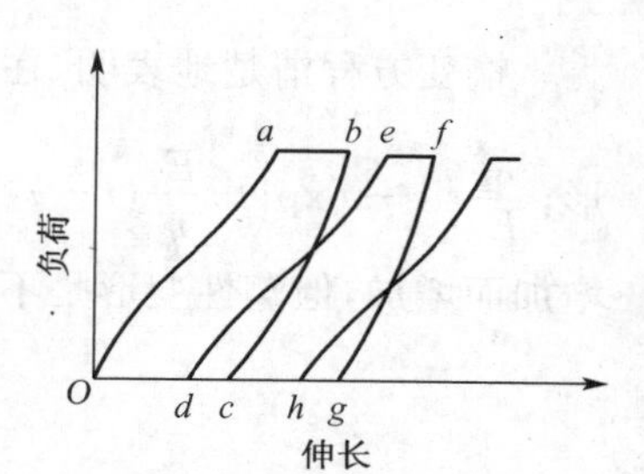

图8-19　纤维的多次循环拉伸图

当每一次的拉伸力或拉伸变形量较大时,每一次的拉伸功较大,材料内部结合能消耗越大,受到的破坏也较大,纤维将在多次循环后因内部结合能消耗到一定程度而被拉断;反之,每一次的拉伸力或拉伸变形量较小时,纤维将能承受较多次的循环拉伸。随着每次最大拉伸力的下降,纤维能承受的重复拉伸次数将明显地上升,如图8-20所示。

纤维能承受加负荷、去负荷的反复循环次数,称为纤维的耐久度(durable degree)或坚牢度(fastness),是用来表征纤维疲劳特性的指标。纤维的坚牢度与纤维的弹性回复率、屈服应力和断裂强度有一定关系。一般当纤维的弹性回复率、屈服应力和断裂强度大时,剩余变形小,坚牢度就大;测试条件中当每次所加负荷小时,坚牢度大;加负荷时间短时,坚牢度大;去负荷时间长时,坚牢度大。当所加负荷小于一定值 P_1 时,纤维几乎不会疲劳损坏。因此,在生产和使用中,最好控制每次所受负荷小于图

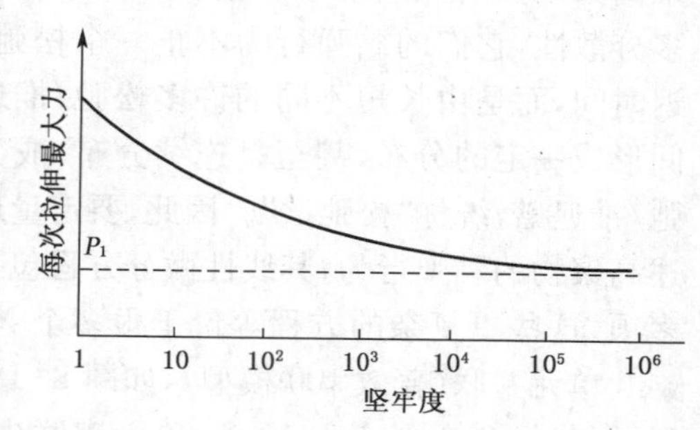

图8-20　负荷与坚牢度的关系曲线

中 P_1 值，将可防止纤维的疲劳损坏（疲劳寿命 fatigue lifetime）。

第三节　纺织纤维的弯曲、扭转和压缩

一、纺织纤维的弯曲

纤维在纺织加工和使用过程中都会遇到弯曲。纤维抵抗弯曲作用的能力较小，具有非常突出的柔顺性。实际上，纤维极少发生弯曲破坏。

纤维弯曲时的情况如图 8-21 所示。弯曲时纤维各部位的变形不同，纤维轴线处的长度不变，称为中性层；外侧受拉而伸长，内侧受压而缩短，如图 8-21 中(a)。当外层因伸长出现裂缝时，如图 8-21 中(b)，发生破坏的危险性最大。纤维外层伸长达到断裂伸长率时，便有破坏的危险。

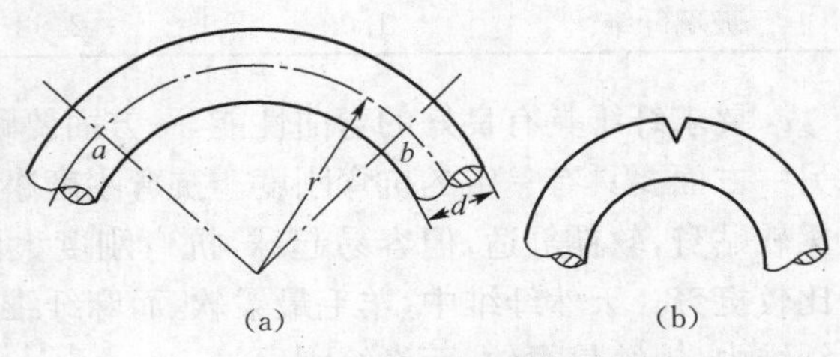

图 8-21　纤维的弯曲

同样粗细的纤维，当弯曲的曲率半径越小时，外层的拉伸变形越大；在相同的弯曲曲率半径条件下，纤维厚度越厚时外层的拉伸变形也越大。此时纤维就容易弯曲损坏。已知纤维的截面尺寸和断裂伸长率，可按下式求出达到弯曲破坏时的曲率半径：

$$r \leqslant d(1/\varepsilon_p - 1)/2 \tag{8-13}$$

式中：r 为弯曲的曲率半径(mm)；ε_p 为纤维的断裂伸长率(%)；d 为纤维厚度(mm)。

纤维抵抗弯曲变形的能力，可用抗弯刚度来评定。鉴于纤维一般不是正圆形截面，因此计算纤维的抗弯刚度 R_f 时，需引入截面形状系数 η_f：

$$R_f = \pi E r^4 \eta_f / 4 \tag{8-14}$$

式中：E 为纤维的弯曲弹性模量(cN/cm^2)；r 为以纤维实际截面积折算成圆形时的半径(cm)；η_f 为弯曲截面形状系数。

几种纤维的截面形状系数和相对抗弯刚度的参考值见表 8-5。

表 8-5　几种纤维的抗弯性能

纤维种类	截面形状系数	密度(g/cm^3)	初始模量(cN/tex)	相对抗弯刚度($cN \cdot cm^2$)
长绒棉	0.79	1.51	877.1	3.66×10^{-4}
细绒棉	0.70	1.50	653.7	2.46×10^{-4}
细羊毛	0.88	1.31	220.5	1.18×10^{-4}
粗羊毛	0.75	1.29	265.6	1.23×10^{-4}
桑蚕丝	0.59	1.32	741.9	2.65×10^{-4}
苎　麻	0.80	1.52	2 224.6	9.32×10^{-4}

（续　表）

纤维种类	截面形状系数	密度(g/cm³)	初始模量(cN/tex)	相对抗弯刚度(cN·cm²)
亚　麻	0.87	1.51	1 166.2	4.96×10^{-4}
普通黏胶纤维	0.75	1.52	515.5	2.03×10^{-4}
涤　纶	0.91	1.38	1 107.4	5.82×10^{-4}
腈　纶	0.80	1.17	670.3	3.65×10^{-4}
维　纶	0.78	1.28	596.8	2.94×10^{-4}
锦纶 6	0.92	1.14	205.8	1.32×10^{-4}
锦纶 66	0.92	1.14	214.6	1.38×10^{-4}
玻璃纤维	1.00	2.52	2 704.8	8.54×10^{-4}

要求纤维具有良好的弯曲性能，一方面要耐弯曲而不被破坏；另一方面要具有一定的抗弯刚度。抗弯刚度小的纤维制成的织物柔软贴身，软糯舒适，但容易起球，抗弯刚度大的纤维制成的织物比较挺爽。天然纤维中，羊毛最柔软，而麻纤维最刚硬。常用化学纤维中，锦纶最柔软，而涤纶刚硬。

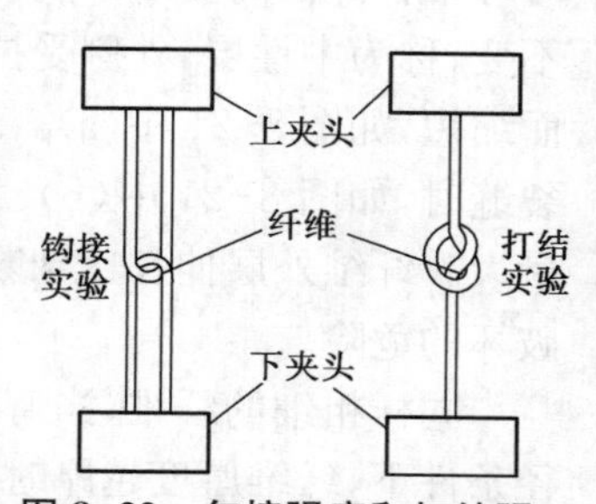

图 8-22　勾接强度和打结强度试验方法

纤维和纱线的耐弯性能常用勾接强度或打结(结节)强度来反映，如图 8-22。勾接强度或打结强度大的纤维，耐弯曲性能好，不易弯折损坏。抗弯刚度高而断裂伸长率大的纤维，勾接强度或打结强度可能较大，因为抗弯刚度高的纤维和纱线达到断裂变形所需的力大，而断裂伸长率大的纤维或纱线弯曲时外层可耐较大的变形。

纤维或纱线弯曲时产生的变形也有急弹性变形、缓弹性变形和塑性变形三种，也会产生蠕变和松弛现象。

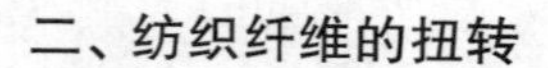

二、纺织纤维的扭转

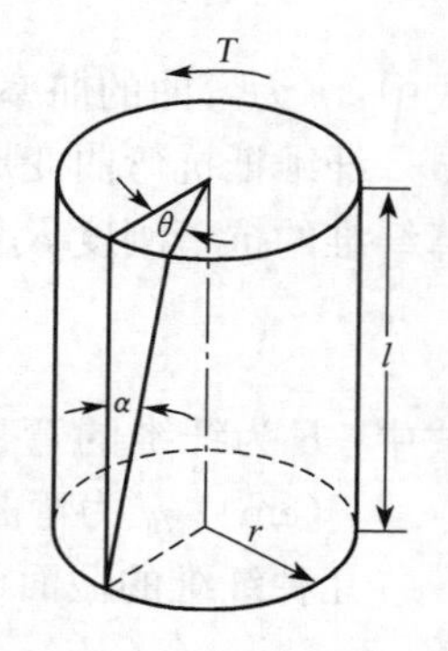

图 8-23　纤维的扭转

纤维在垂直于其轴线的平面内受到外力矩的作用时就产生扭转变形和剪切应力。给长度为 l 的纤维施加扭矩 T，纤维截面将产生一扭转角 θ，表面母线将产生一螺旋角 α，如图 8-23。当扭矩很大时，纤维中的大分子因剪切产生的滑移而被破坏。纤维的剪切强度较拉伸强度小得多。

$$\theta = Tl/E_t I_p \tag{8-14}$$

式中：T 为扭矩(cN·cm)；l 为长度(cm)；E_t 为剪切弹性模量(cN/cm²)；I_p 为极断面惯性矩(cm⁴)。

在相同扭力条件下，纤维的扭转变形与其剪切弹性模量 E_t 与截面的极断面惯性矩 I_p 的乘积成反比，当 $E_t I_p$ 越大时，纤维越不易变形，表示纤维越刚硬，这个指标称作抗扭刚度 R_t。

$$R_t = \pi E_t r^4 \eta_t / 2 \tag{8-15}$$

式中：r 为以纤维实际截面积折算成圆形时的半径(cm)；η_t 为扭转截面形状系数。

一些纤维的扭转截面形状系数和相对抗扭刚度见表 8-6。

表 8-6　各种纤维的扭转性能

纤维种类	扭转截面形状系数	相对剪切弹性模量(gf/tex)	相对抗扭刚度($gf\cdot cm^2/tex$)
棉	0.71	165	7.9×10^{-4}
羊　毛	0.98	85	6.7×10^{-4}
桑蚕丝	0.84	168	10.2×10^{-4}
柞蚕丝	0.35	230	6.0×10^{-4}
苎　麻	0.77	109	5.6×10^{-4}
亚　麻	0.94	87	5.8×10^{-4}
普通黏胶纤维	0.93	74	4.7×10^{-4}
涤　纶	0.99	65	4.7×10^{-4}
锦　纶	0.99	45	4.0×10^{-4}
腈　纶	0.57	99	5.2×10^{-4}
维　纶	0.67	75	3.6×10^{-4}
玻璃纤维	1.00	1 640	64×10^{-4}

随着扭转变形的增大，纤维中的剪切应力增大，造成结晶区破碎和非结晶区中的大分子被拉断，一旦达到纤维的剪切强度时，便发生破坏。一般用断裂捻角(即螺旋角)α 来表示纤维抗扭转破坏的能力。各种纤维的断裂捻角见表 8-7。

表 8-7　各种纤维的断裂捻角

纤维种类	断裂捻角 α(°)	纤维种类	断裂捻角 α(°)
棉	34～37	涤　纶	59
羊　毛	38.5～41.5	腈　纶	33～34.5
亚　麻	21.5～29.5	锦　纶	56～63
蚕　丝	39	铜氨纤维	40～42
普通黏纤	35.5～39.5	玻璃长丝	2.5～5
醋酯纤维	40.5～46	强力黏纤	31.5～33.5

涤纶、锦纶和羊毛具有较大的断裂捻角，较耐扭转而不易扭断；麻的断裂捻角较小，较不耐扭；玻璃纤维的断裂捻角极小，极易扭断。

扭转变形也有急弹性、缓弹性和塑性之分，也有蠕变和应力松弛现象。弹性扭转变形有使纱线退捻的趋势，因此纱线捻度不稳定，在张力小的情况下就会缩短，甚至形成“小辫子”，所以对弹性好的纤维纺成的纱(如涤纶纱等)，特别需要进行蒸纱或给湿处理，以消除其内应力，稳定捻回，防止织物中产生纬缩或小辫子而造成疵布。此外，纤维的抗扭刚度与纱线的加捻效率有关，工艺设计时应该予以考虑。

三、纺织纤维的压缩

为了便于运输和贮存，纤维集合体需要压缩其体积，而纤维在加工和使用过程中也会受到压缩作用。纤维集合体的压缩变形以材料层体积或高度的变化来表示。压缩变形的绝对值和相对值，可用下式表示：

$$b=V_0-V_k,\ \varepsilon=\frac{V_0-V_k}{V_0}=\frac{Sh_0-Sh_k}{Sh_0}=1-\frac{h_k}{h_0} \tag{8-16}$$

式中：V_0 为试样压缩前的原始体积（cm^3）；V_k 为试样达到规定压力时的体积（cm^3）；S 为试样的截面积（cm^2）；h_0 为试样压缩前的原始高度（cm）；h_k 为试样的最终高度（cm）；b 为压缩变形的绝对值（cm）；ε 为压缩变形的相对值（通常用百分数表示）。

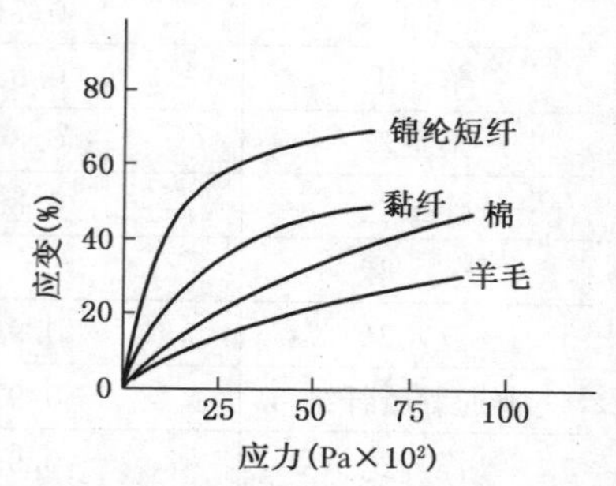

图 8-24 各种纤维在小压力下压缩变形的典型曲线

各种纤维在小压力范围内其变形随压力变化的曲线如图 8-24 所示。起初压力较小，试样的压缩变形甚大，这主要是排除了试样中的一些空气，使纤维排列更加紧密，这时试样中纤维发生较大的弯曲变形。随着压力增大，变形量和平均密度增长趋于缓慢，纤维密度趋近于自身的平均密度。纤维集合体中在不同压力下含有的空气量与纤维种类有关，见表 8-8。

表 8-8 1 cm^3 随意排列的纤维集合体在不同压力下含有的空气量

纤维种类	在 2×10^7 Pa 压力下	在 2×10^4 Pa 压力下
玻璃纤维	含有 40 cm^3 空气	含有 17 cm^3 空气
棉纤维、丝纤维和聚酯纤维	含有 2.3 cm^3 空气	含有 8 cm^3 空气
羊毛、黏胶纤维和聚酰胺纤维	含有 12 cm^3 空气	含有 5 cm^3 空气

由此可见，当压力增至 10 倍时，纤维中的空气量减少 60%～70%。还须指出，当压力很大时，纤维将出现明显的压痕，以后还会形成裂缝、裂口甚至劈裂等，纤维的拉伸强度也必然降低。例如，棉纤维承受 2×10^7 Pa 的压力作用后，其平均密度常达 1 g/cm^3，显微镜下观察显示纵向有劈裂的条纹，拉伸强度则降低 5%～10%，因此棉包打包密度常为 0.40～0.65 g/cm^3。絮制品希望抗压缩性优良，这样，它的密度稳定，能始终保持相当数量的空隙，从而具有优良的保暖性。

纤维集合体受压缩后其体积的变化也有急弹性、缓弹性和塑性之分。一般拉伸弹性回复率大的纤维，其集合体的压缩弹性也较好，如锦纶、羊毛等。纤维集合体压缩同样存在蠕变和应力松弛现象，提高温度和相对湿度能促使压缩变形的回复。打成包的纤维进厂后，拆包后放置一段时间再进行开清工序，打包越紧，拆包松解的时间应长些，以保证缓弹性压缩变形的回复。

第四节 纺织纤维的摩擦和抱合性质

纺织材料在使用和加工过程中，摩擦力和抱合力产生的影响很大。由于单根纤维之间的摩擦抱合作用才能形成纱线和各种纺织品。摩擦力是两个相互接触的物体在法向压力作用下，沿着切向相互移动时的阻力；抱合力是相互接触的物体在法向力等于零时相对移动的阻力。在摩擦力和抱合力同时存在的情况下，这两种阻力统称为切向阻力。

一、摩擦机理

从微观形态看，摩擦是两物质接触面分子间的相互作用，在切向外力作用下产生剪切和分离的过程。当两物质靠得越近接触面积越大，这种分子间的作用就越多越强，要达到这种接触，即分子间的有效作用，两接触物的表面平整光滑和接触压力，起着重要的作用。当两物质发生相对滑移时，这种分子间的抗剪切作用越强，分离所需的能量也就越大，物质的相对滑移也就越困难。显然，这种滑移所产生的能量与分子间的黏附功，或称结合能有关，即与接触物质的固有性质有关。而分子间相互作用的解脱与外力作用时间有关，故摩擦作用的大小与相对滑移速度有关，该作用产生的摩擦力称为黏附力。

从宏观形态看，两物质接触不可能是平行平面的理想接触，存在着高低起伏的峰与谷。当接触点较少接触面积较小时，接触点处会发生挤压变形和黏合。当物质一硬一软时，会产生耕犁和刨刮现象；当两物质均较软时，会产生软化和剪切变形；当两物质均较硬时，会产生相互间的错位、抬起、崩裂等移动。实际纤维间的摩擦是宏观和微观作用的复杂的结合，一方面决定于摩擦接触面的微观分子作用过程和宏观力学变形过程；另一方面，摩擦是能量转化和耗散的过程，可以从能量的角度进行叠加。

二、摩擦抱合性质的指标与测试

近代摩擦理论认为，材料的切向阻力并不与法向正压力成稳定的正比例关系，而且大多数材料在法向压力等于零的条件下，只要有相对滑动，就会有切向阻力，只是有的材料其值很小。

纺织纤维细软又多卷曲或转曲，并有较好的弹性，当法向压力为零时，其切向阻力经常是一个不可忽略的数字。因此，纺织纤维的总切向阻力包括摩擦力(friction force)和抱合力(cohesion force)两个部分，即：

$$F = F_1 + F_2 \tag{8-17}$$

式中：F 为总切向阻力；F_1 为抱合力；F_2 为摩擦力。

摩擦力 F_2 与法向压力 N 有关，设摩擦系数为 $f = F_2/N$，总切向阻抗系数为 $\mu = F/N$，则上式可以改写为：

$$\mu = F_1/N + f \tag{8-18}$$

有些纤维，如羊毛纤维和近代特种化学纤维，其表面结构特殊，顺向和逆向的切向阻抗系数也不相同。

1. 抱合力指标和测定

抱合力最明显的作用是在纤维层、纤维条和纤维块中，使纤维并非完全伸直平行，而是相互纠缠、勾挂和黏贴，致使纤维集合体不易松开分散。纤维抱合力的指标有抱合系数和抱合长度。

(1) 抱合系数(cohesion coefficient)

抱合系数是指单位长度纤维上的抱合力。从不施加法向压力的纤维条中夹取一根纤维，测定抽出这根纤维所需的力和纤维长度的比值，即为抱合系数：

$$h = F_1/l \tag{8-19}$$

式中：h 为纤维的抱合系数(cN/cm)；F_1 为抽出纤维所需的力(cN)；l 为纤维的长度(cm)。

(2) 抱合长度(cohesion length)

抱合长度是指没有法向压力的纤维条断裂时的长度。将纤维制成一定规格的没有法向压力的纤维条,在强力仪上以大于纤维长度的适当上下夹持距离将其拉断,根据测得的强力和纤维条线密度,按下式计算:

$$L_h = F_1 \times 10^6 / (g \times N_{tex}) \tag{8-20}$$

式中:L_h 为纤维的抱合长度(m);F_1 为纤维条的强力(N);N_{tex} 为纤维条的线密度(tex);g 为重力加速度。

影响纤维抱合力的因素很多,主要是纤维的几何形态(表面结构、纤维长度、卷曲度)、排列形状、纤维弹性和表面油剂等。此外,温湿度也有明显影响。一般是卷曲多或转曲多、细长而较柔软的纤维,其抱合力较大。几种纤维的抱合性能见表 8-9。

表 8-9　几种纤维的抱合性能

纤维种类	纤维线密度(dtex)	纤维长度(mm)	20 ℃时的抱合长度(m)
羊　毛	23 μm(直径)	55	30
涤　纶	4.4	70	65
腈　纶	3.85	90	47
锦　纶	3.3	70	95

2. 切向阻抗系数的测定

目前,我国大多采用滑轮法或绞盘法来测定纤维与纤维、纤维与金属或陶瓷等其他材料间摩擦的切向阻抗系数(tangential impedance coefficient)。

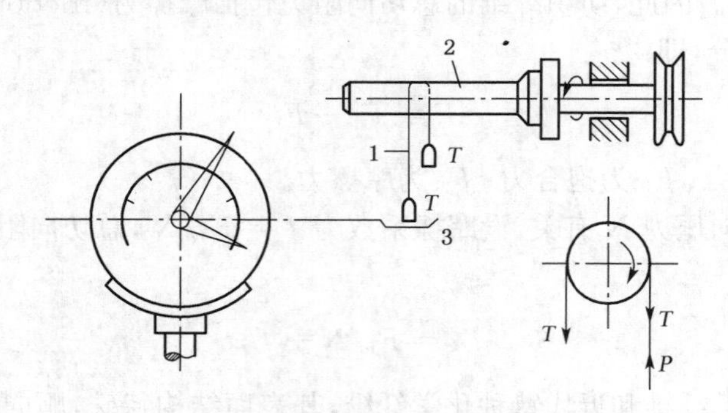

图 8-25　Y151 型摩擦系数测定仪

Y151 型摩擦系数测定仪的工作原理如图 8-25 所示。纤维 1 挂在辊轴面 2 上,辊轴是与纤维摩擦的材料,如金属、陶瓷或上面包覆一定厚度的纤维。纤维 1 与辊轴 2 包围 180°,纤维的一端加一固定张力 T,另一端也加上张力 T 并骑跨在扭力天平的称量盘 3 上。开动辊轴,使它以一定速度按图示方向回转。这时,加固定张力的一边纤维成紧边,另一边为松边并对扭力天平称量盘产生压力。开启扭力天平,测得压力为 P。根据 T 和 P,可以按下式计算纤维的切向阻抗系数 μ:

$$\frac{T}{T-P} = e^{\mu\pi} \tag{8-21}$$

$$\mu = \frac{1}{\pi \log e} \log \frac{T}{T-P} = 0.733 \log \frac{T}{T-P} \tag{8-22}$$

通过调节辊轴的回转速度，可测得不同速度下的动摩擦切向阻抗系数 μ_d，目前，动摩擦切向阻抗系数大多在 30 r/min 转速下测定。如果使辊轴不回转，开启天平，旋转指针，观察纤维在辊轴上开始滑动时扭力天平的读数，可以计算静摩擦切向阻抗系数 μ_s。测试与纤维之间的摩擦时是沿纤维辊轴纵向包覆纤维，因此测得的是纤维相互交叉下的切向阻抗系数。

一般纤维的静态切向阻抗系数大于动态切向阻抗系数，它们的大小和差异影响着纤维的手感。μ_s 大且与 μ_d 差值大的纤维，手感硬而涩；反之，μ_s 小且与 μ_d 差值小的纤维，手感柔软；如果 $\mu_d > \mu_s$，则纤维手感软而滑腻。

三、影响纤维切向阻抗系数的因素

1. 纤维表面性质的影响

有些纤维的截面形状不规则，表面并不是非常光滑的，如棉纤维的截面为腰圆形、黏胶纤维的截面为锯齿形、羊毛表面有鳞片等；有些纤维截面呈圆形且表面光滑，如涤纶、锦纶等。据现代摩擦理论认为，摩擦是一个比较复杂的现象，摩擦切向阻力的一部分是粗糙凹凸部分所产生的机械握持阻力，另一部分是接触表面层间的分子引力。对比较粗糙的表面，机械握持阻力是主要的；对比较光滑的表面，表层分子间的引力是主要的。一些常见纤维的切向阻抗系数（由 Y151 型摩擦系数测定仪测得）见表 8-10。

表 8-10 纤维的动、静态切向阻抗系数

纤维种类	静态 μ_s	动态 μ_d	纤维种类	静态 μ_s	动态 μ_d
棉	0.27～0.29	0.24～0.26	涤纶	0.38～0.41	0.26～0.29
羊毛	0.31～0.33	0.25～0.27	维纶	0.35～0.37	0.30～0.33
黏纤	0.22～0.26	0.19～0.21	腈纶	0.34～0.37	0.26～0.29
锦纶	0.41～0.43	0.23～0.26	—	—	—

羊毛纤维的表面有鳞片且鳞片由毛根指向毛梢，相互平行摩擦时的切向阻抗系数具有明显的方向性，其顺鳞向和逆鳞向时的切向阻抗系数与测试时初张力值、纤维直径等有关，其变化曲线如图 8-26 所示。羊毛同羊毛或其他纤维之间的动、静态切向阻抗系数的参考数据见表 8-11。

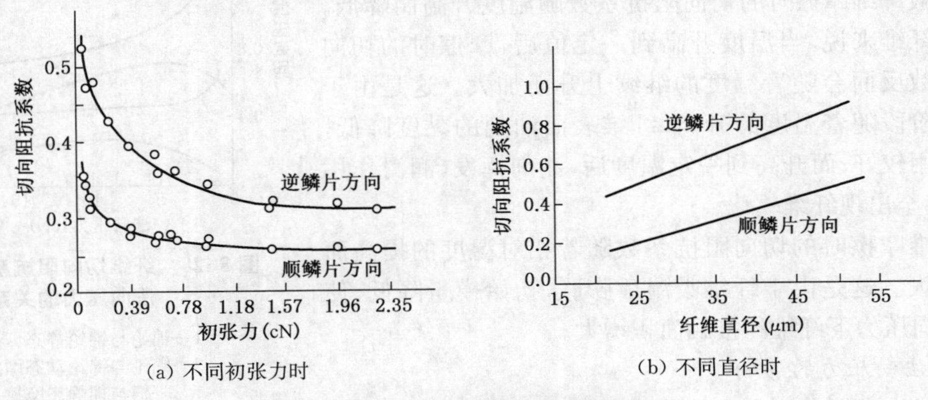

图 8-26 羊毛纤维的切向阻抗系数

表 8-11 羊毛与羊毛、羊毛与其他纤维摩擦时的 μ_s 和 μ_d

纤维种类	静态 μ_s		动态 μ_d	
	顺鳞向	逆鳞向	顺鳞向	逆鳞向
羊毛与羊毛	0.13	0.61	0.11	0.38
羊毛与黏纤	0.11	0.39	0.09	0.35
羊毛与锦纶	0.26	0.43	0.21	0.35

羊毛的定向摩擦效应可用摩擦效应 δ_μ 和鳞片度 d_μ 表示：

$$\delta_\mu(\%)=\frac{\mu_a-\mu_f}{\mu_a+\mu_f}\times 100,\ d_\mu(\%)=\frac{\mu_a-\mu_f}{\mu_f}\times 100 \tag{8-23}$$

式中：μ_a 为逆鳞片方向的切向阻抗系数；μ_f 为顺鳞片方向的切向阻抗系数。

2. 化纤油剂的影响

化纤上油后，在纤维表面形成一薄层油膜，隔开了纤维间的接触，减少了纤维表面分子间的吸引力，使切向阻抗系数减小。根据润滑油膜厚度的不同，可分为流体润滑和边界润滑两种。流体润滑是摩擦的两个表面完全被连续的流体膜所分开，流体膜厚度为10^{-4} mm左右；边界润滑的两个面之间的流体膜非常薄，约为 10^{-6} mm。

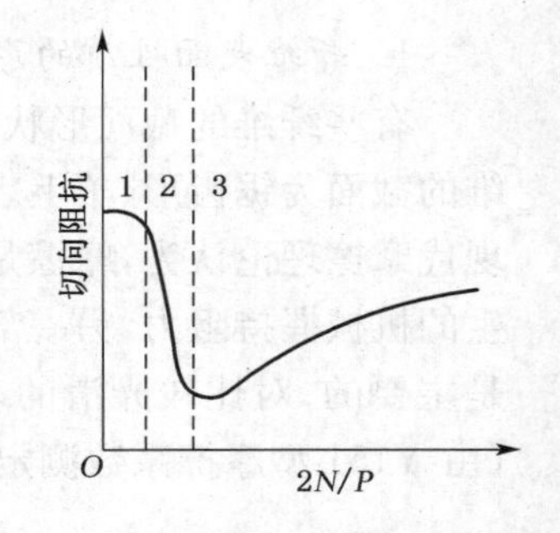

图 8-27 切向阻抗系数与油剂黏度、压力、速度的关系

1—边界润滑
2—过渡区（半流体润滑）
3—流体润滑

流体润滑时摩擦的切向阻抗系数与流体的黏度、流速和法向压力的关系如图 8-27 所示。当油膜上的负荷增大或流速减小时，油膜会变薄。当油膜厚度小于表面起伏高度时，一部分表面就直接接触，即出现没有润滑剂的干摩擦。边界摩擦时，摩擦情况主要取决于油剂分子与纤维之间的相互作用和油剂分子的定向性。如果油剂分子与纤维分子间相互作用强且油剂分子的定向性强，则摩擦时的阻抗系数小。

3. 温湿度的影响

一般纤维摩擦时的切向阻抗系数随温度升高而降低。对合成纤维来说，当温度升高到一定值后，摩擦时的切向阻抗系数反而会随着温度的继续上升而加大。这是由于在开始阶段随着温度的升高，纤维表面油剂的黏度降低，润滑作用较好；而升高到一定温度后，油剂挥发，润滑作用减小，甚至出现纤维软化。

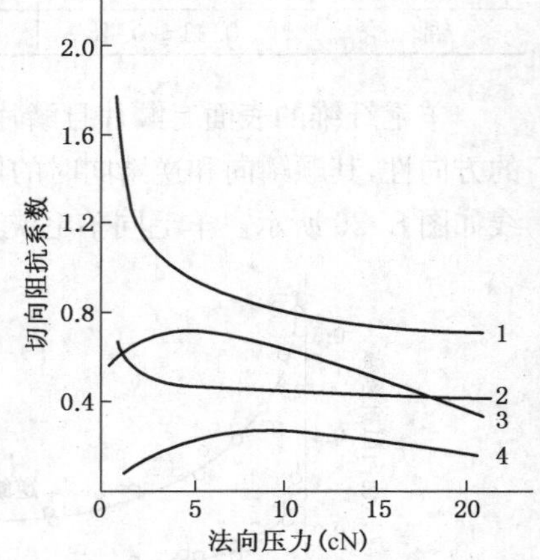

图 8-28 纤维切向阻抗系数与法向压力的关系

1—锦纶与锦纶静态摩擦
2—锦纶与锦纶动态摩擦
3—棉与棉静态摩擦
4—棉与棉动态摩擦

纤维摩擦时的切向阻抗系数随着相对湿度的提高而逐渐增大。这是由于纤维吸湿后膨胀，初始模量降低，使一定法向压力下纤维的接触面积增大。

4. 法向压力的影响

近代许多研究认为，摩擦时的切向阻抗系数随压力的增加而逐渐降低。对纤维来说,其情况比较复杂。图 8-28 所示为锦纶与锦纶、棉与棉的静态和动态摩擦的切向阻抗系数与法向压力的关系。

5. 滑动速度的影响

在不同滑动速度下,切向阻抗系数有着极明显的变化。图 8-29 表示有光涤纶长丝和涤纶变形丝的切向阻力随滑动速度的变化曲线。低速时,切向阻力或切向阻抗系数呈现不稳定状态,在一定范围内波动;随着滑动速度的增大,波动现象减少,切向阻力或切向阻抗系数稳定,并随滑动速度的增大而逐渐增大;当滑动速度很高时,切向阻力或切向阻抗系数又有下降的趋势。因此,一般应在滑动速度为 3 m/min 以上时进行测定。

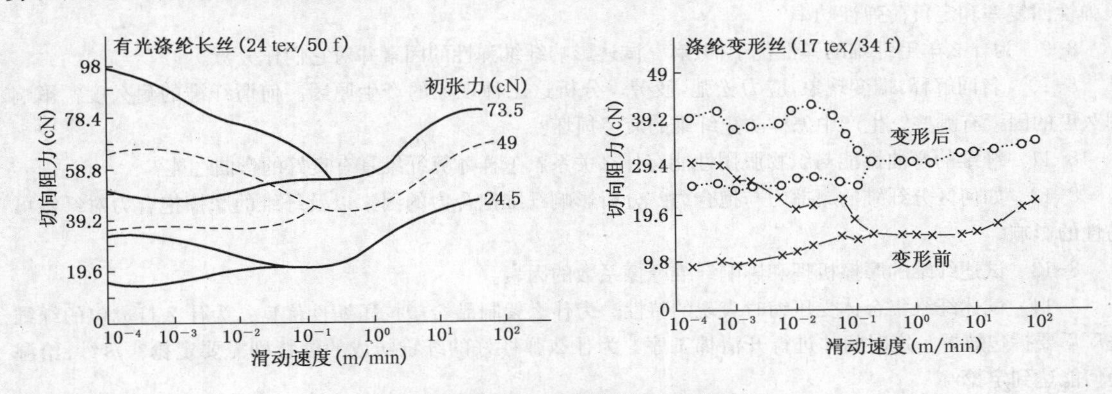

图 8-29 切向阻力与滑动速度的关系

四、纤维的摩擦抱合性质与可纺性的关系

纤维的摩擦抱合性质与可纺性关系很大。纺纱各工序对摩擦抱合性能的要求并不一致。开清工序要求开松性好,希望纤维的动、静摩擦系数较小;但从纤维卷成形优良、防止黏卷的要求来看,则希望纤维的抱合性能好,动、静摩擦系数特别是静摩擦系数大。梳理工序为使纤维网不下坠飘荡、纤维成条优良、不蓬松、不堵塞喇叭口,希望纤维的抱合力好,静摩擦系数大。并条、粗纱和精纺工序中,牵伸时要求纤维平滑,并且要防止绕罗拉、绕皮辊,动、静摩擦系数均不能太大,但不能太小,否则影响成纱强力。此外,为了减少车间中的飞花,希望纤维的抱合力大些;为了减少纺织品加工中的静电现象,希望摩擦系数小些。总体来说,为使纤维可纺性优良,必须有良好的抱合性,但又比较平滑,摩擦系数不能太大,并要求静摩擦系数比动摩擦系数大。对合成纤维来说,必须加适当的卷曲,以保证其具有一定的抱合性,否则其可纺性很差。

思 考 题

8-1 试绘图说明纤维负荷-伸长曲线的基本特征。依据断裂强力与断裂伸长的对比关系,纤维的负荷-伸长曲线可以划分为哪三类?它们各有何特点?

8-2 名词解释:断裂强力,断裂应力,断裂强度,断裂长度,断裂伸长率。推导纤维强度三个指标之间的换算式。

8-3 哪些指标可用来表示纤维在拉伸全过程中的性质?说明它们的物理含义。

8-4　如何从测得的纤维应力-应变曲线图上测算该纤维的初始模量、屈服应力、屈服伸长率、断裂功、断裂比功和功系数。

8-5　断裂比功除可按 $W_r=\dfrac{W}{N_{tex}\times L}$ 式计算外，还可按 $W'_s=\dfrac{W}{S\times L}$（式中 S 为试样截面积）计算。前者为质量断裂比功，后者为体积断裂比功。试比较这两种断裂比功。

8-6　试述纤维的断裂机理，并对影响纤维强度和伸度的内、外因素作分析。

8-7　高分子材料的纺织纤维，其受力变形包括哪三种组分？其形成原因何在？在实际测试中如何区分这三种组分？

8-8　名词解释：弹性，弹性回复率，弹性回复功。如何根据定伸长和定负荷弹性测试拉伸图来计算定伸长弹性回复率和定负荷弹性功率？

8-9　为什么羊毛纤维的弹性优于棉、麻？试述影响纤维弹性的因素并对它们作分析。

8-10　名词解释：蠕变现象，应力松弛，疲劳。分析这三种现象的产生原因。何谓纤维的耐久度？影响耐久度的因素有哪些？生产中怎样防止纤维的疲劳损坏？

8-11　纤维的弯曲性能与织物服用性能有什么关系？怎样才算纤维具有良好的弯曲性能？

8-12　如何区分纤维的摩擦力与抱合力？分析影响纤维抱合力的因素以及纤维的摩擦抱合力对纤维可纺性的影响。

8-13　试述纤维的摩擦机理和影响纤维摩擦系数的因素。

8-14　试述纤维集合体受压缩时表现的特性。为什么絮制品希望抗压缩性优良？为什么打成包的纤维进厂后要拆包放置一定时间才进行开清棉工序？为什么弹性好的纤维纺成的纱特别需要定捻？蒸纱、给湿为何能达到定捻？

8-15　在化纤制造中主要用什么手段来达到高强低伸和低强高伸的目的？为什么？

第九章　纺织纤维的热学、电学、光学和声学性质

本章要点

掌握纤维的热学、电学、光学性质，熟悉纤维的声学性质，熟悉这些性能的表征方法和指标，并知晓这些性能在产品开发和纺织工艺加工中的应用现状与发展前途。

纺织纤维的热学性质，包括纤维的比热容、导热系数、耐热性、热稳定性和燃烧性能，它们直接与纤维的纺织加工和使用性能有关。

纺织材料的电学性质是指纤维在外加电压或电场作用下的行为及表现出的各种物理现象，包括在交变电场中的介电性质、在弱电场中的导电性质、在强电场中的击穿现象以及发生在纤维表面的静电现象。

纺织纤维的光学性质包括折射率、透明性、双折射、光散射等。纤维光学性质的研究，不仅与纤维的生产、织物的设计、织造、染整有关，而且有助于更深刻地了解纤维的分子结构与性能。

纤维的声学性质不仅与纤维的结构形态密切相关，而且与纤维的黏弹性质、力学性质相关。此外，利用纤维的声学性质在声传感器、噪音治理、超声显微术等方面有广泛的应用。因此纤维的声学性质近年来逐渐受到人们的重视。

第一节　纺织纤维的热学性质

一、纺织纤维的比热容

1. 比热容的概念

纤维的比热容(specific heat capacity)是指单位质量的纤维，温度升高(或降低)1 ℃所需吸收(或放出)的热量，简称比热(specific heat)，可以表达为：

$$C = Q/(m \times \Delta T) \tag{9-1}$$

式中：C 为比热容[J/(g·℃)]；Q 为纤维吸收(放出)的热量(J)；m 为纤维的质量(g)；ΔT 为纤维升高(或降低)的温度(℃)。

比热容的大小，直接反映纤维温度变化的难易程度。比热容较大的纤维，温度升高(或降低)1 ℃所吸收(或放出)的热量较大，表明纤维的温度变化相对较难。不同的纤维通常具有不

同的比热容值，见表9-1。

表9-1 常见干燥纺织纤维的比热容(测定温度20℃)

纤维种类	比热容[J/(g·℃)]	纤维种类	比热容[J/(g·℃)]	纤维种类	比热容[J/(g·℃)]
棉	1.21～1.34	黏胶纤维	1.26～1.36	腈纶	1.51
亚麻	1.34	聚氯乙烯纤维	0.96	丙纶(测定温度50℃)	1.8
大麻	1.35	锦纶6	1.84	玻璃纤维	0.67
黄麻	1.36	锦纶66	2.05	醋酯纤维	1.464
羊毛	1.36	芳香聚酰胺纤维	1.21	石棉	1.05
桑蚕丝	1.38～1.39	涤纶	1.34	泡沫聚氨酯纤维	2.14

如果纺织材料由各种纤维组成，这些纤维的比热容分别为C_1，C_2，…，C_n及其在混合物中所占的百分含量分别为x_1，x_2，…，x_n，那么这种材料的比热容C'，可由下式表达：

$$C' = \frac{1}{100}\sum_{i=1}^{n}(C_i x_i) \tag{9-2}$$

在自然界中，静止干空气的比热容为1.011 J/(g·℃)，与干燥纺织纤维接近；水的比热容为4.18 J/(g·℃)，为一般干燥纺织纤维的2～3倍。

2. 影响纺织纤维比热容值的主要因素

(1) 相对湿度

环境相对湿度的高低会影响到纤维内部含水的变化，而水的比热是纤维的2～3倍，即纤维的比热容与纤维的回潮率有关，且随着回潮率的增加而增大，其相互关系如下：

$$C = \frac{C_0 + C_w W}{1 + W} \tag{9-3}$$

式中：W为纤维的回潮率(以小数表示)；C_0为干燥纤维的比热容；C_w为水的比热容；C为湿纤维的比热容。

(2) 温度

纤维的比热容还受温度的影响。在一定的回潮率下，温度愈高，纤维的比热容愈大，其主要原因是纤维吸湿热随温度升高而增大。

(3) 纤维结构

纤维大分子的取向排列会导致其比热容增大，并向高温偏移；纤维的结晶形式和结晶度也对比热容产生影响。比热容对应的是分子运动所需的能量，而分子的热运动受材料的结构及分子排列的影响，如存在于纤维中缝隙孔洞的静止空气越多，纤维的比热会下降，升温速度提高，纤维及其集合体的冷感下降，随着空气形成对流之后升温的速度将减缓。

3. 纤维比热容对纤维加工和使用的影响

纺织纤维比热容的大小和变化规律，对其使用性能和加工工艺有着重要的影响，主要表现在以下几个方面：

① 具有较大比热容值的纤维，如锦纶，其面料在夏季穿着时皮肤有明显的“冷感”。

② 纤维的比热容对制定快速热加工的工艺参数的意义更为重要，如果提供的热量太多会产生

温度过高而导致纤维材料的解体破坏，如果提供的热量不足会使温度不够而无法实现热定形等。

③ 具有较大比热容值的纤维，可用于需要抵御温度骤变的场合。

④ 采用高绝热纤维材料与某些在相变过程中产生吸热和放热现象的物质进行复合，制成蓄热调温纤维，不仅可以自适应地热防护，还可以阻止红外线辐射与干扰红外探测。

二、纺织纤维的导热与保温

纺织材料是多孔性物体，纤维内部和纤维之间有很多孔隙，孔隙内又充满空气，具有一定回潮率的纤维还含有相当数量的水分。因此，纺织材料的导热过程是比较复杂的。

导热主要通过热传导、热对流和热辐射三种方式来实现。单纤维的热传递测量是极困难的，一般对纤维集合体进行测量。

1. 纺织纤维的导热系数

热传递的本质性指标是导热系数，也称导热率（thermal conductivity），用 λ 表示，其定义是当纤维材料的厚度为 1 m 及两端间的温度差为 1 ℃时，1 s 内通过 1 m^2 纤维材料所传导的热量焦耳数，在均匀介质下可表达为：

$$\lambda = \frac{Q \times d}{\Delta T \times t \times A} \tag{9-4}$$

式中：Q 为通过纤维层的热量(J)；ΔT 为纤维层两表面之间的温度差(℃)；d 为纤维层的厚度(m)；A 为纤维层的面积(m^2)；t 为传导热量的时间(s)。

常见纺织纤维、空气和水的导热系数(测定温度为 20 ℃)见表 9-2。

表 9-2　常见纺织纤维的导热系数(在室温 20 ℃下测量)

纤维材料	导热系数[W/(m·℃)]	纤维材料	导热系数[W/(m·℃)]
棉	0.071～0.073	腈纶	0.051
羊毛	0.052～0.055	丙纶	0.221～0.302
蚕丝	0.05～0.055	氯纶	0.042
黏胶纤维	0.055～0.071	锦纶	0.244～0.337
醋酯纤维	0.05	*静止干空气	0.026
涤纶	0.084	*水(纯水)	0.599

纤维材料的导热系数越大，导热性越好，保暖性越差。

纤维集合体中含有空隙和水分，一般测得的纺织材料的导热系数是纤维、空气和水分的混合体。静止空气的导热系数最小，是最好的热绝缘体。因此，纺织材料的保温性主要取决于纤维中夹持的空气的数量和状态。在空气不流动的情况下，纤维层中夹持的静止空气（俗称死空气）越多，纤维层的绝热性越好；而一旦空气发生流动，纤维层的保温性就大大下降。纤维层的导热系数与密度的关系如图 9-1 所示。由图可见，导热系数随着纤维层的体积质量的增大呈现先减后增的趋势，密度为 0.03～0.06 g/cm^3时，λ 值最小，即纤维层的保温性最好。在极小值的左边，纤维层的密度太小，

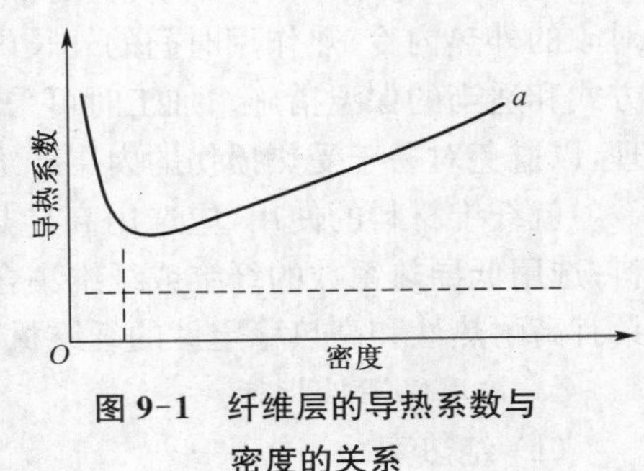

图 9-1　纤维层的导热系数与密度的关系

纤维间的空隙太大，空气易于流动，所以λ较大；在极小值的右边，纤维层的密度偏大，纤维间空气含量偏小，空气所引起的绝热作用减弱，λ也较大。

2. 影响纤维导热系数值的主要因素

（1）纤维的结晶与取向

纤维中分子沿纤维轴的取向排列越高，有利于热在此方向上的传递，沿纤维轴向的导热系数越大。即平行纤维轴方向的导热系数$\lambda_{\parallel}$不等于垂直纤维轴方向的导热系数$\lambda_{\perp}$，这就是纤维热传导的各向异性。在纤维集合体中，只要纤维有取向排列，同样存在：$\lambda_{\parallel} \neq \lambda_{\perp}$。

纤维的结晶度越高，有序排列的部分越多，连续性愈好，有序排列的晶格有利于热振动，故导热系数λ越大。

（2）纤维集合体的填充密度

在相同的纤维填充密度下，当两端气压越大时，空隙中的气体流动性增大，导热系数λ增大。实践中，通过控制纤维层的体积质量，维持较多的静止空气是提高纤维制品保暖性的主要方法。

（3）纤维细度和中空度

当纤维排列特征相同时，纤维愈细，在同样密度下的相对间隙越小，静止空气的作用越强，导热系数越小，而且穿着细纤维制品时人体红外线向外热辐射的穿透能力越弱，因此保暖性越好。

纤维中的空腔量越大，在不压扁的状态下所持有的静止空气越多，纤维集合体的导热系数越小，保暖性越好。

（4）纤维排列方向

当纤维平行于热辐射方向排列时，即纤维垂直于纤维层方向取向排列时，导热能力较强，如图9-2。

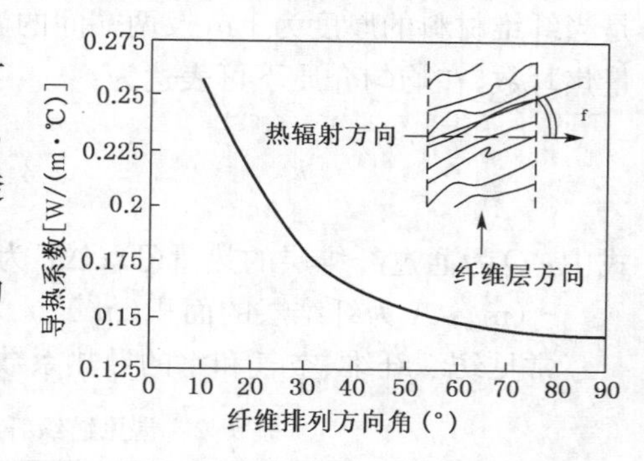

图9-2　纤维排列方向与导热系数的关系

（5）环境温湿度

一般认为，温度升高，纤维分子的热运动频率升高，热量的传递能力增强，纤维材料的导热系数增大。

在不同的环境温湿度条件下，纤维的回潮率会发生相应的变化。纺织材料的导热系数随回潮率的增大而加大。

3. 纤维导热系数对纤维加工和使用的影响

就纤维加工而言，导热系数较低的纤维，会影响热作用的传递和热处理的效果，造成处理对象的外热内冷、热作用时间的外长内短、处理效果的内外不均匀。为此，须采用逐渐升温的方式和适当的保温措施。加工时可采取对需要热定形或热处理的外层纤维，实施快速升温处理，以避免对易于受热损伤的内层纤维的过热作用。

就纤维材料的使用，应选用高导热系数的纤维来制作要求导热、散热性能良好的夏季衣料；选用低导热系数的纤维或纤维集合体来制作绝热、高保暖的衣用材料；选用低导热系数又具有高耐热性和高热稳定性的纤维材料来制作高温差环境中使用的隔热材料。

4. 常用保温性指标

（1）绝热率

表示纤维集合体隔绝热量传递保持温度的性能，通常采用降温法测得，将被测试试样包覆在一热体外面，用另一个相同的热体作为参照物（不包覆试样），同时测得经过相同时间后的散热量或温度下降量，得绝热率 T 为：

$$T(\%) = \frac{Q_0 - Q_1}{Q_0} \times 100 = \frac{\Delta t_0 - \Delta t_1}{\Delta t_0} \times 100 \tag{9-5}$$

式中：Q_0 为不包覆试样热体的散热量(J)；Q_1 为包覆试样热体的散热量(J)；Δt_0 为不包覆试样的热体单位时间温度下降量(温差)(℃)；Δt_1 为包覆试样的热体单位时间温度下降量(温差)(℃)。

绝热率值越大说明该材料的保暖性越好。实际测试中，为了方便和达到测试结果的稳定可靠，通常用两只相同的容器，加入同质量和温度的水，测量经过一定时间后的温差。应当注意的是比较不同纺织品的保暖性差异应该在相同的实验环境中进行。

(2) 保暖率

保暖率是描述织物保暖性能的指标，采用恒温原理测试，在保持热体恒温的条件下无试样包覆时消耗的电功率和有试样包覆时消耗的电功率之差占无试样包覆时消耗的电功率的百分率，该值越大说明保暖能力越好。

(3) 热阻

有时采用与导热性意义相反的热阻率(thermal resistance rate)作为保暖性的指标：

$$R_h = 1/\lambda \tag{9-6}$$

式中：R_h 为热阻(m·℃/W)。

热阻值越大说明材料的热绝缘性和保温性就越好。

三、纺织纤维的热力学性质

热力学性质是指在温度的变化过程中，纺织材料的力学性质随之变化的特性。大多数纤维的内部结构有晶相(结晶区)和非晶相(无定形区)，对于晶相的结晶区来说，在热的作用下其热力学状态有两个：一个是熔融前的结晶态，其力学特征表现为刚性体，具有强力高、伸长小、模量大的特性；另一个是熔融后的熔融态，其力学特征表现为黏性流体。两者可以用熔点进行区分。对于非晶相区域，随着温度的升高会出现三种不同的力学状态。如锦纶、涤纶等纤维内部有很大的非晶态区域，这类纤维在受热以后，随着温度的提高将相继出现玻璃态、高弹态和黏流态三种物理状态，在三个不同的温度区域，表现出完全不同的变形幅度，如图 9-3 所示。

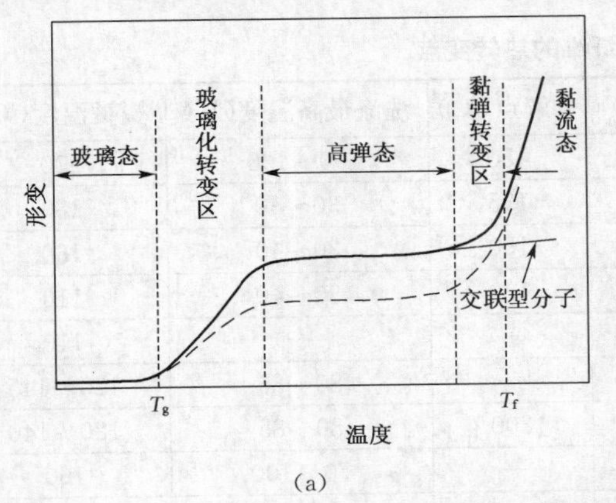

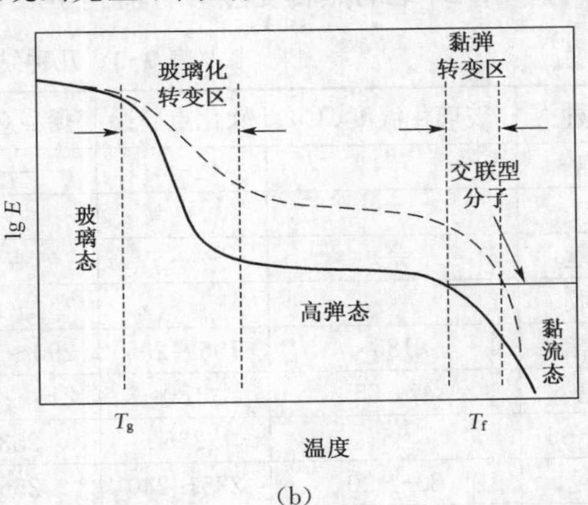

图 9-3 热塑性纤维的热转变点

玻璃态时，纤维中非结晶部分的分子热运动能量很低，不能激发链段的运动，处于所谓的被冻结的状态。这时给纤维有限的外力，非结晶部分的分子主链仅发生链长和键角的微小变化，相应的变形立即发生且变形很小；当外力除去后，变形立即消失而回复原状，这一力学状态称为纤维具有一般固体的普弹性能。高弹态时，纤维中非结晶部分的分子因升温而获得较大的热运动能量，因而链段的运动受到激发，在外力作用下，分子链通过内旋转和链段运动产生较大的变形，当外力除去后，被拉直的分子链又会通过内旋转和链段的运动回复到原来的卷曲状态，经过一段时间变形又回复，在这一状态时纤维具有高弹性能。黏流态时，相当高的加热温度不仅可以使非结晶部分的分子链段全部运动，而且整个分子链产生运动，此时稍一受力即可变形，即使解除外力，形变也不会回复，在这一状态纤维具有可塑性能。

具有上述力学三态的纤维称为热塑性纤维（thermoplastic fiber），而天然纤维和黏胶、铜氨等再生纤维素纤维受热后不发生上述的三态变化过程，但达到一定温度以后会自行分解，这类纤维可称为非热塑性纤维（non-thermoplastic fiber）。

有明显热塑性特征的纤维，这三种转变的界限是非常清楚的。随着态的转变，纤维的力学性质与物理性质发生显著变化。因此将态发生转变涉及纤维性质显著变化时的温度，称为纤维的热转变点。热转变点（thermal inversion point）即态与态之间的分界温度，包括玻璃化温度、黏流温度、软化温度、熔点和分解点。

（1）玻璃化温度

它是指从玻璃态向高弹态转变的温度，也就是高聚物链段运动开始发生的温度。

（2）黏流温度

它是指从高弹态向黏流态转变的温度，也就是聚合物熔化后发生黏性流动的温度。

（3）软化温度

它是指在一定的压力及条件（如试样大小、升温速度、施力方式等）下，高聚物达到一定变形时的温度。

（4）熔点

它是指高聚物内晶体完全消失时的温度，也就是结晶熔化时的温度。

（5）分解点

它是指纤维发生化学分解时的温度。

一些纺织纤维的热转变点参考值列于表 9-3。

表 9-3　几种纺织纤维的热转变点

纤维种类	玻璃化温度(℃)	软化点(℃)	熔点(℃)	分解点(℃)	洗涤最高温度(℃)	熨烫温度(℃)
棉	—	—	—	150	90～100	200
羊毛	—	—	—	135	30～40	180
蚕丝	—	—	—	150	30～40	160
黏胶	—	—	—	150	30～40	110
醋酯	186	195～205	290～300	—	—	110
锦纶 6	47，65	180	215～220	—	80～85	125～145
锦纶 66	85	225	253	300	80～85	120～140
涤纶	80～90	235～240	256	—	70～100	160
腈纶	80～100，140～150	190～240	—	280～300	40～50	130～140

（续　表）

纤维种类	玻璃化温度(℃)	软化点(℃)	熔点(℃)	分解点(℃)	洗涤最高温度(℃)	熨烫温度(℃)
维纶	85	干:220～230 湿:110	—	—	—	干:150
丙纶	−35	145～150	163～175	—	—	100～120
氯纶	82	湿:110	200	—	30～40	30～40

由表可见，天然纤维和再生纤维没有玻璃化温度、软化点和熔点，到达分解点后即分解，而热塑性合成纤维和醋酯纤维在高温下先软化后熔融，具有软化点和熔点。

热塑性合成纤维，其玻璃化温度与纤维的内部结构有关。当聚合度大、结晶度和取向度高时，玻璃化温度较高。当纤维中有低分子物存在时，玻璃化温度会降低。当测试方法、测试条件不同时，所得玻璃化温度不同。玻璃化温度是纤维的一个重要热转变点。当温度升到玻璃化温度时，纤维除变形发生很大变化外，其他许多物理性质如初始模量、比热容、导热系数、膨胀率、密度、折射率等都发生变化。在化纤制造和织物的染整过程中，许多加工温度都要根据纤维的玻璃化温度进行选择。

热塑性纤维，由于有些物理状态之间的转换温度比较低，有些甚至低于它们在加工与使用中接触到的温度，因而加热中碰到的问题比较多；而非热塑性纤维，由于其分解温度都高于它们在使用中可能接触到的温度，故加热中碰到的问题比较少。

四、纺织纤维的燃烧性与抗熔性

1. 纺织纤维的燃烧性

纤维的燃烧性是指在遇到明火高温时的快速热降解和剧烈化学反应的结果，燃烧所产生的热量又会加剧和维持纤维的燃烧。纤维燃烧会产生很大的危害，因此纤维的阻燃性就构成了纺织品安全防护的一项重要内容。

(1) 表示纤维阻燃性的指标

① 耐燃性指标。以燃烧时材料质量减少程度或火焰维持时间长短或极限氧指数表示。

极限氧指数(*LOI*)是指材料经点燃后在氧-氮大气里持续燃烧所需的最低氧气浓度，一般用氧占氧-氮混合气体的体积比(或百分比)表示。

$$LOI(\%)=\frac{\text{氧的体积}}{\text{氧的体积}+\text{氮的体积}}\times 100 \tag{9-7}$$

显然 *LOI* 值越大，燃烧所需要的氧气量越大，材料的耐燃性越好。空气中氧所占的比例接近 20%，因此从理论上讲只要纤维的 *LOI* 超过空气中的含氧量就有自熄作用，但考虑到空气对流等因素，一般 *LOI*>27%才能达到阻燃要求。

② 可燃性指标。以纤维的点燃温度或纤维的发火点作为评价指标，见表 9-4。显然，点燃温度或发火点越低，纤维越容易燃烧。天然纤维比合成纤维容易燃烧，其中，蚕丝不易燃烧，柞蚕丝更不易。

表 9-4　纤维的点燃温度和发火点

纤维种类	点燃温度(℃)	发火点(℃)	极限氧指数
棉	400	160	0.18
羊毛	600	165	0.24
黏丝	420	165	0.19
生丝	—	185	—
精练丝	—	180	0.23
锦纶 6	530	390	0.20
锦纶 66	520	390	—
涤纶	450	390	0.22
腈纶	560	375	0.185
丙纶	570	—	—

(2) 纺织纤维的阻燃性(non-flame property)

纺织纤维按其燃烧能力的不同可分为:

① 易燃纤维。容易点燃,燃烧迅速,如纤维素纤维、腈纶。

② 可燃纤维。燃烧缓慢,离开火焰可能自熄,如羊毛、蚕丝、锦纶、涤纶和维纶等。

③ 难燃纤维。与火焰接触时燃烧,离开火焰自行熄灭,如氯纶。

④ 不燃纤维。与火焰接触也不燃烧,如石棉、玻璃纤维、碳纤维等。

燃烧性好的纤维不仅会引起火灾,而且燃烧时会灼伤人的皮肤。各种纤维所造成的危害程度,与纤维的点燃温度、火焰传播速率和范围以及燃烧时产生的热量有关,随着城市生活现代化的发展,对纺织纤维阻燃性的要求越来越高。

(3) 提高材料阻燃性的途径

① 制造阻燃纤维。通过阻止或减少纤维热分解、隔绝氧气和快速降温的方法使纤维终止燃烧。有两种方法可以实现:一种是将有阻燃效果的阻燃剂加入纺丝溶液中,再经纺制形成阻燃纤维,如阻燃黏胶纤维、阻燃腈纶纤维等;另一种是由合成的耐高温高聚物纺制成阻燃纤维,如间位芳纶、对位芳纶等。

② 对制品进行阻燃整理。在制品的后整理中,加入阻燃剂涂于制品表面形成阻燃层,以提高阻燃性。

2. 纺织纤维的抗熔性(melt resistance)

纤维接触火星时抵抗熔融破坏的性能称为抗熔性。抗熔性与纤维的熔点和分解点的高低、熔融和分解所需的热量、比热容、回潮率等因素有关。

热塑性合成纤维(如涤纶、锦纶等)接触火星或其他热体时,当火星和热体的表面温度高于纤维的熔点时,接触部位就会因吸收热量而开始熔融,并随着熔体向四周收缩,在织物上形成熔孔。天然纤维和黏胶纤维等接触火星或其他热体时,当火星和热体的表面温度高于纤维的分解点时,接触部分因吸收热量而开始分解或燃烧,造成破坏。不同纤维从 50 ℃开始至纤维熔融或分解所需吸收的热量见表 9-5。

表 9-5　纤维熔融或分解所需吸收的热量

纤维种类	温度(℃)	所需吸收的热量(J/g)	纤维种类	温度(℃)	所需吸收的热量(J/g)
棉	50～280	293.1	涤纶	50～250	117.2
羊毛	50～250	397.8	锦纶	50～220	146.5

1 g 的涤纶或锦纶纤维熔融所需要的热量，仅为 1 g 棉或羊毛纤维热分解所需热量的30%～50%，这就是说，使涤纶和锦纶织物熔孔所需的热量比分解天然纤维小得多。由此可见，天然纤维和黏胶纤维的抗熔性较好，涤纶、锦纶等热塑性纤维的抗熔性较差，因此可采取与天然纤维和黏胶纤维混纺或者在制成织物后进行抗熔、防熔整理的方法来改善热塑性纤维的抗熔性。

五、纺织纤维的热膨胀与热收缩

1. 热膨胀(thermal dilation)与热收缩(thermal shrinkage)的概念

一般固态物质在温度变化不大的环境下有可逆的热胀冷缩现象。纺织纤维则复杂得多，一部分纤维在加热条件下有轻微的膨胀，膨胀系数为正值，其原因是纤维分子受热后发生较强的热振动而获得了更多的空间；合成纤维受热后则往往发生不可逆的收缩现象，其膨胀系数为负值，见表 9-6。

表 9-6　几种纤维的膨胀系数

纤维种类	膨胀系数	纤维种类	膨胀系数
棉	40×10^{-4}	膨胀锦纶	1×10^{-4}
聚乙烯	2×10^{-4}	膨胀涤纶	0.5×10^{-4}
聚丙烯	10×10^{-4}	锦　纶	-3×10^{-4}
醋酯纤维	$(0.8\sim1.6)\times10^{-4}$	涤　纶	-10×10^{-4}(在 80 ℃附近)

合成纤维发生热收缩的原因是，纺丝成形过程中的拉伸作用，使纤维内部残留应力，但受玻璃态的约束不能回缩，当纤维受热温度超过一定限度时，大分子间的约束减弱，从而产生了收缩。

2. 表示热收缩的指标

热收缩的程度用热收缩率(heat shrinkage rate)(指加热后纤维缩短的长度占原来长度的百分率)来表示。根据加热介质的不同，可以得到三种不同的热收缩率：

(1) 沸水收缩率

指将纤维放在 100 ℃的沸水中处理 30 min 并晾干后测得的收缩率。

(2) 热空气收缩率

指用 180 ℃、190 ℃或 210 ℃的热空气为介质处理一定时间(如 15 min)后的收缩率。

(3) 饱和蒸汽收缩率

指用 125～130 ℃的饱和蒸汽为介质处理一定时间(如 3 min)后的收缩率。

图 9-4 所示为锦纶 6、锦纶 66 和涤纶长丝在三种介质下的热收缩率，从图中可以看出，合成纤维的热收缩率随着介质和温度的不同而不同，如锦纶 6 和锦纶 66 的热收缩率排序为3>1>2，这是因为锦纶具有一定的吸湿性，而且水分子的进入会减弱大分子间的结合力，所以

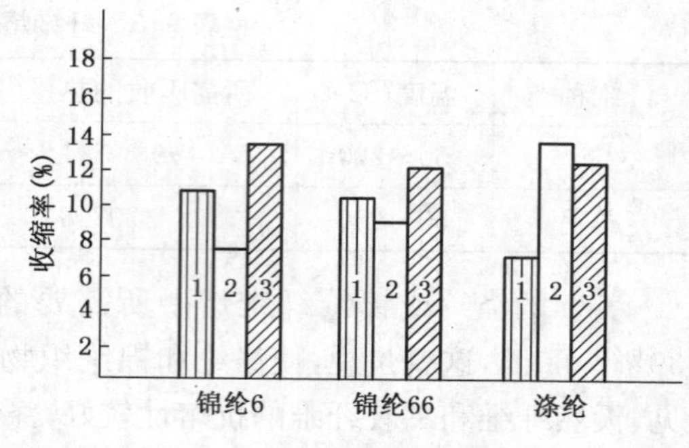

图 9-4 合成纤维的热收缩率

1—沸水收缩率 2—热空气收缩率(190 ℃下处理 15 min)
3—饱和蒸汽收缩率(锦纶 6:125 ℃下处理 3 min;
锦纶 66 和涤纶:130 ℃下处理 3 min)

其湿热收缩大于干热收缩;涤纶的吸湿能力很小,因此它所表现出来的是 2>3>1,即温度最高时其热收缩最大,温度最低时其热收缩最小,即其收缩率的大小和温度有关。我国已考虑将 180 ℃热空气收缩率作为涤纶品质评定的一个项目。

不同种类合成纤维的热收缩率是不相同的。氯纶和维纶相比,维纶在热水中的收缩率为 5%以上;氯纶在 70 ℃左右开始收缩,至 100 ℃时热收缩率可达 50%以上。长丝和短纤维相比,前者的热收缩率大于后者,这是纺丝成形时长丝的拉伸倍数大于短纤维而造成的。

3. 热收缩对纺织加工的影响

合成纤维的热收缩对织物的服用性能有影响。一般不希望产生热收缩或者希望热收缩率尽量小,且均匀。热收缩率大会影响织物的尺寸稳定性;热收缩不均匀的纤维混在一起织成织物,经印染加工受高温处理时,会因收缩不均匀而产生吊经、吊纬、裙子皱等疵点。

有意识地利用合成纤维的热收缩特性,可使织物获得某种特殊的外观效应。例如将热收缩纤维和不收缩纤维或异收缩纤维混纺再配以相应的织物组织,其制品经过加热可以形成具有绉效应或富有毛型感的织物。

六、纺织纤维的热定形

1. 热定形的概念

将纺织材料加热到一定温度(对合成纤维来说须在玻璃化温度以上),纤维内大分子间的结合力减弱,分子链段开始自由运动,纤维变形能力增大。这时,加以外力使它保持一定形状,就会使大分子间原来的结合点被拆开,并在新的位置上重建而达到新的平衡,冷却并除去外力,这个形状就能保持下来,只要以后的加工或使用过程中不超过这一处理温度,其形状基本上不会发生变化,纤维的这一性质称为热塑性,这一处理过程称为热定形(thermosetting)。热定形可在外力作用下进行,即紧张热定形;也可在无外力作用下进行,即松弛热定形。

2. 热定形的途径

就热塑性纤维、非热塑性纤维和蚕丝纤维三者而言,它们的热定形途径是不相同的。

(1) 热塑性纤维的热定形

热塑性纤维的热定形温度必须高于其玻璃化温度,使之进入高弹态以后,才能通过分子链段移动,超越能垒和沿外力场方向取向,从而得到一个和外力场相对应的平衡结构,并在新的位置上重新建立分子之间新的结合,使原有的应力得到衰减,再经冷却,即可获得定形的效果。

(2) 非热塑性纤维的热定形

非热塑性纤维的热定形没有物态转移问题,而是通过一般的力学松弛过程来进行的,加热不是形成应力衰减的主要因素,它的作用只在于促进这一过程的进行,热定形效果不如热塑性纤维。但是,羊毛结构中有横向的交联,如给以充分的定形条件,也能得到较好的定形效果。

(3) 蚕丝纤维的热定形

蚕丝纤维的热定形的作用表现在两个方面：一方面，加热可以促进丝素的力学松弛过程，使变形残留应力消除；另一方面，加热能使包覆于丝素外层的丝胶得到部分熔化并沿外力场的方向流动，从而调整其在丝素表面的包覆状况，并使潜藏于丝胶中的一部分应力消除，一旦冷却，即可因丝胶在新位置上的固化而使丝素已获得的定形效果得到保持。

3. 热定形的效果

热定形的效果从时效和内部结构的稳定性来看可以分为暂时定形和永久定形。暂时定形没有充分消除纤维内部的应力，只是利用纤维在玻璃态下链段的冻结来维持外观形状，因此作用时间较短，一旦遇到热湿或机械外力作用形状容易消失。永久定形使其内应力充分松弛，纤维内部分子形成了新的比较稳定的结合，所以形状维持能力强。

4. 影响热定形效果的主要因素

(1) 定形温度

温度是影响热定形最主要的因素。热定形的温度通常要高于玻璃化温度，低于黏流温度。温度太低，大分子运动困难，内应力难以消除，达不到热定形的目的；温度太高，会使纤维及其织物颜色变黄，手感变硬变糙，甚至熔融、分解。

(2) 定形时间

热定形需要足够的时间，使热量能均匀扩散。温度低时，定形时间需长些；温度高时，定形时间可短些，合适的定形时间能使纤维分子充分调整而达到结构稳定。

(3) 定形介质

介质对热定形效果也有影响，应视介质对纤维的侵入情况而定。例如，锦纶的吸湿能力较大，水分子可以侵入，有利于大分子结合点的拆开和重建，饱和蒸汽定形就是一种非常有效的定形手段。

(4) 定形张力

张力的大小与织物的性能要求和风格特点有关。张力大时织物表面容易舒展平整，但手感偏板硬，如滑爽挺括薄型织物的定形；张力小时织物表面容易显现凹凸起伏，手感软糯，如蓬松丰满织物的定形。

另外，热定形时纤维或织物经高温处理一段时间后，冷却要迅速，使分子间新的结合点很快"冻结"。否则，纤维大分子间的相互位置不能很快固定下来，纤维及其织物的变形会消失，纤维内部结构也会显著结晶化，使织物的弹性和手感变差。

七、纺织纤维的耐热性和热稳定性

纺织纤维在热的作用下，随着温度的升高，大分子链段的热运动加剧，大分子间的结合力减弱，使纤维强度下降。当温度不是太高，作用时间不是太长时，温度降低后纤维的强度大部分能回复，即强度损失不大。随着温度的继续提高，作用时间的延续，特别是在氧和水存在的条件下，纤维大分子会在最弱的键发生裂解，使纤维强度显著下降，强度损失增大。

纤维受短时间高温作用后回到常温时其强度能基本或大部分回复的温度或纤维随温度升高而强度降低的程度，可用于表示纤维的耐热性(heat endurance)；一定温度下纤维强度随时间而降低的程度，反映了纤维的热稳定性(heat steadiness)。耐热性好的纤维，其热稳定性并不一定好，只有涤纶同时具有良好的耐热性和热稳定性。表 9-7 给出了常见几种纤维受热后的剩余强度值。

表 9-7 常见纤维受热后的剩余强度(%)

纤维种类	20 ℃ 未加热	100 ℃ 经过 20 天	100 ℃ 经过 80 天	130 ℃ 经过 20 天	130 ℃ 经过 80 天
棉	100	92	68	38	10
亚麻	100	70	41	24	12
苎麻	100	62	26	12	6
蚕丝	100	73	39	—	—
黏胶	100	90	62	44	32
锦纶	100	82	43	21	13
涤纶	100	100	96	95	75
腈纶	100	100	100	91	55
玻璃纤维	100	100	100	100	100

第二节　纺织纤维的电学性质

一、纺织纤维的介电性质

1. 纤维的介电常数(dielectric constant)

常用纺织纤维传导电流的能力极低，故属电绝缘材料(电介质)。如将它置于电场中，它会被电场极化，如图 9-5 所示。极化的程度可用介电常数 ε 表示，其计算公式如下：

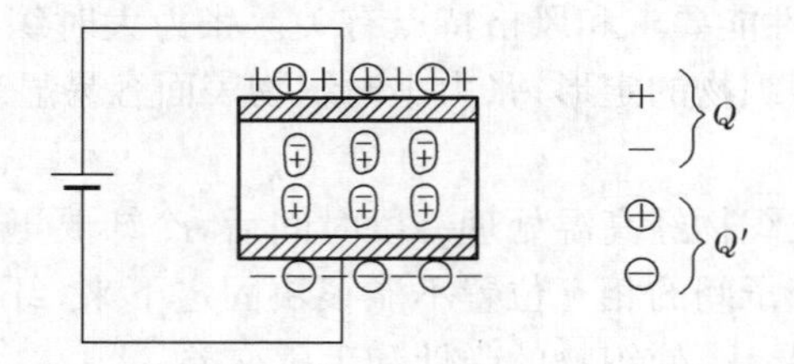

图 9-5　高聚物在电场中示意图

$$\varepsilon = C_1/C_0 = 1 + Q'/Q_0 \qquad (9-8)$$

式中：C_0 为以真空为介质的电容量；C_1 为以纤维材料作介质的电容量；Q_0 为在一个以真空为介质、电压为 V 的平板电容器上聚集的电荷量；Q' 为由于纤维材料被极化而在两极板上产生的感应电荷量。

在工频(50 Hz)条件下，真空的介电常数 $\varepsilon_0=1$，空气的介电常数接近于 1，干纺织材料的介电常数为 2～5，液态水的介电常数约等于 20，固态水的介电常数约等于 80。ε 越大，表示纤维贮存电能的能力越大。几种主要纺织纤维的介电常数列于表 9-8 中(测定条件：温度

20～25℃，电场频率 50 Hz，相对湿度 65%)。

表 9-8　纺织纤维的介电常数

纤维种类	介电常数	纤维种类	介电常数
棉	6	醋纤	3.5～6.4
羊毛	6	涤纶	3.02
蚕丝	4.2	锦纶	4
黏纤	7.7	—	—

影响纤维介电常数的因素有纤维内部结构因素(主要是相对分子质量、密度和极化率)和外界因素(温度、回潮率、电场频率和纤维在平板电容器间的堆砌紧密程度)。表 9-9 列出了外界因素对纤维介电常数的影响。

表 9-9　外界因素对纤维介电常数的影响

纤维种类	纤维的堆砌紧密程度(%)	相对湿度(%)	回潮率(%)	电场频率			
				100 Hz	1 kHz	10 kHz	100 kHz
黏胶短纤	43.7	0	0	3.8	3.6	3.6	3.5
	44.8	45	9	0.9	5.4	5.0	4.7
	44.3	65	11.5	17	8.4	6.0	5.3
醋酯短纤	44.4	0	0	2.6	2.6	2.5	2.5
	45.4	45	4	3.1	3.0	3.0	2.9
	47.1	65	0	3.7	3.5	3.4	3.3

2. 纤维的介电损耗(dielectric loss)

纺织材料中的极性水分子，在交变电场作用下，会发生极化现象而部分地沿着电场方向定向排列，并随电场方向的变换不断地做扭转交变取向运动，使分子间不断发生碰撞和摩擦。要克服摩擦，就要消耗能量，因而介质吸收的一部分电能转变为热能，引起介质的发热。介质在交变电场作用下发热而消耗的能量，称为介电损耗。单位时间内单位体积的介质析出的热能 P，可按下式计算：

$$P = 0.556 f E^2 \varepsilon \tan\delta \times 10^{-12} \tag{9-9}$$

式中：P 为电场消耗的功率[W/(cm³ · s)]；f 为电场的频率(Hz)；E 为电场强度(V/cm)；ε 为介质的介电常数；$\tan\delta$ 为介质损耗角的正切值。

乘积 $\varepsilon\tan\delta$ 称作介质的损耗因素，它不是一个常数，而是与电场频率有关。干纺织材料的 ε 一般为 2～5，$\tan\delta$ 为 0.001～0.05；水的 ε 为 40～80，$\tan\delta$ 为 0.15～1.2。用纺织材料作为电工绝缘材料时，介质损耗越小越好，以免发热而使材料性质恶化，甚至破坏。

利用介电损耗原理，可以对纺织材料进行加热烘干。在高频电场(1～100 MHz)或微波(800～22 250 MHz)电场中，纺织材料吸收的能量少、温度较低，而水分子吸收绝大部分能量，使水分很快蒸发。纺织材料中含水越多，吸收的能量越多，水分蒸发越快。其加热原理是能量以电能形式传给纺织材料，在纺织材料中转变为热能，使纺织材料本身成为热源。热能在纺织材料内外同时产生，纺织材料的干燥过程也是内外同时进行，纺织材料表面的温度因热量向周围空气中的散失而低于内部的温度，因此纺织材料内部比表面干燥得更快，而不会造成表面过热的现象。

二、纺织纤维的电导性能

纤维电导性能(conductance property)的获得与传导途径,目前尚不十分清楚。现在已知许多纤维带有部分离子电流(纤维在形成过程中可能混入的各种杂质与添加剂在直流电场的作用下离解成离子)、位移电流(纤维中的原子与极性基团上的电荷在交变电场中会发生移动)与吸收电流(可能是偶极子的极化、空间电荷效应和界面极化等作用的结果),而不像流经导体时那样仅仅是传导电流。这些电能越多,纤维的电导性能越好。

电流在纤维中的传导途径主要取决于电流的载体。例如,对吸湿性好的纤维来说,由于有 H^+ 和 OH^- 离子能进入纤维内部,因此体积传导是主要的;对吸湿性差的合成纤维来说,由于纤维在后加工中的导电油剂主要分布在纤维的表面,因此表面传导是主要的。

1. 纤维的比电阻(specific electric resistance)

常用来表示纤维导电能力的指标是比电阻。比电阻有表面比电阻、体积比电阻和质量比电阻。

(1) 表面比电阻 ρ_s(Ω)

指电流通过宽度为 1 cm、长度为 1cm 的材料表面时的电阻。

(2) 体积比电阻 ρ_v(Ω·cm)

指电流通过截面积为 1 cm²、长度为 1 cm 的材料内部时的电阻。

(3) 质量比电阻 ρ_m(Ω·g/cm²)

指电流通过长度为 1 cm、质量为 1 g 的材料时的电阻。

它们的计算公式分别为:

$$\rho_s = R_s b/L,\ \rho_v = R_v s/L,\ \rho_m = R_m m/L^2 \tag{9-10}$$

式中:L 为测试电极间的距离(cm);b 为试样的宽度(cm);s 为试样的截面积(cm²);m 为两极板间纤维材料的质量(g);R_s 为电流通过试样表面时的电阻(Ω);R_v 为电流通过试样内部时的电阻(Ω);R_m 为电流通过纤维束时的电阻(Ω)。

用质量比电阻来表示纤维的导电性能比较方便,也较确切。质量比电阻与体积比电阻的关系为:

$$\rho_m = \rho_v \times \gamma \tag{9-11}$$

式中:γ 为纤维的密度(g/cm³)。

纺织纤维是电的不良导体,它的质量比电阻很大。为便于表示,常采用质量比电阻的对数值(即 $\log \rho_m$)。一些纤维在相对湿度 65%时的 $\log \rho_m$ 值见表 9-10。

表 9-10 纺织纤维的质量比电阻(相对湿度为 65%)

纤维种类	$\log \rho_m$	n	$\log K$	纤维种类	$\log \rho_m$	n	$\log K$
棉	6.8	11.4	16.6	醋酯	11.7	10.6	20.1
苎麻	7.5	12.3	18.6	腈纶	8.7	—	—
蚕丝	9.8	17.6	26.6	腈纶(去油)	14	—	—
羊毛	8.4	15.8	26.2	涤纶	8.0	—	—
黏胶	7.0	11.6	19.6	涤纶(去油)	14	—	—
锦纶	9~12	—	—	—	—	—	—

质量比电阻高的纤维在纺织加工过程中容易产生静电现象，影响加工顺利进行，甚至无法进行。一般希望 $\log\rho_{m}$ 低于 7～9，否则应采取措施。羊毛从和毛工序开始加油，合成纤维在制造时上油剂，就是为了降低它们的质量比电阻，防止静电现象的产生。为了保证合成纤维的可纺性能，已考虑将比电阻列入其品质评定的内容。

2. 影响纺织纤维比电阻的因素

纺织纤维的比电阻与纤维内部结构有关，由非极性分子组成的纤维(如丙纶等)，导电性能差，比电阻大；聚合度大、结晶度大、取向度小的纤维，比电阻大。此外，纺织纤维的比电阻还与下列因素有关。

(1) 吸湿

吸湿对纺织纤维比电阻的影响很大。干燥的纺织纤维导电性能极差，比电阻很大，吸湿后导电性能有所改善，比电阻下降。由吸湿引起的纺织纤维比电阻的变化可达 4～6 个数量级。对大多数吸湿的纺织纤维来说，在相对湿度 30%～90%的范围内，质量比电阻与纤维含水率的近似相关方程如下：

$$\rho_{m}M^{n} = K,\ \log\rho_{m} = \log K - n\log M \tag{9-12}$$

式中：n 与 K 为实验常数(表 9-10)。

(2) 温度

与大多数半导体材料一样，纺织纤维的比电阻随温度的升高而降低。因此，用电阻测湿仪测试纺织材料的含水率或回潮率时，需根据温度进行修正。

(3) 纤维附着物

棉纤维上的棉蜡、羊毛上的羊脂、蚕丝上的丝胶，都会降低纤维的比电阻，提高纤维的导电性能，使其可纺性良好。除去这些表面附着物后，纤维的导电性能降低，比电阻增高。

给化学纤维，特别是吸湿性差、比电阻高的合成纤维，加上适当的含有抗静电剂的油剂，能大大降低纤维的比电阻，提高导电性能，改善可纺性和使用性能。加油剂后纤维比电阻的大小与所加油剂种类和上油量有关。

(4) 其他因素

测试条件包括电压高低、测定时间长短和所用电极材料等，对纺织材料的比电阻有一定的影响。电压大时，测得的比电阻偏小，所以要规定测试电压；测试时间长时，比电阻读数会增高，所以读数要迅速，一般要求在几秒钟内完成；所用电极材料不同，也会影响比电阻的读数，目前一般采用不锈钢。

三、纺织纤维的静电

1. 静电现象(static electrical phenomenon)和静电电位序列

摩擦带电，这是众所周知的现象。两种电性不同的物体相互接触和摩擦时，会发生电子转移而使一个物体带正电荷，另一个物体带负电荷，如图 9-6 所示。这种现象称为静电现象(或带电现象)，这个现象是一个动态过程。金属是电的良导体，电荷极易漏导，所以静电荷不会积累。纺织纤维的比电阻很高，特别是吸湿能力差的合成纤维，其比电阻更高。因此，纤维在纺织加工和使用过程中相互摩擦或与其他材料摩擦时产生的静电荷，不易散逸而积累(漏导的速度小于产生电荷的速度)起来，造成静电现象。

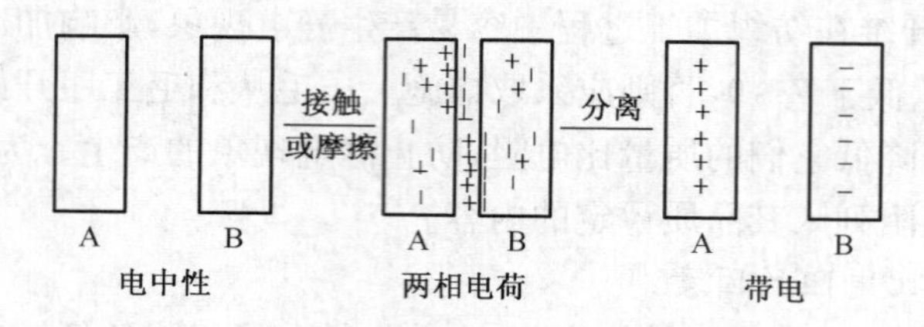

图 9-6　物体的静电现象

由实验得知，互相摩擦的两物体带有不同电荷，介电常数大、电阻小的物体带正电。比较所带静电的正负，将两物体按带电能的顺序排列成表，称为带电列，其次序大致如图 9-7 所示。靠近(＋)的物体与靠近(－)的物体相互摩擦时，前者带正电，后者带负电。各种纤维与纺织工业中广泛使用的各种材料相接触时产生的电荷极性见表 9-11。

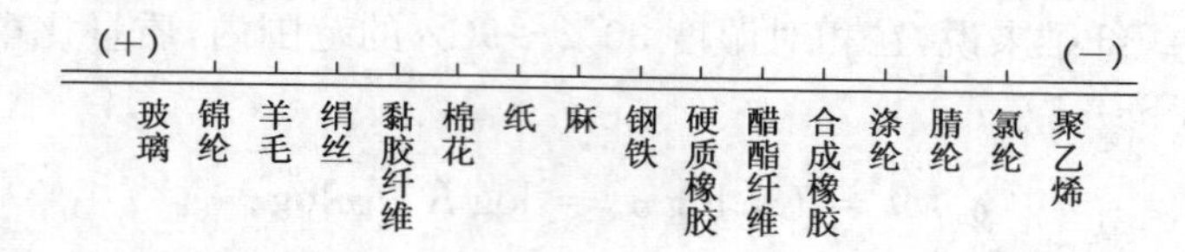

图 9-7　物体的带电列

表 9-11　各种纤维与不同材料接触时产生的电荷极性

纤维种类	研磨过的钢	镀铬钢	黄铜	铜	铝	玻璃	瓷	己内酰胺树脂	聚氯乙烯	刨光木材	人手皮肤	橡皮	氟塑料
棉	＋	＋	＋	＋	＋	－	－	－	＋	＋	－	＋	＋
亚麻	＋	＋	＋	＋	＋	－	－	－	＋	＋	－	＋	＋
羊毛	＋	＋	＋	＋	＋	－	－	－	＋	＋	＋	＋	＋
有光黏胶纤维	＋	＋	＋	＋	＋	－	－	－	＋	＋	＋	＋	＋
无光黏胶纤维	＋	＋	＋	＋	＋	－	＋	－	＋	＋	＋	＋	＋
醋酯纤维	±	±	＋	－	－	－	－	－	＋	＋		＋	＋
涤纶	＋	＋	＋	＋	＋	－	－	－	－	＋	－	－	＋
有光锦纶	＋	＋	＋	＋	＋	－	－	－	＋	＋	＋	＋	＋
无光锦纶	＋	＋	＋	＋	＋	＋	＋	－	＋	＋	＋	＋	＋
氯纶	－	－	－	－	－	－	－	－	－	－	－	－	＋
阿策托霍洛林[①]	－	－	－	－	－	－	－	－	－	－	－	－	－
聚丙烯腈纤维	＋	－	＋	＋	－	－	－	－	＋	＋	－	＋	＋
天然丝	＋	＋	＋	＋	＋	－	－	－	＋	＋	－	＋	＋
硝酸丝	－	－	－	＋	－	－	－	－	＋	－	－	＋	＋
聚氯乙烯	－	－	－	－	－	－	－	－	－	－	－	－	＋
聚丙烯纤维	－	－	－	－	＋	＋	＋	－	－	－	－	－	＋
锦纶 66	＋	＋	＋	＋	＋	＋	＋	－	＋	＋	＋	＋	＋
锦纶 7	＋	＋	＋	＋	＋	＋	＋	－	＋	－	－	＋	＋
聚丙烯纤维	－	－	－	－	－	－	－	－	＋	＋	－	＋	＋

注：① 阿策托霍洛林为 85％聚氯乙烯和 15％醋酯的混纺纤维。

由上表可见,醋酯纤维与钢接触时,纤维上电荷的极性不稳定,所以用"±"表示。玻璃和镀铬钢使纤维微弱带电,聚氯乙烯和己内酰胺使纤维强烈带电。几种金属间的比较,以铜使纤维带电最为强烈。

静电现象的严重与否,与纤维摩擦后的带电量以及静电衰减速度有关。现以织物摩擦产生静电与接触分离时静电衰减的过程为例,其模拟图如图 9-8 所示。织物与导辊开始接触摩擦时,两者表面的电荷移动,在接触表面形成正负偶电层。哪一个物体带正电荷?哪一个物体带负电荷?除与接触摩擦的形式有关外,主要取决于相接触材料的固有性质。在接触区间呈中和状态,不产生静电效应。但当两接触体继续运动到达分离点时,正负电荷开始分离,两物体各持所带的电荷离开。随后导辊上的正电荷或织物上的负电荷,各自通过自身或接触物体的传导以及空气中电离子的吸引中和、排斥而消失或衰减。介质内部的电荷因相互排斥而逐渐流散,其带电量逐渐减小,并按时间指数衰减,即:

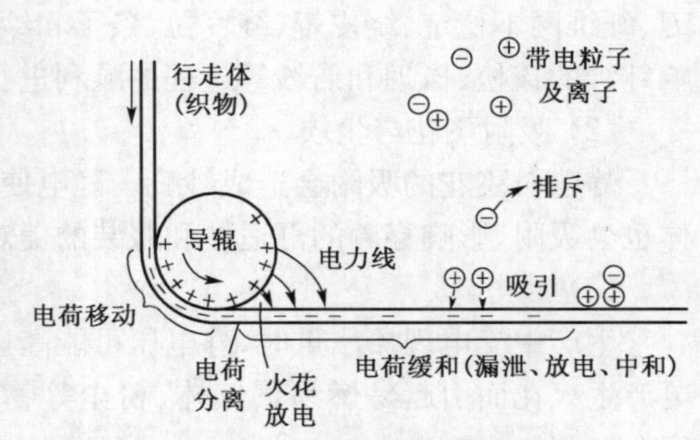

图 9-8　织物摩擦产生静电与接触分离时静电衰减的过程

$$Q = Q_0 e^{-\frac{t}{\tau}} \tag{9-13}$$

式中:Q_0 为介质内部的原始电荷量;Q 为介质内部瞬时 t 的电荷量;τ 为电荷衰减时间常数($\tau = \varepsilon_0 \varepsilon \rho$,$\varepsilon_0$ 为空气绝对介电常数;ε 为介质的相对介电常数;ρ 为介质的电阻率)。

电荷衰减的时间,常用半衰期表示。电荷半衰期是指纺织材料上静电荷衰减到原始数值一半时所需的时间。表 9-12 所示为几种不同纤维织物的静电现象的有关参数。

纺织材料的静电衰减速度主要决定于它的表面比电阻,表面比电阻大,静电衰减速度小,静电现象较严重(表 9-13)。

表 9-12　几种不同纤维织物的比电阻、电荷衰减时间常数、静电压和半衰期

纤维种类	表面比电阻(Ω)	时间常数(s)	纤维种类	静电压(V)	半衰期(min)
棉	12×10^9	2.5×10^{-2}	涤纶	2 000～4 000	1～10
羊毛	5×10^{11}	3×10^0	丝	2 000 左右	0.5～3
蚕丝	4×10^{14}	6×10^2	毛	600～800	0.3 左右
涤纶	7×10^{15}	2.6×10^3	棉、麻、黏纤	—	—
锦纶	1×10^{15}	1.2×10^3	—	—	—

表 9-13　织物的表面比电阻与电荷半衰期的关系

表面比电阻(Ω)	2×10^{10}	2×10^{11}	2×10^{12}	2×10^{13}	2×10^{14}	2×10^{15}	2×10^{16}
静电荷半衰期(s)	0.01	0.1	1.0	10	100	1 000	10 000

2. 静电的危害与应用

纺织纤维所带的静电,如果处理不当,会带来很大的危害,既会妨碍生产的顺利进行,甚至

造成重大安全事故；又会影响制品的质量、性能和使用效果。其危害主要表现如下：

(1) 黏结和分散

由于静电引力和斥力，使纤维发生黏结或分散，如纤维层分层不清、梳理时爬道夫、绕斩刀、纤维网不稳定、绕皮辊、绕罗拉、条子和纱线发毛、断头增多、筒子塌边、成形不良等，从而影响纤维的疏松、梳理和纺纱等过程的顺利进行，并影响产品质量。

(2) 吸附飞花与尘埃

静电对飞花的吸附会造成纱疵。静电使织物吸附尘埃，容易沾污，衣服与衣服或衣服与人体也会吸附，影响穿着的舒适性和服装的美观性。

(3) 放电

生产中静电现象严重时，静电压可能高达几千伏、几万伏，人如触及有触电感，甚至会因放电产生火花而引起易燃易爆气体、粉尘等物质发生火灾和爆炸事故，影响生产、设备和人员安全。

(4) 其他

静电作用会影响电器仪表的准确性，因此必须对静电现象引起足够的重视，消除静电是很重要的工作。

在实践中，静电现象也有应用的一面，如静电植绒(electro-coating)、静电吸尘、静电纺纱(electrostatic spinning)、粉末塑料的静电喷涂、氯纶织物用于治疗风湿关节炎等。

3. 消除静电的方法

为了解决静电现象给纺织加工带来的困难，必须采取一些有效措施消除产生的静电：

(1) 提高车间相对湿度

随着车间相对湿度的提高，纺织材料的回潮率增加，导电性能改善，比电阻下降，纤维带电量减少，使静电现象得以改善。在低回潮率时，纤维随回潮率增加其带电量下降并不显著，在相对湿度达到65%以上时，带电量才能较快地下降。但必须注意，车间的相对湿度不能太高，否则会导致机器生锈、人体不适，以及绕罗拉、绕皮辊等不良作用。

(2) 给纤维上油剂

合成纤维在生产过程中必须上油剂以改善静电现象，所用油剂含有抗静电作用的表面活性剂，通过以下三个原因达到改善静电现象的目的：

一是表面活性剂的亲水基和疏水基在纤维表面定向排列。对不含亲水基的合成纤维，表面活性剂的疏水基向着纤维，亲水基则向着空气，因此增加了纤维的吸湿能力，在纤维表面形成一层水膜，降低了纤维表面比电阻，提高了导电性能，从而改善了静电现象。

二是上油后有润滑作用，降低了纤维的摩擦系数，使摩擦产生的电荷减少，从而改善静电现象。

三是表面活性剂与纤维摩擦产生相反的电荷，使电荷中和。

(3) 混纺

在静电现象严重的合成纤维中混入吸湿性强的天然纤维或黏胶纤维，以改善静电现象；或选择电位序列处于两侧的纤维混纺，这样与机件摩擦后，两种纤维带不同电性的电荷，互相中和。

(4) 适当配置导纱件的材料

使纱线通过两个与纱线摩擦后产生不同电性电荷的导纱件，使前后产生的电荷中和。

(5) 安装静电消除器(static eliminator)

安装各种静电消除器,进行离子中和,以消除静电。

(6) 改善纤维本身的导电性

制造合成纤维时加入亲水性聚合物或采用复合纺丝法制成外层具有亲水性的皮芯结构复合纤维,使纤维的静电现象得到改善。也可生产导电纤维,如用金属拉伸制成的金属纤维,特别是铬镍不锈钢纤维,在纺织工业中已有应用。金属纤维的直径很细,只需少量与其他纤维混纺,就能明显改善静电现象。另外,将碳粉的微粒嵌在涤纶和锦纶的表面制成导电纤维,用碘化亚铜代替碳粉则可制造白色导体纤维。导电纤维即使在相对湿度低的情况下也能发挥抗静电作用,其抗静电作用是永久性的。

第三节 纺织纤维的光学性质

纺织纤维在光照射下表现出来的性质称为光学性质,包括色泽、双折射性、二向色性、耐光性和光致发光等。纤维的光学性质关系到纺织品的外观质量,也可用于纤维内部结构研究和质量检验。

一、纺织纤维的色泽

色泽是指颜色和光泽。纤维的颜色取决于纤维对不同波长色光的吸收和反射能力。纤维的光泽取决于光线在纤维表面的反射情况。

1. 纤维的颜色(color)

颜色是由光和人眼视网膜上的感色细胞共同形成的。人对光的明暗感觉取决于光的能量大小,人对光的颜色的感觉取决于光波的长短。人眼能感觉到的光波为 380~780 nm 的电磁波,称为可见光。不同波长的可见光,在人眼中将产生不同的颜色感觉(表 9-14)。

表 9-14 各种颜色的波长与波长范围

颜色	标准波长(nm)	波长(nm)	颜色	标准波长(nm)	波长(nm)
红色	700	620~780	绿色	510	480~575
橙色	610	595~620	蓝色	470	450~480
黄色	580	575~595	紫色	420	380~450

天然纤维的颜色,一方面取决于品种(即天然色素),另一方面取决于生长过程中的外界因素。例如细绒棉大多为乳白色,有些非洲长绒棉则为奶黄色。在棉花生长期中,如果光照不足、雨水太多,会使纤维发灰或呆白,霜期会使纤维发黄等。桑蚕丝的颜色有多种,其中白色茧最多,欧洲茧多为黄色,日本的青白种以绿色茧为代表。

黏胶纤维应该是乳白色的,但因为原料和后处理原因可使纤维颜色不同。例如,用木浆粕制成的黏胶纤维呈微黄色,漂白后为浅乳白色;用棉短绒制得的黏胶纤维呈微蓝色;后处理中,如果脱硫未净,残硫附着在纤维的表面,会使纤维呈黯淡的稻草色。

合成纤维的纺丝工艺不良,如温度、加热时间、原料中杂质含量、添加物性质等不适当时,均会使纤维发黄，影响纤维质量。近年来研究了着色纺丝法，可直接制得各种颜色的化学纤维，原液着色纤维具有高的耐光性和耐水牢度且耐洗搓性和耐溶剂牢度好等特性，大批生产时，最适用于制作单一色的工作服、军服、学生服。

2. 纤维的光泽(luster, glaze, brilliance)

(1) 纤维光泽的形成

一束平行光照射到纤维上时，除一部分被吸收外，它将分成几个部分在纤维和空气的界面进行反射和折射，如图 9-9 所示。

如果是平整的表面，所有的反射光均沿名义的正反射方向射出，形成正反射光。如果表面不平整，则反射光不按名义的正反射方向射出，而形成表面的散射反射光(亦称表面漫反射光)。折射光进入纤维内部后，其中相当一部分从纤维另一界面折射出去形成透射光，还有一部分从纤维的内部或另一界面又反射出纤维的表面，成为来自纤维内部的散射反射光，它可能和正反射光同向，也可能不在正反射光方向。

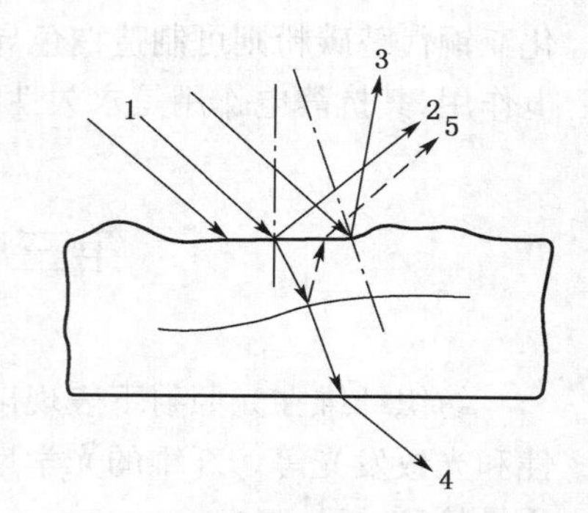

图 9-9 光线在纤维表面的反射、折射和透射

1—入射光(平行光) 2—表面正反射光 3—表面散射反射光 4—透射光 5—来自内部的散射反射光

这三部分反射光，由于各自的绝对数值不同、相互间配比不同以及方向和位置间的差异，给人的感觉效果即光泽感的差异也是很大的。

纤维材料的光泽分为以下五级：无光泽(如粗绒棉花)，弱光泽(亚麻、苎麻、细绒棉花)，显著光泽(生丝、丝光棉)，强光泽(精练丝、黏胶短纤维)，最强光泽(未消光的黏胶丝)。丝绸工艺中常用到极光和肥光两种光泽感，极光是指反射光量很大，但分布不均匀，很强的反射光都集中在局部范围里；肥光是指反射光量很大且分布较均匀，不集中在局部范围里。

(2) 影响纤维光泽的因素

① 纤维纵面形态。主要由纤维纵向的表面凹凸情况和粗细均匀程度而定。如果沿纵向表面平滑、粗细均匀，则漫反射少，表现出较强的光泽。如化学纤维，特别是没有卷曲的长丝，其光泽较强。丝光处理后棉纤维的光泽变强的原因之一是膨胀使天然转曲消失从而纵向表面变得较平滑。

② 纤维截面形状。纤维截面形状多种多样，现以圆形和三角形为例进行说明，其他截面形状可看做是圆形和三角形的组合。

圆形截面时，其正反射光属漫反射，光泽柔和，但纤维内部任一界面的入射角均与光线进入纤维后的折射角相同，故不能在纤维内部形成全反射，其透光能力较强，即使是平行光射入，透射光也不是平行光且相互汇聚有集中的趋势，光程轨迹重叠的可能性大而且内部反射光不能在正反射光的周围形成光泽过渡比较均匀的散射层。因此，圆形截面纤维的总反射光不一定最强，但观感明亮，容易形成极光的感觉。

三角形截面时，棱边的正反射光属镜面反射，光泽强，但可能在纤维内部的棱边上产生全反射，再从其他棱边反射出去，产生全反射的棱边的光泽弱，而其他棱边的光泽强；入射角改变时产生全反射的棱边也会改变，从而产生闪光效应；还可能产生与正反射光同向但形成散射层的内部反射光。因此，三角形截面纤维的光泽也较强。另外，由于三角形的棱镜作用，光线射出时发生色散效应，使纤维具有更绚丽多彩的光泽效果。

③ 纤维层状结构。如图 9-10，当纤维内部存在可供光线反射的平面层次时，光线 1 照射其表面，一部分光线从纤维表面(即一次镜界面上)反射，称为正反射光 2；另外一部分则折射入纤维的第一层，在二次镜面上反射和折射；依次类推。最后，所有从纤维内部各层次产生的反射光，有一部分仍然会回到纤维的表面而射向外界，这些光称为内部反射光 2′，2″，2‴等，它们的强度比正反射光弱。如果纤维内部层次是相互平行的，则正反射光与内部反射光之间有一定的位移，形成一散射层。以平行光入射时，纤维各点的正反射光和内部反射光可以相互干涉，正反射光表达的是光源的色，内部反射光表达的是物体的色。这样，反射光中既有光色又有物色，虽然光泽较强，但并不耀眼。

蚕丝是公认为光泽感最好的纤维，其形态结构具有以下特点：①纤维截面大多接近于三角形；②具有典型的原纤型构造，从纤维中平行排列的原纤到长丝中平行排列的纤维，都具有层状排列构造；③纤维中的原纤相互交络成网目状构造，网孔尺寸和可见光的波长相近；④特有的丝胶—丝素双组分结构，在纤维中大致平行的层状排列，并提供两种不同的折射率。因此，蚕丝的光泽具有以下特点：①整个反射光比较强，正反射光比较多，所以光泽感强；②内部反射光的比例高，并具有一定的色散和衍射反射效应，所以光泽感绚丽柔和；③透过光可能形成全反射，因此有闪灿的光泽效果；④沿纤维表面反射光强度的分布比较整齐，故光泽均匀。

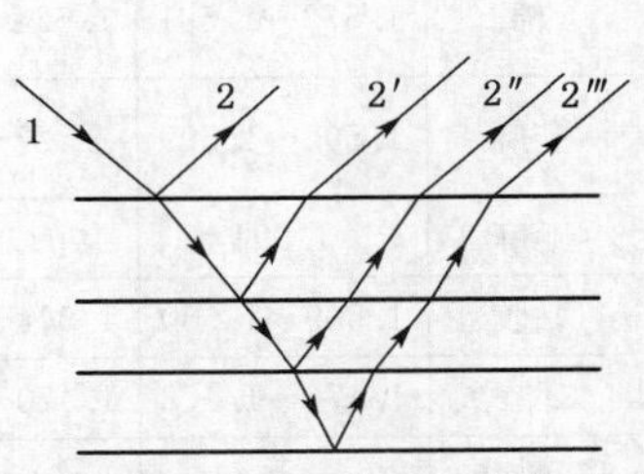

图 9-10　层状结构纤维的光泽

1—入射光　2—一次镜界面上的反射光　2′，2″，2‴—二次、三次、四次镜界面的反射光

粗羊毛的鳞片稀且紧贴在羊干上，表面比较平滑，反射光较强，故光泽强。细羊毛鳞片稠密、贴紧程度较差，因而光泽柔和。如果羊毛的鳞片受损伤，光泽就变得晦暗。棉纤维的色泽可以反映其成熟度和内在质量，色泽精亮、神态饱满时，纤维内在质量优良；色泽呆白、灰暗、神态虚弱时，纤维内在质量较差。

圆形截面、粗细均匀、表面光滑的化纤，光泽刺目。加入二氧化钛消光剂，利用二氧化钛粒子改变光线反射情况而达到消光作用。根据加入量的不同，消光作用也不同，可制得消光(无光)或半消光(半光)纤维。为了获得特殊的光泽效应，化纤生产中可制造各种异形纤维，如三角形、多角形、多叶形、Y 形纤维等，它们有特殊的光泽效应，以一定比例与其他纤维混纺，织成的织物非常美观。

二、纺织纤维的双折射和二向色性

1. 双折射(double refraction)

光线投射到纺织纤维上时，除了在界面产生反射外，进入纤维的光线被分解成两条折射光，纺织纤维的这种光学性质称作双折射。

大部分纺织纤维属于单轴晶体，即一个光轴，光线沿此光轴方向射入时不发生双折射现象，纤维的光轴一般与纤维的几何轴相平行。在纤维内部分解而成的两条折射光都是偏振光，其振动面相互垂直。其中，一条折射光称为寻常光线(简称 o 光)，它遵守折射定律，在不同方向的折射率是不变的，其振动面与光轴垂直，折射率(refraction index)以 $n_{\perp}$ 表示；另一条折射光称为非常光线(简称 e 光)，它不遵守折射定律，折射率随方向而变，它的振动面与光轴平行，

折射率以 $n_{/\!/}$ 表示。

在非光轴方向，$n_\perp$ 和 $n_{/\!/}$ 不同，光在纤维内部行进的速度 v_o 和 v_e 也不同，且光的折射率与光的速度成反比。大多数纺织纤维是正晶体，在不同方向，$n_{/\!/} > n_\perp$，或 $v_o > v_e$，因此，o 光也称快光，e 光也称慢光。纤维的双折射能力用 $(n_{/\!/} - n_\perp)$ 表示，称作双折射差变或双折射率。一些主要纺织纤维的折射率参见表 9-15。

表 9-15　纺织纤维的折射率

纤维种类	折射率			纤维种类	折射率		
	$n_{/\!/}$	$n_\perp$	$n_{/\!/}-n_\perp$		$n_{/\!/}$	$n_\perp$	$n_{/\!/}-n_\perp$
棉	1.573～1.581	1.524～1.534	0.041～0.051	桑蚕生丝	1.577 8	1.537 6	0.040 2
苎麻	1.595～1.599	1.527～1.540	0.057～0.058	桑蚕精练丝	1.584 8	1.537 4	0.047 4
亚麻	1.594	1.532	0.062	锦纶 6	1.568	1.515	0.053
黏胶	1.539～1.550	1.514～1.523	0.018～0.036	锦纶 66	1.570～1.580	1.520～1.530	0.040～0.060
二醋酯	1.476～1.478	1.470～1.473	0.005～0.006	涤纶	1.725	1.537	0.188
三醋酯	1.474	1.479	−0.005	腈纶	1.500～1.510	1.500～1.510	−0.005～0.000
羊毛	1.553～1.556	1.542～1.547	0.009～0.012	维纶	1.547	1.522	0.025

由表可知，纺织纤维的折射率一般为 1.5～1.6。醋酯纤维与涤纶是例外，醋酯纤维的折射率低于 1.5，涤纶的 $n_{/\!/}$ 大于 1.6。三醋酯纤维的双折射率为 −0.005，是最小的；涤纶为 0.188，是最大的。纤维双折射率的大小，与分子的取向度和分子本身的不对称程度有关。当纤维中的大分子与纤维轴完全平行排列时双折射率最大，大分子完全紊乱排列时双折射率等于零。分子链的曲折及其侧基都会使双折射率减小。因此，经常利用双折射率的大小来反映和比较同一种化学纤维各批间的取向度的高低。另外，纤维大分子本身结构的非线性、极性方向、多侧基和非伸直构象，也会使双折射率减小，如羊毛大分子的多侧基和螺旋结构使其双折射率比蚕丝小得多；三醋酯纤维分子上的侧基数量多，故双折射率为负值。

2. 二向色性(dichroism)

当纤维用某种染料染色并沉淀金、铜、银等金属之后，偏振光通过时其振动面与纤维轴平行或垂直，会呈现不同的颜色，这种现象称为纤维的二向色性。

导致二向色性的原因有两个：①形态二向色性：当体积小于波长的棒状或板状粒子按一定方式排列而粒子的吸光率与粒子间介质的吸光率不同时，尽管粒子本身没有二向色性，但整体呈现出二向色性；②固有二向色性：本身具有二向色性的粒子排列时产生的二向色性。在用染料染色的场合，这两种原因同时存在，但与固有二向色性相比，形态二向色性几乎可以忽略。

通过二向色性的测定，可以定量地求得纤维的取向度，也可以明了染料配置状态。

三、纺织纤维的耐光性和光防护

1. 耐光性(light stability)

纺织纤维在日光照射下，会发生不同程度的裂解，使大分子聚合度下降，造成纤维的断裂强度、断裂伸长率和耐用性降低以及变色等外观变化。裂解程度与日光的照射强度、照射时间、波长、纤维结构等因素有关。当照射强度强、时间长时，裂解程度大，纤维强度等损失大。

波长短的紫外线的能量高，特别是在有氧存在的情况下，促使纤维氧化裂解，对纤维损伤大。纤维结构中如含有羰基等能吸收紫外线的基团，它吸收紫外线的能量后产生热振动，容易造成裂解，使纤维耐光性差。纤维结构中如含有氰基，它吸收紫外线的能量后将其转化为热能释放出来，从而保护大分子链不使其断裂，故纤维耐光性优良。纤维聚合物不纯或纤维上有杂质，以及化纤中含消光剂二氧化钛等，会使纤维耐光性减弱。

表 9-16 所列为一些纺织纤维受日光照射后的强度损失。由表可以看出，腈纶的耐日光性最好，适宜于制织帐篷等户外用织物；羊毛、麻的耐日光性也很优良；涤纶和棉的耐日光性较好，锦纶较差，蚕丝也差；丙纶的耐光性差，可在制造时加入镍盐等光稳定剂加以改善；黏胶纤维和维纶的耐日光性较好。

表 9-16　日光照射时间与纤维强度损失的关系

纤维	日晒时间(h)	强度损失率(%)	纤维	日晒时间(h)	强度损失率(%)
棉	940	50	腈纶	900	16～25
羊毛	1 120	50	蚕丝	200	50
亚麻、大麻	1 100	50	锦纶	200	36
黏胶纤维	900	50	涤纶	600	60

2. 光防护(light proof)

由于紫外线对身体会造成一定的损伤，因此成为光防护的主要部分。紫外线辐射可以分为三个部分：长波紫外线辐射(UV-A，315～400 nm)、中波紫外线辐射(UV-B，280～315 nm)和短波紫外线辐射(UV-C，200～280 nm)。适量吸收 UV-A 可促进维生素 D 的生成，有利于钙的吸收，但过量会使皮肤老化，容易引起皮肤癌。过量吸收 UV-B 会引起细胞内的 DNA 改变，细胞的自身修复功能减弱，导致免疫机制减退，引起皮肤红肿和灼伤，甚至可能引起皮肤癌和白内障。UV-C 的危害堪比 UV-B，但由于大部分被臭氧层所吸收很少到达地面，因此引起的辐射可以忽略。纺织品的防紫外性能主要测试的是防 UV-A 和 UV-B 波段的能力。

目前国际上尚无统一的防紫外线测试标准，我国在 2002 年制定了 GB/T 18830《纺织品防紫外线性能的评定》的标准对纺织品的防紫外线性能进行测试和评价，此标准于 2009 进行了修订，并于 2010 年 1 月 1 日施行。标准中规定了织物的防日光紫外线性能的试验方法、防护水平的表示、评定和标识，是一个综合性标准，既对测试方法做了要求，也规定了织物紫外线防护性能的评定和标签标注，适用于评定在规定条件下织物防护日光紫外线的性能。

评价纺织品防紫外性能的指标可以用紫外线防护系数(ultraviolet protection factor，简称 UPF)表示，其定义是皮肤无防护时计算出的紫外线辐射平均效应与皮肤有织物防护时计算出的紫外线辐射平均效应的比值。也可认为是纺织品被采用后，紫外线辐射使皮肤达到某一损伤(如红斑、眼损伤、致癌临界剂量)所需时间阈值和不用纺织品时达到同样伤害程度的时间阈值之比。因此，根据着眼点不同，以及人体皮肤的差异，某一纺织品将有许多 UPF 值，但一般常以致红斑的 UPF 值为代表。红斑是由各种各样的物理或化学作用引起的皮肤变红。

按照标准的要求，测试时匀质样品每种需取四块试样，距布边 5cm 以内的织物应舍去；对于具有不同色泽或结构的非匀质样品，每种颜色或结构至少取 2 块试样。按照测试的光谱透射比分别计算 UV-A、UV-B 平均透射比和平均 UPF 值,无论是均质还是非均质材料,以所测试样中最低的 UPF 值作为试样的 UPF 值,被测试的纺织品满足下列条件时,才可标注为防紫外线产品:UPF 值>40 且 $T(\text{UVA})_{\text{平均值}} < 5\%$。UPF 和 $T(\text{UVA})$ 的计算公式如下:

$$\text{UPF} = \frac{\sum_{290}^{400} E(\lambda)\varepsilon(\lambda)\Delta\lambda}{\sum_{290}^{400} E(\lambda)\varepsilon(\lambda)T_i(\lambda)\Delta\lambda} \tag{9-14}$$

$$T(\text{UVA})_i = \frac{1}{m}\sum_{\lambda=315}^{400} T_i(\lambda) \tag{9-15}$$

式中:$E(\lambda)$ 为日光光谱辐照度[$\text{W}/(\text{m}^2 \cdot \text{nm})$];$\varepsilon(\lambda)$ 为相对的红斑效应;$T_i(\lambda)$ 为试样 i 在波长 λ 时的光谱透射比;$\Delta\lambda$ 为波长间隔(nm)。

当 40<UPF≤50 时,纺织品上标注 UPF 40+,当 UPF>50 时,标识为"50+"。此标准适用于任何织物,但要求注明长期使用以及在拉伸状态或潮湿态下使用会降低防紫外线性能。

目前,提高纺织品防紫外线性能的途径大致有四个:一是直接选用具有较好抗紫外线性能的纤维为原料来生产纺织品,如亚麻、腈纶纤维等;二是改变织物的组织结构,如增加面料的厚度、密度等;三是在纺织纤维纺丝时添加含有防紫外线功能的添加剂,达到防紫外线的作用;四是对织物进行防紫外线后整理,如将织物浸染紫外线吸收剂或阻断剂,或在织物表面进行防紫外线涂层整理等。

四、光致发光

纺织纤维受紫外光照射时,其大分子受到激发而辐射出一定光谱的光,产生不同的颜色,这种现象称为光致发光(photoluminescence)。各种纺织纤维光致发光的性质不同。利用纤维的荧光颜色可以鉴别纤维。荧光颜色是指纤维受紫外光照射时形成可见光的颜色。有些纤维在紫外线照射停止后仍能继续发光的现象称为磷光。表 9-17 示为一些纺织纤维的荧光和磷光颜色。

表 9-17 纺织纤维的荧光和磷光颜色

纤维种类	荧光颜色	磷光颜色	磷光半衰时间(s)
棉纤维(成熟)	淡黄色	淡黄色	20
棉(未成熟)	淡蓝色	淡黄色	17
棉(丝光)	淡红色	淡黄色	27.5
丝(脱胶)	淡蓝色	淡黄色	23.5
羊毛(洗净)	淡黄色	无色	12
黄麻(熟麻)	淡黄色	黄色	15
亚麻(生麻)	紫褐色	无色	5.75
黏胶	白色带紫	黄色	10
锦纶	淡蓝色	淡黄色	22.5
涤纶	白带蓝光	白带蓝光	25.3

第四节　纺织纤维的声学性质

一、声波在纤维中的传播

与光相似，当声波投射到物体上时，其中一部分被反射，一部分被吸收，其余部分透过物体（图 9-11）。

由于纤维的横向尺寸较小，声音以扩张波形式传播，其声速为：

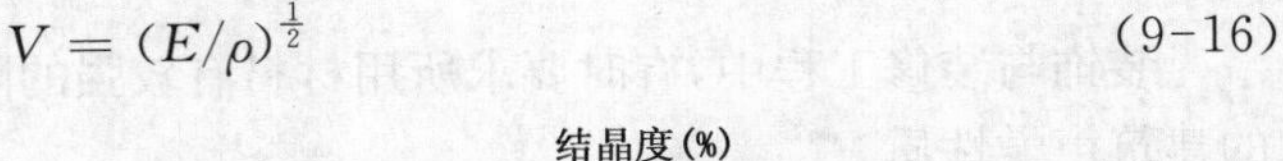

$$V=(E/\rho)^{\frac{1}{2}} \tag{9-16}$$

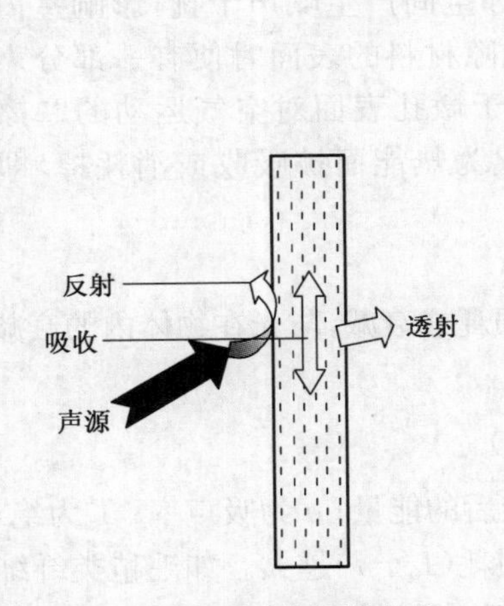

图 9-11　声波传播的方式

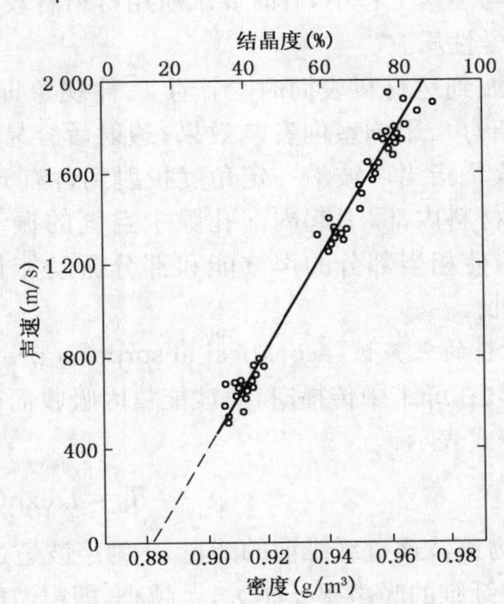

图 9-12　乙纶的密度、结晶度与声速的关系

可见，声波在纤维中的传播速度 V 是由纤维的杨氏模量 E 和密度 ρ 决定的。利用这一关系可以测定纤维的密度和模量。

图 9-12 所示为乙纶的密度、结晶度与声速的关系。

声波是物质的弹性波，是靠原子和分子振动而传播的，声速在聚合物中传播的模型见图 9-13。Moosely 认为：如果声波在分子链方向通过分子内键接的原子振动而传播，它的速度就比较快；而在垂直于分子链的方向，声波是靠非键接的分子间的振动传播的，速度就比较慢。

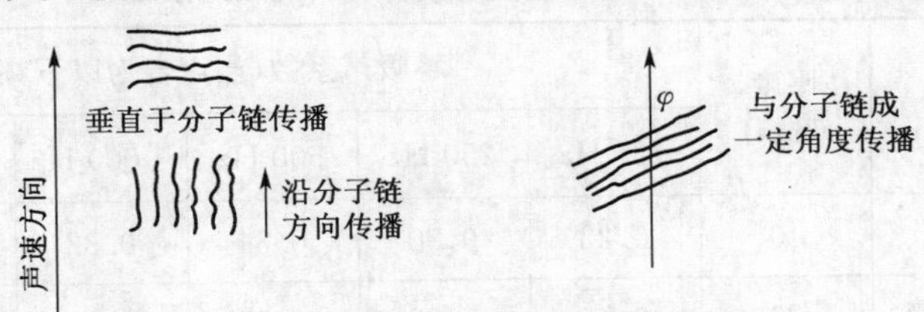

图 9-13　声波在聚合物中传播的模型

当声波与纤维分子链成一定角度传播时，其速度与夹角 φ 有关，而已知 Hermans 取向系数为：$f=(3\overline{\cos^2\varphi}-1)/2$，所以声速与取向度有关。以锦纶 6 为例，其声速与取向系数 f 的关系见表 9-18。

表 9-18　锦纶 6 的声速与取向系数的关系

纤维形式	取向系数	声速(km/s)
单纤维	0.776	1.67
单股帘子线	0.844	2.00
股线帘子线	0.844	2.00

二、纤维的吸声性和隔声性

装饰与装修工程中，有时要求所用材料有较强的隔声能力和吸声能力，这种能力就是材料的建筑声学性质。

当声波到达材料表面时会产生三种现象即反射、吸收和透射，反射容易使建筑物室内产生噪(杂)声，影响室内音响效果；透射后容易对相邻空间产生噪声干扰，影响室内环境的安静；吸收是指当声波沿一定角度投射到含有开口孔隙材料的表面时便有一部分声波顺着微孔进入材料内部，引起内部孔隙中空气的振动，由于微孔表面对空气运动的摩擦与黏滞阻力作用，使相当部分的声波能和部分振动能量转化为热能而被吸收或消耗掉，即声波被材料所吸收。

1. *材料的吸声性*(acoustical absorption property)

当声波在纤维中传播时，声波能量因吸收而产生损耗或衰减，与光在物体内的衰减规律一样，可用下式表示：

$$I=I_0\exp(-aT) \tag{9-17}$$

式中：I_0 为声波透过纤维前的能量；I 为声波透过纤维后的能量；a 为吸声率；T 为绝对温度。

显然，纤维的吸声率 a 越大，I 越小，即声波能量损耗(I_0-I)越大。如毛毡类纤维和厚毛织物的吸声率可高达 0.5，因而被广泛用于建材行业的吸声材料。

材料的吸声性也有人定义为声能穿透材料和被材料消耗的能力，而用吸声系数 η 来表示，并指出是某一频率下得吸收值：

$$\eta=\text{吸收声功率}/\text{入射声功率} \tag{9-18}$$

显然，吸声系数越大，材料的吸声越好。吸声系数与声音的频率和入射方向有关。表 9-19 列出了几种建筑与装饰材料的吸声系数。

表 9-19　几种建筑与装饰材料的吸声系数

名称及构造	厚度(mm)	吸声系数(当声音为以下频率时)					
		125 Hz	250 Hz	500 Hz	1 000 Hz	2 000 Hz	4 000 Hz
软质纤维板，距离 5 cm	10	0.22	0.30	0.34	0.32	0.41	0.42
蔗渣软质纤维板，紧贴墙	20	0.14	0.28	0.53	0.70	0.76	0.59

(续　表)

名称及构造	厚度(mm)	吸声系数(当声音为以下频率时)					
		125 Hz	250 Hz	500 Hz	1 000 Hz	2 000 Hz	4 000 Hz
棉杆软质纤维板,紧贴墙	30	0.15	0.21	0.27	0.24	0.40	0.53
玻璃棉装饰板,紧贴墙	40	0.31	0.33	0.54	0.76	0.84	0.93
铺地毯的室内底板	—	0.02	—	0.14	0.37	—	—

将表中所示的六个频率的平均吸声系数 $\eta \geqslant 0.20$ 的材料称为吸声材料。最常用的吸声材料为开口多孔吸声材料。吸声材料的多孔性,通常用孔隙率表示。改变材料的密度,可间接控制材料内部的微孔尺寸,所以一定程度上可用密度来衡量材料的孔隙率。吸声材料的密度存在一个最佳范围,在此范围内,既不会由于材料的孔隙率过大而增加吸声材料的体积,也不会因材料的密度过大而影响材料的吸声效果。研究表明,玻璃纤维板密度的最佳值为 64～80 kg/cm^3。

2. 材料的隔声性(acoustic insulation property)

隔声性是指材料阻止声波透射的能力,常以声波的透射系数表示:

$$\tau = E_t / E_a \tag{9-19}$$

式中:τ 为材料的透射系数;E_t 为透过材料的声能(W);E_a 为材料入射的总声能(W)。

隔声能力与材料的面密度(即单位面积的质量)、弹性模量等有关,面密度大、弹性模量大的材料,其隔声能力强。显然,在材料确定的条件下,材料的面密度与厚度有关,材料愈厚,面密度愈大,隔声性就越好。因此,实际工程中,在材料确定的情况下,多以增大厚度来保证结构的隔声能力。

三、超声显微术

超声显微术(ultrasonic microscopy)是将现代电子技术和现代声学技术结合应用于材料领域的新技术,已引起材料界的重视,并已取得一定进展。

图 9-14　纤维聚合物超声显微照片

超声显微术的原理是:当超声波在纤维内传播时,将产生声阻抗,纤维内部结构的不均一性,如结晶相、无定形相、取向、缺陷、空洞孔隙等,会造成声阻抗的差异,因而在其界面上产生回声反射,从而为区分纤维的内部结构提供信息。

图 9-14 所示为纤维聚合物的超声显微照片,可直观地观察到纤维内部的孔洞大小及分布。

超声显微术的使用特点:①能无损、直观地显示材料(如纤维内部)的形态结构;②操作简单,制样方便。超声显微术用于材料领域,尚急待解决的课题是如何进一步提高其分辨能力。

思　考　题

9-1　为什么说纺织材料的导热过程是一个比较复杂的过程?为什么说一般测得的纺织材料的导热系数是纤维、空气和水分混合体的导热系数?分析影响纤维层导热系数的因素。

9-2　名词解释：玻璃化温度，黏流温度，软化温度，熔点，分解点。热塑性纤维和非热塑性纤维相对比，其物理状态随温度变化而改变的规律有何不同？

9-3　纺织纤维按其燃烧能力的不同可区分为哪几种情况？表征纤维及其制品燃烧性能有哪些指标？目前改善和提高纺织材料阻燃性能的途径？

9-4　何谓纤维的抗熔性？影响抗熔性的因素是什么？热塑性纤维和非热塑性纤维接触火星或其他热体时有何不同表现？

9-5　哪些纤维受热以后发生轻微的膨胀？其原因何在？哪些纤维受热后往往发生不可逆的收缩现象？其原因何在？影响热收缩率大小的因素是什么？热收缩与织物服用性能有何关系？

9-6　热塑性纤维、非热塑性纤维和蚕丝的热定形途径有何不同？分析影响热定形的主要因素。

9-7　试比较常见纤维的耐热性。

9-8　名词解释：纤维的介电常数，纤维的介质损耗，纤维的比电阻。分析影响纺织纤维比电阻的因素。

9-9　纺织纤维在加工和使用过程中为何会产生静电现象？静电现象的严重与否取决于什么因素？说明纤维带静电的危害和应用以及如何防止静电危害。

9-10　纺织纤维光学性质包含哪些内容？纤维的颜色和光泽是怎样形成的？分析影响纤维光泽的因素，并解释下列名词：纤维的耐光性、纤维的光致发光、纤维的双折射、纤维的二向色性。

9-11　声波投射到材料表面会产生什么现象？

9-12　纤维材料的吸声性和隔声性在概念上有什么区别？试分析影响这两种性能的主要因素。

9-13　超声显微术的原理何在？该技术的应用有什么优点？

9-14　阅读有关资料，了解纺织材料的磁学性质。

第十章　纺织纤维的鉴别

本章要点

掌握并熟练应用纺织纤维的常规鉴别方法，了解纤维鉴别的新技术。

纤维鉴别是根据纤维内部结构、外观形态、化学与物理性能的差异来进行的。鉴别步骤是先判断纤维的大类，如区别天然纤维素纤维、天然蛋白质纤维和化学纤维，再具体分出品种，然后作最后验证。常用的鉴别方法有手感目测法、显微镜观察法、燃烧法、化学溶解法、药品着色法、熔点法、密度法及荧光法等。

对于一般纤维，用这些方法的组合就可以比较准确、方便地得出结论。但对组成结构较复杂的纤维，如接枝共聚、共混纤维等，需要用适当的仪器，如红外分光计、气相色谱、差热分析、X 光衍射仪和电子显微镜等。

第一节　纺织纤维的常规鉴别法

一、手感目测法

手感目测法是鉴别纤维最简单的方法。它是根据纤维的外观形态、色泽、手感及拉伸等特征来区分天然纤维棉、麻、毛、丝及化学纤维。此法适用于呈散纤维状态的纺织原料。

天然纤维中，棉、麻、毛属于短纤维，它们的纤维长短差异很大，长度整齐度差。与苎麻纤维和其他麻类的工艺纤维及毛纤维比较，棉纤维短而细，常附有各种杂质和疵点。麻纤维手感较粗硬。羊毛纤维卷曲而富有弹性。蚕丝是长丝，长而纤细，具有特殊光泽。因此，对散纤维状态的棉、毛、麻、丝，很易区分。

化学纤维中，黏胶纤维的干、湿态强力差异很大；氨纶丝具有非常突出的弹性，室温下它的长度能拉伸至 5 倍以上。利用这些特征，可将它们区别开来。而其他化学纤维，因其外观特征(如长度、线密度、色泽等)在一定程度上可人为控制，所以无法用手感目测来区别。

二、显微镜观察法

显微镜观察法是根据各种纤维的纵向、截面形态特征来识别纤维。

天然纤维有其独特的形态特征，如羊毛的鳞片、棉纤维的天然转曲、麻纤维的横节竖纹、蚕丝的三角形截面等。因此，用生物显微镜放大 300～400 倍，观察纤维的截面与纵向形态，就可以把它们鉴别出来。而化学纤维的截面大多为近似圆形，纵向为光滑棒状。只有部分由湿法纺丝制成的化学纤维存在非圆形的截面，如黏胶纤维的截面为锯齿形并有皮芯结构；维纶为腰圆形,有皮芯结构;腈纶为哑铃形截面等。目前化纤迅速发展,异形纤维品种繁多,亦有类似蚕丝的三角形截面等。在这种情况下,不能单凭显微镜观察结果加以鉴别,必须适当地组合运用其他方法加以验证。

表 10-1 和图 10-1 所示为几种常见纤维的纵向和截面形态特征。

表 10-1　几种常见纤维的纵向与截面形态

纤维名称	横截面形态	纵向形态
棉	腰圆形,有中腰	扁平带状,有天然转曲
麻(苎麻、亚麻、黄麻)	腰圆形或多角形,有中腔	有横节,竖纹
羊毛	圆形或近似圆形,有些有毛髓	表面有鳞片
兔毛	哑铃形,有毛髓	表面有鳞片
桑蚕丝	不规则三角形	光滑平直,纵向有条纹
普通黏纤	锯齿形,皮芯结构	纵向有沟槽
富强纤维	较少齿形,或圆形,椭圆形	表面平滑
醋酯纤维	三叶形或不规则锯齿形	表面有纵向条纹
腈纶	圆形,哑铃形或叶状	表面平滑或有条纹
氯纶	接近圆形	表面平滑
氨纶	不规则形状,有圆形、土豆形	表面暗深,呈不清晰骨形条纹
涤纶、锦纶、丙纶	圆形或异形	平滑
维纶	腰圆形,皮芯结构	1～2 根沟槽

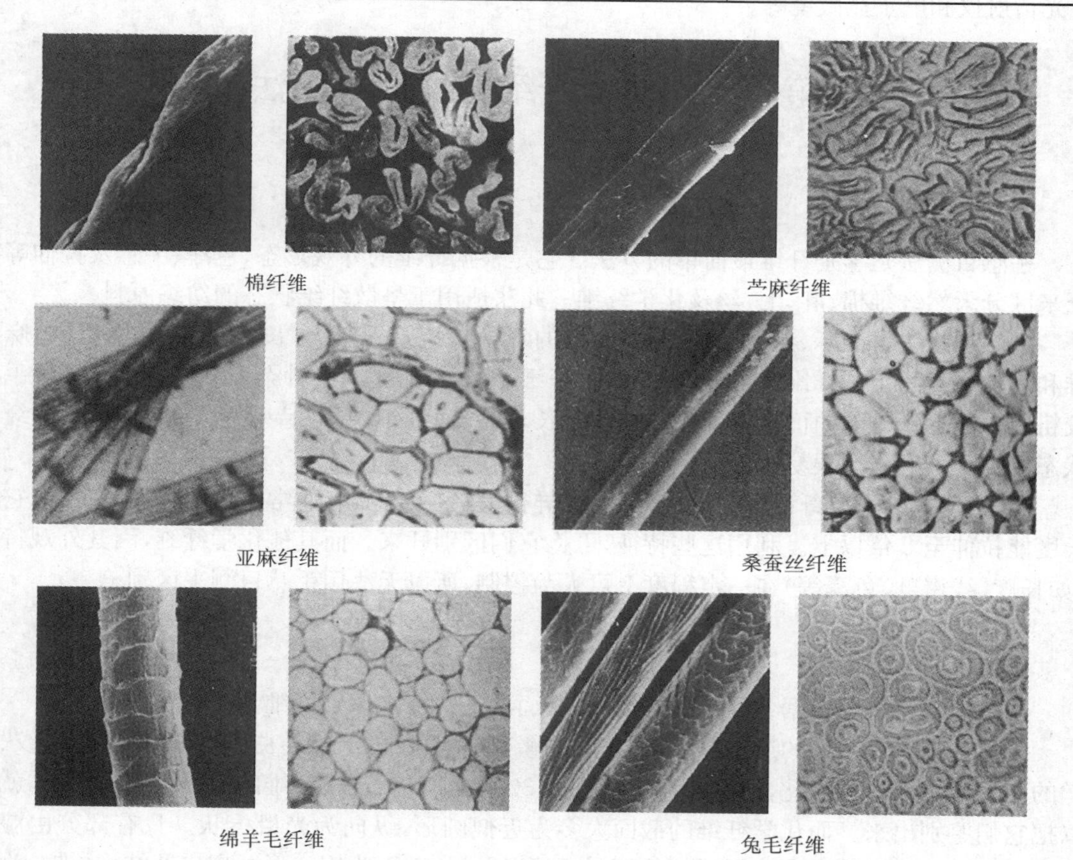

棉纤维　苎麻纤维

亚麻纤维　桑蚕丝纤维

绵羊毛纤维　兔毛纤维

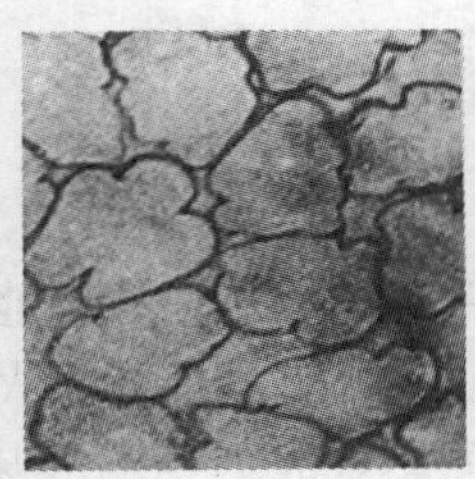

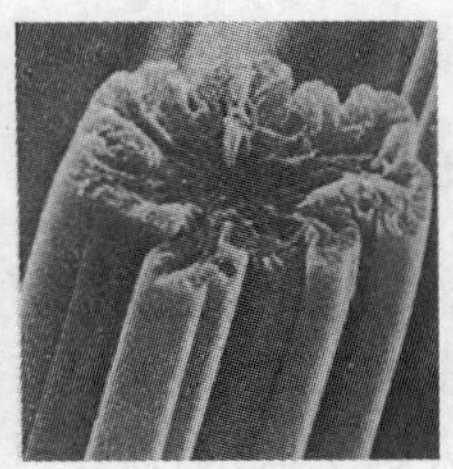

醋酯纤维　　　　黏胶纤维

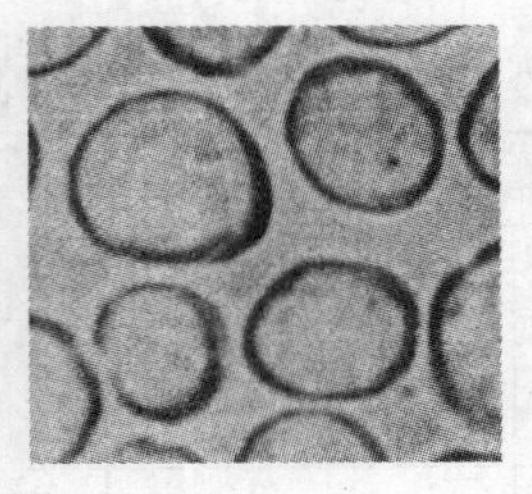

涤纶纤维

图 10-1　常见纺织纤维的纵、横向截面

三、密度梯度法

密度法根据各种纤维具有不同密度的特点来鉴别纤维。测定纤维密度的方法很多，其中常用的是密度梯度法，它利用悬浮原理来测定固体密度。密度梯度法鉴别纤维时，分三个步骤：

（1）配定密度梯度液

将两种密度不同且能相互混合的液体在玻璃管中进行适当的混合，使混合液从上部到下部的密度逐渐变大且连续分布而成梯度管。所用的两种液体，必须相互不起化学反应；黏度和挥发性较低，能相互混合且混合时有体积加和性；不被试样吸收且对试样是惰性的；对试样不发生溶剂诱导结晶；价廉易得且密度相差适当。一般纺织纤维常选用二甲苯-四氯化碳体系，涤纶用正庚烷-四氯化碳体系，丙纶用异丙醇-水体系，可视试样的性质而定。

（2）标定密度梯度管

有几种标定方法，常用的是精密小球法。选择数粒（一般为 5 粒）符合所配置的梯度管密度范围标定的玻璃小球（其密度最好间隔相等），按密度由大至小依次慢慢地投入梯度管内，平衡 2 h 后用测高仪测出每个小球的体积中心高度。然后，在坐标纸上由小球密度对小球高度作图，即得密度梯度标定曲线。要求此曲线必须是直线，没有间断点和拐点，精度为±1 mm和±0.001 g/cm^3。标定后，标准小球留在梯度管内作为参考点，以便复验和计算。

（3）测定和计算

将待测纤维进行脱油、烘干、脱泡预处理，制成小球，投入密度梯度管，平衡一段时间后，根据纤维悬浮位置，测得纤维密度值。由密度值还可计算出纤维的结晶度、复合纤维的复合比和中空纤维的中空度。

由于密度梯度液的密度会随温度的变化而变化，因此测试时要保持密度梯度液于一定温度。

四、荧光法

荧光法是根据紫外线荧光灯照射纤维时，纤维呈现不同的荧光颜色来鉴别。各种纤维的荧光颜色参见表 9-14。

五、燃烧法

燃烧法既快速又简便，它根据纤维的燃烧特征不同，从而粗略地区分出纤维的大类。将试样慢慢地接近火焰，观察试样在火焰热带中的反应；再将试样放入火焰中，观察其燃烧情况；然后从火焰中取出，观察其燃烧情况；同时用嗅觉闻燃烧时产生的气味，并观察试样燃烧后灰烬的特征等；最后对照表 10-2 进行判别。

表 10-2　几种常见纤维的燃烧特征

纤维名称	燃烧状态				
	靠近火焰	接触火焰	离开火焰	气　味	残留物特征
棉、麻、黏纤、铜氨纤	不缩不熔	迅速燃烧	继续燃烧	烧纸的气味	少量灰黑或灰白色灰烬
蚕丝、毛	卷曲且熔	卷曲，熔化，燃烧	缓慢燃烧，有时自行熄灭	烧毛发的气味	松而脆的黑色颗粒或焦炭状
涤纶	熔缩	熔融，冒烟，缓慢燃烧	继续燃烧，有时自行熄灭	特殊芳香甜味	硬的黑色圆珠
锦纶	熔缩	熔融，燃烧	自灭	氨基味	坚硬淡棕透明圆珠
腈纶	熔缩	熔融，燃烧	继续燃烧，冒黑烟	辛辣味	黑色不规则小珠，易碎
丙纶	熔缩	熔融，燃烧	继续燃烧	石蜡味	灰白色硬透明圆珠
氨纶	熔缩	熔融，燃烧	自灭	特异气味	白色胶状
氯纶	熔缩	熔融，燃烧，冒黑烟	自行熄灭	刺鼻气味	深棕色硬块
维纶	收缩	收缩，燃烧	继续燃烧，冒黑烟	特有香味	不规则焦茶色硬块

燃烧法只适用于鉴别单一成分的纤维材料。此外，纤维等纺织材料经过防火、防燃或其他整理后，其燃烧特征会发生变化，须予以注意。

六、化学溶解法

化学溶解法是根据纤维在各种化学溶剂中的溶解性能各异的原理来鉴别纤维。它适用于各种纺织材料，包括染色或混纺的纤维、纱线和织物。

对单一成分的纤维，选择相应的溶液，将纤维放入其中并作宏观观察。若是混纺而成的纤维或纱线，可在显微镜的载物台上放上试样，滴上溶液，直接在显微镜中观察。根据其溶解情况，对照表 10-3 进行鉴别。

表 10-3　几种常见纤维在化学溶液中的溶解性能

纤维	化学溶液							
	15%盐酸	37%盐酸	75%硫酸	甲酸(浓)	间甲酚(浓)	5%氢氧化钠(煮沸)	二甲基甲酰胺	二甲苯
棉	不溶(沸部分溶)	不溶	溶	不溶	不溶	不溶	不溶	不溶
麻	不溶(沸部分溶)	不溶	溶	不溶	不溶	不溶	不溶	不溶

（续 表）

纤维	化学溶液							
	15%盐酸	37%盐酸	75%硫酸	甲酸（浓）	间甲粉（浓）	5%氢氧化钠（煮沸）	二甲基甲酰胺	二甲苯
蚕丝	不溶（沸溶）	溶	溶	不溶	不溶	溶	不溶	不溶
羊毛	不溶	不溶	不溶	不溶	不溶	不溶	不溶	不溶
黏纤	不溶（沸部分溶）	溶	溶	不溶	不溶	不溶	不溶	不溶
锦纶	溶	溶	溶	溶	溶	不溶	不溶	不溶
腈纶	不溶	不溶	不溶（沸溶）	不溶	不溶	不溶	溶（加热）	不溶
涤纶	不溶	不溶	不溶	不溶	溶（加热）	不溶	不溶（沸部分溶或溶）	不溶
维纶	不溶（沸溶）	溶	溶	溶	溶（加热）	不溶	不溶	不溶
丙纶	不溶	不溶	不溶	不溶	不溶	不溶	不溶	不溶（沸溶）
氯纶	不溶	不溶	不溶	不溶	部分溶（沸溶）	不溶	溶	不溶
氨纶	不溶	不溶	溶	不溶	溶	不溶	溶（加热）	不溶

此法可靠、准确，因此，常用其他方法作初步鉴别，然后用溶解法加以证实。必须注意，纤维的溶解性能不仅与溶液的种类有关，而且与溶液的浓度、溶解时的温度与作用时间、条件等因素有关。因此，具体测定时必须严格控制试验条件，并按规定进行试验。

溶解法可用来对混纺纱线或双组分纤维作定量分析，其中主要用于对混纺纱线进行纤维混纺比的测定。首先选用适应的溶液，使混纺纱线中的一种纤维溶解，而其他纤维不溶解，然后称取残留纤维的质量，计算混纺百分率。几种常见混纺纱线所用溶液、试验条件和被溶解纤维见表 10-4。

表 10-4 几种常见混纺纱线对化学溶液的溶解性能

混纺产品种类	溶 剂	温度(℃)	时间(min)	被溶解纤维
棉与涤、丙	75%硫酸	40～45	30	棉
毛与涤、棉、腈、黏、锦、丙、苎麻	1 mol/L 次氯酸钠	25±2	30	羊毛
丝与涤、棉、腈、黏、锦、丙、苎麻	1 mol/L 次氯酸钠	25±2	30	蚕丝
麻与涤、丙	75%硫酸	40～45	30	麻
丝与羊毛	75%硫酸	40～45	30	丝
黏与涤	75%硫酸	40	30	黏纤

七、药品着色法

药品着色法根据各种纤维与各种化学药品作用时呈现的不同着色性能对纤维进行鉴别。此法适用于未染色或未经整理剂处理的单一成分的纤维、纱线或织物。

国家标准规定的着色剂为 HI-1 号纤维鉴别着色剂。目前常用的还有碘—碘化钾溶液和锡莱着色剂 A。采用 HI-1 号纤维鉴别着色剂时，将 1 g 着色剂溶于 10 mL 正丙醇和 90 mL

蒸馏水中配成溶液，煮沸；将试样浸入，沸染 1 min，然后用冷水清洗至无浮色，干燥；根据表 10-5 或对照 HI-1 号纤维鉴别着色剂样卡鉴别纤维种类。表 10-5 同时列出了碘-碘化钾溶液和锡莱着色剂 A 的着色反应。

表 10-5　几种常见纤维的着色反应

纤　维	HI-1 号纤维着色剂	碘-碘化钾溶液	锡莱着色剂 A
棉	灰 N	不染色	蓝
麻	深紫 5B(苎麻)	不染色	紫蓝(亚麻)
蚕丝	紫 3R	淡黄	褐
羊毛	桃红 5B	淡黄	鲜黄
黏纤	绿 3B	黑蓝青	紫红
醋纤	艳橙 3K	黄褐	绿黄
涤纶	黄 R	不染色	微红
锦纶	深棕 3RB	黑褐	淡黄
腈纶	艳桃红 4B	褐	微红
维纶	桃红 3B	蓝灰	褐
丙纶	黄 4G	不染色	不染色
氨纶	红棕 2R	—	—
氯纶	—	不染色	不染色

八、熔点法

熔点法是根据某些合成纤维的熔融特性，在化纤熔点仪或附有加热和测温装置的偏振光显微镜下观察纤维消光时的温度来测定纤维的熔点，从而鉴别纤维。大多数的合纤不像纯晶体那样有确切的熔点，而同一品种的纤维因制造厂或型号不同其熔点也有出入。但一般来说，同一品种的纤维的熔点基本上固定在一个比较狭小的范围内，如锦纶 6 为 215～220 ℃，丙纶为 163～175 ℃。由于有些合纤的熔点比较接近，如锦纶 66 的熔点为 255 ℃左右，涤纶为 258～264 ℃；而有些合纤没有熔点。因此该方法一般不单独应用，而是作为证实的辅助手段。

此法适用于未经抗熔等处理的单一成分的纤维材料。各种纤维的熔点参见表 9-3。

九、双折射率测定法

由于不同纤维的双折射率不同，因此可用双折射率大小来鉴别棉、麻、丝、毛和化纤。常见纤维的双折射率值见表 9-15。

十、含氯、含氮呈色反应试验法

各种含有氯、氮的纤维用火焰法、酸碱法检测，会呈现特定的呈色反应。具体方法是：将烧热的铜丝接触纤维后，移至火焰的氧化焰中，如纤维含氯则火焰呈绿色；在试管中放入少量切碎的纤维，并用适量碳酸钠覆盖，加热产生气体，试管口放上红色石蕊试纸，若试纸变蓝色，说明纤维含有氯。本方法适用于化学纤维的粗分类，以便进一步定性鉴别。可检验出氯纶、腈纶、锦纶、氨纶、丝、毛纤维等。

以上介绍了10种常用的纤维鉴别方法，但对于一无所知的未知纤维，仅用其中的一种方法是很难精确地加以鉴别的，必须合理地综合运用几种方法，系统地分析，即采用系统鉴别法，才能有效准确地鉴别纤维。下面介绍一种系统鉴别法的鉴别程序：

对未知纤维稍加整理，用手感目测法视其是否为弹性纤维；如果不属弹性纤维，采用燃烧法将纤维初步归至蛋白质纤维、纤维素纤维或合成纤维；蛋白质纤维和纤维素纤维有各自不同的形态特征，用显微镜法即可鉴别；合成纤维一般采用化学溶解法加以鉴别，对聚丙烯、聚氯乙烯、聚偏氯乙烯纤维，还可利用含氯检测法和熔点法进行验证。

第二节 纤维鉴别的新技术

一、光学显微技术

可见光显微镜的分辨能力可达1～2 μm，其物镜和显微镜的分辨能力分别为δ_0和δ_m，则物镜的数值孔径（辨别物体较细小特征的能力A）可根据下式近似计算：

$$\delta_0 = \lambda / A,\ \delta_m = \lambda(A + A_k),\ A = n\sin\alpha \tag{10-1}$$

式中：λ为光波的波长（μm）；A_k为显微镜的数值孔径（$A_k \leqslant A$）；n为标本和物镜同介质的折射率（空气为1，水为1.3，甘油为1.47，雪松油为1.51）；α为试样中位于物镜光轴任一点与射入物镜边缘光线间的夹角。

采用折射率较大的液态介质替代空气介质的浸没法，可提高分辨能力和数值孔径。

除生物显微镜外，还广泛采用荧光显微镜（利用滤光片滤出光源中能够激发被研究物体荧光的部分光谱）、紫外光显微镜和红外光显微镜（研究肉眼看不见的光谱对试样的作用，它们的透镜可以分别透过紫外光或红外光，并需用转换装置将不可见的图像转换成可见光图像）来观察纤维的外观形态。偏振光显微镜可用于分析纤维的各向异性、双折射率和二向色性等。

二、电子显微技术

电子显微镜对纤维微细结构的分辨能力可达到原子级，是观察纤维微观结构和亚微观结构的重要工具，利用它可较深入地研究纤维各级微观结构的层次、尺寸、形成等。

利用透射式电子显微镜，在纤维超薄切片和电子染色等条件下，可观察到纤维的各级结构，还可进行电子射线衍射图分析。透射式电子显微镜的光路图如图10-2所示。电子源的加热钨丝1的负电压高达50～100 kV。聚束磁透镜（或静电透镜）2将电子束3聚集在被测试样4处。透镜5和6分别相当于物镜和投影器。这一系统将试样的图像投在屏幕7上。屏幕是一块金属板，上面涂有一种受电子撞击时能够发光的物质。屏幕上可放置投影胶片。电子通过试样时，试样被急剧加热。为了避免试样结构破坏造成图像失真，必须仔细地制备试样。一般应在试样表面涂一层约30 nm厚的薄膜。如果研究纤维表面，则须制成反映纤维表面特征的复制品。

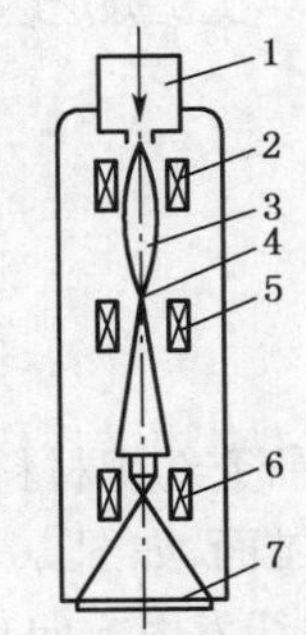

图10-2 透射式电子显微镜光路图

BS-300 型扫描电子显微镜的扫描速度可在 1～500 m/s 范围内变化，扫描的行数有 100，200，400，800，1 600 数种。扫描方式根据不同的研究目的可分为若干种，如全面扫描、局部扫描、摄制相片的一次扫描等。扫描电镜的优点在于能够改变电子束与试样间的角度、在平面内沿着两个相互垂直的方向移动试样以及改变试样的高低位置。扫描电镜的分辨能力较透射电镜低若干个数量级。

图 10-3 所示为电镜下看到的棉纤维表面结构、美利奴细羊毛的截面和皮质的状况。

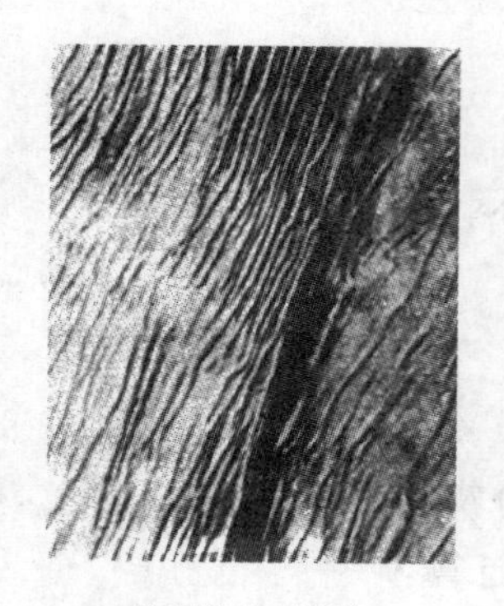

棉纤维表面结构

美利奴细羊毛截面

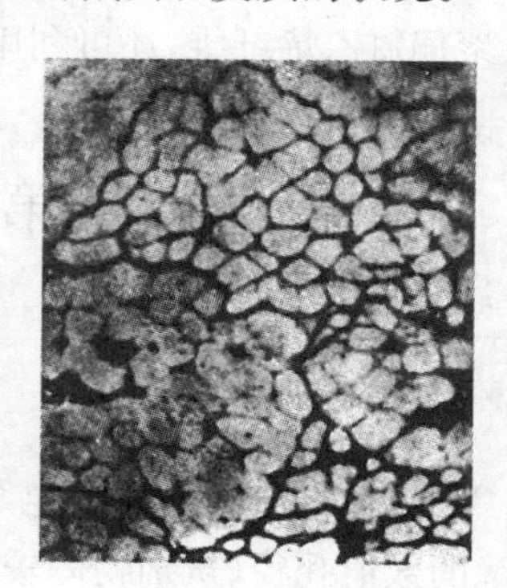

美利奴细羊毛正皮质截面

图 10-3　电镜照片举例

三、X 射线结构分析技术

X 射线结构分析以 X 射线在物质中的衍射现象为依据。X 射线是一种电磁-电离射线。其中波长 $\lambda < 0.2$ nm 的为硬射线，$\lambda > 0.2$ nm 的为软射线。X 射线结构分析使用的射线波长在 0.05～0.25 nm 之间。

一束射线射到某一晶体上，晶体的单元尺寸距离与 X 射线的波长在同一数量级时，就会发生衍射现象，如图 10-4 所示。

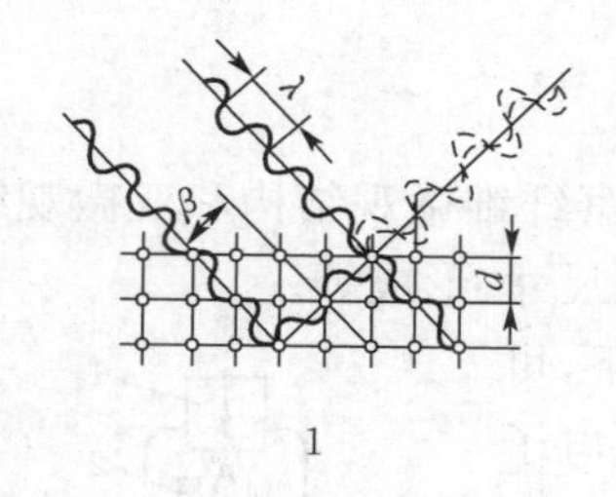

1

$2\beta_1$　2β　r　R

2(a)

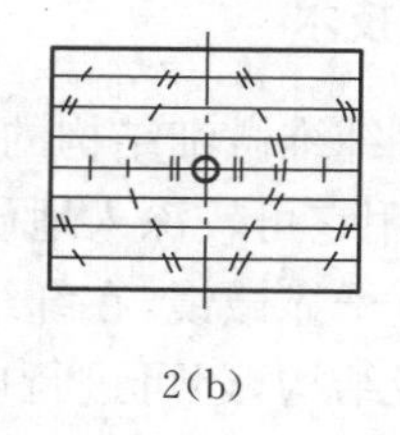

2(b)

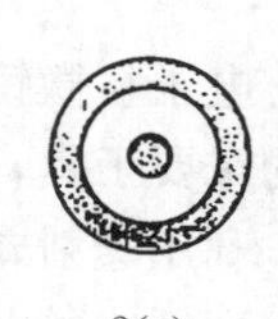

2(c)

图 10-4　X 射线衍射图

1—X 射线衍射　2(a)—纤维的 X 射线衍射示意图
2(b)—结构形成取向的纤维衍射图　2(c)—各向同性的高聚物 X 射线衍射图

研究纺织材料结构时，将一束窄小的单色平行 X 光射在多晶体试样上，便形成一些同轴的衍射锥面，如图 10-4-2(a)所示。有多少种不同距离的晶体，就有多少个圆锥面。越接近圆锥轴(X 射线发射方向)，则晶面间的距离越大。大部分纤维的 X 射线图不成圆环状，而呈干涉弧，从而证明晶体具有取向性。如果有若干种不同尺寸的晶体(不同晶面距离)，X 射线图上就有相应数量的干涉弧，如图 10-4-2(b)所示。干涉弧越宽，说明晶体排列的取向度越低。X 射线在无定形区的散射则形成漫射环，如图 10-4-2(c)所示。图 10-5 为常见纤维的 X 射线图。

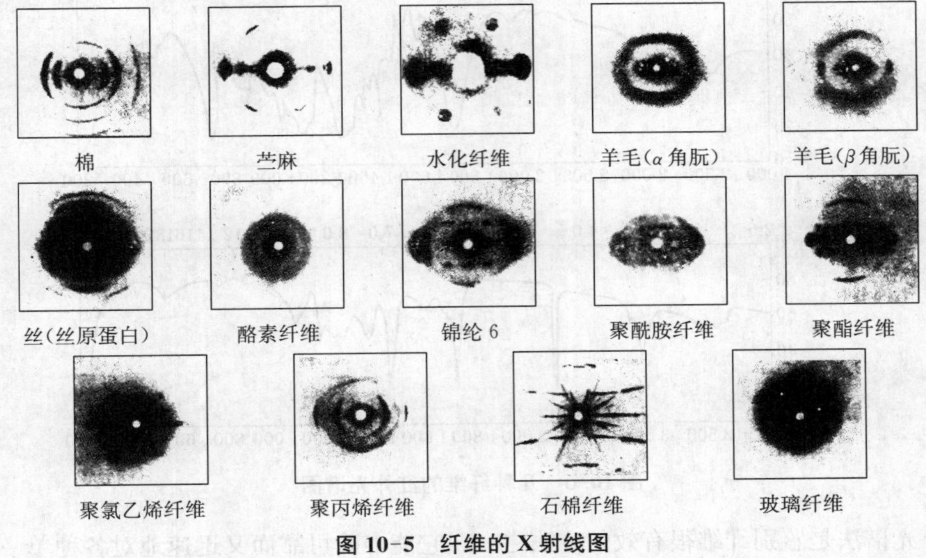

图 10-5　纤维的 X 射线图

四、光谱分析技术

根据纤维结构层次和外部作用的不同，光谱结构分析有红外光谱、紫外光谱等。红外光谱法可测定原子振动和原子团旋转能量的振转谱。下面仅介绍红外光谱法。

红外光谱法是根据组成纤维分子的各种化学基团，无论它们存在于何种化合物中都有着自己特定的红外吸收带位置，如同每个人都有自己独特的指纹。利用这种红外光谱所谓的“指纹性”原理，将测得试样的红外光谱图与已知纤维的红外光谱图比较，从而鉴别纤维的品种。

红外光谱图的横坐标是波长或每厘米波数，纵坐标是透射率或吸收率或光密度。当纵坐标为透射率时，曲线吸收峰在下面；纵坐标为吸收率或光密度时，曲线吸收峰在上面。

图 10-6 为棉、羊毛、涤纶和腈纶的红外光谱图，图中纵坐标为透射率；横坐标下面为每厘米波数，上面为波长(μm)。

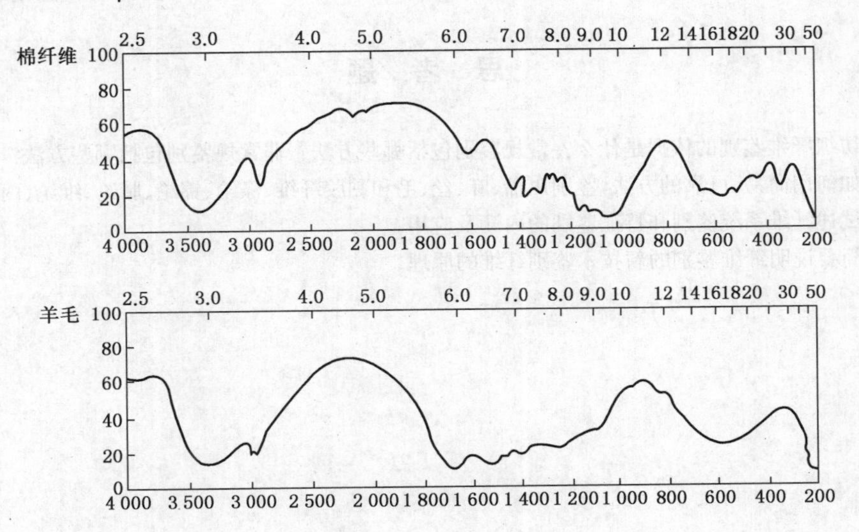

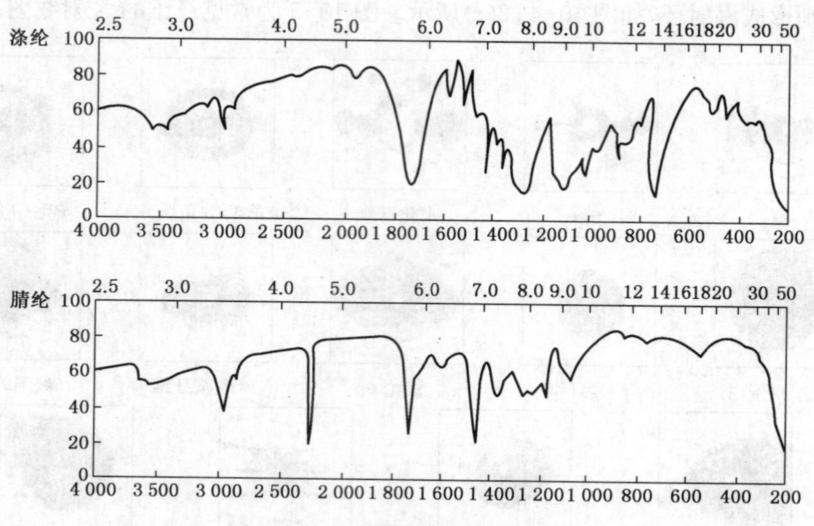

图 10-6　几种纤维的红外光谱图

红外光谱法是鉴别纤维很有效的方法之一。它能准确可靠而又迅速地对各种单一成分或混合成分的纤维、纱线和织物进行定性和定量的分析。当纤维的超分子结构，如结晶度、取向度等变化时，纤维的着色性能、溶解与熔融特征、密度以及光学性质等常随之改变。因此，根据这些性质进行鉴别时，所得的结果有时会波动，影响鉴别效果。红外光谱法则能避免这种因超分子结构因素变化而产生的误差，因为它的测试结果主要由纤维的化学组成而定。

五、差热分析技术

差热分析法是测定纺织纤维结构及其变化的一种相当灵敏的方法。

此法以测定纤维物质在加热或冷却过程中的热效应为基础。物质加热或冷却时，通常伴随着吸热或放热过程。吸热过程会出现熔融和解取向，而放热过程会出现结晶化。纤维在玻璃化过程中其焓值保持不变，但比热发生剧烈变化。所有这些变化均可记录在热谱图上，从而确定纺织纤维结构和性能的特点。

思　考　题

10-1　纺织纤维鉴别的依据是什么？常规鉴别包括哪些方法？非常规鉴别包括哪些方法？

10-2　如何用简易、可靠的方法，鉴别出棉、麻、丝、毛和黏胶纤维、涤纶、锦纶、腈纶、维纶、丙纶、氨纶？

10-3　试述纤维系统鉴别和特征鉴别的内涵及应用。

10-4　简要说明纤维鉴别的新技术鉴别纤维的原理。

第二篇 ↘ 纱　线

内容综述

纱线是纺织纤维纺纱的产品，是织物等产品的织造原料，具有承上启下的作用。纱线由于纤维品种和组分、纺纱系统、纺纱方法及其用途的不同，使纱线的纱条结构、品种和性质呈现多样性。本篇主要阐述纱线的分类和构成；纱线的内部结构与外观形态；纱线的细度、物理机械性能、毛羽和损耗性等的特征、评价指标与测试方法；纱线的品质评定。

掌　握

① 短纤维纱线的构成，加捻指标和捻度测试，纤维在纱中的几何形状，混纺纱中纤维的径向分布，股线中单纱的排列，加捻对单纱、股线、捻丝性能的影响，变形丝的形成，短纤化长丝纱的结构。

② 纱线的线密度指标及不同指标间的换算，股线(复合丝)与单纱(单丝)线密度间的关系，纱线直径的计算，细度偏差与细度不匀率，细度不匀产生的原因，细度不匀率与片段长度不匀间的关系。

③ 纱线的力学性质(拉伸、变曲、扭转和压缩)的特征、表征方法、指标测定，纱线一次拉伸断裂的机理与影响因素，纱线未破坏的一次拉伸特性，纱线多次拉伸循环特性。

④ 纱线毛羽的形态、形成与特征指标，减少纱线毛羽的措施，纱线损耗的类型、主要影响因素与评定标准，纱线耐磨性的测试分析。

⑤ 纱线品质的要素、评定标准和评定方法。

熟　悉

① 纱线细度测算，纱线细度不匀率的测试方法（日光检测、测长称量法和仪器测试法）。

② 纱线一次拉伸断裂特性指标的测试，纱线未破坏的一次拉伸特性测试，在恒定负荷加载—卸载—休息作用下纱线变形特征测试，纱线多次拉伸循环特性的测试，纱线多次弯曲特性测试，纱线扭矩测试，单纱和织物内纱线压缩测试。

③ 纱线毛羽测试方法，纱线耐磨性测试方法。

了　解

① 纱线的一般分类。
② 纱线品质标准的内容与技术要求。
③ 各种纱线的品质评定。
④ 纱线物理机械性能测试的新技术、新仪器。

第十一章　纱线分类和构成

本章要点

介绍纱线分类的依据和一般分类；阐述加捻在短纤维单纱和股线、长丝捻丝中的作用，加捻指标及测试，加捻对纱线性质的影响；分析纤维在纱中的几何配置、混纺纱中纤维的径向分布、股线中单纱排列和捻丝中单丝排列；叙述变形丝的形成、短纤化长丝纱的结构以及纱线的标示。

第一节　纱线分类

由纺织纤维制成的细而柔软，并具有一定力学性质的连续长条，统称为纱线(yarn)。由于纺织纤维组成、类型、成纱方法各自不同，成纱系统也各有区别。由长纤维形成的称为长丝纱线(filament yarn)，由短纤维形成的称为短纤维纱线(staple fiber yarn)。经纺纱加工、纤维沿轴向排列并经加捻而成，退捻后分散成纤维的称之为纱，也称单纱(single yarn)。由两根或两根以上的单纱经合并加捻制成的称之为线，也称股线(compound yarn)。由于长丝纱单根也可以成纱，所以长丝纱的纱与线的界限有时不太分明。

多数纱线用作制造织物、绳、带等纺织最终产品，少数纱线如缝纫线、绣花线、装饰用纱线等本身就是纺织最终产品。

根据不同的出发点，可对纱线进行各种分类。

一、按结构和外形分

1. 长丝纱

长丝纱按结构和外形分，可分成单丝纱、复丝纱、捻丝、复合捻丝和变形丝等：

① 单丝纱(monofilament)。指长度很长的连续单根纤维，如纺化纤时单孔喷丝所形成的一根长丝。

② 复丝纱(multifilament)。指两根或两根以上的单丝并合在一起的丝束，如纺化纤时由一个喷丝头的数个喷丝孔喷丝并合所形成的长丝或几根茧丝经缫丝并合得到的生丝。

③ 捻丝(twisted filament)。复丝加捻即成捻丝。

④ 复合捻丝(compound twisted filament)。捻丝再经一次或多次并合、加捻即成复合捻丝。

⑤ 变形丝(textured yarn)。化纤原丝经过变形加工后具有卷曲、螺旋、环圈等外观特性而呈现蓬松性、伸缩性的长丝纱，称为变形丝或变形纱。通过变形也可得到类似于短纤维纱的风格，称为短纤化长丝纱。

2. 短纤维纱

短纤维纱有单纱、股线、复捻股线等:

① 单纱。由短纤维集束成条,依靠加捻即成为单纱。

② 股线。两根或两根以上单纱合并加捻即成为股线。

③ 复捻股线。由两根或多根股线合并加捻即成为复捻股线,如缆绳。

3. 组合纱线

采用短纤纱、长丝纱复合而获得具有特殊的外观、手感、结构和质地的纱线。

(1) 复合纱和结构纱

主要指在环锭纺纱机上通过增加喂入装置或喂入单元使短/短、短/长纤维加捻而成的复合纱和通过单须条分束或须条集聚方式得到的结构纱。复合纱和结构纱被认为是可以进行单纱织造的纱。相应的典型技术有赛络纺(Sirospun)、短/长复合纺(如赛络菲尔纺纱 Sirofil)、分束纺(Solospun)和集聚纺纱(Compact yarn)。

赛络纺是由澳大利亚联邦科学与工业研究所(CSIRO)在 1975—1976 年发明的,是一种集纺纱、并线、捻线为一体的新型纺纱方法。其原理是将两根粗纱以一定间距平行引入细纱机牵伸区内,同时牵伸,并在集束三角区内汇合加捻形成单纱,须条和纱均有同向捻度。这种纱有线的特征,是表面较光洁、毛羽少、内松外紧的圆形纱,弹性好,耐磨性高。

作为加工短/长复合纱的赛络菲尔纺纱是在赛络纺基础上发展起来的纺纱方法,由一根经牵伸后的须条与一根不经牵伸,但具有一定张力的长丝束在加捻三角区复合加捻形成复合纱。两组分间基本上不发生转移,相互捻合包缠在一起,形成一种外形似单纱、结构似线的纱。短/长复合纱表面的毛羽较环锭纱少,且截面近似圆形。

分束纺是继赛络纺后澳大利亚 CSIRO 的又一新型结构纺纱技术。它是在传统的环锭细纱机上安装一对特制的沟槽前罗拉,可将纤维须条分劈成 3～5 小束,从而使纺纱的加捻和转移机理发生变化,分开的纤维小束在汇聚前被加捻并在汇聚处再次捻合。因此,分束纺纱的毛羽较少,表面光洁,强力高,耐磨性较好。

集聚纺也是在环锭纺机上改革的结果。它是在环锭细纱机的前罗拉输出须条处加装了一对集聚罗拉,其中,下罗拉有吸风集聚作用,使须条在气动集束区集束,须条较紧密地排列,大大减小了传统细纱机加捻三角区须条的宽度,有利于将须条中的纤维可靠地捻卷到纱条中,从而可较大幅度地减少毛羽;同时吸风也有利于纤维在加捻卷绕时有再次伸直的机会,从而提高成纱强度。集聚方式除负压气体吸聚外,还有沟槽集聚、假捻集聚或复合方式集聚。

(2) 花式捻线(fancy twisted yarn)

由芯纱、饰纱和固纱捻合而成,芯纱构成花式捻线强力的主要成分;饰纱缠绕在芯线的周围形成起花效应(螺旋形、环圈形、结子形、纱辫形、粗纱效应形等);固纱包绕在芯纱、饰纱外面起加固作用。有些花式捻线可以不加固纱。

(3) 花式纱(novelty yarn)

主要有膨体纱和包芯纱。

① 膨体纱(bulked yarn)。将两种不同收缩率的纤维按一定比例纺成纱线,放在蒸汽、热空气或沸水中进行松弛处理,高收缩率纤维遇热收缩形成纱芯,低收缩率纤维因收缩小而被挤压在表面形成圈形,整个纱线成膨松状,柔软、保暖性好,具有一定毛型感。

② 包芯纱(core-spun yarn)。以长丝或短纤维纱为纱芯,外包其他纤维一起加捻而纺成

的纱，兼有芯纱和外包纱的优良机械性能。如涤棉包芯纱以涤纶复丝为纱芯并外包棉纤维纱加捻纺制而成，可用来织制烂花的确良，供窗帘、台布等使用；以氨纶为芯纱，以棉、涤/棉、涤纶或腈纶等为外包纤维纺成包芯纱，芯纱具有优良的弹性，外包纤维则提供其他物理机械性能，织造高弹力织物，制作游泳衣、滑雪衣、劳动服等。

二、按组成纱线的纤维种类分

（1）纯纺纱线

用一种纤维纺成的纱线称为纯纺纱线，前面冠以纤维名称来命名，如棉纱线、毛纱线、黏胶纤维纱线等。

（2）混纺纱线

用两种或多种不同纤维混纺而成的纱线称为混纺纱线。混纺纱线的命名，按原料混纺比的大小依次排列，比例多的在前；如果比例相同，则按天然纤维、合成纤维、再生纤维的顺序排列。混纺所用原料之间用"/"隔开。如65%涤纶与35%棉的混纺纱命名为涤/棉纱，50%涤纶、17%锦纶和33%棉的混纺纱命名为涤/棉/锦纱；50%黏胶纤维与50%腈纶的混纺纱命名为腈/黏纱。

三、按纺纱工艺、纺纱方式分

1. 按纺纱工艺分

短纤维纱线依据纤维的不同性状，须在不同的纺纱系统上加工。常区分为以下几类：

（1）棉纺纱

在棉纺系统上生产。棉纺纱又区分为精梳纱、普梳纱和废纺纱。精梳纱是经过精梳工程纺得的纱，它与普梳纱相比，短纤维和杂质含量小，纤维伸直平行，纱条条干均匀、表面光洁，多用于织制较高档的产品。

（2）毛纺纱

在毛纺系统上生产。毛纺纱又区分为精梳毛纱、粗梳毛纱和废纺毛纱。精梳毛纺采用的纤维长而整齐，纺得的毛纱条干较细，表面较光洁，用来织制薄型高档的精细产品。粗梳毛纺采用的纤维短而粗，纺得的毛纱条干较粗，表面毛茸较多，手感松软而温暖，富于弹性，用以织制粗纺产品。

（3）麻纺纱

在麻纺系统上生产。苎麻的生麻须经过前处理得到精干麻，单纤维长度为50 mm以上，采用单纤维纺纱。亚麻的生麻须经过前处理得到打成麻（其长度一般为300～900 mm，截面内一般含10～20根单纤维），由于单纤维平均长度仅10～26 mm，一般只能用工艺纤维（即束纤维）纺纱。

（4）绢纺纱

在绢纺系统上生产，原料为蚕丝下脚。桑蚕绢纺原料一般为丝吐（长吐、短吐、毛丝）、滞头、干下脚茧类（双宫茧、黄斑茧、口类茧、汤茧、薄皮茧、血茧）和茧衣类。柞蚕绢纺原料一般为挽手类（大挽手、二挽手、机扯二挽手、扯挽手）、蛾口茧类和疵茧类。

由于绢纺原料中含有较多的丝胶和不同数量的油脂、蜡质以及其他污染物，所以它和一般短纤维的成纱过程不同，必须先对原料进行专门的处理。整个成纱过程分为原料精练、制绵和成纱三个阶段。用优质品位的绢纺原料纺成的绢丝，线密度可达 41.7～83.3 dtex，外观清洁，条干均匀，光泽好，适于织造薄型的高档绢绸。

(5) 紬丝

在紬丝纺系统上生产。紬丝的原料是绢纺圆梳制绵工艺末道落绵，其纤维细而短，长度整齐度差，绵粒和蛹屑杂质多。此外，紬丝纺本身各工序生产的落绵及回绵也可回用为紬丝纺的原料。紬丝纺系统比较简单，原料经开清绵后即进行混合与给湿，然后用罗拉梳绵对纤维进行多次梳理及反复的混合，再将绵网分割成条并搓捻成粗纱，最后在细纺机上牵伸、加捻纺成紬丝。紬丝可纺线密度，一般桑蚕丝在 33.3 tex 以上，柞蚕丝在 50 tex 以上。

2. 按纺纱方法分

(1) 环锭纱(ring-spun yarn)

指用一般环锭纺机纺得的纱。

(2) 新型纺纱

包括自由端纺纱和非自由端纺纱。

① 自由端纺纱(open-ended spun yarn)。指纺纱过程中纱条的一端不被机械握持，将纤维分离为单根并汇聚于纱条的自由端经过加捻而成纱。例如，转杯(气流)纺纱、静电纺纱、涡流纺纱等。

转杯纺纱是利用转杯内负压气流输送纤维，通过转杯的高速回转凝聚纤维并加捻成纱的纺纱方法，简称转杯纺。早期我国称为气流纺。适纺 18～100 tex 棉纱、毛纱、麻纱及其与化纤的混纺纱。

静电纺纱是利用高压静电场使纤维极化、取向凝聚成须条，由高速运转的空心管加捻的纺纱方法，简称静电纺。适于纺制 13～60 tex 纯棉纱、纯麻纱和棉麻混纺纱。

涡流纺纱是利用涡流的旋转气流对须条加捻的纺纱方法，简称涡流纺。主要适纺 60～100 tex化纤纱或混纺纱。

摩擦纺纱是利用尘笼内的负压气流吸附纤维，通过尘笼回转对须条摩擦加捻的纺纱方法，简称尘笼纺或摩擦纺。适于纺制 10～100 tex(或更粗)的纯纺、混纺甚至复合纺纱。特别是可加工棉、毛、丝、麻、各种化纤及其下脚料以及其他纺纱方法难以加工的短纤维，还可以加工陶瓷、碳素等刚性纤维。

② 非自由端纺纱。目前主要是自捻纱(self-twisting yarn)。它是指纤维须条(一般为两根)受到罗拉假捻作用而捻搓，形成正、反捻向周期性交替变换的纱。

新型纺纱线的结构不同于环锭纱，所以性能也有所不同。

四、按纱线中的短纤维长度分

(1) 棉型纱线

指用原棉或用长度、线密度类似于棉纤维的短纤维在棉纺设备上加工而成的纱线。

(2) 毛型纱线

指用羊毛或用长度、线密度类似于羊毛的纤维在毛纺设备上加工而成的纱线。

(3) 中长纤维型纱线

指用长度、线密度介于毛、棉之间(51～65 mm, 2.78～3.33 dtex)的纤维，在棉纺设备或中长纤维专用设备上加工而成的具有一定毛型感的纱线。

五、按纱的用途和粗细分

1. 按纱的用途分

(1) 机织用纱

供织制机织物用的纱，分为经纱和纬纱。经纱用于机织物纵向，即织物上沿长度方向排列的纱。纬纱用于机织物横向，即织物上沿宽度方向排列的纱。

(2) 针织用纱

供织制针织物用的纱，一般要求粗细均匀，结头和粗细节少。

(3) 起绒用纱

供织入绒类织物以形成绒层或毛层的纱。

(4) 特种用纱

供工业上用的纱，如轮胎帘子线等；有特种要求，如手术缝合线、缝纫和绣花用纱线等。

2. 按纱的粗细分

(1) 特低线密度纱（特细特纱）

指线密度在 10 tex 及以下的很细的纱。

(2) 低线密度纱（细特纱）

指线密度为 11～20 tex 的较细的纱。

(3) 中线密度纱（中特纱）

指线密度为 21～31 tex，介于粗特纱与细特纱之间的纱。

(4) 高线密度纱（粗特纱）

指线密度在 32 tex 以上的较粗的纱。

六、其他

按纺纱后处理方法的不同分为原色纱、漂白纱、染色纱、烧毛纱、丝光纱等；按纱线的卷绕形式分为管纱、筒子纱、绞纱；按加捻方向不同分为顺手纱（S 捻）和反手纱（Z 捻）；等等。

第二节　短纤维纱线的构成

一、加捻在短纤维成纱中的作用

短纤维的纺纱过程：首先，将纤维堆积形成块状纤维集合体（棉块）；然后，把它加工成纤维絮片（棉卷、棉网）；接着，将絮片集束成条状纤维束（棉条）；最后，通过逐步牵伸把条状纤维束拉成线状纤维束（粗纱、细纱）。其中，由絮片成条、由条成纱是整个成纱过程中的两个重要环节，而如何使线状纤维集束成为具有一定线密度和足够强伸度的纱，是整个成纱过程的关键。在传统的纺纱方法中，解决这个问题的办法就是加捻。

加捻（twisting）是使纱条的两个截面产生相对回转，这时纱条中原来平行于纱轴的纤维倾斜成螺旋线。当纱条受到拉伸外力时，倾斜的纤维对纱轴产生向心压力，使纤维间有一定的摩擦力而不易滑脱，纱条就具有一定的强力。对短纤维来说，加捻是成纱的必要手段；对长丝纱和股线来说，加捻是为了形成一个不易被横向外力所破坏的紧密结构。加捻的多少以及纱线和织物中的捻向、捻度的配合，与成品的外观和许多物理性能密切相关。

二、加捻指标和捻度测试

表示加捻性质的指标有表示加捻程度大小的捻度、捻回角、捻幅和捻系数以及表示加捻方向的捻向等。

(1) 捻度(twist)

纱线加捻时，两个截面的相对回转数称为捻回数。纱线单位长度内的捻回数称为捻度。不同制式捻度的单位长度不同。我国棉型纱线采用特克斯制，捻度的单位长度为"10 cm"。精梳毛纱线、绢纺纱及化纤长丝使用公制捻度，捻度的单位长度为"1 m"。粗梳毛纱可用特克斯制捻度，也可用公制捻度。英制捻度的单位长度为"1 英寸"。它们的换算关系为：

$$T_{tex} = 3.937 \times T_e = 0.1 \times T_m \tag{11-1}$$

式中：T_{tex}为特克斯制捻度(捻/10 cm)；T_e为英制捻度(捻/英寸)；T_m为公制捻度(捻/m)。

(2) 捻回角(twist angle)

虽然捻度的意义很明确，可以用来比较同样粗细纱条的加捻程度，但是用来比较不同粗细的纱条的加捻程度时，却有着明显的缺陷。因为加捻程度主要取决于纤维的倾斜程度。两根粗细不同的纱条加上相同捻度，粗纱条的纤维的倾斜程度大于细的纱条。如图 11-1 所示，图中 $\beta_2 > \beta_1$。β是加捻后表层纤维与纱条轴线的夹角，称为捻回角。捻回角反映了加捻后纤维的倾斜程度，可以用来比较不同粗细纱条的加捻程度。捻回角须在显微镜下用测角器来测量，既不方便又不易准确，所以生产上不予采用。

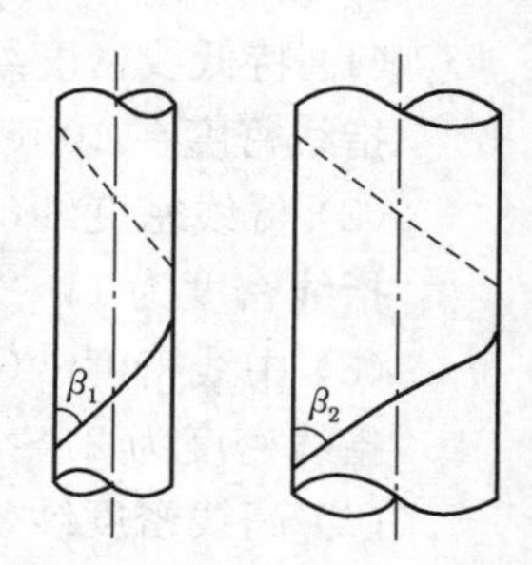

图 11-1 捻回角

(3) 捻幅(twisting length)

加捻时，纱截面上的一点在单位长度内转过的弧长称为捻幅。如图 11-2(a)所示，原来平行于纱轴的 AB 倾斜成 $A'B$，当 L 为单位长度时，$\overset{\frown}{AA'}$ 即为 A 点的捻幅。如以 P_A 表示 A 点的捻幅，β 代表 $A'B$ 的捻回角，则：

$$P_A = \overset{\frown}{AA'} = \overset{\frown}{AA'}/L = \tan\beta \tag{11-2}$$

捻幅实际上就是这一点的捻回角的正切，所以它也能表示加捻程度的大小。

为了方便起见，常作出纱的截面，在截面上各点作矢量与半径相切，令其方向为加捻方向、大小等于捻幅，来表示加捻程度和捻向，如图 11-2(b)中的$\overrightarrow{AA'}$。纱中各点的捻幅与半径成正比，即不同半径处的捻幅形成一直角三角形的分布，即图 11-2(b)中的 OAA'。捻幅可以反映出纱中不同半径处的倾斜程度，常用来分析纱线中纤维所受应力及螺旋排列结构。

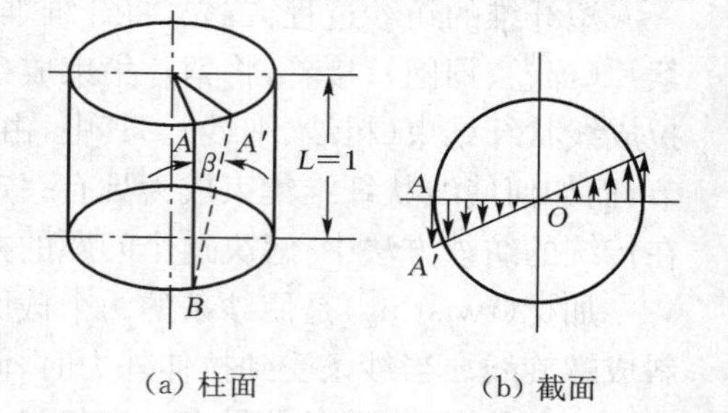

图 11-2 捻幅

(4) 捻系数(twist factor)

它是根据纱线的捻度和细度(线密度或支数)计算而得的，算式如下：

$$\alpha_{tex} = T_{tex}\sqrt{N_{tex}},\ \alpha_m = T_m/\sqrt{N_m},\ \alpha_e = T_e/\sqrt{N_e} \tag{11-3}$$

式中：α_{tex} 为特克斯制捻系数；α_m 为公制捻系数；α_e 为英制捻系数；T_{tex} 为特克斯制捻度（捻 /10 cm）；T_m 为公制捻度（捻 /m）；T_e 为英制捻度（捻 / 英寸）；N_{tex} 为纱线的线密度；N_m 为纱线的公制支数；N_e 为纱线的英制支数。

三种捻系数之间的换算式为：

$$\alpha_{tex} = 95.67\times\sqrt{\frac{100+W_{mk}}{100+W_{ek}}}\times\alpha_e,\ \alpha_{tex} = 3.16\alpha_m,\ \alpha_m = 30.25\times\sqrt{\frac{100+W_{mk}}{100+W_{ek}}}\times\alpha_e \tag{11-4}$$

式中：W_{mk} 为纱线的公制公定回潮率（%）；W_{ek} 为纱线的英制公定回潮率（%）。

捻系数的物理意义，可按图 11-3 所示，将纱的表层纤维螺旋线展开，由展开图可知：

$$h = 100/T_{tex},\ \tan\beta = \pi d/h,\ d = 0.03568\sqrt{N_{tex}/\gamma} \tag{11-5}$$

式中：d 为纱的直径（mm）；h 为螺距或称捻距（mm）；T_{tex} 为特数制捻度（捻/10 cm）；β 为捻回角；N_{tex} 为纱的特数；γ 为纱的密度（g/cm³）。

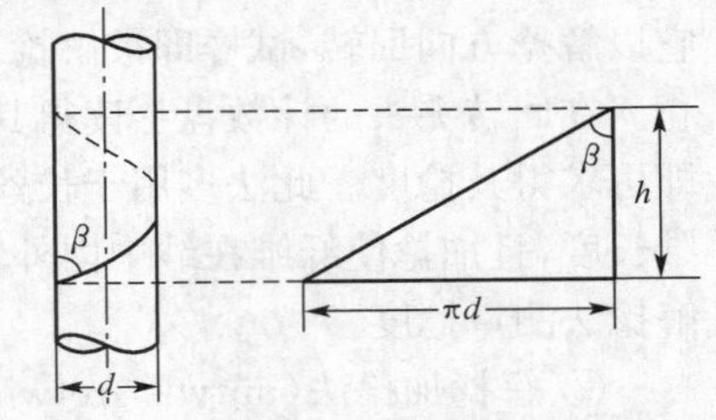

图 11-3　纱的表层纤维螺旋线展开

由 h，$\tan\beta$ 和 d 三个计算式，经整理化简可得：

$$\alpha_{tex} = T_{tex}\sqrt{N_{tex}} = 892\sqrt{\gamma}\times\tan\beta \tag{11-6}$$

式中：$892 = \frac{100}{\pi\times 0.03568}$。

当纱线原料及纺纱方法相同时，纱线的密度 γ 可看做常数，捻系数与捻回角的正切值 $\tan\beta$ 成正比，是捻回角的函数，这就是捻系数的物理意义。因而捻系数可以用来比较同密度不同粗细纱线的加捻程度，比捻度完善；又由于捻系数可以根据纱线线密度与捻度算得，而线密度与捻度极易测量，所以比捻回角方便。实际生产中常用捻系数来表示纱线的加捻程度。

（5）捻向（twist direction）

捻向是指纱线加捻的方向。它是根据加捻后纤维在纱中或单纱在股线中的倾斜方向而定的。有 Z 捻和 S 捻两种，如图 11-4 所示。纤维（或单纱）倾斜方向由下而上为自左而右的称为 Z 捻，又称反手捻。纤维（或单纱）倾斜方向由下而上为自右而左的称为 S 捻，又称顺手捻。捻向的重要性在于股线中纱与线捻向的配合和织物中经纱与纬纱捻向的配合。

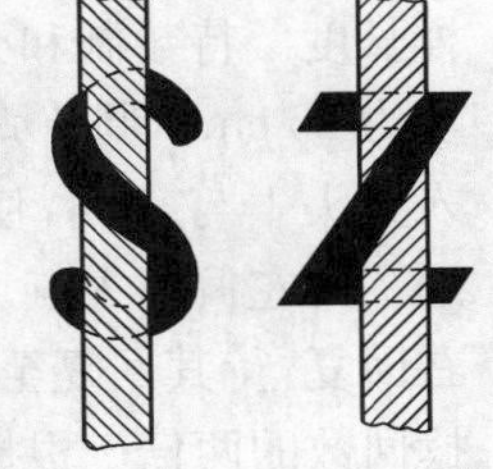

图 11-4　捻向

多数情况下，单纱采用 Z 捻，股线采用 S 捻，互为反向，纤维排列方向与股线轴接近平行，这样股线柔软、光泽好，捻回和结构稳定。股线的捻向按先后加捻的捻向为序，依次以 Z 和 S 来表示。如，ZSZ 表示单纱为 Z 捻，单纱合并初捻为 S 捻，再合并复捻为 Z 捻。股线每次加捻的捻向关系对股线物理性能的影响很大。

经、纬纱捻向的配合对织物的外观、手感影响很大。利用经、纬纱捻向和织物组织相配合，可织成外观、手感等风格不同的织物。例如在平纹织物中采用不同捻向的经、纬纱可使织物表面的纤维朝一个方向倾斜，从而使织物光泽较好；但经、纬交织点接触处的纤维却互相交叉，从而使经、纬纱不相互嵌合密贴，织物就比较松厚柔软(图 11-5)。在斜纹组织中采用与斜纹方向相反的纤维或纱的倾斜方向可以得到明显的斜纹效应。利用 Z 捻和 S 捻纱线相间排列还可以得到隐条、隐格效应等。

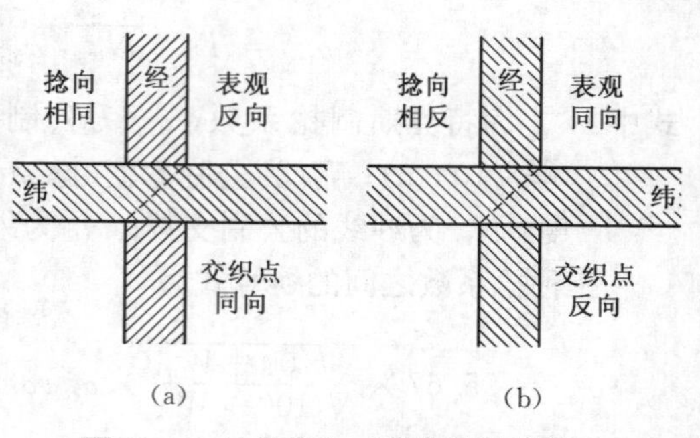

图 11-5　纱线捻向对织物性质的影响

(6) 捻度测试

目前常用的捻度测试方法有解捻法和解捻加捻法两种。

① 解捻法(untwist method)。将试样以一定的张力夹在两个距离一定的夹头中，其中一个夹头可绕试样轴线回转，用电动或手摇的方法使它以解捻方向回转，试样即被解捻。用挑针自固定夹头至回转夹头挑开试样，直至捻度解完为止。在回转夹头的计数盘上读得其回转数，即为该段试样的捻回数。根据捻回数和试样长度即可求得其捻度。此法多用于长丝、股线或捻度很少的粗纱。短纤维纱由于试样长度大于纤维长度，且加捻使纤维在纱中内外转移互相纠缠，解捻时要将纱挑开就很困难，所以不宜采用解捻法测量捻度。

② 解捻加捻法(untwist-retwist method)。又称张力法。其工作原理是使一定张力下一定长度的纱解捻，待捻度解完后，继续回转，使纱加上与原来捻向相反而数量相等的捻回，这时在同样张力下纱的长度与原来相同。短纤维纱都采用此法。

我国测试捻度所用的仪器为 Y331 型纱线捻度仪(图 11-6)。夹头 1 与张力装置和刻度盘 2 相连，调节张力重锤 3 的位置可对纱线加上规定的张力。整套装置可左右移动以调节试样长度。特数制和公制支数制试样长度为 25 cm。调节固定好后，将试样夹入夹头 1 与 4 间，使指针 5 在张力作用下向左偏离零点。捻度解完后，夹头 4 继续回转就对纱条反向加捻，纱的长度缩短，指针向右回复，待其回复至零点时，停止夹头 4 的回转。在计数盘 6 上读得其回转数，即为所测单纱捻回数的两倍。根据捻回数和试样长度，可求得所测单纱的捻度。

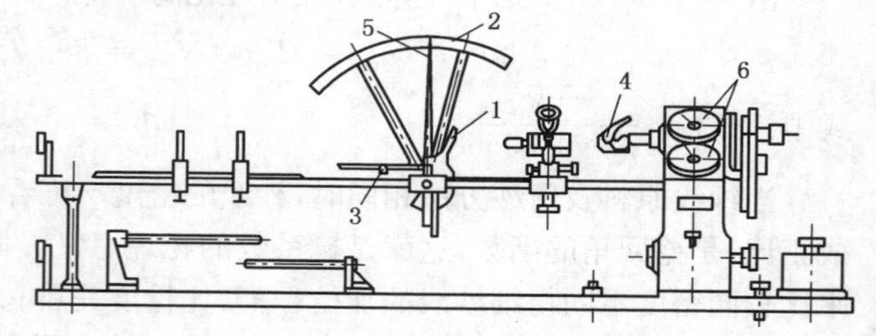

图 11-6　Y331 型纱线捻度仪

在生产中常定期取一定根数的试样测试后，求平均捻度和捻度不匀率，以考核纱线的捻度是否合乎标准、捻度不匀率是否正常，从而保证纱线的质量。

三、加捻对纱线性质的影响

纱的性质除与纤维的物理性质有关外，还与加捻多少密切相关。股线的性质除与纱的性质有关外，还与合股股数、股线加捻捻向与单纱捻向的配置、股线捻系数与单纱捻系数的比值等因素有关。加捻对纱线主要性质的影响如下。

1. 加捻对纱线长度的影响

加捻后，纤维倾斜，使纱的长度缩短，产生捻缩。在生产中，细纱机前罗拉输出的须条经加捻后长度缩短，影响成纱的实际线密度(特数或支数)和实际捻度，因此工艺设计时必须考虑捻缩。捻缩大小一般用捻缩率表示，指加捻前后纱条长度的差值占加捻前纱条原长的百分率：

$$\mu(\%)=[(L_0-L_1)/L_0]\times 100 \tag{11-7}$$

式中：μ 为纱的捻缩率；L_0 为须条加捻前的长度；L_1 为须条加捻后的长度。

也可用捻缩系数(K_μ)来表示捻缩大小，它是指加捻后的纱长与加捻前纱长的比值，即：

$$K_\mu = L_1/L_0 \tag{11-8}$$

股线的捻缩是以加捻后股线的长度与加捻前单纱的长度来计算的，即上式中的 L_1 和 L_0 分别为加捻后股线的长度和加捻前单纱的长度。

纱的捻缩率随捻系数的增加而变大。

股线的捻缩率与股线、单纱捻向配置有关。当股线捻向与单纱捻向相同时，加捻后长度缩短，捻缩率为正值，且捻缩率随捻系数的增加而变大。当股线捻向与单纱捻向相反时，在股线捻度较小时，由于单纱的解捻作用而使股线长度有所伸长，捻缩率表现为负值；当捻系数增加到一定值后，股线又缩短，捻缩率为正值且随捻系数的增大而变大。图 11-7 所示为股线捻缩率与捻系数的关系。图中曲线 1 为双股同向加捻的股线，2 为双股反向加捻的股线。

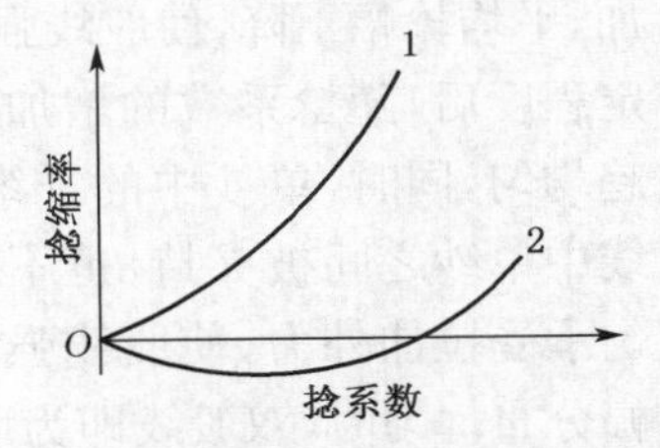

图 11-7　股线捻缩率与捻系数的关系

捻缩率除与捻系数有关外，还与纺纱张力、车间温湿度、纱的粗细等因素有关。捻系数相同时，纺纱张力大，捻缩率较小；车间温湿度高，捻缩率较大；粗的纱其捻缩率比细的纱大。

2. 加捻对纱线密度和直径的影响

捻系数加大，纱内纤维密集，纤维间空隙减小，使纱的密度增加，直径减小。当捻系数增加到一定程度后，纱的可压缩性减小，密度和直径就变化不大；相反，由于纤维过于倾斜，捻缩增大，有可能使纱的直径稍有加粗。

股线的密度和直径与股线、单纱捻向有关。当股线、单纱捻向相同时，捻系数与密度和直径的关系与单纱相似。当股线、单纱捻向相反时，在股线捻度较小时，由于单纱的解捻作用，会使股线的密度减小，直径加大，但随着捻度的加大又使股线的密度逐渐增大而直径减小。

3. 加捻对纱线强度的影响

对短纤维纱来说，受拉伸外力作用而断裂有两种情况，一是由于纤维本身断裂而使纱断裂，一是由于纤维间滑脱而使纱断裂。这两者都与纱所加捻度的大小有关。当捻系数增加时，纤维对纱轴的向心压力加大，纤维间的摩擦阻力增加而不易滑脱；另外，纱有粗细不匀，加捻时由于粗段的抗扭刚度大于细段，使捻度较多地分布在细段，而粗段的捻度较少，这样纱的弱环得以改善。这两点都是有利于成纱强度的因素。然而，当捻系数进一步增加时，纤维明显倾斜，伸长和张力较大，影响其以后承受拉力的能力；而且由于捻回角的增大，使纤维强力在纱轴方向的分力降低；同时捻度过大会使纱条内外层纤维的应力分布不匀增加，加剧纤维断裂的不同时性。这三点都是不利于成纱强度的因素。综合作用的结果是，当捻系数较小时，有利因素大于不利因素，反映为纱的强度随捻系数的增加而增加；但当捻系数增加到某一临界值时，再增加捻系数，不利因素大于有利因素，使纱的强度反而下降，如图 11-8 所示。纱的强度达到最大值时的捻系数叫临界捻系数 α_k，相应的捻度叫临界捻度。不同纤维品种的细纱，其临界捻系数值并不相同。

对股线来说，由于单纱的并合作用使股线条干均匀，且单纱之间有接触，增加了各股纱断裂的同时性，这两点是使股线的强度较单纱强度好的因素。股线捻系数对强度的影响除与单纱相同外，还有捻幅的分布情况。分布均匀的捻幅可使纤维强力均匀，从而能均匀地承受拉伸外力，有利于股线的强度。由于影响因素多，所以股线强度与捻系数的关系比较复杂。当股线捻向与单纱捻向相同时，股线加捻与单纱继续加捻相似，当单纱捻系数较大时，有可能使股线强度随捻系数的增加而下降；当单纱捻系数较小时，开始时股线强度随捻系数的增加而稍有上升，然后随捻系数的增加而下降。当股线捻向与单纱捻向相反时，开始时随股线捻系数的增加，平均捻幅下降，使股线强度下降，当平均捻幅下降到一定程度后，随捻系数的增加又开始上升，此后捻幅分布渐趋均匀，同时，单纱中的纤维，甚至是最外层的纤维，在股线中单纱之间被夹持，也不易滑脱而解体，有利于纤维均匀承受拉伸外力，使股线强度逐渐上升。一般，当各处捻幅分布均匀时（双股线即为股线捻系数与单纱捻系数的比值等于1.414时），表现出股线强度最高，如图 11-9 所示。以后随股线捻系数的增加，捻幅分布又趋不匀，股线强度又逐渐下降。

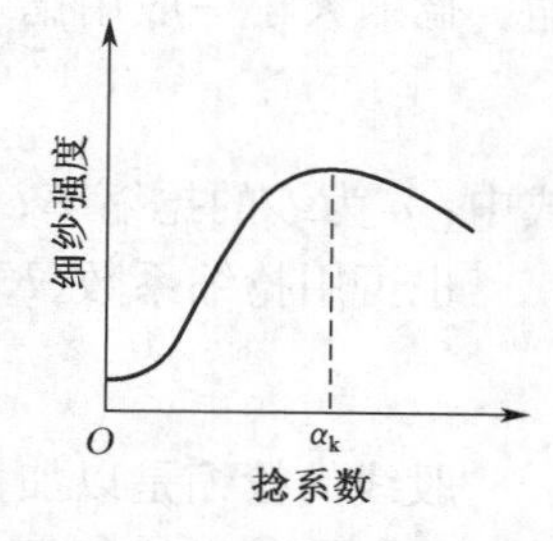

图 11-8　短纤维纱强度与捻系数的关系

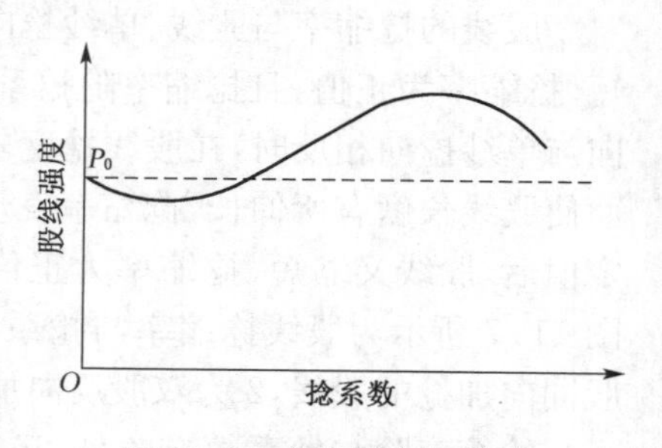

图 11-9　合股反向加捻对股线强度的影响

4. 加捻对纱线断裂伸长率的影响

细纱捻系数增加时，纤维伸长变形加大，影响以后承受拉伸变形的能力；另外，捻系数增加时，纤维间较难滑动。这两点都是使纱的断裂伸长率减小的因素。然而，捻系数增加时，纤维倾斜角增大，受拉时倾斜角有减小的趋势，从而使细纱伸长增加。总体来说，在一般采用的捻系数范围内，有利因素占主导地位，所以随着捻系数的增加，细纱断裂伸长率有所增加。

股线捻系数与断裂伸长率的关系为：当股线和单纱同向加捻时，纤维的平均捻幅随捻系数的增加而增加，股线断裂伸长率有所增大；当股线和单纱反向加捻时，开始时由于平均捻幅随捻系数的增加而下降，股线断裂伸长率稍有下降，随后平均捻幅随捻系数的增加而上升，股线断裂伸长率也逐渐增加。

此外，由于股线加捻改善了纱线结构，改变了捻幅分布等原因，使纱线的弹性和承受多次反复载荷的能力得到一定的改善。

5. 加捻对纱线光泽和手感的影响

纱的捻系数较大时，纤维倾斜角较大，光泽较差，手感较硬。

股线的光泽与手感主要取决于表面纤维的倾斜程度。外层纤维捻幅大，光泽就差，手感就硬；反之，外层纤维捻幅小，则光泽较好，手感柔软。双股线反向加捻，当股线捻系数与单纱捻系数的比值等于 0.707 时，外层捻幅为零，即纤维平行于股线轴线，此时股线光泽优良，手感柔软。

工艺设计中一般采用小于临界捻系数的捻度，在保证细纱强度的前提下提高细纱机的生产效率。根据上述加捻对纱线性质的影响以及对于纱线性质的要求，并考虑原料纤维的性质，不同情况下应选用相应的捻系数。例如，经纱要求具有较高的强度，捻系数适当选得大些；纬纱所经工序少，张力小，为使捻度稳定，捻系数可选得小些，一般同线密度时经纱捻系数比纬纱大10%～15%。针织用纱一般要求较柔软而捻度要稳定，捻系数可选得小些。起绒用纱的捻系数应小些，以利于起绒。薄爽织物和针织外衣织物要求具有滑、挺、爽的特点，并要求防止起毛起球，捻系数可适当选得大些。绉织物需用强捻纱。此外，当所纺纱的粗细不同时，捻系数也稍有不同，细的纱其捻系数比粗的纱应大些。对股线来说，采用反向加捻时，股线与单纱的捻系数的比值，棉织物经线一般采用1.2～1.4，纬线采用1～1.2；针织汗布用棉线为1.3～1.4；棉毛布用棉线为0.9～1.1；精梳毛股线采用1.2～1.8；毛绒线采用1.8～1.9。一些常用纱线的捻系数在有关标准中有规定，可参考。

四、纤维在纱中的几何配置及测试方法

1. 纤维在纱中的几何形状

(1) 短纤维环锭纱

在环锭精纺机上，对须条的加捻作用是在前罗拉和钢丝圈之间完成的。加捻使须条中原来平行顺直排列的纤维变成与纱轴成一定的倾斜角度，须条的截面形状也由扁平状态逐渐接近圆形，即由扁平状的纤维带逐渐变成圆柱形的细纱。这时，须条由于加捻作用，宽度逐渐收缩形成的三角形过渡区称为加捻三角区，如图11-10所示。

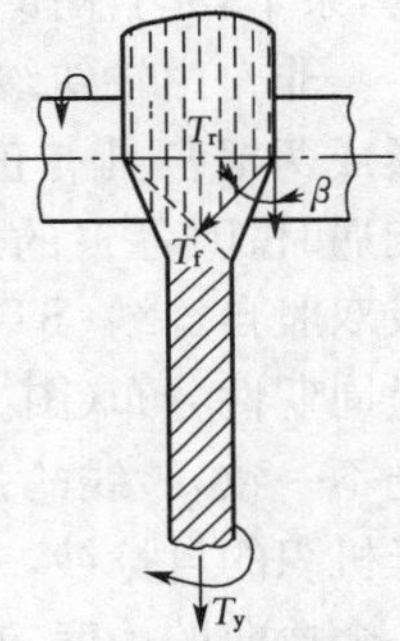

在加捻三角区中，由于钢丝圈加捻作用和纺纱张力，使纤维产生伸长变形和张力，从而对纱轴有向心压力。由于内外层纤维的捻回角不同，产生的伸长张力和向心力也就不同。纺纱张力 T_y 和向心压力 T_r 分别为：

$$T_y = \sum T_f \cos\beta, \ T_r = T_f \sin\beta$$

图11-10　加捻三角区

式中：T_f 为纤维在纺纱张力作用下受到的力；β 为纤维与须条轴线的夹角。

由此可知，在纺纱张力一定时，随着纤维在纱中所处半径的加大，捻回角 β 加大，纤维的伸长加大，因此纤维的张力加大，纤维对纱轴的向心压力也加大。外层纤维由于在纱中所处的半径和捻回角最大，因此其张力和向心压力最大，在克服了周围纤维对它的阻力后，它就向纱的中间转移；中间的纤维则由于在纱中所处的半径和捻回角较小，比较松弛而被挤到外面来。这种转移仅在加捻三角区这个弱捻区发生，一根纤维可以发生多次这样的内外转移。加捻使纱中平行于纱轴排列的纤维扭转成螺旋线，转移又使螺旋线呈圆锥形，从而形成了复杂的圆锥形螺旋线，如图11-11所示。这是纤维在环锭纱中几何形状的主要特征。

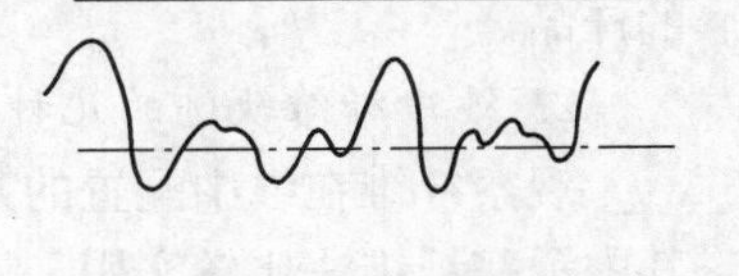

图11-11　环锭纱中纤维的几何形状

一方面，纤维的内外转移使纱中纤维互相纠缠连接，形成较好的结构关系，使纱能承受较大的外力并且耐磨。另一方面，环锭纱中各根纤维的内外转移程度并不相同，发生上述内外转移而形成复杂的圆锥形螺旋线的纤维约占60%，一小部分纤维在纱中没有发生内外转移而形成圆柱形螺旋线；另外还存在弯钩、折叠和纤维束等情况。纱中纤维的不同转移程度和各种形态纤维的存在，使纱轴向的结构不匀增加。同时，纱中一根纤维上各点张力不同，中间最大，两端为零，内外转移使纤维两端常露在外面，形成纱线毛羽，对纱表面的光洁度有一定的影响。

（2）新型纱线

近几十年来为摆脱环锭纱加捻和卷绕机件同时高速的障碍，产生了各种新型纺纱方法，从而使纺纱产量有了突破。它包括自由端纺纱和非自由端纺纱两类。

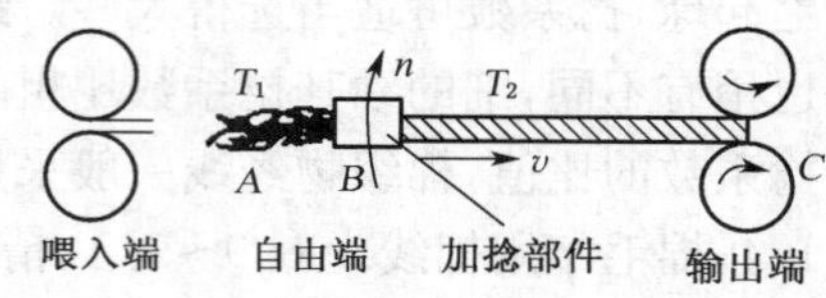

图 11-12　自由端加捻示意图

自由端纺纱主要有转杯（气流）纺纱，一面使纱条加捻，一面不断适量地补充纤维，纺好的纱则被卷绕起来。它的基本特点在于喂入端一定要形成自由端，使喂入端与加捻器之间的纤维条集体断裂而不产生反向捻回，并在加捻器与卷绕部件区间获得真捻，断裂后的纤维又必须重新聚集成连续的须条，使纺纱得以连续进行（图11-12）。由于加捻区的纤维缺乏积极握持，呈松散状，纤维所受的张力很小，伸直度差，纤维内外转移程度低。纱的结构分纱芯与外包纤维两部分，纱芯结构紧密，近似环锭纱，外包纤维结构松散，无规则地缠绕在纱芯外面。因此它和环锭纱相比，结构比较蓬松，外观较丰满，条干均匀，耐磨性较优，吸色性好，但强度较低。

非自由端纺纱主要有自捻纺纱。它是将两根须条的两端握持，同时施加假捻（中间加捻），形成两根各具有正、反捻交替的单纱，在汇合钩相遇时，因各自的退捻力矩作用，产生自捻而纺成双股自捻纱（ST 纱）。它的特点是捻向和捻度呈周期性分布（图 11-13），捻度不匀率大，因而反光不一致，纱线的强度和条干均匀度也较差。用于机织的自捻纱，一般还需在普通捻线机上追加一个捻向的捻度，制成捻向一致、消除无捻区、但捻度不匀率仍较大的自捻纱线，又称为加捻自捻纱（STT 纱），以提高成纱强力。而用于针织时可不再加捻。用自捻纱织成的织物，当自捻捻度大时显得较硬，牢度也较差。利用自捻纱捻度分布不匀的结构可织制具有特殊外观效应的产品。

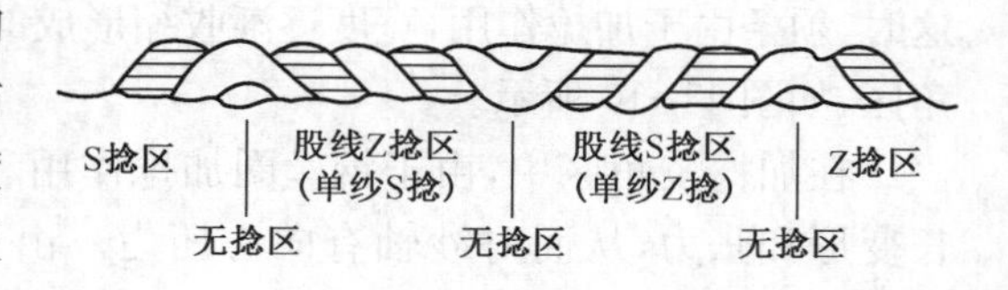

图 11-13　自捻纱示意图

2. 纱中纤维轨迹的几种测试方法

观察纤维在纱中配置的几何形状，常用的方法有切片法、示踪纤维法、放射性处理法等。其中示踪纤维法比较实用。

（1）切片法

将染色后的纤维以 0.1%的比例混入原料，经各道纺纱工艺成纱，然后在纱上每隔 0.2 mm 距离进行细纱切片，依次观察各切片中有色纤维的迹点，即可得到纤维在细纱中的空间轨迹。

（2）示踪纤维法（也称为浸液投影法）

将混入少量有色纤维的细纱，浸入折射率与纤维折射率相同的液体中。当光线透过纱条时，不发生折射现象，在投影屏上呈透明状纱条，在显微镜中就能观察到有色纤维的轨迹，它是一波形曲线，如图 11-14 所示。这种有色纤维称为示踪纤维。

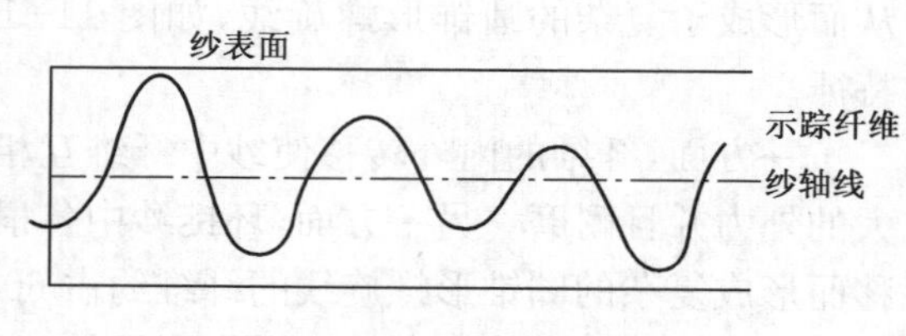

图 11-14　示踪纤维

（3）放射性处理法

将用放射性同位素处理过的纤维混入原料纺制成纱，然后用感光片直接与细纱接触，由于部分纤维具有放射性而使感光片感光。这样,依据片上形成的明暗踪迹,可观察到纤维在纱中的实际配置情况。

通过对实测得到的纤维在纱中的形态轨迹的分析,可刻划出纤维在纱中内外转移的特征。

五、混纺纱中纤维的径向分布

利用化学纤维特别是合成纤维与天然纤维混纺,可使组分间相互取长补短,提高纺织品的服用性能,还可以扩大原料来源,降低产品成本。混纺纱的性质,不仅取决于各纤维组分的比例及性质,还取决于各成分在纱中截面内的分布——径向分布。由于各纤维组分的性质不同,产生不同纤维组分的径向分布不均的趋势,这个问题十分重要。以织物的手感、外观、风格和耐用性而论,位于混纺纱表层的纤维起着决定性的作用。例如,当较多细而柔软的纤维分布在表层时,织物手感必然柔和细腻;如果当较多的粗而刚性的纤维分布在表层时,织物手感必然粗糙刚硬。又如,当较多的强度高、耐磨性好的纤维分布在表层时,织物必然耐穿耐用。

1. 影响混纺纱中纤维径向分布的因素

在加捻三角区中,纤维内外转移必须克服周围纤维的阻力,而周围纤维的阻力和纤维的向心压力都与纤维的物理性质有关,主要是:

① 纤维长度。长纤维易向纱芯转移,因为长纤维容易同时被前罗拉和加捻三角区下端成纱处握持,在纺纱张力作用下受到的力大,向心压力也大,所以向内转移。短纤维则不易同时为两端握持,在纺纱张力作用下受到的力小,向心压力也小,所以不易向内转移而分布在纱的外层。

② 纤维线密度。细纤维的抗弯刚度小,向内转移时所受周围纤维的阻力小,在向心压力作用下易向内转移而分布在纱的内层。粗纤维则相反,易分布在纱的外层。

③ 纤维的初始模量。初始模量较大的纤维因加捻时纤维的张力较大,会产生较大的向心压力,所以会较多地趋向纱的内层。而初始模量较小的纤维趋于分布在纱的外层。

④ 纤维截面形状。圆形截面纤维的抗弯刚度小,易向内转移而分布在纱的内层。异形截面纤维的抗弯刚度大,向内转移时因表面积大引起周围纤维的阻力大,在向心压力作用下不易向内转移而分布在纱的外层。

⑤ 纤维卷曲和表面状态。纤维的卷曲和表面状态会影响纤维间的转移阻力,纤维间摩擦、抱合力较大的纤维,将会较多地分布在纱的外层。一般,摩擦系数小的纤维趋于分布在纱的内层,摩擦系数大的纤维不易向内转移而分布在纱的外层。卷曲少的纤维趋于分布在纱的内层,卷曲多的则趋向外层。

在线密度、长度、初始模量三个影响因素中,长度和线密度的影响最为显著,初始模量的影响较小。

此外,成纱前混纺纤维的位置、加工工艺也会影响纤维在纱中的径向分布。当纱的捻度较大、纺纱张力较大时,纤维将容易发生内外转移。

在混纺纱中主动地运用纤维在纱中径向分布的规律,可以得到较理想的产品性能和经济效益,设计出特殊的纱线。例如,涤/棉混纺纱中选用比棉粗而短的涤纶,能使涤纶具有分布在纱外层的趋势,制成的织物耐磨性较好,手感也较滑挺;而选用比棉细长的涤纶时,使涤纶较多地分布在纱的内层,棉纤维分布在外层较多,既可以改善成纱条干和强力,又体现出棉的舒适感。在锦纶混纺织物中选用比与其混纺的纤维较粗短的锦纶,可使锦纶分布在纱的外层,充分发挥锦纶耐磨性优良的特点,使织物耐磨。在羊毛、黏纤混纺纱中选用比毛纤维细而长的黏胶纤维,既有利于成纱条干和强力，又由于羊毛有分布在纱外层的趋势而使织物的毛型感得到充分发挥。

2. 混纺纱的纤维转移指数

混纺纱断面内不同纤维组分的径向分布规律，可用汉密尔顿(Hamilton)提出的纤维转移指数来加以说明。现将此法介绍如下：

(1) 画出纱的截面图

制作纱的切片，将切片放在显微镜投影仪中放大投影，描下纱中纤维分布图。图 11-15 所示为一种涤/黏混纺纱的截面图。

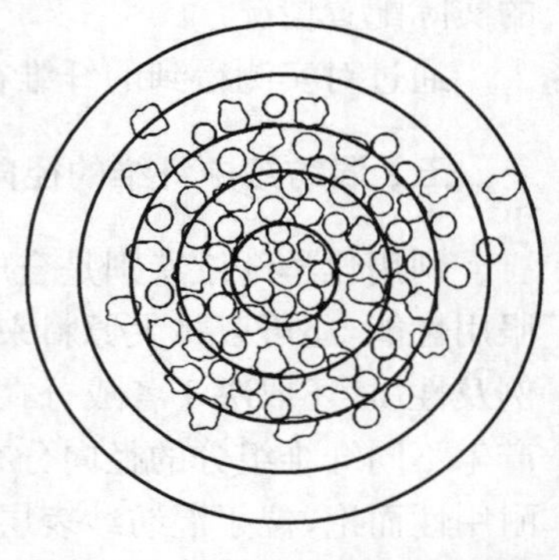

图 11-15 涤/黏混纺纱的截面图

(2) 作纱的半径五等分圆

选定纱心为圆心，以最外面的纤维边缘为半径作圆。再将此圆的半径作五等分，画出五个同心圆。这样，就将纱层分成五层，由中心层向外层进行编号，依次为 1,2,3,4,5 纤维层。

(3) 作纤维根数分布表

对各层中的混纺纤维 A 和 B 分别计数根数。以 a_i 和 b_i 分别代表 A 和 B 纤维在各层中的根数，作出纤维根数分布表。如遇骑线纤维，则计入所占面积大的那一层。就本例而言，纤维根数分布如表 11-1 所列(表中，A 纤维为黏胶纤维，B 纤维为涤纶)。

表 11-1 用汉密尔顿五等分圆法求转移指数

纤维层编号	1	2	3	4	5	合计
黏胶纤维根数(a_i)	3	9	15	8	2	37
涤纶根数(b_i)	7	12	19	8	1	47
黏胶纤维体积(a_i')	3	9	15	8	2	37
涤纶体积(b_i')	5	8	13	5	1	32
合　计	8	17	28	13	3	69
黏(均匀分布)	$\frac{37}{69}\times 8$	$\frac{37}{69}\times 17$	$\frac{37}{69}\times 28$	$\frac{37}{69}\times 13$	$\frac{37}{69}\times 3$	—
黏(最大向内分布)	8	17	12	0	0	—
黏(最大向外分布)	0	0	21	13	3	—
层偏差(k_1)	−2	−1	0	1	2	—

(4) 将纤维根数分布表转换成纤维体积分布表

为了简化计算，设 A 纤维的根数和体积的转换系数为 1，即体积 $a_i' = 1\times$ 根数(a_i)；B 纤维的根数和体积的转换系数为 c，即体积 $b_i' = c\times$ 根数(b_i)，而 c 为：

$$c = N_{\text{texB}}\gamma_{\text{A}}/(N_{\text{texA}}\gamma_{\text{B}}) \tag{11-9}$$

式中：N_{texA} 为 A 纤维的线密度；N_{texB} 为 B 纤维的线密度；γ_{A} 为 A 纤维的密度；γ_{B} 为 B 纤维的密度。

以本例而言，涤/黏混纺纱中，已知黏胶纤维的线密度为 2.78 dtex，密度为 1.5 g/cm^3；涤纶线密度为 1.67 dtex，密度为 1.35 g/cm^3。这样，涤纶的根数和体积的转换系数 $c = \frac{1.5\times 1.5}{2.5\times 1.35} = 0.67$。根据这一系数，将纤维根数分布表转换成体积分布表，见表中的“a_i'”和“b_i'”两行。

(5) 作纤维体积的均匀分布频数表

如果混纺纱中一种纤维的体积在各层中占该层纤维总体积的比例相同，这种纤维的体积分布就是均匀分布。设各层中 A 和 B 纤维的总体积为 t_i，混纺纱中 A 和 B 纤维的总体积为 t，混纺纱中 A 纤维的总体积为 a'。则：

$$t_i = a_i' + b_i' = a_i + cb_i,\ t = \sum t_i\ (i = 1,2,3,4,5),\ a' = \sum a_i' \tag{11-10}$$

要满足 A 纤维体积均匀分布的要求，各层中 A 纤维的体积应为 $a't_i/t$。于是可根据本例的 a_i'，t_i 和 t，求得涤 / 黏混纺纱的黏胶纤维体积均匀分布频数表，即表中"黏(均匀分布)"一行。

(6) 作纤维体积最大向内分布频数表

如果混纺纱中一种纤维尽量地向纱条中心分布，就形成这种纤维的最大向内分布。就本例而言，即如表中"黏(最大向内分布)"一行[$37-(8+17)=12$，其他为 0，0]。

(7) 作纤维体积最大向外分布频数表

如果混纺纱中一种纤维尽量地向纱条外层分布，就形成这种纤维的最大向外分布。就本例而言，即如表中"黏(最大向外分布)一行"[0，0，$37-(3+13)=21$]。

(8) 计算纤维各种体积分布的转矩

计算纤维各种体积分布的转矩时，可采用对第三纤维层取矩。这时，各层的层偏差 k_i 由中心到外层分别为 -2，-1，0，1，2，列于表的"层偏差(k_i)"行中，并作如下计算：

① 计算纤维 A 的实际分布矩：　$F_{M1} = \sum_{i=1}^{n} a_i' k_i$

② 计算纤维 A 的均匀分布矩：　$F_{M2} = \sum_{i=1}^{n}\left(\frac{a't_i}{t} \times k_i\right)$

③ 计算纤维 A 的最大向内分布矩：　$F_{M3} = \sum_{i=1}^{n} a_i'' k_i$

④ 计算纤维 A 的最大向外分布矩：　$F_{M4} = \sum_{i=1}^{n} a_i''' k_i$　　(11-11)

就本例而言，四种分布矩分别为：

$$F_{M1} = 3\times(-2)+9\times(-1)+15\times0+8\times1+2\times2=-3$$

$$F_{M2} = \frac{37}{69}[8\times(-2)+17\times(-1)+26\times0+13\times1+3\times2]=-7.5$$

$$F_{M3} = 8\times(-2)+17\times(-1)+12\times0+0\times1+0\times2=-33$$

$$F_{M4} = 0\times(-2)+0\times(-1)+21\times0+13\times1+3\times2=19$$

(9) 计算 A 纤维的转移指数 M

当 $F_{M1} > F_{M2}$ 时，　$M(\%) = \frac{F_{M1}-F_{M2}}{F_{M4}-F_{M2}} \times 100$

当 $F_{M1} < F_{M2}$ 时，　$M(\%) = \frac{F_{M1}-F_{M2}}{F_{M2}-F_{M3}} \times 100$　　(11-12)

式中：$(F_{M1}-F_{M2})$ 为组分纤维在纱截面中的实际分布矩和理想的均匀分布矩之差；$(F_{M4}-F_{M2})$ 为假设组分纤维集中在纱外层时的分布矩和理想的均匀分布矩之差；$(F_{M2}-F_{M3})$ 为理

想的均匀分布矩和假设组分纤维集中在纱内层时的分布矩之差。

计算求得的A纤维的转移指数M,可能出现以下三种情况:当$M=0$时,表示两种纤维组分在纱的截面内均匀分布;当$M>0$时,表示该纤维组分向纱的外层转移;当$M<0$时,表示该纤维组分向纱的内层转移。

而且,M的绝对值越大,表示该纤维向外或向内转移的程度越大。当$|M|=100\%$时,表示两种纤维在纱的截面中完全分层。而$M=+100\%$的一种纤维,集中分布在纱的外层;$M=-100\%$的另一种纤维,集中分布在纱的内层。

就本例而言,$F_{M1}=-3$,$F_{M2}=-7.5$,即$F_{M1}>F_{M2}$,所以A纤维的转移指数$M=\frac{F_{M1}-F_{M2}}{F_{M4}-F_{M2}}=\frac{-3-(-7.5)}{19-(-7.5)}=+17\%$,这说明在这种涤/黏混纺纱中,黏胶纤维径向分布的趋势是比涤纶较多地处于纱的外层。

六、股线中的单纱排列

纤维在股线中的空间轨迹,较单纱中更复杂。由于再加捻,纤维对股线轴线的倾角,随股线中单纱位置的不同而变化。所以纤维在股线中的配置结构,一般以单纱为单位来研究。不同合股数的股线中各根单纱的排列见图11-16。当一次并捻单纱的根数在5根以内时,加捻过程中各根单纱受力均匀,形成空心结构,股线的结构稳定均匀,股线强度高。而当一次并捻单纱的根数在6根以上时,其中一根或多根单纱将处在中间位置,加捻过程中各根单纱受力不均匀,外面单纱的张力大于中间单纱的张力,内外单纱的位置会因张力不同而发生转移,股线的结构不稳定,结果使股线形成不均匀的实心结构,影响股线强度。捻度较高时,由于单纱受力的不均匀性加剧,使股线可能会出现螺旋结构,降低股线质量。因此,实际生产中,一次并捻的单纱根数不宜超过5根。如需较多根数并合,要采用二次并合或多次并合。

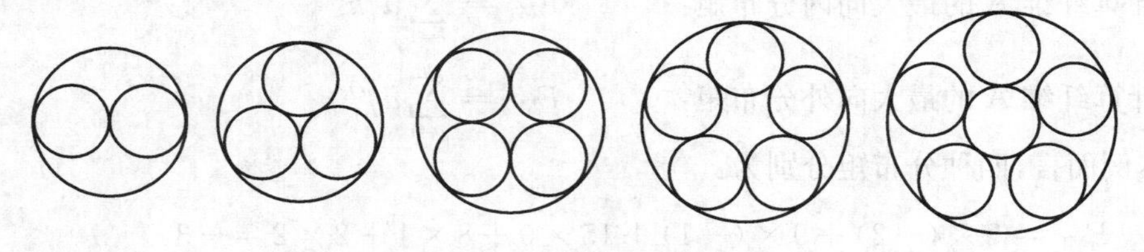

图11-16 股线中各根单纱的排列

第三节 长丝纱线的构成

一、捻丝的构成

长丝纱的构成也离不开加捻。其加捻作用主要有两个方面:一是在单丝之间形成良好的横向约束力,其加捻程度一般不大;二是使长丝纱具有特殊的变形回复能力,其加捻程度很大,使织物表面形成特有的绉纹效应。

1. 有捻长丝纱的纵向结构

复丝纱在加捻之前,单丝之间应该是互相平行且等长的。加捻后,位于不同层面的单丝产生不同的捻角,长丝纱外缘的单丝,与内层单丝相比,其捻角较大,变形较大,单丝张力较大,向心的压力也较大。因此,外层的单丝向内层迁移,直至某一平衡位置。然后,它可能作为处于内层的一根单丝,被从外层挤入的其他单丝从内层推出来。张力越不平衡,单丝在长丝纱中沿径向内外迁移的现象越显著,迁移的波数与所加的捻度有关。

不过,长丝纱加捻时所有单丝的端部都被握持住,所以虽有径向迁移,但迁移的振幅很小。

2. 加捻长丝纱的截面结构

长丝纱的横向结构主要是指单丝在长丝纱中的堆砌方式。从有捻长丝纱的实际截面图来看,任何单丝在加捻过程中,都有尽可能取得能量最小位置的倾向,加捻赋予单丝的向心压力,也迫使它们尽量集聚在一起。所以,取得紧密集聚态结构的趋势是一直存在的。

二、加捻对捻丝性质的影响

几种常用化纤长丝纱的比容、堆砌密度比(即单丝比容与长丝纱比容之比)与捻系数的关系,见表11-2。由表可知,长丝纱的比容随捻系数的增大而减小,堆砌密度比则随加捻系数的增大而增大。在低捻时,长丝纱比容和ϕ值受捻度影响的程度较大;高捻时,长丝纱比容和ϕ值受捻度影响的程度较小。

表11-2 化纤长丝的比容、堆砌密度比和加捻系数的关系

捻 丝	加捻系数	比容(cm^3/g)	堆砌密度比
黏胶长丝纱 110 dtex/40 f	3.9	1.67	0.40
	14.5	1.21	0.54
	29.5	1.11	0.59
	42.7	1.01	0.65
	69.9	0.94	0.70
	102.1	0.90	0.73
醋酯长丝纱 110 dtex/28 f	1.8	2.10	0.36
	15.6	1.20	0.63
	27.6	1.12	0.68
	41.3	1.12	0.68
	69.6	1.01	0.76
	101.0	0.96	0.89
锦纶长丝纱 110 dtex/34 f	1.0	3.12	0.25
	16.8	1.35	0.65
	26.1	1.20	0.73
	37.0	1.23	0.72
	62.7	1.15	0.76
	97.5	0.99	0.89
涤纶长丝纱 110 dtex/48 f	0.5	2.65	0.27
	13.6	1.16	0.63
	27.6	1.05	0.69
	42.5	1.03	0.70
	57.9	0.98	0.74
	82.9	0.97	0.75
	113.9	0.97	0.75

1. 加捻对长丝纱直径的影响

以 330 dtex 黏胶长丝纱为例，长丝纱的直径与捻度的变化曲线如图 11-17 所示。不同捻度的长丝纱在加工中被压扁的程度是不相同的，压扁后长丝纱的长径与短径随捻度而增加的变化规律并不相同，长丝纱的平均直径开始时随捻度的增加而减小，以后则随捻度的增加而增加，并逐渐趋于稳定。加捻程度越大的长丝纱，在加工中被压扁的可能性越小。

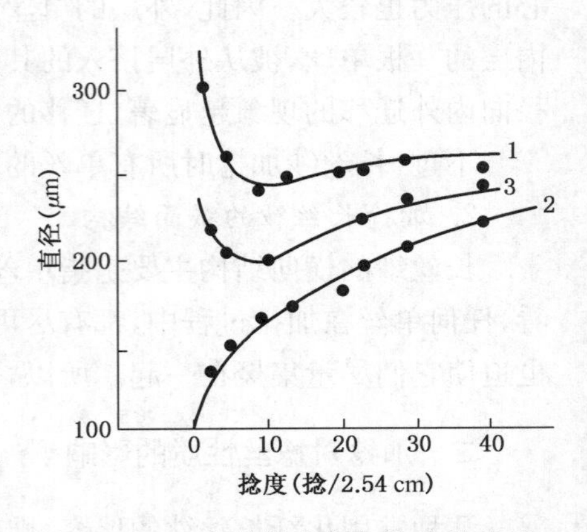

图 11-17 长丝纱直径与捻度的关系

1—长丝纱压扁后的长径
2—长丝纱压扁后的短径
3—长丝纱压扁后的平均直径

2. 加捻对长丝纱强度的影响

捻丝中，加捻使单丝互相紧密抱合，并有一定结构关系，且张力较平衡，使得受拉伸外力时单丝断裂的不同时性得到改善，从而捻丝强度有所提高。但很快就由于与短纤维纱同样的不利因素，使捻丝强度随捻系数的增加而下降。所以，捻丝的临界捻系数比短纤维纱小得多。

加捻对长丝纱的长度、伸长、光泽、手感的影响，与短纤维纱有相似的情况。

三、变形丝的形成

变形丝中目前数量最多的是弹力丝(elastic yarn)。其加工方法有以下几种：

1. 假捻(false twist)加工法

利用合成纤维的热塑性，将合成纤维原丝在强捻情况下加热定形，形成螺旋卷曲，再退去捻度后，螺旋形卷曲便保存下来，从而形成弹性大而蓬松的弹力丝。

假捻器上下两段丝条的加捻方向相反，丝条上并不形成真捻；假捻器上段用热定形器对丝条进行热定形，使带有强捻的丝条消除扭曲应力，固定加捻变形，如图 11-18 所示。因此，丝条出假捻器后捻度虽然退去，但加捻变形却保存下来，形成弹性大而膨松的高弹丝。高弹丝具有优良的弹性变形和回复能力，伸长率大于 100%，多由锦纶丝制成，主要用于弹力织物，如弹力衫裤、弹力袜、弹力游泳衣等。

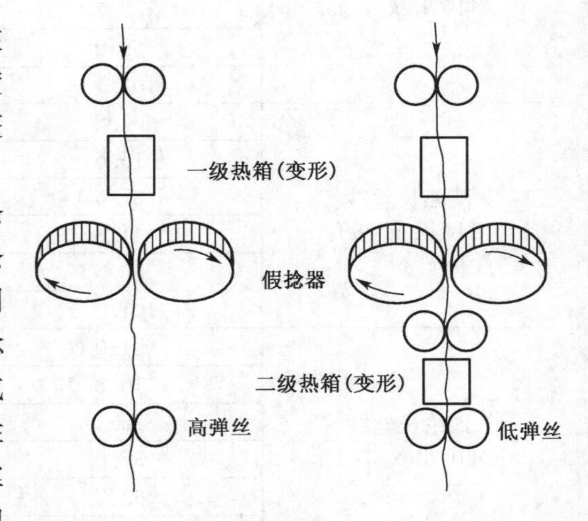

图 11-18 假捻法制造弹力丝的示意图

若变形后的丝束继续进入二级热箱，在超喂条件下热定形，则纤维的内应力得到部分消除，可减少纤维的卷曲，得到弹性较低而稳定性更好的低弹丝。低弹丝具有适度的弹性和膨松性，一般伸长率小于 50%，多采用涤纶丝制成。涤纶低弹丝大都采用高速纺丝的预取向丝(POY)，在假捻变形机上进行补充拉伸并进行变形处理而制得；或采用全取向丝(FOY)，经假捻变形加工而成。涤纶低弹丝广泛用于仿毛、仿丝、仿麻的针织物和机织物；锦纶和丙纶低弹丝多用于装饰织物。

2. 刀口(knife-edge)变形法

将原丝经过加热装置加热后,紧靠着刀口的边缘擦过而形成变形丝。原丝在贴近刀口的一面形成压缩区,外缘则形成拉伸区,产生弯曲变形,并使内、外缘分子排列的取向度不同,这样沿丝的纵向形成了交错排列的不同张力部分,松弛时就缩成了很多卷曲(如图 11-19)。

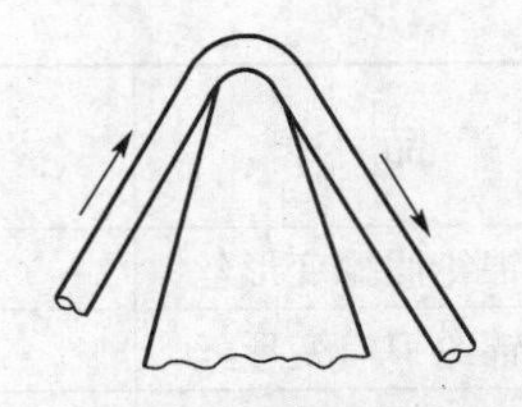

图 11-19 刀口变形法示意图

3. 填塞箱(stuffer-box)变形法

将原丝超量喂入或冲击地喂入加热的填塞箱,在高度压缩下制成二维卷曲的变形丝。也可通过加压的热流体(空气、气体、蒸汽)将丝超量地施于冷表面,制成三维卷曲的变形丝。

4. 赋形(set-textured)变形法

将加热的原丝在一对齿轮间或类似的装置内通过,在齿轮啮合处进行热定形,以形成卷曲;或者将原丝在小直径的圆形针织机上编结成圆筒形针织物,由平板加热器加热定形,使丝固定成针织物线圈状的卷曲,然后拆散而成为具有卷曲的变形丝。

5. 空气(air-jet)变形法

将超喂的原丝在喷气头内受到压缩涡流气流的作用,各根丝产生弯曲而形成随机的环圈,并借纤维间的摩擦作用固定在一定位置上,使丝条上形成扭结环圈,再经过(或不经过)热处理,形成喷气膨体纱;或者控制原丝在一定的张力下经喷头受高压气流吹捻,使丝束分散成单丝,并按一定间距交络缠结,形成周期性的网络结的"网络丝"。网络丝的蓬松性好,弹性低,改善了合纤长丝的极光和蜡状感,有短纤纱的风格。这种变形加工可以不需热定形,因此可适用于不具有热塑性的纤维。

四、短纤化长丝纱的结构

短纤化的长丝纱是指那些具有短纤维纱风格的长丝纱。它们虽然仍是长丝纱,却具有短纤维纱的风格特征。

短纤化的长丝纱,只要将纺出的长丝纱直接进行短纤化变形加工,无需切断即可得到类似于短纤维纱的风格。因此,这种短纤化长丝纱也称为变形丝(或变形纱)。

短纤化加工的目的,主要是为了使长丝纱具有类似短纤维纱的膨松性,有些可以在得到膨松性的同时获得一定的高伸缩变形能力。

短纤化加工最初是以合成长丝纱为原料,利用其热塑性以取得对变形的潜在能力。但目前已发展到使用普通化纤长丝纱或蚕丝长丝纱为原料,借助于变形的方法以取得变形的潜在能力。

1. 短纤化长丝纱的形态结构

短纤化长丝纱的形态结构有以下两个共同的特点:一个是变形以后其中的单纤维相互疏松开,并沿着丝的断面方向向更大范围内扩展,形成具有高膨松性的结构基础;另一个是有些变形方法可使长丝纱(包括长丝纱中的单纤维)变形而呈卷曲形态,形成具有高伸缩弹性的结构基础。长丝纱中的单丝实际上是一根不规则的空间波形曲线。几种典型变形丝的形态特征值见表 11-3。

表 11-3　几种典型变形丝的形态特征值

品　种	线密度(dtex)	长丝形态		紧缩伸长率(%)
		平均振幅(mm)	平均波长(mm)	
锦纶假捻变形丝	77	0.09	0.150	180
锦纶刀口变形丝	121	0.201	0.636	50
锦纶填塞箱变形丝	154	0.164	0.286	73
锦纶喷气变形丝	231	0.194	—	0

2. 变形丝变形效果的表征

短纤化加工的变形效果主要表现在膨松性和高伸缩性上。经过变形加工的长丝纱，已不再具有光滑匀直的外形，同时紧密程度也有很大的变比。变形后的长丝纱体积的变化范围很大，常用力学比容积(以一定压力下测得的侧向厚度作为直径求得的比容积)和光学比容积(以光线照射下的可见直径求得的比容积)来比较其膨松性。显然，前者适于用来讨论纱的可压缩性，后者适于用来说明纱的覆盖能力。表 11-4 为几种锦纶弹力丝的外观直径和比容积。

表 11-4　几种锦纶弹力丝的外观直径和比容积

种类		线密度/单丝根数(dtex/f)	单位长度质量(mg/cm)	外观半径(mm)	光学比容积(cm^3/g)	力学比容积(cm^3/g)	
						压力为 5 g/cm^2	压力为 10 g/cm^2
锦纶假捻变形丝	36 捻/cm	154/34	0.338	0.59	32.3	8.1	7.1
	27.4 捻/cm	154/34	0.417	0.69	35.6	9.8	6.6
刀口变形丝		121/24	0.196	0.45	32.2	10.8	6.6
		924/96	1.970	1.20	23.0	—	—
填塞箱变形丝		154/68	0.286	0.61	40.6	8.6	4.9

借助比容积表征膨松性的指标有以下三种：①膨松指数(即变形丝的比容积对原丝比容积的百分比)；②膨松度(即变形丝的膨松体积与真实体积之差对真实体积的百分比)；③力学比容积(单位质量的变形丝在一定面积和一定压力作用下所具有的体积)。

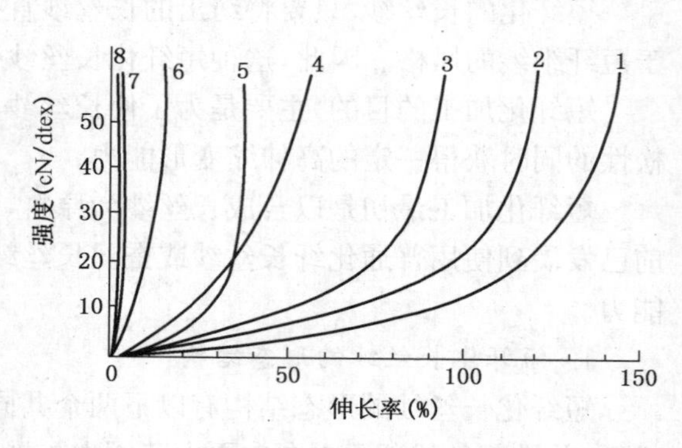

图 11-20　变形丝的拉伸图

1—假捻锦纶 6(76 dtex/2)　2—假捻丙纶(55 dtex/2)
3—填塞箱锦纶 6(231 dtex)　4—填塞箱锦纶 6(154 dtex)
5—刀边锦纶 6(121 dtex)　6—低弹假捻法涤纶(77 dtex)
7—低弹假捻法涤纶(83 dtex)　8—低弹假捻法锦纶(77 dtex)

有几种变形加工的方法，可使变形丝具有较大的伸缩能力，这主要取决于变形丝的卷曲形态，故称为卷缩性。我国主要采用紧缩伸长率 ε 和弹性回复率 E 来评价变形丝的高伸缩性能，其计算公式如下：

$$\varepsilon(\%) = \frac{L_1 - L_0}{L_0} \times 100$$

$$E(\%) = \frac{L_1 - L_2}{L_1 - L_0} \times 100 \tag{11-13}$$

式中：L_0 为试样在初负荷下的长度（标准初负荷为 1.76×10^{-3} cN/dtex，加载 30 s）；L_1 为除去标准负荷后，试样在定负荷下的长度（定负荷为 0.088 cN/dtex，加载 30 s）；L_2 为除去定负荷，卷缩回复一定时间（一般为 2 min）后，再加初负荷 30 s 后的长度。

紧缩伸长率表示变形丝由于卷曲变形而具有的伸长能力；弹性回复率则表示变形丝卷曲的坚牢度。

图 11-20 给出了几种变形加工以后长丝纱的拉伸曲线图。由图可知，其中假捻法提供的伸长能力最大，低弹假捻法最小。

第四节　纱线的标示

纱线作为一种商品，在商业贸易中必须有一个标记，用以说明这种纱线的技术规格。标记的内容一般应包括纱线的线密度、长丝根数、每次加捻的捻向及捻度、股线或缆线的组分数。

国家标准规定，在纱线标记中，线密度采用 tex 或其倍数、分数单位表示；捻度采用每米纱线中的捻回数表示。同时规定了三个重要的符号：即以 R 代表“最终线密度”，置于线密度数值之前；以 f 代表“长丝”，置于长丝根数之前；以 t0 代表“无捻”。

纱线的标示方法有两种。第一种方法以单纱的线密度为基础，即将单纱技术规格写在前面，而将并捻后的最终线密度附在后面，中间用分号隔开。第二种方法以最终线密度为基础，即将并捻后的纱线技术规格写在前面，而将单纱的线密度附在后面，中间用分号隔开。下面介绍的是比较多用的第一种方法。

一、单纱的标记

1. 短纤维纱

依次标示线密度、捻向和捻度。例如，40 tex Z660，表示纱的线密度为40 tex，捻向为 Z 捻，捻度为 660 捻/m。

2. 长丝纱

（1）无捻长丝纱

依次标示线密度、符号 f、长丝根数和符号 t0。例如，17dtex f1 t0，表示线密度为 17 dtex 的无捻长丝单丝。再如，133dtex f40 t0，表示线密度为 133 dtex、长丝根数为 40 的无捻长丝复丝。

（2）加捻长丝纱

依次标示加捻前的线密度、符号 f、长丝根数、捻向、捻度和最终线密度。例如，17dtex f1 S800；R 17.4dtex，表示线密度为 17 dtex 的加捻长丝单丝，捻向为 S、捻度为 800 捻/m，最终线密度为 17.4 dtex。再如，133dtex f40 S1000；R 136dtex，表示线密度为 133 dtex、长丝根数为 40 的加捻长丝复丝，捻向为 S、捻度为 1 000 捻/m，最终线密度为 136 dtex。

二、并绕纱的标记

1. 组分相同的并绕纱

依次标示单纱的标记、乘号“×”、单纱根数和符号 t0。例如，40 tex S155×2 t0，表示 2 根 40 tex、S 向加捻、捻度 155 捻/m 的单纱并合的并绕纱。

2. 组分不同的并绕纱

依次标示单纱的标记(用加号“+”连接并加上括号)和符号 t0。例如，(25 tex S420＋60 tex Z80)t0，表示一根 25 tex、S 向加捻、捻度为 420 捻/m 的单纱和一根 60 tex、Z 向加捻、捻度为 80 捻/m 的单纱的并绕纱。

三、股线的标记

1. 组分相同的股线

依次标示单纱的标记、乘号“×”、单纱根数、合股捻向、合股捻度和最终线密度。例如，34 tex S600×2 Z400；R 69.3 tex，表示 2 根标记为“34 tex S600”的单纱捻合的股线，合股捻向为 Z、捻度为 400 捻 /m、最终线密度为 69.3 tex。

2. 组分不同的股线

依次标示单纱的标记(用加号“+”连接并加上括号)、合股捻向、合股捻度和最终线密度。例如，(25 tex S420＋60 tex Z80)S360；R 89.2 tex，表示一根标记为“25 tex S420”的单纱和一根标记为“60 tex Z80”的单纱捻合的股线，合股捻向为 S、合股捻度为 360 捻/m、最终线密度为 89.2 tex。

四、缆线的标记

1. 组分相同的缆线

依次标示所用股线的标记、乘号“×”、股线根数、缆线捻向、缆线捻度和最终线密度。例如，20 tex Z700×2 S400×3 Z200；R 132 tex。

2. 组分不同的股线

依次标示所用股线或单纱的标记(用加号“+”连接并加上括号)、缆线捻向、缆线捻度和最终线密度。例如(20 tex Z700×2 S400＋34 tex S600)Z200；R 96 tex。

国家标准同时规定，如不需要，可省略纱线的捻向、捻度以及长丝根数，但说明无捻纱应用无捻符号。例如，40 tex Z660 可缩写为 40 tex；133 dtex f40 t0 可缩写为 133 dtex t0；34 tex S600×2Z400 R69.3 tex 可缩写为 34 tex×2R 69.3 tex。

思 考 题

11-1 试绘制纱线分类的树形图，试述变形丝常用的加工方法及其原理。

11-2 短纤维纱按纤维长度不同可划分为哪三类？棉型纱按粗细不同如何划分特细特纱、细特纱、中特纱和粗特纱？

11-3 试述加捻在短纤维成纱的作用。表征加捻性质的指标有哪些？其物理意义何在？捻系数对纱线性质有什么影响？

11-4　在 Y331 型纱线捻度仪上测得某批 27.8 tex 棉纱的平均读数为 370(试样长度为 25 cm)，求它的特克斯制平均捻度和捻系数。

11-5　纯涤纶纱与纯棉纱、纯毛纱的捻系数有无可比性？为什么？

11-6　测得细纱机前罗拉 1 000 转纱的实际长度为 76 m(前罗拉直径为 5 cm)，求捻缩率和捻缩系数。

11-7　什么叫临界捻系数？短纤维纱与长丝纱的临界捻系数，哪个大？为什么？大多数短纤维纱选用的捻系数比临界捻系数大还是小？为什么？

11-8　一般股线捻向与单纱捻向相同还是相反？为什么？欲使股线强度大需选用什么样的股线捻系数？欲使股线光泽好、手感柔软丰满，需选用什么样的股线捻系数？为什么？

11-9　试分析环锭纱和转杯纺纱中纤维的几何形状。

11-10　试述混纺纱中纤维径向分布的趋势。在织物设计中如何利用这些分布规律？

11-11　试述有捻长丝纱的纵向结构和横向结构、捻系数对捻丝性质的影响。

11-12　何谓短纤维化长丝纱？如何表征它们的形态特征和变形效果？

11-13　32 英支(32^S)棉纱与 18 tex 棉纱并成股线，已知股线捻缩率为 3.2%，求股线的线密度。

第十二章　纱线的细度和细度不均匀性

本章要点

介绍纱线细度的意义和表征方法，纱线细度指标的定义和计算，不同细度指标之间的换算，纱线直径的计算；股线（复合捻丝）与单纱（长丝）线密度之间的关系；分析细度偏差、纱线细度不匀率的成因、表征指标与测定、细度不匀率与片段长度的关系。

第一节　纱线的细度

纱线的细度是描述纱线粗细程度的指标，它决定着织物的品种、风格、用途和物理机械性质。较细的纱线，其强力一般较低，制成的织物的厚度较薄，单位面积的质量也较轻，适于作轻薄型衣料；较粗的纱线，其强力一般较高，制成的织物厚实，单位面积的质量也较重，故适于作中厚型衣料。

一、纱线的细度指标

与纤维一样，纱线的细度指标有两类，即直接指标和间接指标。直接指标即纱线的几何粗细（直径或截面积）。由于纱线的截面形状不规则、柔软和膨松性，容易引起变形、毛羽，使边界不清，测量繁琐不便，所以描述纱线粗细一般使用间接指标，即以长度和质量之间的关系来表达。有关指标的定义、计算公式和指标间的相互换算，已在纤维一节中作了介绍。由于纱线连续不断，其测量比纤维容易。现将各指标的测定叙述如下：

1. 定长制指标

定长制是指一定长度纱线的公定质量。数值越大，表示纱线越粗。采用的单位主要是特克斯和旦尼尔。

（1）以特克斯为单位

特克斯是我国法定的线密度单位。测算纱线的特克斯值采用绞纱称量法：绞纱周长为1 m，每缕100圈（精梳毛纱50圈，粗梳毛纱20圈），每批纱线取样后摇30绞，烘干后称总质量，将总质量除以30，得每绞纱的平均干量，然后根据下式计算：

$$N_{tex} = \frac{1\,000G_0}{L} \times \frac{100 + W_k}{100} \tag{12-1}$$

式中：N_{tex}为纱线的线密度(tex)；G_0 为绞纱平均干量(g)；L 为绞纱长度(m)；W_k 为纱线的公定回潮率。

常见纱线的公定回潮率见表 12-1。

表 12-1 常见纱线的公定回潮率

纱线类别	公定回潮率(%)	纱线类别	公定回潮率(%)
纯 棉	8.5	涤/黏:50/50	6.7
纯涤纶	0.4	涤/腈:50/50	1.2
纯维纶	5.0	棉/维:50/50	6.8
纯腈纶	2.0	棉/腈:50/50	5.3
纯锦纶	4.5	棉/丙:50/50	4.3
纯黏纤	13.0	涤/棉/锦:50/33/17	3.8
纯富纤	13.0	精梳毛纱	16.0
纯醋纤	7.0	粗梳毛纱	15.0
涤/棉:65/35	3.2	亚麻纱	12.0
涤/棉:50/50	4.5	苎麻纱	12.0
涤/黏:65/35	4.8	纯氨纶	1.3

由于缕纱圈数长度固定，公定回潮率也固定，所以式(12-1)可简化为：

$$N_{tex} = K \times G_0 \qquad (12\text{-}2)$$

纯棉纱的公定回潮率规定为 8.5%，则纯棉纱线的线密度可按下式计算：

$$N_{tex} = 10.85 \times G_0$$

混纺纱线的公定回潮率，是按混纺组分的纯纺纱线的公定回潮率(%)和混纺比例加权平均而得，取一位小数，以下四舍五入，其计算公式如下：

$$W_k(\%) = (AW_{k1} + BW_{k2} + \cdots + NW_{kn})/100 \qquad (12\text{-}3)$$

式中：W_k 为混纺纱线的公定回潮率(%)；W_{k1}，W_{k2}，…，W_{kn}为混纺纱各组分的纯纺纱线的公定回潮率；A，B，…，N 为混纺组分的干态质量比(%)。

示例：求 65/35 涤/棉混纺纱的公定回潮率。

由上表查得：涤纶纱公定回潮率$W_{k1} = 0.4\%$，棉纱的公定回潮率 $W_{k2} = 8.5\%$，于是由公式可算得此混纺纱的公定回潮率$W_k = \dfrac{65 \times 0.4 + 35 \times 8.5}{65 + 35} = 3.24\%$，取 3.2%。

特的十分之一为分特(N_{dtex})，千分之一为毫特(N_{mtex})。

纱线线密度的表示方法，如单纱 14 特，写为 14 tex；股线用"单纱特数 × 合股数" 表示，如 14 tex × 2(或 14 × 2)；复捻股线用"单纱特数 × 初捻合股数 × 复捻合股数" 表示，如 14 tex × 2 ×3(或 14 × 2 × 3)；不同线密度的纱的合股线用"单纱特数之和" 表示，如 18 tex + 16 tex(或 18 + 16)。

(2) 以旦尼尔为单位

旦尼尔较多地用来表示天然长丝和化学纤维的细度(纤度)，也称为旦数。其细度计算可参照特数的计算进行。

2. 定重制指标

定重制是指一定质量纱线的长度。数值越大，表示纱线越细。采用的单位有公制支数和英制支数。

(1) 以公制支数为单位

毛纱线与毛型化纤纱线的细度以往采用公制支数为单位。纱线的公制支数采用绞纱称量法进行测算：绞纱周长为 1 m，每绞精梳毛纱为 50 圈(长 50 m)，每绞粗梳毛纱为 20 圈(长 20 m)；每批纱线取样后摇 20 绞，烘干后称总干量，求得每绞纱的平均干量后，按下式计算：

$$N_m = \frac{L}{G_0} \times \frac{100}{100 + W_k} \tag{12-4}$$

式中：N_m 为纱线的公制支数；L 为绞纱长度(m)；G_0 为绞纱平均干量(g)；W_k 为纱线的公定回潮率。

(2) 以英制支数为单位

我国曾使用英制支数计量棉型纱线的细度，现在仍有许多国家和地区在使用。

棉型纱线的英制支数指在英制公定回潮率时 1 磅纱线中有多少个 840 码的长度数，计算式为：

$$N_e = L_e/(840 \times G_{ek}) \tag{12-5}$$

式中：N_e 为纱线的英制支数；L_e 为纱线长度(码)；G_{ek}为纱线在英制公定回潮率时的质量(磅)。

应注意棉型纱线的公制公定回潮率和英制公定回潮率不同。英制支数与公制支数、特克斯间的指标换算式如下：

$$\begin{gathered} N_e = 0.5905 \times \frac{100 + W_{mk}}{100 + W_{ek}} \times N_m = \frac{C}{1\,000} \times N_m \\ N_e = 590.5 \times \frac{100 + W_{mk}}{100 + W_{ek}} \times \frac{1}{N_{tex}} = \frac{C}{N_{tex}} \end{gathered} \tag{12-6}$$

式中：W_{mk}为纱线的公制公定回潮率(%)；W_{ek}为纱线的英制公定回潮率(%)；C 为换算常数，随纱线的公定回潮率不同而不同。

对纯棉纱线来说，英制公定回潮率为 9.89%，公制公定回潮率为 8.5%，则英制支数与特克斯的换算式为：

$$N_e = 590.5 \times \frac{100 + 8.5}{100 + 9.89} \times \frac{1}{N_{tex}} = \frac{583}{N_{tex}} \tag{12-7}$$

对纯化纤纱线(包括化纤与化纤混纺)来说，其公制公定回潮率和英制公定回潮率相同，英制支数与特克斯的换算式为：

$$N_e = 590.5/N_{tex} \tag{12-8}$$

棉型纱线的换算常数见表 12-2。

表 12-2　棉型纱线公制、英制线密度指标换算常数表

纱线种类	公制公定回潮率 W_{mk}(%)	英制公定回潮率 W_{ek}(%)	换算常数 C
纯棉纱	8.5	9.89	583
纯化纤纱	公制公定回潮率	同公制公定回潮率	590.5
涤纶 65%,棉 35%	3.2	3.72	587.5
棉 50%,维纶 50%	6.8	7.45	586.9
棉 50%,腈纶 50%	5.3	5.95	586.9
棉 50%,丙纶 50%	4.3	4.95	586.8
棉 75%,黏纤 25%	9.6	10.67	584.8
黏纤 53.5%,棉 46.5%	10.9	11.55	587.1
涤纶 50%,棉 33%,锦纶 17%	3.8	4.23	588.1

精梳毛纱的英制支数是指公定回潮率时 1 磅纱线中有多少个 560 码的长度数。粗梳毛纱的英制支数是指公定回潮率时 1 磅纱线中有多少个 1 600 码的长度数(称为粗梳毛纱纶)。亚麻纱的英制支数是指公定回潮率时每磅纱线的长度为 300 码的倍数。

支数制时股数的线密度用“单纱支数/合股数”表示,如 48/3 为三根 48 支单纱组成的三股线,股线的线密度为 16 支。

二、纱线直径的计算

纱线直径是描述纱线细度的直接指标。在纺织工艺中,要根据纱线直径来调整清纱板的隔距,织物设计与织物结构研究中也必须考虑纱线的直径。但精确地直接测定纱线的直径相当困难而且费时。一般假定细纱为一圆柱体,根据纱线的细度进行计算,计算公式如下:

$$d = 0.03568 \times \sqrt{N_{tex}} / \sqrt{\gamma} = A\sqrt{N_{tex}}$$

$$d = 0.01189 \times \sqrt{N_{den}} / \sqrt{\gamma} = A\sqrt{N_{den}} \qquad (12-9)$$

$$d = \frac{1.129}{\sqrt{\gamma}} \times \frac{1}{\sqrt{N_m}} = \frac{A}{\sqrt{N_m}}$$

式中:d 为纱线的直径(mm);γ 为纱线的密度(g/cm³);N_{den},N_{tex},N_m 分别表示以旦尼尔、特克斯和公制支数为单位的纱线细度;A 为纱线直径计算常数。

常见纱线的密度和纱线直径计算常数见表 12-3。

表 12-3　常见纱线的密度和纱线直径计算常数

纱线种类	密度(g/cm³)	特克斯制 A 值	旦尼尔制 A 值	公制支数制 A 值
棉纱	0.8～0.9	0.0399～0.0376	0.0133～0.0125	1.2623～1.1901
精梳毛纱	0.75～0.81			
粗梳毛纱	0.65～0.72			
涤/棉纱(65/36)	0.85～0.95			
棉/维纱(50/50)	0.74～0.76			

（续　表）

纱线种类	密度(g/cm³)	特克斯制A值	旦数制A值	公制支数制A值
黏胶纤维纱	0.8～0.9			
生丝	0.90～0.95			
绢纺纱	0.73～0.78			
黏胶复丝	0.80～1.2			
醋酯复丝	0.60～1.0			
锦纶复丝	0.6～0.9			
玻璃纤维复丝	0.7～2.0			

我国现在采用的纯棉纱线密度与直径的换算式为：

$$d = 0.03568\sqrt{N_{tex}}/\sqrt{0.93} = 0.037\sqrt{N_{tex}} \tag{12-10}$$

式中：棉纱的密度 $\gamma = 0.93\ g/cm^3$。

经测试，这一密度接近于我国纯棉纱织入织物后的密度。未织入织物时，纯棉纱的密度约为 0.8 g/cm³，此时直径系数为 $0.03568/\sqrt{0.8} = 0.04$。未织入织物时，65/35 涤/棉纱的密度约为 0.88 g/cm³；65/35 涤/黏中长纤维纱的密度约为 0.8 g/cm³；65/35 涤/棉线的密度约为 0.8 g/cm³；65/35 涤/黏中长纤维线的密度约为 0.69 g/cm³。

由此可见，计算纱线直径，关键在于纱线的密度，而纱线的密度取决于纤维的密度和纤维在纱中的密集程度。纱线捻度越小，加工过程中张力越小，纤维在纱线中的密集程度就越小，纱线越蓬松，纱线就越粗。纤维在纱中的密集程度，精纺毛纱单纱取 0.84，股线取 0.74。表 12-4 为各种纱线的纤维密度、纱线密度和纤维在纱中的密集程度的参考值。

表 12-4　各种纱线的纤维密度、纱线密度和纤维在纱中的密集程度

纱线种类	纤维密度(g/cm³)	纱线密度(g/cm³)	纤维在纱中的密集程度
棉	1.50	0.91	0.591
羊毛	1.32	0.78	0.591
丝(脱胶)	1.25	0.74	0.592
苎麻	1.51	0.89	0.589
黏纤	1.52	0.90	0.592
醋纤	1.32	0.78	0.591
锦纶	1.14	0.67	0.588
涤纶	1.38	0.81	0.587
腈纶	1.17	0.69	0.590

示例： 求公制支数制 45/2 55/45 涤毛混纺纱的直径。

首先确定混合纤维密度 = 涤纶密度 × 涤纶百分率 + 羊毛密度 × 羊毛百分率 = 1.38 × 0.55 + 1.32 × 0.45 = 1.35(g/cm³)；如纤维在纱中的密集程度按 0.59 计算，则纱线密度 γ = 混合纤维密度 × 纤维在纱中的密集程度 = 1.35 × 0.59 = 0.797(g/cm³)，于是按下式计算直径：

$$d=\frac{1.129}{\sqrt{\gamma}}\times\frac{1}{\sqrt{N_{\mathrm{m}}}}=\frac{1.129}{\sqrt{0.797}}\times\frac{1}{\sqrt{45/2}}=0.27(\mathrm{mm})$$

三、股线(复捻丝线)的线密度

1. 由同一线密度的单纱(单丝)并捻的股线(捻丝)

一次并捻的股线：

$$D=nD_0(1-\mu)^{-1};\ N=N_0(1-\mu)/n \tag{12-11}$$

式中：N_0 为单纱(单丝)的定重制线密度；D_0 为单纱(单丝)的定长制线密度；n 为合股数；μ 为加捻时的捻缩率(%)；N 为股线(捻丝)的定重制线密度；D 为股线(捻丝)的定长制线密度。

经多次并捻的复捻股线(复捻丝线)：

$$D=(n_1n_2\cdots n_x)D_0[(1-\mu_1)(1-\mu_2)\cdots(1-\mu_x)]^{-1}$$
$$N=\frac{N_0}{n_1n_2\cdots n_x}[(1-\mu_1)(1-\mu_2)\cdots(1-\mu_x)] \tag{12-12}$$

式中：n_1，n_2，…，n_x 分别为第一次、第二次、……、第 x 次的合股线；μ_1，μ_2，…，μ_x 分别为第一次、第二次、……、第 x 次并捻时的捻缩率(%)。

2. 由不同线密度的单纱(单丝)并捻的股线

设多根单纱(单丝)合捻时，它们的定长制线密度分别为 $D_1,D_2,\cdots,D_n$，定重制线密度分别为 $N_1,N_2,\cdots,N_n$，各根单纱捻缩率为 μ，则合捻后的线密度为：

$$D=[D_1+D_2+\cdots+D_n](1-\mu)^{-1}$$
$$N=\frac{1}{\frac{1}{N_1}+\frac{1}{N_2}+\cdots+\frac{1}{N_n}}(1-\mu) \tag{12-13}$$

四、细度偏差

细度偏差是评定纱线及化纤长丝品质的指标之一。纺纱加工最后成品名义上的细度称为公称细度，一般应符合国家标准中规定的公称细度系列。在纺织过程中，考虑到筒摇伸长、股线捻缩等因素，为使纱线成品符合公称细度而设定的细度称为设计细度。实际纺纱生产中，因随机因素决定而制得的纱线细度称为实际细度。

细度偏差即纱线实际细度和设计细度的偏差百分率。对棉型纱线来说，由抽样试验求得的百米纱线的实际干量与百米纱线的设计干量之差，除以百米纱线的设计干量，用百分数表示，叫质量偏差。在特数制和纤度制中，质量偏差与特数偏差和纤度偏差相等；支数制中，细度偏差采用支数偏差。

在纱线和化纤长丝的品质标准中，细度偏差都规定有一定的允许范围。这个允许范围可以认为是抽样或测试的误差范围。也就是说，如果抽样试验的细度偏差没有超出允许范围，表明试样所代表的该批纱线的细度与设计细度没有显著差异。如果抽样试验结果超出允许范围，质量偏重或偏轻，即纱线偏细或偏粗了。如果纱线偏细，在织物密度一定的情况下，会影响织物的厚度、面密度和坚牢度。如果纱线偏粗，一定质量的纱线就会因长度较短而影响织物的产量。因此，在纱线或化纤长丝的评定等级中，要考核细度偏差。

第二节　纱线细度的不均匀性

纱线的细度不匀是指纱线沿长度方向的粗细不匀，一般分为质量不匀和条干不匀。质量不匀即通过一定长度的试样的质量差异反映出来的细度不匀，也称为线密度不匀。条干不匀即纱线的外观细度差异。由于纱线的紧密程度不同，质量不匀和条干不匀有时会不一致，混纺纱中混纺比的不均匀也会造成这种差异。纱线细度的不匀率会直接关系到成品的外观质量和强度等性质。例如，纱线的细度不匀，制品会出现条花状疵点，有损于外观；不匀严重时，使纱线的机械性能恶化，增加织造和编织过程中的断头率；纱线细度不匀还带来织物性能的不良，降低其耐穿耐用性。因此，评定各种纱线质量时，一般均须检测细度不匀率。

一、纱线细度不匀产生的原因

(1) 纤维的性质差异

制造纱线的纤维尤其是天然纤维，在长度、细度、结构和形态等各性质方面都存在差异，纤维的任何一种性质差异都将反映到纱线上并引起细度不匀。

(2) 纤维的随机排列

即使纱线中的纤维性质没有差异，而且绝对伸直、平行，但纱线内的纤维是随机排列的，纱线各截面的根数并不相同，也会产生细度不匀。这种不匀是不可能再低的“极限不匀”。

(3) 纺纱工艺不良

纺纱过程中，工艺的限制，对纤维的分离、除杂、混合、牵伸都有不完善之处，从而引起细度不匀。

(4) 纺纱设备缺陷

机械缺陷特别是牵伸机构中的罗拉、皮辊、传动件等有缺陷，将使纱线出现规律性不匀，大大增加纱线的细度不匀。

二、纱线细度不匀率的指标

(1) 平均差系数(coefficient of mean deviation)

它是指各数据与平均数之差的绝对值的平均值对平均数的百分比，即：

$$H(\%)=\frac{\frac{1}{n}\sum_{i=1}^{n}|x_i-\overline{x}|}{\overline{x}}\times 100 \tag{12-14}$$

式中：x_i 为第 i 个测试数据的值；$\overline{x}$ 为测试数据的平均值；n 为测试数据个数。

(2) 变异系数(coefficient of variance)

它是指均方差对平均值的百分比，而均方差是指各数据与平均值之差的平方的平均值之平方根。故变异系数又称均方差系数。变异系数的平方称为变异。变异系数的计算公式如下：

$$CV(\%)=\frac{1}{\overline{x}}\times\sqrt{\frac{\sum_{i=1}^{n}(x_i-\overline{x})^2}{n}}\times 100 \tag{12-15}$$

式中：CV 为变异系数；x_i 为第 i 个测试数据的值；$\overline{x}$ 为测试数据的平均数；n 为测试数据个数。

当测试数据个数少(一般为 $n<50$) 时，为了能正确代表所测整批纱线的不匀率，变异系数则采用下式计算：

$$CV(\%)=\frac{1}{\overline{x}}\times\sqrt{\frac{\sum_{i=1}^{n}(x_i-\overline{x})^2}{n-1}}\times 100 \tag{12-16}$$

(3) 极差系数(coefficient of range)

它是指数据中最大值与最小值之差(即极差)对平均值的百分比，计算式如下：

$$p(\%)=(x_{max}-x_{min})/\overline{x} \tag{12-17}$$

式中：p 为极差系数；x_{max} 为测试数据中的最大值；x_{min} 为测试数据中的最小值。

根据国家标准规定，目前各种纱线的细度不匀率已全部用变异系数表示。但生产中，粗纱和条子的条干不匀率常用极差系数表示，纱线的线密度不匀率常用平均差系数表示。

三、纱线细度不匀率的测试方法

1. 目光检验法(又称黑板条干检验法)

它是用摇黑板机将细纱以一定密度均匀地绕在一定规格的黑板上，然后在规定的光线和位置下用目光与条干标准样照对比，观察其阴影、粗节、严重疵点等情况，评定细纱的条干级别。棉纱条干级别分为优级、一级和二级。毛纱是评定条干一级率。各级标准样照均为底线。这个方法得到的是短片段纱的直径不匀。此法简便迅速，但评定结果与检验人员的目光有关，人为误差大，需要定期核对和统一检验人员的目光，而且不能得到确切的不匀率数据。

2. 测长称量法(又称线密度不匀评定法)

将纱线切断成一定长度，分别称得它们的质量，代入平均差系数、变异系数或极差系数公式求得质量不匀率来表示纱线一定片段长度间的线密度不匀情况。切断长度可根据需要而定。目前我国生产中，常将前述测试纱线线密度的绞纱逐绞称量后，代入平均差系数公式，求得绞纱之间的质量不匀率。它反映了一定长度(棉型纱线为 100 m，精梳毛纱为 50 m，粗梳毛纱为 20 m，苎麻纱 49 tex 及以上为 50 m、49 tex 以下为 100 m，亚麻纱和绢纺纱均为 100 m，生丝为 450 m)纱线之间的线密度不匀情况。此法是测定纱条粗细不匀的最基本、简便、准确的方法，可以测量各种片段长度的质量不匀率，一些测量仪器的校正常以此测定结果为标准，但测定费时费力。

3. 光电式条干均匀度试验仪测试法

该仪器的示意图如图 12-1 所示。光源 1 的光线经过光阑 2 射向光电元件 4。运动中的纱线 3 在光电元件中形成一个阴影，光电元件接受光量，光电路中的电流量随纱线细度而变化。这种电流的波动经过

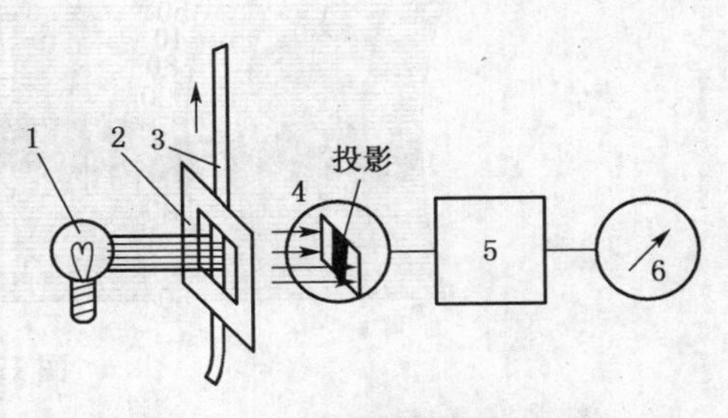

图 12-1 光电式条干均匀度仪工作原理示意图

放大器 5 放大后，被电流表 6 所指示。

光电式条干均匀度仪的优点是：可以排除纱线回潮率对测定结果的影响，且被测纱线不发生压扁变形；其缺点在于仅反映某一平面的阴影轮廓不匀，评定椭圆截面或者不规则截面纱线不匀率时会失真。

4. 电容式条干均匀度试验仪测试法

该仪器的示意图如图 12-2 所示。仪器的测试部分为平行金属平板组成的电容器。被测纱线 1 通过与自感线圈 3 连接的电容器 2，构成振荡发生器 4 的回路。振荡器 4 的频率与电容器 2 的电容量有关，随电容器极板间纱线的线密度变化。振荡发生器 9 的自感线圈 10 与自感线圈 3 相同。而可变电容 11 应当调整，使得测试传感电容器 2 中的纱线线密度达到平均值时，振荡发生器 4 的频率与振荡发生器 9 的频率相同。纱线连续移动时，与电容器极板 2 长度相等的纱线片段 l_0 的线密度在不断地变化，形成振荡器 4 和振荡器 9 的频率差异，经过频数计 5，被由毫安表 6 和积分表 7 组成的测定仪所记录，绘图装置 8 绘出纱线线密度变化曲线。积分仪可测出一定长度纱线线密度的平均差系数 H 或变异系数 C。因为由纱条线密度不匀引起的电容量的变化在数值上是很小的，所以需用灵敏度较高的电路进行测量。

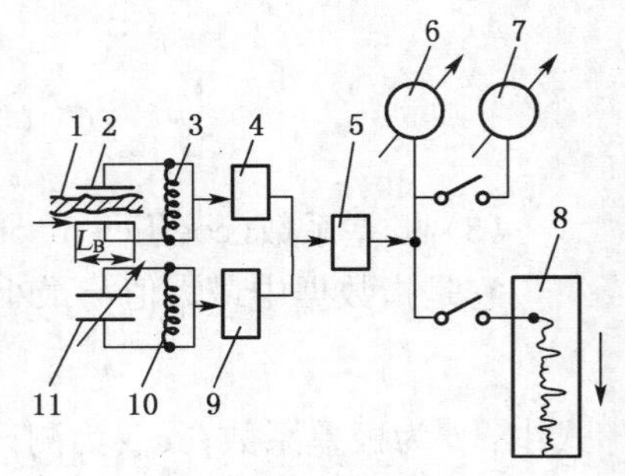

图 12-2 电容式条干均匀度仪工作原理示意图

目前使用最为广泛的是乌斯特(Uster)电容式条干均匀度仪，它由监测仪、控制仪、波谱仪和纱疵仪组成。这一仪器具有画出不匀率曲线、显示以平均差系数($U\%$)或变异系数($CV\%$)表示的纱条不匀率、做出波谱图以及记录粗节、细节、棉结疵点数等功能。

(1) 画出不匀率曲线

使纱条通过监测仪中由两块金属平行极板组成的平板电容器。当平板电容器中纱条的充满程度较小时，电容器电容量的变化与纱条厚度，即纱条一定片段长度(等于极板长度)的质量变化成正比。将电容量的变化转换成频率变化，经混频、放大、检波，转换成电压的变化，然后由控制仪中的记录仪记录得到纱条的不匀率曲线，如图 12-3 所示。仪器上装有极板间距各不相同的电容器共五组，以适应不同粗细的试样。严格地说，电容器电容量的变化还与温湿度、纤维种类、振荡器频率等因素有关。因此，要求在标准温湿度条件下进行测试，采用 27 MHz 以上的频率以减小由于温湿度和纤维种类等因素造成的误差。

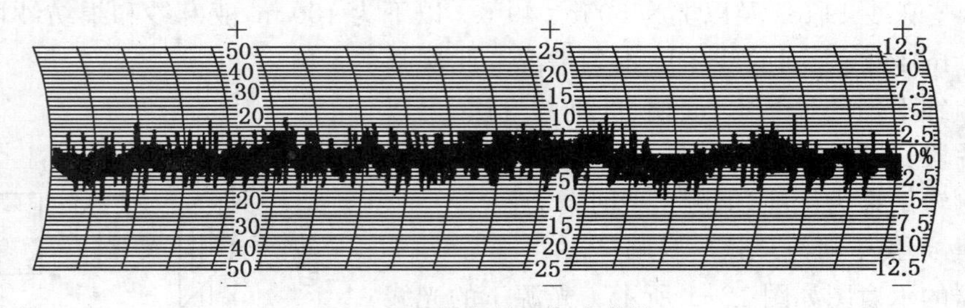

图 12-3 纱条的不匀率曲线

(2) 显示纱条不匀率

监测仪上产生的信号通过控制仪中的自动积分仪或计算机求出平均差系数或变异系数并

显示出来，以表示纱条的不匀率。

乌斯特条干均匀度与黑板条干均匀度不同，前者反映的是纱的质量不匀率，后者反映的是纱的直径不匀率。由于捻度分布与纱的粗细有关，细处捻度多，使纱紧密，直径更小，使黑板条干变差，但不影响乌斯特条干不匀率。因此，乌斯特均匀度仪上测得的平均差系数或变异系数相同的纱，其黑板条干不一定相同。但是，通过大量测试，得知乌斯特条干均匀度与黑板条干均匀度相关还是密切的。

(3) 作出波谱图(wave-length spectrum)

将纱条不匀率曲线用富里埃分析法可分成很多波长不同、振幅不同的正弦曲线。波谱仪可将正弦波按频率存储，然后作出波长和振幅的关系曲线，以波长的对数值为横坐标，各波长的振幅为纵坐标，即得波谱图，如图 12-4 所示。理论上纱条的波谱图是连续的，但由于波谱仪是由有限个频道构成所致，所得波谱图为阶梯状曲线。根据波谱图可以分析形成纱条不匀的原因。

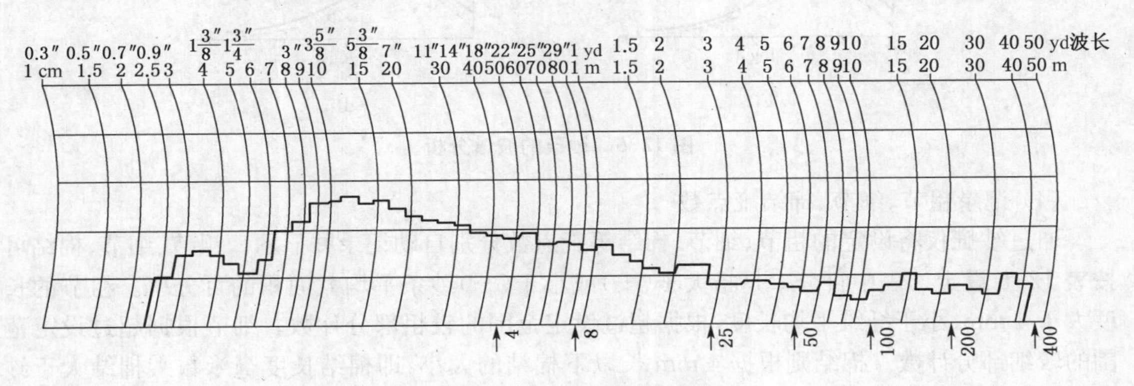

图 12-4 纱条的波谱图

现对波谱分析作简单介绍。假如纤维是等长和等粗细的，而且纱条截面内纤维根数分布符合泊松分布，其波谱为理想波谱图，振幅和波长的关系为：

$$S(\log\lambda)=\frac{\sin\dfrac{\pi l}{\lambda}}{\sqrt{\pi n}\sqrt{\dfrac{\pi l}{\lambda}}} \tag{12-18}$$

式中：λ 为波长(波谱图的横坐标为 $\log\lambda$)；l 为纤维长度；n 为纱条截面内纤维的平均根数；$S(\log\lambda)$为波长为 λ 的振幅，即波谱图的纵坐标。

理想波谱图如图 12-5(a)所示，曲线的峰值一般在纤维长度的 2.7～3 倍之间。如果纤维是不等长的，关系更为复杂，也可用近似的方法求得理想波谱图。纱条的实际波谱图和理想波谱图相差很大。将两者进行比较分析，可找出纱条不匀的原因。如实际波谱图的纵坐标较理想波谱图的纵坐标在所有波长范围内均有增加，如图 12-5(b)所示，这是由于纺纱过程中纤维未充分松解分离、伸直平行，纱条中仍有缠结纤维或束纤维以及各道工序机械状态虽基本正常但不够完善而引起的纱条不匀。优良的纺纱工艺可以减小(b)与(a)的差异。如实际波谱图与理想波谱图相比，在某一波长范围内形成“山峰”状，如图 12-5(c)所示，这是由于牵伸区内对纤维控制不良使浮游纤维变速随机以各种不同速度作不规则运动所致，即牵伸波不匀。牵伸波造成的不匀不是严格的周期性不匀，但集中在某一波长范围内形成山峰。根据“山峰”所在的波长范围，可以找到存在问题的牵伸工序，从而进行工艺调整。如果实际波谱图与理想波谱图相比，在某一波长处形成“烟囱”状凸起，如图 12-5(d)所示，这是由于牵伸机构或传动齿轮不良而造成的规律性周期不匀。根据“烟囱”所在的波长，可以找到存在问题的地方，从而进行机械调整。

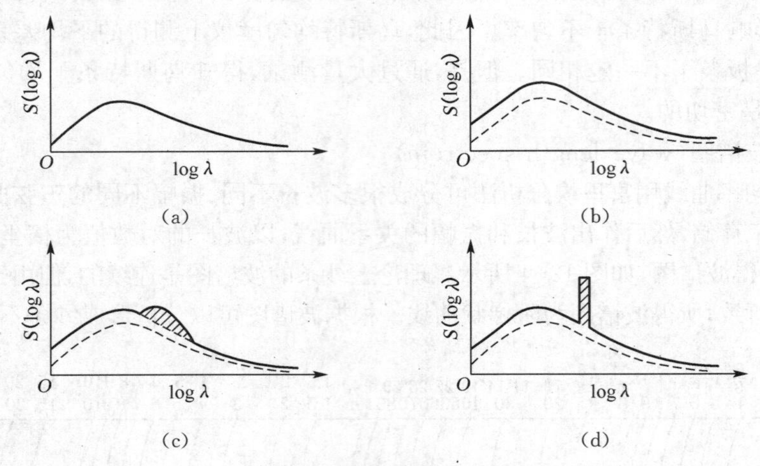

图 12-5　纱条的波谱分析

(4) 记录粗节、细节、棉结疵点数

通过纱疵仪将设定的粗节、细节、棉结等疵点数分别自动记录并显示。粗节、细节、棉结可按表 12-5 设定。表中百分率是指大于(＋)或小于(－)纱条平均截面积的百分率。粗节的长度大于 4 mm、小于纤维平均长度，根据超过设定范围的较粗部分计数。细节根据超过设定范围的较细部分计数。棉结则根据 4 mm 长以下棉结的大小，即棉结长度毫米数乘棉结大于纱条平均截面积的百分率来计数。常用的设定值，棉结为＋200%，粗节为＋50%，细节为－50%。计量单位为 1 000 m 纱中的疵点数。

表 12-5　棉结、粗节、细节的设定

棉结	＋140%	＋200%	＋280%	＋400%
粗节	＋35%	＋50%	＋75%	＋100%
细节	－30%	－40%	－50%	－60%

瑞士蔡尔维格乌斯特公司(ZELLWEGER USTER)从世界各地采集试样，并将测试结果整理成乌斯特统计值(简称统计值)，在该公司出版的《新闻公报》(USTER NEWS BULLETIN)上每隔几年发布一次，已将近 50 年，作为用户服务的一项内容。USTER®统计公报是全世界纺织工业中按纤维、条子、粗纱和纱线进行分类的质量分级的参考指标，基本反映了当时世界上棉、毛类纱线质量的情况，是一项很有参改价值的纱线质量信息来源，在纺纱生产与贸易中已被广泛引用。一般根据世界各国细纱质量的统计值，用占 50%的指标作为一般水平来评定细纱条干均匀度的质量。乌斯特公报几十年来的发展在当前纺织技术中起着重要的作用，它的内容在丰富，范围在扩大，项目在增加，精度在提高，数据在细化，手段在更新，并反映了纺纱质量水平的不断变化。通过乌斯特统计公报，可及时了解当前全球范围内纱线的质量水平及发展状况。纺纱厂通过乌斯特公报可以比较本企业纱线质量处于何种水平，可明确质量攻关方向。购买纱线的企业可通过对比乌斯特统计公报，对采购纱线的质量提出新的要求。

乌斯特统计公报还对科研院校有较大的参考作用。

四、长片段不匀和短片段不匀

根据传统测试方法，缕纱质量不匀率是长片段不匀，黑板条干不匀是短片段不匀。乌斯特电容式条干均匀仪的波谱图，则按周期性不匀的波长来分短片段、中片段和长片段不匀。短片段不匀一般是指波长为纤维长度 1～10 倍的不匀；中片段不匀是指波长为纤维长度 10～100 倍的不匀；长片段不匀是指波长为纤维长度 100～3 000 倍的不匀。波长为纤维长度 3 000 倍以上的不匀称为特长片段不匀。短片段周期性不匀率严重的纱，织造时几个粗节或细节在布面上并列在一起的概率较大，容易形成条影或云斑，对布面质量影响很大。中片段周期性不匀率大的纱，织造时几个粗节或细节在布面上并列在一起的概率很小，所以一般对布面影响不大；但如果波长恰好与布幅或针织物一圈纱长成整倍数关系，会在布面形成条影或云斑。长片段周期性不匀率大的纱，织造时会在织物上出现明显横条，对布面质量影响较大。

五、纱线细度不匀率与片段长度间的关系

纱线的细度不匀率与试样的片段长度密切相关。片段长度越长，片段间的不匀率越小。所以不同片段长度之间的不匀率没有可比性。设将纱线分成很多等长片段，称量后求得片段间的不匀率，称为外不匀率。若将其中任一片段纱再分成很多等长小片段，称量后求得片段内的不匀率，称为内不匀率。如果将全部纱线都分成极小的片段，称量后可求得纱线的总不匀率。当不匀率用变异系数表示时，根据变异相加定理，可知：

$$C^2 = C_i^2 + C_e^2 \tag{12-19}$$

式中：C 为纱线的总不匀率(以变异系数表示)；C_i 为纱线的内不匀率(以变异系数表示)；C_e 为纱线的外不匀率(以变异系数表示)。

即总不匀率的平方等于内、外不匀率的平方和。同一批纱线的总不匀率为一定值。试样的片段长度小时，外不匀率大，片段长度趋于零时，外不匀率趋于总不匀率；试样的片段长度越长，外不匀率就越小，片段长度趋近于无限长时，外不匀率趋近于零。开始时，片段间的不匀率，即外不匀率，随片段长度的增加显著下降，待片段长度达到一定值后，外不匀率的下降逐渐不明显。片段内的不匀率，即内不匀率，随片段长度的增加，开始时显著上升，待长度达一定值后，内不匀率上升渐不明显。当片段长度趋近于无限长时，内不匀率趋近于纱线的总不匀率。纱线细度不匀与片段长度之间的关系如图 12-6，称为变异—长度曲线。乌斯特电容式条干均匀度仪测试细纱时，采用 8 mm 长的金属平板电容器，测得的是片段长度很小的外不匀率，其不匀率值接近于总不匀率。

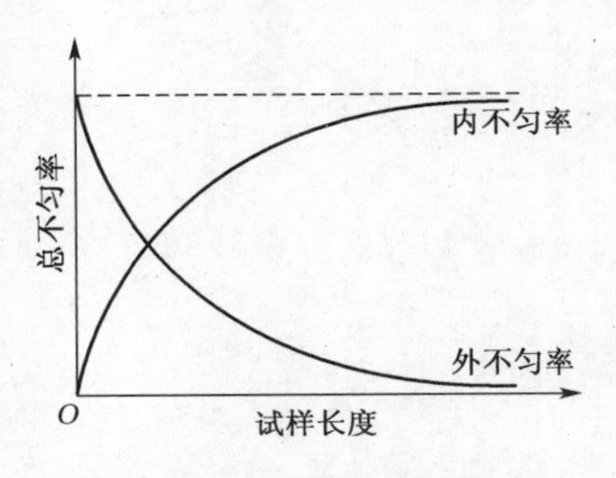

图 12-6　变异-长度曲线

思 考 题

12-1 如何确定混纺纱的公定回潮率?

12-2 证明 $N_e = 590.5 \times \frac{100 + W_{mk}}{100 + W_{ek}} \times \frac{1}{N_{tex}}$,并写出纯棉纱线和纯化纤纱线的 N_e 和 N_{tex} 的换算式。

12-3 测得涤/棉 65/35 纱 30 绞(每绞长 100 m)的总干量为 53.4 g,求它的线密度、英制支数、公制支数和直径(纱的密度为 0.88 g/cm^3)。

12-4 测得某批涤/毛 55/45 精梳双股线 20 绞(每绞长 50 m)的总干量为 35.57 g,求它的公制支数和线密度。

12-5 特克斯制的股线以单纱特克斯值×合股数表示,而支数制的股线则以单纱支数/合股数表示,为什么?

12-6 将 n 根线密度为 N_{tex} 的单纱合股加捻成股线,股线捻缩率为 μ,求股线的线密度。

12-7 将 n 根线密度分别为 N_{tex1}, N_{tex2}, …, N_{texn} 的单纱合股加捻成股线,求股线的线密度(不考虑捻缩)。

12-8 计算出表 12-3 中特克斯制 A 值栏中的空项。

12-9 名词解释:平均差系数,变异系数,极差系数。目前,我国条子、粗纱、细纱的细度不匀率采用哪项指标表示?

12-10 试述光电式和电容式条干均匀度试验仪的工作原理,并对比其优缺点。

12-11 试述 USTER 电容式条干均匀度仪的四个主要功能。如何根据波谱图分析纱条不匀的原因?

12-12 何谓长片段不匀?何谓短片段不匀?它们对织物布面有何影响?

12-13 纱线的细度不匀率与试样的片段长度之间有何关系?总不匀率与内、外不匀率之间有何关系?

第十三章　纱线的力学性质

本章要点

阐述纱线的力学性质(包括拉伸、弯曲、扭转、压缩)的特征、表征指标和特征曲线;分析纱线一次拉伸断裂的机理、影响纱线一次拉伸断裂特性的因素;讨论纱线未破坏的一次拉伸特性和多次拉伸循环特性。

和纤维一样,纱线在受到外力作用以后也会产生相应的变形和内应力与外力相平衡,并在达到一定程度以后发生破坏。纱线的机械性能除取决于组成纱线的纤维的性能外,同时也取决于成纱的结构。对混纺纱来说,还与混纺纤维的性质差异和混纺比密切相关。

第一节　纱线的拉伸性质

纱线具有细而长的特征,在外力作用下常常发生伸长变形,这是因为纤维在纱线中、纱线在织物和其他制品中多沿纵向排列的缘故。纤维和纱线发生弯曲时,横截面的中线以上部分也产生伸长,中线以下部分则产生压缩。此外,生产中一直广泛应用拉伸特性来检验机械性质,并积累了大量数据。因此,在纱线的力学性质中拉伸特性最为重要。

一、纱线一次拉伸断裂特性

测试纱线一次拉伸断裂特性指标时,有两种不同的方式:

① 利用外力拉伸试样,以某种规律不停地增大外力,结果在较短的时间(正常在几分之一秒或在几十秒之间)内试样内应力迅速增大,直到断裂。然后求出拉伸过程中更多的是断裂瞬间的特性指标(强力、伸长率等)。有时,可根据记录的拉伸过程的伸长-负荷曲线图,求出初始模量和一些不将试样拉断的其他特性指标,测得的数据与伸长时间的关系通常不予考虑。

② 试样承受不变的作用力,观察长时间作用下(几小时甚至几昼夜)试样的伸长状况。有时,一直延续到试样断裂。在静载荷作用下,纱线强度和作用时间的关系通常称为静止疲劳特性。

我国单根纱线断裂强力和断裂伸长的测定属于第一种方法。该方法在测定断裂强力和伸长时,可采用下列几种类型的单纱强力试验机:①等速牵引强力试验机(Constant Rate of Traverse)——下夹持器等速拉伸试样时,上夹持器位移较大且无确定的规律,加载方式既不是等加伸长率,也不是等加负荷,简称 CRT 型;②等速伸长强力试验机 (Constant Rate of

Extension)——在强力机启动 2 s 之后，单位时间内夹头间距离的增加率应保持均匀，波动不超过±5%，简称 CRE 型；③等速加负荷强力试验机(Constant Rate of Loading)——在强力机启动 2 s 之后，单位时间内负荷的增加率应保持均匀，波动不超过±10%，简称 CRL 型。各种类型的强力试验机都必须将试样断裂时间控制在 20 s±3 s。

采用第一种方法，试样伸长较快，导致试样内应力迅速增长。如拉伸复丝，拉伸过程中某些长丝被拉断，其余的长丝将受过度的负荷而迅速随之拉断；如拉短纤维纱线，其中一部分纤维之间的摩擦力及抱合力较小，这时便不会发生断裂而是导致纤维之间相互滑移，造成试样“脱散”。本方法不适用于伸长特别大的纱线（张力自 0.5 cN/tex 增至 1.0 cN/tex 时伸长大于 0.5%的纱线）和线密度大于 2 000 tex 的纱线。对伸长特别大的纱线，可在由有关方面协议同意的特殊条件下进行试验。

1. 单根纱线强力试验机

可采用 Y361 型单纱强力试验机，有三种型号：Y361-1 型，强力范围为 9.8～980 cN；Y361-3 型，强力范围为 117.6～2 940 cN；Y361-30 型，强力范围为0～294 N。以适应不同单纱强力的需要。

用强力试验机拉伸试样，直到断脱，并指示出断裂强力和伸长。单根纱线的断裂强力可由摆锤摆动的角度，即固定指针在扇形刻度盘上的读数读得，其工作原理见图 13-1。设扇形轮半径为 r，摆锤系统质量为 w，摆锤系统重心到转动中心 O 的距离为 h，摆杆与垂线夹角为 θ，下纱夹拖动上纱夹的力(即试样所受的力)为 P。根据静态力矩平衡方程：

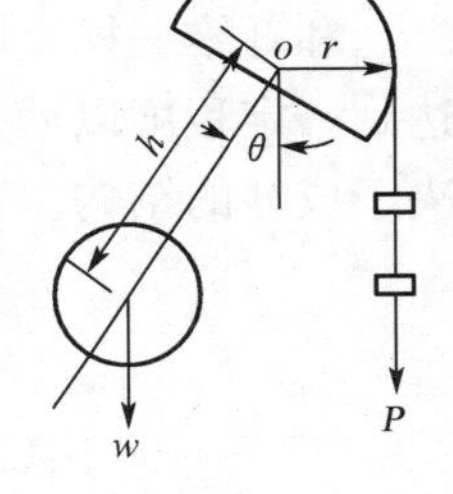

图 13-1　单纱强力机工作原理

$$\sum M_0 = Pr - wgh \times \sin\theta = 0$$

所以

$$P = \frac{wgh}{r}\sin\theta$$

在强力机上，w, h, r 均为固定值，g 为重力加速度，则单根纱线强力 P 与断裂时摆杆偏转角度 θ 的正弦成正比。

在强力试验机的使用范围中，任何一点的指示强力的最大误差不得超过±1%，指示的夹头隔距的误差不得超过±1 mm。强力试验机的工作速度必须使试样的平均断裂时间落在指定的范围(20 s±3 s)以内。

2. 结果的计算

断裂强力以“牛顿”(N)、“厘牛顿”(cN)或“克力”(gf)表示，观测的伸长以“毫米”(mm)记录，并计算对未应变试样的名义隔距长度的百分数。

(1) 断裂强力(度)

$$\text{平均断裂强力} = \text{观测值总和} / \text{观测次数} \tag{13-1}$$

平均断裂强度的单位有“cN/tex”“gf/tex”“gf/den”和“N/m^2(Pa)”：

$$\begin{aligned} &\text{平均断裂强度(cN/tex)} = \text{平均断裂强力(cN)} / \text{平均线密度(tex)} \\ &\text{平均断裂强度(gf/tex)} = \text{平均断裂强力(gf)} / \text{平均线密度(tex)} \\ &\text{平均断裂强度(gf/den)} = \text{平均断裂强力(gf)} / \text{平均线密度(den)} \end{aligned} \tag{13-2}$$

$$断裂长度(km)=\frac{平均断裂强力(cN)}{平均线密度(tex)}\times\frac{1}{0.98}=\frac{平均断裂强力(gf)}{平均线密度(tex)} \quad (13\text{-}3)$$

上述计算结果均保留四位有效数字，最后舍入到三位有效数字。

(2) 伸长率

$$平均伸长率(\%)=\frac{伸长观测值总和(mm)}{观测次数\times名义隔距长度(mm)}\times 100 \quad (13\text{-}4)$$

平均伸长率在10%以下时，舍入到最邻近的0.2%；平均伸长率在10%以上至50%以下时，舍入到最邻近的0.5%；平均伸长率等于或大于50%时，舍入到最邻近的1.0%。

3. 几种纱线一次拉伸断裂特性指标的典型数据

常见几种纱线一次拉伸断裂特性指标的典型数据，见表13-1。图13-2所示为几种纱线和长丝的拉伸曲线。

表13-1　几种纱线一次拉伸断裂特性指标的典型数据

纱线种类	线密度(tex)	断裂强力(cN)	断裂应力($Pa\times10^3$)	断裂伸长率(%)	断裂功($J\times10^{-7}$)
普梳棉纱	12～100	132～940	10～75	6～9	600～8.45×10^3
精梳棉纱	5～84	64～1 340	10～21	5～8	320～1.07×10^4
亚麻干纺纱	56～1 200	7.7×10^2～2.2×10^4	6～120	5～6	3.85×10～1.32×10^2
亚麻湿纺纱	24～200	5.6×10^2～3.9×10^3	14～20	4～5	2.24×10～1.95×10
大麻纱	280～5 000	4.0×10^2～7.0×10^2	8～14	4～5	1.6×10^2～3.5×10^2
粗梳毛纱	60～200	1.8×10^2～7.8×10	8～20	2～12	400～2.0×10^3
精梳毛纱	20～56	100～350	4～14	6～20	600～7.0×10^3
生丝	1.5～4.7	440～1 424	25～42	16～17	7.04×10^3～2.42×10^3
石棉纱	320～1 250	660～2 500	2.6～5.2	8～9	5.28×10^3～2.25×10^4
二醋酯复丝	11	155	18	18	1 535
涤纶复丝	2.9	—	—	15	—
锦纶6复丝	5	200	46	25	3 500
锦纶弹力丝	25	350	16	14	14 000
玻璃长丝	68	220	80	1.5	—

二、纱线一次拉伸断裂的机理

1. 长丝纱的拉伸断裂机理

纱中纤维伸长能力、强力不一致时，断裂不是同时发生的，一部分纤维断裂后，负荷分配到其余纤维上，各根纤维张力迅速增加，依次被拉断。除纤维性能不同外，纱线的结构原因也产生断裂不同时性。长丝纱受拉伸外力作用时，较伸直和紧张的纤维先承受外力而断裂，然后由其他纤维承受外力，直至断裂。一般在加捻情况下，由内至外，纤维的倾斜程度逐渐加大，预伸长和预应力都逐渐增大，纤维承受纱线轴向拉伸的能力逐渐降低。因此，当外力达到一定程度时，外层纤维先被拉断，然后由内层纤维承受的张力猛增，直至断裂。这种情况下被拉断纱线的端口比较整齐。

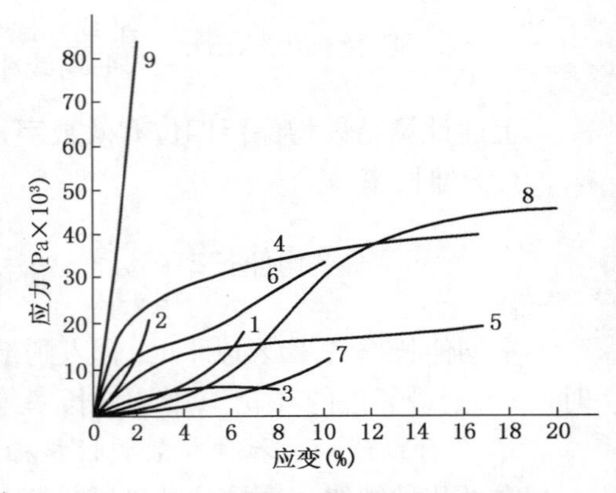

图 13-2 几种纱线和长丝的拉伸曲线

1—25 tex 普梳棉纱 2—70 tex 干纺亚麻纱
3—40 tex 精梳毛纱 4—2.5 tex 生丝
5—25 tex 普通黏胶长丝 6—9 tex 强力黏胶长丝
7—25 tex 黏胶短纤纱 8—5 tex 锦纶 6 复丝
9—7 tex 玻璃复丝

2. 短纤维纱的拉伸断裂机理

短纤维纱承受外力拉伸作用时，除存在上述情况外，还有一个纤维间相互滑移的问题。当纤维间摩擦阻力很小时，纱线可以由于纤维间滑脱而断裂，此时纤维本身并不一定断裂。由于加捻后纤维倾斜，纱线受拉后产生向心力，使纤维间有一定摩擦阻力。外层纤维不仅由于加捻形成的倾角大，张紧程度高，而且外层纤维受不到其他纤维的向心压力，摩擦阻力小，所以一般首先断裂，此时外层对内层的向心压力减小，纤维间摩擦阻力减小，更易滑脱而使纱线断裂。由此可见，一般纱线断裂既有纤维的断裂又有纤维的滑脱，两者同时存在，由于纱线结构的原因，纤维的断裂和滑脱是由外层逐渐发展到内层，纱线的断口是不整齐的毛笔尖形。只有当捻度很大时，纤维滑脱的可能性小，外层纤维先断裂然后迅速向内扩展而断裂，此时纱线的断口比较整齐。

纱线断裂时，断裂截面的纤维是断裂还是滑脱的，要视断裂点两端周围的纤维对这根纤维的摩擦阻力的大小而定。如图 13-3 所示，设断裂点两端的摩擦阻力各为 F_1 和 F_2，纤维的强力为 P，当 F_1 和 F_2 均大于 P 时，这根纤维就断裂。当 F_1 和 F_2 中有一个小于 P 时，这根纤维就滑脱。而 F_1 和 F_2 与纤维在纱线断裂面两端的伸出长度有关。摩擦阻力 F 等于纤维强力 P 时的长度称为滑脱长度(slip length)L_c。当纤维伸出断裂截面一端的长度小于滑脱长度时，纤维即滑脱而不断裂。长度小于两倍滑脱长度的纤维，在纱线断裂时必定是滑脱而不会是断裂。因此，为了保证纱线的强力，应控制长度小于两倍滑脱长度的短纤维含量。

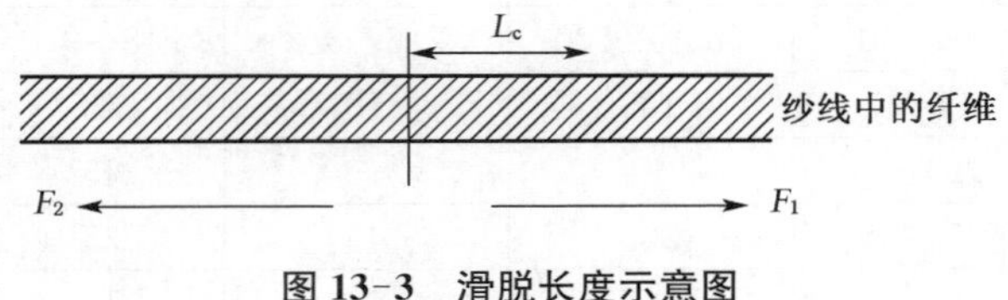

图 13-3 滑脱长度示意图

由于纱线在拉伸时纤维断裂不同时性的存在、加捻使纤维产生张力、伸长、纤维倾斜使纤维强力在纱轴方向的分力减小、短纤维纱纤维间的滑脱以及纱线条干不匀、结构不匀从而形成弱环等原因，纱线的强度远比纤维的总强度要小，即纱线中一部分纤维没有发挥其最大强力。纱线强度与组成该纱线的纤维总强度之比的百分率称为纤维在纱中的强力利用率。强力利用率的大小主要取决于纱线的结构以及组成纱线的纤维性质和它们的不匀情况。一般纯棉纱的强力利用率为 40%～50%，精梳毛纱为 25%～30%，黏胶短纤维纱为 65%～70%；长丝纱的强力利用率比短纤维纱大，如锦纶丝的强力利用率为80%～90%。

$$纤维在纱中的强力利用率(\%)=\frac{纱线强度}{\sum 纱线中纤维强度}\times 100 \qquad (13\text{-}5)$$

纱线伸长的原因有几个方面：纤维的伸直、伸长；倾斜纤维拉伸后沿纱线轴向排列，增加了纱线长度；纤维间的滑移。捻丝的伸长一般大于组成纤维的伸长，如锦纶捻丝与锦纶单丝的断裂伸长率的比值一般为1.1～1.2；而短纤维的伸长小于组成纤维的伸长，如棉纱的断裂伸长率与纤维断裂伸长率的比值一般为0.85～0.95。

三、影响纱线一次拉伸断裂特性的因素

影响纱线强伸度的因素主要是组成纱线的纤维性质和纱线结构。对混纺纱来说，它的强伸度还与混纺纤维的性质差异和混纺比密切相关。至于温、湿度和强力机测试条件等外因对纱线强伸度的影响基本上与纤维相同。

1. 纤维性质

前已述及，当纤维长度较长、细度较细时，成纱中纤维间的摩擦阻力较大，不易滑脱，所以成纱强度较高。当纤维长度整齐度较好，纤维细而均匀时，成纱条干均匀，弱环少而不显著，有利于成纱强度的提高。纤维的强、伸度大，则成纱的强、伸度也较大；纤维强、伸度不匀率小，则成纱强度高。纤维的表面性质和卷曲性质对纤维间的摩擦阻力有直接影响，所以与成纱强度关系也很密切。

2. 纱线结构

短纤维纱结构对其强、伸度的影响，主要反映在加捻上。纱线捻度对强、伸度的影响已在加捻对纱线性质的影响一节中述及。传统纺纱纱线加捻对断裂伸长率的影响如图13-4所示。当纱线条干不匀、结构不匀时会使纱线的强度下降。

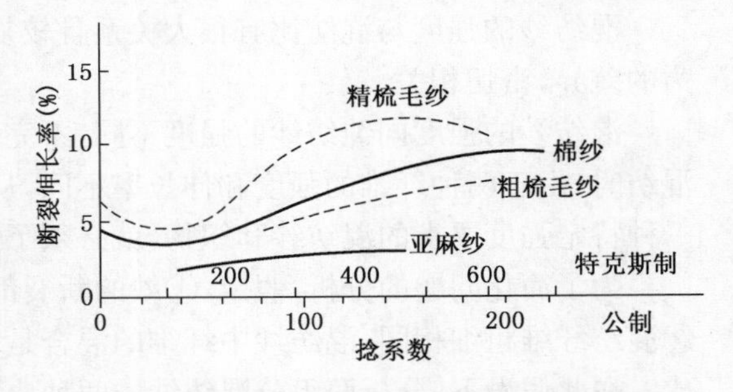

图13-4　细纱加捻对纱线断裂伸长率的影响

股线捻向与单纱捻向相同时，股线加捻同单纱继续加捻相似。股线捻向与单纱捻向相反时，开始合股反向加捻使单纱退捻而结构变松，强度下降。但继续加捻时，纱线结构又扭紧；而且由于纤维在股线中的方向与股线轴线方向的夹角变小，提高了纤维张力在拉伸方向的有效分力；股线反向加捻后，单纱内外层张力差异减少，外层纤维的预应力下降，使承担外力的纤维根数增加；同时，单纱中的纤维，甚至是最外层的纤维，在股线中单纱之间被夹持，使纱线外层纤维不易滑脱而解体。因而股线强度增加，比合股单纱的强度之和还大，达到临界值时，甚至为单纱强度之和的1.4倍左右(图11-9)。

长丝纱加捻是为了在单丝间形成良好的抱合而稳定形态。这将使单丝断裂不同时性得到改善，从而使长丝纱强力略有提高，但这仅发生在较低的捻度下。随着捻系数的增加，长丝纱强度很快便下降，因为长丝的有效分力减小，断裂不同时性增加。故长丝纱的临界捻系数比短纤纱小得多，见图13-5。

低捻长丝纱和高捻长丝纱的断裂破坏过程有很大的差别。低捻长丝纱断裂时，各根单丝之间的关联很小，它们分别在各自到达自身的断裂伸长值时断裂。由于各根单丝之间断裂伸

长值的差别不会很大,所以长丝纱中单丝的断裂几乎是同时发生的。而高捻长丝纱不同,纱中单丝断裂不是同时发生的,整个断裂破坏过程是在一个较长的伸长区间中完成的。它的断裂强力随捻度的增加而下降,早于低捻长丝纱,并在开始断裂以后,它的拉伸曲线出现一个较长的延伸部分,如图 13-6 所示。这是由于高捻赋予了单丝间强大的横向约束力,这时虽然外层单丝断裂了,但断裂了的单丝仍然能通过摩擦抱合作用束缚住非断裂区中尚未断裂的单丝,而继续成为分担外力的有效部分。捻度越大,这种断裂的不同时性越显著。

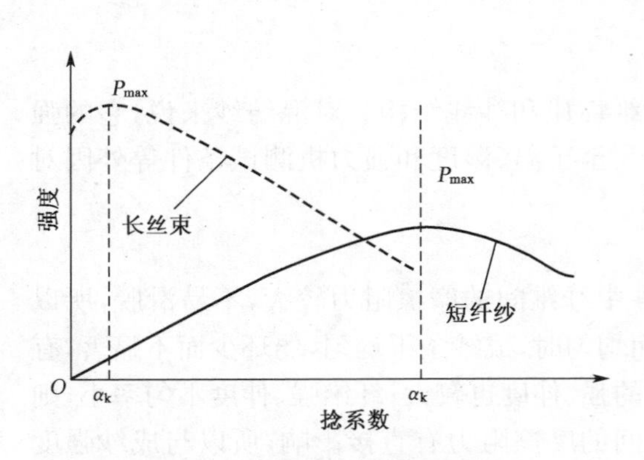

图 13-5　捻系数与强度的关系

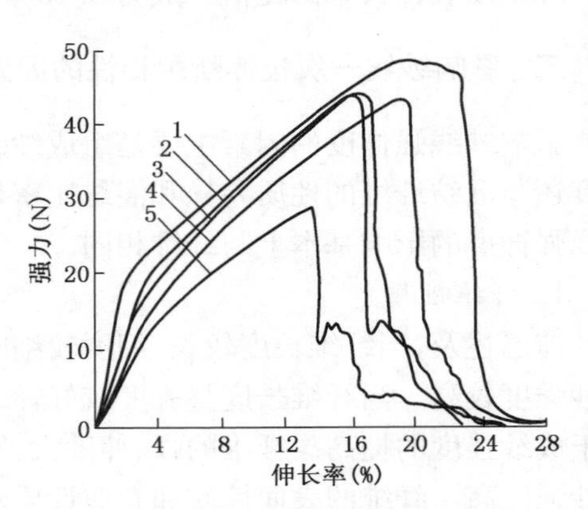

图 13-6　不同捻系数时强力黏胶长丝的负荷-伸长曲线

捻系数：1—8.9　2—31.6　3—43.3　4—66.8　5—94.9

3. 混纺纱的混纺比

混纺纱的强度与混纺比有很大关系且较复杂。它与混纺纤维的性质差异,特别是伸长能力的差异,密切相关。

混纺纱的强度同纯纺纱的强度不同,不完全取决于纤维本身的强度。当用两种纤维进行混纺时,由于两种纤维的强度和伸长率不同,从而影响了混纺纱和织物的强度。因此,要生产一种特定强度要求的混纺纱和织物,就必须了解混用纤维的特性、混纺比与成纱强度的关系。

为了简化问题的分析,假定:①纱的断裂都是由于纤维断裂而引起的,即不考虑滑脱断裂;②混纺纤维粗细相同,混纺纱中纤维的混合是均匀的,即纤维各截面中各组分的含量等于混纺比。在此假设下,分析两组分混纺纱的两种典型情况如下:

① 当混纺在一起的两种纤维的断裂伸长率接近时,两种纤维的断裂不同时性不明显,基本为同时断裂。此时,混纺纱的断裂强度 P 由下式计算:

$$P=\frac{X}{100}P_1+\frac{100-X}{100}P_2 \qquad (13\text{-}6)$$

式中:P_1 为由纤维 1 纯纺的细纱断裂强度;P_2 为由纤维 2 纯纺的细纱断裂强度;X 为混纺纱中纤维 1 的含量(按质量%计算)。

如果纤维 1 和纤维 2,其纯纺纱的断裂伸长率 $\varepsilon_1=\varepsilon_2$,断裂强度 $P_1<P_2$。由公式及图 13-7 可知,当混纺比 $X=100\%$ 时,$P=P_1$;当 $X=0$ 时,$P=P_2$。混纺纱的强度就是两种纤维同时断裂时的强度,混纺纱的断裂强

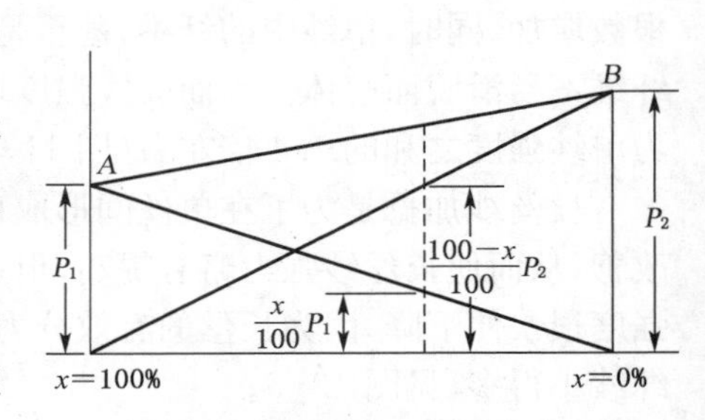

图 13-7　两种组分纤维混纺的情况($\varepsilon_1\approx\varepsilon_2$)

度 P 按 AB 直线变化。随着强度低的纤维 1 的含量的减少，即强度大的纤维的含量的增加，混纺纱的强度增大。

以涤毛混纺纱为例，毛纱的强力低于涤纶纱，而两者伸长率接近，因此，当拉伸到伸长为涤、毛的断裂伸长时，两种纤维几乎同时断裂。在这种情况下，随着强度大的纤维（涤纶）混纺含量的增加，混纺纱的断裂强度增大。

② 当混纺在一起的两种纤维的断裂伸长率差异大时，受拉伸后明显分为两个阶段断裂。第一阶段是伸长能力小的纤维先断；第二阶段是伸长能力大的纤维断裂。

设纤维 1 和纤维 2，其纯纺纱的断裂伸长率 $\varepsilon_1 < \varepsilon_2$，断裂强度 $P_1 < P_2$。第一阶段，伸长率为 ε_1，此时纤维 2 承担的负荷为 $P_{\varepsilon1}$，混纺纱的断裂强度 P_{I} 由下式计算：

$$P_{\text{I}} = \frac{X}{100}P_1 + \frac{100-X}{100}P_{\varepsilon1} \tag{13-7}$$

第二阶段，纤维 1 已经断裂，由纤维 2 单独承担负荷，混纺纱的断裂强度 P_{II} 由下式计算：

$$P_{\text{II}} = \frac{100-X}{100}P_2 \tag{13-8}$$

式中：P_1、P_2 分别为由纤维 1 或纤维 2 纯纺的细纱断裂强度；X 为混纺纱中纤维 1 的含量（按质量%计算）；P_{I} 为第一阶段混纺纱的断裂强度；P_{II} 为第二阶段混纺纱的断裂强度；$P_{\varepsilon1}$ 为第一阶段断裂时纤维 2 承担的负荷。

当两种纤维不同时断裂时，有以下两种情况：

① 当用伸长小的纤维 1 纺成的细纱断裂强度 $P_1 > P_{\varepsilon1}$ 时，若纤维 1 的含量 X 较高，$P_{\text{I}} > P_{\text{II}}$，即随着纤维 1 的断裂，混纺纱也随之断裂；若纤维 1 的含量 X 较低，$P_{\text{I}} < P_{\text{II}}$，纤维 1 断裂后，纤维 2 继续承担外力，直至断裂。混纺纱的断裂强度按公式 P_{I} 构成的 AB 直线变化，如图 13-8 所示。图中可见，在一定范围内，随着断裂强度低的纤维 1 的含量 X 的减少，也就是强度高的组分的增加，混纺纱的强度反而下降。此范围 X 可从 $P_{\text{I}} = P_{\text{II}}$ 求得临界混纺比 X_B（见式13-9）。$X < X_B$ 时，随着其含量 X 的减少，也就是强度高的组分的增加，混纺纱的强度也增加，混纺纱的断裂长度按公式 P_{II} 构成的 BC 直线变化。这就是说，混纺纱的强力有可能出现强度小的纤维的纯纺纱还低的情况。从强度角度来选择混纺比时，应避免曲线最低点。

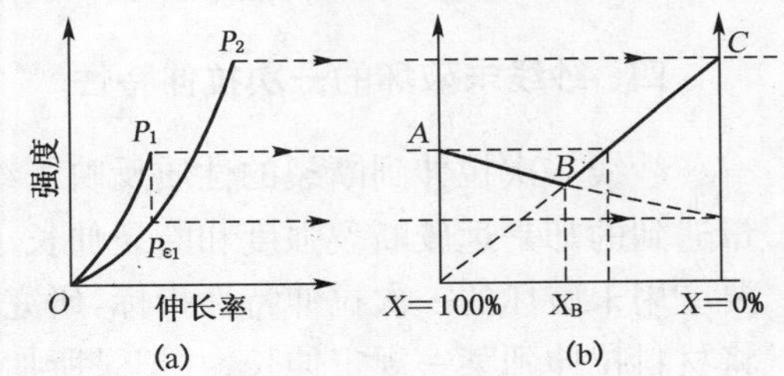

图 13-8　混纺纱的断裂强度与混纺比的关系（$P_1 > P_{\varepsilon1}$）

（a）两种纤维纯纺纱的拉伸曲线

（b）混纺纱的断裂强度与混纺比的关系曲线

$$X_B = 100(P_2 - P_{\varepsilon1})/(P_1 + P_2 - P_{\varepsilon1}) \tag{13-9}$$

棉纤维的强度较高，但其断裂伸长率远比涤纶及锦纶低，当棉与少量这类合成纤维混纺时，P_1 大于 $P_{\varepsilon1}$，故随着混纺纱中棉纤维含量的下降，混纺纱的强度也下降，直到其含量 $X < X_B$ 时混纺纱的强度才逐渐增大。黏胶纤维与少量的涤纶或锦纶混纺时，混纺纱的强度也有类似的情况。

② 当用伸长小的纤维纺成的细纱断裂强度 $P_1 < P_{\varepsilon1}$ 时，则不论强度低的纤维含量 X 是大于或是小于临界混纺比 X_B，混纺纱的断裂强度都是随着强度低的纤维含量 X 的减小而增加。换言

之,在这种情况下随着混纺纱中强度高的纤维含量的增加,混纺纱的断裂强度增大,如图 13-9 所示。

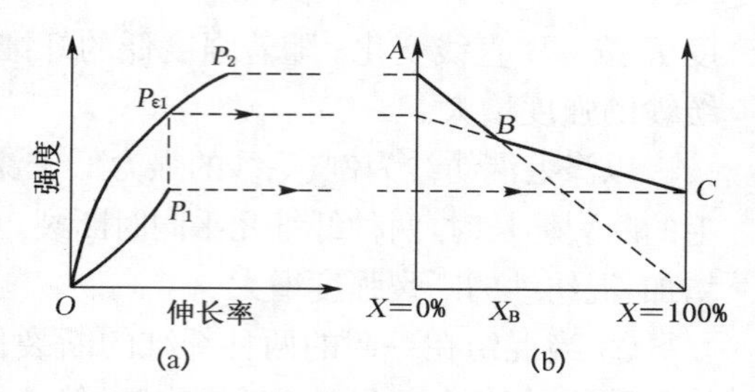

图 13-9 混纺纱的断裂强度与混纺比的关系($P_1 < P_{\varepsilon1}$)

(a) 两种纤维纯纺纱的应力应变曲线

(b) 混纺纱的断裂强度与混纺比的关系曲线

因此,计算混纺纱的断裂强度时需要:①在相同设备与参变数下,纺制同样线密度的纯纺纱,用标准试验方法求出每一种纯纺纱的断裂强度(即 P_1 和 P_2)和断裂伸长率(即 ε_1 和 ε_2);② 求出由伸长较大的纤维纺成的细纱的拉伸曲线,以确定 $P_{\varepsilon1}$;③ 按公式 $P_{\mathrm{I}} = P_{\mathrm{II}}$ 的条件,求出临界混纺比 X_B。如果伸长率较小的纤维含量大于 X_B,可按公式 P_{I} 计算混纺纱的断裂强度;如果伸长率较小的纤维含量小于 X_B,则按公式 P_{II} 计算混纺纱的断裂强度。

至于混纺纱的断裂伸长率,则不像断裂强度那样复杂。就两种纤维混纺纱的断裂伸长率而言,它们一般都位于这两种纤维纯纺纱的断裂伸长率之间,而且比这两种纯纺纱的断裂伸长率的算术平均值略低一些。

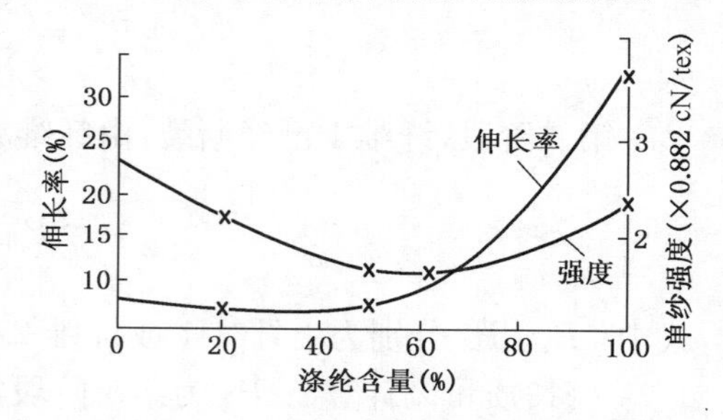

图 13-10 涤棉混纺纱的强伸度特性

涤纶与棉混纺时,混纺纱的强、伸度与混纺比的关系如图 13-10 所示。由图中曲线可以看出,混纺纱的强度在涤纶含量为 50%~60%时达到最低点。当涤纶含量低于 50%时,混纺纱的断裂伸长率基本上无变化;当其含量超过 60%时,断裂伸长率有很大的增加。

四、纱线未破坏的一次拉伸特性

纱线一次拉伸到断裂的性质反映了纱线的耐用性能。然而,在纺织加工和使用过程中大量遇到的却是远较断裂强度和断裂伸长小的负荷和伸长,为此,纺织材料研究实践中,有时还要应用未破坏的一次拉伸特性指标,研究拉伸过程中的应力、应变情况。测定方法有两种:①将材料拉伸到某一规定伸长,并记录所加的负荷,从而计算其应力;②测定在规定负荷或应力下试样的长度。工艺过程中利用这些指标,可以根据一个参数估算其他参数。例如,纱线在卷绕过程中承受的负荷可以根据伸长变形估算出来,而后者又与卷绕速度有关。这种估算有利于合理选用工艺参数。

1. 纱线的纵向弹性模量

高分子材料因结构特点所致,存在三种变形。除了不大的真正弹性变形,大部分的可逆变形是缓慢发展和缓慢消失的变形,此外还同时产生并且大量残存的不可逆变形。若纱线伸长不大(约 1%~2%)且作用的时间很短(几秒钟),则变形的绝大部分为完全可逆变形,其中主要是弹性变形(约 95%)。在这种条件下允许计算弹性模量。这一模量在拉伸的初期测定,通常称作初始模量。为了简化变形和应力间的关系,一般依据胡克定律近似计算初始模量:

$$E_n = P/\varepsilon S \tag{13-10}$$

式中:E_n 为纱线的初始弹性模量(MPa);ε 为纱线的伸长率(%);P 为纱线承受的拉伸负荷(N);S 为纱线的横截面积(mm^2)。

比值 P/ε 通常称作纱线的刚性。

几种纱线的纵向初始弹性模量参数值见表 13-2。

表 13-2　几种纱线的纵向初始弹性模量

纱线种类	线密度(tex)	初始弹性模量($Pa\times10^7$)
普梳棉纱	25	135
湿纺亚麻纱	45	1 950
精梳毛纱	35	170
普通黏胶复丝	9	414
强力黏胶复丝	9	461
锦纶 6 复丝	30	260
涤纶复丝	50	1 000

2. 纱线的完全变形中三种组分

纺织材料加工和使用过程中经受拉伸作用，但很少出现拉断的情况。许多研究表明，纱线的各种生产工序(卷绕、加捻、织造)中所承受的作用力和发生的变形，很少超过断裂负荷的 30%～35%和断裂伸长率的 40%～45%。人们穿着缝制的服装时，织物中纵横(即经纬)两个方向纱线承受的力和产生的变形，很少超过断裂时相应数值的 10%～15%，而对角线方向的伸长也仅达到断裂伸长的 20%～25%。

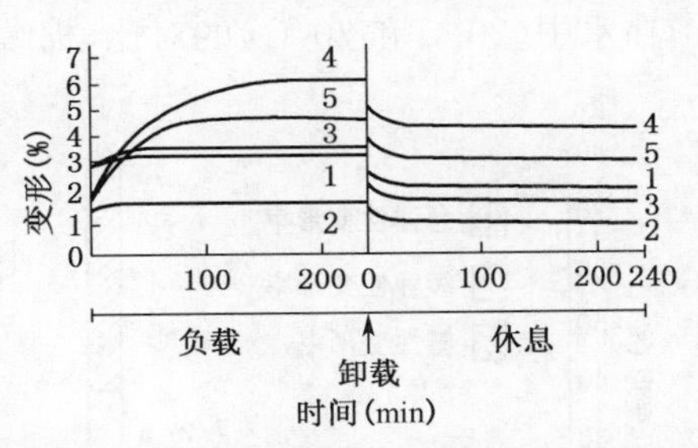

图 13-11　在恒定负荷加载→卸载→休息作用下纱线变形随时间的变化

1—25 tex 棉纱　2—72 tex 干纺亚麻纱
3—42 tex 精梳毛纱　4—88 tex 普通黏胶长丝
5—88 tex 强力黏胶长丝

纺织材料的全部变形可分为可逆变形(急弹性变形和缓弹性变形)和不可逆变形(塑性变形)两部分。其定义与性质已在前文纤维的力学性能章节中叙述。几种纱线拉伸变形组分的典型数据见表 13-3。几种纱线在恒定负荷作用下以及释去负荷以后休息期间的变形随时间而变化的特征如图 13-11 所示。

表 13-3　几种纱线拉伸变形组分的典型数据

纱　线	线密度(tex)	施加负荷终了时完整变形占握持距离的百分比	各种变形组分占完整变形的比例		
			急弹性变形	缓弹性变形	塑性变形
普梳棉纱	25	3.7%	0.22	0.14	0.64
干纺亚麻纱	42	1.8%	0.22	0.11	0.67
精梳毛纱	42	3.7%	0.60	0.22	0.18
生丝	2.5	3.3%	0.30	0.31	0.39
普通黏胶复丝	9	6.4%	0.11	0.19	0.70
强力黏胶复丝	9	4.9%	0.12	0.20	0.68
锦纶 6 复丝	5	6.3%	0.76	0.21	0.03
涤纶废纺纱	36	10%	0.29	0.22	0.49
锦纶 6 弹力丝	25	210%	0.79	0.05	0.16

测试条件：负荷—0.25×断裂负荷；周期—负荷 4 h，卸负荷第一个读数 3 s，休息 4 h；温度 20 ℃，相对湿度 65%。

由表及图可知，急弹性变形率的绝对值最大的是羊毛、锦纶 6、涤纶制成的纱线。亚麻纱的急弹性变形较高，但它的完全变形率却相当小，因此弹性变形率的绝对值不大，小于其他纤维纱线如棉纱、黏胶纱等。纱线与其中的纤维相比，弹性较低，塑性较高，因为纱线中纤维的滑移产生了不可逆变形。

为了全面评定纱线的品质，最好是既要观察应力在规定条件下的衰减，又要绘制变形随时间而变化的曲线。恒定负荷值可选择断裂负荷的 10%，25%，50%或等于断裂负荷。超过断裂负荷 50%时，达到平衡需要的时间很长，由于试样截面不匀，经常会被拉断，分析恒定负荷(断裂负荷的 10%～50%)下变形量的变化表明，随着负荷的增大，各种纱线完整变形的增长不尽相同，例如亚麻纱增长缓慢而黏胶长丝增长迅速。各种相对拉伸变形与负荷的关系是，快速可逆变形与负荷值的变化接近正比；缓慢可回复变形在大多数情况下变化缓慢；塑性变形与纤维和纱线的结构有关。随着负荷的增大，完整变形中急弹性变形的比例减少，剩余变形的比例增大。

介质作用和温度变化对于纱线的完整变形 ε(对夹持长度的百分比)和各种变形组分的影响很大。图 13-12 表示棉纱、毛纱和涤纶纱的完整变形及其三种变形组分在空气中(20 ℃)、在水中(20 ℃和 70 ℃)的对比，棉纱、涤纶纱的伸长增大约 1 倍时，粗梳毛纱增大约 10 倍。

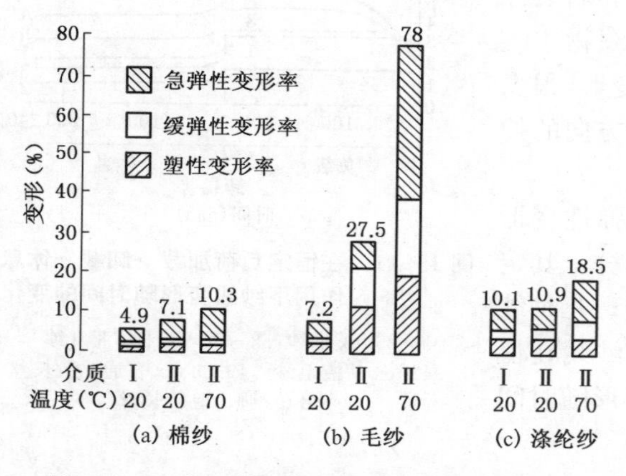

图 13-12 在不同介质中纱线变形组分的变化

Ⅰ—空气介质(20 ℃) Ⅱ—水介质(20 ℃和 70 ℃)

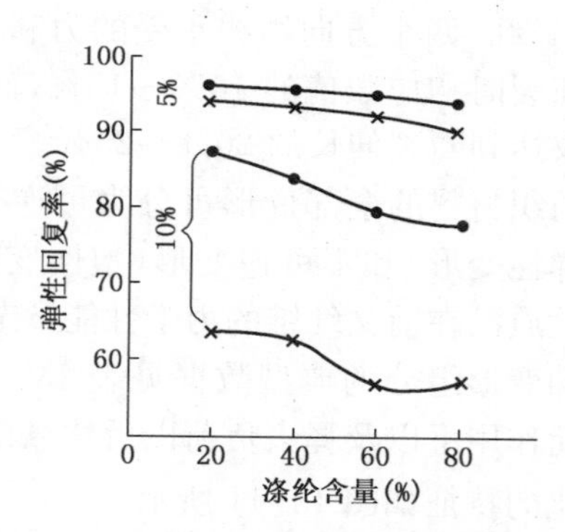

图 13-13 涤/毛混纺纱弹性回复性与混纺的关系

●—●总回复率 ×—×瞬时回复率

3. 纱线的弹性

纱线的弹性除与纤维的弹性有关外，还与纱线的结构和混纺比有关。结构良好紧密的纱线弹性好；结构松散不佳的弹性差。

混纺纱的弹性，与混纺纤维组分及其含量有关。例如涤/毛混纺纱的弹性，随涤纶含量的增加及伸长率的增大而下降，如图 13-13 所示。当伸长率为 5%时，不同混纺比的混纺纱的弹性回复值，只随涤纶含量的增加而作极小幅度的下降。这是因为涤纶在伸长率较小的场合下具有同羊毛相近的良好的弹性回复性，在伸长率更小的场合下甚至超过弹性良好的羊毛。在伸长率为 10%时，混纺纱的弹性回复性急剧下降，且急弹性回复与总弹性回复的差异加大，但总弹性回复仍比较高，特别是涤纶含量在 20%范围内时。尽管涤纶混入会降低毛纱的可回复性伸长值，有损于毛纱的特性，但是混纺毛纱的抗变形能力随之提高，要使混纺毛纱产生一定程度的变形，需要用比纯纺毛纱更大的外力。因此用涤/毛混纺纱（涤纶含量40%～60%）制成的织物，仍能较长期地保持挺括、不易起皱的特点。

五、纱线的多次拉伸循环特性

多次拉伸试验方法能更好地反映纱线在多次受力条件下结构的变化，尤其适用于加工和使用过程中承受这种外力作用的纱线。例如，织造时织机上的经纱承受几千次有时甚至几万次频率为3～4 Hz或者更大的拉伸循环作用；织物穿着使用过程中将承受几百万次频率低于1 Hz的拉伸循环作用；汽车运行时轮胎帘子线承受频率为几十有时超过100 Hz的拉伸循环；缝制服装的缝纫线、人在各种活动中穿着的各种缝纫制品、在海浪作用下的渔具以及其他许多纺织材料都会受到不同频率的多次拉伸作用。

多次拉伸过程中，与纤维结构的变化相似，大多数纱线结构的变化亦可分为三个阶段：第一阶段通常发生在几十次至几百次拉伸循环内，纱线中加捻抱合作用不足的区域，纤维或单丝的配置发生变化，纱线结构仅出现一些微弱的损伤，没有引起机械性能的显著变化；第二阶段，结构缺陷的发展以及由缓慢回复的缓弹性变形和塑性变形组成的不可逆变形积累十分缓慢，只有经过很多次循环后才出现一定量的不可逆变形；第三阶段，纱线结构以比较快的速度破坏瓦解，结构缺陷的位置可能出现应力集中，于是主裂缝增大，塑性变形迅速增长，纱线中纤维本身移动或者断裂。加捻较少、结构不良等的纱线则例外。如果纱线结构不良或者结构良好但拉伸作用产生的变形较大，则可能不经历第二阶段，而立即出现第三阶段，如果作用力非常大，经过若干次拉伸后便被破坏，而不存在结构逐渐瓦解的衰竭过程。在多次拉伸作用下，不同结构纱线的剩余变形特点，如图13-14所示。这种疲劳变形称作剩余循环变形。

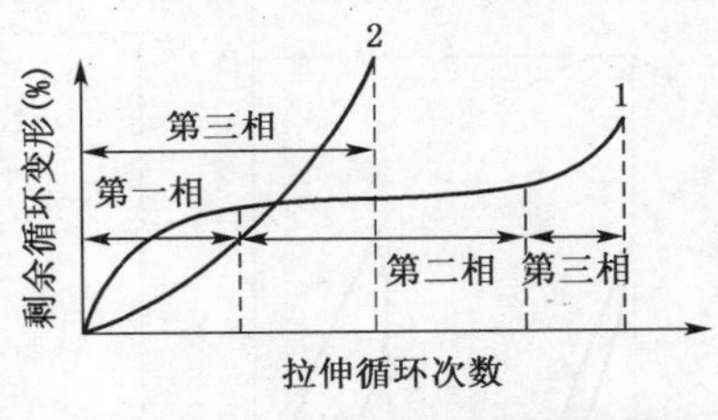

图13-14　不同结构纱线的剩余变形增长状况

1—结构良好的纱线　2—结构不良的纱线

多次拉伸循环的特性指标，可采用各种方法进行测试。根据纱线承受多次重复作用的方式和所用仪器的不同，测试方法可以分类如下：

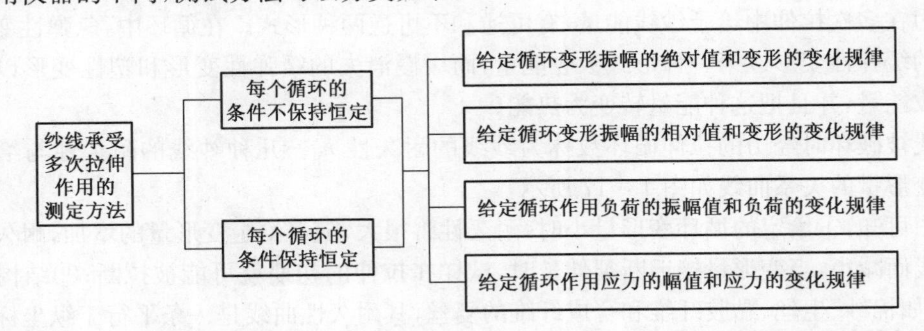

选择测定方法时，不仅要考虑与材料实际应用状态相似，还要兼顾其他条件：如仪器结构简单、工作准确可靠、整个试样始终保留在试验区域等。

为了测试纱线多次拉伸的特性指标，通常以正弦曲线表示加载↔卸载，取消了完整循环中的第三项——休息。图13-15表示$N_m=32/2$公支精梳毛纱的重复拉伸图，负荷限度相当于断裂强力的60%，并记下断裂瞬间的反复负荷次数。随着每一循环剩余变性的积累，每一循环的拉伸曲线逐步左移，每一循环的曲线越来越瘦越靠近，直到最后纱线内部结构的破坏积累到承受不住这种拉伸力时纱线即被拉断。

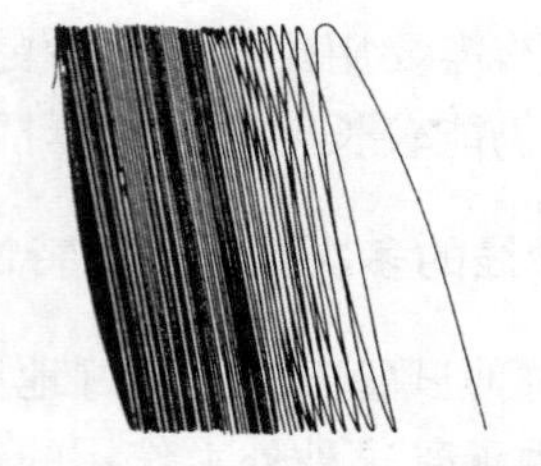

图 13-15 32/2 公支精梳毛纱的疲劳试验图（负荷幅值一定并按正弦规律变化）

图 13-16 表示两种不同负荷限度下第一次和最后一次的负荷图。其中：(a)为负荷限度 $P=0.65P_b$ 时的情况，第一次负荷周期总伸长率为 3.6%，弹性伸长率为 3.1%，不可逆伸长率为 0.5%，毛纱能承受的拉伸循环次数为 38 次，不可逆伸长率增加到 7.1%；(b)为负荷限度 $P=0.26P_b$ 时的情况，第一次负荷周期总伸长率为 1.8%，弹性伸长为 1.6%，不可逆伸长率为 0.2%，毛纱能承受的拉伸循环次数 1111 次，不可逆伸长率增加到 8.6%。无论在 $0.65P_b$ 或 $0.26P_b$ 的负荷限度下，它们的总伸长率均为 10.2%。

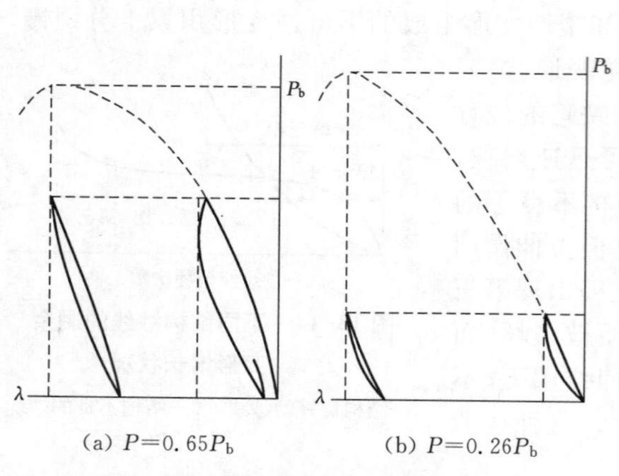

图 13-16 第一次和末次负荷图（P_b 为该毛纱的断裂强力）

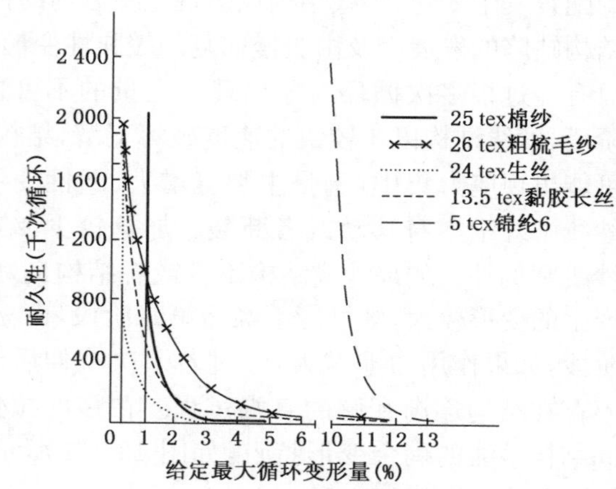

图 13-17 耐久性与给定的最大循环变形量的关系

外力在多次拉伸中给予纱线能量，有可逆和不可逆两种形式。在循环中，急弹性变形和快速消失的缓弹性变形以第一种形式吸收能量，而缓慢消失的缓弹性变形和塑性变形以第二种形式吸收能量，并且把这种能量转变为热能。

纱线被破坏时经历的拉伸循环数称为纱线的耐久性 n_p。几种纱线的耐久性与给定的最大循环变形量的关系曲线如图 13-17 所示。

由图可知：①给定的循环变形量小时，耐久性将很大，随着给定变形量的增加，耐久性近似按双曲线而减小，当变形量接近断裂伸长时，试样在拉伸的初期就可能被拉断；②结构良好的纱线，例如棉纱、生丝、黏胶纤维和合成纤维的复丝，其耐久性曲线是一条平行于纵坐标轴的某一直线的渐近线，这意味着，如果给定的变形不超过这条直线与纵坐标轴之间的距离，则纱线的耐久性很高，可达到数万、数十万甚至数百万个循环，这种经历相当大的循环次数而不被破坏的最大变形量就称作该纱线的耐久性极限(ε_n)；③结构不良的纱线，例如粗梳毛纱，不存在耐久性极限，这类纱线的耐久性曲线与纵坐标轴不成渐近线，而是一条与之相交的曲线；④某些纱线如图中的棉纱和黏胶长丝，在给定变形较小的条件下其耐久性超过另一些纱线，变形较大时则不及这些纱线。

表 13-4 中列举了几种纤维和纱线多次拉伸循环的特性指标。这些数据是在标准大气条件下测定的，循环频率为 3～6 Hz，静止负荷为断裂负荷的 5%～10%。

表 13-4　几种纤维和纱线多次拉伸循环的特性指标

纤维或纱线	线密度(tex)	给定的循环变形量占试样长度的(%)	耐久性极限占试样长度的(%)	耐久性(断裂时的循环次数)
棉纤维	0.2	0.6	0.5	5×10^3
棉纱	25	0.8	0.6～0.8	4×10^3
亚麻纱	70	0.8	0.5～0.7	4×10^3
精梳毛纱	85	3	—	3×10^3
粗梳毛纱	250	1	1	1×10^3
黏胶复丝	13	0.8	0.6～0.8	1×10^2
锦纶 6 复丝	29	7	6.5～7	2×10^5

用最常用的纱线，例如棉纱、黏胶纤维纱、黏胶复丝织造平纹织物时，在可比条件下，对经纱的断裂负荷与断头率之间、耐久性与断头率之间进行了研究，结果如表 13-5 所列。表中数据说明，织造时纱线的断头率与耐久性之间具有很高的负相关性，断头率与断裂负荷的相关性则较小。结构不良的纱线，如粗梳毛纱，其断头率与剩余循环变形成负相关。

表 13-5　织造中经纱断头率和机械性能指标的对比

纱　线	每米经纱的平均断头率	平均断头负荷(cN)	平均耐久性(循环次数)	平均数与断头率的相关系数	
				断裂负荷	耐久性
18.4 tex 普梳棉纱	0.37	219	1 384	−0.75	−0.9
20 tex 精梳黏胶纤维纱	0.11	246	5 485	−0.36	−0.87
20 tex 普梳棉纱	0.1	236	1 033	−0.44	−0.89

注：各情况下剩余循环变形均为 1%。

棉纱线的耐久性极限参数值如下：无浆单纱 0.75%以下，轻浆单纱 0.75%～1%，上浆良好的单纱 1%～1.5%，无浆双股线 1.5%～2%，有浆双股线 2%以上。

第二节　纱线的弯曲、扭转和压缩特性

一、纱线的弯曲特性

纱线抗弯曲作用的能力较小，具有非常突出的柔顺性。实际上，纱线极少发生一次弯曲破坏。

1. 纱线一次弯曲特性指标及其测定

纱线的抗弯刚度可用来表征纱线抵抗弯曲变形的能力，按材料力学可定义如下：

$$R_y = EI \tag{13-11}$$

式中：E 为纱线的弯曲弹性模量（cN/cm^2）；I 为纱线的断面惯性矩（cm^4）；R_y 为纱线的抗弯刚度（$cN \cdot cm^2$）。

纱线的抗弯刚度与纤维的抗弯刚度和纤维的线密度有一定的关系。在纱线纤度既定的条件下，改变纱线抗弯刚度的途径是调整所含纤维根数，纤维根数越多，纤维越细，则纤维的抗弯刚度越低；反之亦然。

纱线弯曲刚度可采用如图 13-18 所示的心形法测试。将长度为 $2L$ 的纱线圈成心形并夹持在夹头中，测得线圈在夹持点上端至下端的最大距离 l，由下式计算纱线的抗弯刚度 R_y：

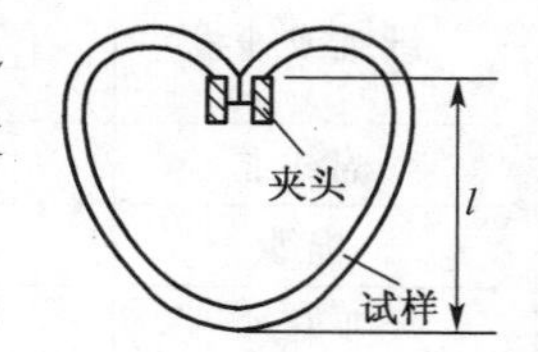

图 13-18 心形法

$$R_y = \mu \rho L^3 \quad (13-12)$$

式中：ρ 为单位长度纱线的自身质量。

μ 值可以由测得的 l 值按式(13-13)求得 c 后再用式(13-14)求出。

$$l = L(1/2 + 6c/5) \quad (13-13)$$

$$0.222c^4 + 0.260c^3 + 0.0322c^2 + (\pi\mu + 0.0817)c + (2\mu/3 - 0.01693) = 0 \quad (13-14)$$

弯曲性能是拉伸和压缩两种性质的复合反映。纱线在弯曲过程中会引起内应力和变形。它在各部位的变形是不同的，在中性面以上部位受到拉伸，在中性面以下部位受到压缩。当弯曲曲率越大即曲率半径越小时，各层变形差异也越大。弯曲时纱线外层伸长达到断裂伸长率 ε_p 时，由纤维弯曲变形一节可推知，纱线出现弯曲破坏时圆柱体半径 ρ_c 与纱线直径 d 之间的关系为：

$$\rho_c \leqslant d(1/\varepsilon_p - 1)/2 \quad (13-15)$$

式中：ε_p 为纱线的断裂伸长率(%)；d 为纱线的截面直径(mm)；ρ_c 为圆柱体的半径(mm)。

依据上式，25 tex 棉纱出现破坏的曲率半径约 1 mm。但纱中纤维之间摩擦力产生的握持作用并不十分紧密，外力较大时纤维之间纵向将有位移，因此，出现破坏的危险半径还要小。

通常情况下，纱线互相勾接或打结的地方，最容易产生弯断。这时，弯曲曲率半径基本上等于纱线厚度（直径）的一半。针织物线圈中互相勾接承受拉伸，也属于这种状态。为了反映这方面的性能，许多纱线要进行勾接强度和结节强度试验。试验仍在拉伸强度试验机上进行，如图13-19 所示。设勾接绝对强度为 P_g(cN)，当纱线细度为 N_{den} 或 N_{tex} 时，则勾接相对强度 P_{0g} 为：

$$P_{0g} = P_g/2N_{den}\ (cN/den) = P_g/2N_{tex}\ (cN/tex) \quad (13-16)$$

有时用勾接绝对强度 P_g（或勾接相对强度 P_{0g}）占拉伸绝对强度 P（或拉伸相对强度 P_0）的百分数——勾接强度率 K_g(%)来表示勾接强度：

$$K_g(\%) = \frac{P_g}{2P} \times 100 = \frac{P_{0g}}{P_0} \times 100 \quad (13-17)$$

结节强度也有这些相应的关系：

$$P_{0j} = P_j/N_{den}\ (cN/den) = P_j/N_{tex} (cN/tex) \quad (13-18)$$

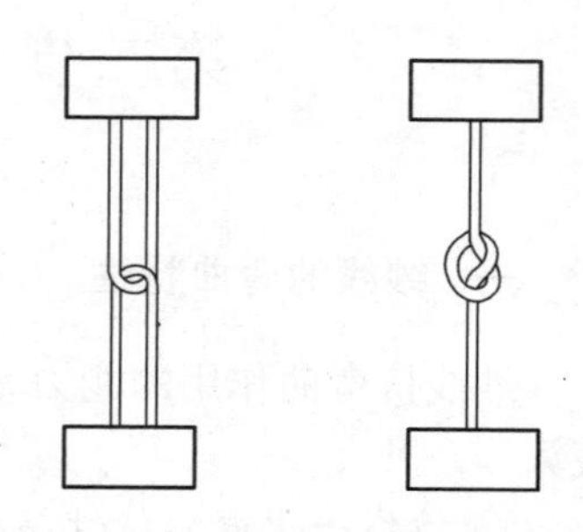

(a) 勾接强度试验　(b) 结节强度试验

图 13-19 勾接强度、结节强度试验

$$K_j(\%)=\frac{P_j}{P}\times 100=\frac{P_{0j}}{P_0}\times 100 \tag{13-19}$$

根据以上分析，一般情况下，勾接强度和结节强度较拉伸断裂强度小，勾接强度率和结节强度率最高达到100%。主要原因是纤维在勾接和打结处弯曲，当纱线拉伸力尚未达到拉伸断裂强度时，弯曲外边缘纤维的伸长率已超过断裂伸长率而使纤维受弯折断。但是，某些纱线由于结构较松，纤维断裂伸长率较大，在勾接或打结后，反而增强了纱线内纤维之间的抱合，减少了滑脱根数，故纱线的勾接强度和结节强度也可能大于100%。

折皱性是纱线保持变形状态，即弯曲部位附近的片段形成一定的角度配置的能力。折皱现象是纱线弯曲剩余变形造成的，包括缓慢消失的缓弹性变形和塑性变形。

测定纱线折皱性的步骤如下：①取50 m长的纱线有规则地缠绕在平滑的硬纸板上，中等粗细的纱线需施加0.5 N的恒定张力；②将缠绕了纱线的硬纸板放置在两块玻璃板之间，施压若干小时(如6 h)；③去除压力，将纱线沿纸板一边切断后，休息若干小时(如24 h)；④用镊子小心地从纸板上取下纱线，利用量角器测定弯曲处纱线间夹角。

几种纱线的折皱性测试结果见表13-6。其中，毛纱的测得角度最大，说明完整变形中急弹性变形和缓弹性变形组分最多，折皱性最小。由少量单丝构成的黏胶纤维复丝的折皱性很大，测得的角度很小。

表13-6　几种纱线的折皱性

纱线种类	线密度(tex)	单丝根数	折皱角(°)		
			平均值	最小值	最大值
精梳棉纱	14	—	53	47	59
毛　纱	14×2	—	118	112	124
黏胶复丝	16.5	90	62	53	71
黏胶复丝	16.5	40	40	32	58
醋酯复丝	16.5	60	67	64	70

2. 纱线多次弯曲特性指标及其测定

纱线在实际加工和使用中，经常发生多次弯曲循环变形，并因此引起疲劳。这种破坏作用往往产生在实际发生弯曲变形的小范围中，而且多次弯曲变形多为正负交替(振动)变形，疲劳现象发展得比较迅速。

多次弯曲作用通常采用下列三种方法进行试验：

① 单面成圈弯曲，无拉伸作用。如图13-20(a)所示，试样1被固定夹持器2和活动夹持器3握持。活动夹持器3在水平方向往复运动，时而接近夹持器2(达到3′位置)，时而远离夹持器2，试样承受单方面圈形弯曲作用，夹持器附近的微小双面弯曲作用可以忽略。测试频率为10～50 Hz。

② 双面弯曲，有拉伸作用。如图13-20(b)所示，试样被上、下夹持器1、2握持。下夹持器2同支架3相连，支架下面挂着重锤4，使试样承受一定的拉伸作用。在测试过程中，夹持器2使试样得到一个拉伸静负荷。仪器开动后，上夹持器1以某一适当的角度α(一般为10°～90°)向左右摆动，弯曲循环频率为1～2 Hz。转数计数器记下双面弯曲的次数(系正负交变弯曲作用)，上夹持器1唇部为半径r的圆弧。

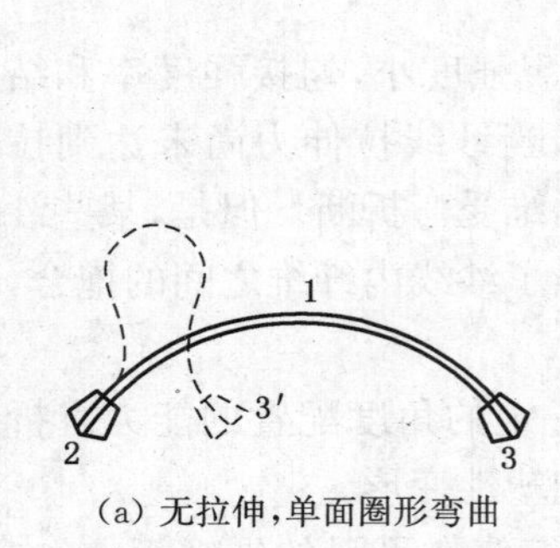

(a) 无拉伸，单面圈形弯曲

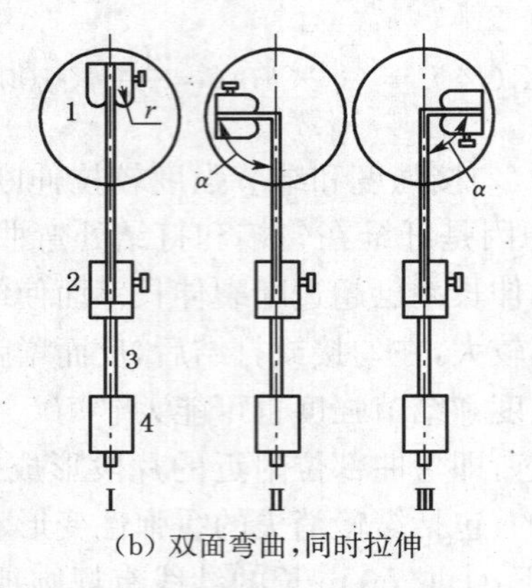

(b) 双面弯曲，同时拉伸

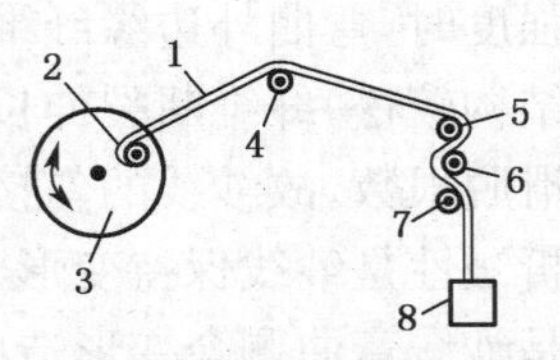

(c) 双面弯曲，同时拉伸和磨损

图 13-20　多次弯曲变形试验方法

③ 双面弯曲，有拉伸作用和磨损作用。如图 13-20(c)所示，试样 1 的一端固定在夹持器 2 上，该夹持器插在转盘 3 上，可自由转动。试样 1 通过导辊 4 以及转子 5，6，7 后，另一端挂重锤 8，以产生拉伸作用。圆盘 3 旋转时，纱线弯曲，同时与辊 5，6，7 摩擦。试验一直继续到纱线断裂为止。

多次弯曲循环的特性指标通常用耐久性(即双面弯曲达到破坏时的循环次数)来表示。几种纱线双面弯曲的耐久性见表 13-7。

表 13-7　几种纱线多次双面弯曲的耐久性

纱线种类	线密度(tex)	耐久性(双面弯曲循环次数)	纱线种类	线密度(tex)	耐久性(双面弯曲循环次数)
普梳棉纱	25	3 793	黏胶复丝	13	1 183
干纺亚麻纱	68	336	黏胶短纤维纱	25	1 273
精梳毛纱	42	20 610	锦纶 6 复丝	5	大于 50 000

注：试验条件——拉伸负荷为断裂负荷的 30%，弯曲角±15°，弯曲半径 0.5 mm。

棉纱和黏胶纤维纱的测试结果表明，试验的拉伸力从断裂负荷的 20%增加到 30%，纱线的弯曲耐久性下降 50%。弯曲角度 α 从 2°增加至 15°时，纱线的弯曲耐久性下降 30%或者更多。弯曲部位的半径 r 对测量结果也有显著影响。

二、纱线的扭转特性

纱线在垂直于其轴线的平面内受到外力矩的作用时就产生扭转变形和剪切应力。纱线的加捻就是扭转。

1. 纱线扭转强度特性指标

扭转强度特性指标通常以具有初始捻度 T_0(捻/10 cm)的纱线，再同向加捻到断裂时单位长度附加的捻回数 T 表示。据测试，各种纤维制成的 18 tex 纱线，$T_0=50\sim55$ 捻/10 cm，其附加捻回数分别为：棉纱 1 824 捻/m，黏胶短纤维纱1 691捻/m，普通黏胶长丝 1 921 捻/m，强力黏胶长丝 1 288 捻/m。

描述纱线加捻过程的另一特性指标是扭矩：

$$M_t = 2\pi R_t T \tag{13-20}$$

式中：M_t 为给纱线施加的扭矩(cN·cm)；R_t 为纱线的抗扭刚度(相当于 1 cm 长的纱线上产生一弧度扭转变形角时的扭矩值)；T 为捻度(捻/cm)。

纱线的扭转刚度越大，表示抵抗扭转变形的能力越大，加捻越困难；反之亦然。抗扭刚度 R_t 取决于试样的剪切弹性模量 G(cN/cm²)和截面的极断面惯性矩 I_p(cm⁴)。它们的关系是：

$$R_t = GI_p = \pi r^4 \eta_t G/2 \tag{13-21}$$

式中：r 为将实际截面积折换成正圆形时的半径(cm)；η_t 为截面形状系数(它等于实际断面的极断面惯性矩与圆形断面的极断面惯性矩之比)。

2. 测试纱线扭矩的方法及试验结果分析

测试纱线扭矩的方法，如图 13-21 所示。弹性钢丝 1 一端固定，另一端与指针 2 相连，3 为固定刻度盘，4 为支架，5 为阻尼器，6 为握持纱线的小钩，另一个小钩 8 同垫圈 10 相连接，该垫圈可以拆卸，并且有小孔以便同圆盘 11 上的定位销 9 相配合，当轮子 14 转动时，通过柔性轴 12 使圆盘 11 转动，转数由计数器 13 记录。测定时，用小钩 6 和 8 握持纱线试样 7。为此，须将小钩 8 连同垫圈 10 取出，握持试样后，重新装上。转动轮子 14，使试样得到必要的捻度。传递给纱线试样的扭矩越大，钢丝 1 转动的角度越大，刻度盘 3 上的指针 2 可指出这一读数。阻尼器 5 中的油剂能够消除支架 4 产生的振动。

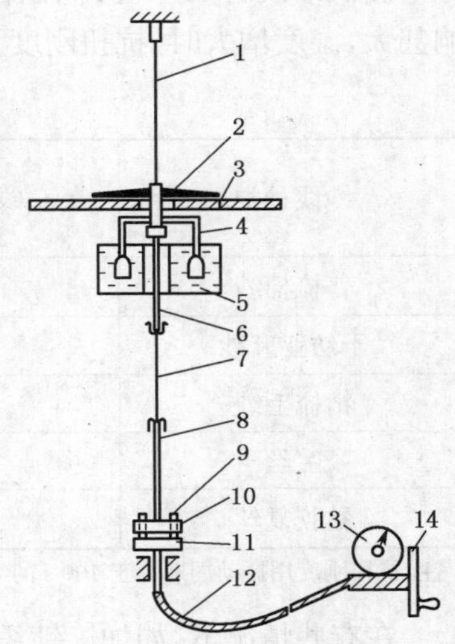

图 13-21　扭矩测定仪

几种纱线捻度与扭矩的关系曲线如图 13-22 所示。由图可知，纱线越粗，急弹性变形组分越大，则扭矩越明显。

扭转产生的剪切变形也包括急弹性变形、缓弹性变形和塑性变形三个组分。其中前两种组分是可逆的，使加捻的纱线具有解捻扭矩，产生解捻趋势。例如 10 tex 的生丝加捻 500 捻/m 时，退捻扭矩为 1.5×10^{-4} N·cm；2 000 捻/m 时为 4.0×10^{-4} N·cm；3 000 捻/m 时为 1.29×10^{-3} N·cm。而线密度与之相近的黏胶长丝加捻 2 000 捻/m 时，退捻扭矩为 2.6×10^{-4} N·cm。这是由于生丝具有较多的可逆变形组分，所以在相同加捻条件下退捻扭矩较大。

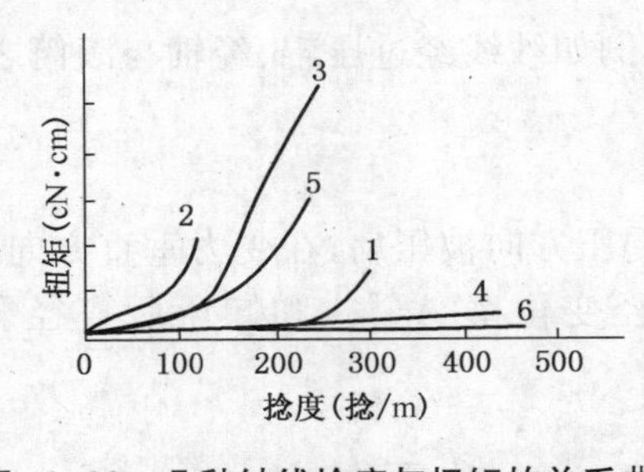

图 13-22　几种纱线捻度与扭矩的关系曲线

1—36 tex 棉纱　2—100 tex 亚麻纱　3—110 tex 精梳毛纱
4—22 tex 黏胶复丝　5—29 tex 锦纶复丝　6—22 tex 氯纶

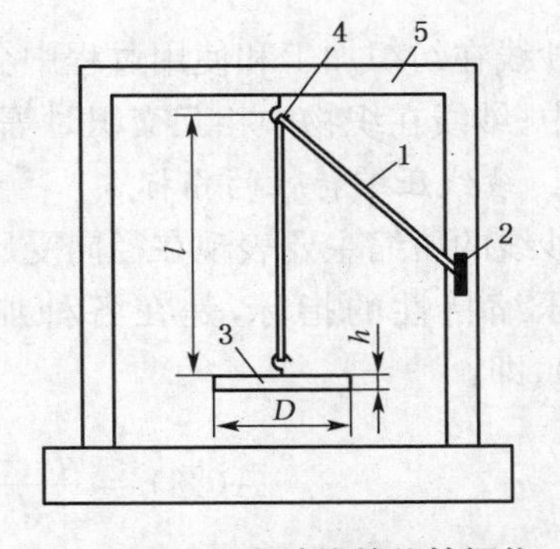

图 13-23　测定纱线的旋转摆仪

3. 测试纱线抗扭刚度的方法及试验结果分析

测试纱线抗扭刚度的方法，如图 13-23 所示。纱线 1 一端固定在夹持器 2 处，中部通过固定在门型支架5横梁上的钩子4，另一端挂在轻质盘3的钩子上。这一轻质圆盘便是旋转摆。在纱线的可逆变形组分作用下，旋转摆开始逆加捻方向旋转解捻，而后反复地加捻—解捻旋转，捻度逐渐减少。用秒表测出第二解捻周期持续的时间，用下式计算纱线的抗扭刚度：

$$R_t = GI_p = K/t^2 \tag{13-22}$$

式中：$K = 0.4\pi^2 lD^4 h\gamma/g$[其中 g 为重力加速度，D 为圆盘直径(63 cm)，h 为圆盘厚度，γ 为圆盘物质密度，l 为摆长(15 cm)]。

测试纱线时 $K = 72$。几种纱线的抗扭刚度列于表13-8中。纱线的抗扭刚度受湿度的影响甚大，湿度增大时，抗扭刚度显著降低。

表13-8　几种纱线的抗扭刚度

纱线种类	线密度(tex)	抗扭刚度	
		$g \cdot cm^2 \times 10^{-8}$	假定单位
普梳棉纱	25	2.27	3.15
干纺亚麻纱	72	12.4	7.22
精梳毛纱	42	6.42	8.25
生丝	2.5	0.05	0.75
黏胶复丝	9	0.07	0.99

注：抗扭刚度用振动周期等于100 s的纱线抗扭刚度作为假定单位，则 $R_t = 10\,000/t^2$。

在有些情况下，如加工针织产品时，力求纱线解捻扭矩为零或较小，以期达到平衡状态。因为这种纱线加工时不会产生纱辫而且断头较少。与此相反，在另一些情况下，如加工绉纱时，则希望具有较大的解捻扭矩。绉纱的解捻趋势，能够在织物表面产生波纹效应。

使纱线扭矩趋于平衡的方法，一是通过捻线的二次加捻捻向与一次加捻捻向相反，则扭矩可能平衡，以制成扭矩平衡的纱线；另一种方法是湿热处理，加速缓弹性变形的松弛过程，使纤维分子达到平衡状态，扭矩大大减少，以使纱线得到定捻。

三、纱线的压缩特性

纱线在纺织加工和使用过程中会受到压缩，例如纱线经过压辊、经轴与滚筒之间；纱线在卷装中；纱线在织物中相互交织时等等。

1. 纱线压缩特性的指标

纱线的压缩主要表现在径向受压。纱线在受压方向被压扁，在受力垂直方向变宽。纱线径向压缩特性的指标，是在各种加压下的直径变化率 $A(\%)$ 和卸压后直径剩余变形率 $B(\%)$，即：

$$A(\%) = \frac{d_0 - d}{d_0} \times 100, \; B(\%) = \frac{d_0 - d_n}{d_0} \times 100 \tag{13-23}$$

式中：d_0 为纱线的原始直径；d 为压缩后直径；d_n 为压缩回复后直径。

2. 单根纱线径向压缩特性的测试

单根纱线的径向压缩特性的测试方法：在100 Pa压力下测定其初始面积，再对纱线施加压力，测定其截面积。测得数据如图 13-24 所示，其截面积的变形 ε 随着负荷 P 的增大而增大，开始时增加迅速，之后逐渐平稳。在压缩量相同的情况下，施加在结构紧密的单根纤维上的压力较施加在结构蓬松的纱线上的压力大得多。例如，施加在羊毛纤维上的压力较毛纱上的大 8 倍。

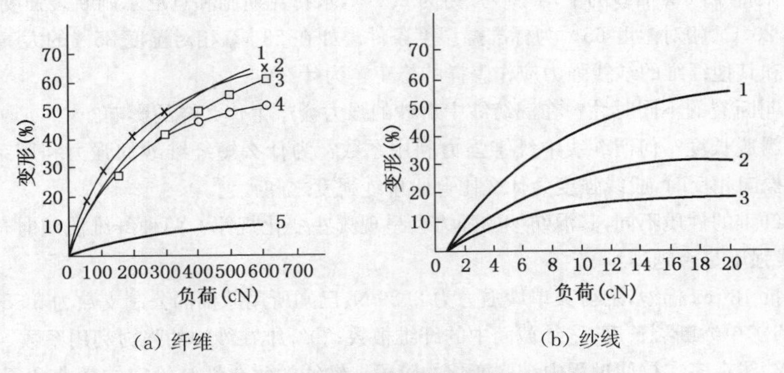

图 13-24　纱线横截面变形与负荷的关系

3. 机织物内纱线的截面形态

机织物内纱线的截面形态，受到纤维原料、织物组织、织物密度等因素的影响，因此在讨论织物几何结构概念时，应充分考虑纱线在织物内被压扁的实际情况。不同学者提出的纱线截面形态模型如图 13-25 所示。

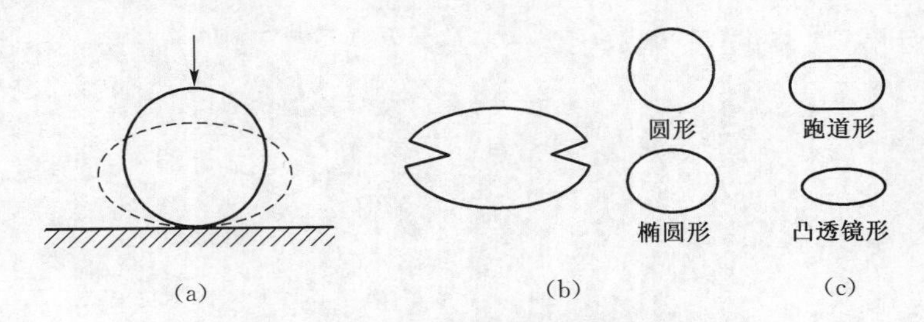

图 13-25　机织物中纱线截面形态模型

采用椭圆形截面时，纱线的压扁系数按下式计算：

$$\eta = d'/d \tag{13-24}$$

式中：d 为纱线的计算直径(mm)；d' 为纱线在织物切面图上垂直布面方向的直径(mm)。

η 的大小与织物组织、密度、纱线原料、成纱结构、织造参数等因素有关，一般为 0.8 左右。

采用跑道形截面时，其长短径分别为：

$$d_L = \lambda_L d,\ d_s = \lambda_s d \tag{13-25}$$

式中：d 为纱线的计算直径(mm)；d_L 为跑道形的长径(mm)；d_s 为跑道形的短径(mm)；λ_L 为纱线的延宽系数；λ_s 为纱线的压扁系数。

根据府绸织物切片测定，府绸织物经纱的延宽系数为 1.19，压扁系数为 0.71；纬纱的延宽系数为 1.18，压扁系数为 0.81。

思 考 题

13-1　试述长丝纱和短纤维纱的拉伸断裂机理，分析影响短纤维纱一次拉伸断裂特性指标的因素。

13-2　测得某批 19 tex 棉纱的平均单纱强力为 2.7 N，求特克斯制和旦尼尔制断裂强度和断裂长度。

13-3　温度 20 ℃、相对湿度 65%为标准温湿度条件。如在 23 ℃、相对湿度 85%的大气条件下测试纱线的强力，对棉、麻和其他纤维的纱线强力应作怎样的修正？为什么？

13-4　什么叫断裂的不同时性？在混纺纱中对纱的强力会产生什么样的影响？

13-5　何谓滑脱长度？何谓纱线中纤维强力利用系数？为什么短纤维纱的强力利用系数低于长丝纱？股线捻向与单纱捻向相反时，股线强度为什么比合股单纱强度之和大？

13-6　混纺纤维的性质不同，其混纺纱的强力会呈现哪些变化规律？两种纤维混纺时，断裂强度高的组分含量越多，纱线强度是否越高？

13-7　有一批 18 tex 棉纱，测得其单纱强力为 2.39 N，已知所用原棉的公制支数为 6 380，平均单纤维强力为 5.45 cN，求：①单纱断裂长度；②纱截面中的纤维根数；③纤维在纱中的强力利用系数。

13-8　试述纱线在多次拉伸过程中结构变化的阶段。纱线的耐久性与给定的最大循环变形量之间有何关系？耐久性与织造时纱线的断头率之间有何相关？

13-9　何谓纱线的折皱性和弯曲特性？如何测定纱线的折皱性？如何测定纱线的弯曲特性？

13-10　如何使纱线扭矩趋于平衡？加工针织品和加工绉纱时对纱线的解捻扭矩有何不同要求？

13-11　如何表征纱线径向受压的压缩特性？

13-12　为什么一般纤维的打结强度低于拉伸强度？

第十四章　纱线的毛羽和损耗性

本章要点

阐述纱线毛羽的形态、形成和特征指标，纱线损耗性的类型、主要影响因素及评定标准，介绍纱线毛羽、纱线耐磨性的测试方法，并做出有关分析。

第一节　纱线的毛羽

纱线的毛羽(hair)是指伸出纱线主干部分的纤维，是短纤维纱线品质的重要参考指标。

毛羽对纱线和织物的外观、手感、舒适性等有很大影响。多数情况下，纱线毛羽会对织物的透气、抗起毛起球、外观、织纹清晰和表面光滑等带来消极的影响。毛羽多的纱线，还降低纱线中纤维强力的有效利用与成纱强度，使纱线耐磨性变差。在机织过程中会造成开口不清，针织过程中会造成摩擦过大等弊病，给织造工程带来困难。但纱线毛羽也有积极的一面，如防风、保暖、柔软、吸水等。

一、毛羽的形态和形成

毛羽的形态错综复杂，千变万化。伸出纱线的毛羽可以有线状的(纤维头端)、圈状的(纤维圈)、簇状的(纤维集合体)，各纤维伸出有长短的不同及形态的不同，而且毛羽在纱线上呈空间分布，如图14-1，(a)为纱线纵向投影，(b)为纱线断面投影。图中，1与2是线状(头端)，3是桥圈(即纤维两端被握持在纱中)，4是圈状(纤维端呈卷曲状，也称假圈毛羽)，5是簇状。

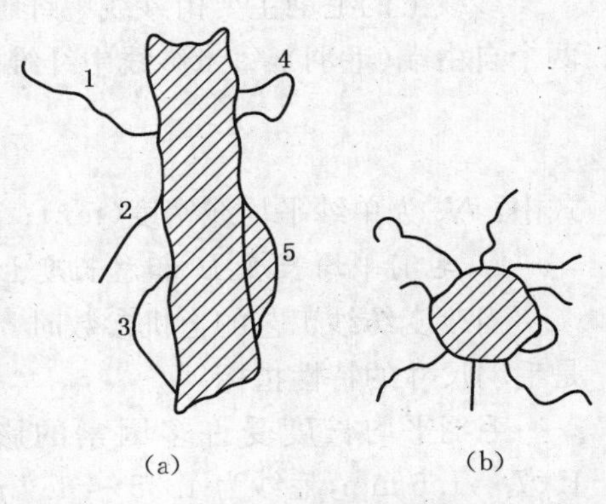

图14-1　纱线毛羽的类型

不同的纺纱形式、纱线结构不同，毛羽会呈现不同的方向性。毛羽的方向性大致分为图14-2所示的四种，并在纱线表面呈随机分布。

毛羽形成于成纱过程和成纱后的纺织加工过程。成纱过程中，有些表层纤维的头端未受到加捻力矩的控制和其他纤维的包缠，形成毛羽；加工过程中，因摩擦、刮擦、离心力和空气阻力等因素的作用，与纱体联系不够紧密的纤维段被拉扯出纱的表面，形成新的毛羽。成纱以后直至制成织物的过程中，仅在上蜡和浆纱过程中减少毛羽，其他过程都会形成毛羽。

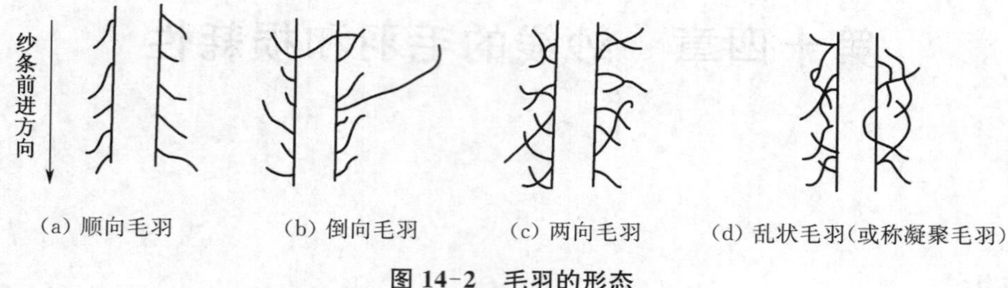

图 14-2 毛羽的形态

毛羽的性状不仅同纺纱方法、纤维的特性、纤维的平行伸直程度、捻度、纱线的线密度等因素有关，还与纺纱的工艺参数、机械条件和车间温湿度等有密切的关系。据实验可知，管纱的毛羽分布，一般是小纱部分产生的毛羽比满纱时大约多 20%～30%，其中顺向毛羽约占 75%，倒向毛羽约占 20%，两向毛羽约占 0.4%～1%，凝聚毛羽约占 3%～6%。

毛羽性状是纱线的基本结构特征之一，对毛羽的要求随纱线用途而异。例如，缝纫线、织纹组织清晰的织物用线，其毛羽应尽可能短或没有毛羽，常需经过烧毛工序以去除毛羽。反之，起绒织物必须用有毛羽且毛羽较长的纱，使布面形成浓密的毛绒。

毛羽的情况是暂态的，毛羽本身是易变的。在一定条件下，桥圈会脱开而变成纤维头端；导纱时，一经摩擦纱线毛羽情况就有明显变化，毛羽形态会完全不同；温湿度不同，甚至不同张力，对毛羽也有影响。因此，测得的毛羽结果是条件值，仅可在特定的测试条件下进行相对的比较。

二、毛羽的特征指标

1. 毛羽数 N 和毛羽指数 η

毛羽数是指单位长度纱线内单侧面上伸出的毛羽累计根数。毛羽指数(hair index)是指单位长度纱线内单侧面上伸出长度超过设定长度的毛羽根数。它们是最常用的纱线毛羽指标，反映毛羽的密度。

纱线上的毛羽主要由纱线中纤维的端头产生。考虑到所有纤维都有可能在纱线表面形成两个自由端(毛羽)，每米纱线中纤维端头的平均数可按下式计算：

$$n_f = 2 \times 10^3 N_y / (N_f l_f) \tag{14-1}$$

式中：N_y 为单纱平均线密度(tex)；N_f 为纤维平均线密度(tex)；l_f 为纤维平均长度(mm)。

2. 毛羽平均长度 $\overline{L}$ 和总长度 L

当改变纺纱工艺的上机参数时，毛羽长度可能发生明显的变化。毛羽平均长度和总长度是毛羽尺寸的特性指标。

毛羽平均长度受许多因素的影响，而且波动较大。据测，毛羽的平均长度：棉纱为 1.07～1.6 mm，毛纱为 1.35～1.7 mm。

毛羽总长度是指单位长度纱线内毛羽的总长度，是对毛羽状况的综合评估，既考虑了纱线单位长度的毛羽数，也涉及毛羽的平均长度。毛羽的总长度 L 为：

$$L = N\overline{L} \tag{14-2}$$

测试表明，毛羽长短不一，但不同长度有相同的分布规律。对于正常纱线，一般毛茸较多，0.5 mm及以下长度的毛羽，约占毛羽总数的 68%；特长毛羽较少，长度在 4 mm 以上的约占 2%；长度为 0.5～3 mm 的毛羽约占 30%。以 T/C 65/35 13 tex 涤棉纱为例，其频数如图 14-3 所示。各设定长度的毛羽指数为：

$$\eta = A\mathrm{e}^{(-l/B)} \tag{14-3}$$

式中：A 和 B 为反映毛羽情况的特征参数；l 为设定长度。

由图 14-3 可以看出，毛羽长度分布中，毛羽越长，数量越少，但毛羽越长，对纱线可织性造成的危害越大。0.5 mm 以下的毛羽称为毛茸，对纱线、织物的外观影响较小。试验发现，烧毛后被烧去的是长的毛羽部分，短的部分仍残留在纱上，因此 0.5 mm 以下的毛茸不但没有减少，反而有所增加。此外，5 mm 以上的毛羽根数极少，因此对毛羽的研究，其重点应放在 0.5～5 mm 长度的部分。一般认为长度超过 2 mm 的毛羽才会发生相互缠结，危害纱线的可织性。因此，可借助毛羽指数—毛羽长度分布函数，用 $l > 2$ mm 范围内曲线下的阴影面积来衡量，即：

$$S = \int_2^\infty A\mathrm{e}^{(-l/B)}\,\mathrm{d}l = AB\mathrm{e}^{(-2/B)}$$

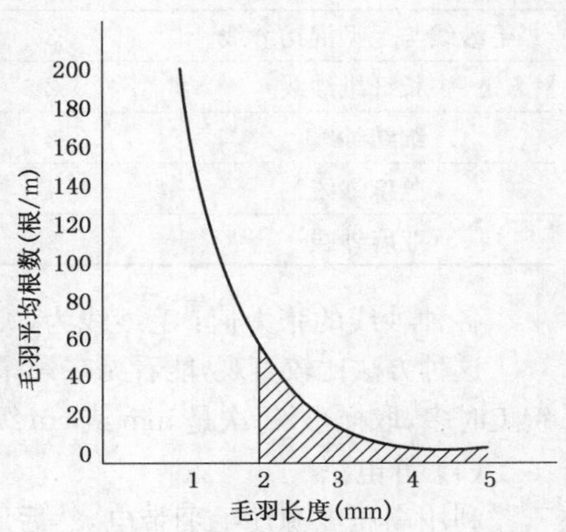

图 14-3　14.5 tex 棉纱毛羽指数—毛羽长度分布

面积越大，纱线毛羽对可织性造成的危害越大。

3. 毛羽的总面积

它同样是一个综合性指标，既考虑到毛羽的数量和毛羽的平均长度，又与毛羽的截面平均直径 d 有关。毛羽总面积 S_f 为：

$$S_f = Ld = N\overline{L}d \tag{14-4}$$

三、纱线毛羽的测试方法

(1) 目测评定法

直观，综合性强，但只能作比较判断，没有具体数据。

(2) 烧毛失重法

采用烧毛方法去除毛羽，根据有毛羽纱线和无毛羽纱线的质量差值来评定纱线的毛羽情况。此法粗略但方便，可求得毛羽总质量但无法计算其数量、平均长度等；变化条件多且较难控制(如火焰温度、纱线速度、纤维品种、回潮率等)，对涤纶等合成纤维烧毛时产生熔融，反映不出毛羽的多少，因而准确度较低。

(3) 光电投影计数法

利用附有光学放大系统的光电仪，自动检测纱线单位长度的毛羽数量。仪器将连续运动的纱线及其表面的毛羽投影放大；按任意选定的毛羽长度，凡大于设定尺度的毛羽就会相应地遮挡投影光束，获取光通量信号；经光电转换，使由纤维引起的光通量的变化转变成电信号；再对电信号整形，形成计数脉冲，推动计数电路，给出数字显示。在纱线行进的同时，计测和显示或打印纱线行进长度，到达预定纱线长度后，封存显示的数据，并留有可调的间隙停留时间。然后整机自动复零，自动进行下次试验。这种方法既能直视毛羽概貌，又能得到毛羽指数的数据。

测定时，各种纱线毛羽设定长度、纱线片段长度、每个卷装测试次数和卷装数见表 14-1。

表 14-1　各种纱线毛羽试验的测试参数值

纱 线 种 类	毛羽设定长度(mm)	纱线片断长度(mm)	每个卷装测试次数	卷装数
棉纱线与棉型混纺纱线	2	10	10	12
毛纱线与毛型混纺纱线	3	10	10	12
中长纤维纱线	2	10	10	12
绢纺纱线	2	10	10	12
苎麻纱线	4	10	10	12
亚麻纱线	2	10	10	12

各种纱线的张力值：毛纱线为(0.25±0.025)cN/tex，其他纱线为(0.5±0.1)cN/tex。

这种方法比较直观，能看见在景深和视野范围内毛羽的概貌及各根毛羽的具体情况。但是，费工时多，取样小，每次是 mm 或 cm 级，代表性差，一般作为校核其他方法的基本测试手段。

(4) 静电法

利用高压电源使毛羽带电，然后用环形电极将纱线毛羽的静电引出，根据毛羽负荷的静电量来评定毛羽的数量。图 14-4 表示毛羽静电测试仪示意图。高压发生器 1 在管 2 形成静电场。纱线 3 的毛羽在管壁垂直方向被极化。这时，毛羽彼此分开并伸直。纱线通过管 4 时，电荷从毛羽末端引出，并积累在电容器 6 中。检流计 5 可测出电容器 6 中的静电量。

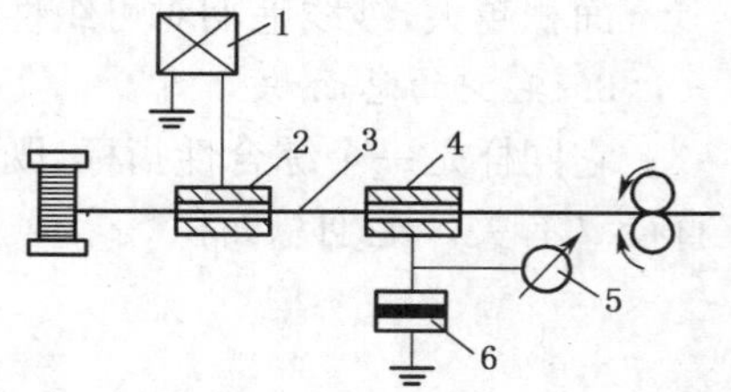

图 14-4　纱线的毛羽静电测试示意图

这种方法属于评估纱线毛羽特性的间接方法，测试效率高。但引出的电荷数量不仅取决于纱线毛羽所带的静电量，并同纱线的含湿量、导电性等有关。因此，难以准确地测定纱线的毛羽性状，也无法评估毛羽的长度。

四、减少纱线毛羽的措施

(1) 合理选择原料

原料性能是纱线一切性能好坏的基础。由式(14-1)可以看出，对纱线毛羽来说，纤维越细，纱线内纤维根数越多，其头尾端露出的可能性就越大；纤维越短，整齐度越差，其头尾端露出纱条主干的概率越大。毛羽还与纤维的静电性相关，纤维的表面比电阻越大，越易产生毛羽。因此，在原料选择中，应按照要求，注意控制纤维的线密度、长度、整齐度及其短绒率，减少纤维的静电，为减少纱线毛羽创造良好的条件。

(2) 合理的前纺工艺，提高纤维平行伸直度

对前纺各工序，要求半制品均匀、光洁、不发毛，成形良好，防止人为破坏纤维伸直度，应选

择有利于提高纤维伸直度的牵伸工艺和适当的温湿度条件。梳棉机应控制纤维弯钩的发生率，加强对短绒的排除，以减少毛羽的发生。

(3) 防止纤维的扩散

适当选择各牵伸区的工艺参数，如罗拉隔距、牵伸倍数、捻系数等，对减少毛羽也很重要。特别是细纱工序，罗拉隔距必须与纤维长度相适应，以加强对纤维运动的控制，最大限度地减少浮游纤维量。细纱的牵伸倍数，在前区应选用适当的集合器，以便在较大牵伸时控制纤维扩散，减少毛羽发生率；特别在后区，其牵伸倍数必须与适当的粗纱捻系数相配合，既能防止纤维的扩散又能加强对纤维运动的控制。

不同纺纱方法对纤维的控制、包缠、集聚作用不同，会影响纱线毛羽的形成。如紧密纺纱由于吸风负压的集聚作用，可缩小加捻三角区，显著降低纱线的毛羽(减少 80%以上)；喷气纺纱 3 mm 以上的毛羽仅是同线密度环锭纱的 10%～12%，这主要是因为喷气纱由头端自由纤维包缠；平行纺纱由于长丝的包覆作用，其毛羽比环锭纱降低 1.5～3.5 倍。

(4) 减少对纤维的摩擦

在纺纱各工序中，纤维间及纤维受机件的反复摩擦对毛羽的产生有很大的影响。因此，应保持通道光洁，尽量减小其接触面，减小包围角，纱线与导纱钩的接触角以 15°～25°为宜；钢丝圈的圈形、截面形状、质量、使用寿命及钢领的衰退等，应合理选择与搭配。

此外，要加强对加捻卷绕机件的保养。如锭子的偏心会引起气圈偏向而增加毛羽；锭子和筒管的振动，会加剧钢丝圈运动的不稳定性，使毛羽增加。

第二节　纱线的损耗性

一、损耗的类型、主要影响因素

损耗是指材料在各种因素作用下其结构逐渐破坏而引起性能恶化的过程。经过大量的试验研究，发现材料破坏的因素是多方面的，破坏状况与材料的结构特点联系密切，也与其他物体以及各种形式的能量作用有关。

根据材料的使用特点和承受作用的形式，纺织材料的损耗可分为下列三种类型：

(1) 磨损

它是与固态物体接触摩擦造成的。这些物体一般较纺织材料刚硬。相对于纺织材料而言，这些物体是磨料。有时同一种纱线(或纤维)彼此接触并相对移动，也可以互为磨料，复丝中两根单丝间的相对移动便是一例。磨损通常伴随着材料质量的减少，减少的程度与作用的时间以及被磨材料颗粒脱落的状况有关。

(2) 疲劳

它是材料经过多次变形造成的。拉伸、弯曲和压缩是出现最多的三种变形形式。其中拉伸和弯曲变形过程大多不与其他物体相接触，而压缩作用须与其他物体相接触。疲劳几乎不造成材料颗粒的脱落，因此材料质量不会明显减少。

(3) 老化

它是在物理化学作用下，材料分子等结构单元裂解造成的。其中有气体(如空气中的氧气)作用、温度变化(加热或者冷却)、光线及各种辐射作用。有时会有若干种因素同时发生作用。例如,大气条件下的老化,包含氧化、温度和光线三种作用因素。这种综合作用有时称为光气候。

引起损耗的主要因素可以划分如下:

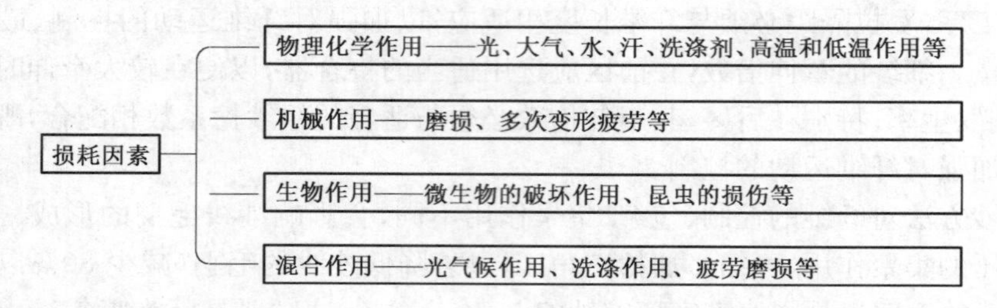

用途不同的纺织材料,损耗的原因各有不同。如裂开棉铃的棉纤维,损耗的主要因素是光气候;织机上的经纱,损耗的主要因素是磨损和疲劳;内衣损耗的主要因素是洗涤和磨损;窗帘损耗的主要因素是光老化作用;衬垫织物损耗的主要因素是磨损和疲劳。

损耗可能造成材料表面裂口、纱线及其纤维的断裂等,还会造成材料性能指标尤其是机械性能指标的恶化。损耗发生的范围可分为:

① 局部损耗。损耗发生在材料的小范围内。

② 全面损耗。损耗发生在表面的大部分且包括一些制品内若干层的纱线。

损耗使材料的品质降低,甚至完全无法使用。

二、耐损耗性及其评定标准

耐损耗性是指在某种使用条件下或进行试验时材料抵御损耗的能力。通常以某种形式作用于材料,导致材料破坏的次数表示耐损耗性,经历的时间称为耐久性。

纺织材料经过一定的损耗循环次数后,用下列标准进行评定:

① 纱线结构的变化。如纱线中纤维间发生相对移动,纤维头端伸出纱线表面等。

② 出现肉眼观察到的损伤。

③ 机械性能恶化。如拉伸强度、断裂功、硬度、耐久性等。

④ 材料溶液黏度的降低。

⑤ 材料质量的损失。

⑥ 各种物理性能指标的增大。如透气性、透水性、电磁波辐射的穿透性等。

上述评定标准中,前三种应用较多;被损耗材料的溶液黏度降低与大分子裂解有关,在材料发生老化或常规化学处理后即使只出现少量的分子裂解损耗,采用这种方法也能发现;纱线经历多次弯曲作用后耐久性减少、经历磨损后强度降低,就能发现光气候和洗涤作用对于制品性能的影响;根据材料质量的减少和透气性的增大来评定损耗程度的方法,其灵敏度较低,故应用较少。

三、纱线耐磨性的测试方法

纺织材料加工和使用过程中,磨损和混合因素损耗的作用尤为突出。各种损耗中,几乎都有磨损作用。其他作用不显著时磨损就是损耗的主要原因,因此,纺织材料各种损耗中,评定较多的是耐磨性。

根据接触表面(磨料和试样)运动的特点，纤维和纱线耐磨仪可以分为以下几类：①磨料单方向旋转；②磨料以顺、逆两个方向旋转；③磨料沿纱线轴向往复运动；④磨料往复运动的方向与纱线轴向形成一定的角度；⑤接触表面产生复合运动(磨料单方向旋转又往复运动等)。

磨料与试样的相对运动特征不同，试样的磨损特点便不同。例如，①类仪器在一个方向发生磨损，卷绕纱线时便可能发生这种磨损；如果纱线与某一硬质物块相接触，而且这一物块产生的作用与②③或⑤类仪器中磨料的作用相当，那么纱线在发生磨损的同时，还承受多次拉伸作用，在④类仪器中还同时承受多次弯曲作用。

磨损的特征和磨损结果与磨料关系密切。选择磨料时，其表面的磨损和变化应尽量小一些，而且应有较强的磨损作用，以保证测定过程迅速，测试结果稳定。下面介绍几种仪器的工作原理。

(1) 磨料做旋转运动的纱线耐磨仪

该仪器如图 14-5 所示，磨料为圆柱形磨辊 3。试样 2 绕过磨料部分圆柱面，纱线两端被固定夹持器 1 和 4 所握持，一边或两边的重锤 5 使纱线受到张力。纱线磨断时，重锤落入套筒 6，仪器即停止转动。磨辊 3 表面可敷着各种磨料，如灰色军大衣呢、锦纶 6 织物、金刚砂纸、钢片或用圆柱形金刚砂石代替原来的磨辊，以便分析各种磨料对试样耐磨性和磨损特征的影响。

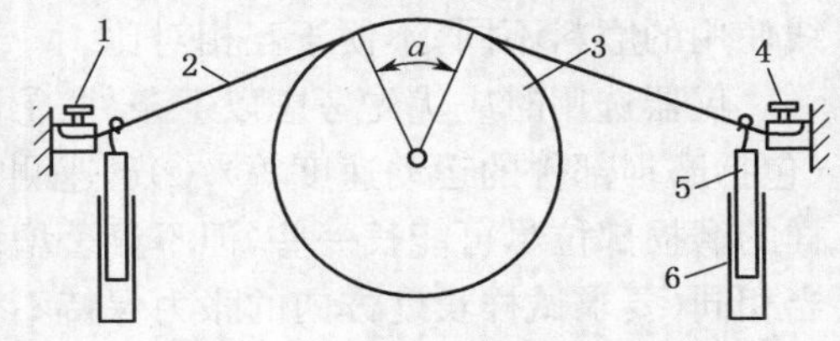

图 14-5　磨料作旋转运动的纱线耐磨仪

(2) 磨料作往复运动的纱线耐磨仪

该仪器如图 14-6 所示，可同时测试 10 根纱线。纱线 1 的一端被固定夹持器 2 所握持，另一端穿过或绕过磨料 3(或 6 或 7 或 8)再挂上重锤 4。磨料以一定的频率(每分钟 50～1 000 次循环)在垂直方向往复运动，使纱线磨损。随着磨料往复运动的频率增高，负荷 P 增大，纱线试样的耐磨性降低。

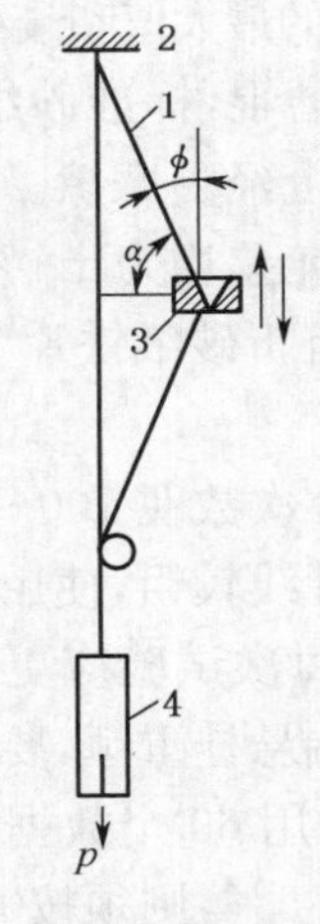

(a) 综片的综丝眼或针孔(即 3)

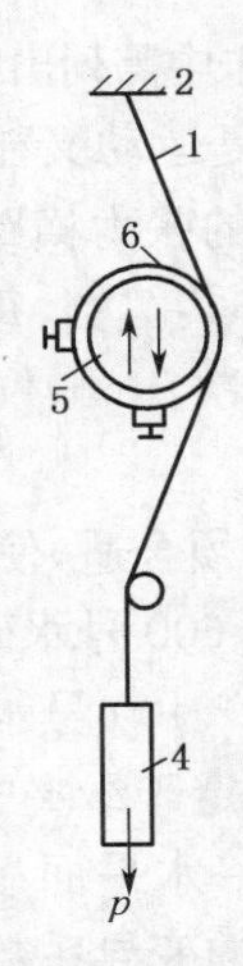

(b) 敷有织物或金刚砂纸的圆柱体(即 6)

(c) 金刚砂石(即 7)

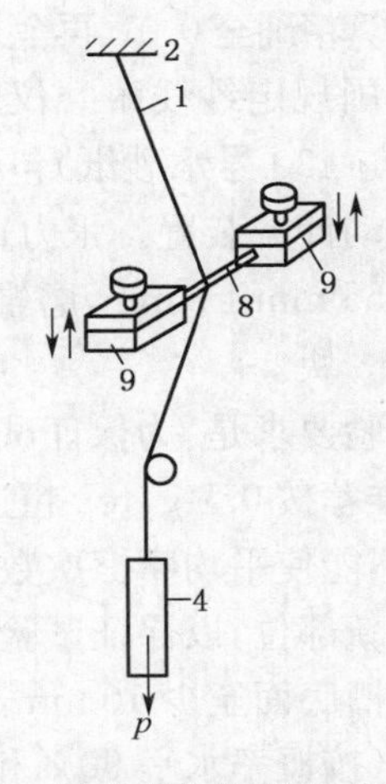

(d) 拉紧的纱线(即 8)

图 14-6　磨料作往复运动的纱线耐磨仪

5—圆形木辊　9—夹持器(握持纱线磨料 8，安装在支架上)

(3) 纱线的自磨损仪

该仪器如图 14-7 所示，用于测试单丝或复丝，以研究各种生产工序中纱线从一个卷装缠绕到另一个卷装过程中的磨损特点。纱线 1 以自身的不同片段在 5 处相互缠绕而产生摩擦。纱线两端分别夹持在安装于杠杆 3 上的夹持器 2 和 2′中，由于拉杆 4 的运动使杠杆 3 往复摆动。生头时，纱线通过滑轮 6，6′和 7，形成缠绕部位 5，移动 8 上的重锤 9 可以改变张力，通常以纱线磨断时的循环次数评定纱线的耐磨性。被测试的试样本身作磨料，可避免因磨料表面的变化影响评定结果，但是不同类型的纤维和纱线使用的磨料不同，不便于互相对比。

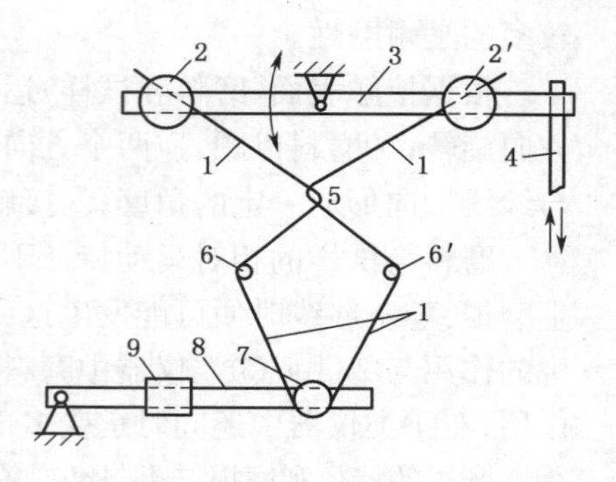

图 14-7　纱线的自磨损仪示意图

仪器选用时应优先考虑以下条件：①试样的破坏特征应与使用条件下的破坏特征相符合(包括磨损部件的运动速度等)；②迅速测得试验结果，测试结果的再现性和稳定性较高；③试样的磨损部位尽可能长一些(但不显著增大仪器的尺寸)；④试样在任意一点被磨断的机率应当相同(要求试样长度方向的张力保持不变)。

我国规定需对棉、化纤短纤维的纯纺或混纺纱线进行耐磨性测定，纱线耐磨性一般以试样反复受磨致断的摩擦次数表示。摩擦次数的平均值和变异系数按下式计算：

$$\overline{X}=\frac{\sum_{i=1}^{N}X_i}{N},\ \delta=\sqrt{\frac{\sum_{i=1}^{N}(X_i-\overline{X})^2}{N}},\ CV(\%)=\frac{\delta}{\overline{X}}\times 100 \qquad (14\text{-}5)$$

式中：$\overline{X}$ 为摩擦次数平均值(次)；δ 为标准差(次)；CV 为变异系数；$\sum_{i=1}^{N}X_i$ 为摩擦次数总和(次)；N 为试验次数。

计算精确至 0.01，再舍入到小数点后一位。试验报告中需列出摩擦次数的最大值和最小值。

我国规定纱线耐磨仪应有一个既作匀速直线往复运动又能自转的磨辊，标准砂纸(国产 600 号与 400 号水砂纸)包覆在磨辊表面，试样以恒定的张力横跨在磨辊上经受摩擦。仪器应配有自动计数装置。张力重锤为 5 g，10 g，…，35 g 共 7 档，每档质量允差均为±1%，摩擦长度为55 mm±2 mm，磨辊往复速度为 60 次/min±1 次/min，仪器并附有折砂纸铁片 1 块、橡皮夹块 3 块。

试验要求是：为保证试验精度和效率，重锤选择必须合适，使平均摩擦次数在 100～400 次之间(推荐按 0.5 g/tex 粗选重锤试磨)；统一选用国产 600 号水砂纸(当纱线较粗，使用最大重锤，仍不能使平均摩擦次数为 100～400 次，则改用国产 400 号水砂纸)，每次试验应更换使用砂纸的新部位，以保证试验数据的准确性；试样一端固定于纱夹中，另一端悬挂重锤，要求重锤底面距槽底面至少 10 mm，且尽可能使每个重锤在同一水平面；每个品种用 60 个数据计算试验结果(按概率水平 90%和精度±5%的要求，若测出的变异系数大于 24.5%，则须按$0.1\,CV^2$得出扩大试验次数，再进行试验)。

四、纱线耐磨性的分析

各种磨料磨损纤维和纱线时，会产生表面磨损、微小的切割及引起纤维从纱线中抽拔或单丝部分片段从复丝中抽拔等作用。这些作用发生的强弱程度取决于磨料的类别以及纤维和纱线的组成和结构特点。

在试验分析的基础上，已经确认：断裂强度较高、缓弹性变形组分较多、刚性模量较低、摩擦系数较小的纱线，其耐磨性较强。负荷较小时，纱线的耐磨性显著增大。表 14-2 列出了各种纱线的耐磨性数据（①类耐磨仪）。表 14-3 列举了在不同负荷下纱线的耐磨性，它是利用上述同一仪器以每种 400 个循环频率测得的数据。表中数据表明了纱线磨损到断裂的循环次数与纱线的线密度、捻度之间的关系；如果在其他条件下磨损，这种关系可能发生变化。

表 14-2　纱线承受 50 cN 负荷时的耐磨性

纱线种类	线密度（tex）	断裂伸长率（%）	可逆变形组分（%）	断裂时的磨损循环次数	相对耐磨性 i_0	刚性模量（kg/mm^2）
腈纶纱	29	11	2	64	2	2.5
维纶纱	34	17	0.9	716	26	0.7
氯纶纱	24	18	2.5	800	33	0.5
锦纶纱	16.1	21	3.9	20 000	1 240	4.5
涤纶纱	12	19	1.8	1 600	134	8
黏胶丝	17.3	19	2.1	2 000	150	5.8
醋酯丝	11.6	21	2.4	21 000	180	2
玻璃丝	6.5	1	0.7	10 300	1 580	12.5

表 14-3　不同负荷下纱线的耐磨性

所加负荷 P	线密度（tex）	捻系数	断裂伸长率（%）	断裂时的循环次数	相对耐磨性 i_0
棉纱 $P=30$ cN	15.6	147	6.9	840	54
	19.6	143	6.9	940	48
	25.7	134	7.5	1 360	53
	33.4	126	7.8	1 820	54
	52.6	119	8.1	2 580	49
	32.8	101	7.7	620	19
	32.4	130	8.6	1 060	33
	32.6	165	8.8	1 100	34
	31.8	203	9.4	1 190	37
黏胶长丝 $P=20$ cN	10.9	28	13.3	3 960	364
	11.4	64	18.2	1 510	132
	11.6	113	17.7	1 070	92
	11.8	154	17.4	700	59
黏胶长丝 $P=40$ cN	13.3	12	19.8	1 450	109
	16.7	12	22.4	1 840	110
	22.2	15	25.3	2 490	112
	28.6	15	18.6	2 060	107

（续 表）

所加负荷 P	线密度（tex）	捻系数	断裂伸长率（%）	断裂时的循环次数	相对耐磨性 i_0
醋酯长丝 $P = 20$ cN	11.1	13	22.4	6 770	605
	11.1	32	21.9	4 950	450
	11.1	53	25.1	2 800	252
	11.3	80	23.4	1 500	133
	11.7	119	22.6	1 220	104
	12.4	179	20.6	1 150	93

表中，相对耐磨性 i_0 是指被测试样的破坏循环次数 n_1 与标准试样的破坏循环次数 n_a 之比，即 $i_0 = n_1/n_a$。磨料磨损作用削弱过程中，n_1 和 n_a 成正比例增大，而 i_0 值不变，这是应用相对耐磨性进行评定的依据。材料的动力学特征指标不仅与材料初始状态性能有关，还和使用过程或仪器磨损等条件下性能的变化有关。因此，相对耐磨性 i_0 能较好地反映试样的损耗特征和损耗稳定性。

思 考 题

14-1　何谓纱线毛羽？毛羽有哪几种形态？管纱产生的毛羽的一般分布情况如何？毛羽对纱线性能和用途有何影响？

14-2　试述表征纱线毛羽特性的指标。为什么说毛羽的情况是暂态的？列述测试纱线毛羽的方法，并对比其优缺点。

14-3　可以从哪几方面来减少毛羽？

14-4　何谓纱线的损耗性？说明纱线损耗的类型及其影响因素。

14-5　如何评价和测试纱线的耐损耗性？如何合理选用耐磨仪？

第十五章　纱线的品质评定

本章要点

叙述纱线品质评定的意义、纱线的品质要素和品质评定标准，介绍纱线品质评定的依据和分等分级的方法，并以棉纱（线）、涤棉纱（线）、毛纱（线）、桑蚕丝（生丝）、亚麻纱（线）和化纤长丝为例进行说明。

纱线既是纺纱厂的产品，又是纺织企业的原料。为了确定产品质量的优劣，必须对其质量进行检测并对照产品标准评定纱线的品质。作为商品，品质优则价格高，品质劣则价格低。品质优的纱线可制造高档纺织最终产品，而品质劣的纱线只能生产低档纺织最终产品。总之，纱线品质评定是考核纺纱厂的产品质量和贯彻“优质优价”“优质优用”原则所必需的。

第一节　纱线的品质要素

纱线的品质“要素”，是指反映纱线物理性能和外观疵点及均匀性的特征值，俗称品质指标，一般统称为质量指标或质量要素。

一、长丝纱的品质要素

（1）光丝束

光丝束一般为产业用或技术用的增强长丝纱或帘子线，因此其细度及其均匀性、强度及其变异系数、初始模量、降解温度、耐热性、耐疲劳性、表面黏结性以及纤维的结晶度、取向度是重要的品质要素。

（2）变形丝

变形丝的品质要素除细度及其均匀度和单丝根数外，还有变形加工效果及稳定性等。具体有如下类别：

①能反映变形加工损伤和长丝纱使用性能的强度及其不匀、断裂伸长及其不匀、弹性伸长及其回复率以及纱的泛黄；②表达变形效果及稳定性的卷曲率和卷曲弹性回复率、膨松度、网络度、热收缩率等；③反映变形时可能产生的外观疵点，如毛丝疵点或称毛羽疵点、粘连未解捻疵点、与正常卷曲形态不同的异常卷曲；④反映因丝结构或变形作用不同或筒子内堆砌密度不匀引起的染色不匀以及僵丝、沾污、卷绕形状不良等疵纱。

(3) 复合结构丝

复合结构丝是指两种或多种组分形成的复丝、复捻丝、交捻丝、混纤丝等。主要品质要素除传统的细度、强伸度指标外，应该包括丝的组成、混合率、膨松度、弹性伸长率及回复率等。

二、短纤纱的品质要素

普通短纤纱的品质要素如表15-1所示，其要求随纱的不同而不同。在选定实际评价项目时，应限制在最少、最有效、最有针对性的范围内。如一般需包括条干不匀、强伸度、纤维含量、纱疵、染色均匀性、线密度、异种纤维量、质量等。涉及纤维的特性及用户要求时，有必要进行结节强度、勾接强度、冲击强度等项目测定。针织用纱对纱疵、捻度、强伸度、光洁度的要求比机织用纱更高。

表15-1　普通短纤纱的品质要素

评价项目	重要程度			评价项目	重要程度		
	A	B	C		A	B	C
回潮率		○		勾接强度		○	
质量		○		冲击强度		○	
质量偏差			○	捻度		○	
纱长		○		捻度偏差		○	
纱长偏差		○		捻度不匀率		○	
条干不匀	○			捻缩率		○	
粗细节	●	○		网络度	●		○
纱疵	●		○	收缩率		○	
毛羽		○		收缩差异率		○	
线密度		○		纤维含量	○		
线密度偏差		○		初始模量		○	
线密度变异系数		○		色差	○		
缕纱强度		○		色泽不匀	○		
单纱强度		○		色油沾污	○		
单纱伸长		○		染色牢度		○	
单纱强力变异系数		●	○	异种纤维混入	○		
强度利用率		○		卷曲收缩率	◎		○
结节强度		○		卷曲稳定值	◎	○	

注：●针织用纱的要求；◎变形纱的要求。

三、组合纱线的品质要素

短/短复合纱（短/短组分不同）要考核两束短纤维须条的粗细一致性和双边分布的对称性，即A/B色或组分的一致性，否则会影响织物外观和色泽均匀性；短/长复合纱的长丝束张力要稳定，否则会影响缠绕的结构，造成纱在各段的色泽不匀，故要评价其色泽均匀性。另外，短/长复合纱由于短纤维与长丝的性能不同，尤其是拉伸模量不同，会在摩擦和反复拉伸疲劳作用下，短纤维与长丝分离、剥落，形成“裸丝”，俗称“剥皮”。剥皮是严重影响外观与使用的纱疵，故要评价其“剥皮性”。

结构纺纱中的集聚纺、分束纺、赛络纺等纺制的单纱都可直接用于织造，因此其强度、断裂伸长率及其变异系数是重要的品质要素。其中，集聚纺纱，由于成纱的纤维排列为分层堆砌，故必须考核其耐磨性；分束纺纱外侧的纤维小束易于移位或分离，故必须考核纱的外观粗细节指标。另外，对这类纱的毛羽改善效果也应予以评价。

花式线是以外观效果及其稳定性为主的纱线。因此除常规的细度和强伸度等品质指标外，对花式的效果如周期数及均匀度、几何形态尺寸等以及这种效果的耐久性如耐疲劳、耐磨性等，也要进行评价。

皮芯纺纱，因为某种高品质、舒适的短纤维在外层，填充增强的短纤维在内层，故要评定其外层纤维的实测混合比及其均匀性，否则会影响使用效果和造成颜色不匀。

四、缝纫线的品质要素

缝纫线有短纤线和长丝线。长丝线又分普通长丝线、变形长丝线、短纤维包覆线（包芯线）等。主要品质要素，既包括纱线本身常用的品质指标，如线密度平均值及其偏差或变异系数、条干不匀、粗节、毛羽、毛丝、混纺比率、拉伸强度、伸长率和初始模量、捻度、收缩率、回潮率、染色牢度、色差等，还包括其应用性能指标，如光滑性、摩擦系数、油脂含量、可缝性、熔点温度等。油脂含量和种类直接影响缝纫线的光滑性和可高速缝纫性。可高速缝纫性（简称可缝性）反映缝纫线可高速连续缝纫的长度，是其耐久性的体现。

第二节　纱线的品质评定

为了在企业内部和企业之间作为考核纱线品质和交付验收的依据，国家有关部门批准和颁布了各种纱线品质评定的标准。

纱线品质评定包括内在质量与外观质量两方面，基本上都是根据物理指标和外观疵点来进行的。不过，不同种类和不同用途的纱线所要考核的物理指标项目和外观疵点项目有所不同。纱线品质标准的内容一般包括产品品种规格、技术要求、评定等级的规定、试验方法、检验规则、包装和标志等。现将常见纱线品质评定的依据和分等分级方法叙述如下：

一、棉纱(线)的品质评定

棉纱线实质上是指所有棉型纱线，即包括棉型化纤纱线和棉与化纤的混纺纱线等。根据我国国家标准，棉本色纱线的品质评定以同品种一昼夜三班的生产量为一批进行。棉纱线的品等分为优等、一等、二等，低于二等为三等。优等相当于国际先进水平，一等接近国际一般水平。

评定品等的依据是单纱（线）断裂强力变异系数、百米质量变异系数、条干均匀度（棉线不测）和一克内棉结粒数及一克内棉结杂质总粒数等。按各项中最低的一项定等。再根据单纱（线）断裂强度和百米质量偏差是否超出允许范围，决定降等与否。优等棉纱另加十万米纱疵作为分等指标。

黑板条干均匀度、1 克内棉结粒数及 1 克内棉结杂质总粒数、10 万米纱疵的检验采用筒子纱，其他各项指标的检验采用管纱。同一品种一般随机取 30 个管纱，开台数少于 5 台时，可取 15 个管纱。

(1) 百米质量变异系数

在纱框测长器上摇取30缕纱。缕纱周长为1 m,每缕共100圈。用天平逐缕称量,分称得到的质量代入变异系数公式,即可求得百米质量变异系数。该指标反映了棉纱线100 m之间的长片段不匀。求得百米质量变异系数后,可在技术指标规定表中查得百米质量变异系数的品等。

(2) 单纱(线)断裂强力变异系数和单纱(线)断裂强度

单纱(线)断裂强力的测试在“纱线力学性质”一章中已述及。一般单纱测60次,股线测30次。根据标准状态下测得的断裂强力值,代入变异系数公式即可求得单纱(线)断裂强力变异系数。断裂强度则根据测得的断裂强力平均值和纱线实际线密度求得。如不在标准大气条件下进行试验,则需对测得的强力值进行修正。即根据试验场所的温度和实测回潮率,在纱线强力修正系数表中查得强力修正系数,然后将实测强力值与修正系数相乘得到标准状态下的断裂强力。实际回潮率可根据百米质量变异系数测定时摇取的30缕纱的总湿量和总干量求得。纱线的实际线密度根据30缕纱的平均干量和纱线公定回潮率计算而得。

(3) 百米质量偏差

纱线实际线密度和设计线密度的偏差百分率称为质量偏差或线密度偏差。实际评定时以百米质量偏差衡量,计算公式如下:

$$\text{百米质量偏差}(\%)=\frac{\text{试样实际干量}-\text{试样设计干量}}{\text{试样设计干量}}\times 100 \tag{15-1}$$

(4) 条干均匀度

条干均匀度可采用黑板条干均匀度或条干均匀度变异系数两者中的任何一种。当存在质量争议时,以条干均匀度变异系数为准。

采用黑板条干均匀度时,随机抽取筒子10只,每只在摇黑板机上摇取1块黑板,共10块。黑板规格为250 mm×220 mm。纱线在黑板上以一定的密度均匀地排列。将10块黑板依次在规定的光线下,用目光与条干标准样照对比,根据其阴影、粗节和严重疵点、严重规律性不匀等情况,分别评定每块黑板的条干均匀度品等。条干均匀度变异系数一般在电子均匀度仪上测定。

(5) 1克内棉结粒数和1克内棉结杂质总粒数

将浅蓝色底板插入上述10块黑板的纱线与黑板之间,用图15-1所示的黑色压片压在试样上。黑色压片上空格的规格为长50 mm、宽20根纱。分别点数正反两面10个空格内的棉结粒数和杂质粒数,根据10块黑板的棉结总粒数 n_a 和杂质总粒数 n_b,按下式折算成1克棉纱线内棉结粒数和1克棉纱线内棉结杂质总粒数。

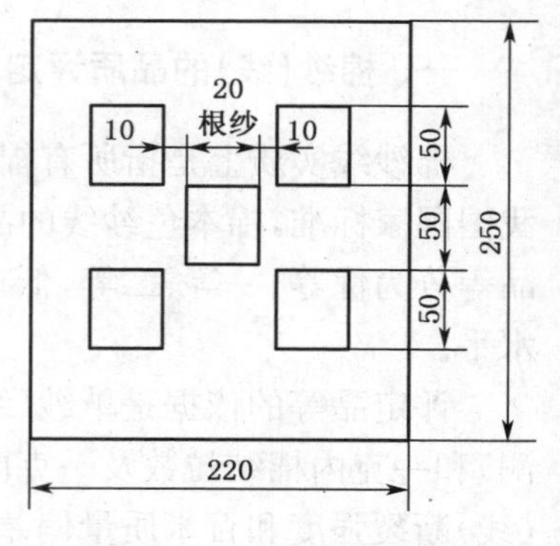

图 15-1 检验棉结杂质用黑板压片

$$1\text{克棉纱线内棉结粒数}=(n_a/N_{tex})\times 10 \tag{15-2}$$

$$1\text{克棉纱线内棉结杂质总粒数}=[(n_a+n_b)/N_{tex}]\times 10 \tag{15-3}$$

式中:N_{tex} 为棉纱线的公称线密度(tex)。

棉结杂质粒数直接影响成品外观。棉结由棉纤维、未成熟棉或僵棉因轧花或纺纱过程中处理不善集结而成。未成熟棉或僵棉形成的棉结不易吸色，在布上形成白点，特别在染深色或特深色时更加明显。杂质是附有或不附有纤维(或绒毛)的籽屑、碎叶、碎枝杆、棉籽软皮、毛发及麻草等杂物。杂质会在布面上很清楚地呈现出来。经染整加工，杂质能通过煮练除去，所以在漂染后的棉布上很少出现。棉结、杂质还会影响牵伸区中纤维的正常运动，使成纱条干不匀，强度下降。为此，应根据原棉情况选择合适的清、钢纺纱工艺，尽量减少成纱棉结杂质粒数。

(6) 10 万米纱疵

纱疵是指纱线上附着的重大疵点，分为短粗节、长粗节(或称双纱)、长细节三类。短粗节是指纱疵截面比正常纱粗 100%以上，长度小于 8 cm。长粗节的纱疵截面比正常纱粗 45%以上，长度大于 8 cm。长细节的纱疵截面比正常纱细 30%～75%，长度大于8 cm。纱疵会在布面上形成严重疵点，影响棉布质量，使棉布降等。在织造过程中，纱疵还会引起断头。纱疵的检验要求取样的量较大，否则不易发现纱疵。故采取 10 万米内纱疵个数这个指标。纱疵的检验在纱疵仪上进行。纱疵仪将纱线质量(或截面)的变化转换成相应的电信号，且二者之间呈线性关系。将电信号处理，用数字方式显示并打印出来，同时将各类纱疵数折算成 10 万米纱线的纱疵数。

二、涤棉纱(线)的品质评定

精梳涤与棉混纺本色纱的品等评定：优等品以单纱强力变异系数、百米质量变异系数、条干均匀度、黑板棉结粒数、10 万米纱疵五项中最低的一项品等评定；一、二、三等品以优等品中前四项最低的一项品等评定。股线的品等评定：优等品以单线强力变异系数、百米质量变异系数、条干均匀度变异系数、黑板棉结粒数四项中最低的一项品等评定；一、二等品以单线强力变异系数、百米质量变异系数、黑板棉结粒数三项中最低的一项品等评定。精梳涤混纺本色纱线(棉含量为 50%以上～60%)的品等技术要求，见表 15-2。

表 15-2 精梳棉涤混纺本色纱线的品等技术要求

<table>
<tr><th colspan="2" rowspan="3">项 目</th><th colspan="6">精梳棉涤混纺本色纱线(棉含量 50%～60%)</th></tr>
<tr><th colspan="3">单纱(6～6.5 tex)</th><th colspan="3">股线(6 tex×2～7.5 tex×2)</th></tr>
<tr><th>优等品</th><th>一等品</th><th>二等品</th><th>优等品</th><th>一等品</th><th>二等品</th></tr>
<tr><td colspan="2">单纱(线)强力变异系数(%)</td><td>16.5</td><td>20.5</td><td>23.5</td><td>11.0</td><td>13.5</td><td>16.0</td></tr>
<tr><td colspan="2">百米质量变异系数(%)</td><td>2.5</td><td>3.5</td><td>4.5</td><td>2.0</td><td>3.0</td><td>4.0</td></tr>
<tr><td rowspan="2">条干均匀度</td><td>黑板条干均匀度 10 块板比例(优：一：二：三)，不低于</td><td>7:3:0:0</td><td>0:7:3:0</td><td>0:0:7:3</td><td colspan="3" rowspan="2"></td></tr>
<tr><td>条干均匀度变异系数(%)，不大于</td><td>19.5</td><td>22.5</td><td>24.5</td></tr>
<tr><td colspan="2">优等线条干均匀度变异系数(%)，不大于</td><td colspan="3"></td><td colspan="3">13.5</td></tr>
<tr><td colspan="2">黑板棉结粒数(粒/g)，不多于</td><td>20</td><td>35</td><td>50</td><td>14</td><td>23</td><td>37</td></tr>
<tr><td colspan="2">10 万米纱疵(个)，不多于</td><td colspan="3">30</td><td colspan="3"></td></tr>
<tr><td colspan="2">断裂强度(cN/tex)，不小于</td><td colspan="3">12.0</td><td colspan="3">14.7</td></tr>
<tr><td colspan="2">百米质量偏差范围(%)</td><td colspan="3">±2.5</td><td colspan="3">±2.5</td></tr>
</table>

普梳涤棉混纺本色纱的品等评定:优等品以单纱强力变异系数、百米质量变异系数、条干均匀度、黑板棉结粒数、黑板棉结杂质总粒数、10 万米纱疵六项中最低的一项品等评定;一、二等品以优等品中前五项最低的一项品等评定。股线的品等评定:优等品以前五项中最低的一项品等评定,一、二等品以单线强力变异系数、百米质量变异系数、黑板棉结粒数、黑板棉结杂质总粒数四项中最低的一项品等评定。具体指标详见国家标准。

三、毛纱(线)的品质评定

毛纱线实质上是指所有毛型纱线,即包括毛型化纤纱线和毛与化纤的混纺纱线等。各类毛纱线根据纱批大小,按规定取样试验后,进行品质评定。试验应在标准温湿度条件下调湿平衡后进行。

1. 精梳毛纱线的品质评定

根据企业标准规定,精梳毛纱的品质评定是按物理指标评等,按外观质量评级,另外还须检验条干一级率。

(1) 精梳毛纱的评等

精梳毛纱的评等依据是线密度标准差、质量不匀率、捻度标准差、捻度不匀率和断裂长度等物理指标。对这些指标分别评等,取其中的最低等作为该批精梳毛纱的评定等。精梳毛纱的等分为一等和二等,不及二等者为等外。具体评定数据范围在标准中均有规定。

精梳毛纱的评等试验是随机抽取 10 只管纱(绞纱或筒子纱)作为试样。在纱框测长器上摇取 20 绞缕纱(每只管纱摇 2 缕)。缕纱周长为 1 m,每缕 50 圈,故每缕纱长 50 m,将 20 绞缕纱在天平上逐缕分别称量。然后将 20 绞缕纱合并称量,得总湿量,再将它放在恒温烘箱中烘至不变质量,称得总干量。由此计算线密度标准差和质量不匀率。

① 线密度标准差。线密度标准差是指实际线密度与设计线密度之差占设计线密度的百分率,计算式如下:

$$\Delta N_{tex}(\%) = [(N_{texa} - N_{texs})/N_{texs}] \times 100 \tag{15-4}$$

式中:ΔN_{tex} 为线密度标准差;N_{texa} 为纱的实际线密度;N_{texs} 为纱的设计线密度。

② 质量不匀率。将 20 绞缕纱的分称质量代入变异系数公式求得,表示纱线 50 m 之间的长片段不匀率。

在 Y331 型纱线捻度机上,对每只管纱测试 5 根纱线的捻度,共得 50 个数据,由此可计算捻度标准差和捻度不匀率。

③ 捻度标准差。捻度标准差是指实际捻度与设计捻度之差占设计捻度的百分率,计算式如下:

$$\Delta T(\%) = [(T_a - T_s)/T_s] \times 100 \tag{15-5}$$

式中:ΔT 为捻度标准差;T_a 为纱的实际捻度;T_s 为纱的设计捻度。

④ 捻度不匀率。将测得的 50 个数据代入变异系数公式求得。

⑤ 断裂长度。在单纱强力机上,对每只管纱测试 5 根纱的单纱强力,共得 50 个数据。根据测得数据,先求得平均单纱强力,然后根据纱的实际线密度求断裂长度。

(2) 精梳毛纱的评级

精梳毛纱的评级依据是10块黑板450 m长毛纱中的毛粒数和纱疵数，以及5 000 m慢速倒筒的2 cm以上纱疵数和5 cm以上大肚纱数。对这些指标分别评级，取其中的最低级作为该批精梳毛纱的评定级。精梳毛纱的级分为一级和二级，不及二级者为级外。评定的具体数据范围在标准中均有规定。

① 黑板毛粒及纱疵数。随机抽取纺纱车间最后成纱筒子10只。用摇黑板机从10只筒子上摇取10块黑板。纱线在黑板上以一定的密度均匀地排列。点数10块黑板正反两面共450 m长的毛纱中的毛粒和2 cm以下的纱疵数。纱疵是指影响下道工序的质量和呢面外观的疵点，包括大肚纱、羽毛纱、小辫纱、弓纱、竹节纱、带毛纱、松紧捻纱、多股纱及油污纱等。

② 5 000 m慢速倒筒的纱疵和大肚纱。随机抽取6～8只筒子纱，在慢速倒筒机上进行慢速(每分钟不超过30 m)卷绕。目测2 cm以上的纱疵数和5 cm以上的大肚纱数，共测5 000 m长的纱线。

(3) 条干一级率

将前述10块黑板依次在规定的光线下，用目光与条干标准样照对比。根据其粗节、细节、云斑等情况，分别评定每块黑板的条干均匀度级别，然后计算一级条干所占的百分率即条干一级率。

2. 粗梳毛纱线的品质评定

根据企业标准规定，粗梳毛纱的品质评定也是根据物理指标评等，根据外观质量评级。

(1) 粗梳毛纱的评等

粗梳毛纱的评等依据是线密度标准差、质量不匀率、捻度标准差、捻度不匀率和强力不匀率等物理指标。对这些指标分别评等，取其中的最低等作为评定等。粗梳毛纱的等分为一等和二等，不及二等者为等外。具体评定数据范围在标准中均有规定。

粗梳毛纱的评等试验也是随机抽取10只管纱进行，每只管纱也摇取2绞缕纱，但每缕纱为20圈，长20 m。与精梳毛纱一样测得线密度标准差和质量不匀率。再对每只管纱测试2根纱的捻度，根据20个捻度试验数据，求得捻度标准差和捻度不匀率。粗梳毛纱的强力不匀率是将20绞缕纱在缕纱强力机上测得缕纱强力后，代入变异系数公式求得。另外，还根据平均缕纱强力和实际线密度计算断裂长度，作为工厂内部考核指标。

(2) 粗梳毛纱的评级

粗梳毛纱的评级依据是条干均匀度和外观疵点。它与精梳毛纱相似，将纱摇成10块黑板后，依次在规定光线下，用目光与条干标样对比评定。评定时，条干均匀度与外观疵点结合检验。外观疵点主要指大肚纱、接头不良、小辫子纱、双纱、油纱、羽毛纱、毛粒等。根据10块黑板中的一级条干块数计算条干一级率。

此外，粗梳针织毛纱、精梳针织绒线的品质评定均有相应的标准。

四、桑蚕丝(生丝)的品质评定

生丝的品质，根据受检生丝的品质技术指标和外观质量的综合成绩，分为6A，5A，4A，3A，2A，A级和级外品。

品质技术指标包括生丝纤度偏差、纤度最大偏差、均匀二度变化、清洁、洁净、均匀三度变化、切断、断裂强度、断裂伸长率、抱合等。其中前五项为主要检验项目，后五项为补助检验项目。根据主要检验项目中的最低一项确定基本级后，视补助检验项目的结果决定是否予以降级，从而定出桑蚕丝的品级。出现洁净 80 分及以下丝片的丝批，最终定级不得定为 6A 级。

外观质量根据颜色、光泽、手感评为良、普通、稍劣三等和级外品。

(1) 纤度

生丝纤度偏差和纤度最大偏差的检验方法是在机框周长为 1.125 m 的纤度机上摇取样丝 200 绞，每绞 100 回转。将摇得的样丝以 50 绞为一组在纤度仪上称计，按下式计算纤度偏差：

$$\text{纤度偏差(den)} = \sqrt{\frac{\text{各组样丝的纤度与平均纤度之差的平均和}}{\text{受验样丝总绞数}}} \qquad (15\text{-}6)$$

再就全批纤度中最粗及最细依次的总绞数的 2%分别求其纤度平均数，并与平均纤度相比，其中较大的差值为该丝的线密度最大偏差。

(2) 均匀度

将不同规格的生丝按规定的距离卷取在 10 块长 1 359 mm、宽 463 mm、厚 37 mm 的黑板上。每块黑板绕 10 小片，每小片宽 127 mm。同一片生丝内，丝条排列距离是相同的。丝条粗者，直径大，在黑板上占据位置大，呈白色条斑；丝条细者，直径小，占据位置小，呈暗灰色条斑。在规定的检验条件下，根据条斑的有无、深浅程度、阔度，对照标准样照记录 10 块黑板中均匀各度变化的条数。

均匀一度变化是指丝条均匀变化程度超过标准样照 V_0 但不超过 V_1 者。均匀二度变化指丝条均匀变化程度超过标准样照 V_1 但不超过 V_2 者。均匀三度变化指丝条均匀变化程度超过标准样照 V_2 者。

均匀一度变化对产品质量的影响较小。均匀二度变化对产品质量的影响较大，会使绸面出现明显的经柳和档子，所以列为主要检验项目。均匀三度变化虽然对丝绸产品质量的影响更为严重，但只要控制好均匀二度变化的产生，就可有效地避免均匀三度变化的出现，所以列为补助检验项目。

(3) 清洁和洁净

清洁检验是对生丝丝条上大中型糙疵的数量的检验。用样丝进行计疵扣分评定。以 100 分减去各类清洁疵点扣分的总和即为该批丝的清洁成绩，以分表示。

洁净检验是生丝丝条上小型糙疵的数量、形状和分布情况的检验。一般用样丝进行评分，评分标准最高为 100 分，最低为 10 分，50 分以上每 5 分为一个评分单位，50 分以下每 10 分为一个评分单位。

清洁的好坏对丝织品生产和产品质量的影响很大，清洁成绩差，在生产过程中易增加断头数。作为经线，增加提花疵点；作为纬线，产生糙纬，织品易起毛发皱突起，且染色不易均匀，显出斑点，薄型织物尤其明显。洁净的好坏对丝织品影响也较大。洁净不好，往往抱合也不好，丝条经机械摩擦后易发毛、断头，织成的织物有毛茸，坚牢度差，染色不易均匀，对缎纹织物影响尤甚。现代高速织机对经线的洁净要求更高，带小颣的经丝与相邻的经丝之间有较大摩擦力，这根经丝就紊乱，不能有规律地丌合，造成纬丝跳丝，在绸面上形成小洞。所以清洁与洁净都列为主要检验项目。

(4) 切断

切断是指生丝在一定外力作用下进行卷绕时所产生的断头次数。生丝在生产加工过程中经络丝、并丝、捻丝等一系列加工过程，如卷绕过程中断头次数多，找头、接头多花时间和人力，丝条也紊乱，不仅影响丝织品质量，也增加成本。所以切断反映了生丝机械性能的好坏，是一个重要的内在质量指标，检验时将规定数量的受验样丝在规定速度和时间内从切断机的丝络上卷绕到丝锭上，求得一定长度的丝条所发生的断头次数。

(5) 抱合力

生丝由茧丝通过丝胶互相胶着并合而成，经摩擦后其茧丝分裂的难易程度称为生丝的抱合力。抱合力差，织造工序中易断头，且抱合力不良的丝条部位其颜色略带白，染色后呈不规则花纹且颜色不够鲜艳。所以抱合力的好坏不仅影响织造成本，也影响织物质量，特别是作为经丝的生丝，其抱合力要求更高。

检验抱合力是将切断检验时摇成的丝锭在杜波浪式抱合机上进行往复摩擦，摩擦一定次数后停机检视丝条分裂程度，如有半数以上丝条有 6 mm 以上的分裂时，记录摩擦次数。每个丝锭检验抱合力一次，求 20 次检验结果的平均值并取整，即为抱合力次数。

五、亚麻纱的品质评定

亚麻纱中湿纺亚麻纱的品等有断裂长度、断裂强力变异系数、百米质量变异系数、黑板条干均匀度、100 m 纱内麻粒总数和 400 m 纱内粗节数评定，当六项的品等不同时，按六项中最低的一项品等评定(表 15-3)，其中包括亚麻棉混纺本色纱线品等技术要求。

表 15-3　亚麻纱、亚麻棉混纺本色纱线品等技术要求

项　目	混纺长亚麻纱 [25～18.5 tex(40～54 公支)]			亚麻/棉(55/45)混纺本色纱 [38.46～23.81 tex(26～42 公支)]		
	优等品	一等品	二等品	优等品	一等品	二等品
断裂长度(km)，不大于	26	22	19			
单纱(线)断裂强度(cN/tex)，不小于				5.2		
断裂强力变异系数(%)，不大于	20	23	26	16	22	26
百米质量变异系数(%)，不大于	4	5	6	4	6	7
黑板条干均匀度 10 块板(分)，不低于	90	70	60			
黑板条干均匀度 10 块板比例(优：一：二：三)，不低于				7:3:0:0	0:7:3:0	0:0:7:3
麻粒(个/100 m)，不多于	20	45	75			
粗节(个/400 m)，不多于	0	0	2	0	2	4
1 g 内纱结杂质总粒数(个)，不多于				120	170	220

干纺亚麻纱的品等由断裂长度、断裂强力变异系数、百米质量变异系数和 400 m 纱内粗节数评定，四项品等不同时，按四项中最低的一项品等评定。

六、化纤长丝的品质评定

不同品种以及不同用途的化纤长丝其品质评定内容各不相同。现以锦纶 6 长丝为例进行介绍。

行业标准规定锦纶 6 长丝根据物理和染色性能以及外观疵点评等，分为一等、二等和三等，不及三等者为等外。

物理和染色性能的项目为线密度偏差率、线密度变异系数、断裂强力、断裂伸长率、伸长变异系数、捻度偏差、捻度变异系数、沸水收缩率偏差范围和染色均匀度。

沸水收缩率是将长丝在摇纱测长机上摇成周长 1 m、25 圈的小绞，在标准大气条件下平衡一定时间后，将小绞丝挂在立式量尺上，下面挂上重锤。重锤质量根据式“(0.5±0.1) cN/tex×圈数×2”而定。30 s 后准确量度煮前长度 L_0，做上标志。将丝绞用脱脂纱布包好，在沸水中煮沸 30 min，取出轻轻挤压，打开纱布，将丝绞先经 1 h 预调湿处理，再在标准大气条件下平衡一定时间。然后放在立式量尺上挂上原来的重锤，30 s 后测量煮后标志间的长度 L_1。根据下式计算沸水收缩率：

$$沸水收缩率(\%) = [(L_0 - L_1)/L_0] \times 100 \tag{15-7}$$

染色均匀度是将试样分段摇成一定尺寸的袜筒，按一定工艺煮练、染色、洗净、阴干后，与标样对比后评定。

外观疵点逐筒在灯光下用目光检验。外观疵点的项目为结头、毛丝、毛团、松紧丝、拉伸不足丝、硬头丝、珠子丝、白斑、色泽色差、油污丝、成形和丝筒重。

具体技术指标和分等规定在标准中均有详细叙述。

思 考 题

15-1 试述纱线品质评定的意义。纱线品质要求的内涵和选择依据为何？

15-2 证明式(15-2)。

15-3 试举例说明纱线的品质要素与使用要求的关系，举例说明其必要的品质指标。

15-4 复合和结构短纤纱的品质要素有哪些？给出理由，并讨论其区别点。

15-5 试述花式线的品质要求，并举例说明。

15-6 纱线的品等标准的内容包含哪些方面？试举例说明纱线品等技术要求。

第三篇 ↘ 织　　物

内容综述

织物是纺织品的基本形式，应用于服装、家纺和产业三大领域。在使用过程中，织物应能确保对人类、对环境、对生态的安全性，能满足不同使用对象、不同应用环境条件下应具备的性能、功能要求以及科学合理的有效性、持久性和经济性。本篇介绍织物的分类；分析其组织结构和技术规格；阐述织物的力学性能、耐久性、保形性、润湿性、舒适性、风格评价、防护功能与安全性；并介绍织物的品质评定。

掌　　握

① 机织物和针织物的基本结构、组织参数、基本组织和特性，非织造布的主结构、加固结构和结构特征指标。

② 织物的力学性质（拉伸、撕裂、纰裂、顶破、胀破、弯曲）的特征、评价指标与测试方法、破坏机理、强度估算以及影响因素的分析。

③ 织物耐久性（耐磨损、耐疲劳、耐勾丝、耐刺割、耐老化）的特征、评价指标与测试方法以及影响因素的分析。

④ 织物保形性（抗皱、褶裥保持、免烫、悬垂、抗起毛起球、尺寸稳定）的特征、评价指标与测试方法以及影响因素的分析。

⑤ 织物润湿的基本理论、浸湿芯吸机制、表征指标与测定及影响因素的分析。

⑥ 织物舒适性（透通、热湿、刺痒、静电、冷感）的特征、评价指标与测试方法以及影响因素的分析。

⑦ 织物风格、手感与触觉风格、视觉风格和成型性的内涵、评价指标与测试方法以及影响因素的分析。

⑧ 纺织品的防护功能(物理的、化学的、生物的)和安全性的特征、机制、性能评价和应用。

熟　悉

织物力学性能、耐久性、保形性、润湿性、舒适性、风格的特征、主要评价指标与测试方法以及影响因素的分析。

了　解

① 织物分类的依据,分类方法和织物应用的领域。

② 智能纺织品的分类与典型应用。

③ 织物的品质评定。

第十六章　织物及其分类

本章要点

介绍织物的概念、分类与应用，着重叙述机织物、针织物、非织造布的分类与命名，并对有别于传统织物结构的特殊织物做出简述。

织物是纺织材料的重要组成部分之一，是纺织品的基本形式，在不同场合又被称为布、面料等；按生产方式不同，可广义地分为纱线类、带类、绳类、机织物、针织物、编结物和非织造布等门类。

第一节　织物的概念、分类与应用

一、织物的概念和基本类型

所谓织物(fabric)，是由纺织纤维和纱线制成的、柔软而具有一定力学性质和厚度的制品，也就是人们通常所说的纺织品。常规概念中的织物是一种柔性平面薄状物质，其大都由纱线织、编、结或由纤维经成网固着而成，即纱线相互交叉、相互串套或纤维固结而成。

纱线相互交叉形成传统的机织物或编结物，分别见图 16-1(a)和图 16-1(b)。机织物(woven fabric)一般是由互相垂直的一组经纱和一组纬纱在织机上按一定规律交织而成，有时也简称为织物。现代的多轴向加工，如三相织造、立体织造等，已打破这一定义的限制。编结物一般是以两组或两组以上的条状物，相互错位、卡位交织或串套、扭辫、打结而成，如席类、筐类等竹、藤织物，其典型特征后为机织物采纳；而一根或多根纱线相互串套、扭辫、打结的编结方法，则被针织物采用。结构和造型更为复杂的编结物仍保留为一类织物，分机编和手编结物，属特种织物。

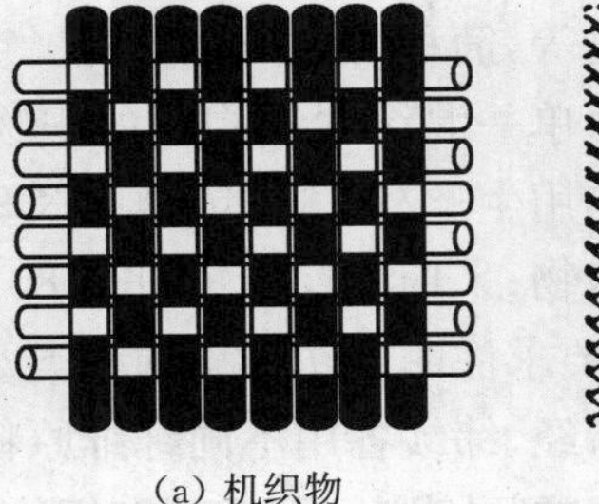
(a) 机织物

(b) 编结物

图 16-1　纱线相互交叉类织物

针织物(knitted fabric)是由一组或多组纱线在针织机上按一定规律彼此相互串套成圈并连接而成的织物，一般分纬编针织物和经编针织物两类，见图 16-2。线圈是针织物的基本结构单元，也是该织物有别于其他织物的标志。现代多轴垫纱或填纱以及多轴铺层技术，使针织变为只是一种绑定方式，人们亦统称其为针织物。

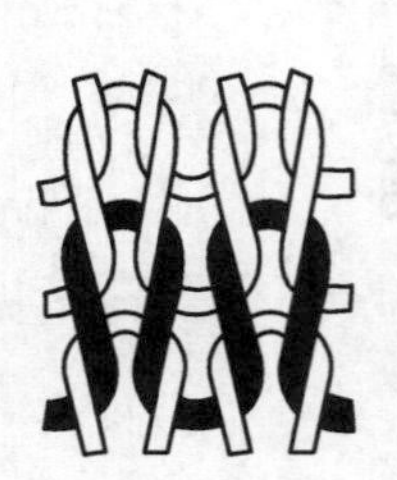

(a) 纬编针织物

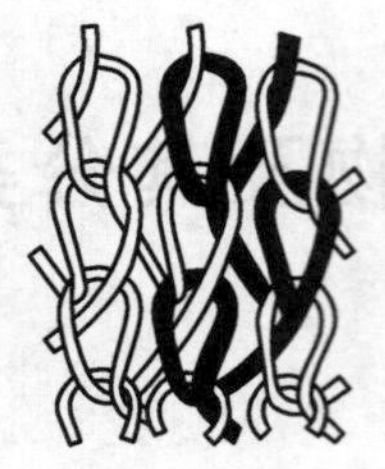

(b) 经编针织物

图 16-2　纱线相互串套类织物(针织物)

图 16-3　纤维固结类织物(非织造布)

非织造布(non-woven fabric)由纤维直接固结而成，是由纤维、纱线或长丝，用机械、化学或物理的方法结合而成的片状物、纤网或絮垫，见图 16-3。它可与纱线、织物，甚至膜或其他片状物，通过缝编或复合制成纺织结构复合材料。非织造布虽源于古老的絮填、造纸、制毡原理与技术，但因固结方式的变化而产生不同。

二、织物的基本分类方法

织物的大类是按成形方式为主的分类，即机织物、针织物、非织造布和编结物。机织物、针织物和编结物虽然有不同的结构特征，但从原料构成、纱线类别、织物成形前后的加工等方面，具有相同或相似的传统分类方法。非织造布作为一种由纤维网构成的纺织品，其所用的纤维原料比较单一，较多地按加工方式和固着方式来分类。

1. 按原料构成分

无论是机织物、针织物还是编结物，按纤维种类进行分类是最基本的方法之一。可分为纯纺织物、混纺织物和交织织物三类。

纯纺织物是由单一纤维原料的纯纺纱线构成的织物。如纯棉、纯毛、纯真丝、纯麻织物以及各种纯化纤织物等，简称时去掉“纯”字。

混纺织物是由单一混纺纱线构成的织物。如经、纬纱均用涤/棉 65/35 混纺纱织成的涤棉织物；经、纬纱均用生丝/涤 60/40 复合长丝纱织成的混纺丝织物；采用毛/腈 70/30 混纺纱针织成的毛腈针织物；采用棉/涤(短/长) 80/20 复合纺纱经编而成的棉涤针织物等。一般混纺织物命名时，均要求注明混纺纤维的种类及各种纤维的含量。

交织织物是指经、纬纱各用不同纤维原料的纱线织成的机织物；或是以两种或两种以上不同原料的纱线并合或间隔制织而成的针织物。如经纱用棉纱线、纬纱用黏胶丝或真丝的线绨织物；棉纱与锦纶丝交织、低弹涤纶丝与高弹涤纶丝交织的针织物等。此外，在织物中用“金银线”进行装饰点缀，也可算作一种交织形式，属于低比例的装饰交织织物。

2. 按纱线类别分

(1) 按纱线的结构与外形分

可分为纱织物、线织物和半线织物。纱织物是指完全采用单纱织成的织物；线织物是指完全采用股线织成的织物；半线织物是指经、纬向分别采用股线和单纱织成的机织物，或单纱与股线并合或间隔制织而成的针织物。按纱线结构与外形的不同，还可分为普通纱线织物、变形纱线织物和其他纱线织物。

(2) 按纺纱工艺分

棉织物按纺纱工艺不同可分为精梳织物、粗(普)梳织物和废纺织物,它们分别是用精梳棉纱、粗(普)梳棉纱和废纺棉纱织成的织物。毛织物按纺纱工艺不同可分为精纺织物(精纺呢绒)和粗纺织物(粗纺呢绒),它们分别是用精梳毛纱和粗梳毛纱织成的织物。

(3) 按纺纱方法分

可分为环锭纺纱织物和新型纺纱织物。

3. 按染整加工方法分

按织物印染加工和后整理工艺的分类方法,在加工业和商业上经常被采用。

(1) 按织前纱线漂染加工分

可分为本色织物和色织物。本色织物是以未染色纱线织成的各类织物,又称本色坯布、白坯布或白布,简称织坯;以棉及其混纺原料织成的织物简称布坯,以天然丝或化纤丝为原料织成的织物简称绸坯,以羊毛及其混纺原料织成的织物简称呢坯(其中毛毯称毯坯,起绒织物称绒坯),毛巾类织物简称巾坯,带类织物简称带坯。色织物是用染色纱线织成的各类织物,可以通过变化纱线的交织方式,配合不同色泽,交织出多种不同花型和色泽的产品,如线呢、劳动布、彩格绒、被单布、苏格兰裙布等。

(2) 按织物印染加工分

可分为漂白织物、染色织物和印花织物。漂白织物是指白坯布经练漂加工后获得的织物,也称漂白布。染色织物是指白坯布经匹染加工后获得的织物,也称匹染织物、染色布、色布。印花织物是指白坯布经过练漂、印花加工后获得的织物,也称印花布、花布。

(3) 按织物后整理工艺分

后整理种类繁多,主要有仿旧、磨毛、丝光、模仿、功能整理等。仿旧整理是赋予服装用织物以"自然旧"的风格,达到整新如旧效果,如柔软洗涤、褪色洗涤、石磨水洗、化学石洗等。磨毛整理使织物表面有一层细腻、短密和均匀的绒毛,织物手感柔软、温暖,如砂洗仿桃皮、仿麂皮织物等。丝光整理是用化学腐蚀使纤维表面产生微坑而获得闪烁丝光,如涤纶丝光织物;或使纤维膨胀、圆整,如棉丝光织物。模仿整理目的在于使化纤面料具有天然风格,如仿毛、仿丝、仿麻、仿麂皮、仿羊皮整理织物等。功能整理可提高织物某一方面的性能,以适应特殊需要,如防水、阻燃、抗静电、抗起毛起球、防皱防缩、防霉防菌、防辐射、生物相容等功能织物。

三、织物应用的三大领域

纺织品以其应用领域不同可分为三大类:服装用纺织品,装饰用纺织品和产业用纺织品。

服装用纺织品也称衣用纺织品,包括制作服装的各种纺织面料以及缝纫线、松紧带、衬布、里料、填充料、紧固材料等各种服装辅料和服饰配件,还包括针织成衣、手套、袜子等制品。这类纺织品必须具备实用、舒适、卫生、装饰等基本功能,并提供合适的风格与时尚;必须满足人们工作、运动、休息、休闲等多方面的需要,并适应气候等环境条件的变化;应该便于护理、保养和满足环境生态要求。

装饰用纺织品也称家用纺织品,包括床上用品(如床单、床垫、巾被、枕套等)、室内装饰用布(如窗帘、家具布、墙布、地毯等)和卫生盥洗用布(如毛巾、浴帘、地巾等)。

产业用纺织品也称技术纺织品、高性能纺织品等,是指为国民经济各部门服务的具有一定功能的纺织品。产业用纺织品的使用范围很广,按其在各行各业的用途不同,可分为若干门类。我国将产业用纺织品分为16大类，包含1 000多个品种和规格，主要有：农业栽培用纺织品；渔业和水产养殖用纺织品；土工织物；传动、传送、通风等带、管的骨架纺织品；篷盖、帐篷用帆布；产业用毡制品；产业用线、带、绳、缆类纺织品；革、毡、瓦等制品的基布；各类过滤材料及筛网；隔热、隔音、绝缘等隔层材料；各种类型的包装材料；各类劳保、防护工作服；文娱、体育用品及各种球类基布；医疗卫生、妇婴保健等用途的纺织品；国防、航空、航天及尖端工业用纺织品；其他类产业用纺织品。

第二节　机织物的分类与命名

一、按纺织加工体系分类与命名

常规机织物的成形原理相同，它们的主要区别在于以纤维来源为主的加工体系，以及在此体系下兼顾织物外观和组织的分类和命名，有棉型织物、中长纤维织物、毛型织物和长丝织物等，亦可简称为棉织物(含中长纤维织物)、毛织物、丝织物、麻织物等。

1. 棉与棉型织物

广义上，棉织物是用棉型纱线织成的织物，包括纯棉织物、棉型化纤织物和混纺交织织物，如涤/棉布、涤/黏布等。中长纤维织物是用中长纤维纱线织成的织物，多为棉纺系统中仿毛产品的加工，如涤/黏中长纤维织物、涤/腈中长纤维织物等。

棉织物主要品种有：①平布，以棉纱织制的平纹布，经纬纱在32 tex以上的称为粗平布(粗布)，经纬纱在22～30 tex的称为中平布(市布或平布)，经纬纱在19 tex以下的称为细平布(细布)；②细纺，采用6～10 tex的特细精梳纱作经纬纱织制的平纹织物；③府绸，一种细特高密的平纹或提花棉织物，由于经过特殊的紧度设计和后处理，使织物略带丝绸风格；④巴厘纱，又称“玻璃纱”，是用细特强捻纱织制的稀薄平纹织物；⑤卡其，高密度的斜纹织物，规格品种较多；⑥棉哔叽，采用加强斜纹组织，是一种结构较松、质地柔软的织物；⑦直贡和横贡，均为缎纹棉织物；⑧麻纱，采用高捻度的中细棉纱织成的一种平纹变化织物，经纱采用单根和双根间隔排列，使织物呈现宽窄不同的纵向条纹，外观和手感都有麻织物的风格；⑨牛津纺，或称牛津布，以精梳细特纱线作双经与较粗的纬纱交织，制成纬重平或方平组织织物；⑩灯芯绒，又名棉条绒，织物表面呈现耸立绒毛，排列成纵条状，外观圆润，形似灯芯草，一般为纬起毛组织织物。其他还有平绒、绒布、牛仔布、泡泡纱等产品。

2. 毛与毛型织物

广义上，毛织物是用毛型纱线织成的织物，包括纯毛织物、毛型化纤织物和混纺交织织物。可分为精纺毛织物和粗纺毛织物。

精纺毛织物又称精纺呢绒，其制品呢面洁净、织纹清晰、手感滑糯、富有弹性、色泽莹润柔和。精纺毛织物常用17～34 tex的股线作经纬用纱，平方米质量一般为100～380 g/m²，并且有向轻薄化方向发展的趋势。主要品种有：①凡立丁，又名薄花呢，为轻薄型平纹毛织物，经纬向均采用单色股线，纱线较细，捻度较大，织物排列密度较小；②派力司，由混色精梳毛纱织制的轻薄型平纹毛织物，一般经向用线，纬向用纱，织物比凡立丁稍轻；③华达呢，又名轧别丁，表面光洁平整，斜纹纹路清晰、细密、饱满，斜纹角度约为63°，有一定防水性的紧密斜纹毛织物；

④哔叽，素色斜纹精纺毛织物，常采用二上二下右斜纹组织，倾角为45°～50°，正反面纹路相似但方向相反，与华达呢相比其纹路较平坦，间距较宽，排列密度适中；⑤啥味呢，又称精纺法兰绒，常采用二上二下右斜纹组织，倾角为45°～50°，纹路较平坦，间距较宽，与哔叽不同的是，啥味呢是混色夹花织物，大多经轻度缩绒处理，呢面有均匀短小的绒毛覆盖；⑥贡呢，中厚型缎纹毛织物，是精纺毛织物中密度大且厚重的品种；⑦女衣呢，又称女士呢、女式呢，是精纺呢绒中轻薄的女装面料，其纤维使用范围广，组织结构多种多样，面料颜色大多鲜艳明快；⑧花呢，是花式毛织物的统称，是精纺呢绒中花色变化最多的品种，综合运用构成花样的各种方法，使织物外观呈现点子、条子、格子以及其他多种多样的花型图案。

粗纺毛织物又称粗纺呢绒，其制品手感丰满、质地厚实而柔软，表面都有或长或短的绒毛覆盖。粗纺毛织物用纱细度一般为63～176 tex，高档轻薄型的用纱细度为50 tex左右，厚重型的用纱细度可达500 tex，平方米质量为180～840 g/m^2。粗纺毛织物品种丰富，风格多姿，按照整理后成品织纹交织的清晰程度和表面绒毛的状态，大体可分为纹面织物、呢面织物和绒面织物。纹面织物表面织纹较清晰，采用不缩绒的整理工艺生产；呢面织物表面不露底纹，采用缩绒或缩绒后轻起毛的整理工艺生产；绒面织物表面有较长的绒毛覆盖，采用起毛的整理工艺生产，产品有绒面型、顺毛型、立绒型等几种。

粗纺毛织物的典型品种有：①麦尔登，品质较好的粗纺呢绒，织物经缩绒整理，制品表面有细密毛茸覆盖，手感丰厚，富有弹性，耐皱折，不起球，并有抗水防风的特点；②大衣呢，粗纺呢绒中规格品种较多的一类，为厚型织物，保暖性强，适宜做冬季大衣，又可分平厚大衣呢、立绒大衣呢、顺毛大衣呢、拷花大衣呢和花式大衣呢等几种类型；③制服呢，一种较低级的粗纺呢绒，亦称粗制服呢，由于使用了较低级的羊毛且纱线线密度较大，因此制品的呢面织纹不能完全被茸毛覆盖，手感也略显粗糙；④海军呢，亦称细制服呢，外观和麦尔登无多大区别，只是原料选用及染整工艺不同，品质及身骨稍次于麦尔登；⑤学生呢，又称大众呢，是一种低档的麦尔登，以精梳短毛、再生毛为主要原料，呢面平整，手感柔软，但与麦尔登相比，仍有易起球、落毛、露底等不足；⑥女式呢，是粗纺呢绒大类品种之一，因主要用作女装而得名，手感柔软，有弹性，色泽鲜艳常有专门色谱，以适应不同服饰的需要；⑦法兰绒，按色谱需要先将部分纤维染色，与本色白纤维混合进行加工，制品绒毛细洁、丰满，混色均匀，不露或稍露底纹，手感柔软而有弹性；⑧粗花呢，常采用散纤维染色，以纱线结构和织物组织的变化形成各种花纹，按外观分纹面、呢面和绒面三种风格，如传统纹面织物钢花呢、海力斯等；⑨其他类，包括粗服呢、劳动呢、制帽呢等低档产品。

3. 丝与丝型织物

丝织物又称丝绸，广义上讲，凡是以天然或化学纤维长丝为原料的织物均称为丝织物。丝织物具有柔软滑爽、光泽明亮等特点，制品华丽、高贵，服用性能好。

丝织物品种多，用途广。为了使丝织物名称统一和规范化，依据丝织物的组织结构、织制工艺及质地和外观效应，细分为绡、纺、绉、绸、缎、锦、绢、绫、纱、罗、绨、葛、绒、呢14大类。每类中按使用原料不同，分为全真丝（桑蚕丝）织物、人造丝织物、合纤丝织物、柞蚕丝织物与交织织物。丝绸织物规格繁多，有近3 300个品种，其中只有很少的品种采用绢纺线，如绸类中的绵绸。

丝织物大类包括：①绡类：采用平纹或假纱等组织，经纬密度较小，质地轻薄透孔，产品有真丝绡、素绡、花绡等；②纺类：又称纺绸，采用平纹组织，表面平整缜密，质地较轻薄，品种有平素生织的，如电力纺、无光纺、尼龙纺、涤纶纺和富春纺等，也有色织和提花的，如伞条纺、彩格纺和花春纺等;③绉类:运用工艺手段和结构手段,以丝线加捻和采用平纹或绉组织相结合,使织物外观呈现绉效应,具有光泽柔和、手感糯爽、富有弹性、抗折皱性好等特点,品种很多,如轻薄透明的乔其纱,中薄型的双绉、花绉、碧绉、香葛绉,中厚型的缎背绉、留香绉、柞丝绉等;④缎类:织物全部或大部分采用缎纹组织(除经或纬用强捻线织成的绉缎外),质地紧密柔软,绸面平滑光亮,按其制造和外观分为锦缎、花缎、素缎三种,如锦缎的织锦缎、古香缎,花缎的花软缎、锦乐缎、金雕缎,素缎的素软缎、素库缎等;⑤锦类:采用重经、重纬、双层或多层等组织织制而成的外观绚丽多彩的色织提花织物,如云锦、宋锦、蜀锦、织锦缎等;⑥绢类:采用平纹或平纹变化组织,熟织或色织套染,绸面细密平挺、质地轻薄,如塔夫绸、天香绢等;⑦绫类:采用斜纹或变化斜纹为基础组织,表面具有明显的斜纹纹路,或以不同斜向纹路组成的山形、条格形、阶梯形等花纹,素绫采用单一的斜纹或变化斜纹组织,花绫在斜纹地组织上常织有民族传统纹样,其品种有桑花绫、采芝绫、双宫斜纹绸等;⑧纱类:全部或部分采用纱组织,绸面呈现清晰纱孔,如香云纱、乔其纱等;⑨罗类:全部或部分采用罗组织,绸面纱孔呈条状,如杭罗等;⑩绨类:采用平纹组织,以各种长丝作经,棉纱蜡线或其他短纤维纱线原料作纬,质地较粗厚,如线绨等;⑪葛类:采用平纹、经重平变化组织或急斜纹等组织,经细纬粗、经密纬疏、质地厚实,有比较明显的横棱纹,如特号葛、文尚葛等;⑫绒类:全部采用或混用绒组织,绸面呈绒毛或绒圈,如金丝绒、乔其绒等;⑬呢类:采用或混用基本组织、联合组织及变化组织,质地丰厚,具有毛织物外观,如四维呢等;⑭绸类:采用或混用平纹或变化组织以及其他组织,经纬纱交错较紧密或无其他大类织物特征的丝织物,如双宫绸、绵绸等。

4. *麻与麻型织物*

目前对麻织物尚无系统的分类方法,一般可根据组成织物的原料、加工方法来分类命名。

(1) 按采用原料分

有苎麻织物、亚麻织物、黄麻织物、大麻织物、棉麻交织织物以及麻混纺织物等。苎麻织物是指采用100%苎麻为原料的织物,主要品种包括手工夏布、各种规格的苎麻织物等;亚麻织物是指采用100%亚麻为原料的织物,如原色亚麻织物、细薄亚麻织物等;大麻织物是以纯大麻为原料的织物,有细麻布等;黄麻织物基本为包装织物;棉麻交织织物是指棉纱为经、苎麻纱为纬所织成的织物;麻混纺织物是指麻纤维和其他纤维混合纺纱再织成的织物,如55/45麻棉混纺平布等。

(2) 按加工方法分

有手工麻布、机织麻布两类。手工麻布亦称夏布,主要是手工绩麻成纱,再用木织机手工织成的苎麻织物;机织麻布是指以各种麻为原料,经机器纺纱和织造而成的麻织物。

二、按织物组织分类

所谓织物组织是指机织物中经、纬纱线交织的规律与形式。按织物组织分类,机织物可分为原组织织物、变化组织织物、联合组织织物、复杂组织织物和纹织物。

1. *原组织织物*

原组织也称基本组织,包括平纹、斜纹和缎纹。平纹织物主要有细布、府绸、凡立丁等;斜纹织物有纱卡、斜纹布、毛哔叽等;缎纹织物有横贡、直贡、软缎、贡呢等。

2. *变化组织织物*

变化组织是在原组织的基础上,变更原组织的循环数、浮点、飞数等派生而成的织物组织,对应的有平纹、斜纹、缎纹变化组织。

平纹变化组织有重平、方平以及变化重平和变化方平组织，其织物有重平麻纱织物、方平板司呢、花呢、女式呢等。

斜纹变化组织织物有加强斜纹组织织物，如哔叽、啥味呢、华达呢、线卡其、麦尔登、花呢、法兰绒、大众呢、海军呢、女式呢等；有复合斜纹组织织物，分为经面、纬面和双面复合斜纹三种；有按斜纹形状分的山形斜纹、破斜纹、角度斜纹（急斜纹和缓斜纹）、曲线斜纹、菱形斜纹、锯齿斜纹、芦席斜纹等斜纹变化组织织物。

缎纹变化组织织物有两类：加点缎纹织物，有缎背华达呢、驼丝锦等；变则缎纹织物，一般用于顺毛大衣呢、女式呢和花呢等。

3. 联合组织织物

联合组织是将两种或两种以上的组织联合构成的新组织，织物表面呈现几何图案或小花纹效应。

条格组织织物表面呈清晰条纹和格子效应。绉组织织物表面呈分散性小颗粒凹凸起皱，如女线呢、女式呢、乔其纱等。透孔组织织物表面具有均匀分布小孔，如涤纶丝的安源绸、似纱绸、薄花呢等。凸条组织织物外观具有经、纬向或倾斜凸条效应，如棉灯芯布、色织女线呢、长丝仿毛织物、凸条毛花呢等。蜂巢组织织物表面形成边凸中凹的六角形格，形似蜂巢形状，如女式呢。网目组织织物表面交织点较少，经纱或纬纱浮着呈扭曲状，如细纺、泡泡纱等。浮松组织是由平纹和排列在平纹组织上的一组浮线联合构成，以亚麻、棉纱为原料，适合于卷筒式手巾、陶瓷和玻璃的抹布。凹凸组织又称劈组织，其织物用于装饰织物、外衣面料、童装镶边装饰料等。另外还有小提花组织等。

4. 复杂组织织物

复杂组织织物是由一组经纱与两组纬纱或两组经纱与一组纬纱或两组及两组以上经纱与两组及两组以上纬纱构成的，分为二重、双层、起毛、毛巾、纱罗组织织物，织物表面致密、质地柔软、耐磨较厚或能赋予织物一些特殊性能等。

二重组织织物，有牙签条中厚花呢、厚重大衣呢、织锦缎、古香缎、留香缎、双面缎、罗纹缎、毛毯等织物。双层组织织物，有各种配色花纹的花呢、袋织物、分层织物等。起毛组织织物，有灯芯绒、拷花大衣呢、长毛绒、天鹅绒、立绒等。毛巾组织织物，由毛（起圈）、地两组经纱与一组纬纱组成，具有良好的保暖性和吸水性，手感柔软。纱罗组织织物，经纱由绞经和地经组成，织制时纬纱不易靠拢，织物质地轻薄，透气性好，结构稳定，制品有杭罗、涤棉纱罗等。

5. 纹织物

纹织物又称大提花组织，可分为简单和复杂两大类。凡用一种经纱和一种纬纱，选用原组织及小花纹组织构成花纹图案的组织称为简单大提花组织。经纱或纬纱的种类在一种以上，配列在多重或多层之中的组织均称为复杂大提花组织。

第三节　针织物的分类与命名

一、按形成方法分

根据针织方法和织物线圈结构的不同，针织物可分为纬编针织物和经编针织物。

1. 纬编针织物

纬编针织物是由一根或多根纱线沿针织物的横向顺序弯曲成圈并由线圈依次串套而成的织物。纬编针织物质地柔软，具有较大的延伸性、弹性以及良好的透气性。

纬编针织物的组织有纬平针、罗纹、双反面等基本组织和双罗纹、变化纬平等变化组织以及提花、集圈、毛圈、长毛绒、波纹、衬经衬纬等花色组织，还有由上述组织复合而成的复合组织。与其对应的织物有基本组织针织物、变化组织针织物、花式组织针织物和复合组织针织物。

手工编织中，采用直针(亦称棒针)编织的织物属于纬编针织物，如手工围巾、毛衫等；采用钩针编织的织物亦有属于纬编针织物的，如手工钩编织物等。

2. 经编针织物

经编针织物是由一组或多组平行的纱线同时沿织物经向顺序成圈并相互串套连接而成的织物。经编针织物具有横向弹性和延伸性好、纵向尺寸稳定、质地柔软、脱散性小、透气性好等特点。

经编针织物可以是单梳栉织物，也可以是多梳栉织物。单梳栉织物只用一组纱线，每个线圈由一根纱线构成；多梳栉织物可用多达二百多组的纱线，构成图案复杂的花边织物。

普通的经编针织物采用 2～4 组纱线，由编链组织、经平组织、经缎组织或重经组织编织。花式经编针织物的种类很多，有网眼织物、纵向绣纹织物、褶裥织物、单面毛圈织物、长毛绒织物、局部衬纬的花纹织物、全幅衬纬织物、衬经衬纬织物和多轴向织物等。

手工编织中，采用钩针编织的织物也有经编针织物，其织物特点是不易脱散，如渔网等。

二、按成品形态分

按成品形态不同可分为针织坯布和成形产品两类。针织坯布需经过裁剪、缝制再成为各种针织品，主要用于如衬衫、棉毛衫裤、毛衫、外套、裙子等内衣、外衣制品。针织成形产品是在机器上直接织制的全成形或半成形产品，如帽子、袜类、手套、羊毛衫等。

第四节　非织造布的分类与命名

与传统的纺织生产相比，非织造布的工艺流程最短，并且大多数可在一条生产线上完成，其工艺的主要环节在于纤网的形成与加固，故非织造布主要以纤网成形方法和纤网加固方法分类。

一、按纤网的成形方法分

纤网是非织造布的中间产品，是指纤维原料经过排列所形成的网络状结构。

1. 干法成网非织造布

干法成网非织造布也叫干法非织造布，是非织造布中应用范围最广、发展历史最长的一类加工方法。凡由纤维在干态下用机械、气流或其他方式形成纤网的非织造布，统称干法非织造布。

(1) 机械成网非织造布

采用类似传统的梳理机或锯齿开棉机等形成纤网，并可对纤网进行铺叠，然后进行后道工序加工。

(2)气流成网非织造布

利用流动的空气，让纤维在控制的气流中运动，最后均匀地沉积在连续运动的多孔帘带或尘笼上而形成纤网。

2. 聚合物挤出成网非织造布

凡是高分子聚合物材料经过挤出(纺丝、熔喷、静电纺、薄膜挤出等)加工而成网状结构的非织造布，统称聚合物挤出成网非织造布。

(1) 纺丝成网法非织造布

采用化学纤维纺丝方法(熔融纺丝方法或溶剂纺丝方法等)形成长丝，在纺丝过程中直接铺放在运动着的凝网帘上形成纤网，有时存在自黏合作用。

(2) 熔喷法非织造布

将聚合物在熔融状态下高压喷出，以极细的短纤维状沉积在凝网帘带或滚筒上而使之成网，同时可自身黏合而形成非织造布。

(3) 静电纺丝法非织造布

当丝液由喷丝孔喷出时，在静电场作用下，丝液分裂、拉细、拉长并沉降到移动网上形成非织造布，其最大特点是纤维很细。

(4) 膜裂法非织造布

在聚合物挤出成膜阶段，通过机械作用(例如针裂、轧纹等)，使薄膜形成网状结构或原纤化的极轻薄的非织造布。这类非织造布主要用作叠层加工或热熔黏合中的热熔性黏合介质。

3. 湿法成网非织造布

湿法成网也称水力成网，是以水为介质，使短纤维均匀悬浮于水中，并借水流作用使纤维沉积在透水的帘带或多孔滚筒上形成纤网。由于其成网方法与造纸类似，又可称为造纸法非织造布。

二、按纤网的加固方法分

加固是在非织造布生产中，使纤网具有一定强力而形成非织造布结构的关键工序。加固作用可以通过机械、化学或热等方法达到。

1. 机械加固法

采用单一的机械作用使纤网中纤维缠结或用线圈状纤维束或纱线使纤网加固。

(1) 针刺法非织造布

针刺法是非织造布最早的生产方法，也是机械加固的主要方法之一。用带刺的专用针对纤网反复进行穿刺，使被刺部位纤维相互缠结，因而加固纤网。

(2) 缝编法非织造布

采用经编线圈结构(可以由外加纱线或纤网中的纤维形成)对纤网等材料进行加固。

(3) 射流喷网法非织造布

射流喷网法又称水刺法，是非织造布机械加固中较新的方法。利用许多极细的高压水流对纤网垂直喷射，使纤网中纤维相互缠结而加固。

2. 化学黏合法

化学加固亦称化学黏合，采用黏合剂、溶剂等化学物质，使纤网中纤维黏结而加固。

(1) 浸渍法非织造布

浸渍黏合法是采用液状黏合剂，通过各种浸轧方式使纤网带上黏合剂，再经烘燥、焙烘等工序，使纤网得到黏合加固。

(2) 喷洒法非织造布

喷洒黏合法采用喷洒装置使液状黏合剂分散到纤网中，再经过烘燥、焙烘等工序，使纤网得到黏合加固。

(3) 泡沫法非织造布

泡沫黏合法严格地说也是一种浸渍黏合法，但有着传统浸渍黏合法无法比拟的均匀和点线黏合优点，因此得到迅速推广和应用。它是将泡沫状黏合剂施加到纤网中，再经过烘燥、焙烘等工序，使纤网得到黏合加固。

(4) 印花黏合法非织造布

印花黏合法采用印花方法，将液状黏合剂施加到纤网中，再经过烘燥、焙烘等工序，使纤网得到黏合加固。

3. 热黏合法

通过纤网中热塑性材料（例如热熔纤维、粉剂、薄膜等）的热熔黏合性能，使纤网得到加固，包括热熔、热轧和未固化前的自黏合等。

(1) 热风(烘)黏合法非织造布

热风黏合法是将含有热塑纤维、粉剂或薄膜的纤网通过热风穿透加热，使热熔性材料全部或局部熔融而产生黏合作用。

(2) 热轧法非织造布

热轧黏合法是将含有热塑性纤维的纤网同时加热、加压，使热熔性材料全部或局部熔融而产生黏合作用。

第五节　特种织物概述

通俗意义上讲，凡是不同于上述传统织物结构的织物，都可称为特种织物。特种织物按结构可分为平面型结构和立体型结构。平面型结构织物包括机织物、针织物、编结物和织编织物；立体型结构织物包括机织物、针织物、编结物和非织造布。

一、平面型结构织物

1. 机织物的二轴向斜交与三轴向交织

(1) 二轴向斜交机织物

传统的机织物由经、纬两组纱线垂直交织而成，斜交（或称斜纬）织物的经、纬纱则是以斜向交织而成，见图 16-4。

斜交织物能克服斜向强力不足的缺点，且质量轻，在包缠带锥形或弧形的物体时易平整、服帖，通过包缠可达到各向均匀。斜交织物既可用作航天、国防、工业用圆柱体、锥形器件的缠绕织物，也可作汽车用的帘子布。

图 16-4　斜交机织物示意图

图 16-5　两种平面三轴向机织物结构图

(2) 三轴向机织物

由三向织机制织的织物，是以两根相交角度为 60°的经纱和一根纬纱交织而成，见图 16-5。三向织物具有很好的结构稳定性和各向同性特征，在航空用布（如降落伞布、气球衬布等）、帆船布、医疗绷带、树脂增强用织物等方面有特殊用途。

2. 编结物的二维编织与轴纱系编织

编结物是最早的纺织品，历史悠久，网、席、草帽等就是编结物，其组织结构是由纱线进行对角线交叉而形成的，没有机织物中经纱和纬纱的概念。近几十年来，由于复合材料的发展和高模量一次成形结构材料的需要，这门古老的纺织技术在机械化、自动化上得到了迅速发展。

编结的种类很多，按编结形状分有圆形编结和方形编结；按编结物厚度分有二维平面编结和三维立体编结，也称为编织。二维编织物见图 16-6，一般用于生产鞋带和服装用的绳、带等，也可用于异型薄壳预制件。如果希望提高织物轴向性能，可以在轴向增加轴系垫纱，见图 16-7。

图 16-6　二维编织物

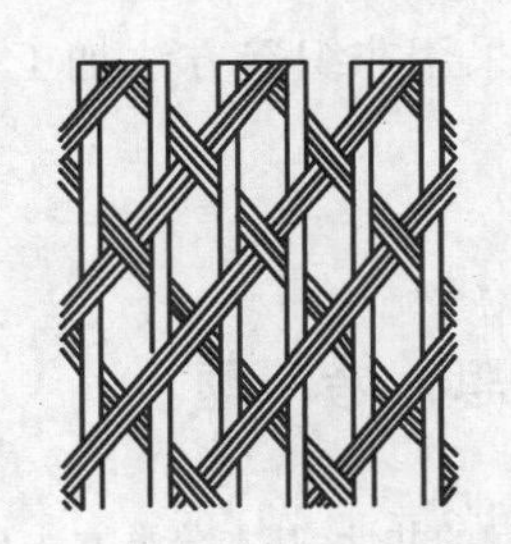

图 16-7　轴纱系编织物

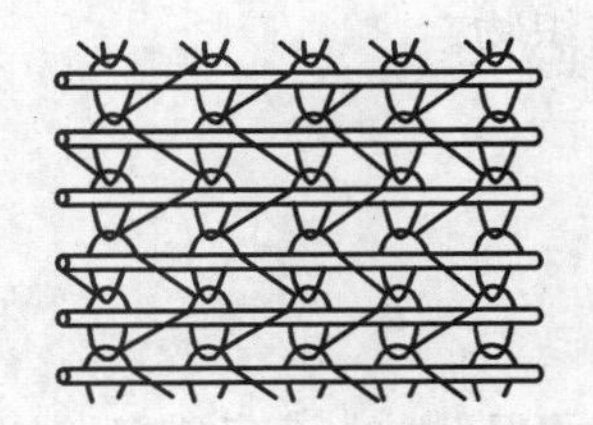

图 16-8　横向增强复合针织物

3. 复合针织物

针织物的最大特点是存在相互串套的线圈，该结构的复合材料具有良好的抗冲击和能量吸收性能。针织物作为柔性复合材料的增强结构，是利用了织物本身变形大的特点，但不适于作承载结构。为提高结构复合材料的刚性，通过加入不参与编织的增强纤维或纱线，可实现针织物结构的稳定。由于增强纤维或纱线处于伸直状态，力学性能得到充分利用，提高了织物尺寸的稳定性。若在一个方向加入增强纤维，则可得到该方向较稳定的针织物；也可以在经纬向或多轴向加入，见图 16-8。

二、立体型(3D)结构织物

立体型即三维(3D)织物，是除去平面织物的二维外还有厚度方向的纱系或结构。

1. 三向正交立体型结构机织物

立体型结构机织物是采用类似传统织造原理获得的织物，见图 16-9。与传统机织物相比存在下述不同点：①织物交织的方向数不同：立体型结构机织物有经纱、纬纱和垂纱，垂纱垂直于经、纬纱，其纱线的交织方向数≥3，称为三维或多维织物；②织物厚度不同：具有的层数依需要可达几十层；③纱线曲折不同：内部纱线大多数是挺直的，表面纱线弯曲呈180°转向；④织物形状不同：端面可为圆筒形、方形、矩形、T形、工字形等；⑤纱线性状不同：多采用不加捻的长丝且大多为高性能纤维。

图 16-9　三向正交立体型结构机织物

2. 多轴向经编织物

立体型结构的针织物一般是多层、多轴向针织物。多层、多轴向针织物是根据材料实际应用中的受力情况，在经向、纬向、斜向铺设伸直的高性能增强纤维（称为衬经、衬纬及斜向衬纬），再用经编方法将这些衬纱绑定，确保纱线的稳定和平行伸直。当衬纱采用碳纤维时，经编后用树脂固化成碳纤维复合材料，可替代传统的金属材料；用玻璃纤维衬纱的T字或工字梁，可用作增强结构材料。这种多轴向针织物最多可达8层，还可以将其叠层，得到更厚的三维针织物。

3. 立体型结构编织物

立体型结构编织是指编织物的厚度至少超过编织纱直径的三倍并且在厚度方向有纱线或纤维束相互交缠的编结方法。它是最早应用于生产复合材料三维预型件的工艺，早在20世纪60年代，三维编织碳/碳复合材料就用作火箭发动机部件，可以减重30%～50%。立体编织的另一概念是编织物的造型是三维不可展曲面。

4. 立体型结构非织造布

立体型结构非织造布由纤维或纱线采用非织造方法加工而成，包括一定厚度的纤维毡和XYZ黏结织物。

思　考　题

16-1　根据织物的定义和特征，讨论织物间的共性、基本分类方法及依据。

16-2　试述织物的应用领域和一般规律。

16-3　机织物按纺织加工体系和织物组织如何分类？

16-4　针织物按形成方法和成品形态如何分类？比较纬编和经编针织物的特点。

16-5　非织造布的定义是什么？如何分类？

16-6　试述特种织物的概念与一般分类。

16-7　平面型特种机织物有哪些？各有什么特点？应用领域是什么？

16-8　立体机织物与传统机织物有什么不同？各自有何特点？

第十七章　织物结构与基本组织

本章要点

着重阐述传统织物(机织物、针织物、非织造布)的结构、特征参数、织物组织及其表达形式。织物的几何结构因素是织物设计的基础,密切关系到织物的性质与使用性能,是工程技术人员必须掌握的基础理论知识。

第一节　机织物的结构与组织

一、机织物的基本结构

机织物作为几何体,具有长度、宽度和厚度以及质量等指标,但更重要的是织物结构特征的表达。

1. 织物的匹长、幅宽和厚度

(1) 匹长

一匹织物两端最外边完整的纬纱之间的距离称为匹长,单位为米(m)。织物匹长根据织物用途、厚度、单位面积质量及卷装质量而定。如棉织物的匹长,一般为 27～40 m;毛织物的匹长,一般大匹为 60～70 m,小匹为 30～40 m。工厂中还常将几匹织物联成一段,称为“联匹”。厚重织物 2 联匹,中厚织物采用 3～4 联匹,薄型织物采用 4～5 联匹。

织物匹长的经常性检验是在叠布机上量度的,试验室作定期抽查,用尺测量。

(2) 幅宽

织物最外边的两根经纱间的距离称为幅宽,单位为厘米(cm)。织物幅宽根据织物用途、加工过程中的收缩程度及生产设备条件等因素而定。如棉织物的幅宽分为中幅和宽幅两类,中幅为 81.5～106.5 cm,宽幅为 127～167.5 cm;粗纺毛织物的幅宽一般为 143 cm、145 cm、150 cm,精纺毛织物的幅宽一般为 144 cm 或 149 cm。

织物按幅宽可分为带织物、小幅织物、窄幅织物、宽幅织物和双幅织物。带织物,或称编结线(带),指宽度为 0.3～30 cm 的狭条状或管状纺织品;小幅织物,指幅宽为 40 cm 左右的织物;窄幅织物,指幅宽在 90 cm 以下的织物;宽幅织物,指幅宽大于 90 cm 的织物;双幅织物,指幅宽在 150 cm 左右的织物。

织物幅宽的经常性检验是在验布或叠布时量度的，试验室也定期抽查，一般都在测定匹长的同一匹布上丈量。

(3) 厚度

织物在一定压力下正反两面间的距离称为厚度，单位为毫米(mm)。织物按厚度不同可分为薄型、中厚型和厚型三类。棉、毛、丝织物的厚度与类型见表 17-1。

表 17-1　棉、毛、丝织物的厚度与类型

织　物	厚　度(mm)		
	轻薄型	中厚型	厚重型
棉织物	<0.25	0.25～0.40	>0.40
精纺毛织物	<0.40	0.40～0.60	>0.60
粗纺毛织物	<1.10	1.10～1.60	>1.60
丝织物	<0.14	0.14～0.28	>0.28

织物厚度用测厚仪测量，也可在织物风格仪的压缩性测试装置上测试。

影响织物厚度的因素主要有纱线线密度、织物组织、纱线在织物中的屈曲程度及生产加工时的张力等。假定纱线为圆柱体且无变形，当经纬纱直径相等时，平纹织物厚度可在 2～3 倍于纱线直径的范围内变化。纱线在织物中的屈曲程度越大，织物越厚。生产加工中张力增大时，纱线屈曲程度变小，从而影响织物厚度。此外，试验时所用的压力和作用时间也会影响试验结果。由于织物具有可压缩性，所以随着压力和作用时间增加，织物厚度逐渐减小，并且趋近于一定值。

2. 经纬纱配置

织物经纬纱的配置，包括经纬纱的线密度及其用纱或用线的配置，这不仅涉及织物结构的基本参数，而且是顺利加工的基本保证。

织物内经纬纱线密度的选用取决于织物的用途与要求，一般有三种配置：①经纬纱线密度相等，该种方式便于生产管理；②经纱线密度小于纬纱线密度，该种方式可以提高产量；③经纱线密度大于纬纱线密度，该种方式很少使用，只在轮胎帘子线、复合材料等生产中采用。经纬纱的线密度差异不宜过大，常采用经纱线密度等于或稍低于纬纱线密度的配置。

关于用纱或用线的配置基本有三种：经纱纬纱，经线纬纱，经线纬线。主要考虑经向纱线受到较多的摩擦和较大的张力，故选用高品质的纱线，强伸性都优于纬纱。

织物内经纬纱线密度的测试常采用测长称量法。从织物中拆出经纬纱，测得纱线的长度和干量，从而计算经纬纱的线密度。

3. 织物密度和紧度

(1) 密度

织物密度是指织物单位长度内纱线的根数，一般采用 10 cm 内的纱线根数表示，单位为“根/10 cm”。有经纱密度和纬纱密度之分，简称经密、纬密。所谓经(纬)密是指织物沿纬(经)向单位长度内的经(纬)纱根数，分别用 P_T 和 P_W 表示。

习惯上将经密和纬密自左向右联写成“经密×纬密”。如，236×220 表示织物经密和纬密分别为 236 根/10 cm、220 根/10 cm。同时表示织物经纬纱线密度和经纬密的方法为：自左向右联写成“经纱线密度×纬纱线密度×经密×纬密”。

织物经纬密的配置，大多采用经密大于或等于纬密，最重要的是根据织物的性能要求进行织物经纬密的设计。不同织物的经纬密变化范围很大，大多数棉、毛织物的经纬密为100～600根/10 cm。

经纬密的测试通常采用移动式织物密度镜法，在其放大镜下点数5 cm长度内的经纬纱根数，从而计算经纬密。组织比较复杂或经过缩绒的织物难以计数经纬密时，可采用织物分解法，即沿织物纬向和经向分别拆取一定长度范围内的经纱和纬纱，点数根数后计算经纬密。

应该指出，经纬密只能用来比较由相同直径纱线制成的织物的紧密程度；当纱线直径不同时，没有可比性。

(2) 紧度

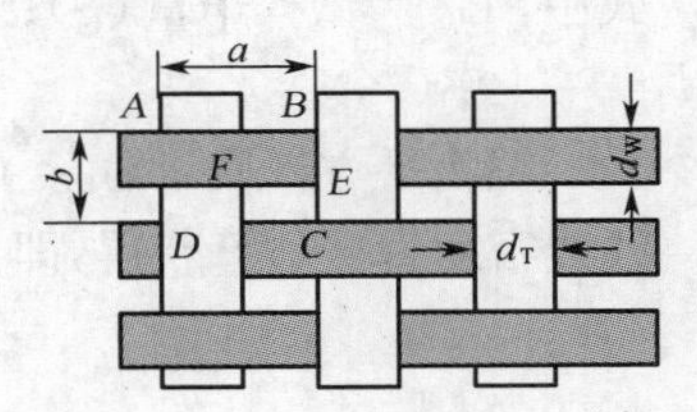

图 17-1 织物结构示意图

织物紧度是指纱线投影面积占织物面积的百分比，其本质是纱线的覆盖率或覆盖系数。有经向紧度 E_T、纬向紧度 E_W 和总紧度 E 之分。根据定义并由图 17-1 可得织物紧度的计算式：

$$E_T(\%)=\frac{d_T}{a}\times 100=\frac{d_T}{100/P_T}\times 100=d_T\times P_T \tag{17-1}$$

$$E_W(\%)=\frac{d_W}{b}\times 100\%=\frac{d_W}{100/P_W}\times 100=d_W\times P_W \tag{17-2}$$

$$\begin{aligned}E(\%)&=\frac{\text{经纱与纬纱所覆盖的面积}}{\text{织物的总面积}}\times 100=\\&\frac{d_Tb+d_W(a-d_T)}{ab}\times 100=\\&E_T+E_W-0.01E_T\times E_W\end{aligned} \tag{17-3}$$

式中：d_T 和 d_W 为经、纬纱直径(mm)；a 和 b 为两根相邻经、纬纱间的平均中心距离(mm)；P_T 和 P_W 为经、纬密(根/10 cm)。

可见，紧度同时考虑了纱线直径和经纬密度，所以可用于比较由不同直径纱线组成的织物的紧密程度。$E<100\%$，说明织物中纱线之间存在空隙；$E=100\%$ 时，说明织物中纱线之间无空隙；$E>100\%$ 时，说明织物中纱线之间存在挤压、重叠等现象。各类织物的经、纬向紧度和总紧度均有一定的范围。

经、纬纱直径可通过显微镜观测织物中纱线宽度或截面积直接获得，也可通过称取一定长度的纱线质量换算而得，但必须注意织物中拆出纱线的伸直长度。

4. 织造缩率

织造缩率，简称织缩率，指织造时所用纱线长度 l_0 与所织成的织物长(宽)度 l 的差值 Δl 与织造时所用纱线长度 l_0 的比值($\Delta l/l_0$)，以百分数表示。有经纱缩率和纬纱缩率之分。

测量织缩率时，裁取比10 cm长的织物，拆去边纱，做好标记(10 cm两点)；然后轻轻地从织物中拆出带有标记的经(纬)纱，用手指压住纱线一端，另一端施力拉直，但不能伸长，用尺量出两点间的长度，由此可计算求得织缩率值。

5. 单位面积质量和体积质量

(1) 单位面积质量

织物单位面积质量通常用每平方米织物所具有的克数来表示，称为平方米质量 ω(g/m^2)。

它与纱线的线密度、织物密度及厚度等因素有关，是织物的一项重要的规格指标，也是织物计算成本的依据。

毛织物的平方米质量 ω 通常采用每平方米的公定质量表示，计算式为：

$$\omega = 10^4 G_0 (1 + W_k)/(L \times B) \tag{17-4}$$

式中：G_0 为试样干量(g)；L 为试样长度(cm)；B 为试样宽度(cm)；W_k 为试样公定回潮率(%)。

织物平方米质量 ω 除了由织物的长度、宽度与质量测定外，还可根据织物结构参数和纱线线密度直接估算获得，即：

$$\omega = (N_{texT} \times P_T + N_{texW} \times P_W)/100 \tag{17-5}$$

式中：N_{texT} 和 N_{texW} 为经、纬纱线密度(tex)；P_T 和 P_W 为织物经、纬密(根/10 cm)。

上式是织物平方米质量的近似计算式，在此没有考虑纱线的弯曲、伸长和织物在加工过程中的质量变化。

如果织物密度和纱线直径保持不变，由于纤维原料变换以至纤维密度不同，将改变纱线的线密度，从而影响织物的质量。设 A 和 B 两种纤维，在纺纱方法和工艺条件相同时，织物质量(G_A，G_B)与纱线线密度(N_{texA}，N_{texB})之间的关系为：

$$\frac{G_A}{G_B} = \frac{N_{texA}}{N_{texB}} = \frac{\delta_{yA}}{\delta_{yB}} = \frac{K_A \gamma_A}{K_B \gamma_B} \tag{17-6}$$

式中：δ_y 和 γ 分别为纱线密度和纤维密度；K_A 和 K_B 为纱线 A 和 B 的紧密系数。

通常，纱线密度 δ_y 很难实测获得，纱线的紧密系数 K 就更加难以实测获得。因此，当采用几何形态(长度、细度、卷曲)和伸长特性相近的纤维时，式(17-6)可以近似为：

$$\frac{\delta_{yA}}{\delta_{yB}} \approx \frac{\gamma_A}{\gamma_B} \tag{17-7}$$

上式可以成为调整工艺参数、变换纤维或纱线以及改变某些结构参数时等量计算的依据，也适用于织物紧度不变时其结构参数调整的计算依据。

一般棉织物的单位面积质量采用每平方米的退浆干量表示，一般为 70～250 g/m²。精纺毛织物的平方米公定质量大多为 130～350 g/m²，粗纺毛织物的平方米公定质量大多为 300～600 g/m²。

织物按单位面积质量可分为轻薄型、中厚型和厚重型三类。如毛织物中，平方米公定质量在 180 g/m² 以下的精纺毛织物及 300 g/m² 以下的粗纺毛织物属轻薄型织物；180～270 g/m² 的精纺毛织物及 300～450 g/m² 的粗纺毛织物属中厚型织物；270 g/m² 以上的精纺毛织物及 450 g/m² 以上的粗纺毛织物属厚重型织物。

(2) 体积质量和体积分数

织物的体积质量 δ_F 又称表观密度，是指织物单位体积的质量(g/cm³)。因为测量困难，习惯用经、纬密度和平方米重替代。棉织物体积质量通常采用每立方厘米的退浆干量表示，毛织物通常采用每立方厘米的公定质量表示，计算式如下：

$$\delta_F = \omega/(10^3 \times T) \tag{17-8}$$

式中：ω 为试样平方米质量（g/m²）；T 为试样厚度（mm）。

织物体积质量随其结构可在很大范围内变化，一般来说，棉织物的体积质量较大，粗纺毛织物的体积质量小些，针织物的体积质量更小，絮制品的体积质量最小。

织物体积分数 f_V 是指构成织物的经纬纱的总体积 V_y 与织物体积 V_F 之比，即：

$$f_V = V_y / V_F \tag{17-9}$$

由于织物组织的重复性，可以用一个循环组织内的体积分数来表达织物的体积分数，即单位循环组织内经纬纱总体积与单位循环组织内的织物体积之比。

6. 织物结构相与支持面

（1）纱线空间轨迹与织物结构相

在机织物中，经纱和纬纱交织形成屈曲状态，屈曲波的幅度称为屈曲波高。如将经、纬纱在交叉处的压扁忽略不计，则可按经、纬纱的屈曲波高配置，将织物的截面结构分为若干系列，这种系列称为结构相。较常见的是分为十种结构相。

设经、纬纱屈曲波高为 h_T 和 h_W，经、纬纱直径为 d_T 和 d_W，并设 $d_T + d_W = l$，根据 h_T/h_W 值分成十种结构相，特征参数见表 17-2。

表 17-2 织物十种结构相的特征参数

结构相	1	2	3	4	5	6	7	8	9	0
h_T	0	$\frac{1}{8}l$	$\frac{1}{4}l$	$\frac{3}{8}l$	$\frac{1}{2}l$	$\frac{5}{8}l$	$\frac{3}{4}l$	$\frac{7}{8}l$	l	d_W
h_W	l	$\frac{7}{8}l$	$\frac{3}{4}l$	$\frac{5}{8}l$	$\frac{1}{2}l$	$\frac{3}{8}l$	$\frac{1}{4}l$	$\frac{1}{8}l$	0	d_T
h_T/h_W	0	$\frac{1}{7}$	$\frac{1}{3}$	$\frac{3}{5}$	1	$\frac{5}{3}$	3	7	∞	d_W/d_T

由上表和图 17-2 可知：第 1 相、第 9 相是两种极端状态。第 1 相中，经纱完全伸直，纬纱呈现最大屈曲；第 9 相中，纬纱完全伸直，经纱呈现最大屈曲。在 1～9 相之间的各相，则按经纱屈曲波高作 $l/8$ 递增、纬纱屈曲波高作 $l/8$ 递减的规律依次分布，其中第 5 相的经、纬纱屈曲波高恰好相等。将一系统纱线的屈曲波高等于另一系统纱线直径的情况作为零相。当经、纬纱直径相等时，零相与第 5 相相同。

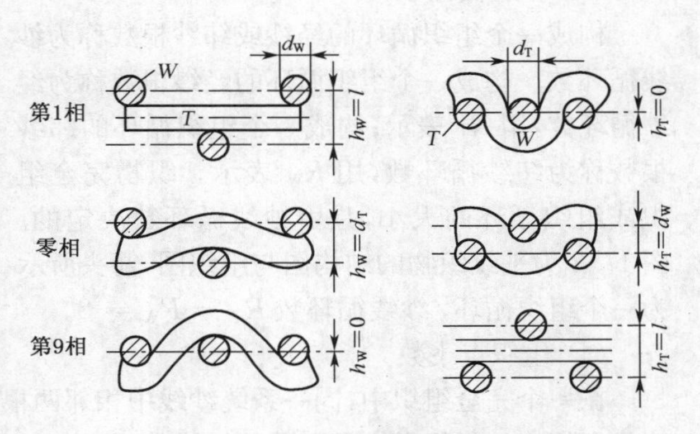

图 17-2 几种典型的结构相图解

织物结构相的测试常采用切片投影法。试验时，用刀片沿试样经向或纬向制成切片，放在纤维投影仪上绘得经向或纬向的切面图，由图中纱线的屈曲图像计算出结构相。当织物中经纱上浆时，可滴以溴化钾试剂，使经纱染色以利于显示。

影响织物结构相的因素很多，一般来说，纤维初始模量小、纱线捻度低且纱线细的，较易屈曲，其纱线的屈曲波高可能大些。当经、纬两系统的其他条件相近时，织物中一个系统纱线的紧度增加，可使该系统纱线的屈曲波高增大，如府绸织物中，经纱紧度大大超过纬纱紧度，经纱屈曲波高较大，突出于织物表面，形成菱形颗粒。此外，织物在织造和染整加工过程中，当经、纬向所受张力变化时，纱线的屈曲波高也将变化。因此，要使织物趋近某一结构相，必须通过织物设计及在整个加工过程中加以控制才能达到。

(2) 支持面

织物支持面是在一定压力下，织物与一光滑平面相接触的面积与织物规定面积的百分比。

织物支持面与织物结构相直接有关。经、纬纱直径和密度较接近的平纹织物，在第 5 相或零相时，因为经、纬纱都显示在织物表面构成等支持面织物，因而支持面较大；而第 1 相和第 9 相，因为只有纬纱或经纱显示在织物表面，分别构成纬支持面织物或经支持面织物，因而支持面较小。

织物支持面可应用光电检测法测试或进一步采用图像法测定。

二、机织物的组织参数和基本组织

1. 组织参数

机织物中经纬纱相互交织的规律称为织物组织。织物组织变化时，织物结构、外观风格和织物性能也随之改变。织物组织中表示组织的参数有组织点、组织循环、纱线循环数和组织点飞数。

(1) 组织点

是指机织物中经纬纱线的交织点。当经纱浮于纬纱之上时称为经组织点或经浮点，以方格"■"表示；当纬纱浮于经纱之上时称为纬组织点或纬浮点，用方格"□"表示。

(2) 组织循环

当经组织点和纬组织点的排列规律达到循环时，称为一个组织循环或完全组织。在一个组织循环中，经组织点多于纬组织点时为经面组织；纬组织点多于经组织点时为纬面组织；若经组织点和纬组织点数目相同，则为同面组织。

(3) 纱线循环数

构成一个组织循环的经纱或纬纱根数称为纱线循环数。构成一个组织循环的经纱根数称为经纱循环数，用 R_T 表示；构成一个组织循环的纬纱根数称为纬纱循环数，用 R_W 表示。织物完全组织或组织循环的大小，是由纱线循环数决定的。图 17-3 为平纹织物的结构图与组织图，箭头所示为一个组织循环，纱线循环数 $R_T = R_W = 2$。

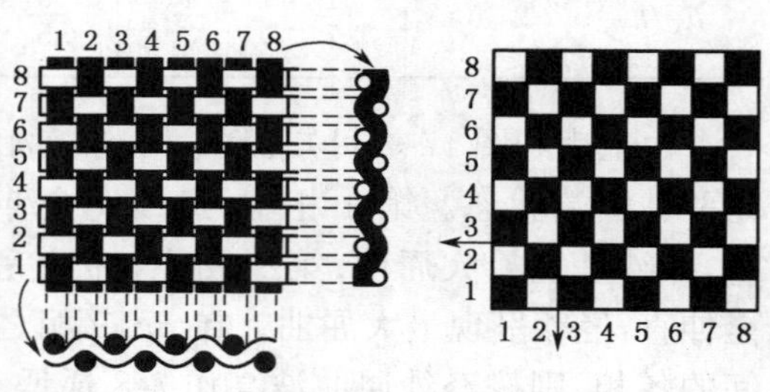

图 17-3 平纹织物结构图与组织图

(4) 组织点飞数

在一个完全组织中，同一系统纱线中相邻两根纱线上相应的组织点之间间隔的纱线数，称为组织点飞数。因方向性，相邻两根经纱上相应组织点的位移数是经向飞数，用 S_T 表示；相邻两根纬纱上相应组织点的位移数是纬向飞数，用 S_W 表示。如图 17-4 所示，组织点 B 相应于组织点 A 的飞数是

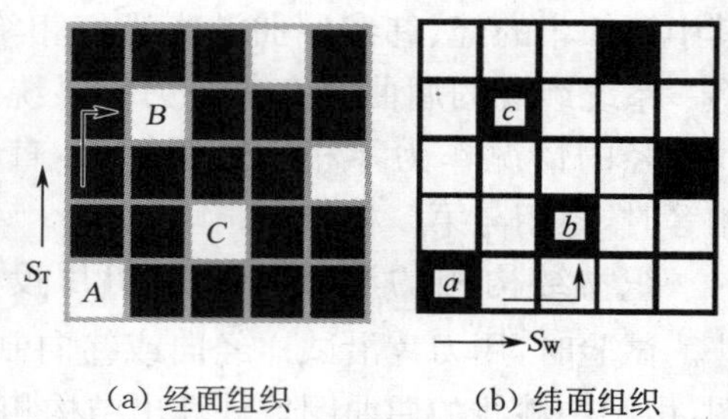

(a) 经面组织　　(b) 纬面组织

图 17-4 组织点飞数

$S_T = 3$，组织点 C 相应于组织点 A 的飞数是 $S_W = 2$。织物是经面组织时，采用经向飞数 S_T；是纬面组织时，采用纬向飞数 S_W。

2. 基本组织

基本组织是各种织物组织的基础，包括平纹组织、斜纹组织和缎纹组织，所以又称为三原组织。在基本组织中要满足以下条件：经纱和纬纱循环数相等；组织点飞数为常数；一个系统的每根纱线在组织循环内只与另一系统纱线交织一次。

(1) 平纹组织(plain weave)

平纹组织是最简单的织物组织，经纱和纬纱每隔一根纱线就交错一次。如图 17-3 所示，平纹组织纱线循环数 $R_T = R_W = 2$，组织点飞数 $S_T = S_W = 1$。平纹组织在一个组织循环中，经组织点和纬组织点的数目相同，为同面组织。

平纹组织交织点最多，织物正反面基本相同。布面平整挺括，织物的断裂强度大，耐磨性较好，但手感较硬，花纹单调，光泽略显暗淡。棉织物中的细布、平布、粗布、府绸、麻纱、帆布，毛织物中的派力司、凡立丁、法兰绒等，均属平纹组织。

平纹组织虽然很简单，但是若改变其织物结构因素，可以得到不同的织物纹理效果和使用性能。利用经纬纱线不同粗细的配置方法，可以在布面上产生横向或纵向的凸条条纹；利用织造时经纬纱的张力变化，可改变织物的结构相，达到不同的延伸性和变色效果；利用不同捻向的经纬纱线相间排列，可以在织物表面形成若隐若现的隐条或隐格；利用经纬纱线的强捻、弱捻搭配及捻向的变化，可以在布面上产生细小的凹凸皱纹；利用经纬纱线的不同密度配置，可以得到不同风格的平布与府绸。另外，用不同颜色的纱线或不同结构的花式纱线进行各种方式的搭配，可形成各种色织物或有特殊装饰效果的花式纱织物。

(2) 斜纹组织(twill weave)

斜纹组织织物，其表面有经纱或纬纱浮长线组成的斜纹线，使织物表面有沿斜线方向形成的凸起的纹路，斜纹的方向有左右之分。

斜纹组织纱线循环数 $R_T = R_W \geqslant 3$，组织点飞数 $S_T = S_W = \pm 1$。斜纹组织用分式表达，分式中分子和分母分别表示织物组织循环中每根纱线上的经组织点数和纬组织点数，并通常在分式右边加一个箭头表示斜纹的方向。斜纹织物的结构图和组织图见图 17-5，$\frac{1}{2}\nearrow$读作“一上二下右斜纹”，$\frac{2}{1}\nwarrow$读作“二上一下左斜纹”。

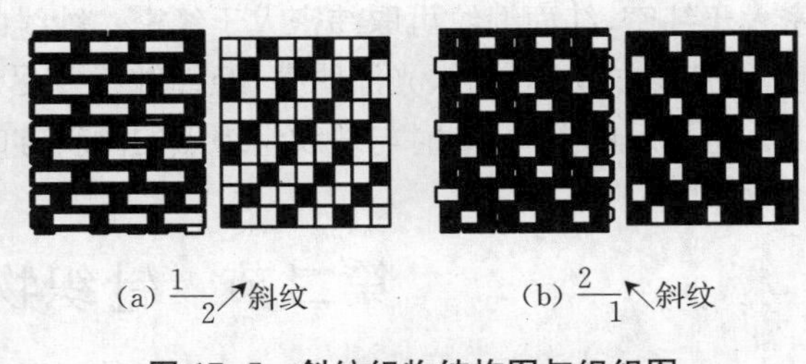

(a) $\frac{1}{2}\nearrow$斜纹　　(b) $\frac{2}{1}\nwarrow$斜纹

图 17-5　斜纹织物结构图与组织图

斜纹组织交织点较平纹少，浮长较长，织物正反面不同。与平纹织物相比，斜纹织物手感比较柔软，光泽和弹性较好，耐磨性较好，但织物强力和挺括程度不如平纹织物。棉织物中的斜纹、卡其，毛织物中的哔叽、华达呢等，均属斜纹组织。

斜纹织物表面的斜纹倾角可以随经纬纱线的粗细或密度而变化。当经纬纱线线密度相同时，增加经纱密度则布面的斜纹倾角增加。斜纹纹理和清晰效果，可随经纬纱线的捻度和捻向配置而改变，因此构成斜纹支持面纱线的捻向要与斜纹方向垂直。在基本斜纹组织上添加经纬组织点，可形成加强斜纹；若改变斜纹方向并左右相间排列，可形成山形斜纹；若在左右斜纹交界处，用经纬组织点相反配置而形成断界，则为破斜纹。

(3) 缎纹组织(satin weave)

缎纹组织是基本组织中最复杂的组织，其经纬纱线形成一些单独的、互不相连的组织点，且分布均匀，织物表面呈现经或纬浮长线。

缎纹组织纱线循环数 $R_T = R_W \geqslant 5$(6 除外)，其组织点飞数 $1 < S < R-1$，并且 S 和 R 之间不能有公约数。缎纹组织的分式表示与斜纹不同，分子表示缎纹组织的纱线循环数 R(读作枚数)，分母表示组织点的飞数 S，飞数必须由经面或纬面缎纹确定，如 8 枚 5 飞纬面缎纹可以写成 $\frac{8}{5}$ 纬面缎纹。图 17-6 为 8 枚缎纹织物的结构图与组织图。

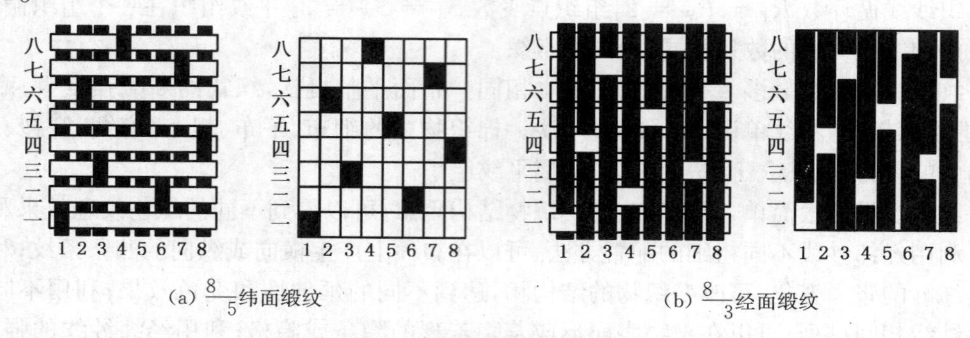

图 17-6 八枚缎纹织物结构图与组织图

基本组织中，缎纹组织交织点最少，浮长最长，织物正反面有明显差别，正面特别平滑而富有光泽，反面粗糙而无光。织物手感相对最柔软，弹性好，但是在其他条件相同时，缎纹织物的强力最低，易起毛起球和勾丝。棉织物中的贡缎，毛织物中的贡呢等，均属缎纹组织。

若改变缎纹组织结构，会使织物外观和性能发生变化。在其他条件不变时，增加组织循环，纱线浮长会增加，则织物越光滑柔软，但织物坚牢度越低；为了突出缎纹的效果，经面缎纹可取经密大于纬密，纬面缎纹可取纬密大于经密。纱线的捻度对光线有折光作用，并且捻度会使纱线变硬，欲使缎纹织物柔软、光泽明亮，经纬纱线要尽量采用无捻或弱捻纱；若采用弱捻纱，经纬纱线应采用相反的捻向，同时与缎纹组织点的倾斜方向一致，使织物表面有良好的光泽效果。

第二节 针织物的结构与组织

一、针织物的基本结构

针织物的基本结构单元为线圈。线圈形态是三维空间弯曲形态，见图 17-7，一般多以平面投影进行分析讨论。

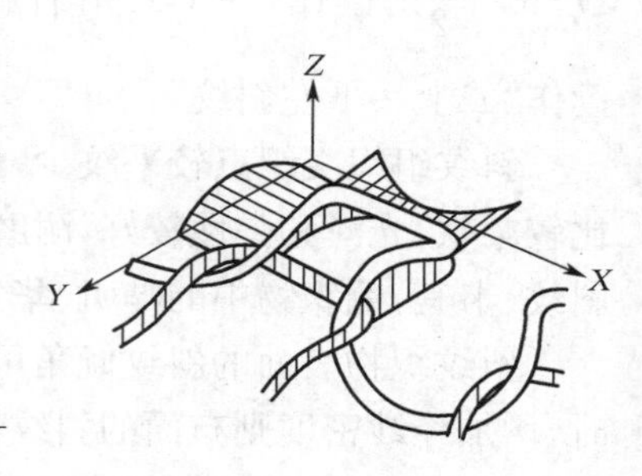

图 17-7 线圈模型

1. 线圈结构

(1) 纬编线圈结构

纬编针织物的线圈如图 17-8 所示，由针编弧 l_1(图中 2-3-4)、圈柱 l_2(图中 1-2,4-5)和沉降弧 l_3(图中 5-6-7)三部分组成，线圈间由沉降弧连接。线圈长度 l 为：

$$l = l_1 + 2l_2 + l_3 \tag{17-10}$$

针织物外观有正、反面之分。线圈圈柱覆盖于圈弧（即针编弧）的一面，称为针织物的正面；线圈圈弧覆盖于圈柱的一面，称为针织物的反面。图 17-8 中圈弧被两圈柱所覆盖，故为正面。线圈圈柱或圈弧集中分布在针织物一面的，称为单面针织物；分布在针织物两面的，称为双面针织物。

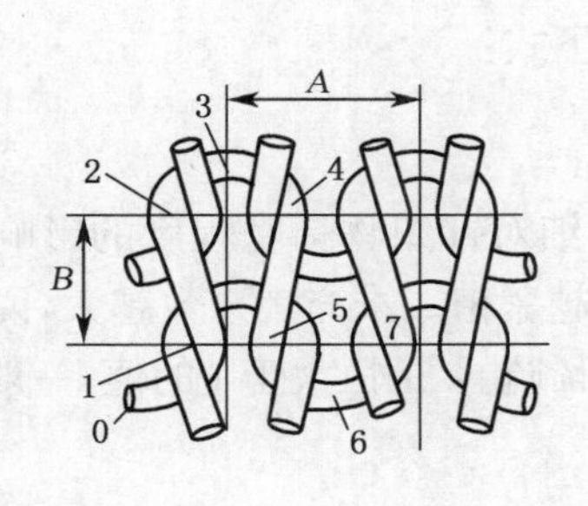

图 17-8　纬编针织物的线圈结构（正面）

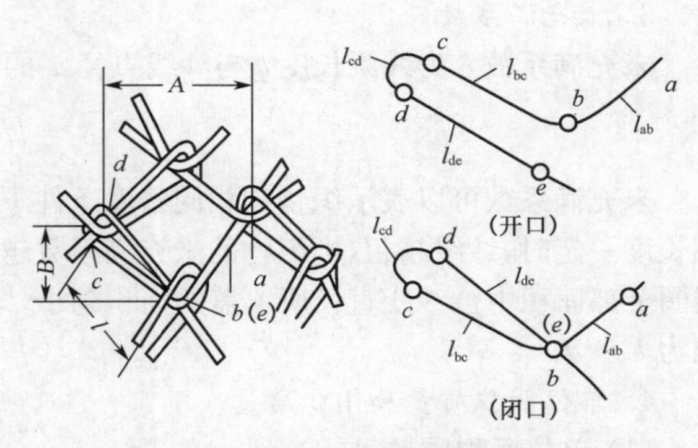

图 17-9　经编针织物的线圈结构（正面）

（2）经编线圈结构

经编针织物的线圈如图 17-9 所示，由线段 $abcde$ 组成，cd 是针编弧 l_{cd}，bc 和 de 是圈干 l_{bc} 和 l_{de}，ab 是延展线 l_{ab}。经编线圈长度 l 为：

$$l = l_{cd} + (l_{bc} + l_{de}) + l_{ab} \tag{17-11}$$

由于经编针织物的线圈分为开口线圈和闭口线圈，由线圈的两个延展线在线圈基部是否交叉加以区分，见图 17-9，故 $l_{bc} \neq l_{de}$，圈干和延展线覆盖针编弧的一面为正面。经编针织物也有单面和双面之分，单面经编针织物的正面显露线圈圈干，反面显露延展线；双面经编针织物的两面均为正面特征，部分双面经编针织物还可沿层间割开成为两片单面绒织物。

无论是经编针织物还是纬编针织物，其线圈都是按照一定的规律排列的，纵向的线圈串套成行称为纵行；横向的线圈连接成列称为横列。两个线圈横向对应点之间的距离称为圈距 A；两个线圈纵向对应点之间的距离称为圈高 B。

2. 线圈长度和织物密度

（1）线圈长度

线圈长度 l 是指针织物中每个完整线圈的纱线长度，见式（17-10）和式（17-11）。它是针织物的重要结构参数。线圈长度越长，则针织物单位面积的线圈数越少，织物密度越小，针织物越稀薄。

针织物各种组织的线圈长度，通常可根据线圈线段在平面上的投影长度近似地进行计算，也可采用拆散方法求其实际长度。

（2）密度

针织物的密度是指织物单位长度或单位面积内的线圈数，有横密、纵密和总密度之分。横密 P_A 用线圈横列方向 5 cm 长度内的线圈纵行数表示；纵密 P_B 用线圈纵行方向5 cm 长度内的线圈横列数表示；总密度 P 则是针织物在 25 cm^2 面积内的线圈总数，它等于横密和纵密的乘积。

针织物的密度反映织物的疏密，影响织物的透通性，可以通过针织物中纱线的张力、线圈的长度以及针号、针距的调节加以改变。密度大，织物厚实丰满，结构稳定，结实耐用，有较好的保暖性和抗起毛起球性，但透通性较差。

由于针织物在加工过程中容易受到拉伸而产生变形，故在测量密度前，应先让针织物所产生的变形得到充分回复，使之达到平衡状态，再进行测量。

3. 未充满系数

未充满系数 δ 为线圈长度 l 与纱线直径 d 的比值，见下式：

$$\delta = l/d \tag{17-12}$$

未充满系数可以表示织物在相同密度条件下，纱线粗细对针织物稀密程度的影响。当线圈长度一定时，纱线越粗，则织物的未充满系数越小，织物越紧密。未充满系数越大，说明织物线圈全部面积中被纱线直径所覆盖的面积越小，即织物越稀疏。δ 是恒大于1的值，一般 >10，因为 $l \gg d$。

4. 单位面积质量和体积质量

(1) 单位面积质量

针织物单位面积质量 ω(g/m²)通常用每平方米针织物的干燥克重表示，计算式为：

$$\omega = G_0 \times 10^4/(L \times B) \tag{17-13}$$

式中：G_0 为试样干燥质量(g)；L，B 分别为试样长度和宽度(cm)。

当纱线线密度为 N_t，横密为 P_A，纵密为 P_B，线圈长度为 l，针织物公定回潮率为 W_k 时，针织物平方米干量 ω 可用下式求得：

$$\omega = 4lP_A P_B N_t/[10^4(1+W_k)] \tag{17-14}$$

以上计算为近似计算，未考虑纱线在编织及漂染加工过程中的质量损失。

一般平方米干量在100 g/m² 以下时属于低克重针织物，在100～250 g/m² 时属于中克重针织物，在250 g/m²(也有规定在300 g/m²)以上时属于高克重针织物。当原料种类和纱线线密度一定时，单位面积质量间接反映了针织物厚度和紧密程度。它不仅影响针织物的服用性能，也是控制针织物质量，进行经济核算的重要依据。

(2) 体积质量和体积分数

针织物体积质量 δ_F 通常用单位体积的干燥质量表示(g/cm³)。当线圈长度为 l，纱线直径为 d，纱线密度为 δ_y，圈距为 A，圈高为 B，织物厚度为 T 时，针织物体积质量 δ_F 可用下式求得：

$$\delta_F = \pi d^2 l \delta_y/(4ABT) \tag{17-15}$$

由于纱线密度 δ_y 很难测得，为此引入体积分数 f_V 表达针织物的填充性：

$$f_V = V_y/V_F = \delta_F/\delta_y = \pi d^2 l/(4ABT) \tag{17-16}$$

体积分数是一个无量纲量，是纱线占有体积 V_y 与织物表观占有体积 V_F 之比。显然，体积分数表达填充性比体积质量更为准确，可用于比较相同密度和相同体积质量时的填充差异。

5. 匹长、幅宽和厚度

针织物的匹长，由生产企业根据具体条件和要求而定，主要考虑织物的品种和染整工序加工因素，分定重(kg)和定长(m)两种方式。纬编针织物匹长多由匹重再根据幅宽和每米质量而定，经编针织物匹长以定重方式较多。针织物匹重一般为 10～15 kg。

针织物的幅宽主要与加工用的针织机规格、纱线线密度和织物组织结构等因素有关，分圆筒型织物和平幅织物，圆筒型织物幅宽为周长的 1/2。

针织物的厚度取决于它的组织结构、线圈长度和纱线线密度等因素。针织物厚度一般用织物厚度仪测定，所加压力随针织物种类而定。

二、针织物的基本组织

针织物按组织一般可分为原组织、变化组织、花色组织三类。原组织又称基本组织，它是所有针织物组织的基础。

1. 纬编针织物的基本组织

(1) 纬平组织(weft plain stitch, weft jersey stitch)

纬平组织又称平针组织，是纬编针织物中最简单、最常用的单面组织。纬平组织由连续的单元线圈相互串套而成，其织物同一面上的每个线圈的大小、形状、结构完全相同。纬平组织的线圈结构见图 17-10，图中(a)为纬平组织的正面，在自然状态下显露纵行条纹；图中(b)为纬平组织的反面，在自然状态下显露横向圈弧。纬平组织针织物的正面均匀平坦，光泽较好，而反面粗糙，光泽较暗。

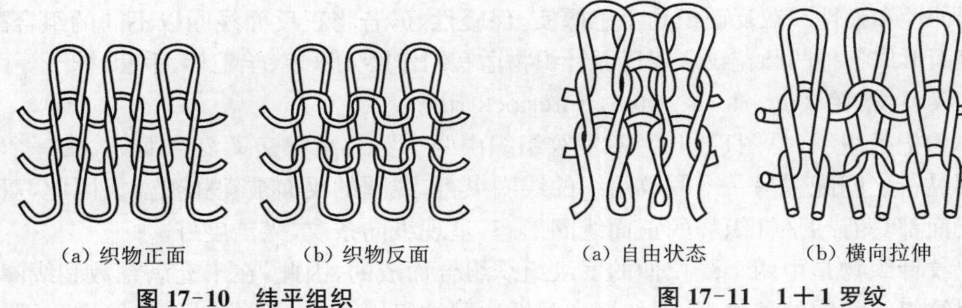

图 17-10　纬平组织　　**图 17-11　1＋1 罗纹**

当纬平针织物纵向或横向受到拉伸时，线圈形态会发生变化，圈弧与圈柱会互相转移，所以织物纵向和横向的伸长能力都很大。织物纵向断裂强力比横向大，质地较薄，透气性能好。纬平针织物广泛用于毛衫、袜子、手套、内衣、运动服和人造革底布等。

(2) 罗纹组织(rib stitch)

罗纹组织是双面纬编针织物的基本组织，由正面线圈纵行和反面线圈纵行以一定的组合相间配置而成。根据正反面线圈纵行数的不同配置，罗纹组织可采用 1＋1、2＋2 等形式表示，“＋”前面的数字表示正面线圈纵行数，“＋”后面的数字表示反面线圈纵行数。图 17-11 所示为 1＋1 罗纹组织，正面线圈纵行与反面线圈纵行相间排列。罗纹组织的每一横列由一根纱线编织，既编织正面线圈又编织反面线圈，由于正、反面线圈不在同一平面内，使得连接正面线圈和反面线圈的沉降弧有较大的弯曲和扭转，而纱线的弹性又使沉降弧力图伸直，结果同一面的线圈纵行互相靠近，在自由状态下，织物的正、反面都呈现正面线圈的外观。

罗纹组织是弹性组织，在织物横向受拉伸时，有较大的延伸性和弹性，且密度越大弹性越好。另外由于罗纹组织的反面线圈隐藏在正面线圈的后面，所以罗纹织物的厚度较厚，保暖性能较好。罗纹组织常用于服装中需要有一定弹性的部位和紧身服装，比如领口、袖口、底边、裤脚和袜口及弹力衫、紧身衫裤和运动衣等。罗纹组织在反复拉伸力作用下会产生塑性变形，线圈结构呈现横向拉伸状态而无法回复到自由状态，表现为领口、袖口及底边的松懈变形。

(3) 双反面组织(purl stitch, links and links stitch)

双反面组织也是双面纬编针织物的基本组织，由正面线圈横列与反面线圈横列交替配置而成，线圈结构见图 17-12。织物中连接正、反面线圈横列的是线圈的圈柱，纵向反面线圈相互靠拢，造成双反面组织的线圈纵行倾斜，使织物两面都由线圈的圈弧突出在表面，圈柱则藏在里面，因此织物的两面都呈现纬平组织反面的外观。

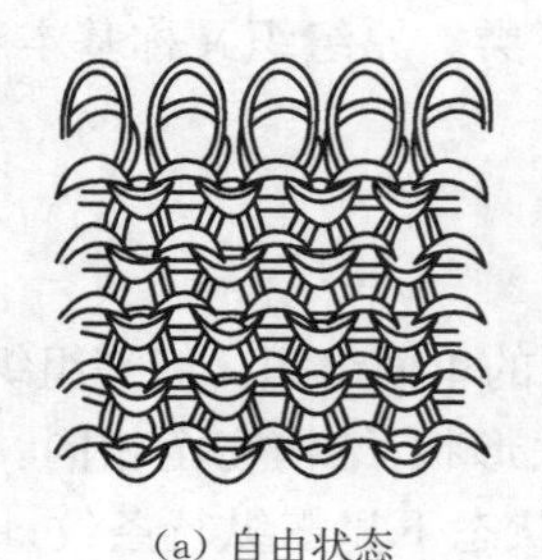
(a) 自由状态

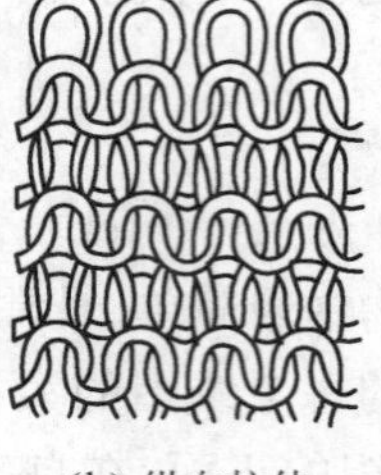
(b) 纵向拉伸

图 17-12　双反面组织

图 17-13　双罗纹组织

双反面组织由于圈柱面的倾斜，使织物纵向缩短，增加了织物的纵密和厚度，织物纵向具有较大的延伸性和弹性。双反面织物手感厚实，保暖性好，若将正反面线圈以不同的组合配置，还可以在表面形成各种凹凸花纹。双反面针织物适宜制作婴儿服装、羊毛衫、手套、袜子等。

(4) 双罗纹组织(interlock stitch, interlock rib)

又称为棉毛组织，见图17-13。双罗纹组织由两个罗纹组织交叉复合而成，在一个罗纹组织的线圈纵行之间配置另一个罗纹组织的线圈纵行，线圈的反面被互相覆盖。因此，双罗纹织物的正反面都具有纬平针织物的正面线圈形态，呈现纵向条纹，光洁度好。

双罗纹针织物是由两个受拉伸的罗纹组织组合而成的，因此，在未充满系数和线圈纵行的配合与罗纹组织相同的条件下，延伸性和弹性比罗纹组织小。双罗纹针织物厚实耐用，线圈结构紧密，保暖性好，光洁美观，适宜作棉毛衫裤、冬季内衣、紧身健美服和运动服装等。

2. 经编针织物的基本组织

(1) 编链组织(pillar stitch, chain stitch)

结构如图17-14 所示，每根经纱始终绕同一枚针垫纱成圈，形成一根连续的线圈链，分开口编链和闭口编链两类。

编链组织的每根经纱单独形成一个线圈纵行，各线圈纵行之间没有联系，若有其他纱线连接时，可作为孔眼织物和衬纬织物的基础。编链组织结构紧密，纵向延伸性小，不易卷边。一般将编链组织与其他组织复合织成针织物，可以限制织物纵向延伸性和提高尺寸稳定性，多用于外衣和衬衫类针织物。

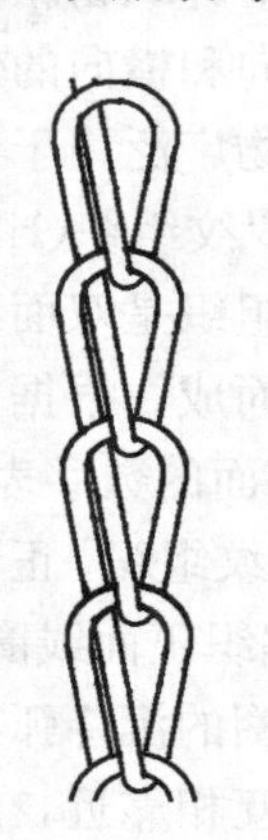
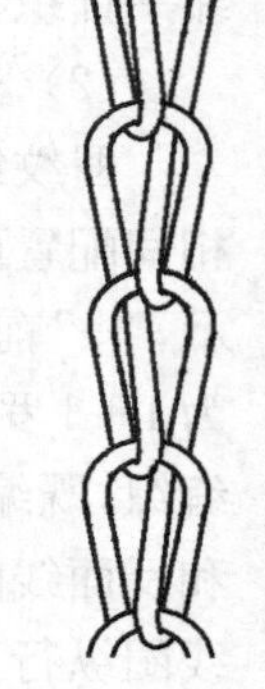
图 17-14　编链组织

(2) 经平组织(tricot stitch, plain chain stitch)

结构如图 17-15 所示，在经平组织中，同一根纱线所形成的线圈交替排列在相邻两个纵行线圈中。

经平针织物的正、反面都呈现菱形的网眼，由于线圈呈倾斜状态，织物纵、横向都具有一定的延伸性，平衡时线圈垂直位于针织物的平面内，因此织物的正反面外观相似。经平针织物适宜作夏季T恤、衬衫和内衣。

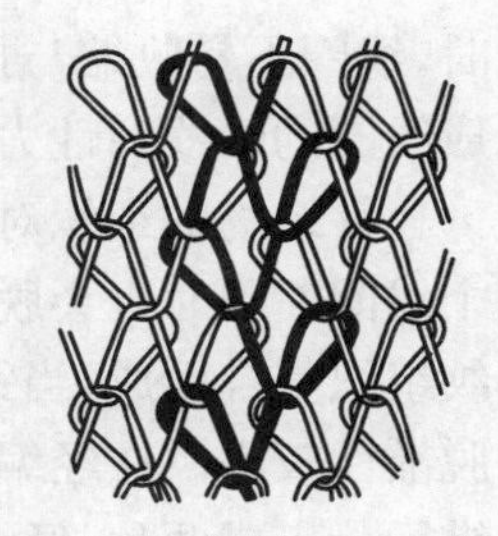

图 17-15　经平组织

(3) 经缎组织(traverse tricot weave, atlas stitch)

结构如图 17-16 所示，组织中的每根经纱先以一个方向有序地移动若干针距，然后再顺序地在返回原位过程中移动若干针距，如此循环编织。

经缎组织的线圈形态接近于纬平组织，因此其卷边性及其他性能类似于纬平组织。经缎组织中，因不同倾斜方向的线圈横列对光线的反射不同，所以织物表面会形成横向条纹。

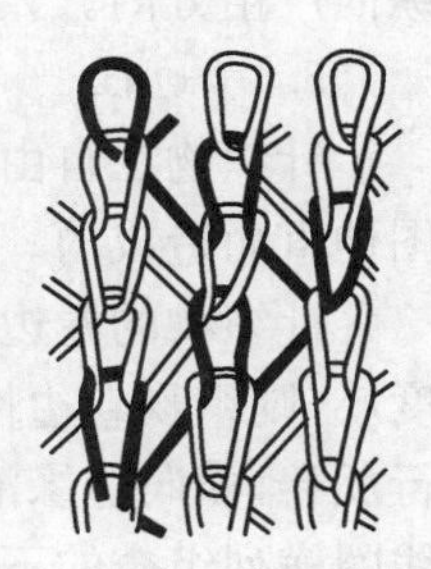

图 17-16　经缎组织

三、针织物的特性

针织物在结构上不像机织物有较多的交织点和较直的纱线排列体系，也不像机织物在成形中有较大的张力和紧密的结构。因此，成形后的针织物易于松弛变形，受力侧易发生纱线的转动与伸直，这就造成针织物自身具有的特性。

1. 伸缩性和柔软性

伸缩性大是针织物最明显的特性。与经编针织物相比，纬编针织物的伸缩性更大。由于针织物是线圈结构，受外力作用时，首先是线圈的变形，这比机织物的屈曲波变直要大得多。针织物受纵向拉伸时，线圈的圈弧转移至圈柱，横向收缩；受横向拉伸时，则圈柱转移到圈弧，纵向收缩，线圈形态、纱线间的接触点都随之发生变化，最后才是纱线的伸长变形。因此，针织物有较大的延伸性和弹性，可以随人体的活动而自行扩张和收缩，穿着更贴身舒适，适用于内衣和紧身衣饰。

针织物的线圈结构使纱线弯曲而占有较多的厚度空间，且握持点的作用相对较小，在外力作用时，线圈易于变形，加上针织纱线的捻度配置较小，故针织物触摸柔软。

2. 多孔性

针织物的线圈结构使织物膨松度高，含有较多的空隙，为典型的多孔结构，故织物的透气性和吸湿排汗性相对较好。当通风不大时，由于多孔和相对表观厚度较大，有利于较多地保留静止空气，可以提高服装的保暖性。不过，在一般场合中，针织物的多孔性会使其保暖性下降。作为冬令服装，最外层最好使用具有防风性的机织物。

3. 成形性

成形性是机织物所没有的特征。由于针织物是由线圈连接起来的，这就使编织成形服装有了可能性。根据款式和体形尺寸，改变线圈的连接方法，通过放针、收针或接续，就可编织出成形产品，如袜子、羊毛衫等。

4. 脱散性

针织物的线圈断裂或失去串套联系时，线圈在横向外力作用下会依次由串套的线圈中脱出，这种织物分离解体的现象称为脱散性。针织物的脱散会使织物破损，甚至解体，不仅影响织物外观，还会降低其使用性能。

针织物的脱散性与纱线的摩擦系数、抗弯刚度、线圈长度、织物组织之间的关系较为密切。纱线摩擦系数大，线圈脱散时需克服的纱线间摩擦阻力就大，不易脱散。纱线的抗弯刚度大时，线圈不易收缩与扩展，线圈接触处的纱线之间压力大，故线圈不易脱散。线圈长度越短，构成线圈的纱线弹性力越大，相互串套的线圈接触点处的压力越大，故线圈脱散困难。

针织物的组织对脱散性的影响也较大。在纬编组织中，纬平针织物比较容易脱散，甚至一个线圈断裂时也会脱散；双反面针织物与纬平针织物一样，也容易脱散；双罗纹组织由两个罗纹组织复合而成，当针织物中个别线圈断裂时，因受另一个罗纹组织线圈的摩擦作用，线圈的脱散性较小。在经编组织中，经平针织物容易沿逆编织方向脱散，当一个线圈断裂时织物易沿纵行分离成两片；经缎针织物中某一纱线断裂时，也有逆编织方向脱散的现象，但不会在织物纵向产生分离。

5. 卷边性

针织物在自由状态下其布边发生包卷的现象称为卷边性，这是由构成线圈的弯曲纱线力图伸直而造成的。卷边性会影响针织物的外观、加工和使用。

针织物的卷边性与纱线细度、线圈长度及织物组织有直接关系。纱线粗、弹性好，线圈长度小，则织物卷边性较显著。织物组织中，纬平针织物具有显著的卷边性，纵向边缘沿线圈纵行反卷，横向边缘沿线圈横向正卷；罗纹针织物不卷边；双反面针织物的卷边性随正面与反面线圈横列组合的不同而不同，当正反面线圈横列数相近时，因正反面线圈弹性力相互抵消，卷边性很小，如果正反面线圈横列数相等则无卷边性。由热塑性纤维制成的针织物，经过热定形处理后，卷边性大大减小甚至消除。

6. 歪斜性

针织物在自由状态下其线圈发生纵行歪斜的现象称为歪斜性，是由于纱线捻度不稳定而引起的，线圈圈柱产生的退捻力使线圈的针编弧与沉降弧分别向不同方向扭转，使整个线圈发生歪斜。针织物的歪斜性直接影响针织物的加工和外观。

针织物的歪斜性与纱线捻度直接有关，捻度较低且稳定时，线圈的歪斜较小；捻度较高且不稳定时，线圈的歪斜较大，强捻纱制成的针织物的歪斜性尤为明显。此外，织物密度对歪斜性有一定影响，密度大时，线圈歪斜时遇到的阻力较大，歪斜性较小。

另外，与机织物相比，针织物抗皱性较好，在小形变下的保形性较好，但比较容易起毛起球和勾丝，相关内容见后面的有关章节。

第三节　非织造布的结构

非织造布是以纤维为主体再加纠缠结构或黏结固着成分所构成的，故主要是纤维的排列方式、堆砌密度和纤维间的相互作用。其结构主要为纤维网主结构和纤维间的加固结构。

一、非织造布的主结构

非织造布的主结构是纤维网的结构，即纤维排列、集合的结构，取决于纤维聚集成网的方式，分为有序排列结构和无序排列结构。由于非织造布为片状材料，有明显的层间取向和表面取向特征，这不同于羊毛毡制品和羽绒絮填制品的结构。

1. 纤维单向排列

采用平行式铺叠成网方式，纤维网中的纤维呈明显地沿加工方向（纵向）的排列。平行纤网的外观平整均匀，纤维的取向排列使纤维网具有各向异性。取向程度以纤维相对加工方向的夹角余弦 $\cos\theta$ 表示，考虑其正负值的影响一般采用$(\overline{\cos^2\theta})^{1/2}$；或直接采用取向因子 $f=(3\overline{\cos^2\theta}-1)/2$ 表达。常用的简便表达方法为纵、横向强力比，见表 17-3。

表 17-3 不同成网方式时非织造布纵横向强力比

成网方式	纵横向强力比	成网方式	纵横向强力比
平行纤网	(10～12)：1	杂乱辊纤网	(3～4)：1
交叉纤网	(0.2～0.6)：1	杂乱牵伸网	(3～4)：1
凝聚辊纤网	(5～6)：1	气流成网	(1.1～1.5)：1

2. 纤维交叉排列

采用交叉铺叠成网的方式，使纤维网中的纤维以一定的角度排列并铺叠成网，可减少纤维网的纵向取向性，使横向取向增大，见表 17-3。但纤维网厚度与质量的均匀性因交叠作用而变差。

3. 纤维随机排列

纤维随机杂乱成网可形成随机排列纤维网。气流成网、毡化、高聚物挤出式成网、湿法成网，都具有纤维随机排列的特征。其中，气流成网和羊毛的毡化以及较厚的絮制品，纤维呈三维随机分布。随机排列纤维网的各向接近同性。

二、非织造布的加固结构

非织造布的加固结构为辅(次)结构，是在纤维固着、纠缠中产生的，是局部附加性结构。纤维网主结构是蓬松无强度的，而添加结构赋予纤维网稳定的结构和使用性能，故称加固结构。辅结构取决于纤维网固结的方法，有施加黏合剂、热黏合、纤维与纤维的缠结、外加纱线缠结等方法。辅结构在非织造布结构中虽小，却是非常关键的结构。

1. 纤维缠结加固结构

(1) 毛毡

由于羊毛的缩绒(毡化)性而产生的自缠结作用，毛毡非织造布的主、次结构融为一体，完全靠无数个接触摩擦点和纠缠锁结点固结，故其集合体的主结构就是其加固结构。这种结构形式可能是非织造布的最高境界。

(2) 针刺和水刺固结

针刺固结的典型结构是针作用区的“龙卷风”结构，见图 17-17。这种结构单元以规整排列的微区域构成，形成针刺非织造布的稳定性。在非织造布拉伸时，各微区收缩、压紧与抱合主结构区的纤维，形成其力学承载能力。此结构的稳定性和纤维分布，均与纤维网厚度、刺针形状和规格、针刺深度、针刺排列及密度等密切相关。

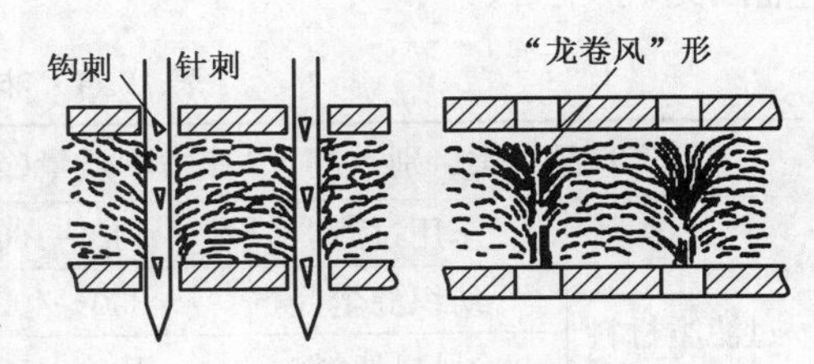

图 17-17 针刺固结原理及典型结构

水刺固结只是将刚性针换成柔性针，主穿刺作用一致，而反弹扩散性不同。因此“龙卷风”边界不如针刺明显，这使纠缠与过渡更为自然。纤维网在水针的冲击力和反射的双重作用下，纤维间发生移动、穿插、缠结、抱合，形成固结点作用。水刺法固结结构，取决于水压、喷水板孔

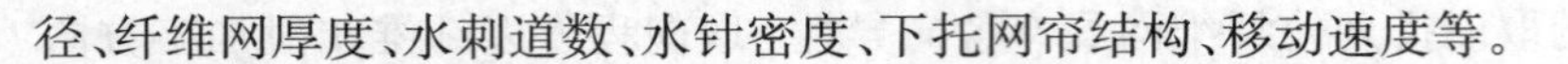

径、纤维网厚度、水刺道数、水针密度、下托网帘结构、移动速度等。

2. 添加物加固结构

(1) 外加纱线加固结构

除了编针轧入,类似于针刺的添加结构外,还有纱线的连续与抱合压紧作用,与缝纫线编入结构相同。外加纱线与纤维网有明显的分界,并在边界处使纤维导向趋同。其结构取决于缝编的密度、纱线的粗细、纤维网的厚度、针的号数等。

(2) 化学黏合加固结构

以浸渍、喷洒、涂层引入黏合物质,从而形成点状、膜状、团块状、连续层状等结构。点状黏合结构是黏合法非织造布中较理想的结构,既实现了纤维间的握持与稳定,又保留了较多的主结构。膜状黏合结构是浸渍和喷洒黏合法加工的典型结构,黏合剂在纤维的相交处或相邻处形成片膜,严重侵蚀纤维网主结构及其多孔、柔性结构。团块状黏合结构是粉末黏合剂及浸润性较差黏合剂的典型结构,不仅有较多的非结合点黏结,而且较多地影响纤维网主结构。连续层状结构往往是浸渍中的膜连续成片,使纤维网的主结构变成两相,即连续纤维网和连续不均匀膜同时存在,纤维网与黏结膜交互作用。

(3) 热黏合加固结构

利用热熔纤维或粉末受热熔融,从而黏结纤维加固成形的结构。如混入热熔纤维的点、团黏合结构,热熔粉末的团块状黏合结构,表面热熔复合纤维的点黏合结构等,都属连续纤维相和分散黏合点结构,且纤维网主结构特征明显。热黏合还可采用热轧法形成热塑性纤维网的加固,这种非织造布中引入了熔融塑片的组分。此添加结构形态取决于热轧图案、热轧温度、纤维网厚度等。

三、非织造布的结构特征指标

非织造布的结构特征指标有平方米质量 ω、密度 γ、厚度 T 以及纤维排列、加固结构参数、孔隙及分布等。这方面的评价大多以性能和工艺参数为主。作为结构特征的基础,这里仅介绍平方米质量、密度和厚度等指标。

1. 平方米质量

平方米质量 ω 是织物质量的表征指标,非织造布同理采用。非织造布常用的平方米质量范围见表 17-4。

表 17-4 非织造布常用的平方米质量

产品类别		平方米质量(g/m²)	产品类别		平方米质量(g/m²)
过滤类材料	车用过滤	140~160	揩布类材料	揩尘布	40~100
	纺织滤尘	350~400		揩地板布	100~180
	冷风机滤料	100~150		医用揩布	15~35
	过滤毡	800~1 000		汽车揩布	80~120
土工布	一般土工布	150~750	絮片类材料	一般絮片	100~600
	铁路基布	250~700		热熔絮棉	200~400
	水利用布	100~500		太空棉	80~260
	油毡基布	250~350		无胶软棉	60~100

2. 密度

密度 γ 是指非织造布的质量与表观体积的比值(g/cm^3)，直接影响材料的透通性和力学性质。

$$\gamma = G \times 10^{-3}/(A_F \times T) = (\omega/T) \times 10^{-3} \quad (17\text{-}17)$$

式中：G 为非织造布的质量(g)；A_F 为非织造布的面积(m^2)；T 为非织造布的厚度(mm)。

如果不考虑添加剂或黏结剂的密度差异，非织造布的体积分数 f_V 可按下式近似求得：

$$f_V = V_f/V_F = G \times 10^{-3}/(\rho \times A_F \times T) \quad (17\text{-}18)$$

式中：V_f 和 V_F 为纤维体积和非织造布的表观体积(cm^3)；ρ 为纤维密度(g/cm^3)。

空隙率 ε 为：

$$\varepsilon = 1 - f_V \quad (17\text{-}19)$$

3. 厚度

非织造布的厚度是指在承受规定压力下非织造布两表面间的距离，它直接影响产品性能和外观质量。不同用途和不同品种非织造布的厚度差异较大，常用厚度范围见表 17-5。

表 17-5　常用非织造布的厚度

产品类别	厚度(mm)	产品类别	厚度(mm)
空气过滤	10，40，50	球革用	0.7
纺织滤尘	7～8	帽　衬	0.18～0.3
药用滤毡	1.5	带　用	1.5
帐篷保温布	6	土工布	2～6
针布毡	3，4，5	鞋　用	0.75
墙　布	0.18	鞋衬里	0.7

思　考　题

17-1　试述机织物和针织物两者结构和性能的差异。

17-2　机织物的经、纬密度与紧度在表述织物结构特征上有何不同？

17-3　已知一全棉府绸织物，其规格为“14.5×14.5×547×283”，求织物经、纬向紧度和总紧度。

17-4　比较机织物三原组织的结构特点。

17-5　试归纳机织物结构相的分布特征。

17-6　经编与纬编织物在线圈结构上有何差异？为何后者有明显的脱散性和卷边性？

17-7　试述针织物的纵、横密与未充满系数的含义与使用范围。

17-8　比较针织物各原组织的基本特征。

17-9　试讨论非织造布中主结构形式及其对力学性能的影响。

17-10　非织造布中的纤维固结状态和固结方式对其使用性能有什么影响？

第十八章　织物的力学性质

本章要点

阐述织物基本力学性质(拉伸、撕裂、顶破、弯曲等)的特征、评价指标与测试方法及影响因素,介绍织物拉断、撕裂、顶破、纰裂破坏的过程与机理,讨论纱线在织物中的强力利用系数、织物断裂强力估算、织物刚柔性评价和影响因素。

织物的基本力学性质包括拉伸、撕裂、顶破和弯曲等。织物的拉伸、撕裂和顶破性能直接影响织物的耐久性或坚牢度,是评定织物质量的重要内容;织物的弯曲性能与其手感关系密切。织物的基本力学性质与所用的纤维、纱线结构和织物结构的特征及后整理加工方法有关,是多方面因素的综合。

第一节　织物的拉伸性质

一、织物的一次拉伸断裂性

它是指织物一次拉伸至断裂时的性质。

1. 拉伸曲线与有关指标

(1) 拉伸曲线

织物一次拉伸断裂曲线的形态与组成该织物的纤维、纱线的一次拉伸断裂曲线基本相似。图 18-1(a)为天然纤维织物的负荷-伸长曲线。棉织物与麻织物的拉伸曲线是直线而略向上弯曲,毛织物与蚕丝织物的拉伸曲线有向上凸的特征。混纺织物的拉伸曲线保持所用混纺纤维的特性曲线形态,如图 18-1(b)所示,65%高强低伸涤纶与35%棉混纺织物的拉伸曲线与棉纤维的拉伸曲线相似,而 65%低强高伸涤纶纤维与 35%棉混纺织物的拉伸曲线与低强高伸涤纶纤维的拉伸曲线相接近。织物拉伸曲线和经纬向织缩率有关,织缩率越大,在拉伸开始阶段伸长较大的现象越明显。

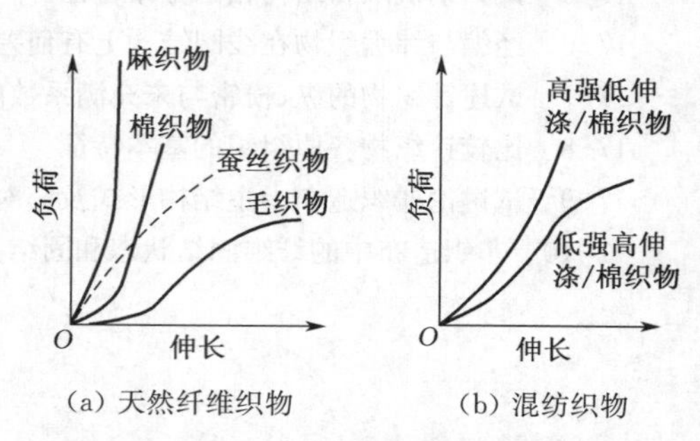

(a) 天然纤维织物　　(b) 混纺织物

图 18-1　几种机织物的典型拉伸曲线

针织物在被拉伸时由于线圈的变形、滑移,其伸长率比机织物大。几种针织物的拉伸曲线见图 18-2，图中衬经、衬纬针织物的拉伸曲线还会出现两个断裂峰值，第一个峰值表示衬经或衬纬线的断裂，随着针织物的继续拉伸，伸长较大的针织物才开始断裂，出现第二个峰值。

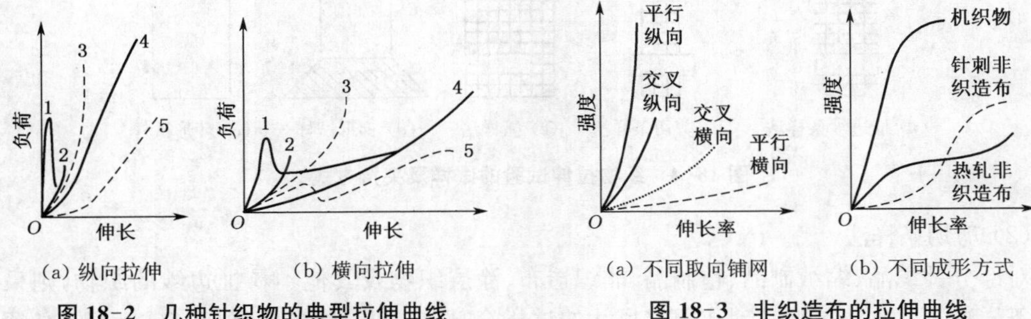

(a) 纵向拉伸　(b) 横向拉伸

图 18-2　几种针织物的典型拉伸曲线

1—衬经衬纬针织物　2—棉汗布　3—棉毛布
4—低弹涤纶丝纬编针织物　5—衬纬针织物

(a) 不同取向铺网　(b) 不同成形方式

图 18-3　非织造布的拉伸曲线

非织造布的拉伸应力-应变曲线与其主结构的纤维排列方向密切相关，见图 18-3(a)。其中，纤维平行排列的纤维网沿纵向(纤维取向方向)强度高，伸长小；沿横向(垂直取向方向)强度低，伸长大。而交叉铺网结构的非织造布，因纤维取向排列的原因也存在类似现象，只是因交叉取向的缘故，差异变小。与机织物相比，非织造布的模量明显偏低，伸长偏大，见图 18-3(b)，尤其是针刺非织造布，靠摩擦和纠缠，初始模量很低；热轧黏合非织造布则有黏合区的作用，模量稍高。

(2) 拉伸性能指标

织物拉伸断裂时所应用的主要力学性能指标有断裂强力、断裂强度、断裂伸长率、断裂功、断裂比功等。这些指标与纤维、纱线的拉伸断裂指标的意义相同，这里针对不同之处加以比较。

断裂强度是评定织物内在质量的主要指标之一，也常常用来评定织物经日照、洗涤、磨损以及各种后整理加工后对织物内在质量的影响。织物断裂强度指标单位常用"N/5 cm"，即 5 cm 宽度的织物的断裂强力。当不同规格的织物需要进行比较时，可与纤维和纱线一样采用相对断裂强度指标单位，如"N/m^2""N/tex"等。

织物在外力作用下拉伸至断裂时，外力对织物所做的功称为断裂功，它反映了织物的坚牢程度。断裂比功是指拉断单位质量织物所需的功，实质上是质量断裂比功，用于比较不同结构织物的坚牢度，其计算式如下：

$$W_r = W/G \tag{18-1}$$

式中：W_r 为织物的质量断裂比功(J/kg)；W 为织物的断裂功(J)；G 为织物的质量(kg)。

2. 拉伸性能的测试方法

由于织物平面有经、纬两个轴向，故其一次拉伸断裂性能的测试，应进行单轴拉伸和双轴拉伸两种试验。一般的织物强力仪都是单轴式的，故目前大多仍采用单轴拉伸。

机织物拉伸性能的测试方法，一般有条样法和抓样法两种，其中条样法又分扯边纱条样法和剪切条样法。

(1) 扯边纱条样法

将一定尺寸的织物试样扯去边纱到规定的宽度(一般为 5 cm)，并全部夹入织物拉伸试验机夹钳内，见图 18-4(a)。

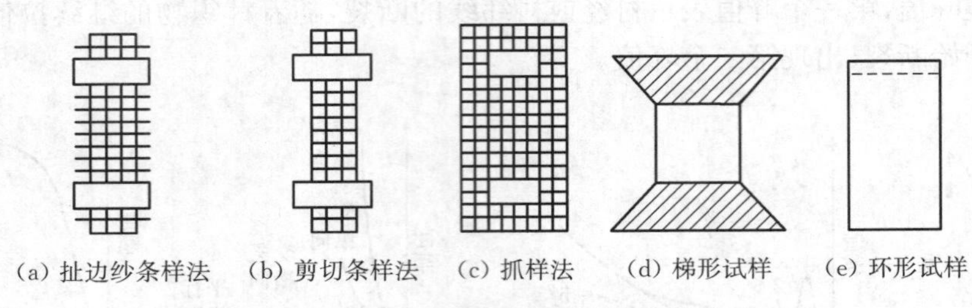

图 18-4　织物拉伸试验的试样及夹持方式

(2) 剪切条样法

对部分针织品、缩绒制品、毡制品、非织造布、涂层织物及其他不易扯边纱的织物，则采用剪切条样法。此方法是将裁剪成规定尺寸的试样全部夹入夹钳内，见图18-4(b)。但必须注意，裁剪时应尽可能与织物中的经向或纬向纱线相平行。

(3) 抓样法

将一规定尺寸的织物试样的一部分宽度夹入夹钳内，见图 18-4(c)。

与抓样法相比，扯边纱条样法所得试验结果的离散较小，所用试验材料比较节约。但抓样法的试样准备较容易和快速，并且试验状态较接近实际使用情况，所得试验强度与伸长的结果比条样法略高。

针织物拉伸试验不宜采用上述矩形试样。因为针织物裁成矩形试样拉伸时，会出现明显的横向收缩，使夹头钳口处产生的剪切应力特别集中，从而造成大多数试样在钳口附近断裂，影响试验结果的准确性。实验表明，以采用梯形或环形试样较好。梯形试样如图 18-4(d)所示，试验时两端的梯形部分被钳口夹持；环形试样如图 18-4(e)所示，试验时两端是缝合的(图中虚线处)。这两种试样能改善钳口处的应力集中现象，且伸长均匀性比矩形试样好。如果要同时测定强度和伸长率，以用梯形试样为宜。

非织造布可以采用机织或针织试样的测试方法进行拉伸试验，但大多采用宽条(一般为10～50 cm，甚至更宽)或片状试样。前者在一般强力仪上进行，后者在双轴向拉伸机上进行。

双轴向拉伸试验见图 18-5，(a)为两向拉伸力均等的情况；(b)为两向拉伸力不等(或保持一端不动)的情况；(c)为非对称的平行四边形变形拉伸。双轴向织物强力机尚未普及，但由于织物在使用过程中同时受到来自多个方向的拉伸作用，所以很有必要研究织物的双轴拉伸性质，特别是对伸缩性较大的针织物和产业用非织造布，双轴拉伸有时比单轴拉伸更为重要。

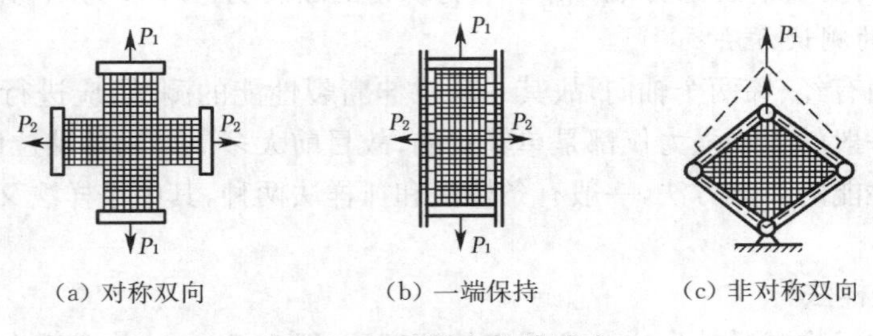

图 18-5　双轴向拉伸试验

织物拉伸试验中，试样的工作尺寸和夹持方法会影响试验结果。有关标准对试样的宽度和长度均有规定。拉伸试验应在标准大气条件下进行，否则会影响试验结果。对于非标准大气条件下测得的断裂强力，应根据测试时试样的实际回潮率和环境温度，按下式进行修正：

$$P = KP_0 \tag{18-2}$$

式中：P 为修正后的织物断裂强力(N)；P_0 为实测的织物断裂强力(N)；K 为织物强力修正系数(条样法在国家标准中有表可查)。

3. 一次拉伸断裂机理

(1) 一次拉伸断裂过程

在单轴拉伸试验中，当织物采用条样法拉伸时，其基本受力变形过程见图 18-6。

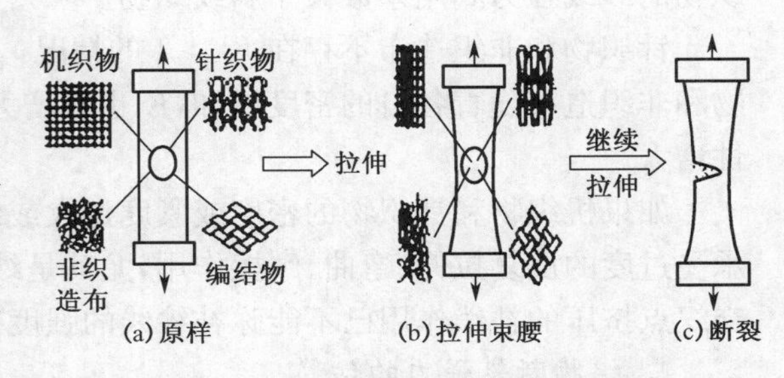

图 18-6　拉伸过程中的束腰现象与断裂

机织物受拉伸时，拉伸力作用于受拉系统纱线上，使该系统纱线由原先的屈曲状态逐渐伸直，并压迫非受拉系统纱线，使其更加屈曲。在拉伸初始阶段，随着拉伸力增加，试样产生的伸长变形主要是由受拉系统纱线屈曲转向伸直而引起的，并包含一部分由于纱线结构改变以及纤维伸直而引起的变形。到拉伸后阶段，由于受拉系统纱线已基本伸直，试样产生的伸长变形主要由纱线结构改变及纤维伸长所引起。此时，纱体显著变细，试样厚度明显变薄，拉伸方向的试样结构变稀疏。

针织物受拉伸时，拉伸力作用于受拉方向的圈柱或圈弧上，首先使圈柱转动、圈弧伸直，引起线圈取向变形，沿拉伸方向变长，垂直于拉伸方向变窄，纱线的接触点发生错位移动，使试样在较小受力下呈现较大的伸长。当这类转动和伸直完成后，纱线段和其中的纤维开始伸长，直接表现为试样的稀疏和垂直受力方向的收缩。

非织造布受拉伸时，拉伸力直接作用于纤维和固着点上，使其中的纤维以固着点为中心发生转动和伸直变形，并沿拉伸方向取向，表现为织物变薄，但密度增加，强度升高；随后，纤维伸长，固着点被剪切或滑脱。前者主导则非织造布强度增加，后者主导则强度增加减缓或下降。

因此，织物拉伸的初始模量通常均较低，随着织物中纱线、纤维的伸直和沿受力方向的调整，拉伸曲线陡增。机织物拉伸方向的纱体显著变细，纤维伸长，垂直于拉伸方向的纱线屈曲收缩；而针织物的纱线和非织造布的纤维相互靠拢，使织物逐渐横向收缩，呈束腰现象，如图 18-6(b)所示。但机织物的束腰现象不如针织物和非织造布那样明显，这也是针织物、非织造布要求加大试样夹持宽度或双轴向拉伸的原因。此后继续拉伸，部分纱线或纤维达到断裂伸长，开始逐根断裂，直至大部分纤维和纱线断裂后，织物结构解体，试样断裂。织物的真实断裂不是同时发生的，而是织物最弱的纱线处首先断裂，形成应力集中进而纱线迅速逐根断裂，致使织物断裂，如图 18-6(c)所示。

(2) 纱线在织物中的强力利用系数

织物中纱线强力利用程度，可用拉伸方向的纱线或束纤维在织物中的强力利用系数 K 表示。它是织物某一方向的断裂强力 P_F 与该向各根纱线的断裂强力 P_y 之和的比值，计算式如下：

$$K = P_F / \sum P_y \tag{18-3}$$

由于机织物拉伸过程中，经纬纱线在交织点处产生挤压，使交织点处经纬纱线间的切向滑动阻力增大，有助于织物强力增加，还有降低纱线强伸性能不匀的作用。因此，在一般情况下，条样法的断裂强力大于受拉系统的各根纱线强力之和，这时 $K > 1$。特别是在短纤维纱线捻度较小的条件下，强力利用系数的提高比较明显。当织物组织相同时，在一定范围内，适当增大密度，有利于纱线在织物中的强力利用系数的提高。此外，在一定的织物紧度范围内，平纹织物的纱线强力利用系数大于斜纹织物。

针织物和非织造布不存在 $K > 1$ 的情况，原因是上述交互作用和均匀化不存在。但针织物和非织造布随着各自的密度增加，K 也有增大的趋势，因为密度越大，提供交互作用的可能性增大。

如果机织物和针织物的密度或紧度过大或织物中各根纱线的强力不均匀或纱线在织造时承受过度的反复拉伸、弯曲、摩擦作用，尤其是纱线捻系数过大(接近甚至超过临界捻系数)时，交织点挤压的补偿作用已不能弥补纱线的强度损失或残余应力，此时 $K < 1$。

4. 织物断裂强力的估算

机织物断裂强力 P_F(N)除进行实测外，还可根据织物密度 M(根/10 cm)、纱线断裂强力 P_y(N)及纱线在织物中的强力利用系数 K 进行估算。机织物条样法的强力估算式如下：

$$P_F = MP_yK/2 \tag{18-4}$$

针织物断裂强力 P_F，可根据横密 P_A 或纵密 P_B(个/5 cm)、纱线勾接强力 P_L 及纱线在织物中的强力利用系数 K 进行估算，估算式如下：

$$P_F = P_AP_LK/2 \quad 或 \quad P_F = P_BP_LK/2 \tag{18-5}$$

非织造布断裂强度 p_{F0}，可根据纤维束平均断裂强度 p_B(N/tex)和非织造布在零隔距拉伸时的强度利用系数 K 进行估算。若不考虑黏结和纠缠作用，估算式为：

$$p_{F0} = Kp_B \tag{18-6}$$

若考虑黏结和纠缠作用，非织造布总强度 p_F 实际为力学的串连勾接模量，而力值或模量值相当于电阻的并联，即：

$$1/p_F = 1/p_{F0} + 1/B \tag{18-7}$$

式中：B 为黏结作用强度(往往 $B < p_{F0}$，即黏结作用弱于纤维的强度，所以非织造布要增强，一定要增加黏结作用强度)。

5. 影响织物一次拉伸断裂性的因素

(1) 纤维性状

当纤维品种不同时，织物的一次拉伸断裂性质也不相同。即使品种相同的纤维，当它们在性状上稍有差异时，织物的一次拉伸断裂性质亦会产生相应的变化。特别是化学纤维，由于制造工艺和用途上的不同，可使同品种的化学纤维在内部结构上发生变化，从而使纤维的拉伸性能有很大的差异。如同样是棉型涤纶纤维,但低强高伸型涤纶纤维和高强低伸型涤纶纤维在性质上就有很大差异。由低强高伸型涤纶纤维制得的织物,虽然断裂强力较低,但断裂伸长率较大,因此断裂功明显增大,织物的坚韧性较好。

(2) 纱线结构

纱线捻度对织物强力的作用与它对纱线强力的作用相仿,也包含着互相对立的两方面。当纱线捻度在临界捻度以下较多时,在一定范围内增加纱线的捻度,织物断裂强力有提高的趋势;但当纱线捻度接近临界捻度时,织物断裂强力就开始下降,这是由于纱线捻度还未达到临界捻度时,织物强力已达到了最高点。

纱线的捻向,通常从织物光泽的角度考虑较多,但也与织物的强力有关。在机织物中,当经纬纱同捻向配置时,在经纬纱交织点接触面上的纤维倾斜方向趋于平行,因而纤维能互相啮合和紧密接触,拉伸织物时,经纬两系统纱线间的切向滑动阻力较大,使织物断裂强力提高。反之,当经纬纱反捻向配置时,经纬纱交织点接触面上的纤维倾斜方向趋于垂直,经纬纱交叉处不能紧密啮合,故不能有效地提高织物断裂强力。

线织物的断裂强力高于同线密度纱织物的断裂强力,这是由于单纱并捻成股线后,股线的强力、条干及捻度不匀有所改善。

(3) 织物结构

在织物组织和密度相同的条件下,用粗特纱线织造的织物,其断裂强力大于细特纱线织物。这是由于粗特纱线的断裂强力较大,同时,由粗特纱线织成相同密度的织物时,织物紧度较大,经纬纱间接触面积增加,使纱线间切向滑动阻力增大,从而提高了织物断裂强力。

织物密度的改变对织物断裂强力有显著的影响。在机织物中,若纬密保持不变,仅增加经密,则不仅织物经向强力增加,纬向强力也有增加的趋势。这是因为经密的增加使经纬纱交织次数增加,经纬纱间的切向滑动阻力增加,使纬向强力也得以提高。若经密保持不变,仅增加纬密,则织物纬向强力增加,而经向强力有下降的趋势。这是因为随着纬密的增加,织造工艺上需配置较大的经纱上机张力,且纬密增加后,由于织造中开口次数增多,使经纱反复拉伸的次数增加,经纱间及经纱与机件间的摩擦作用也增加,这些都会加快经纱疲劳,引起织物经向断裂强力下降。在针织物中,线圈长度对针织物纵、横密的影响较大,线圈长度越长,针织物纵、横密越稀,纱线间接触点较少,纱线间的切向滑动阻力也较小,因此,针织物的断裂强力较差。应该指出,对各种不同品种的织物,织物密度有一个极限值,在此极限内,符合上述规律;若超过这一极限,由于密度增加后纱线所受张力、反复作用次数以及屈曲程度增加过多,将会给织物强力带来不利的影响。

织物组织对织物拉伸性能的影响也很大。就机织物的三原组织而言,在其他条件相同时,平纹织物的断裂强力和断裂伸长率大于斜纹,而斜纹又大于缎纹。这是由于织物内纱线的交织点越多,浮长越短,拉伸时织物中受拉系统纱线受到非受拉系统纱线的挤压力越大,经纬纱间切向滑动阻力越大,有助于织物强力提高。而交织点越多,浮长越短,纱线屈曲也增多,拉伸时织物中屈曲的纱线由弯曲而伸直所产生的织物伸长就越大,同时使织物的模量降低。三原组织中,平纹组织的交织点最多,浮长最短,纱线屈曲最多;缎纹组织的交织点最少,浮长最长,纱线屈曲最少;斜纹组织介于两者之间。

针织物的几种基本组织中,纬编针织物的横向伸长性较大,其中纬平组织针织物由于横向拉伸时圈柱转移,横向伸长性约比纵向大两倍。又因为每个线圈由两个圈柱组成,当纵行数和横列数相同时,纬平组织针织物纵向的断裂强力比横向大。罗纹组织针织物与纬平组织针织物相比,其横向具有更大的伸长性。双反面组织针织物,由于其线圈纵行倾斜,使织物纵向缩短,因而增加了织物的纵密,受拉时线圈被拉直,故纵向伸长性增加,约比纬平组织针织物大两倍,其横向伸长性大致与纬平组织针织物相近,其纵、横向伸长性相接近。经编针织物的伸长性小于纬平组织针织物,其中编链组织由于只能形成相互没有联系的各自纵行,沿纵向拉伸时,一般较其他组织的伸长性小;经平组织针织物拉伸时,织物的纵向和横向都具有一定的伸长性,纵向断裂强力大于横向断裂强力。

(4) 后整理

棉、黏纤维制成的织物,为了防皱,常采用树脂整理,但织物的伸长性能却因此而下降。经树脂整理后,纤维内大分子间产生交键,大分子间的滑动受到阻碍,使纤维的伸长性能下降。

二、织物的拉伸弹性

它是指织物在小于其断裂强力的小负荷作用下拉伸变形的回复程度。织物在实际使用时所受的负荷大多远小于其断裂强力,所以,拉伸弹性对织物的耐用性有更实际的意义。织物拉伸弹性可分为定伸长弹性和定负荷弹性两种。

1. 定伸长弹性

将试样作定伸长拉伸(根据织物品种,选用适当数值)后,停顿一定时间(如 1 min),去负荷,再停顿一定时间(如 3 min)后,记录试样的伸长变化,计算定伸长弹性回复率,并由拉伸曲线计算定伸长弹性回复功及弹性功率。

2. 定负荷弹性

将试样作定负荷拉伸后,去负荷,再停顿一定时间后,记录试样的伸长变化,计算定负荷弹性回复率,并由拉伸曲线计算定负荷弹性回复功及弹性功率。

织物的弹性回复率、弹性回复功及弹性功率的计算与纤维、纱线相仿。

织物拉伸弹性主要取决于纤维、纱线的结构,由拉伸弹性好的纤维、结构良好而捻系数适中的纱线制成的织物,拉伸弹性较好。织物组织和紧度对织物拉伸弹性也有影响,交织点和紧度适中的织物,拉伸弹性较好。

第二节　织物的撕裂性能

织物边缘在一集中负荷作用下被撕开的现象称为撕裂,亦称撕破。撕裂经常发生在军服、篷帆、降落伞、帐幔、吊床布等织物的使用过程中。生产上广泛采用撕裂性能来评定后整理产品的耐用性,如经过树脂、助剂或涂料整理的织物,采用撕裂强力可比采用拉伸断裂强力更能反映织物整理后的坚牢度变化。许多工业用织物也将撕裂强力作为产品质量检验的重要项目之一。针织物除特殊要求外,一般不进行撕裂试验。

一、测试方法

1. 舌形法

常见的为单舌法,又称单缝法,试样为矩形,见图 18-7(a)。试验时,先在试样短边正中沿纵向剪出一条规定长度的切口，使试样一端形成左、右两瓣舌片，然后，使切口方向对准夹头的中心标记线，将左、右两舌片按夹持线分别夹入上、下夹头内，见图 18-7(b)。仪器启动后，下夹头逐渐下降，直至试样切口后方撕破长度达到规定长度为止。

舌形法中最形象的是双舌法，又称双缝法，试样也为矩形。试验时，将试样短边三等分，沿纵向剪出两条切口，使试样一端形成左、中、右三舌片，然后将中舌片夹入一个夹头内，左、右舌片一起夹入另一个夹头内，见图 18-7(c)。

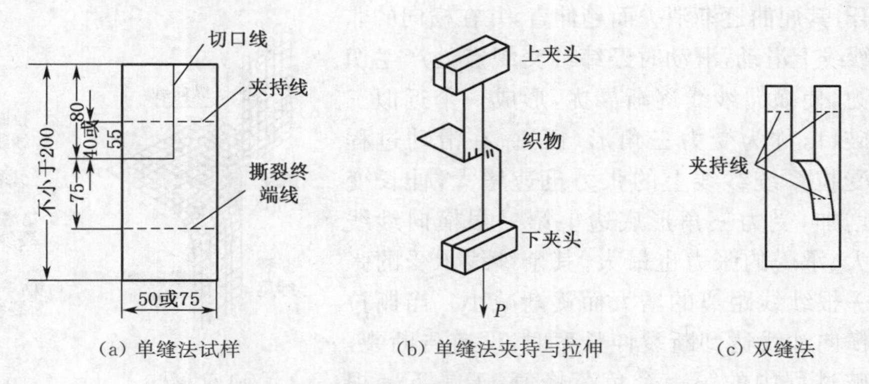

(a) 单缝法试样　　(b) 单缝法夹持与拉伸　　(c) 双缝法

图 18-7　舌形法试样与夹持方法

还有一种落锤法，广义来看，也可归入舌形法，采用的测量仪器和试样见图 18-8。试验时，先将扇形锤 1 沿顺时针方向转动，抬高到试验开始位置，并将指针 2 拨到指针挡板处。此时，定夹头 3 的工作平面与扇形锤上动夹头 4 的工作平面对齐。然后，将试样左、右两半边分别夹入两夹头内，并在长边正中用仪器上的开剪器 5 划出一条规定长度的切口。随后，松脱扇形挡板 6，动夹头 4 即随同扇形锤迅速沿逆时针方向摆落，与定夹头 3 分离，使试样对撕，直至全部撕破。由指针 2 在强力读数标尺 7 上读出撕裂强力值。这是一种快速的单缝撕裂破坏试验方法，因此测得的撕裂强力也称为冲击撕裂强力。

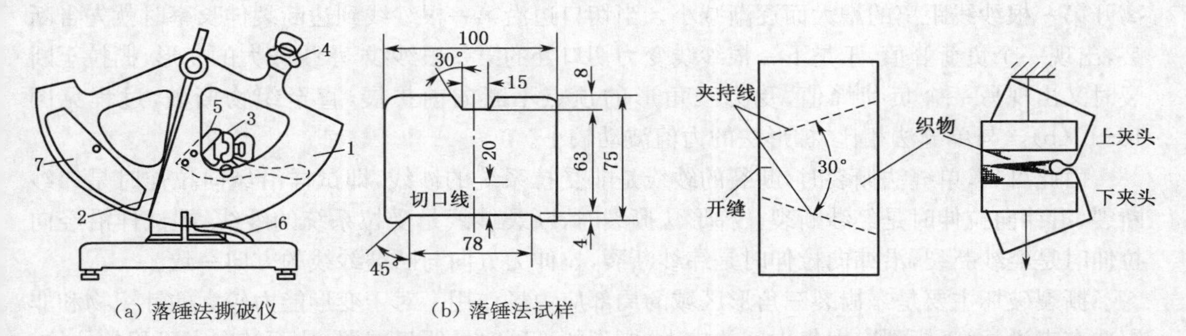

(a) 落锤法撕破仪　　(b) 落锤法试样

图 18-8　落锤法的仪器和试样

图 18-9　梯形法的试样与夹持方法

2. 梯形法

梯形法的试样为矩形，见图 18-9。试验时，在试样短边正中剪出一条规定长度的切口，然后，试样按夹持线夹入上、下夹头内，这样上下夹头间的试样就成为梯形。试样有切口的一边呈紧张状态，为有效隔距部分，另一边呈松弛的皱曲状态。仪器启动后，下夹头逐渐下降，直至试样全部撕破。

二、撕裂破坏机理

上述织物撕裂测试方法中，梯形法和单缝法是两种典型的不同破坏机理的试验方法，梯形法是拉伸作用，而单缝法宏观上是剪切作用。双缝法、落锤法均与单缝法的作用机理相似。

单缝法撕裂破坏过程见图 18-10(a)。当试样被拉伸时，随着负荷增加，纵向受拉系统纱线上下分开，其屈曲逐渐消失而趋伸直，并在横向的非受拉系统纱线上滑动，滑动时经纬纱交织点处产生切向滑动阻力，使横向纱线逐渐靠拢，形成一个近似三角形的撕破口，称为受力三角形（区）。在滑动过程中横向非受拉系统纱线上的张力迅速增大，伸长变形也急剧增加，受力三角形底边上第一根横向纱线的变形最大，承受的张力也最大，其余纱线承受的张力随离第一根纱线距离的增大而逐渐减小。当撕拉到第一根横向纱线达到断裂伸长率时，即首告断裂，出现了撕破过程中的第一个负荷峰值，于是下一根横向纱线开始成为受力三角形的底边，撕拉到断裂时又出现第二个负荷峰值，如此继续，横向纱线依次由外向内逐根断裂，最后使织物撕破。双缝法撕破时，随着负荷增加，纵向纱线受拉，并在横向纱线上滑动，使横向纱线受撕拉，形成两个近似三角形的撕破口。但由于两个三角形底边上的纱线不一定同时断裂，所以，出现的负荷峰值较单缝法频繁，期间还有两个三角形底边几乎同时断裂而出现的高峰。

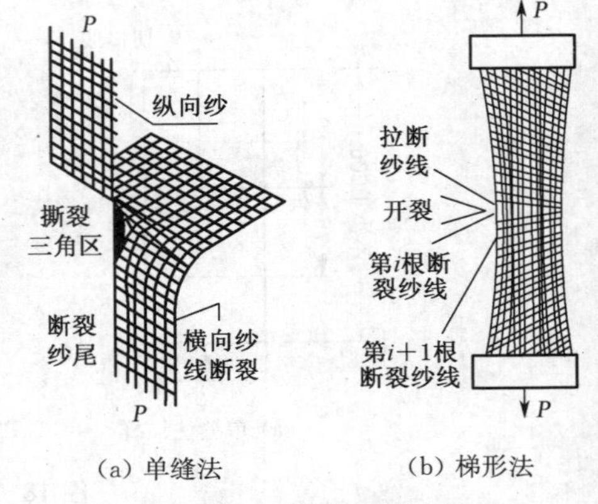

图 18-10　撕裂破坏过程

梯形法撕裂中同样存在纱线受力三角形，但该受力三角形是由受拉系统纱线的伸直和变形产生的，并不明显。随着拉伸时负荷的增加，试样紧边的纱线首先受拉伸直，切口边沿的第一根纱线变形最大，负担较大的外力，和它相邻一边的纱线负担部分的外力，且负担的外力随离开第一根纱线距离的增大而逐渐减小。当切口边沿第一根纱线到达断裂伸长率时就先告断裂，出现一个负荷峰值，于是下一根纱线变为切口处的第一根纱线，承受较大的变形，撕拉至断裂时又出现另一个负荷峰值，受力三角形的顶点不断向前扩展，直至织物撕破，过程见图 18-10(b)。与单缝法相比，梯形法的力值波动较小。

由此可见，单缝法撕裂时，断裂的纱线是非受拉系统的纱线，即试样沿经向拉伸时是纬纱断裂，沿纬向拉伸时是经纱断裂。梯形法撕裂时，断裂纱线是受拉系统的纱线，即试样沿经向拉伸时是经纱断裂，沿纬向拉伸时是纬纱断裂，拉伸力方向与断裂纱线的方向一致。

撕裂破坏主要是靠撕裂三角形区域的局部应力场作用。对于变形能力较大的针织物和非织造布来说，由于撕裂应力集中区的扩大，撕裂的不同时性明显减弱，从而转向大面积的拉伸，故较少进行撕裂的评价。

三、撕裂曲线与指标

织物撕裂曲线表明了织物在撕裂过程中负荷与伸长的变化关系。图 18-11 为单缝法和梯形法的撕裂曲线。

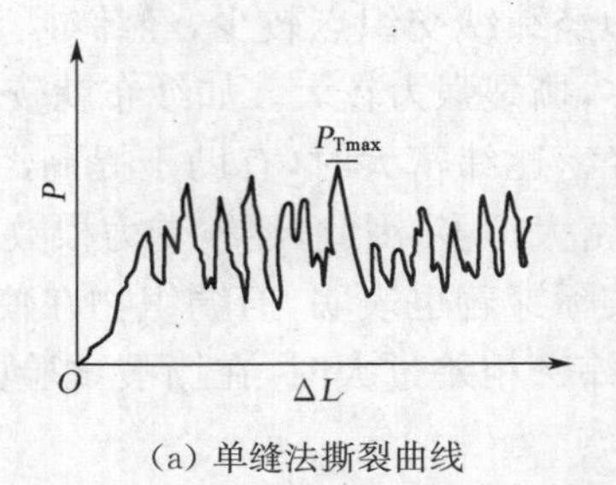

(a) 单缝法撕裂曲线

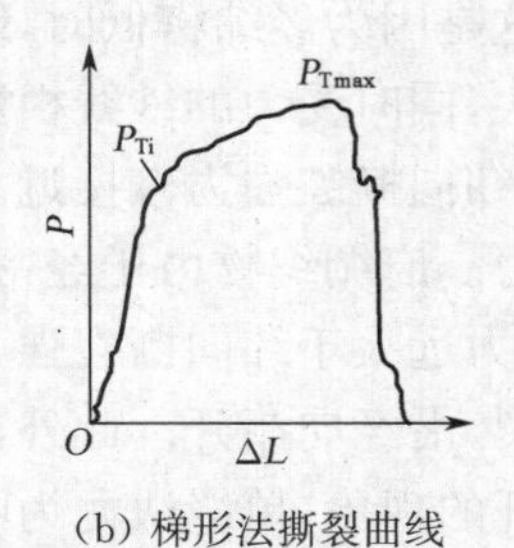

(b) 梯形法撕裂曲线

图 18-11　两种典型撕裂过程曲线

表示撕裂性质的指标较多,不同撕裂破坏方法采用的指标不完全相同,同一撕裂方法中各国所规定采用的指标也不一致,这里介绍几种常用的指标:

① 最高撕裂强力 P_{Tmax}。为单缝法、梯形法所采用。它是指撕裂过程中出现的最高负荷峰值,单位为"N"。

② 平均撕裂强力。为落锤法所采用。其物理意义是撕裂过程中所做的功除以两倍的撕破长度,也就是从最初受力开始到织物连续不断地被撕破所需力的平均值,单位为"N"。

③ 五峰平均值。为单缝法所采用。在切口后方撕破长度达 5 mm 后,每隔 12.5 mm 分为一个区,将五个区中的最高负荷峰值加以平均就得到五个最高峰值的平均值,单位为"N"。

④ 撕裂破坏点的强力 P_{Ti}。它是指梯形法中纱线开始断裂时的强力,见图 18-11(b)。

⑤ 撕裂能。它是指撕破一定长度织物时所需的能量,单位为"J"。

我国统一规定,经向撕裂是指撕裂过程中经纱被拉断的试验;纬向撕裂是指撕裂过程中纬纱被拉断的试验。

织物撕裂试验也要求在标准大气条件下进行,否则,也要进行修正,修正系数与织物一次拉伸断裂强力试验相同。

四、影响织物撕裂强力的主要因素

1. 纱线性状

织物撕裂强力与纱线强力和受力三角形的大小关系密切。织物撕裂强力与纱线强力成近似正比关系。纱线的断裂伸长率越大、摩擦系数越小,则受力三角形越大,同时受力的纱线根数越多,因此织物撕裂强力越大。纱线的结构、捻度、表面性状与纱线间摩擦、抱合作用有关,对织物的撕裂强力也有较大影响。

2. 织物结构

织物组织对撕裂强力有明显影响。织物组织中经纬纱交织点越多,经纬纱越不容易相对滑动,形成的受力三角形越小,同时受力的纱线根数就越少,因此,织物撕裂强力越小。由此可见,平纹织物的撕裂强力较小,缎纹织物的撕裂强力较大,斜纹织物介于两者之间。

织物织缩对撕裂强力的影响有两个方面:一方面,织缩增大时,织物伸长增加,受力三角形增大,同时受力的纱线根数增多,使撕裂强力增加;另一方面,织缩增大时,纱线弯曲程度增加,使纱线间的相互挤压和摩擦增大,受力三角形变小,使单缝法撕裂强力降低。但前者是主导因素。

织物经、纬密对撕裂强力的影响较为复杂。在纱线直径相同的条件下,经纬密低的织物,撕裂强力较大。这是因为经纬密低时，织物中经纬纱交织点较少，经纬纱容易相对滑动，形成的受力三角形较大，同时受力的纱线根数较多，撕裂强力较大。如纱布就较不容易被撕破。当经纬密相近时，经纬向撕裂强力较接近。当经密比纬密大时，有助于提高经向撕裂强力，而不利于纬向撕裂强力。府绸织物由于经密比纬密大得多，因此，经纱受力根数远远超过纬纱受力根数，经向撕裂强力远大于纬向撕裂强力。实际穿着也表明，府绸织物在使用中撕裂时，通常都是纬纱逐一断裂，沿经向撕开。此外，当经纬密相差过大时，在撕裂试验中还会产生不沿着切口而沿横向撕开的现象，单缝法尤为明显。

3. 后整理

棉、黏纤织物经树脂整理后，织物的一些服用性能可以得到改善，但织物的撕裂强力会降低。这是因为树脂整理后，经纬纱间的滑移阻力增大，撕裂三角形区域减小，同时纱线的断裂伸长率因涂层处理而下降，故织物的撕裂强力减小。若整理时采用柔软剂，由于柔软剂上的树脂长链可在纤维间起润滑作用，使纱线间易于滑移，可改善织物撕裂强力的下降。

五、织物的纰裂

增大织物中经纬纱间的滑移，可提高织物的撕裂强力，但会造成织物纰裂。织物纰裂是指织物在使用过程中受外力作用后产生的纱线横向滑移的结构损坏现象。经纱沿着纬纱方向的滑移，称纬向纰裂或经纰裂；纬纱沿着经纱方向的滑移，称经向纰裂或纬纰裂。纰裂俗称扒缝，就是织物的经、纬纱线因交织不够牢固，在很小的外力作用下被扒出裂缝的一种损坏现象，主要发生于衣裤的接缝处和多次受摩擦的外拱处，见图 18-12。织物的纰裂直接影响服装的外观，影响缝纫的有效性，导致脱缝，严重时使整件服装报废。

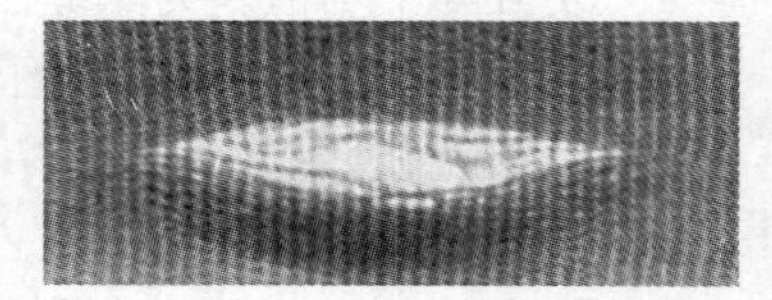

图 18-12　织物纰裂的基本特征

1. 织物纰裂产生的原因和测试方法

纰裂大多发生于丝绸织物、高模量长丝纤维机织物及低密度机织物等。丝绸织物的原料大部分由长丝、细旦纤维组成，长丝表面光滑，摩擦力小，特别是蚕丝，丝身柔软，易产生变形滑移，这些特征易使丝绸织物和一些用涤纶丝、锦纶丝、黏胶丝织制的服装里料产生纰裂。

织物产生纰裂的原因包括以下多个方面：纤维本身摩擦系数小，伸直度高，硬度和抗弯曲刚度大；经纬纱结构紧密，表面光滑，捻度大；织物的经纬密小，织物结构松，交织点少以及织造过程中的上机张力等。

评价织物纰裂的指标主要是：织物中纱线的滑移阻力和滑移量。国家标准规定了三种测试织物中纱线抗滑移性的方法，即缝合法、模拟缝合法（钉耙法）和摩擦法。纰裂仅发生于机织物和编结物，纰裂处织物还有局部连接。针织物无纰裂现象，但有脱圈开裂（又称脱缝）现象，表现为织物呈破坏性的分离。非织造布亦无纰裂现象，与其对应的是滑脱解体，也是破坏性的。

2. 防止织物纰裂的方法

根据纰裂产生的原因，消除织物纰裂的主要途径可从下列几个方面考虑：

① 纤维方面。主要提高纤维的表面粗糙度和摩擦系数，增加纤维的卷曲，以改善纤维间的相互作用和机械锁结。

② 纱线方面。主要取较低的捻系数，提高纱线径向可变形性，以增加接触与摩擦，减少

滑移。

③ 织物方面。主要增大经纬密和经纬向紧度；增加交织点，即改变织物组织，如取平纹或纱罗组织（直接扭结握持）；增强交织点间的正压力，如提高经纱上机张力，增加纱线的屈曲等。

④ 后整理方面。引入微量浸渍、超薄涂层等技术，使纤维间得到良好的固定与连接，可有效改善纰裂，同时可保持原织物的风格。

此外，纰裂与缝纫条件、成衣款式、穿着合适、个人习惯均有关系。如对丝绸织物采用较少的接缝，增加宽松度，可以避免织物使用中的纰裂。

第三节　织物的顶破和胀破性

织物在一垂直于其平面的负荷作用下鼓起扩张而破裂的现象称为顶破或胀破。顶破与服装在人体肘部、膝部的受力以及手套、袜子、鞋面在手指或脚趾处的受力相似，降落伞、滤尘袋、消防水管带等则要考虑胀破性能。顶破试验可提供织物的多向强伸性能特征的信息，特别适用于针织物、三向织物、非织造布等织物的强力检验。

一、测试方法与指标

测试织物顶破性常采用弹子式顶破试验仪；测试织物胀破性常采用气压式或油压式顶破试验仪，较为常用的是气压式顶破试验仪。

1. 弹子式顶破试验

弹子式顶破试验仪是利用钢球球面来顶破织物的，见图 18-13(a)。其主要机构与织物拉伸强力仪相仿，但用一对支架 1 和 2 取代上下夹头，上支架 1 和下支架 2 可作相对移动。试验时，圆形试样 3 夹在一对规定尺寸的环形夹具 4 之间，环形夹具放在下支架的测试槽中。当下支架下降时，固定于上支架的顶杆 5 上的钢球 6 向上顶试样，直至将试样顶破。由仪器上的强力刻度盘读出顶破强力，它是弹子作用到织物上使之顶裂破坏的最大压力，单位为 N。还可计算顶破强度，即织物单位面积上所承受的顶破强力，单位为 N/cm^2，该指标常用于羊毛衫片。

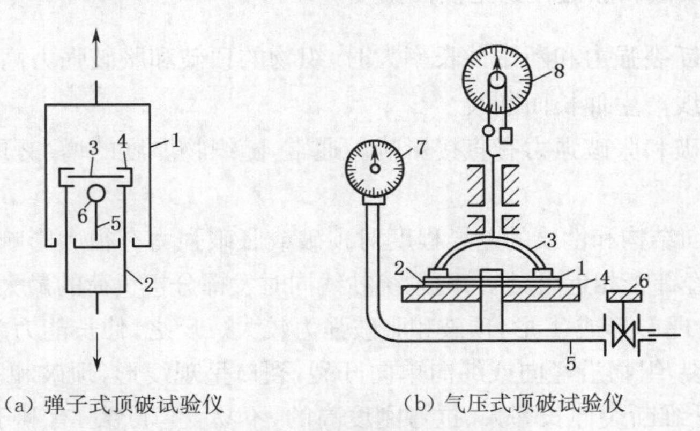

图 18-13　织物顶破试验仪原理

2. 气压式顶破试验

气压式顶破试验仪是利用气体的压力来胀破织物的，见图 18-13(b)。试验时，圆形试样 1

覆在衬膜2上，两者同时夹持在半球罩3和底盘4之间。衬膜是用弹性较好的薄橡皮片制作的。衬膜的当中开有气口，在气口上方再覆盖一块橡皮膜。试验时，压缩空气经过阀门开关6进入仪器的空气管道5，首先作用在衬膜2和其上方覆盖的橡皮膜上，由于衬膜和橡皮膜的弹性较好，受气流作用后拱起，从而使织物被顶起直至胀破。胀破强力可从强度压力表7上读出，顶破伸长可从伸长压力表8上读出。顶破伸长比单向断裂伸长更能反映织物本身的实际变形能力，因为它不像单向拉伸那样，由于某方向受拉伸而引起其他方向的收缩。

气压式顶破试验仪可测下述顶破性指标：

① 胀破强度。指单位面积所受的力，即压强，单位为"N/m^2"或"kN/m^2"。

② 顶破伸长。指胀破压力下织物膨胀的高度，即胀破时试样表面中心的最大高度，单位为"mm"。

③ 胀破时间。指织物从受力到胀破时所需的时间，单位为"s"。

气压式顶破试验仪与弹子式顶破试验仪相比，试验结果较为稳定，用于降落伞织物的顶破性能测试尤为合适。

二、顶破与胀破机理

织物是各向异性材料，当织物局部平面受一垂直集中负荷作用时，织物多个方向的变形能力是不同的。

一般来说，在非经纬纱方向的织物变形，是由经纬两组纱线相互剪切产生的，其伸长变形较经纬向大。在顶力作用下，沿织物各向作用的张力复合成一剪应力，首先在变形最大、强力最薄弱的一点使纱线断裂，导致织物破裂。

针织物中，各线圈相互勾接联成一片，共同承受伸长变形，直至织物破裂。由此可见，织物顶破和胀破与一次拉伸断裂性不同，它是多向受力而不是单轴或双轴受力。

非织造布顶破或胀破，主要是纤维的断裂和纤维网的松散化，顶破口是一个隆起的松散纤维包，胀破是纤维网扯松开裂状。

三、影响织物顶破和胀破性的主要因素

织物中纱线的断裂强力和断裂伸长率大时，织物的顶破和胀破强力高，因为顶破和胀破的实质仍为织物中纱线产生伸长而断裂。

织物厚度对顶破和胀破强力有直接影响。通常，随织物厚度的增加，顶破和胀破强力明显提高。

机织物经纬两向结构和性质的差异程度对顶破或胀破强力有很大影响。实验表明，当经纬纱的断裂伸长率和经纬密相近时，经纬两系统纱线同时发挥分担负荷的最大作用，织物沿经纬两向同时开裂，裂口呈现L形或T形，顶破和胀破强力较大。反之，伸长能力差的那一系统纱线在顶破过程中首先断裂，织物沿经向或纬向单向开裂，裂口呈现线形，顶破和胀破强力较小。

在针织物中，纤维断裂伸长率大、抗弯刚度高的，不易受弯断裂，有利于织物顶破强力。纱线勾接强度大的，织物顶破强力也高。适当增加线圈密度也能使针织物顶破强力有所提高。

非织造布的纤维强度和纤维间固着点的强度是影响顶破的最关键因素。其次，纤维摩擦、卷曲和纠缠作用亦影响顶破性能。

第四节　织物的弯曲性能

织物的硬挺和柔软程度统称为刚柔性，属于织物弯曲性能的基本内容。刚柔性与服装的制作、造型有密切关系。刚性过小时，服装疲软、飘荡、缺乏身骨；刚性过大时，服装显得板结、呆滞。刚柔性还与织物的皮肤触感有关，如服装的衣领和被褥过硬时，不会给人以舒适的触感，严重时甚至会擦伤皮肤。织物的弯曲刚度是影响织物悬垂性、起拱变形和织物手感风格的主要因素。本节主要讨论织物的弯曲刚度和影响织物刚柔性的主要因素。

一、弯曲刚度测试方法与指标

织物抵抗弯曲变形的能力，称为弯曲或抗弯刚度。弯曲刚度也常用来评价相反特性——柔软度。织物弯曲刚度的测试方法很多，主要有斜面法和心形法。

1. 斜面法

斜面法又称悬臂梁法，测量原理见图 18-14。将条形试样放在一梯形木块上，在试样条上放一带刻度的尺条，并与试样条的头端平齐。测量时，以匀速将刻度尺条推出，刻度尺条下部平面有橡胶层，能带动织物样条同步滑出，直到织物样条由于自重下垂并触及斜面为止。

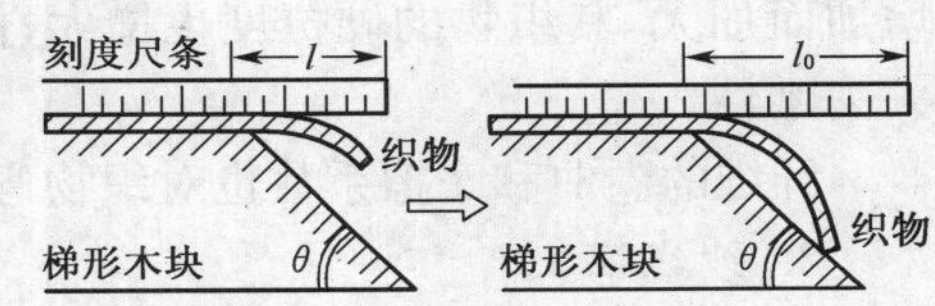

图 18-14　斜面法测量原理

由刻度尺上推出的滑出长度 l_0 和斜面角度 θ，可求出抗弯长度 C：

$$C = l_0\left[\frac{\cos(\theta/2)}{8\tan\theta}\right]^{1/3} = l_0 f(\theta) \tag{18-8}$$

一般取 $\theta = 45°$，此时，上式可简化为：

$$C = 0.487 l_0 \tag{18-9}$$

抗弯长度有时称为硬挺度，抗弯长度越大，织物越硬挺。

当织物平方米质量为 $\omega(\mathrm{g/m^2})$，织物厚度为 $T(\mathrm{mm})$时，织物的弯曲刚度 B 和弯曲弹性模量 E_B 可用下式表示：

$$B = 9.8\omega C^3 \times 10^{-5} \tag{18-10}$$

$$E_B = 120B/T^3 \tag{18-11}$$

式(18-10)表示单位宽度织物所具有的弯曲刚度；E_B 表示织物刚性的大小，与织物的宽度、厚度等几何尺寸无关。斜面法较适用于厚型织物和毡制品等的刚柔性测定。

2. 心形法

心形法的测量原理如图 18-15 所示。织物试样为条形，中间划有有效长度的记号线。试验时，将试样两端按记号线夹入夹头内悬挂，试样因自身质量下垂构成一心形。一定时间后，用附装在夹头下方的直角尺，上移至触及心形试样下沿为止，测出夹头上部

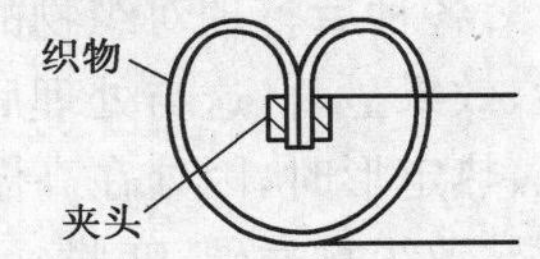

图 18-15　心形法测量原理

平面到心形试样下部边沿的悬垂高度 l，通常又称作柔软度。悬垂高度越大，织物越柔软。心形法较适用于薄型织物、丝绸和有卷边现象的织物的刚柔性测定。

此外，也可在织物风格仪上测试弯曲刚性等指标，其原理将在织物风格有关章节中阐述。

二、影响织物刚柔性的主要因素

1. 纤维性状

纤维初始模量是织物刚柔性的决定性因素。纤维的初始模量大，织物刚性也大。如天然纤维中，羊毛的初始模量较低，故毛织物柔软度较好；麻纤维的初始模量高，则麻织物硬挺；蚕丝纤维的初始模量中等，织物刚柔性适中。合成纤维中，锦纶柔软，其织物较柔软；涤纶刚性较大，其织物较硬挺。

纤维截面形态对织物刚柔性也有一定影响。异形截面与圆形截面的纤维相比较，异形纤维织物的刚性较大。这是因为面积相同的非圆形截面纤维的轴惯性矩比圆形截面的纤维大，所以异形纤维刚性较大。同时，异形纤维的截面特征限制了纤维间的相互接触，使异形纤维制成的纱线的密度小于圆形纤维制成的纱线，因此，在纱线线密度相同时，由异形纤维制成的纱线直径大于由圆形纤维制成的纱线直径。另外，中空纤维的弯曲刚度随中空度的增加而加大，其织物的硬挺度也增大；但中空度过大，会使纤维壁过薄，导致纤维破裂，反而失去刚性。

纤维的卷曲和摩擦系数也对织物弯曲刚度产生影响，其值越大，织物刚性越大。

2. 纱线性状

纱线直径较粗、捻度较大时，纱线的弯曲刚度较大，织物较硬挺；反之，织物较柔软。织物中经纬纱同捻向配置时，由于经纬纱交织点接触面上纤维倾斜方向一致，纱线间产生一定程度的啮合，使经纬纱交织点处切向滑动阻力较大，不易松动，故织物刚性较大。

3. 织物结构

织物厚度增加时，织物刚性显著提高，这在毡制品上表现得尤为明显。

织物组织和经纬密度对织物刚柔性有一定影响。机织物中，交织点越多，浮长越短，经纬纱间切向滑动阻力就越大，织物中经纬纱间作相对移动的可能性越小，织物就越刚硬。所以，平纹织物身骨较硬挺，缎纹织物身骨较柔软，斜纹织物介于两者之间。织物经纬密度增加时，织物刚度随之增加，身骨变得硬挺。

针织物中线圈长度越长，纱线之间接触点越少，纱线间切向滑动阻力越小，织物就越柔软。针织物的柔软性一般比机织物大。

非织造布中，纤维间的黏结点越多，黏结点越大，非织造布的刚性越大。理想的黏结点最好只发生在纤维交叉点上，且在保证织物强度的条件下，其数量越小，织物越柔软。

4. 后整理

各种后整理对织物的刚柔性影响很大。高档棉、麻织物采用液氨处理，可改善织物的柔软性，效果显著，这与处理后棉、麻纤维的结晶度下降、晶粒变小有关。合成纤维织物，在烧毛、染色、热定形时，因处在高温作用下，若温度处理不当会使纤维内部无定形区增大，大分子裂解，而导致织物发硬、变脆。涤纶织物的定形温度与织物的弯曲长度呈直线关系，随着定形温度增加，弯曲长度增加，温度越高，织物越硬挺。

织物的刚柔性可用机械和化学的方法加以改变。要提高织物的硬挺度，可进行硬挺整理。

织物的硬挺整理，是利用一种能成膜的高分子物质制成理想浆液，黏附于织物表面上，干燥以后织物就有硬挺和光滑的手感。要改善织物的柔软性，可以采用柔软整理。织物的柔软整理，分机械整理和柔软剂整理两种：机械整理是利用机械的方法，在张力状态下将织物多次揉搓，即能改善织物的柔软性；柔软剂整理是利用柔软剂的润滑作用，减小织物中纤维间和纱线间的摩擦阻力以及织物与人体之间的摩擦阻力，从而提高织物的柔软性。

思 考 题

18-1 试讨论织物断裂强力和断裂功在评定织物内在质量上的意义。你认为与织物耐用性更加相关的是哪一指标？为什么？

18-2 织物拉伸性能的测试方法有哪些？为何针织物要采用梯形或环形试样？

18-3 为什么一般情况下纱线在机织物中的强力利用系数大于1？何时会出现小于1？

18-4 为何针织物和非织造布中的纱线强力利用系数小于1？

18-5 试分析影响织物拉伸性能的因素。

18-6 机织物设计时，若从织物断裂强力考虑，经、纬纱的捻向应如何配置？为什么？

18-7 机织物三原组织中，哪种组织织物的断裂强力和断裂伸长率较大？为什么？

18-8 从织物撕裂破坏机理，说明织物撕裂强力总是小于其拉伸强力的原因。

18-9 织物撕裂强力有哪几种测试方法？影响织物撕裂强力的因素有哪些？

18-10 为什么全棉府绸织物制成的衬衫穿久后，常会发生背部沿经向撕开的现象？

18-11 试述影响织物顶破强力的因素。织物顶破或胀破时，裂口有时出现直线形，有时呈直角形，为什么？

18-12 织物弯曲刚度有哪几种测试方法？影响织物刚柔性的因素有哪些？

第十九章　织物的耐久性

本章要点

着重阐述织物的耐久性(耐磨损性、耐疲劳性、耐勾丝性、耐刺割性、耐老化性)的特征、性能指标与测试方法、破坏机理与影响因素。

织物的耐久性一般指与使用寿命有关的材料的力学、热学、光学、电学、化学、生物老化等性质，还涉及织物形态、颜色、外观的保持性。显然，耐久性是织物使用中必须考虑和保证的性能。本章主要讨论实际中最关注的力学耐久性，并涉及织物耐老化性能。织物的力学耐久性，主要指织物的耐磨损、耐疲劳、耐勾丝和耐刺割等性能。

第一节　织物的耐磨损性

磨损是指织物间或与其他物质间反复摩擦而使织物逐渐破损的现象；耐磨性则是指织物抵抗磨损的程度。磨损是织物损坏的一个主要方面，它直接影响织物的耐用性。

一、测试方法与指标

织物在使用过程中因摩擦而损坏的方式很多，也很复杂。因此，为了使织物耐磨性的测试尽可能接近织物的实际磨损情况，其测试方法也有多种，主要分为仪器测量和穿着试验两大类。

1. 仪器测量

仪器测量是用仪器模拟织物实际使用中的磨损方式来评定织物耐磨性的一类试验方法。依据作用的形式分平磨、曲磨、折边磨、动态磨、翻动磨多种。

(1) 平磨

指织物试样表面在定压下与磨料摩擦所受到的磨损，主要模拟上衣袖部、裤子臀部、袜底、床单、沙发用织物、地毯等的磨损。

按对织物的摩擦方向不同，平磨可分为往复式、回转式和马丁代尔(Martindale)多向式三种。图 19-1(a)为往复式平磨测定仪的示意图。试验时，试样按经向或纬向平铺在工作平台上并用夹头张紧，底部包有磨料(砂纸)的压块压在试样上。随着工作台左右往复移动，试样的经向或纬向受到反复平磨。图 19-1(b)为回转式平磨测定仪的示意图。试验时，圆形试样由夹持环夹紧在可回转的工作圆盘上，一对小砂轮作为磨料，由圆盘的转动来带动两个小砂轮作相对滚动，试样受到圆环形平磨，磨下的纤维屑被空气吸走，保证了磨损效果。马丁代尔多向式平磨测定仪试验时，装在试样夹头上的试样在定压下与装在磨台上的标准织物磨料摩擦时，能绕芯轴自由转动，使试样中心点的运动轨迹为李莎茹（Lissajou）图形（两个相互垂直的谐振运动合成的轨迹图形）。此种方法较适用于毛织物和细薄类棉、麻、绢丝机织物。

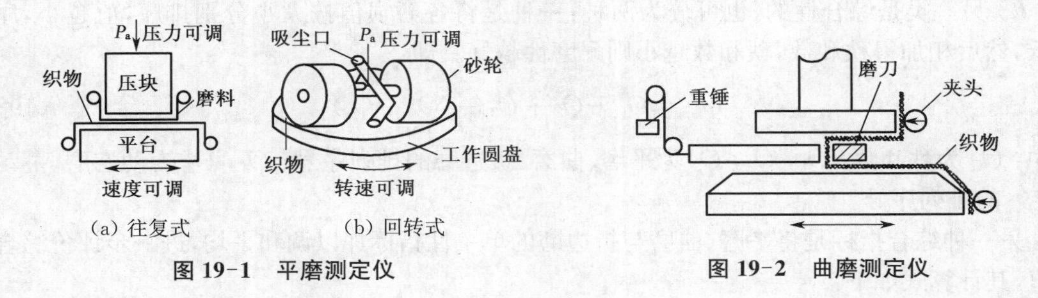

(a) 往复式　(b) 回转式

图 19-1　平磨测定仪　　图 19-2　曲磨测定仪

(2) 曲磨

指织物试样在弯曲状态下反复与磨料摩擦所受到的磨损，主要模拟上衣肘部和裤子膝部等处的磨损。如图 19-2 所示，条形试样一端夹在上平台的夹头内，另一端夹在下平台的夹头内，磨刀借重锤给予试样一定的张力。上平台是固定的，随着下平台的往复运动，试样内侧受到反复磨损。

(3) 折边磨

指织物试样在对折状态下其折边部位与磨料摩擦所受到的磨损，主要模拟领口、袖口、袋口、裤边口及其他折边部位的磨损。如图 19-3 所示，条形试样对折夹在夹头内，并向下方平台伸出规定长度，平台上包有砂纸。随着下方平台的往复运动，试样折边部位受到反复磨损。

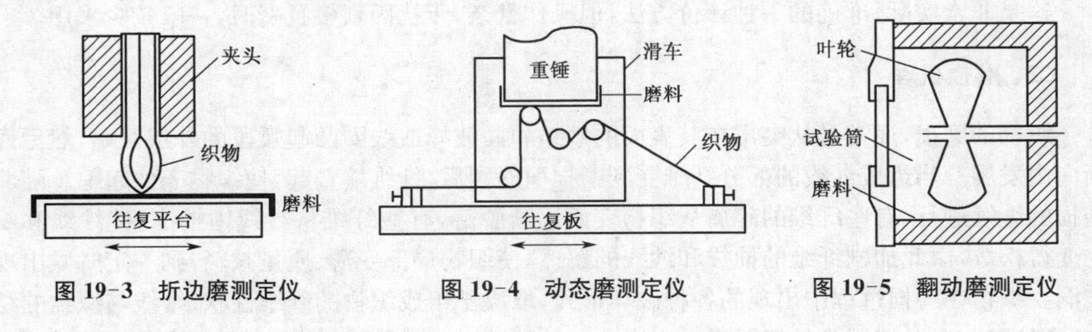

图 19-3　折边磨测定仪　　图 19-4　动态磨测定仪　　图 19-5　翻动磨测定仪

(4) 动态磨

指织物试样在反复拉伸和反复弯曲状态下与磨料摩擦所受到的磨损，以模拟服装在人体活动过程中的磨损。如图 19-4 所示，条形试样夹在往复板上的左右夹头内，并穿过滑车上的若干只导辊。重锤下包有砂纸，在一定压力下与试样接触。随着往复板与滑车的相对往复运动，试样受到反复磨损。动态磨较符合服装穿着时的实际磨损情况，其试验结果与穿着试验较接近。

(5) 翻动磨

指织物试样在任意翻动的状态下与磨料摩擦所受到的磨损，以模拟衣服在洗衣机中洗涤时的磨损。如图 19-5 所示，试样边缘缝合或用黏合剂黏固以防止边缘纱线脱散，然后投入试验筒内，在高速回转的叶轮的翻动下，与试验筒内壁上所衬的磨料反复摩擦。内衬磨料常用金刚砂层。

表示织物耐磨性的指标有以下两类：

① 一类是单一性的，它又可分为两种：一种是用规定摩擦次数后试样的某些物理性质的变化来表示，如摩擦达到规定次数后试样质量的损失率等；另一种是用试样某些物理性质达到规定变化时的摩擦次数表示，如磨到 2 根纱线断裂或出现破洞（针织物）时的摩擦次数等。

② 另一类是综合性的，也可分为两种：一种是将各磨损值按大小分别排序，值越小，序号越低，然后相加得秩和数，秩和数越小则耐磨性越好。即：

$$O_C = O_1 + O_2 + O_3 + (O_4 + O_5) \tag{19-1}$$

式中：O_C 为秩和数；O_1，O_2，O_3 为平磨、曲磨、折边磨的排列序号；O_4，O_5 为动态磨、翻动磨的排列序号。

另一种综合指标是将平磨、曲磨与折边磨的单一性指标加以调和平均，进一步评价综合耐磨值，其计算式如下：

$$\text{综合耐磨值} = \frac{3}{\dfrac{1}{\text{耐平磨值}} + \dfrac{1}{\text{耐曲磨值}} + \dfrac{1}{\text{耐折边磨值}}} \tag{19-2}$$

2. 穿着试验

穿着试验是将不同的织物试样分别做成衣、裤、袜等，组织合适的人员在实际工作环境中服用，经一定时间后评定其耐磨性。

穿着试验评定时，先对各种试样的不同部位规定出不能继续使用的淘汰界限，如裤子的臀部、膝部以出现一定面积的破洞作为淘汰界限；裤边以磨破一定长度作为淘汰界限等。然后，由淘汰界限决定试穿后的淘汰件数，再计算出它占试验总件数的百分率，即为淘汰率。

这是非常实际、准确的一种评价方法，但操作繁杂，干扰因素多且费时，一般较少采用。

二、磨损机理

织物的磨损，通常是从突出在其表面的纱线屈曲波峰或线圈凸起弧段的外层开始，然后逐渐向内发展。当组成纱线的部分纤维受到磨损而断裂后，纤维端竖起，使织物表面起毛。随着磨损的继续进行，有些纤维的碎屑从织物表面逐渐脱落，有些纤维从纱线内抽出，使纱线和织物变得松散，由此加剧纤维的抽拔和纱线的解体，使织物局部变薄、质量减轻，到一定时候出现破洞。织物在磨损过程中出现的各种破坏形式，取决于组成织物的纤维性状、纱线与织物的结构、染整工艺以及使用条件等因素。当这些条件不同时，磨损破坏的主要表现形式也不同。

(1) 纤维疲劳断裂

这是织物磨损的基本破坏形式。织物表面与所接触的各种物体表面，从微观角度来看，都是凹凸不平的。如图 19-6 所示，当磨料与织物接触并作相对运动时，磨料上的凸起磨粒与织物表面的波峰接触时，几乎是一种瞬间的碰撞，纱线屈曲波峰在磨粒的撞击下迅速下降其陡度，亦即使其中受撞击作用的纤维片段随之产生微小伸长。当磨粒的撞击去除时，纤维片段所产生的伸长变形又获得一定的回复。这种碰撞作用是反复进行的，纱中纤维片段因反复拉伸、弯曲而疲劳，最终断裂，使纱线和织物结构变得松散。

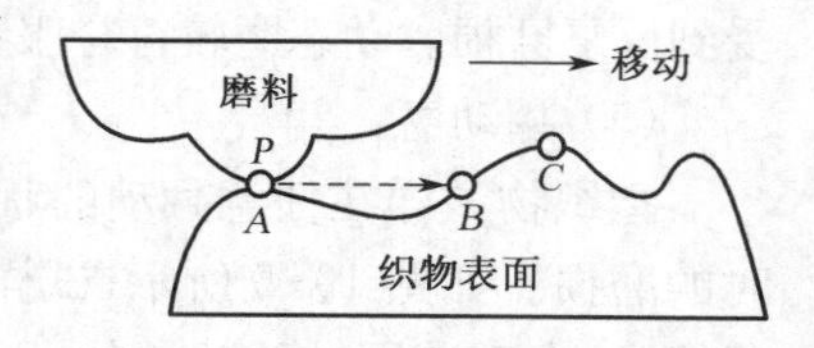

图 19-6　织物表面磨损示意图

(2) 纤维抽出

这是当纤维抱合力较小、纱线及织物结构较松而磨料较粗大时呈现的主要破坏形式。此时,织物中纤维随磨料作用逐渐抽动,部分片段露出于织物表面,甚至与织物分离,使纱体变细,织物变薄,结构松散。

(3) 纤维被切割断裂

这是当纤维抱合力较大、纱线及织物结构较紧密而磨料较细锐时呈现的主要破坏形式。此时,织物中纤维被束缚得很紧密,纱中纤维片段的可移动性极小,P 点撞击 B 点和 C 点时很容易产生局部应力集中,导致纤维被切割损伤。当纤维表面出现裂痕后,其裂口在反复拉伸、弯曲作用下不断扩大,最后导致纤维断裂。

(4) 纤维表面磨损

这是当纤维抱合力较大、纱线及织物结构很紧密而磨料表面较光滑时呈现的主要破坏形式。此时,纱中纤维片段的可移动性极小,在纤维表面与磨料光滑表面的反复摩擦作用下,纤维两端和屈曲部位的表层出现零碎轻微的破裂,呈现原纤化结构,露出丝状纤毛。这些原纤化的丝状碎屑从纱中不断脱落,使纱线、织物结构松散。这种纤维原纤化的现象,主要发生在原纤结构较明显的天然纤维、再生纤维及某些合成纤维(如涤纶、锦纶等)上。

(5) 摩擦的热学作用

摩擦还会使物体表面的温度上升,使撞击区产生高温,一方面会使纤维变得柔软,易于变形;另一方面会产生纤维的熔融与塑性变形,从而影响纤维的结构和力学性质,并影响纤维的弹性,增加接触面积而加速织物的磨损。

三、影响织物耐磨损性的主要因素

1. 纤维性状

在同样纺纱条件下,纤维长时,纤维间抱合力大,摩擦时纤维不易从纱中抽出,有助于织物的耐磨性。如精梳棉织物由于去除了短绒,故耐磨性比普梳棉织物好;中长纤维织物及长丝织物的耐磨性优于棉型织物。

纤维细度适中有利于耐磨,一般认为 2.78～3.33 dtex 较好。适当粗些,较耐平磨;适当细些,较耐曲磨和折边磨。不能过细或过粗,过细的纤维,在织物磨损过程中容易引起较大的内应力;过粗的纤维,会使纱线截面内纤维总根数减少,抱合力减弱,而且纤维抗弯性能较差,这些都不利于织物的耐磨性。中长纤维织物由于细度较适中其耐磨性较好。

纤维的截面形状与磨损过程中纤维上产生的应力有直接关系,故也会影响织物的耐磨性。一般来说,异形纤维织物的耐曲磨及耐折边磨性能比圆形纤维织物差,这是因为织物曲磨和折边磨时,纤维处于弯曲状态,而异形纤维宽度大于圆形纤维,所以不耐弯曲。

纤维的力学性质中,断裂伸长率、弹性回复率及断裂比功是影响织物耐磨性的决定性因素。由于织物磨损过程中,纤维疲劳断裂是最基本的破坏形式,因此纤维断裂伸长率大、弹性回复率高及断裂比功大的,织物的耐磨性一般较好。如锦纶织物通常具有最优的耐磨性,锦纶与其他纤维混纺后可显著提高织物的耐磨性。涤纶由于制造工艺等原因,在性能上可有较大不同,其中低强高伸型涤纶的断裂伸长率、弹性回复率和断裂比功较大,故其织物的耐磨性优良,仅次于最耐磨的锦纶织物。丙纶和维纶织物,也具有很好的耐磨性,丙纶织物在无强烈光照射时使用,其耐磨性一般优于维纶织物。

合成纤维到达软化点时，由于纤维弹性急剧变差，会使织物耐磨性明显变差，故合成纤维的软化点越高，其织物的耐磨性越好。

2. 纱线性状

纱线捻度要适中。捻度过大时，纤维的应力过大，纤维片段可移动性小，且过大的捻度还会使纱体变得刚硬，摩擦时不易压扁，接触面积小，易造成局部应力增大，使纱线局部过早磨损，这都不利于织物的耐磨性。捻度过小时，纱体疏松，纤维在纱中受束缚程度小，容易抽出，也不利于织物的耐磨性。

纱线条干要均匀。条干差时，粗处结构较松，摩擦时纤维易抽出，使纱体结构变松，织物耐磨性下降。

对单纱和股线来说，线织物的耐平磨性优于纱织物。这是由于股线结构较单纱紧密，纤维间抱合较好，不易抽出。但在曲磨特别是折边磨时，线织物的耐磨性远不如纱织物。这主要是因为结构紧密的股线中纤维片段的可移动性小，容易在曲折部位产生局部应力集中，使纤维受切割而破坏。故从综合耐磨性考虑，半线织物要比全线或全纱织物好。

混纺纱的径向分布，从织物耐磨性考虑，应要求耐磨的纤维分布在纱的外层。如涤腈混纺时，若两种纤维的长度相近，则应选用细度比腈纶粗的涤纶，使混纺后涤纶纤维大多转移到纱的外层，从而改善织物的耐磨性。

3. 织物结构

织物厚度厚些，耐平磨性较好；反之，耐曲磨及耐折边磨性能较好。

织物组织是影响耐磨性的一个重要因素，并在不同经纬密时，表现出不同的影响。当经纬密较低时，平纹织物较为耐磨。这是因为经纬密较低时，织物结构较疏松，摩擦时纤维易于从织物中抽出，此时若采用交织点较多的平纹组织，则能增大纤维受束缚的程度，有助于耐磨性。当经纬密较高时，缎纹织物较为耐磨。这是因为经纬密较高时，纤维已被束缚得很紧密，若再采用平纹组织，就会进一步造成支持点应力集中，加快织物磨损，而缎纹组织由于交织点较少、浮长较长，织物摩擦时，可通过纱中片段的可移动性来减缓应力集中。当经纬密适中时，斜纹织物一般较为耐磨，这是因为斜纹组织兼顾了上述两方面的原因。针织物中，织物组织对耐磨性的影响尤为显著，其基本规律大致与机织物相仿。纬平组织针织物的耐磨性优于罗纹组织针织物，这是因为纬平组织针织物表面较平滑，支持面较大，能承受较大的摩擦力。

织物中经纬纱线密度适当大些，不但织物的支持面可增大，使织物承受磨损的实际面积增大，而且成纱截面内所包含的纤维根数也多，磨损时，需要抽出或磨损较多根的纤维后纱线才会解体，这些都有利于织物耐平磨性。

在中等经纬密范围内，随着经纬密增加，纤维受束缚点增多，摩擦时纤维不易抽出，这有利于织物耐磨性，特别是耐平磨性。但是，随着经纬密增大，织物柔软性下降，使支持点成为较刚硬的结节，导致应力集中；同时，经纬密增大后，纱内纤维片段可移动性减小，这些不利于织物的耐磨性，特别是耐折边磨性。针织物中，线圈长度越大，单位面积内线圈数越少，即纵、横密越小，织物越不耐磨。

织物单位面积质量对耐平磨性的影响最为显著。试验指出，织物耐平磨性几乎随单位面积质量的增加而线性地增大，不同的织物仅有程度上的差异。单位面积质量相同时，针织物的耐平磨性比机织物差些。

织物体积质量与其厚度有关，试验指出，织物体积质量达到 0.6 g/cm^3 时，耐折边磨性明显变差。

织物结构相不同,经纬纱屈曲波高也不同,从而引起织物支持面变化。低结构相的纬支持面织物,经纱藏于织物里面,织物与磨料摩擦时,纬纱先承受磨损,如麻纱织物。零相织物的经纬纱同时突出于织物表面,构成等支持面,织物与磨料摩擦时,经纬纱同时承受磨损,如平布织物。高结构相的经支持面织物,纬纱藏于织物里面,织物与磨料摩擦时,经纱先承受磨损,如府绸织物。要提高织物的耐磨性,特别是耐平磨性,应使经纬纱屈曲波高相近,构成等支持面,同时承受磨损。

此外,毛羽和毛圈多的织物,支持面上直接磨损的将是毛羽和毛圈,由于毛羽和毛圈能起缓和摩擦的作用,故这种织物的耐磨性较为良好。

应该指出,在服装加工中,除领口、袖口外,多按面料经向裁剪,故实际穿着中,沿织物经向的磨损机会较纬向多,为此,可使支持面上纬纱所占面积的比率适当增加,以减缓经向的磨损。对经面(或纬面)织物,还应考虑加强经纱(或纬纱)的耐磨性。

4. 后整理

棉、黏织物经树脂整理后,耐磨性将随摩擦作用的轻重、缓急程度而有一定差异。当压力较大且摩擦较为剧烈时,整理后织物的耐磨性明显下降,这是因整理后纤维伸长性能变差所致。当压力较小且摩擦较缓和时,整理前后织物的耐磨性差异渐趋缩小。当压力很小且摩擦很缓和时,整理后织物的耐磨性有时出现改善的趋势,这在结构疏松的织物中较为明显,其原因可能是树脂整理后纤维的弹性回复率提高,同时织物表面纤维端露出的情况减少,在小负荷作用下纤维不易抽出,故织物耐磨性有所改善。

5. 试验条件

环境的温湿度、摩擦方向及压力等对织物耐磨性有较大影响,而且织物在实际使用中,往往伴有日晒、汗液、洗涤剂等作用,故对织物耐磨性的影响较为复杂。

摩擦方向不同时往往会产生不同的磨损情况,特别在缎纹织物上有较明显的影响。对于长的浮纱,以平行于纱轴向摩擦时,磨损主要取决于纱中纤维的耐磨性;垂直于纱轴向摩擦时,则会勾扯纱线造成纱中纤维的断裂,使织物的耐磨性大为下降。

摩擦时的压力对试验结果有影响,压力较小时测得的耐磨性升高。如折边磨试验时,试样伸出长度越长,刚性越差,对下方砂纸的压力就越小,测得的耐磨性有升高的趋势。

第二节　织物的耐疲劳性

一般而言,织物在循环载荷或形变或明显小于断裂强度的静载荷长时间作用下,也会发生断裂或损伤破坏,这种现象称为织物的疲劳。织物抵抗疲劳破坏的能力称为耐疲劳性。

一、织物在静态机械外力作用下的疲劳

1. 疲劳现象与机理

织物(或纤维、纱线)在较小拉伸力作用下直至破坏,称为静态疲劳现象。持续作用的拉伸力使纤维材料产生蠕变,当外力所做的功积累到一定程度,即纤维材料的破坏积累到一定程度时,就出现纤维的断裂和纤维间滑移,进而导致纱线的断裂,而纱线的断裂和纱线间的滑移以

及从交织点的抽出，又使织物最终解体破坏。大多数情况下，织物还未完全断裂时，其使用功能已经失效。静力作用于织物的疲劳破坏，理论上可以发生于任意大小的力的作用下，只是拉伸力较小时，破坏所需时间较长；拉伸力较大时，破坏所需时间较短。

静态疲劳破坏的主要机理是织物的塑性变形，包括三个部分：纤维的塑性变形、纤维间的滑移、纱线滑移与断裂。

2. 测试与表达

一般以静力拉伸织物，记录一定拉力 P_0（即悬挂重物的质量）下织物拉伸到一定长度 L 或伸长率 ε 或拉伸至断裂所需的时间 t，也可以是拉伸到某一时间时所达到的伸长率 ε。以伸长率和时间作曲线，可得图 19-7。

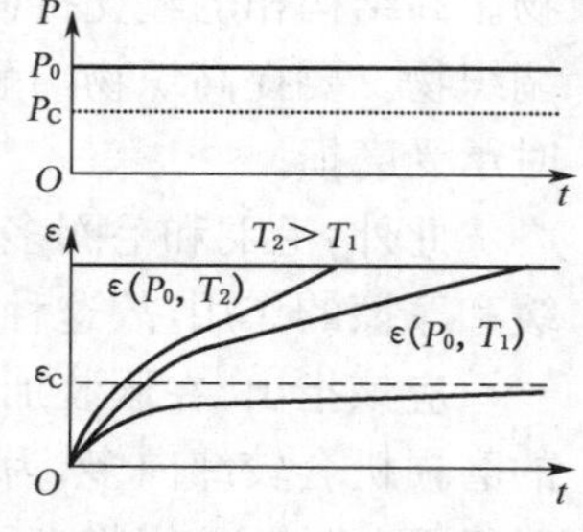

图 19-7 静力作用下的伸长率与时间曲线

图 19-7 中，ε_C 称为临界伸长率或极限弹性伸长率，指在临界力 P_C 作用下织物在极长的时间内（$t\to\infty$）仍无法达到破坏时而达到的临界伸长率值。P_C 为临界强力，如已知织物的受力截面积 S_F，则可转换为应力 σ_C，称为静态疲劳极限：

$$\sigma_C = P_C/S_F \tag{19-3}$$

图中，$\varepsilon(P_0, T_2)$ 和 $\varepsilon(P_0, T_1)$ 曲线是在相同负荷 P_0 作用下但环境温度 T 不同时的变形曲线。当 $T_2 > T_1$ 时，$\varepsilon(P_0, T_2) > \varepsilon(P_0, T_1)$，可见温度对变形的影响是正相关的。

二、织物在动态机械外力作用下的疲劳

1. 疲劳现象与机理

织物（或纤维、纱线）经受多次加负荷、去负荷（负荷远远小于断裂负荷）的反复拉伸循环作用下，其性能衰退直至破坏，称为动态疲劳现象。

动态疲劳是由于纤维受到反复拉伸循环作用时，纤维产生塑性变形、滑移和发热。塑性变形积累造成纤维断裂的机理与静态疲劳相同；滑移是纤维间、纱线间的滑移，一般在无大量滑移解脱的情况下，对织物无疲劳作用；发热会使纤维更易发生变形和力学性能衰退。所以织物的动态疲劳主要是：纤维的疲劳与破坏和材料发热引起的性能衰退。只有当大量纤维疲劳破坏后，织物才会疲劳解体。

2. 测试与表达

（1）定负荷疲劳与测试

对织物进行小负荷拉伸时，逐步增加拉伸力到某一定值后，停顿一段时间，这时有松弛伸长；接着逐步减小拉伸力到零后，再停顿一段时间，这时继续出现缓弹性回缩；然后再次拉伸，开始第二次循环；如此反复进行。典型的拉伸曲线见图 19-8(a)。

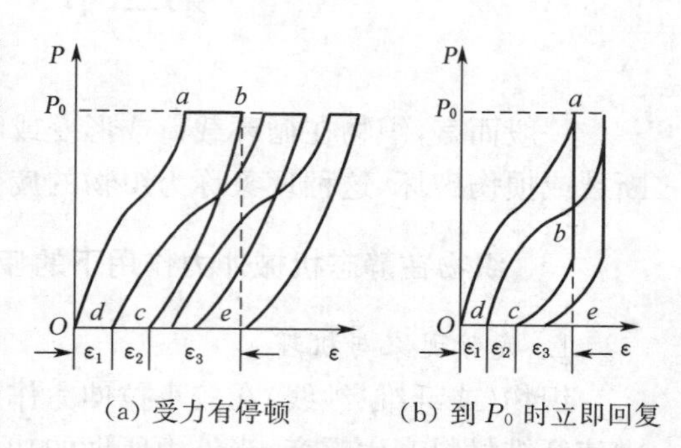

图 19-8 定负荷反复拉伸曲线

在一次循环中，拉伸外力对织物所做的功，是曲线四边形 $Oabe$ 的面积 S_0；回缩时织物对外力所做的功，是曲线三角形 bec 的面积 S_e，即织物释放出拉伸储存的能量。因而，在一次循环中，外力对织物的

净做功是曲线四边形 $Oabc$ 的面积。外力所做的这些功将使纤维产生塑性变形、滑移和断裂，以及变形、滑移摩擦时的生热损耗，故 S_e 越大，S_0 越小，织物的耐疲劳性越好，以 R_W 表示弹性功回复率，则：

$$R_W = S_e / S_0 \tag{19-4}$$

从伸长率的回复角度看，$ce = \varepsilon_3$ 为急弹性回复率，$dc = \varepsilon_2$ 为缓弹性回复率，$od = \varepsilon_1$ 为塑性变形，所以有：

$$R_1 = \varepsilon_1 / \varepsilon,\ R_2 = \varepsilon_2 / \varepsilon,\ R_3 = \varepsilon_3 / \varepsilon \tag{19-5}$$

式中：R_1，R_2 和 R_3 分别为塑性变形率、缓弹性伸长回复率和急弹性伸长回复率；ε 为总伸长率。

则弹性回复率：

$$R_e = (\varepsilon_2 + \varepsilon_3)/\varepsilon \tag{19-6}$$

定负荷反复拉伸还可以采取拉伸到规定负荷 P_0 时立即回复的方式进行，这是最常采用的方式，如图 19-8(b)所示。计算指标相同。

定负荷测量中应变是不断变小的，所以作用相对较温和，$P-\varepsilon$ 循环曲线易于达到"循环"，即 $P-\varepsilon$ 曲线环重叠。

(2) 定应变疲劳与测试

定应变指织物反复拉伸中总伸长率保持不变，即 $\varepsilon = \varepsilon_0$，见图 19-9。

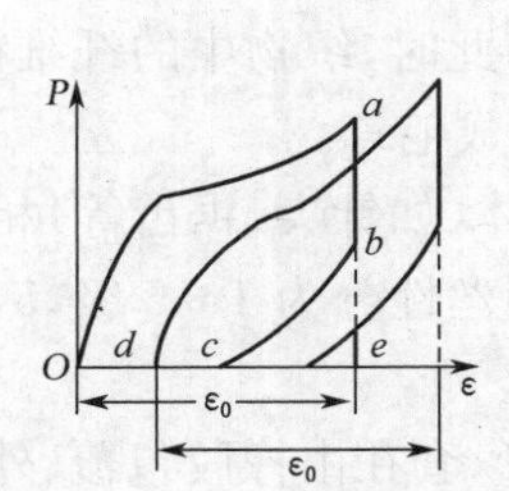

图 19-9　定伸长率(应变)反复拉伸曲线

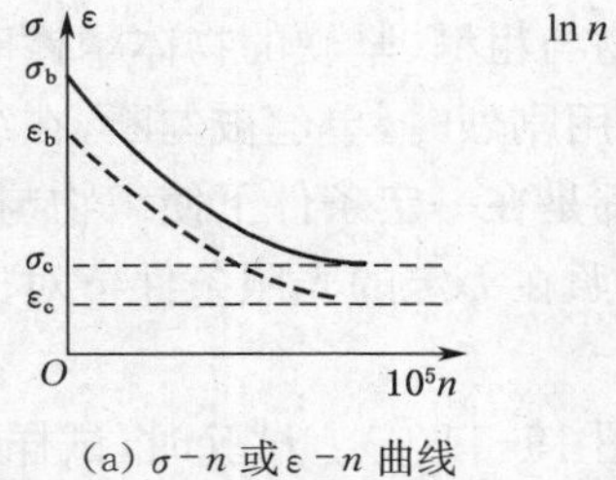

(a) σ－n 或 ε－n 曲线

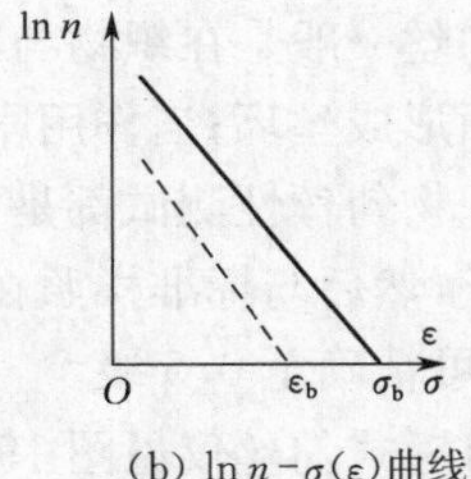

(b) ln n－σ(ε)曲线

图 19-10　疲劳极限与使用寿命曲线

此时，弹性功回复率 R_W 和弹性回复率 R_e 等的计算与定负荷疲劳相同。定应变疲劳测量中，负荷是不断增大的，故相对作用较剧烈，$P-\varepsilon$ 循环曲线较难达到循环。

(3) 疲劳极限与循环次数

在定应力或定应变条件下反复拉伸织物，只要所定应力或应变足够小，织物的应力-应变($\sigma-\varepsilon$)曲线就会达到循环。将施加应力与达到循环的次数 n 作图，可得到使用寿命曲线：$\sigma-n$ 曲线和 $\ln n-\sigma$ 曲线，分别见图 19-10(a)和(b)。

图 19-10 中，σ_C 和 ε_C 称为疲劳极限，前者最为常用，称疲劳强度；后者称疲劳极限应变。σ_b 为断裂应力，ε_b 为断裂应变。

由动态疲劳曲线可知，在相同的拉伸力下，循环次数越大，织物的耐疲劳性越好；在循环次数相同的情况下，所能承受的应力或应变值越大，材料越耐疲劳。一般 $n \geqslant 10^5$ 时，认为材料已能够达到无限反复作用的使用极限，此时的最大应力 σ_C、应变 ε_C 称为疲劳极限。

疲劳试验不仅可以对织物实施拉伸，也可以实施剪切、弯曲和压缩，分别称剪切疲劳、弯曲疲劳和压缩疲劳。由于织物能作较大的剪切、弯曲变形，受力又很小，疲劳过程漫长(n 极大)，故较少进行。压缩可施加的变形很小，受力都在弹性范围内，故 n 也极大，无法实测。扭转疲劳一般是针对细长物，故较适用于纤维和纱线。

三、影响织物耐疲劳性的主要因素

纤维性能、纱线结构、织物结构与织物的耐疲劳性有关。纤维弹性好，纱线结构良好而捻系数适中，织物交织点和紧度也适中时，织物一般具有较好的耐疲劳性。试验和使用条件包括环境温湿度和反复作用的频率与停顿时间，也对织物耐磨性有影响。温度和湿度越高，织物越易疲劳；作用频率越高、停顿时间越少，材料的缓弹性回复和松弛越难发生，故织物越不耐疲劳。因此，可以通过设计弹性、稳定的织物结构，选择耐疲劳的纤维和纱线，避免高温高湿的剧烈作用，并及时让织物松弛回复，则织物的耐疲劳性可以明显提高，耐久经用。

第三节　织物的耐勾丝性

织物中纤维和纱线由于勾挂而被拉出于织物表面的现象称为勾丝。织物的勾丝主要发生在长丝织物和针织物中。它不仅使织物外观明显变差，而且影响织物的耐用性。

一、测试方法与指标

勾丝一般是在织物与粗糙、坚硬的物体摩擦时发生的。此时，织物中的纤维被勾出，在织物表面形成丝环；当作用剧烈时，单丝被勾断，在织物表面形成毛茸。

织物勾丝性测试都是在一定条件下使织物与尖硬的物体（如针尖、锯齿等）相互作用而产生勾丝，然后与标准样照在一定的光照条件下对比评级。勾丝性分为 1～5 级，5 级最好，1 级最差，可精确至 0.5 级。

钉锤式勾丝仪见图 19-11(a)。试验时，试样缝成圆筒形，套在由橡胶包覆、外裹有毛毡的滚筒上。滚筒上方装有由链条连接的钉锤。当滚筒转动时，钉锤上的角钉不停地在试样上随机跳动，使织物产生勾丝。

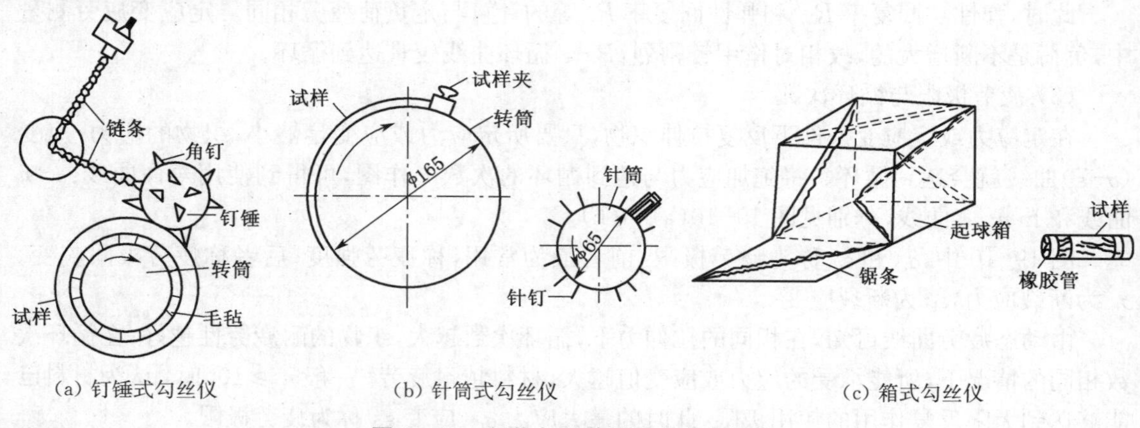

图 19-11　织物勾丝性测量方法与机构

针筒式（或刺辊式）勾丝仪见图 19-11(b)。试验时，条形试样一端固定在滚筒上，另一端处于自由状态。当滚筒以顺时针方向恒速转动时，试样周期性地擦过具有一定转动阻力的针筒，带动针筒沿逆时针方向转动，试样通过与针筒上针钉的相互作用而产生勾丝。

箱式勾丝仪见图 19-11(c)。试验时，试样缝成圆筒状，套在橡皮辊上，然后放在试样箱内，箱内六个面上分别装有一枚或多枚锯条。当试样箱以定速转动时，试样与锯齿相碰而产生勾丝。

二、影响织物勾丝性的主要因素

影响勾丝性的因素有纤维性状、纱线性状、织物结构和后整理加工等，其中以织物结构的影响最为显著。

(1) 纤维性状方面

圆形截面与非圆形截面纤维相比，圆形截面纤维容易勾丝；长丝与短纤维相比，长丝容易勾丝。由此可见，锦纶、涤纶等长丝织物容易勾丝。纤维伸长能力和弹性较大时，勾丝能通过纤维自身的变形和弹性回复得到缓解与消除。

(2) 纱线性状方面

一般规律是结构紧密、条干均匀的不易勾丝。所以增加一些纱线捻度，可减少织物勾丝。线织物比纱织物不易勾丝。低膨体纱比高膨体纱不易勾丝。

(3) 织物结构方面

结构紧密的织物不易勾丝，这是由于织物中纤维被束缚得较为紧密，不易被勾出。表面平整的织物不易勾丝，因为粗糙、尖硬的物体不易勾住这类织物的组织点。针织物勾丝现象比机织物明显，其中纬平组织针织物不易勾丝；纵横密大、线圈长度短的针织物不易勾丝。

(4) 后整理方面

热定形和树脂整理能使织物表面较为光滑平整，改善勾丝现象。

第四节　织物的耐刺割性

织物的耐刺割性是指织物被利器刺穿或切割或复合作用破坏的难易程度。织物耐刺割性的要求，广泛存在于织物的实际使用中，如军用、手术、航天等领域的个体柔性防护材料和土工、建筑等领域的柔性结构材料，以及旅行、探险、体育、家用纺织品等。

一、耐刺割破坏机理

从破坏机理来看，织物耐刺割性与耐磨(切割作用)、耐勾丝(拉扯、刺入作用)十分接近，与织物结构的紧密程度密切相关。

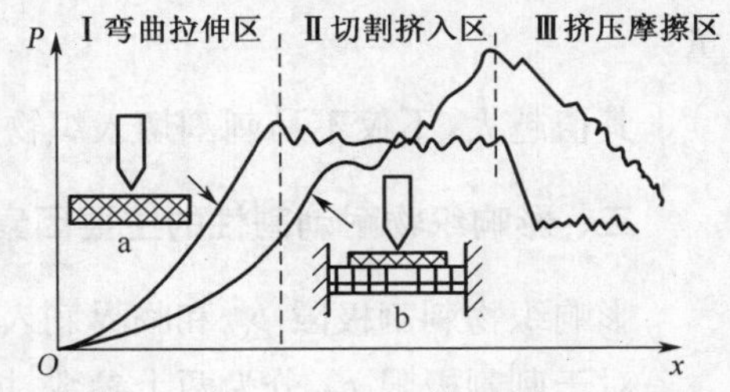

图 19-12　织物刺割曲线

用利器刺扎一块绷平的织物 a 或者放置于柔软弹性体上的织物 b，会发生如图 19-12 所示的结果，纵坐标是利器感应的力值，横坐标是利器的位移。

直接对织物 a 刺割，是模拟一般支撑膜结构的刺割破坏；而对织物＋柔软弹性体层状物 b 的刺割，是模拟对人体穿着物的刺割。显然，刺割分三个阶段：第Ⅰ阶段，织物在触点处的弯曲与其他部位的伸长，与顶破试验相同；第Ⅱ阶段，纤维、纱线的切断及纤维、纱线的分开，这取决于利器的锋利程度，与缝纫针的作用十分相似；第Ⅲ阶段，利器穿过织物形成连续切割和挤压摩擦。因此，刺割破坏是刺入的拉、压、弯作用引起的纤维变形与避让以及切割引起的纤维断裂的双重作用的复合。

二、测试方法与指标

织物刺割性的测量，可在一般强力仪上加装专用夹具和刺扎刀具或采用顶破试验仪，也可选用专用刺割顶破测量仪进行，基本原理和结构见图 19-13(a)，刺割曲线见图 19-13(b)。

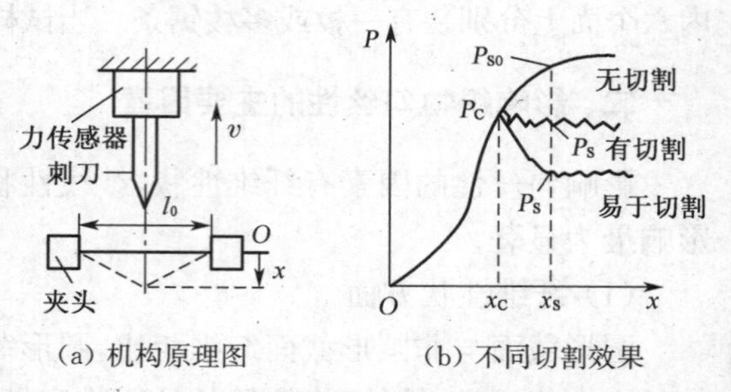

(a) 机构原理图　　(b) 不同切割效果

图 19-13　织物刺割仪的测量原理与刺割曲线

由刺割曲线可知，织物抗刺割性的主要指标是临界刺割力 P_C 或临界刺割强度 p_C、临界刺入位移 x_C 或临界刺入应变 ε_C。

$$p_C = P_C/w \tag{19-7}$$

$$\varepsilon_C = 2\left(\frac{x_C}{l_0}\right)^2 \Big/ \sqrt{\frac{1}{4}+\left(\frac{x_C}{l_0}\right)^2} \tag{19-8}$$

式中：w 为织物的平方米质量；l_0 为试样夹持隔距或夹持直径；x_C/l_0 为临界刺入比 λ。

即

$$\varepsilon_C = 2\lambda^2 \Big/ \sqrt{1/4+\lambda^2} \tag{19-9}$$

显然，p_C 和 ε_C 越大，织物耐刺割性越好。但对人体防护来说，ε_C 为越小越好，以避免机械撞击损害。

由刺割区的平稳力值(图 19-13 中 x_S 位移点的力值 P_S)表明，带有切割作用的刺入阻力也可以按式(19-7)转换成刺入强度 p_{S0}，以 φ 表示切割系数，即：

$$\varphi = (p_{S0} - p_S)/p_{S0} \tag{19-10}$$

则抗切割度 α_φ 为：

$$\alpha_\varphi = 1-\varphi = p_S/p_{S0} \tag{19-11}$$

所以抗刺割强度极限(简称刺割极限)可以定义为：

$$p_{C0} = \alpha_\varphi p_C \tag{19-12}$$

可以通过增加织物的密度或紧度来提高织物的临界刺割强度 p_C，通过改善纤维的抗切割及抗冲击性提高抗切割度 α_φ，以达到织物的抗刺割性。

若考虑临界刺入比 λ 的作用，则可以引入刺入模量的概念，以 E_C 表示织物的临界刺入模量：

$$E_C = p_{C0}/\lambda \tag{19-13}$$

其值越大，不仅不易刺割切入织物，而且 λ 小，对人体的机械撞击较小。

三、影响织物耐刺割性的主要因素

影响织物刺割极限 p_{C0} 和临界刺入比 λ 的因素，就是影响织物耐刺割性的因素。

对于刺割极限 p_{C0} 分为两个参数：抗切割度 α_φ 和临界刺入强度 p_C。影响抗切割度 α_φ 的主要有纤维的力学性质，尤其是纤维的硬度及韧性。纤维应该具有高强、高模、高压缩刚度和适当的弹性伸长率。影响临界刺入强度 p_C 的主要因素除纤维的上述特性外，还有织物和纱线结构的紧密排列与稳定性。织物和纱线的密度越高，p_C 值越大。

对于临界刺入比 λ 而言，其值越小越好。因为 x_C^2 正比于织物的伸长率，所以织物的伸长率越小越好，而能量的耗散可通过织物厚度方向的变形来解决。

除去纤维和织物的本身因素外，环境温度、湿度也会影响纤维的硬度、模量和伸长率，使用时必须注意。刺扎的速度、织物绷紧的张力、下垫物质等，都会影响织物的耐刺割性。

第五节　织物的耐老化性

织物在加工、储存和使用过程中，要受到光热、辐照、氧化、水解、温湿度等环境因素的影响，使其性能下降，最后丧失使用价值，这种现象称为老化。织物抵抗老化的特性称为耐老化性，是物理、化学、生物作用频数与时间的典型结果，直接影响织物的耐久性。

一、织物老化的现象与作用形式

织物的老化主要表现在：织物变脆、弹性下降等力学性质的劣化；织物褪色、泛黄、光泽暗淡、破损、出现霉斑等外观特征的退化；织物原有电绝缘或导电、可导光或变色、可耐高温或易变形、高吸湿或拒水、吸油或抗污、抗降解或生物相容、阻燃或导热等功能的消失。

织物老化的作用形式有多种：物理作用，如力、热、光、电、水及其复合作用；化学作用，如酸、碱、有机溶剂、染料等的降解或化学反应作用以及它们之间的复合作用；生物作用，如菌、酶、微生物、昆虫的分解、吞食作用及其复合作用，俗称日晒、雨淋、风化的侵蚀作用。这些作用再加上时间或作用次数，就构成了老化作用的两个基本要素：作用和时间。

老化是一个材料性能逐渐衰退、形状逐渐变化的过程，按照物质质量衰退的规律，性能的老化一般符合指数衰减规律。若 A 代表织物的某种性能，A_0 表示该性能的初始值，则：

$$A = A_0 e^{-at/T} \tag{19-14}$$

式中：a 为衰减常数；t 为老化时间；T 为绝对温度。

二、织物在单一作用下的老化

1. 基本作用机理

单一作用的老化是指在物理、化学或生物的单一作用下，织物性能随时间或作用次数的增加而衰退的过程。

(1) 物理作用

力作用主要是织物的塑性变形积累，织物中纤维的断裂、滑移、解体所致；热作用主要是纤维聚集态结构的变化，即结晶度和取向度的降低，无序区的增加以及大分子的热降解和滑移增加所致；光作用主要是织物中纤维分子的光降解、光氧化和光热转换的热作用所致；电磁作用主要是电击穿、电热转换的热击穿、放电的蚀刻和电解作用所致；水作用主要是膨胀改变分子间作用力甚至水解分子的作用所致。显然，这些作用都是针对纤维，更确切地说，是针对纤维的分子结构和超分子结构的作用，并涉及纤维的表面结构与性质，故会影响纤维间的相互作用。由于纤维结构的改变，必然导致纤维性能的变化和纤维空间形态和抵抗变形能力的变化，对织物的弹性、膨松性、柔软性、几何尺寸的稳定性都会产生影响。

（2）化学作用

主要是对纤维的分子结构和分子间结构的化学溶解、降解、开键、交联等作用，会改变大分子的聚合度，破坏分子间的相互作用，形成活性较强的低分子物或极性基团，使纤维的物理、化学可及性增大，纤维的结构变得不稳定，甚至被破坏。由此引起纤维的变脆、变色、变形而导致性能失效，织物的性状也随之劣化和最终破坏。物理作用中的光、热、电也都会产生化学作用，尤其是光和放电作用。

（3）生物作用

主要发生在天然纤维织物中。化学纤维尤其是合成纤维，由于本身的生物不相容性或加工化学助剂的存在，抑制了生物体和酶的存在与作用。生物相容的棉、毛、丝、麻，不仅微生物可以生存，酶可以发生作用，而且是某些昆虫寄生或食用的物质。菌可产生酶对纤维素、蛋白质分子实施分解；昆虫可直接吞食纤维或分泌污物污染织物，这种老化作用比较复杂，会影响纤维的存在、颜色、性状、力学性能，进而影响织物的外观和性能。生物作用大多发生在有水或潮湿状态下。

2. 基本测量与评价指标

对于上述三大类作用，最常用的测量方法是将织物在这些作用下静态长时间作用，记录某种现象发生的时间；或反复多次作用，记录某种现象发生或变化的作用次数，以此时间和作用次数的大小来评价织物的耐老化性；还可以设定作用时间或作用次数，在作用条件不变的情况下，观测作用前后的某一性能或质量的变化比或变化率。

实际中，织物性能 A 一般以力学性能表示，而且大多是强度，这是不太确切的。织物性能 A 应考虑选择使用中最为重要的性能指标，如模量、形态值、颜色值、结晶度、取向度、温度值等。而且，单一作用的老化机理是多样性的，应该注意多指标的测量与评价。

具体的老化试验包括机械疲劳试验、日晒老化试验、光辐射老化试验、热老化试验、水浸老化试验、紫外照射老化试验、通电（加电压或加电流）老化试验等。

三、织物在复合作用下的老化

由于织物使用条件及环境的多样性，老化作用的形式往往是复合的。目前，材料老化的表征比较单一且往往局限在力学性质。这虽然使问题简化，便于讨论，但与实际使用相距甚远。如舱外航天服，既有光辐射作用又有光热作用，同时还有运动产生的力作用；夏季穿着的汗衫，不仅有光热作用而且有汗液的作用；人工肌腱既有力、热、水的作用，还有体液的生物作用；船用缆绳不仅要耐力学和冲击作用，而且要耐海水和海洋生物的侵蚀以及日晒作用等。

复合作用老化的评价方法应该是所需要的复合作用，如光、热、力、电、磁、声、水、汽、温度、化学溶剂、人体液等，能在同一时空中存在，并作用到织物上。织物只有在这种复合作用下进行测量，才能较为准确地模拟真实使用的情况并得出正确的使用寿命估计，才能保证材料应用的可靠性。这方面的研究与表征，过去大多为试用性试验，俗称“试穿”“试用”。现在可以在硬件上，通过建立模拟实用环境和试验条件的测量装置及仪器进行实测分析；也可以在软件上，依据已有数据进行理论建模分析及预报。但这方面的研究还刚刚起步。

思　考　题

19-1　试述织物耐久性的涉及范围和讨论的问题。

19-2　试述织物耐磨性的测试方法与指标。

19-3　简述织物的磨损机理，分析影响织物耐磨性的主要因素。

19-4　织物耐疲劳性的基本概念和表征指标是什么？

19-5　织物勾丝性的测试方法有哪些？如何改善织物的勾丝性？

19-6　讨论织物被刺割的基本过程与机理，并分析如何提高织物的耐刺割性。

19-7　何谓织物的老化和耐老化性？举例说明。

19-8　织物的老化对其性能有哪些影响？影响织物老化的因素是什么？如何表征？

第二十章　织物的保形性

本章要点

着重阐述织物的保形性(抗皱性、褶裥保持性、免烫性、悬垂性、抗起毛起球性、尺寸稳定性)的特征、评价指标与测试方法、影响因素,讨论提高保形性的途径与措施。

织物的保形性,通常是指织物在使用中能保持原有外观特征、便于使用、易于保养的性能,包括抗皱性、褶裥保持性、悬垂性、起毛起球性、尺寸稳定性等。这些都与穿着、使用密切相关。

第一节　织物的抗皱性与褶裥保持性

一、织物的抗皱性

织物被揉搓挤压时发生塑性弯曲变形而形成折皱的性能,称为折皱性。织物抵抗此类折皱的能力称为抗皱性。抗皱性通常是指在外力作用下产生折痕的回复程度,又称为折痕(折皱)回复性。折痕回复性影响织物的外观和平整。

1. 测试方法与指标

(1) 折叠法

折叠法是将织物折叠后释放,测量其折痕角的回复程度来表达其抗皱性。依据试样放置方向分为水平法和垂直法两种。

① 垂直法。试样为凸形,见图 20-1。试验时,试样沿折叠线 1 处垂直对折,平放于试验台的夹板内,再压上玻璃承压板。然后在玻璃承压板上加上一定压重,经一定时间后释去压重,取下承压板,将试验台直立,由仪器上的量角器读出试样两个对折面之间张开的角度,称为折痕回复角。通常将在较短时间(如 15 s)后的回复角称为急弹性折痕回复角;将经较长时间(如 5 min)后的回复角称为缓弹性折痕回复角。

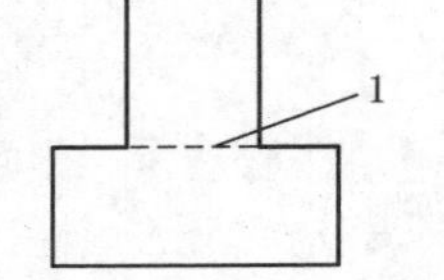

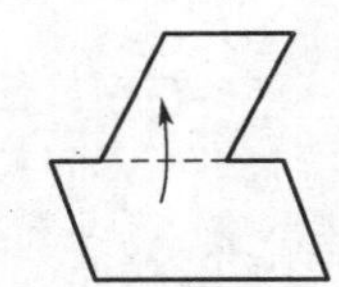

图 20-1　垂直法

② 水平法。试样为条形。试验时,如图 20-2(a)所示,试样 1 水平对折并夹于试样夹 2 内,加上一定压重,定时后释放。然后将夹有试样的试样夹,如图 20-2(b)所示,插入仪器刻度盘 3 上的弹簧夹 4 内,并让试样一端伸出试样夹外,成为悬挂的自由端。为了消除重力的影

响，在试样回复过程中必须不断转动刻度盘，使试样悬挂的自由端与仪器的中心垂直基线保持重合。经一定时间后，由刻度盘读出急弹性折痕回复角和缓弹性折痕回复角。

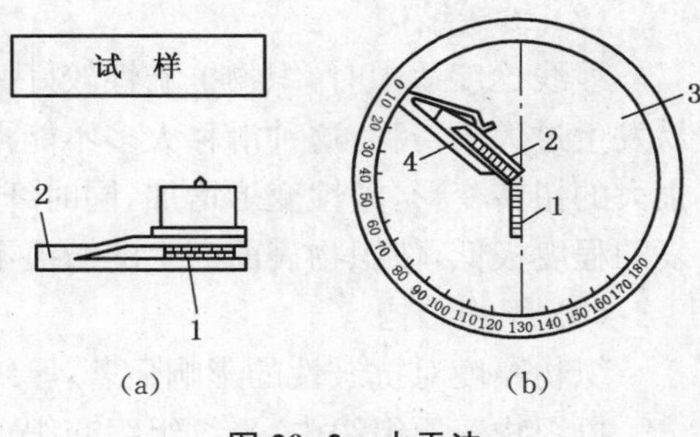

图 20-2　水平法

通常以织物正反两面经、纬两向的折痕回复角作为指标，还可进一步用折痕回复率 R 来表示(指折痕回复角 θ 占 180°的百分率)，计算式如下：

$$R(\%) = (\theta/180) \times 100 \qquad (20\text{-}1)$$

折痕回复角的测量，对试样可正、反折叠，表示织物两面的不对称性；也可以将试样按不同方向折叠，反映织物折痕回复性的各向异性。

上述测定试样回复角的方法，实质上只是反映了织物单一方向、单一形态的折痕回复性。这与实际使用过程中织物多方向、复杂形态的折皱情况相比，还不够全面。

(2) 揉搓拧绞法

该方法更接近实用效果，以搓揉或拧绞方式使织物起皱，采用样板对照或图像处理法进行评价。

① 样板对照法。是将试样与免烫样照对比，样照分为 1～5 级，5 级样照的免烫性最好，1 级最差。取 3 块试样的平均值作为评级结果。

② 图像处理法。是对折皱处理后的试样进行摄像和图像处理，进而提取织物表面折皱的高低、大小、纹理等信息，定量评价织物的抗皱性。

2. 影响织物抗皱性的主要因素

折皱是织物高曲率的塑性弯曲所致，故影响织物弯曲性的因素，就是影响织物抗皱性的因素。而抗皱性的表征主要是织物弯曲后的回复性，因此，导致纤维本身的塑性变形和纤维间、纱线间不易滑移的机理，就是织物抗皱性差异的本质因素。

(1) 纤维性状

纤维几何形态影响纤维的弯曲性质，其中以线密度的影响较为显著，纤维愈粗，折痕回复性愈好。纤维截面形态会直接影响外力释去后纤维、纱线间切向滑动阻力的大小，所以异形化纤织物的抗皱性一般不及圆形化纤织物，但差异不大。同样道理，纵向光滑纤维的抗皱性比纵向粗糙的纤维好。在化纤品种相同的条件下，中长型化纤织物的抗皱性比棉型化纤织物好。

纤维弹性是影响织物抗皱性的最主要因素。如氨纶的弹性回复率特别大，因此其织物的抗皱性特别优良。涤纶纤维的弹性回复率也较高，所以其织物的抗皱性较好，并且由于涤纶的急弹性变形比例大，因此涤纶织物起皱后具有极短时间内快速回复的特性。锦纶纤维的弹性回复率虽较涤纶纤维大，但缓弹性变形比例相对较大，因此锦纶织物起皱后往往是缓慢回复的。羊毛纤维的弹性回复率较大，而且缓弹性变形比例较小，所以羊毛织物具有良好的抗皱性。优良的毛织物起皱后，能在较短时间内回复。

纤维表面摩擦性质对织物抗皱性有一定影响。一般来说，纤维表面摩擦系数适中时，织物抗皱性较好。这是因为纤维表面摩擦系数过小时，在外力作用下，纤维间易发生较大的滑移，外力释去后，这种较大滑移难以回复，使织物留下了皱痕。当纤维表面摩擦系数过大时，外力释去后，纤维依靠自身回弹性作相对移动回复时受到的阻力较大，使织物的皱痕不易消除。

(2) 纱线结构

纱线捻度适中时,织物抗皱性较好。捻度过低时,纱线中纤维松散,在外力作用下纤维间易发生过大的滑移,这种滑移大多不能再回复,使织物表面形成皱痕。捻度过高时,纤维产生很大的扭转变形,塑性变形增加,同时纤维间束缚很紧,当外力释去后,纤维间作相对移动而回复的程度极低,使织物表面产生的皱痕不易消退。

(3) 织物结构

织物厚度对抗皱性的影响显著,厚织物的抗皱性较好。

机织物三原组织中,平纹组织交织点最多,外力释去后,织物中纱线不易作相对移动而回复到原来状态,故织物的抗皱性较差;缎纹组织交织点最少,织物抗皱性较好;斜纹组织介于两者之间。针织物中,线圈长度长时,纱线间切向滑动阻力小,织物在外力作用下容易因较大的折皱变形而留下皱痕。针织物为线圈结构,由于线圈在受到外力作用时可以弯曲、伸直变形而不直接发生纤维的伸长,故很少产生塑性变形,当外力消失后纱线变形可迅速回复,故针织物有较好的抗皱性。

织物密度的影响规律是:随着经纬密的增加,织物中纱线间的切向滑动阻力增大,外力释去后,纱线不易作相对移动,织物抗皱性有下降趋势。

(4) 环境条件

当温湿度增加时,纤维材料更具有塑性,纤维间的摩擦阻力也会变得更大,这都会导致织物抗皱性的降低,如棉、毛、麻、丝织物在热湿环境下易起皱。这一现象甚至被用于织物定形和织物的保养回复处理。

3. 改善织物抗皱性的方法

改善织物抗皱性的方法,应该遵循抗皱的两个基本机理,即纤维的高弹性化和纤维间的低摩擦。如可采用树脂整理来改善棉、黏织物的抗皱性,这是由于树脂整理后,合成树脂中的某些官能基团在纤维无定形区和纤维素大分子链的羟基结合形成交键,从而增大了大分子间的作用力,减少了大分子间的滑移,提高了纤维的弹性回复率。棉、麻织物经液氨处理后也可明显改善抗皱性,这与处理后纤维膨化变圆有关,同时纤维结晶度下降,结晶颗粒变小,有助于纤维弯曲弹性的提高,从而改善了织物的抗皱性。

二、织物的褶裥保持性

织物经熨烫形成的褶裥(含轧纹、折痕),在洗涤后经久保形的程度称为褶裥保持性。褶裥保持性与裤、裙及装饰用织物的折痕、褶裥、轧纹在服用中的持久性直接相关。

褶裥保持性实质上是大多数合成纤维织物热塑性的一种表现形式。多数合成纤维是热塑性高聚物,故可通过热定形处理,使这类纤维或以这类纤维为主的混纺织物,获得使用上所需的各种褶裥、轧纹或折痕。

1. 测试方法与指标

织物褶裥保持性的测试通常采用目光评定法。基本程序是:织物→折叠(正面在外)→熨烫→洗涤、干燥→对比样照→褶裥保持性评价。其中熨烫和洗涤的方式与条件,会对测量结果产生很大影响,必须按规定执行。样照评价分 1～5 级,5 级最好,1 级最差。

2. 影响织物褶裥保持性的主要因素

织物的褶裥保持性主要取决于纤维的热塑性,与纤维的弹性也有一定关系。热塑性和弹性好的纤维，热定形时织物能形成良好的褶裥等变形，使用时虽因外力而产生新的变形，一旦外力释去后，回复到原来褶裥或折痕、轧纹形状的能力也较好。因此涤纶、腈纶的褶裥保持性最好，锦纶织物也可，维纶、丙纶较差。

纱线捻度和织物厚度对织物褶裥保持性有一定影响，捻度和厚度大的织物熨烫后，褶裥保持性较好。

织物的褶裥保持性还与热定形处理时的温度、压强、时间及织物的含水率有关。实验表明，压强 6～7 kPa，温度 130～150 ℃，熨烫时间 10～30 s，可获得较好的折痕。织物含水较高时，会影响熨烫温度，使折痕效果降低。

非热塑性织物经过树脂整理后，褶裥保持性有所提高；采用树脂整理并经热轧处理，也能使这类织物获得较持久的褶裥、折痕或轧纹。在不影响织物其他性能的前提下，加大褶裥处的织物紧密度和纤维间的连接以提高织物褶裥保持性，是目前针对性树脂整理和热熔粉末永久性褶裥加工的原理。

三、织物的免烫性

织物洗涤后不经熨烫所具有的平挺程度称为免烫性。织物的免烫性与使用中的平整度直接有关，可衡量服装的"洗可穿"特性及评定棉、黏纤和丝绸织物的免烫整理效果。

免烫纺织品从总体上讲需满足洗涤干燥后尺寸稳定性、外观平整度、褶裥保持性和接缝外观四方面的要求。对洗涤干燥后要求保持褶裥的产品(如裙子、裤子等)，免烫的含义是耐久压烫；对于没有褶裥(折痕)或洗涤干燥后不要求保持褶裥的产品(如衬衣、休闲装等)，免烫的含义是防缩抗皱。

1. 测试方法与指标

织物免烫性的测试是将试样先按一定的洗涤方法处理，干燥后，根据试样表面皱痕状态，与标准样照对比，分级评定。指标为平挺度，以 1～5 级表示，5 级最好，1 级最差。

按洗涤处理的方法不同，可分为：

① 拧绞法。在一定张力下对浸渍后的试样拧绞，释放后，对比样照评定。

② 落水变形法。将试样在一定温度、按要求配置的溶液中浸渍一定时间后，用手执住两角，在水中轻轻摆动后提出水面，再放入水中，如此反复数次后，悬挂晾干至与原重相差±2%时，对比样照评定。此法常用于精梳毛织物及毛型化纤织物。

③ 洗衣机洗涤法。按规定条件在洗衣机内洗涤，干燥后，对比样照评定。对评定服装用织物的"洗可穿"特性来说，洗衣机洗涤法较接近实际穿着。

2. 影响织物免烫性的主要因素

织物免烫性与纤维吸湿性、织物在湿态下的折痕回复性及缩水性密切相关。一般来说，纤维吸湿性小，织物在湿态下的折痕回复性好、缩水性小，织物的免烫性较好。合成纤维较能满足这些性能，涤纶纤维的免烫性尤佳。毛织物下水后干燥很慢，织物形态稳定程度明显变差，表面不平挺，其免烫性较差，一般都需经熨烫才能穿用。

此外，树脂整理后的棉、黏织物，免烫性明显改善。液氨处理也能改善高档棉、麻织物的免烫性，这是因为氨分子中的氮原子能同纤维素分子中的自由羟基结合，形成氢键网状结构，有助于弹性回复，从而改善织物的平挺度。

第二节　织物的悬垂性

织物因自重下垂时的程度及形态，称为悬垂性。悬垂度是指织物在自重作用下悬垂的程度，悬垂度越大，织物的悬垂程度越大。悬垂形态是指织物下垂部分能形成均匀平滑和高频波动曲面的特性，波动越平滑均匀，波动数越多，悬垂形态越好。衣裙、窗帘、帷幕、桌布等，都要求具有良好的悬垂性。

悬垂性根据使用状态可分为静态悬垂性和动态悬垂性。

一、织物的静态悬垂性

静态悬垂性是指织物在自然状态下的悬垂度和悬垂形态。好的静态悬垂性，是指人穿着衣服不动时，衣服不会缠身，能形成流畅的曲面，各部分悬垂比例均匀、和谐，给人以协调的美感。

1. 测试方法与指标

织物静态悬垂性的测试方法一般采用圆盘法（或伞式法），见图 20-3(a)。该法是将面积为 A_R 的圆形试样同心放于面积为 A_r 的小圆盘上，试样因自重沿小圆盘边沿下垂，实测伞状悬垂织物的投影面积 A_F，计算求得悬垂度 U 和悬垂系数 F。试样水平投影面积可用求积仪或剪纸称量法测得。

$$U=\frac{A_R-A_F}{A_R-A_r} \tag{20-2}$$

$$F=\frac{A_F-A_r}{A_R-A_r}=1-U \tag{20-3}$$

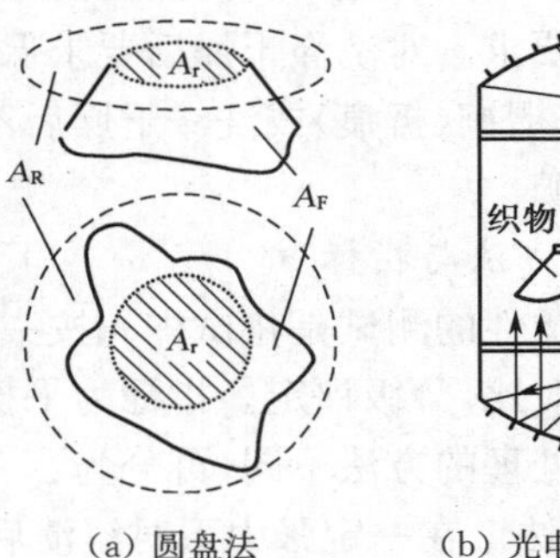

(a) 圆盘法　　(b) 光电式悬垂性测定仪

图 20-3　织物悬垂性测试原理

悬垂度 U 为 0～1 的值，$U=0$ 时，织物无悬垂；$U=1$ 时，织物完全悬垂。悬垂系数 F 小，织物较为柔软，悬垂时能构成半径较小的波状屈曲，具有较好的悬垂性；反之，织物较为刚硬，悬垂时会形成半径较大的屈曲，悬垂性较差。

为了快速测定，现大多采用光电式悬垂性测定仪，见图 20-3(b)。其原理是通过抛物面反光镜将光平行投射到织物上，未被遮蔽的光线通过上部抛物面反光镜聚焦到光敏元件上，形成与透光量大小相应的电流信号变化，以此换算得出悬垂度 U 或悬垂系数 F。

织物的静态悬垂性，实质是织物在空间静置时，其重力和弯曲应力达到平衡时的自然形状，这种造型是织物视觉风格的重要内容。

2. 影响织物静态悬垂性的主要因素

织物在悬垂中既有弯曲又有剪切。应该说，悬垂程度类指标，是较多地表达织物弯曲性能的指标；悬垂形态类指标，是较多地反映织物剪切性能的指标。因此，影响织物弯曲性能和剪切性能的因素都会影响织物的悬垂性。

纤维刚柔性是影响织物悬垂性的主要因素。过分刚硬的纤维制成的织物悬垂性较差，如麻织物；柔软的纤维制成的织物往往悬垂性较好，如羊毛织物；纤维细度细时有助于织物悬垂性，如蚕丝织物。纱线捻度不太大时，有助于织物的悬垂性。经纬纱线密度大时，织物刚性增大，悬垂性变差。织物厚度增加时，悬垂性变差。织物紧度不宜过大，紧度松一些的织物，其中纱线松动的自由度较大，有助于织物的悬垂性。织物单位面积质量增加，悬垂系数变小，单位面积质量过小时，织物会产生轻飘感，悬垂性不佳。针织物由于线圈结构特征与机织物的交织情况不同，其悬垂性往往比机织物好。

二、织物的动态悬垂性

动态悬垂性是指织物(服装)在一定运动状态下的悬垂度、悬垂形态和飘动频率。好的动态悬垂性是人在步行或有微风吹拂时，衣服能与人体动作协调，而人不动时又能恢复静态的悬垂特性。

1. 测试方法与指标

根据动态悬垂性的定义，测量时将原静态的悬垂织物绕伞轴转动即可，同时必须采用快速或高速摄影记录下悬垂织物的投影形态，便可以将所有静态表达指标 X_S 变为动态表达指标 X_D，其中，X 代表悬垂指标，下标 S 和 D 分别表示静态和动态。而静态指标和动态指标之间的关系可由活泼率 π 表示：

$$\pi = (X_S - X_D)/(1 - X_S) \tag{20-4}$$

如 X 为悬垂度 U，则 $\pi = (U_S - U_D)/(1 - U_S)$。

活泼率 π 值越大，说明织物越易飘起，即动态悬垂度越小，这与实际的活泼率还有区别，因为未包含织物在旋转中的扭动。

2. 影响织物动态悬垂性的主要因素

就织物本身来说，影响织物静态悬垂性的主要因素同样影响织物的动态悬垂性。此外，织物的弯曲滞后常数和剪切滞后常数对织物的动态悬垂性有较大的影响。一般来说，滞后常数越小，织物的动态悬垂性越好。

就实验条件来说，转动速度的影响是显而易见的，温湿度的影响会导致织物的柔软和增重，所以也有一定的影响。

由于计算机技术和图像分析技术的发展，织物动态悬垂性测试将会有更多方法：采用人体穿着的模拟实验与评价；由计算机图像处理技术获取织物悬垂形态的分析，使悬垂指标评价体系愈加成熟和完善；采用有限元法模拟织物的造型，可预测织物的悬垂效果；利用织物的悬垂形态与其力学性能间的关系，反求织物的力学性能等。

第三节　织物的起毛起球性

织物在实际穿用与洗涤过程中不断经受摩擦，使纤维端露出于织物表面而呈现许多毛茸，即为“起毛”；若这些毛茸在继续穿用中不能及时脱落，就相互纠缠在一起，被揉成许多球形小粒，通常称为“起球”。织物起毛起球后，外观明显变差，表面的摩擦、耐磨性和光泽也发生变化。

一、起毛起球的过程和机理

织物起毛起球的过程大致可分成起毛、纠缠成球、毛球脱落三个阶段，见图 20-4。图中(a)表示第一阶段，纤维端因摩擦从织物中抽出，产生毛茸，称为起毛；(b)表示第二阶段，未脱落的纤维相互纠缠且越缠越紧，最后形成小球粒；(c)表示第三阶段，部分球粒脱落。

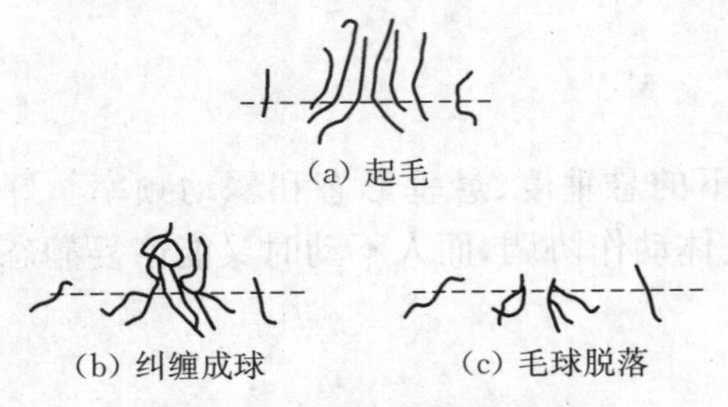

图 20-4　织物起毛起球过程

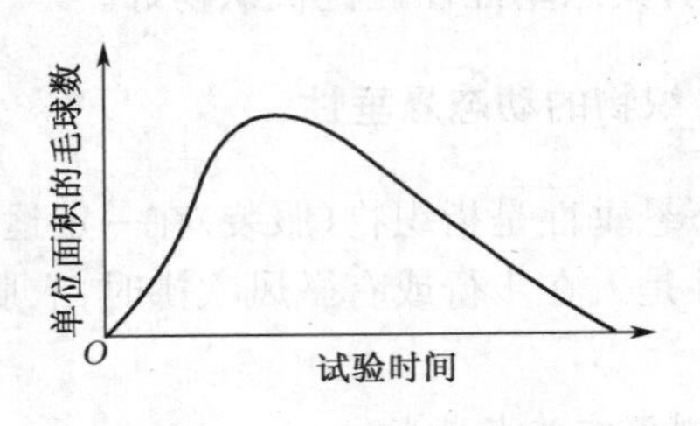

图 20-5　起毛起球与摩擦作用时间的关系

起毛起球随时间的变化曲线(即起球曲线)见图 20-5。织物在短时间内起毛后，球粒逐渐增多，之后随着摩擦作用时间的增加又逐渐减少。因此评定织物起毛起球性的优劣，不仅要看织物起毛起球的快慢和多少，还应视脱落的速度而定。

二、测试与评定方法

织物起毛起球的测试，是先将试样在起球仪上用缓和的摩擦方法，作用一定次数使之起球，然后加以评定。织物起球仪主要有下列几种：

(1) 圆轨迹式

如图 20-6 所示，在一定压力下，织物试样先与尼龙毛刷再与标准织物以圆周运动轨迹作相对摩擦。经规定次数后取下试样，在规定的光照条件下对比标准样照，评定起球级数。此法适用于低弹长丝机织物、针织物以及其他化纤或混纺织物。

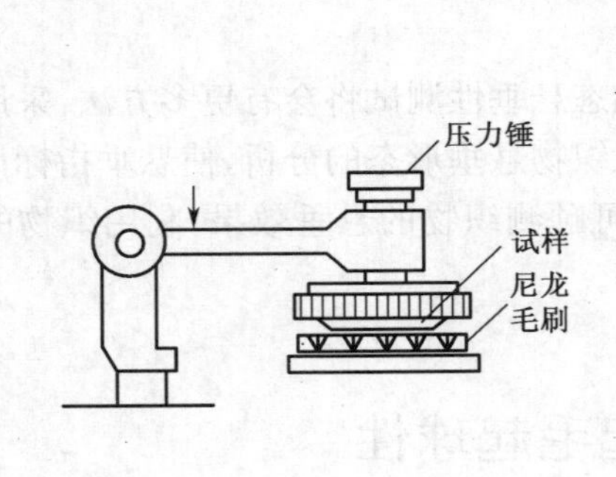

图 20-6　圆轨迹式起球仪

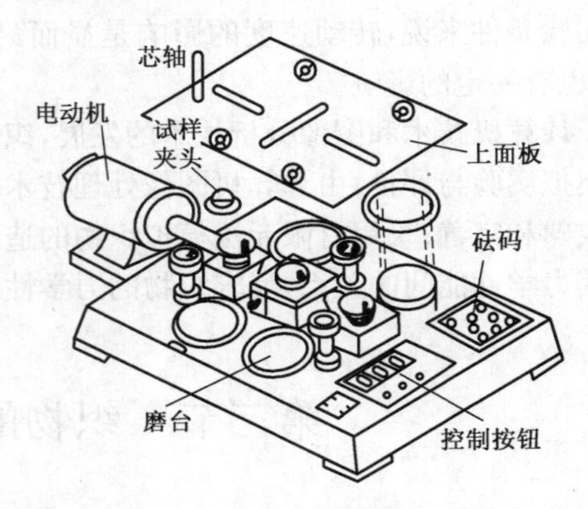

图 20-7　马丁代尔式磨损仪

(2) 马丁代尔式

试验时，试样装在夹头上，磨料(试样本身织物)装在磨台上，在轻压下，试样与磨料作相对运动，其运动轨迹为李莎茹图形，见图 20-7。经规定摩擦次数后取下试样，与标准样照对比，评定起球级数。多用于机织物。

(3) 起球箱式

将一定尺寸的织物试样套在聚氨酯载样管上，然后放入衬有橡胶软木的箱内，见图 20-8。试验箱经一定次数(如 7 200 转、14 400转或其他)翻转后，取出试样在评级箱内与标准样照对比，评定起球等级。该法一般适合于毛针织物及其他易起球的织物。

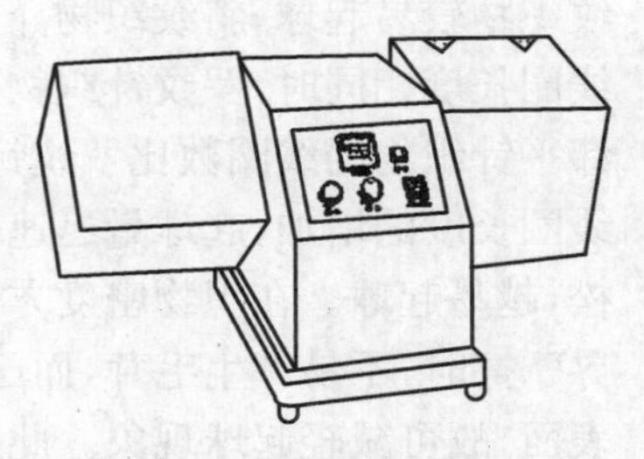

图 20-8　箱式起毛起球仪

织物起毛起球的评定方法很多，如计量单位面积上的毛球个数或毛球质量、与标准样照对比评级、用文字描述起球特征等。由于织物所用的原料、纱线和织物结构不同，织物表面的毛球形态和大小差异很大，因此很难找到一种十分合适的评定方法。目前较为常用的是评级法，将试样与标准样照对比评定，分为 1～5 级，5 级最好，不起球；1 级最差，严重起球。这种评定方法的缺点是对每一类织物必须制定一套标准，因为只有同类织物的毛球才可相互比较。

三、影响织物起毛起球的主要因素和消除方法

1. 主要影响因素

(1) 纤维性状

纤维的长度、线密度、卷曲度和截面形状等几何特征，与织物起毛起球性有一定关系。纤维长度长，织物起球程度轻，因为较长纤维纺成的纱，单位片段长度内纤维头端数较少，露出纱和织物表面的纤维端也较少，同时较长纤维间抱合力较大，纤维不易滑出到纱和织物表面。粗纤维较细纤维不易起球，因为粗纤维纺成的纱，单位截面内纤维根数较少，露出纱和织物表面的纤维端较少，同时纤维越粗越刚硬，竖起在织物表面的纤维不易纠缠成球。化纤卷曲度增加时，纤维抱合力增大，不易起毛，但起毛后易纠缠成球，故对化纤卷曲度应有一定的要求。异形纤维织物较圆形纤维织物不易起球，因为异形纤维间抱合力较大。三角形和五角形截面的涤纶织物比圆形截面涤纶织物的起球现象少得多。

纤维力学性质与织物起毛起球性的关系较大。纤维强伸度高且弹性好的，摩擦时不易磨断、脱落，起毛后容易纠缠成球，如锦纶、涤纶的强伸度高，弹性也好，故其织物易起球。

综上所述，各种纤维织物中，天然纤维织物(除毛织物外)很少有起球现象；再生纤维织物也较少起球；合成纤维织物存在起球现象，其中锦纶、涤纶织物最为严重，丙纶、维纶、腈纶织物次之。另外，精梳织物与普梳织物相比，由于精梳后纱中短纤维含量减少，再加上精梳纱所用的纤维一般都较长，所以精梳织物不易起球。同理，中长纤维具有中等的线密度和长度，所以中长纤维织物的起球程度低于棉型织物。

(2) 纱线性状

纱线捻度增大，纤维间束缚紧密，织物起球程度降低。如涤棉织物为获得滑爽风格，必须防止织物起球，故涤棉纱的捻度一般都大于同线密度纯棉纱的捻度。纱线条干不匀时，粗节处因刚度大，实际加捻程度低，容易起球。股线结构紧密，条干均匀，故线织物比纱织物不易起球。毛羽多的纱线、花式线和膨体纱制成的织物，较易起球。混纺纱的径向分布与织物起球也有一定关系，选配原料时，如果使天然纤维或再生纤维向纱的外层转移，可缓和起球现象。

(3) 织物结构

织物组织方面，平纹组织交织点多，纤维被束缚得较为紧密，故平纹织物起球现象较少，缎

纹织物较易起球,斜纹织物介于两者之间。针织物一般比机织物容易起球。当纱线线密度及线圈长度相同时,罗纹针织物比纬平针织物起球严重,因为虽然线圈长度相同,但单位面积内纬平针织物的线圈数比罗纹针织物多,其结构比罗纹针织物紧密。当纱线线密度相同时,随着线圈长度的增加,起球量迅速增加。当线圈长度相同时,纱线越细,所形成的针织物结构越稀松,越易起球。在织物密度方面,密度大的织物不易起球,因为经、纬(纵、横)密大的织物与外界摩擦时,不易产生毛茸,而已经存在的毛茸由于纤维之间的切向滑动阻力大,不易滑到织物表面,故可减轻起球现象。此外,表面平整光滑的织物不易起球。

(4) 后整理

后整理加工与织物起球的关系较大。如适当的烧毛、剪毛处理可避免有足够长度的纤维纠缠成球;刷毛处理可以将容易脱出织物表面的纤维在使用前预先刷去,从而减轻起球现象。此外,涤棉织物经热定形或树脂整理后,表面较为平整,也可减少起球现象。毛涤织物缩绒后,羊毛纤维趋向织物表面而成为涤纶纤维的覆盖层,也可延缓起球。

2. 起毛起球的消除方法

根据起毛起球的过程、机理和影响因素,防止织物起毛起球的积极有效的方法是:减少毛羽量、控制纤维的弯曲刚度、增加纤维集合体中纤维间的相互作用,这可以通过纺纱、织造加工工艺及方法和采用异形纤维来实现。消极被动但有效的方法有:降低纤维的韧性和耐疲劳性,加快纤维球的断裂脱落;采用黏结、涂层和烧毛整理,减少毛羽的产生和起始毛羽量。但前者以纤维力学性能的损失为代价,后者以织物风格的变化或制成率降低为代价。

织物的抗起毛起球,应以改进纺纱、织造工艺与方法为主,以纤维改性和整理为辅。因此,至今未能很好地解决羊毛织物的起毛起球问题。

第四节 织物的尺寸稳定性

织物的尺寸稳定性是指织物在穿着、洗涤、储存过程中表现出来的长度缩短或伸长的性能。缩水是其中最受关注的现象之一。造成织物尺寸变化的主要原因有遇水后的膨胀收缩、缓弹性收缩、热收缩和蠕变伸长等。

一、织物的缩水性

织物在常温水中浸渍或洗涤干燥后,长度和宽度发生尺寸收缩的性能称为缩水性。除合纤织物或以合纤为主的混纺织物外,一般织物如果未经防缩整理,落水或洗涤后都会有一定程度的收缩,严重者直接影响穿着。

1. 缩水机理及测量指标

织物缩水的普遍机理是由于吸湿后纤维、纱线缓弹性变形的加速回复而引起的。在纺织染整加工过程中,纤维、纱线受到多次拉伸作用,当织物落水后,由于水分子的渗入,使纤维大分子间的作用力减弱,纤维大分子的热运动加剧,加工过程中产生的内应力得到松弛,加速了纤维、纱线缓弹性变形的回复,从而使织物尺寸发生较明显的回缩。

吸湿性较好的天然纤维和再生纤维缩水的原因,还在于一个系统的纱线吸湿后直径显著膨胀,压迫另一系统的纱线,使它们更加屈曲,从而引起该方向上织物明显缩短。当织物干燥后，纱线的直径虽相应减小，但由于纱线表面切向滑动阻力限制了纱线的自由移动，所以纱线的屈曲不能回复到原来状态。

毛织物缩水的原因较为复杂，除上述两种原因外，另一重要原因是羊毛的缩绒性。当毛织物在水中洗涤时，由于反复挤压，再加上一定的湿热条件，会因羊毛的缩绒性而使织物尺寸发生明显收缩。

织物缩水性的测试有浸渍法和洗衣机法两种。浸渍法是静态的，洗衣机法是动态的。毛织物规定用浸渍法浸透测试，而其他服装用织物倾向于用洗衣机法测试。

试验时，将规定尺寸的试样在规定温度的水中处理一定时间，干燥后测量经纬（或纵横）向长度，按下式计算经纬（或纵横）向的缩水率 μ_W：

$$\mu_W(\%) = [(L_0 - L_1)/L_0] \times 100 \tag{20-5}$$

式中：L_0 和 L_1 分别为织物处理前、后的尺寸。

应该指出，随着洗涤次数的增加，织物的缩水率随之增大，并趋向某一极限。织物经多次洗涤后的最大极限缩水率称为最大缩水率。对织物最大缩水率的确定，可以使设计与缝制服装时，预先估计到服装在使用洗涤过程中的最大尺寸变化，从而保证服装尺寸的稳定。

2. 影响织物缩水性的主要因素

纤维性质中，吸湿性是影响织物缩水性的主要因素之一。纤维吸湿性越好，因纤维膨胀所引起的织物缩水率越大。所以天然纤维和再生纤维织物的缩水率偏大，合成纤维织物的缩水率很小。羊毛纤维的缩绒性是影响羊毛织物缩水性的另一重要因素。

纱线捻度与织物缩水性有一定关系。机织物中，经纱由于加工时承受张力及摩擦的机会较多，通常所加的捻度较纬纱大，纱体结构较纬纱紧密；当织物落水后，纬纱内由于纤维间空隙较经纱多，因此吸湿膨胀较经纱容易，结果纬纱直径明显增加，迫使经纱更加屈曲，引起经向缩水较纬向大。

织物结构对缩水性的影响较大。机织物中，以经纬向紧度配置的影响为最大。当经向紧度大于纬向紧度（如卡其、华达呢、府绸等）时，落水后由于纬纱之间有较大空隙可以让其吸湿膨胀，结果纬纱直径明显增加，迫使经纱更加屈曲，使经向缩水率较纬向大。反之，当经向紧度小于纬向紧度（如麻纱等）时，纬向缩水率较经向大。当经纬向紧度相近（如平布）时，经纬向缩水率较接近。针织物下水后，线圈收缩变小，使纵向和横向产生收缩，纵向缩水率一般大于横向。此外，当织物结构整体较稀松时，其纱线吸湿膨胀的余地较大，织物缩水率将会大大增加，如机织物中的女线呢类，结构疏松，且一般不经后整理，所以其缩水率相当大。

织物加工时的张力对织物缩水也有影响。在一般张力范围内，随着张力增加，纤维变形增大，内应力和缓弹性变形增多，织物浸水后的松弛回缩使织物缩水率明显增大。

棉、黏织物经树脂整理后，一部分树脂填充在纤维分子间隙中，另一部分树脂中的官能团和纤维素纤维中的羟基作用，减少了游离羟基，降低了纤维的吸湿膨胀能力，从而达到纤维素纤维织物防缩的目的。羊毛织物进行氯化或氧化处理后，表面鳞片破坏，羊毛的定向摩擦效应减少，也能达到防缩的目的。此外，液氨处理和热水预缩也可降低织物缩水率。

二、织物的热收缩性

合成纤维，以及以合成纤维为主的混纺织物，在受到较高温度作用时发生的尺寸收缩，称为热收缩性。

织物发生热收缩的主要原因,是由于合成纤维在纺丝成形过程中,为获得良好的力学性能,均受到一定的拉伸作用,并且纤维、纱线在整个纺织染整加工过程中受到反复拉伸,当织物受较高温度作用时,纤维内应力松弛而产生收缩,导致织物收缩。

受热方式不同,则热收缩率不同。织物的热收缩性可用沸水、干热空气或饱和蒸汽中的收缩率表示。与缩水率相仿,它们也为织物经各种热处理前、后长度的差值对处理前长度之比的百分率。针织外衣用坯织物除了测定沸水收缩率外,还须测定熨烫收缩率。

三、织物的收缩不匀与畸变

织物在常态或经热、湿作用后,经、纬向或局部区域的收缩性能差异,称为织物收缩的非均匀性。产生原因主要是经、纬纱在整个加工过程中所受张力及伸长不同,解除张力后,经、纬纱收缩不同,甚至部分区域收缩也不同,从而造成织物收缩的非均匀性。针织物也有类似现象。

织物收缩的不均匀性涉及织物收缩的各向异性(经、纬向)、局部区域的不均匀(吊经、羽丝、起皱等)和织物的畸变。各向异性收缩不是织物的病疵,而局部区域的不均匀、织物畸变均属织物的品质疵点,严重影响织物的外观。

织物收缩的各向异性,可用织物经纬向各种收缩率的比值来表示。织物中局部区域的收缩率不同,目前只是定性评价。织物的畸变主要发生在针织物中,如线圈歪斜和卷边是最典型的织物畸变现象。

由于织物收缩不匀与畸变的产生原因是织物加工中纱线所受到的张力、伸长不同,造成内应力不同,而且还存在内应力松弛条件和时间的不同,因此,消除的方法除了纤维、纱线和织物本身的结构因素外,一般是增加停顿时间或放置时间,附加各种热、湿定形工序来消除织物的内应力,而且尽可能地在各道后加工前消除这些内应力。当然,更积极的方法是使纺织加工中纱线张力达到均匀与稳定。

思 考 题

20-1　何谓织物的保形性?它包括哪些内容?

20-2　试述织物抗皱性的测试方法、影响因素与改进方法。

20-3　何谓织物的免烫性?测试方法有哪些?

20-4　试述织物褶裥保持性的基本概念、测试方法、表征指标与主要影响因素。

20-5　试述织物静、动态悬垂性的定义、测试方法、表征指标与主要影响因素。

20-6　试述织物起毛起球的过程和机理。

20-7　织物起毛起球的测量与评定方法有哪些?各自的主要影响因素是什么?

20-8　何谓织物的缩水性?试述缩水的机理和影响因素。

20-9　叙述织物收缩不匀与畸变的基本概念和消除方法。

第二十一章　织物的润湿性

本章要点

介绍液体在固体表面润湿作用的基本理论知识，叙述接触角和液体表面张力的测定方法，阐述织物润湿的特征、芯吸和抗水的机理、评价指标和计算，并作实例介绍。

润湿(humectation, wetting)是纺织纤维材料(纤维、纱线和织物)在纺织染整加工和使用过程中常遇到的现象。纤维材料的润湿，会严重影响其加工工艺和使用性能。

润湿是一种界面现象。常见的润湿现象是固体表面上的气体被液体取代的过程，而从更普遍的意义上说，是指在固体表面上一种液体取代另一种与之不相混溶的液体的过程。润湿作用必然涉及三相(气相、液相与固相)。

纺织纤维材料的有些加工过程是在水溶液中进行的。用水作为介质时，总希望液体能快速而均匀地润湿纤维，这里，表面活性剂(surface active agent)起了重要的作用。表面活性剂分子中既含有憎水(液)部分又含有亲水(液)部分，能吸附在两相界面上，降低界面张力，而且表面活性剂分子形成的吸附层能使界面稳定。特定用途的表面活性剂的选择，往往取决于表面活性剂分子与纤维及其体系中其他组分之间的相互作用力。

研究润湿现象，目的是了解液体对固体(例如纺织纤维及其集合体)润湿的规律，从而按人们的要求改变液体对它的润湿性。鉴于润湿现象是固体表面结构与性质、液体性质以及固液界面分子间相互作用等微观特性的宏观结果，因此，研究润湿现象也可为不易得到的表面性质提供信息。

第一节　润湿与润湿方程

一、润湿过程的三种情况

液体化固体表面上的润湿现象可以分为沾湿(黏附润湿)、浸湿和铺展润湿三种情况。

1. 沾湿(adhesional wetting)

沾湿过程是液体直接接触固体，变气-液界面和气-固界面为液-固界面的过程。例如，树脂是否能黏附在玻璃纤维上成为玻璃钢，涂料能否均匀地黏附在织物表面上。这些问题均涉及黏附润湿能否自发进行。如图 21-1 所示，在液体黏附固体表面的过程中，体系从左图的气-液表面和气-固表面状态变成右图的固-液界面状态。

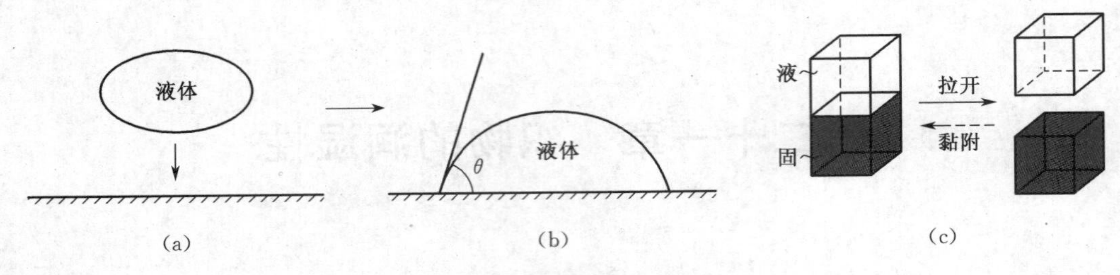

图 21-1　黏附润湿

黏附润湿过程的推力为 $\sigma_{sg}-\sigma_{sl}+\sigma_{lg}$。此值又称黏附功 W_a，即：

$$W_a=\sigma_{sg}-\sigma_{sl}+\sigma_{lg} \tag{21-1}$$

式中：σ_{sg}，σ_{sl}，σ_{lg} 分别为气-固、液-固与气-液界面的张力；s(solid)为固体；l(liquid)为液体；g(gas)为气体。

W_a 可理解为将单位液-固界面分开为单位气-固与气-液界面时所需的可逆功，如图 21-1(c)所示。显然 W_a 越大，则液-固界面的黏附越牢固。任何使 σ_{sl} 减小的作用都可增大发生黏附的倾向并增加黏附牢度，任何使 σ_{sg} 或 σ_{lg} 减小的因素都会减弱黏附倾向并降低黏附牢度。

2. 浸湿(wetting-out)

浸湿是将固体直接浸入液体，使原来的气-固表面为液-固界面所代替的过程，见图 21-2。此时：

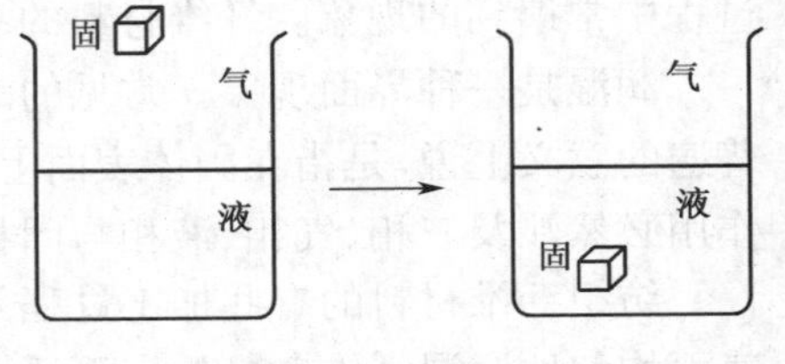

图 21-2　浸湿过程

$$\sigma_{sg}-\sigma_{sl}=-W_i=A \tag{21-2}$$

式中：W_i 为浸湿功，反映液体在固体表面取代气体的能力；A 为黏附张力。

由热力学平衡准则可知，只有当 $A>0$ 时才能发生浸湿。$A<0$ 时不能浸湿，这时密度小于液体的固体将浮在液面上，而密度大于液体的固体虽可沉入液体中，但取出时会发现没有被浸湿。因为 A 为负值，表示液体分子与固体表面分子的黏附力小于液体分子自身的内聚力。

3. 铺展(spread out)

铺展润湿是液体与固体表面接触后在固体表面排除空气而自行铺展的过程，即以液-固界面和液-气表面取代气-固表面的过程，见图 21-3。

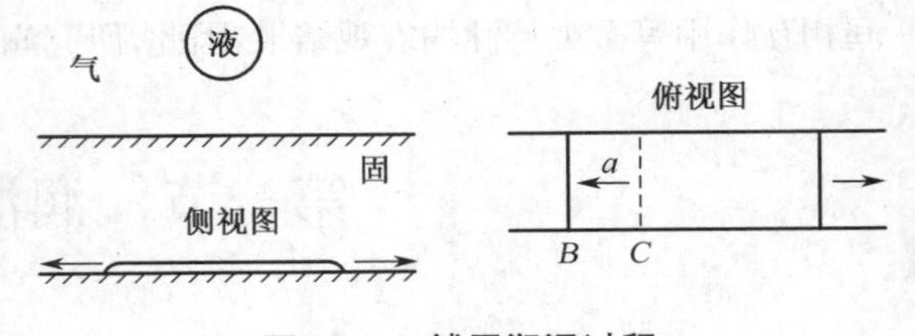

图 21-3　铺展润湿过程

若 $\sigma_{sg}-\sigma_{sl}-\sigma_{lg}>0$，液体能在固体表面自行铺展；反之，若 $\sigma_{sg}-\sigma_{sl}-\sigma_{lg}<0$，则液体不能在表面自行铺展。因而，铺展过程的动力是 $\sigma_{sg}-\sigma_{sl}-\sigma_{lg}$，定义为铺展系数 $S_{l/s}$：

$$S_{l/s}=\sigma_{sg}-\sigma_{sl}-\sigma_{lg}=(\sigma_{sg}-\sigma_{sl}+\sigma_{lg})-2\sigma_{lg}=W_a-W_c \tag{21-3}$$

式中：$W_c=2\sigma_{lg}$，为液体的内聚能。

若 $S_{l/s}\geqslant 0$，则 $W_a\geqslant W_c$，即当固-液界面的黏附功大于液体的内聚力时，液体可以自行铺展。

如果应用黏附张力 A 的概念，则铺展系数 $S_{l/s}$ 可表示为：

$$S_{l/s} = (\sigma_{sg} - \sigma_{sl}) - \sigma_{lg} = A - \sigma_{lg} \tag{21-4}$$

这就是说，当黏附张力大于液体表面张力时，可以发生铺展。

对于同一系统，三种润湿动力可依次表示为 $W_a > A > S_{l/s}$。换言之，若 $S_{l/s} \geqslant 0$，必有 $W_a > A > 0$，即凡能铺展润湿的必能黏附润湿和浸湿，反之则未必。因此，铺展是润湿程度最高的润湿现象，通常可用铺展系数 $S_{l/s}$ 作为系统润湿程度的指标。

二、润湿方程及其应用

将一液滴滴在固体表面上，形成图 21-4 的形状。在三相交界处，自固-液界面经过液体内部到气-液界面间有一夹角 θ，叫接触角。由图可见，在三相交界处，有三种界面张力在相互作用，其中 σ_{sg} 倾向于使液滴铺开；σ_{sl} 倾向于使液滴收缩；而 σ_{lg}，黏附润湿时使液滴收缩，不润湿时则使液滴铺开。平衡时可建立下列关系式：

$$\sigma_{sg} = \sigma_{sl} + \sigma_{lg}\cos\theta \quad 或 \quad \cos\theta = (\sigma_{sg} - \sigma_{sl})/\sigma_{lg} \tag{21-5}$$

上式称为 Young-Duprlé 方程，是 T. Young 在 1805 年提出来的，是润湿的基本公式，故又称为润湿方程。由此可求得：

$$W_a = \sigma_{lg}(\cos\theta + 1),\ A = \sigma_{lg}\cos\theta,\ S = \sigma_{lg}(\cos\theta - 1) \tag{21-6}$$

式(21-6)说明，原则上只要测出液体的表面张力 σ_{lg} 和接触角 θ，就可以获得黏附功、黏附张力和铺展系数，从而可以判断在给定的温度、压力条件下的润湿情况（表 21-1，图21-4）。

表 21-1　润湿的接触角判据和能量判据式

接触角判据	能量判据式	润湿类型
$\theta \leqslant 180°$	$W_a = \sigma_{lg}(\cos\theta + 1) \geqslant 0$	沾湿或黏附润湿
$\theta \leqslant 90°$	$A = \sigma_{lg}\cos\theta \geqslant 0$	浸湿
$\theta = 0°$ 或不存在	$S_{l/s} = \sigma_{lg}(\cos\theta - 1) \geqslant 0$	铺展润湿

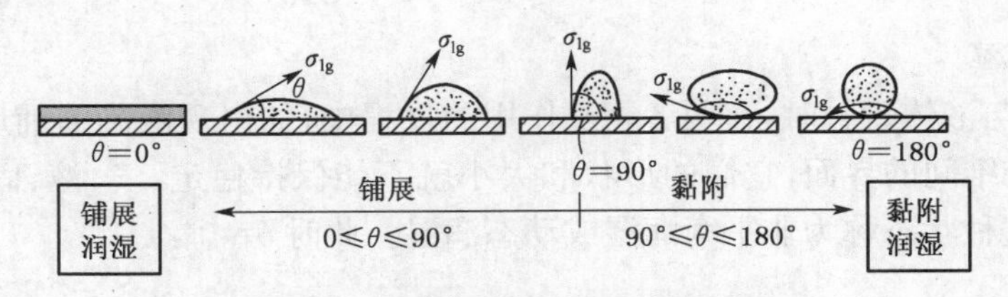

图 21-4　液体在固体表面的润湿现象

固体　液体　气体

以接触角表示润湿性时，习惯上规定 $\theta = 90°$ 为润湿与否的标准，即 $\theta > 90°$ 为不润湿；$\theta < 90°$ 为润湿，θ 越小润湿越好；当 $\theta = 0°$ 或不存在时为铺展。对于一定的液体，$\theta > 90°$ 的固体称为憎液固体，$\theta < 90°$ 的固体为亲液固体。

表 21-1 中的三式，对改变纺织材料（纤维、纱线、织物）表面润湿性能亦有指导意义。对于三类润湿：①降低 σ_{sg}，增加 σ_{sl}，均对润湿不利，因此，对固体表面改性往往可达到预期的目的，

例如表面活性剂可使σ_{sg}下降，从而达到憎水的目的；②σ_{lg}增大，对润湿有利，但润湿后往往使接触角θ增大，又有利于黏附，若表面σ_{sl}增大，则不利于黏附；③对浸湿来说，σ_{lg}增大或减小，仅改变$\cos\theta$的大小，而$\sigma_{lg}\cos\theta$的值不受影响，只有加入表面活性剂，改变σ_{sg}或σ_{sl}，才能对浸湿发生影响；④对铺展来说，降低σ_{lg}总是有利的。

第二节　纺织材料的润湿特征

纤维作为服用材料、增强复合材料、吸附或抗污染材料、过滤或传导材料的物质基础，在诸多领域和场合中使用，其润湿性以及由此引出的吸附、黏结、抗污等问题，对应用是至关重要的。

纤维与液体（一般指水）的相互作用，其润湿较多地表达为单纤维或纤维集合体表面（或表观）与液体的相互作用，其芯吸则表达为单纤维体内（孔洞或中腔或中孔）或纤维集合体内（纤维间隙、纱线间隙和织物中的孔洞）对液体的毛细作用。似乎前者在外表面，后者在内表面，但其作用机制是一致的。因此，研究纤维材料的润湿性，既要考虑纤维集合体的外观特征，又要考虑纤维和纤维集合体的等效毛细半径的影响。

一、平衡润湿与非平衡润湿

1．平衡润湿

以单纤维为例进行讨论。当纤维表面与液体接触时，在两者相互作用的过程中如能达到平衡，则液滴的形状与液滴-纤维间的界面，它们的形状和大小就保持稳定不变，如图21-5所示。气、液、固三相的交汇点b不发生移动，该点受力达到平衡，这种状态称为平衡态润湿或静态润湿。此时，x轴向的合力符合以下条件：

$$\sigma_{sg}-\sigma_{sl}-\sigma_{lg}\cos\theta=0 \quad 或 \quad \cos\theta=(\sigma_{sg}-\sigma_{sl})/\sigma_{lg} \tag{21-7}$$

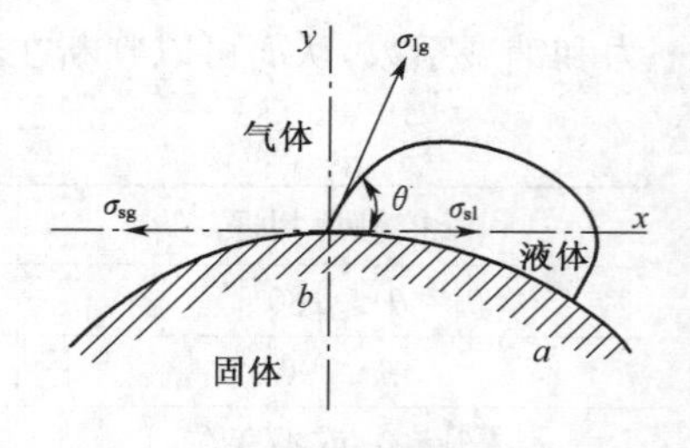

图21-5　液滴在纤维表面的平衡润湿示意图

2．非平衡润湿

当纤维表面与液体接触时，在两者相互作用的过程中，如出现液滴的铺展现象，那么液滴的形状及液滴-纤维间的界面，它们的形状和大小就不能保持稳定，气、液、固三相的交汇点b会向外侧移动，这种状态称为非平衡润湿或动态润湿。此时$\theta=0°$：

$$\sigma_{sg}-\sigma_{sl}-\sigma_{lg}>0 \quad 或 \quad S_{l/s}=A-\sigma_{lg}>0 \tag{21-8}$$

非平衡润湿过程，理论上已转化为氢键或化学键作用的吸附过程。$\theta=0°$时，液体在固体表面仍以某种速度扩展，克服液体内聚能，使液体表面扩大，铺展的必要条件$A>\sigma_{lg}$恒成立，液滴在固体表面铺展成膜，原有的固-气界面消失，而留下固-液和气-液两种界面。

二、润湿滞后性及其原因分析

1．前进角、后退角和接触角滞后

液体滴在固体表面，形成液滴。若气、液、固三相体系是静止的，则得到静止的接触角；若体系处于运动状态，则得到动态接触角。

若固体表面是理想光滑、均匀、平坦无形变的，则可达到稳定平衡，该状态下的接触角就是平衡接触角 θ_e。反之，若固体表面粗糙、不均匀，则体系可能处于许多亚稳态之一，此时形成的接触角是亚稳接触角。

由固液界面的前沿扩展而成的接触角称为前进接触角，记为 θ_a；由固液界面前沿收缩而成的接触角称为后退接触角，记为 θ_r。当体系处于亚稳态时，前进接触角往往大于后退接触角；平衡时两者相等。实际上固体表面大多是粗糙和不均匀的，因此常观察到可变的接触角。

同一液体滴在同一固体表面上的接触角的值，与液体是在“干”固体表面上前进时测量的还是在“湿”固体表面上后退时测量的有关。前者测得的为前进接触角 θ_a，后者测得的就是后退接触角 θ_r。前进接触角与后退接触角的差值，称为接触角的滞后值。

例如，用斜板法测接触角时，将板插入液体时的 θ_a 将大于将板抽出时的 θ_r。又如图 21-6(a)(b)所示，通过一微量注射器将液体滴在固体表面上，以得到适合于接触角测量的液滴。通过增加或减少液滴体积，直到三相界面在固体表面移动时，便可得前进角注液时液滴增大，液滴的两侧扩张；后退角吸液时液滴缩小，液滴向内侧收缩。为了保证实验重现性，当液滴体积发生变化时必须小心操作，尽量避免液滴的振动和变形。在整个测量过程中，应保持微量注射器的毛细吸液管一直浸在液滴中，以减少不利影响。吸液管插在液滴中并不影响接触角的测定。如图 21-6(c)(d)所示，通过固体表面的毛细管加入或吸出液体也可引起液滴体积的变化。另外，也可把液滴放置在可变倾斜角的固体表面上见图 21-6(e)，液滴在固体表面刚开始滑动时所形成的角，下端为前进角，上端为后退角。

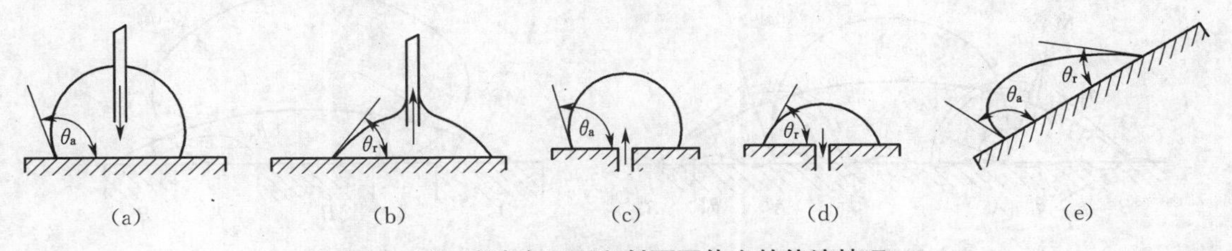

图 21-6　液滴在平面和斜面固体上的停滴情况

2. 引起接触角滞后的原因

引起接触角滞后的原因有很多，其中最主要的原因是：

不平衡状态——接触角的测定要求在平衡状态下进行，即滴在固体表面上的液滴、固体及气体所组成的体系处于热力学平衡状态。但由于某些原因，体系达不到平衡状态，如高黏度液体在固体表面就难以达到平衡态，因而 θ_a 与 θ_r 不等

固体表面的粗糙度——固体由于表面原子或分子的不可动性，其表面总是高低不平的，常用粗糙度 r 来度量($r \geqslant 1$)，r 愈大，表面越粗糙。当 $\theta < 90°$ 时，表面粗糙化使接触角变小，润湿性更好；当 $\theta > 90°$ 时，表面粗糙化使体系更不润湿。此外，粗糙的固体表面给准确测定真实的接触角带来困难

固体表面的不均匀性	① 固体表面不同程度的污染或多晶性等会形成不均匀表面 ② 表面不均匀性引起的接触角滞后，其原因是试液与固体表面上亲和力弱的部分的接触角是前进角，与固体表面上亲和力强的部分的接触角是后退角 ③ 一般常用液体的表面张力都在100 mN/m以下，以此为界可将固体分为两类：一类是高能表面，其表面能高于100 mN/m的固体；另一类是低能表面，其表面能低于100 mN/m的固体。一般无机固体，如金属及其氧化物、硫化物、卤化物及各种无机盐的表面能约为200～500 mJ/m²，属高能表面。一般有机固体和高聚物，其表面能与一般的液体大致相当，甚至更低，属低能表面 ④ 在以高能表面为主的不均匀表面上，后退角的再现性好，这类固体表面与一般液体接触后，体系自由能有较大降低，能为这些液体所润湿。在以低能表面为主的不均匀的表面上，前进角的再现性好，这类固体表面的润湿性质随液固两相组成与性质不同而有很大变化

综合以上分析，接触角与固液气三相物质的性质密切相关。此外，接触角也受温度的影响，一般随温度升高而略有下降。

润湿滞后性还表现为固体表面的第一次润湿和第二次润湿间存在差异，且第一次润湿接触角恒大于或等于第二次润湿接触角。

如图 21-7 所示，由于材料的表观形态与真实形态的差异，会使液滴（M_1 滴或 M_2 滴）的三相交汇点落在某一位置（AA'或 BB'），见图中(a)；或者由于固体材料表面组分（A 和 B）的差异，使液滴（M_1 滴或 M_2 滴）的三相交汇点，由于组分不同而落在某一位置（AA 或 BB），见图中(b)。这样，就会引起表观接触角不能表达或不能完全表达真实的润湿现象。前一种情况称为形态伪润湿，后一种情况称为组分伪润湿。

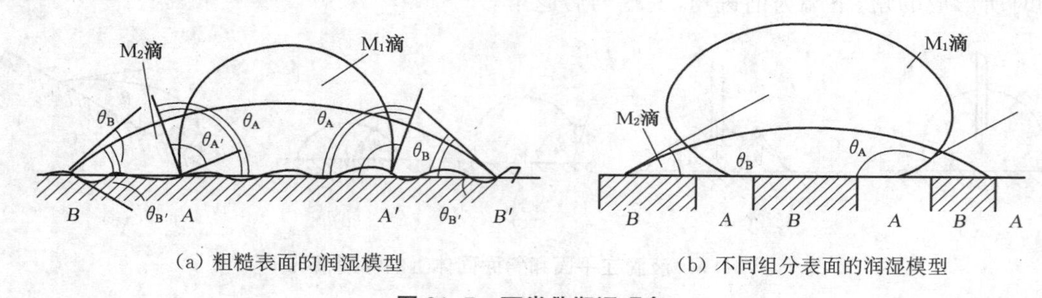

(a) 粗糙表面的润湿模型　　(b) 不同组分表面的润湿模型

图 21-7　两类伪润湿现象

因此，对于形态波动或粗糙的表面或多组分表面或有孔隙的表面，测定接触角时应该特别小心，并进行认真的显微观察。

第三节　织物的浸润与芯吸

织物中，纱线相互交叉（机织物）；或者纱线相互串套（针织物及编结物）；或者纤维相互固结（无纺织布、毡类、絮填）；或者在基布上“栽”上圈状纱线（簇绒织物），或在基布上“植”或“拉出”短绒（静电植绒织物、起绒织物），或者采取表面涂层或复合层压（涂层织物、层压织物）。由此可知，不同类别的织物，将具有不同的表面状态和特殊的内部结构。讨论织物润湿性，不仅要观察纤维和纤维集合体表面（或表观）与液体的相互作用，还要研究单纤维、纤维间和纱线间的毛细孔、间隙和孔洞引起的芯吸问题。

一、纤维接触角的测定

测定纤维对液体的接触角非常重要，接触角可用电子天平法进行测定。

1. 用单根纤维进行测定

将一根纤维浸在某种液体中，纤维另一端挂在电子天平的测量臂上，如图 21-8 所示。用升降装置使液面逐渐下降，纤维由状态(a)经状态(b)脱离液面进入状态(c)，在纤维脱离液面的瞬间，由于表面张力的消失，发生了力的突变，电子天平测出该过程中力的变化 Δp 并记录曲线(d)。

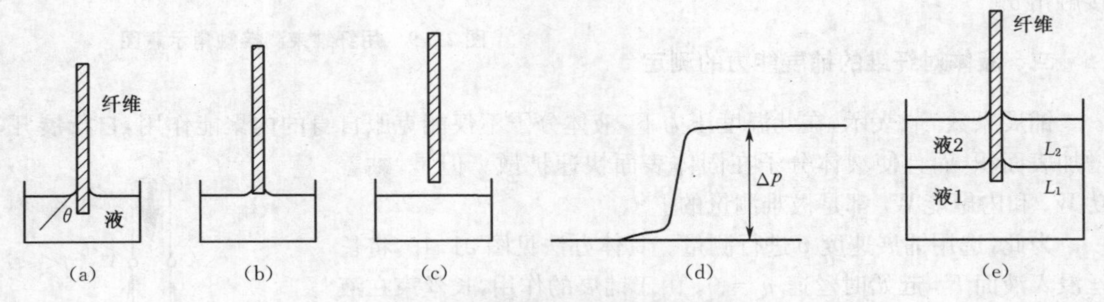

图 21-8　用单纤维测接触角示意图

如果液体完全润湿纤维，在状态(c)和状态(a)下分别有：

$$\Delta p = 2\pi r\sigma_{lg},\ \Delta p = 2\pi r\sigma_{lg}\cos\theta$$

式中：r 为纤维半径；θ 为液体与纤维之间的接触角。

在状态(c)下，已知 r，测出 Δp，可求出 σ_{lg}；在状态(a)下，已知 r 和 σ_{lg}，测出 Δp，则可求得 θ。

应用电子天平法还可测定两种互不相溶液体之间的界面张力和界面接触角，如图 21-8(e)所示。L_1 和 L_2 为互不相溶的两种液体。纤维插入液体并通过 L_1、L_2 的界面，当升降装置下降，在纤维离开 L_1-L_2 界面的瞬间，电子天平测出该过程的力变并记录。如果液体完全润湿纤维，与上述同理，则：

$$\Delta p = 2\pi r\sigma_{L_1-L_2} \tag{21-9}$$

$$\Delta p = 2\pi r\sigma_{L_1-L_2}\cos\theta_{L_1-L_2} \tag{21-10}$$

式中：$\sigma_{L_1-L_2}$ 为液体 L_1 和 L_2 的界面张力；$\theta_{L_1-L_2}$ 为纤维在液体 L_1 和 L_2 界面的接触角。

2. 用一束纤维进行测定

在塑料管中充填一束纤维，填充率为 0.47～0.53，见图 21-9(a)。使纤维束与液面接触，因毛细现象，液体沿着纤维空隙上升，用电子天平测出增加的质量随浸润时间的变化，得到图 21-9(b)所示曲线。

通过流体力学分析，可推得下式：

$$m^2 = \frac{W_1^3\sigma_{lg}\cos\theta}{H^2\eta W_f A_p\rho_1}\times t \tag{21-11}$$

式中：m 为润湿时刻 t 时增加的质量；W_1 为平衡时的总增加质量；H 为纤维的填充高度；η 为浸润液黏度；W_f 为纤维的填充质量；A_p 为纤维的比表面积；ρ_l 为液体的密度；σ_{lg} 为液体的表面张力。

按上式，以 m^2 对 t 作图，可得直线，其斜率即为式中 t 的系数，由此可求出接触角 θ。

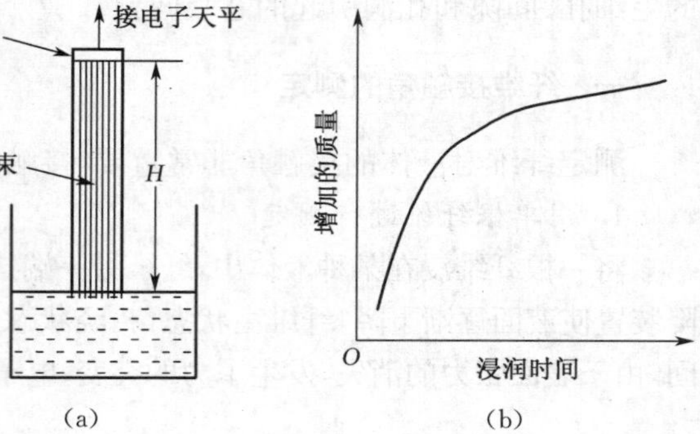

(a)　　(b)

图 21-9　用纤维束测接触角示意图

二、液体对纤维的铺展能力的测定

铺展系数 $S_{l/s}$ 表示，在此温度压力下，液体分子不仅能克服自身的内聚能作用，自行展开，增加表面积，而且使液体分子在固体表面快速扩散。但是，黏着功 W_a 和内聚能 W_c 都是极难测量的。

为此，选用铺展速度 v 进行测量。具体办法见图 21-10，将长丝浸入液面下，起始时丝速 $v=0$。由于铺展的作用，长丝束在液体面上出现正弯月面的接触角，弯月面最高点到液水面的高度为 $h(h>0)$。之后，将长丝以速度 v 向液面内移动，观察弯月面形状的变化，当 $0<v<v_s$ 时，弯月面最高点 A^+ 向下移动；当 $v=v_s$ 时，出现零浸润，呈现液面与纤维正交($h=0$)；当 $v>v_s$ 时，出现负浸润，呈现倒弯月面($h<0$)。这三种特定场合下，液、固、气三相交汇点分别位于 A^+，A^0 和 A^- 位置。测得的 v_s 就是铺展速度。

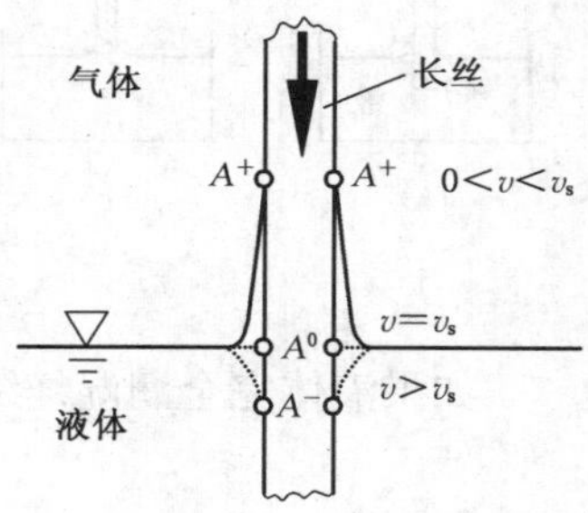

图 21-10　长丝向下运动时液面月牙状的变化

三、毛细管润湿引起的芯吸作用

1. 圆柱形毛细管中的润湿

在纤维集合体中，相邻纤维相互接触并或多或少地平行排列，可以形成圆柱形毛细管状间隙或孔隙。若液体能润湿毛细管，就会在毛细管内形成凹面半径 $R=r/\cos\theta$，见图 21-11，θ 称为接触角。凹面 1 处液体压力 $p_1^{(l)}$ 与气体压力 $p_1^{(g)}$ 的关系是：

$$p_1^{(l)} = p_1^{(g)} - 2\sigma/R \quad ①$$

平面 2 处液体压力 $p_2^{(l)}$ 则等于气体压力 $p_2^{(g)}$：

$$p_2^{(l)} = p_2^{(g)} \quad ②$$

由于 1 与 2 处的高度差，对液体和气体则分别有：

$$p_1^{(l)} + \rho^{(l)} gh = p_2^{(l)} \quad ③$$

$$p_1^{(g)} + \rho^{(g)} gh = p_2^{(g)} \quad ④$$

式中：σ 为液体的表面张力；r 为毛细管的等效半径；R 为月牙面的等效曲率半径；$\rho^{(l)}$ 为液体密度；$\rho^{(g)}$ 为气体密度；$p_1^{(l)}$，$p_2^{(l)}$ 为 1，2 处的液体压力；$p_1^{(g)}$，$p_2^{(g)}$ 为 1，2 处的气体压力；h 为液体在毛细管内上升的高度(弯月面底部到液面的垂直距离)；θ 为等效接触角；g 为重力加速度。

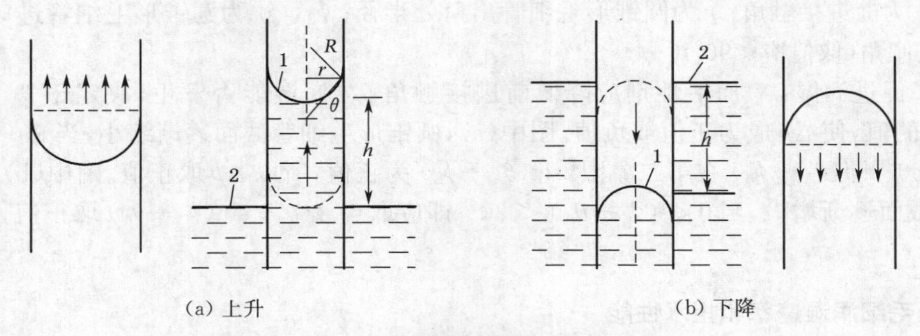

图 21-11　液体在毛细管中的上升或下降

将式③④代入式②，得：

$$p_1^{(l)} - p_1^{(g)} + (\rho^{(l)} - \rho^{(g)})gh = 0 \quad ⑤$$

将式⑤代入式①，并利用 $R = r/\cos\theta$，得界面张力与上升高度的关系式：

$$\sigma = \frac{R}{2}(\rho^{(l)} - \rho^{(g)})gh = \frac{r}{2\cos\theta}(\rho^{(l)} - \rho^{(g)})gh \quad ⑥$$

通常 $\rho^{(g)} \ll \rho^{(l)}$，上式可以简化为：

$$h = \frac{2\sigma\cos\theta}{\rho^{(l)}gr},\ v = hr = \frac{2\sigma\cos\theta}{\rho^{(l)}g},\ w = \rho^{(l)}gv = 2\sigma\cos\theta \quad (21\text{-}12)$$

式(21-12)中，第一式可用来计算芯吸的液体上升高度，第二式可用来计算芯吸的液体体积，第三式可用来计算芯吸的液体质量。

当织物浸泡在水中时，浸湿过程是将气固界面变为液固界面的过程。织物是多孔性固体，其浸湿过程常称为渗透过程，该过程与毛细现象有关，如图 21-12(a)。当液体少时，液体则可能在纤维间缝隙中以躺滴或贴滴形式存在，如图 21-12(b)和(c)所示。

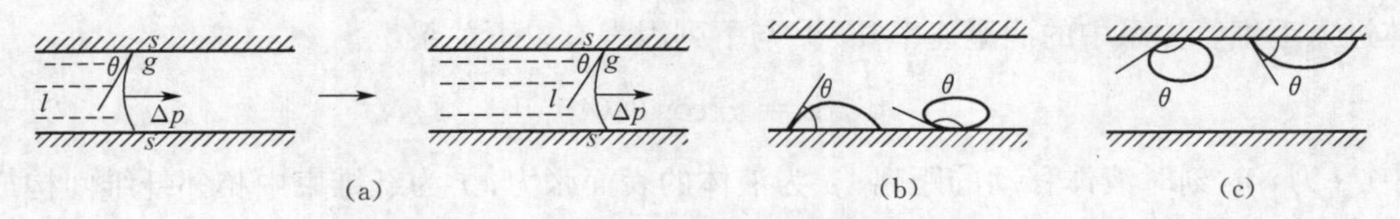

图 21-12　圆形毛细管中液体的渗透过程

2. 圆锥形毛细管中的润湿

织物中纤维间形成的毛细管间隙也可能是圆锥形的。沿液体前进的方向看，毛细管壁的锥形可能是渐细的，也可能是渐粗的，分别如图 21-13 中(a)和(b)所示。

经研究在这样的体系中有如下关系式：

$$\text{渐细：}\quad \Delta p = \frac{2\sigma_{lg}\sin(\theta_A + \phi_B)}{r}$$

$$\text{渐粗：}\quad \Delta p = \frac{2\sigma_{lg}\sin(\phi_C - \theta_A)}{r} \quad (21\text{-}13)$$

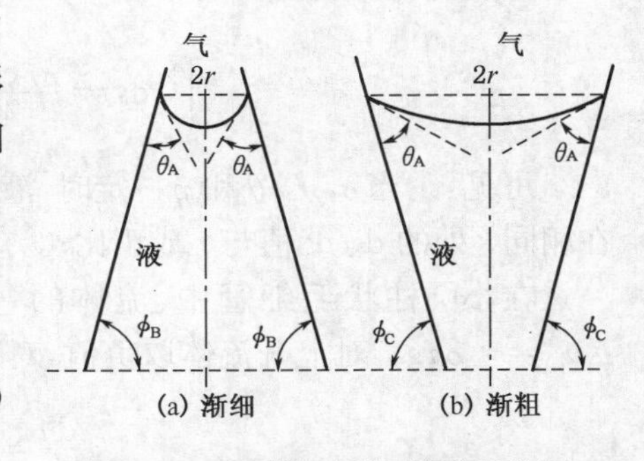

图 21-13　圆锥形毛细管中的润湿

式中：θ_A 为前进接触角；r 为圆锥形毛细管出口处半径；ϕ_B，ϕ_C 为圆锥形毛细管进口处壁面之倾角（取值应$<90°$）。

为了促进润湿，表面活性剂应降低前进接触角 θ_A。润湿能否发生，决定于 $\theta_A+\phi_B$（或 $\theta_A-\phi_C$）的值，使 Δp 成为正值或负值。图中（a），圆锥形毛细管截面逐渐缩小，当 $90°<(\theta_A+\phi_B)<180°$，即 $(\theta_A+\phi_B)$ 在第二象限，$\sin(\theta_A+\phi_B)$ 为正值，所以 Δp 取正值。图中（b），圆锥形毛细管截面逐渐增大，当 $0<(\phi_C-\theta_A)<90°$，即应取 $\phi_C>\theta_A$，$\sin(\phi_C-\theta_A)$ 取正值，Δp 才能取正值。

四、毛细润湿速率和拒水性能

1. 毛细润湿速率

纤维集合体的芯吸速率，宏观上取决于集合体中孔隙的形态与方向，微观上取决于纤维的物理化学性质和液体分子的热平衡过程。

将纤维集合体中的孔隙垂直悬挂，下端插入液槽中。在 $0\to t$ 的时间区间，测得芯吸高度 h(cm)、扩展长度 L(cm)和芯吸液体质量(mg)，于是可求得它们的平均润湿速率：

$$\bar{v}_h=h_w/t,\ \bar{v}_L=L_w/t,\ \bar{v}_m=m_w/t \tag{21-14}$$

同样，可以依据定高度 h_w、定长度 L_w 和定质量 m_w 来测定达到这些数值所需的时间 $\bar{t}_h$，$\bar{t}_L$，$\bar{t}_m$。它们的数值愈小，$\bar{v}_h$，$\bar{v}_L$，$\bar{v}_m$ 的数值愈大，意味着该纤维集合体的润湿性能愈好。

将纤维集合体中的孔隙横放，浸入液槽中，液体在其中扩散，平均润湿速度 $\bar{v}_L$ 可沿织物纵向和横向分解成扩散分速度 $\bar{v}_L^{/\!/}$ 和 $\bar{v}_L^{\perp}$，并采用以下指标来表达织物对液体扩展的各向异性：

经纬向扩散比：
$$\varphi=\bar{v}_L^{/\!/}/\bar{v}_L^{\perp}$$

扩展取向度：
$$f=1-\frac{1}{4}\left(\frac{\bar{v}_L^{/\!/}+\bar{v}_L^{\perp}}{\bar{v}_L^{/\!/}-\bar{v}_L^{\perp}}\right)^2$$

1921 年，沃什伯恩（Washbum）提出，由相互平行的纤维构成的毛细管体系置于液槽中，液体进入毛细管体系中的润湿速率 $\mathrm{d}s/\mathrm{d}t$ 与下列因素有以下关系：

$$\mathrm{d}s/\mathrm{d}t=\sigma r\cos\theta/(4\eta s) \tag{21-15}$$

式中：s 为 t 时刻时液体移动的距离；σ 为液体的表面张力；r 为纤维束中相邻纤维间构成毛细管的等效半径；θ 为毛细管壁和液体之间的接触角；η 为液体的黏度。

假定其他各物理量为常量，对上式积分：

$$\int_0^s s\mathrm{d}s=\frac{\sigma r\cos\theta}{4\eta}\int_0^t \mathrm{d}t\ \Rightarrow\ s=\left(\frac{\sigma r\cos\theta}{2\eta}\right)^{\frac{1}{2}} \tag{21-16}$$

可见：①当 σ，r，θ 和 η 一定时，液体的 $\mathrm{d}s/\mathrm{d}t$ 随着 s 增加而逐渐下降；②当 σ，θ 和 η 一定时，在相同 s 处的 $\mathrm{d}s/\mathrm{d}t$ 值与 r 成正比；③接触角应为前进接触角 θ_a，液体才能向毛细管内渗透。

在小圆柱状毛细管中，流体的弯曲面基本上保持球体形状。对于垂直管，静压力为 $\Delta p_g=\pm\rho hg$，对上升流体取负值，对下降流体取正值。则式(21-15)应改写成：

$$\frac{\mathrm{d}h}{\mathrm{d}t}=\frac{r^2}{8\eta h}\left(\frac{2\sigma_{lg}\cos\theta}{r}\pm\rho gh\right) \tag{21-17}$$

上式描述了在直立毛细管中流体上升或下降的速率，h 为沿毛细管轴向的升降距离，对式(21-17)积分可求得：

$$\left[\ln\left(\frac{h_{\infty}}{h_{\infty}-h}\right)\right]\frac{h}{h_{\infty}}=-\frac{r^2\rho gt}{8\eta h_{\infty}} \tag{21-18}$$

式中：h_{∞} 为 $t=\infty$ 时液体在直立毛细管中所达到的平衡高度。

即：

$$h_{\infty}=2\sigma_{\mathrm{lg}}\cos\theta_{\mathrm{a}}/\rho gr \tag{21-19}$$

式中：θ_{a} 为动态接触角。

2. 毛细管的拒水能力

雨伞用布的拒水作用，当遇到阵雨时，可提供暂时性的保护措施，以抵抗雨水对织物的渗透。要使纤维拒水，其措施应与润湿方法背道而驰。

以纤维集合体垂直浸入液体中为例，润湿可以细分为两种情况：

(1) 导水

液体由于毛细作用进入毛细管内，管内液面呈内凹形，导水高度为 h_{w}，属正润湿，如图 21-14(a)所示。由式(21-12)可得：

$$h_{\mathrm{w}}=\frac{2\sigma_{\mathrm{lg}}}{\rho gr}\cos\theta\quad(0\leqslant\theta\leqslant90^{\circ}) \tag{21-20}$$

式中：h_{w} 为纤维间孔隙的芯吸高度。

(2) 拒水

液体在毛细管进口处呈外凸形，拒水高度为 h_{p}，液体未进入孔隙，属负润湿，由图 21-14(b)可以列出其力平衡方程：

$$2\pi r\sigma_{\mathrm{lg}}\cos(\pi-\theta)=\pi r^2h_{\mathrm{p}}\rho g$$

故

$$h_{\mathrm{p}}=-\frac{2\sigma_{\mathrm{lg}}}{\rho gr}\cos\theta\quad(90^{\circ}\leqslant\theta\leqslant180^{\circ}) \tag{21-21}$$

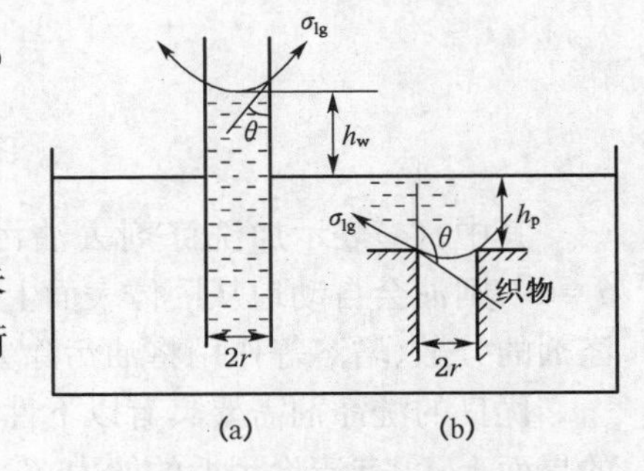

图 21-14　导水与拒水

r—毛细管等效半径　σ_{lg}—液体表面张力
ρ—液体密度　g—地心加速度

式中：h_{p} 为织物的拒水高度。

织物能够拒水的必要条件是 $\theta>90^{\circ}$，θ 越大，拒水性愈好。当 $\theta=180^{\circ}$ 时，$h_{\mathrm{pmax}}=\dfrac{2\sigma_{\mathrm{lg}}}{\rho gr}$。

由式(21-21)可知，在织物不可浸润的条件下，h_{p} 与 r 成反比，即织物间孔隙愈小，织物的拒水性愈好。织物中的孔隙很多且有大有小，织物的拒水性主要取决于大孔隙及其分布率。应该指出，织物的防水性除了与织物的表面性质有关外，还与织物的内部结构有关。

第四节　润湿作用举例

一、洗涤

洗涤去污过程是一个复杂过程，其中润湿作用很重要。吸附在被洗物体表面的污垢粒子有尘埃、煤烟、油脂等，大都是不能被水润湿的疏水性物质，要将污垢从被洗涤物如纤维表面或孔隙之间分离去除，首先必须使洗涤液对疏水性物质表面有良好的润湿能力。在水中加表面活性剂即洗涤剂，可改善水对污垢的润湿性。这种溶液一直渗入到污垢粒子与织物之间的缝隙中，并在它们的表面形成亲水吸附层，使界面张力降低，削弱了污垢与织物或污垢粒子间的黏附力，有利于污垢从织物脱离。脱离下来的污垢粒子表面仍吸附了表面活性剂分子，形成亲水层。此外，表面活性剂还有分散、增溶等能力，借助于搓揉、摩擦、摇荡等机械作用，将污垢转移到溶液中而除去。其洗涤去污过程见图 21-15。

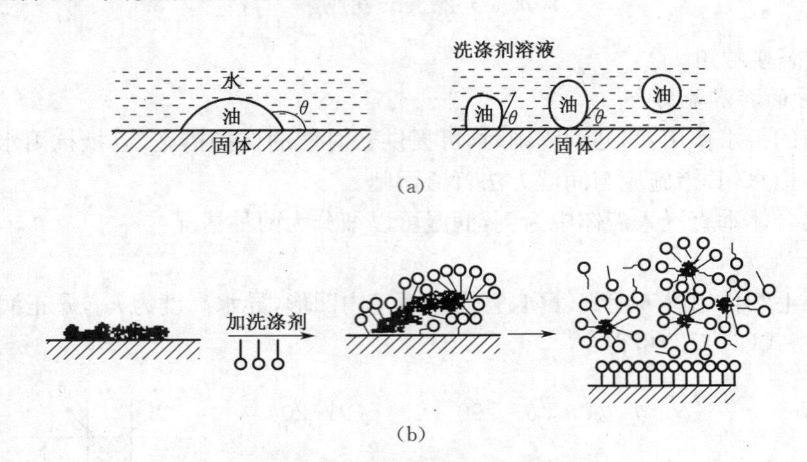

图 21-15　洗涤去污过程示意

其中：(a)表示加洗涤剂去油污的过程，洗涤剂降低了固-油-水三相边界的接触角，若 $\theta=0°$，则油会自动地从固体表面上除去；(b) 表示若 $0°<\theta<90°$，则可以借助机械方法和洗涤剂的分散、增溶等作用将油污除去。

优良的洗涤剂需要具有以下性质：①好的润湿性能，能吸附在织物与水的界面和污垢与水的界面上；②有清除污垢的能力；③有使污垢分散、悬浮或增溶的能力；④有防止污垢重新沉积到干净织物表面的能力。但是，好的润湿剂不一定是好的洗涤剂，综合性能结果表明碳氢链是 C_{12} 的较佳。另外，使用一种表面活性剂很难同时具备以上条件，往往还需其他添加剂。

二、防水

塑料薄膜或油布雨衣，可防水但不透气。纤维纺织物采用防水剂经适当处理后，可以使纤维表面变为疏水性，从而具有防水性且透气性良好。

防水纺织品，由于其表面是疏水的，使织物与水之间的接触角大于 90°，在纤维与纤维间形成凸液面的毛细管，附加压力 Δp 指向液体内部，因而阻止水通过毛细管的渗透作用。防水织物和非防水织物的接触角配置不同，见图 21-16。

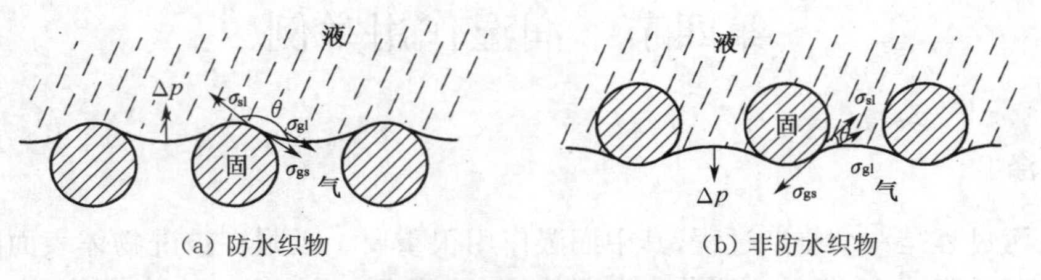

图 21-16　接触角对织物防水性的影响

假设有一种疏水性织物，其纤维间毛细管半径 $r=10^{-5}$ m，接触角 $\theta=105^\circ$，水的表面张力 $\sigma_{lg}=70$ mN/m，则织物中纤维缝隙间形成向上的毛细压力（即附加压力）$\Delta p=\frac{2\sigma_{lg}\cos\theta}{r}=\frac{2\times70\times\cos105^\circ}{10^{-5}}=3.6\times10^3$ Pa，这相当于水柱静压力高度 $h=\frac{\Delta p}{\rho g}=\frac{3.6\times10^3}{10^3\times9.8}=0.37$ m。在这样的毛细压力下，水不能通过该织物。只有当织物表面上水的高度超过37 cm，其静压力超过 3.6×10^3 Pa时，水才有可能通过纤维间隙。而非防水织物中，$\theta<90^\circ$，Δp 的方向与液体渗透方向相同，具有推动液体渗透的作用。

目前对纤维织物防水处理的方法是在织物表面（或纤维表面）形成极薄的强疏水性涂膜，例如，采用具有能与纤维亲水基反应的阳离子型表面活性剂处理，形成醚键而黏附在纤维表面，使织物具有永久性的防水效果，而且透气。

三、防油

织物的防油机理与防水一样，主要是用全氟碳物如1，1-二氢全氟烷基聚丙烯酸酯处理织物表面，使表面由碳氟基覆盖。经处理后，织物表面的临界表面张力低于油的表面张力。当烷基为—CF_3 时，经处理后棉布的防油率可达 90（最高为 150）；当烷基为—C_9F_{19} 时，防油率可达 130。

思　考　题

21-1　什么叫润湿？液体对固体的润湿区分为哪三种情况？试分析其产生条件和特点。

21-2　应用 Young-Dupré 方程，确定黏附功、浸润功和铺展系数三项能量式，并用来判别润湿的三种情况。

21-3　纺织材料的表面性质和内部结构对其润湿性能有何影响？并分析其原因。

21-4　平衡润湿和非平衡润湿的区别何在？

21-5　何谓接触角滞后？分析其产生原因。

21-6　织物中毛细间隙或孔隙竖置和横置于液体中，其润湿有何不同？分析其原因。

21-7　分析引起纤维集合体空隙芯吸和防水的基本条件与控制参数。

21-8　定量分析液体在竖置和横置的毛细管中润湿速度的变化规律。

第二十二章　织物的舒适性

本章要点

介绍织物的舒适性概念；阐述织物透气、透湿、透水的透通途径及其影响因素，热湿舒适性评价指标，人体与外界进行热湿交换的途径及冬夏服装面料选择；讨论织物刺痒感、静电刺激、接触冷暖感、湿冷刺激的产生原因与影响因素。

第一节　织物舒适性简介

舒适性是一个很难下定义的复杂而模糊的概念。它指的是人与环境间生理、心理和物理协调的一种愉悦状态，是上述因素的综合良好反映。舒适性很难从正面描述，往往以人体对织物的不适感为评价。织物舒适性的感觉评价涉及织物的温度舒适性（隔热保暖、传热散热）、透湿透气性、接触舒适性（热、静电刺激、触觉、服装压）等。人体对织物舒适性的感觉过程见图 22-1。由于生理感觉的复杂性，人们以简单的物理作用或刺激来间接定量地描述这一特性。

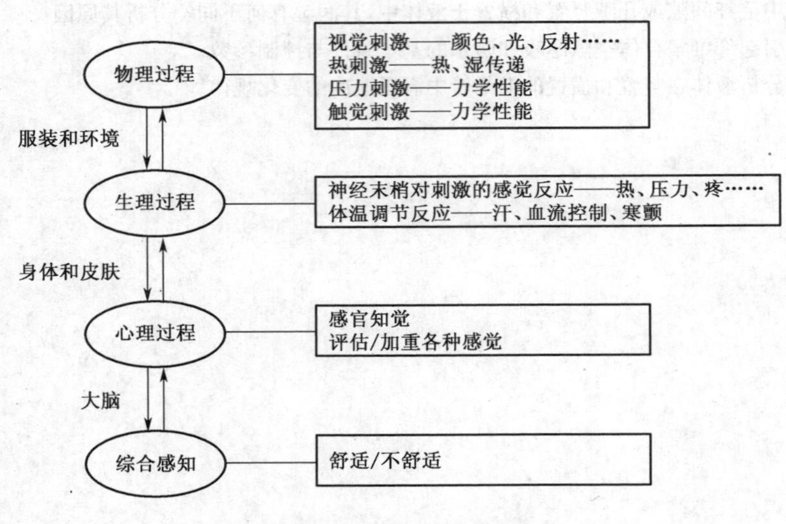

图 22-1　舒适性的主观感觉流程图

第二节　织物透通性

一、透通性简介

织物的透通性是反映织物对“粒子”导通传递的性能，粒子包括气体、湿汽、液体，甚至光子、电子等。人体-织物-环境的相互作用见图 22-2。

1. 透通性与人体舒适性的关系

织物透通性主要影响人体-服装(织物)-环境间的气、热、湿的能量、质量的交换及其平衡状态。透通性主要涉及透气性、透湿汽性、透水性和直通孔的透光性等，直接影响着人的舒适感。服装或织物在人体与环境间交换能量、质量中起着调节作用，寒冷时，应降低织物透通性，减少人体散热；暑热或运动时，要加强透通性，增加人体散热和汗液蒸发；织物应保证一定的透湿汽性，以排放人体产生的汗液；织物应保证一定的透气性，以免因皮肤呼吸排出二氧化碳的浓度超过 0.08%而产生不适。

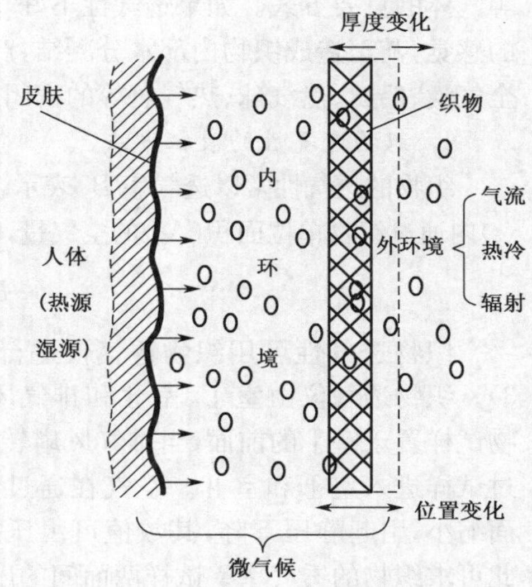

图 22-2　人体-织物-环境的相互作用

2. 织物孔隙与织物透通性的关系

织物具有透通性的根源在于织物的孔隙结构。织物的孔隙大小及联通性、通道的长短和排列及表面性状将影响织物的透通性，其中较为重要的是织物中孔隙大小的分布特征。织物中有许多孔洞缝隙，形态各异，种类繁多。根据孔洞是否直通织物的两面，分为直通孔洞和非直通孔洞；根据织物中孔洞的成因，可以分为：

(1) 纤维内的空腔和原纤间的缝隙

如棉、麻纤维的中腔、粗毛纤维的毛髓、中空纤维和各级原纤之间的孔洞缝隙。前者尺寸较大，横向尺寸为 0.05～0.6 μm；后者尺寸较小，横向尺寸为 1～100 μm。这些孔洞有些是与外界连接的，有些是封闭或半封闭的，而后者不能起到贯通粒子的作用。

(2) 纱线内纤维间的缝隙孔洞

横向尺寸一般为 0.2～200 μm，大部分为 1～60 μm，基本上是与外界连接的，一般情况下为非直通孔洞。

(3) 纱线间的缝隙孔洞

横向尺寸一般为 20～1 000 μm，大多数是直通孔洞，但一些具有挤紧态结构的织物中是非直通的。

汽、气、水、光等粒子的首要传递途径都是直通孔洞，易于形成穿透和对流，因此直通孔洞的数量和大小将会影响上述粒子的透通能力，如毛呢织物中的孔洞很多，但由于缩绒孔洞不能直通或被封闭，适合做冬季外衣类服装，既保暖又防风；而液态水分的传递主要依赖于纤维间的孔洞而进行，其传递能力的高低取决于毛细孔洞的数量；在高水压的情况下，纱线间的孔洞将起主要作用。可以通过封闭织物中的孔洞来降低通透性，比如采用涂层方法以达到防水、遮光的目的；利用气态分子和液态分子对孔洞直径的依赖程度不同，通过对织物孔洞的选择来达到既防水又透气的效果，如防水透湿织物。

二、织物的透气性

气体分子通过织物的性能称为织物的透气性，是织物透通性中最基本的性能。透气性影响织物的穿着舒适性，如隔热、保暖、透通、凉快，是人体向外界传播热量、气态水分和二氧化碳等气体的重要方式。如果透气性不好，热量、CO_2 和气态水分不能及时排出，人就会产生发闷的感觉，甚至造成织物内部水分凝结，产生湿冷感。透气性还影响织物的使用性，如降落伞、安全气囊、船帆、热气球、热气艇等的密闭与透气的有效性。

1. 织物透气性的表征方法

织物的透气性常以透气率 B_p 表示。它是指织物两边维持一定压力差的条件下，在单位时间(t)内通过织物单位面积(A_F)的空气量，单位为"mL/(cm²·s)"，本质上是气体的流动速度：

$$B_p = V/(A_F \cdot t) \tag{22-1}$$

织物透气性可用织物透气仪进行测试(见图 22-3)。织物透气仪由室Ⅰ、室Ⅱ和排气风扇等组成。织物试样置于室Ⅰ的前面，当排气风扇转动时，空气即透过试样进入室Ⅰ和室Ⅱ。空气在通过气孔时，由于截面缩小，引起静压下降，其数值可由压差计 2 读得，由此可求织物的透气率。试样两面间的压力差 p 由压差计 1 读得。根据流体的连续原理与伯努利定理以及考虑实际气体的黏滞性与可压缩性，可以得出透过试样的空气流量 Q(kg/h)：

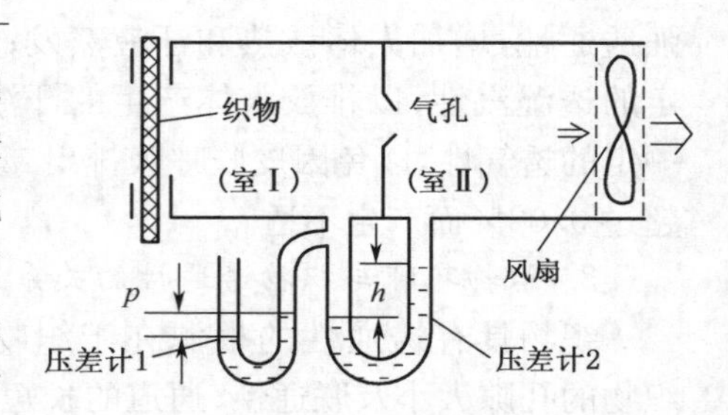

图 22-3 织物透气仪原理图

$$Q = c\mu d^2 \delta \sqrt{h\gamma} \tag{22-2}$$

式中：c 为仪器常数；μ 为流量系数；δ 为流体密度变化系数；γ 为压差计 2 内的液体密度(g/cm³)；d 为气孔直径(mm)；h 为压差计 2 的压力差读数(mmH_2O)。

由此可知，通过织物试样的流体流量与织物两面间的气压差呈正相关，与气孔直径的平方成正比。当已知气孔直径和压力差时，便可计算出通过织物的流体流量。实际测试中，气孔直径 d 是固定的几种，故已知 h 和 d 就可查表得到透过织物的空气流量 Q。为维持织物两面间压差在一定范围内，在实际测试中，还应根据织物的透气性选择合适的气孔直径。

2. 影响织物透气性的因素

织物透气性的高低主要受织物自身因素和外界环境因素的影响，自身因素主要有纤维材料的性状、纱线的细度与结构、织物的结构、体积密度、厚度及表面状态和染整加工因素等，环境因素主要包括温度、湿度、气压差等。

(1) 纤维性质和纱线结构

纤维截面形状和细度影响纱线的堆砌密度，堆砌密度高，织物的透气性减少，分别见表 22-1 和表 22-2。在经纬纱的线密度和经纬纱排列密度相同时，异形纤维织物比圆形截面纤维织物具有较好的透气性，织物中单纤粗的比单纤细的透气性好，因为后者的堆砌密度较高。

表 22-1　纤维截面形态与透气量的关系

经纬纱中纤维截面形态	透气量[L/(m² · s)]		
	最大	最小	平均
三叶形纤维	70	64	66.2
圆形纤维	53	35	40.2

表 22-2　纱中纤维数与透气量的关系

经纬纱中含有的纤维根数	透气量[L/(m² · s)]		
	最大	最小	平均
30	845	785	813
48	710	600	650

纤维的回潮率对透气性有明显影响(表 22-3),如毛织物随回潮率的增加,透气性显著下降,这是纤维径向膨胀的结果。

表 22-3　织物回潮率与织物透气性

织物名称		不同回潮率下织物的透气量[mL/(cm² · s)]				
		10	20	30	40	50
精梳毛织物	薄型哔叽	14.0	11.4	8.9	5.9	2.5
	厚型哔叽	3.6	2.7	2.0	1.3	0.9
粗疏毛织物	法兰绒	24.5	23.0	20.4	12.0	20
	麦尔登	5.2	3.6	20	0.6	0.2

纱线的毛羽会对气体流动产生阻碍作用,纤维越短,刚性越大,纱线产生毛羽的概率越大,形成的阻挡和通道变化越多,故透气性越差。

在织物紧度不变的条件下,纱线的结构愈致密,纱线间的间距越大,纱线间的通透性愈大。在一定范围内,纱线的捻度增加,纱线直径和织物紧度降低,则织物的透气性增强。

(2) 织物结构

织物结构主要影响织物中的孔隙大小及分布。当经纬纱线细度不变而排列密度增加时,透气性变差(表 22-4)。

表 22-4　织物密度对织物透气性的影响

织物密度(根/10 cm)		透气量[mL/(cm² · s)]
经向	纬向	
339	291	7.1
300	269	13.8
257	224	40.6

若织物的紧度保持不变,织物的透气率随着经、纬密度增加或纱线细度增大而降低。织物的基本组织中,在同样的排列密度和紧度条件下,单位面积中交织点数多的织物(如平纹组织),透气量最小;交织点数少的织物(如缎纹组织),透气量最大;交织点数居中的斜纹组织,透气量居中。

表 22-5　织物组织与透气量的关系

组　织	透气量[L/(m² · s)]		
	最　大	最　小	平　均
平　纹	264	256	258
$\frac{2}{\ \ 2}$斜纹	712	678	700
8 枚缎纹	1 032	960	990

当织物中孔隙分布变异较大时，织物的透气性更多地取决于大孔径孔数的多少，而不取决于小孔径的孔数。当织物中孔隙分布均匀时，其透气性取决于平均孔径，也就是取决于纱线间的孔隙大小。

(3) 印染整理的影响

经过印染整理工序后织物结构都会变紧，透气性下降；结构越疏松的织物，印染整理对透气性的影响更大。但有些整理也会提高织物透气性，如经减量处理后织物中纤维变细，纤维间及纱线间孔隙加大，因而与减量前相比，透气量加大(表 22-6)。

表 22-6　减量前后的透气量比较

织物状况	透气量[L/(m² · s)]			密度(根/cm)	
	最大	最小	平均	经纱	纬纱
坯　布	400	294	355	43	41
精练后	248	158	225	47.5	44.5
碱减量后	369	314	342	47	45

(4) 织物叠合层数

对透气影响最大的是直通气孔，因此如气孔不直接由表及里地透过织物(纺织品)，透气性不好。比如织物多层叠合时就会出现这种情况(表 22-7)。毛织物的孔隙虽比较大，但多数没有直通气孔，其透气性较小。

表 22-7　织物多层叠合时的透气性　　单位：mL/(cm² · s)

层数	丝织物	绢纺织物	薄呢	漂白细平布	亚麻(手帕料)	人造丝
1	12.9	14.2	—	—	27.1	23.2
2	5.1	6.6	17.1	—	17.4	13.6
3	2.6	3.4	11.7	—	10.1	7.1
4	1.6	3.1	10.1	24.1	8.2	5.9
5	0	2.1	7.2	19.7	6.3	4.3
6	0	0	5.4	16.3	4.8	3.1
7	0	0	4.4	13.6	3.5	2.6
8	0	0	4.0	12.1	3.1	2.3
9	0	0	3.4	10.7	2.8	1.9

(5) 环境条件

当温度一定时，织物透气量随空气相对湿度的增加而呈下降趋势。这是由于织物吸收水分后，纤维膨胀、收缩，使织物内部的孔隙减少，再加上附着水分将织物中空隙阻塞，导致织物透气量下降。因此，吸湿量大的，尤其是吸湿膨胀大的纤维制品，相对湿度愈高，对织物的透气性影响愈大。如在空气相对湿度为50%～80%时，羊毛织物透气量降幅为2%～3%；对于棉织物，水分子容易进入纤维中，透气量降幅可达4%～5%。不吸湿的纯化纤织物在相对湿度为50%～70%时，透气量降幅小于0.66%；而相对湿度在70%以上，开始凝聚形成纤维间的毛细水，阻塞了织物空隙，致使透气量下降速度增快。

在相对湿度一定时，织物透气量随环境温度升高而升高。因为温度升高，一方面使气体分子的热运动加剧，导致分子扩散、透通能力的增加；另一方面，织物虽有热膨胀性，但因水分不易吸、黏附于纤维而不能产生湿膨胀及阻塞，所以织物的透通性得到改善。

当温度和相对湿度不变时，织物两面的气压差 p 的变化，会影响实测的流量，而且是非线性的。因为 p 愈大，通过织物孔隙的空气流速愈快，所产生的气阻愈大，不仅会引起织物的弯曲变形，产生伸长，增加孔洞，而且会压缩纤维集合体的状态与排列，导致孔洞减小、织物密度增加。这两者对透气性的作用是互为反向的，影响复杂。因此，应该确定一个干扰小的气压差 p，这也是透气性测量中 p 为恒定值的原因之一。高密度织物和涂层织物，因透气性小，低压差条件下透气量极小，难以测量，需要加大压差。

三、织物的透湿汽性

1. 透湿汽性的含义

织物透湿汽性是指湿汽透过织物的性能，又称透水汽性，简称透湿性或透汽性。人体静止时的无感出汗量约为15 g/(m²·h)，在热环境中或剧烈运动时，出汗量可以超过10 015 g/(m²·h)。织物透湿汽性直接影响微气候的相对湿度，如果气态汗液积聚在服装与皮肤间而不能及时扩散或传递到外环境，人体会感到发闷；如果产生大量积聚，就会在织物内表面形成凝结，黏附皮肤，人体会感到很不舒适。

2. 透湿汽性的测量

织物透湿汽性可采用吸湿法和蒸发法来测量湿汽在织物中的传递量。

(1) 吸湿法

将织物试样覆盖在装有吸湿剂（如无水碳酸钙或五氧化二磷等）的密闭干燥器的瓶口上，并严格密封，放在规定的大气条件下（温度38 ℃，相对湿度90%，气流速度为0.3～0.5 m/s）0.5～1 h后，测定吸湿剂的增重以及试样的面积，计算织物透湿率 U，即：

$$U = \Delta m/(S \times t)\ [\mathrm{mg/(cm^2 \cdot h)}] \tag{22-3}$$

式中：Δm 为吸湿剂吸湿前后的质量差；t 为实验时间(h)；S 为试样实验面积(cm²)。

(2) 蒸发法

将试样覆盖在盛有蒸馏水的容器上端，在规定大气条件（温度38 ℃，相对湿度2%，气流速度为0.5 m/s）下放置一定时间(1 h)，其测量原理见图22-4所示。根据容器内蒸馏水的减少质量和试样的透湿面积，应用式(22-3)，计算织物的透湿率。

有时也用相对透湿量 B 来表示织物的透湿性能，其定义为通过织物试样的水量 G 与未覆盖试样的同一容器在相同条件和时间内所蒸发水量 G_0 的百分比，即：

$$B(\%) = (G/G_0) \times 100 \tag{22-4}$$

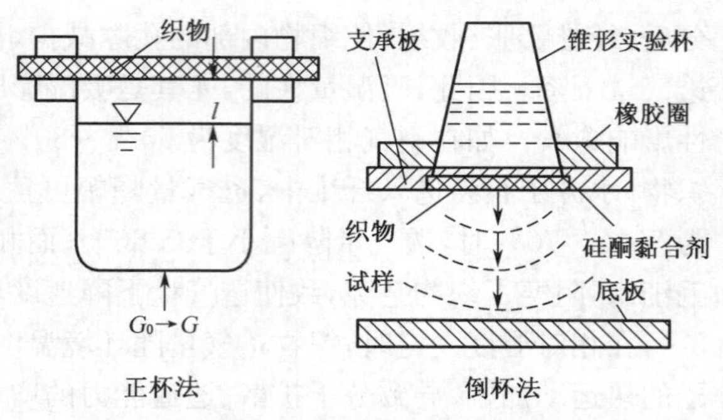

图 22-4 蒸发法测量原理示意图

根据水汽扩散定律，透湿量直接受材料两边湿度差的影响。应用正杯法测定织物透湿性时，随水的表面到试样间距离的增大，U值减少，因此应注明测量时水表面到试样间距离 l。同时，蒸发法中水不断地透过织物向外扩散，液面下降，使被测织物两面的水蒸气压差发生变化，故要设法保持 l 不变。

对于高透湿量的织物或为消除因水蒸气压差的这种变化而引起实验的误差，可采用倒杯法。杯中的水直接和织物表面接触，使被测试样两面的水蒸气压差为一恒定值。用倒杯法测定不防水织物时，需用一层微孔聚四氟乙烯薄膜封在杯口上，再将被测织物盖在薄膜上，然后进行测试。

3. 影响透汽性的因素

水汽通过织物主要有三条传递途径：一是气态水经织物中纱线间和纤维间缝隙孔洞扩散而转移到外层空间；二是气态水在织物内部的纤维表面及孔洞中凝结成液态水，经纤维内孔洞或纤维间孔隙的毛细作用运输到织物外表面，再蒸发成水汽扩散而转移到外层空间；三是大量的水汽分子会产生凝露，凝露通过直接接触，以液态水形式进入织物内表面，再通过织物中纱线间、纤维间缝隙孔洞的毛细作用运输到织物外表面，蒸发成水汽，扩散而转移到外层空间。根据上述三条传递途径，可以看到第一条途径与织物透气性有关，其影响因素和表达方式与透气性完全一致，但因为水汽会被吸附、吸湿、凝结而消耗，故通透性比空气低一些；第二条途径与纤维的吸湿量、纤维中的孔隙和通道有关；第三条途径与织物的透水性有关。

(1) 织物结构与组成

织物经纬密度和紧度越大，经纬纱间的压力越大；纱线的捻度越大，纤维间的作用点越多，接触越好。这些均有利于水分在纤维中和纤维间的传导，透湿性提高。但这种传导的连续性和传递速度均大大小于孔隙的气相传递，所以密度增大，织物的透湿性仍明显下降。

水汽凝结水的形成一般出现在超过饱和水汽压的条件下，主要通过毛细作用传递，取决于纤维间毛细管形成及纤维表面浸润性。毛细作用传递的水分量取决于织物表面水分的蒸发能力。现阶段开发的吸汗快干织物一般采用多层结构，依靠织物中的毛细管道，利用毛细引力差异将水分引导到织物表面而蒸发，且多采用异形截面纤维以形成更多输送汗液的毛细管道。

通过经亲水性处理的涤纶纤维织物和普通涤纶纤维织物的对比实验发现：只有在高湿条件下，特别是织物中出现液体形式的水时，经过亲水处理的涤纶纤维织物的透湿性明显高于未经过处理的涤纶纤维织物；而在低湿条件下，两者并没有明显的区别。

(2) 大气条件

空气湿度影响水分的凝结及其蒸发阻力，湿度越高，越容易产生水分凝结，采用蒸发散湿的两条途径的阻力就越大，人越易产生不舒适感觉。

空气流动速度增加有利于织物的传热和传湿，比如人体运动使服装（织物）摆动产生类似的"鼓风"作用、服装适当开口以形成"烟筒"效应等。

四、织物的透水性

液态水从织物一面渗透到另一面的性能，称为织物的透水性。除液体过滤材料、防淤塞土工布和导湿织物外，大多场合中，尤其是衣着类织物，都是研究与透水性相反的性质，即防水性。从织物舒适性角度考虑，对织物(服装)透水性要求存在矛盾的两个方面，一方面要求人体表面产生的汗液(气态和液态)能够排散到外界环境中，另一方面又要求防止外界的水(如雨水)进入织物内部，影响织物舒适性能。

液态水透过织物的途径有：纤维表面浸润及毛细传递，这是导水的主要途径，决定于纤维表面性质和纤维间微孔隙的尺寸；织物中的孔隙，当水压超过一定的值后，就成为主要导水途径；纤维内部的导水，这是次要的导水途径。

1. 织物透水性的测量方法

织物透水性和防水性的测量，随织物实际使用情况不同而采用不同的方法，并且以各种相应指标来表示织物的透水性或防水性。

(1) 水压实验

根据水压是否发生变化分为静压法和动压法。

① 静压法是在织物的一侧施加静水压，测量在此静压下的出水量或出现水滴的时间或达一定出水量时的静水压值。静水压值可以是水柱高，也可以是压强。实测中，对于滤布等，测定单位面积、单位时间内的透水量；对于防水性织物如雨衣布等，测量当试样另一面出现水滴所需的时间或经一定时间后观察另一面所出现水珠的数量。

② 动压法则是在试样的一面施以等速增加的水压 $p=p(t)$，直到另一面被水渗透而显出一定数量的水珠。

(2) 喷淋法

通过连续喷水或滴水到试样上，观察试样在一定时间后其表面的水渍特征，与具有各种润湿程度的样照对比，评定织物的防水性；或形成这类水渍特征时，观察喷淋或水滴与织物表面所成的夹角，也称沾水试验。通常采用喷淋式拒水性能测试仪，将定量蒸馏水从标准喷头以 45°喷淋在喷嘴下方 150 mm 处的试样，然后将喷淋试样表面与标准图卡进行对照评级，可评价织物的拒水性，其原理示意图如图 22-5所示。

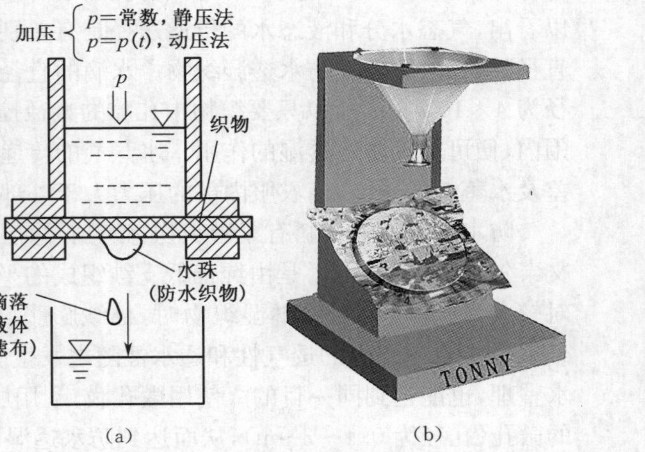

加压 { $p=$常数，静压法；$p=p(t)$，动压法

织物

水珠(防水织物)

滴落液体(滤布)

TONNY

(a)　(b)

图 22-5　水压和喷淋法原理示意图

(3) 浸液法

将试样浸没于水中一定时间后取出，测量试样所吸附的水量。

(4) 接触角法

接触角愈大，表示水与织物表面的凝聚力越小，织物的防水性越好。$\theta > 90°$ 时，一般认为织物的防水性是良好的；如果反复浸润后 θ 角变小，则织物的拒水稳定性差。

2. 影响织物透水性的因素

(1) 纤维表面的浸润性

当纤维的接触角 $\theta < 90°$ 时，纤维集合体材料是一个导水材料，结构紧密只会导致更多的

毛细孔而芯吸导水。当$\theta > 90^{\circ}$时，纤维集合体具有防水特征，而且当织物结构越紧密即孔隙越小时，拒水效果越好。因此，织物的孔隙与结构组织，只有在已知纤维的接触角的前提下，才能讨论其拒水或导水性。

(2) 织物的涂层

通过在织物表面涂一层不透水、不溶于水的连续薄膜层，可降低织物的透水性，这往往也使得织物不透气，手感较硬，一般不适宜于衣着用，但可用于篷盖布或雨布等。如果采用拒水、多微孔的涂层膜，则可以形成防水性能优良且透气、透湿的涂层织物，适于衣着用。

(3) 环境条件

由于拒水性织物或涂层织物大多由不吸湿纤维或涂层材料制成，因此相对湿度的变化不会影响其防水性能。而温度的增高会加大纤维的膨胀，由于纤维是各向异性材料，径向膨胀大于纵向膨胀，膨胀结果是孔洞减少，有利于改善拒水性能。多孔涂层膜中也有孔洞受热变小的趋势，故拒水性不变或略有增加。反之，温度较低时，纤维间或涂层膜中的孔洞有增大的趋势，拒水性会因此而下降，但一般情况下这种变化相对很小，故影响不明显。

作为导水织物，大多为吸湿纤维材料。相对湿度增大，纤维吸湿增加，纤维膨胀而毛细作用加强，故织物的导水性增加。温度的影响与湿度相同，也是使毛细作用加强。因此，大气条件的变化对导水性织物的作用都是正相关。

3. 织物透湿性和透水性的利用

人们在工作、生活、运动中经常遇到雨雪等有水环境，为防止人体汗液在织物内积聚凝结，降低穿着的舒适性和保暖性，对织物提出了防水透湿这一看似矛盾的要求。经过以上分析可以看出，气态水分和液态水的传递途径是有差别的，利用这一差别性，结合气态水和液态水滴直径的差异，可开发防水透湿织物。水滴的直径为 100～300 μm，人体散发的水蒸气的分子直径为 4×10^{-4} μm，所以只要织物中孔隙的直径控制在水蒸气分子可通过而水滴不能通过的范围内，便可起到防水透湿的作用。水蒸气的传递还取决于外界空气与衣服内微小气候间的温差及水蒸气的压差，当衣服内部的压力大于外部时，衣服内侧的湿气可向外侧传递。

防水透湿织物材料有紧密织物、微孔膜涂层和亲水膜涂层织物。最早的防水透湿织物是文泰尔织物(Ventile)，是由纯棉低支纱织成的平纹织物，当织物干燥时，经纬纱线间的间隙相对较大，约 10 μm；当水淋湿织物时，棉纱膨胀，使得纤维间内部微孔直径从 10 μm 减至 3～4 μm。文泰尔织物的透气性和透水性随之发生变化。利用超细纤维织造高密度织物，结合拒水整理，也能达到同一目的。使用微孔膜，利用层压或涂层与织物复合，微孔膜内有许多细小的微孔(孔径为 0.1～3 μm)，从而达到防水透湿的目的。还可以应用亲水膜，利用膜内大分子链之间的间隙，将水分导向织物外表面。

五、织物的透光性

光线通过织物的性能称为织物的透光性，包括直接通过织物孔隙的透光光强和经过纤维(包括透射、反射和散射)的透光光强。织物的透光性与其遮光性能密切相关；织物的抗紫外线辐射和红外线透过性能属于织物透光性研究范畴。

(1) 直接透光光强的影响因素

直接透光光强与织物的直通性孔隙相关。织物的排列密度愈低、纱线直径愈细、毛羽愈少，织物的透孔愈多，透光性愈大。

(2) 经过纤维的透光光强的影响因素

纤维材料的组成不同,吸收、反射、散射光的性质不同,吸收、反射、散射系数愈高的纤维,其集合体的透光性愈弱。纤维的截面形态对透光性的影响较为复杂,同样粗细的纤维,非圆形的截面周长大,比表面积大,有利于光的反射和散射,但相对孔隙较大,又有利于光透射通过。故填充密度相近时,异形纤维的透光率稍低。纤维愈细,单位体积中的纤维根数愈多,界面也愈多,织物的透光性也愈小。织物愈厚、愈密实,毛羽愈多,织物的透光性也愈弱;同时,织物是多孔结构材料,其密度和紧度愈大,多孔的界面愈多,对光的反射、散射愈大,而且易于形成光死穴或多次反射、散射而吸收,故透光性愈差。

第三节　织物的热湿舒适性

织物的热湿舒适性是指织物在人体与环境的热湿传递间维持和调节人体体温稳定、微环境湿度适宜的性能。

一、决定热湿舒适感觉的因素

热与湿对人体来说是很难分开的。人体通过织物与外界环境进行热湿交换的因素如图 22-6 所示。

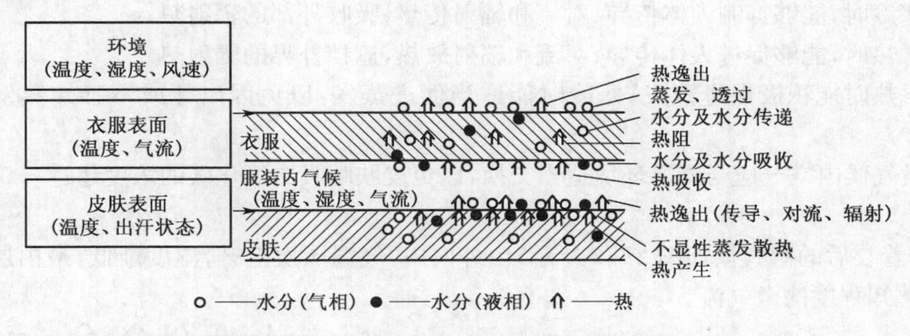

图 22-6　人体-织物-环境热湿交换的复杂因素

人体向外界传递热量的方式有传导、对流、热辐射以及无感和有感出汗引起的热量损失。人体体温调节机理见图 22-7。人体通过各种生理反应进行热量调节,比如天热时,肌肉放松以减少热量产生,加快血液循环以加快体热发散,还可以出汗、水分蒸发而调节体表温度;当天冷时,肌肉收缩,血管收缩,减少供血,以降低体热散发,甚至不自觉发抖以产生热量。而当外部环境为高湿、高温时,人体的汗液无法适时、有效地蒸发而降温,人会感到闷热;低温、高湿时,又因为热量会更快地被导散,而使人感觉湿冷。

人体的热湿舒适性取决于人体-织物-环境三者间所形成的微气候的环境,如温度、湿度、流速、气压等;微环境边界条件,如人体温度、汗液及其蒸发量,织物内外侧温差,环境温度、湿度、风速;微气候的边界尺寸,即空气层、织物层的厚度与连通面积;其他因素,如人的生理反应与变化,人的运动,织物的热、湿传递性能、透气性能和织物因环境条件变化产生的变化等。

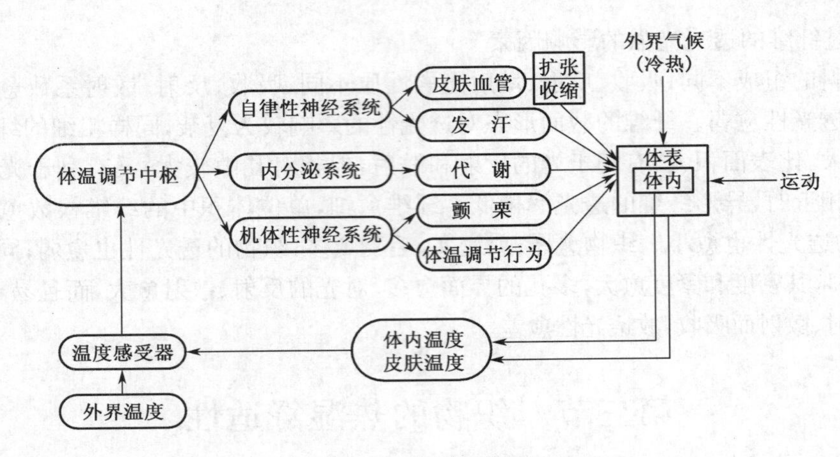

图 22-7　体温调节机理

二、热湿舒适性的环境条件

一般认为人体在微环境温度 32 ℃±1 ℃、相对湿度 50%±10%、气流速度 25 cm/s±15 cm/s 的范围内感到舒适。微气候温湿度与热湿舒适性的关系见图 22-8，织物能够形成舒适微气候的基本条件是：

① 寒冷时，能够抑制人体传导、对流和辐射传热，吸收外部的辐射热。

② 暑热时，能够促进人体传导、对流和辐射放热，遮挡外界的辐射热。

③ 暑热时能积极促进蒸发；寒冷时能适当促进蒸发，以免因出汗或不感知蒸发产生闷热感。

④ 微气候内空气应与外界环境适当交换，以免皮肤呼吸二氧化碳的浓度超过 0.08%而产生不适。

人体着装后的微气候如图 22-9 所示，由外向内，气温顺次上升，湿度渐低，最内层暖而干燥，有不感知程度的微气流。

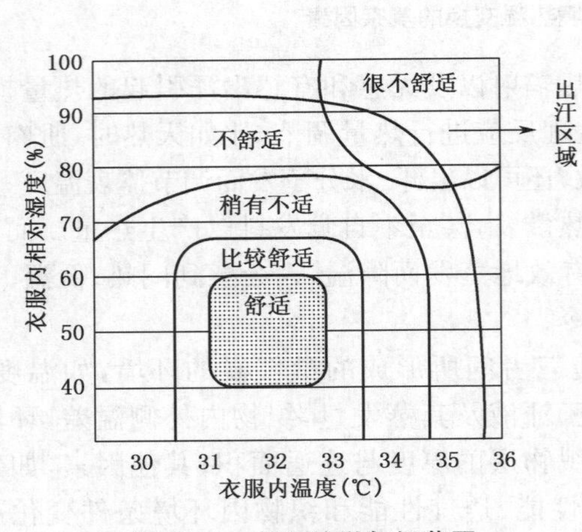

图 22-8　舒适的微气候范围

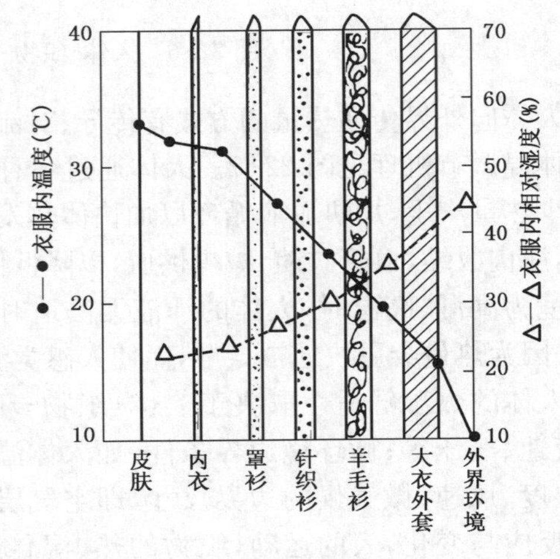

图 22-9　人体着装微气候图

三、热湿舒适性的评价

根据研究对象的不同，试样可以是织物或服装。可以通过直接测量织物（服装）和人体间形成的微气候因素来表征，如物理指标评价法、微气候参数评价法、暖体假人法；可以通过测试人体的生理因素来表征，如生理学评价法；也可以采用人的心理感觉来表征，如心理学评价法。

1. 评价热湿舒适性的物理指标

（1）评价热舒适性的物理指标

常用的有绝热率、保暖率、导热系数、热阻及克罗（clo）值。

① 绝热率。在等温热体的一面放置测试织物，热体其他各面均为良好的隔热材料，测定保持热体恒温时所需要的能量，又称保暖率。设 Q_0 为热体不包覆织物时单位时间内的散热量，Q_1 为热体包覆试样后单位时间内的散热量，则绝热率 i 为：

$$i(\%) = [(Q_0 - Q_1)/Q_0] \times 100 \tag{22-5}$$

② 导热系数和热阻。织物的导热系数 λ 和热阻 R 是两个含义相反的织物隔热性指标，织物的热阻大或导热系数小，则织物的隔热性能好。热阻的单位为“℃·m^2/W”（习惯称“热欧姆”，记作“T-Ω”），计算公式为：

$$R = \Delta T/q \tag{22-6}$$

式中：q 为单位时间内通过织物单位面积的导热量（W/m^2）；ΔT 为被测织物两面的温度差（℃）。

③ 克罗（clo）。1941 年，加吉和勃顿在研究服装隔热性能时，从人体生理卫生角度出发，提出热阻和隔热性的定量指标——克罗（clo），由此解决了服装热传递的定量测量和设计问题，为热舒适性的表达奠定了基础。它是这样规定的：一个静坐着或从事轻度劳动的人，其代谢作用产生热量约为 210 kJ/(m^2 · h)，在室温为 20～21 ℃、相对湿度小于 50%、风速不超过 0.1 m/s的环境中感觉舒适，能将皮肤平均温度维持在 33 ℃左右时，所穿着服装的隔热值定义为1 clo。克罗值与热阻的换算关系为：1 clo = 0.155 ℃·m^2/W，即 1 ℃·m^2/W = 6.45 clo。

（2）评价湿舒适性的物理指标

汗液或水汽的传递是织物湿舒适性的重要内容，评价湿、水传递性的指标有透湿率 U、相对透湿率 B、放湿干燥率 δ、保水率 M_F、毛细高度 h 等。

① 放湿干燥率 δ。放湿干燥率用于评价人体的显汗和潜汗通过织物向外界环境放湿排水的能力，决定于织物连续透湿的速率。试验时首先称取试样（20 cm×20 cm）的质量 W_1，在反面直径为10 cm的圆面积上滴注定量蒸馏水，至表面基本润湿，然后水平放置，称取质量 W_2，放入试验环境（温度为 37.5 ℃、相对湿度为 65%）中经过 t 分钟，再称取质量 W_3，计算放湿干燥率 δ：

$$\delta(\%) = [(W_2 - W_3)/(W_2 - W_1)] \times 100 \tag{22-7}$$

② 保水率 M_F。在人体大量出汗时，来不及逸散和蒸发的水分将有一部分储存在织物中。为保持水分不产生外逸或溢出或反流，要求织物有一定的保水性。由于纤维吸水后膨胀会保水，纤维间的孔隙会储存液态水，因此，保水率 M_F 是指织物在一定压力下所保持的水分量 G_w 占干燥织物质量 G_0 的百分比：

$$M_F(\%) = (G_w/G_0) \times 100 \tag{22-8}$$

如果扣除纤维的回潮率 W，则织物细孔的保水率 K 为：

$$K = M_F - W \tag{22-9}$$

织物保水率与织物体积质量成反比，与织物孔隙率成正比。

③ 毛细高度 h。采用垂直毛细高度法，测量一定时间（10 min）内织物上液态水的芯吸高度，表达织物的保水能力和液体传递能力。

（3）热湿综合评价指标

单纯的热传递和湿传递，只考虑织物两侧所形成的温差或水汽浓度差，而织物两侧的温差、湿差是同时存在的，即织物中热量和水汽是同时传递并相互作用的，其典型和有效的指标应是透湿指数 i_m。

1962 年，伍德科克（A. H. Woodcock）首次将透湿和传热联系在一起进行分析，提出了"透湿指数"的概念。它被认为是克罗值之后用于表示织物热湿舒适性能的又一重要指标：

$$H = [(T_s - T_a) + i_m s(p_s - p_a)]/R_F \tag{22-10}$$

式中：T_s 为皮肤表面温度；T_a 为环境温度；p_s 为皮肤表面的水汽分压；p_a 为环境中的水汽分压；R_F 为织物的热阻。

在一个大气压条件下，$s = 0.01654$℃/Pa，是一个转换系数，它把蒸汽压力差转换成有效温度差。

从理论上看，透湿指数 i_m 的变化范围为 0～1 之间，是一个无量纲量。$i_m = 0$，织物完全不透湿；$i_m = 1$，织物完全透湿。对实际织物，为 $0 < i_m < 1$。透湿指数的引入，使织物热湿舒适性的研究更接近于实际条件和要求。由图 22-10 可知，衣服的 i_m 值必须随着环境温度和湿度的升高而增大，才能维持人体热平衡。

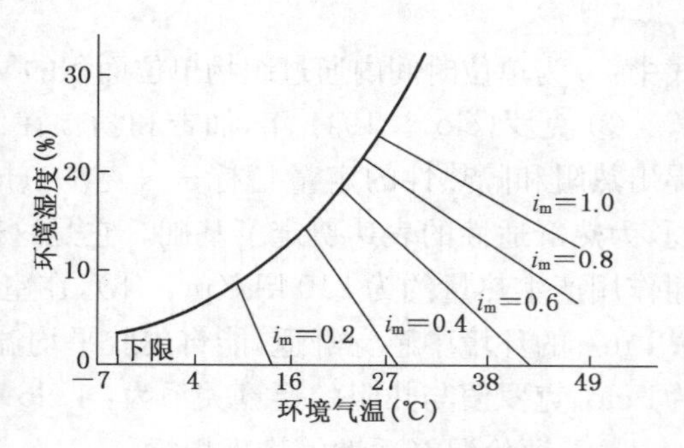

图 22-10 不同温湿度下维持人体热平衡所需 i_m 值

2. 微气候参数评价

微气候是指由环境-衣服-人体组成的微环境系统，与此对应的测量有体温、耗氧量、出汗量等生理学方面的指标。通过测量织物与模拟皮肤间微气候区的温度、湿度变化，来反映织物对人体舒适感的影响，其相应的微气候参数有：微气候区内、外空气层的温度场和湿度场及织物的热阻和湿阻。微气候的综合测量分析，更接近于人体的生理感觉，能反映出织物热湿传递的瞬态与稳态特征。因此，能更有效地表达实际穿着情况。

3. 暖体假人法

暖体假人是模拟真人与环境间热湿交换过程的实验设备，利用它可以测量服装在人体热湿舒适性调节中所起的作用。最早有美国纳蒂克军需工程中心于 1946 年发明的暖体假人，现在已有用聚四氟乙烯膜制作的新型出汗假人。不出汗暖体假人可以测量：散热量、假人皮温、环境温度、假人体表面积以及由此给出热阻、克罗值和绝热率等热学性能参数。出汗暖体假人可获得：织物两侧温湿度差及温湿度分布、显热流量、潜热流量、总热流量、试样两侧水汽压差和透湿指数等参数；它可以更真实地模拟人体发热、出汗的综合过程，并可方便地更换穿着物进行织物热、湿舒适性的测量，由于不受人的生理和心理因素及反应的影响，又可进行多次重复测量，试验结果稳定，误差小。

4. 生理学评价方法

织物生理学评价方法，是通过人在特定的活动水平和环境下，以穿着不同种类服装时对生理参数的变化来评价服装舒适性的一种客观评价方法，也是服装功效评价的主要手段。生理学评价指标有：体核温度、平均皮肤温度、平均体温、代谢热量、热平衡差、热损失、出汗量、心率和血压等。尽管人体的生理指标因人而异，但其变化是有规律的。从统计学的观点来看，人体皮肤的表面温度（T_s）和出汗潮湿面积比（W_s）间的关系曲线需在生理舒适域内，见图 22-11。人体可以通过生理调节使皮肤表面温度和出汗潮湿面积的比例满足产热和散热平衡的要求。人体舒适状态下有关生理指标的大致范围如下：代谢产热量为81 W；不显汗蒸发水分量为 45～65 g/h；直肠温度为 37 ℃；平均皮肤温度为 33 ℃。生理学评价方法，有很多现象还无法解释，结果的离散性也较大。

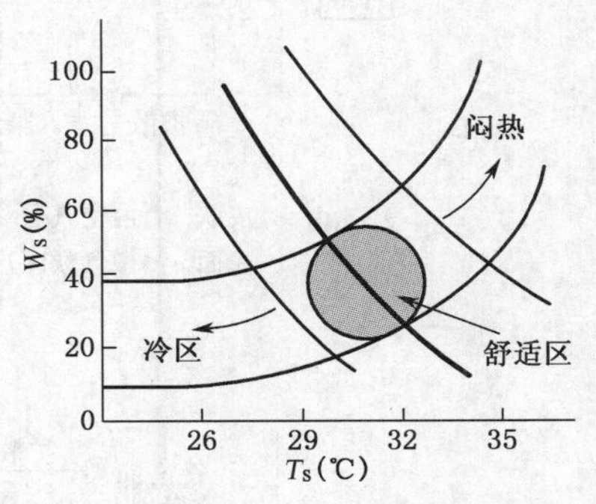

图 22-11　热舒适区域及 T_s - W_s 曲线

5. 心理学评价方法

心理学评价方法即主观感觉评分法，是对客观评价方法的补充与检验。其方法是预先设计好无暗示、无干扰、本能反应的问卷调查表，让受试者通过穿着试验来表达自己的感觉，如闷热感、黏体感等，并进行舒适性感觉评分。由于一维刺激时，一般人能够清楚区分的感觉量的级数不超过 7 个，故心理学方法的标尺设计不应超过 7 个点。一般分为 3 点标尺、5 点标尺和 7 点标尺。语言表达是用成对相反意义的形容词和程度量词来表达物理刺激的强度。其分析评价过程为：物理刺激→感觉评定→综合分析→显著性检验→给出结果。

四、影响织物热湿舒适性的因素

1. 人体热量传播途径

人体与环境之间进行热传递的方式有四种形式：①通过织物的传导散热；②通过织物与人及环境之间的对流、辐射散热；③由于冷热不匀形成的热对流和外力作用下的强迫对流散热；④汗液由水变为水汽的蒸发散热。

与热量传播有关的因素有：纤维材料导热系数、纤维材料回潮率及含水性、纤维材料透气性、织物的厚度、织物的体积质量、织物表面的粗糙度、织物层数和层次等。

2. 人体水分传播途径

人体水分向环境传播的途径有三种形式：①织物的透气作用，当接近皮肤的空气层的水蒸气压力大于周围环境中水蒸气压力时，水蒸气能透过纤维材料间的空隙进行散播；②织物的吸湿放湿性，纺织纤维吸附水汽后，通过毛细传递，向周围环境放湿；③空气对流，在人体运动或强体力劳动时，对流去湿更加明显。湿传导通道如图 22-12 所示。

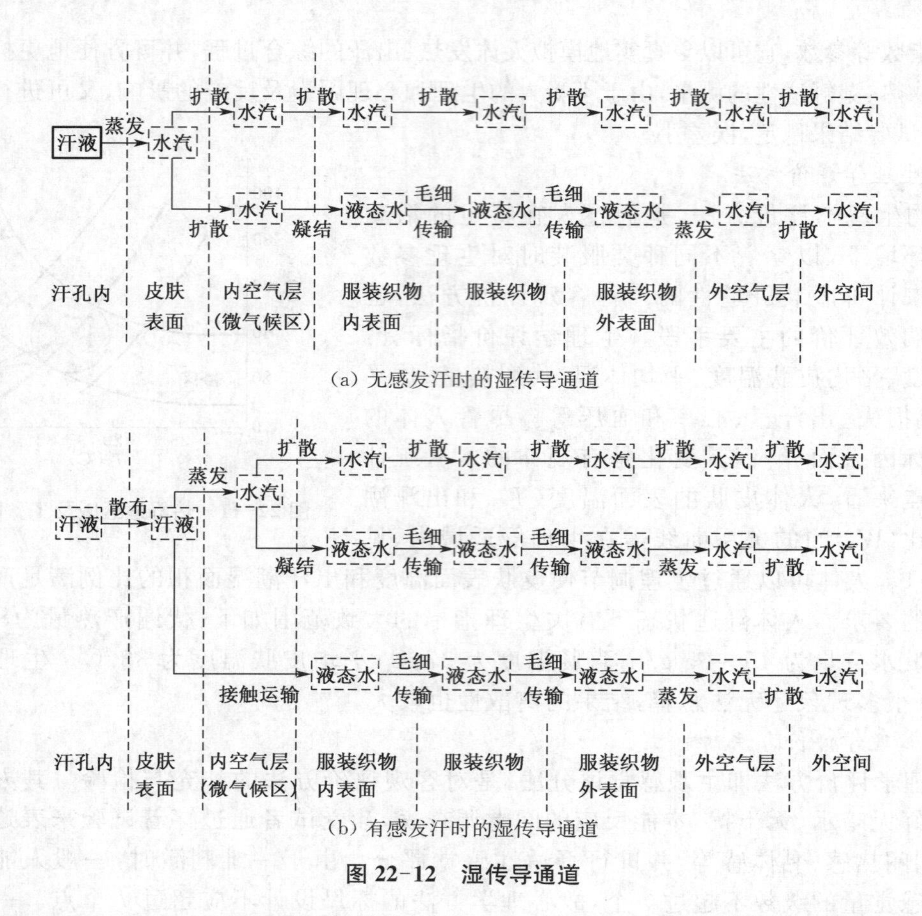

(a) 无感发汗时的湿传导通道

(b) 有感发汗时的湿传导通道

图 22-12　湿传导通道

与透湿性有关的因素有织物的透气性、织物的吸放湿性能、织物的体积质量和厚度等。

五、织物热湿舒适性的应用

人体状态的改变或气候条件的变化,都会影响人体热湿平衡。可通过选择合适的织物,使人感觉舒适。根据人体热量和水分散播途径及影响因素的探讨,可以作为选择不同季节的服装面料的依据,从而得到令人满意的热湿舒适性。

1. 夏季服装面料的选择

夏季,人体散热主要通过皮肤向外界传递热量或通过汗液蒸发吸热来进行热量调节。这就要求夏季服装面料轻薄而疏松,以减少热阻,提供良好透气性。织物的内表面最好比较粗糙,以减少对皮肤的黏附,防止皮肤潮湿而影响透气性。衣料透气性的优劣顺序为:长纤维织物>短纤维织物,强捻纱织物>弱捻纱织物,精梳毛纺织物>粗纺毛织物。巴厘纱、薄丝绸、乔其纱、细麻布等,都属于透气性良好的衣料。

夏天穿着的衣料,吸湿和放湿性能必须优良,尤其是贴身衣物。但吸湿性太大,易堵塞织物孔隙,使衣料丧失透气性,并引起织物紧贴皮肤,降低防暑效果。麻织物吸放湿性能均佳,热传导快,令人有爽滑透凉的感觉。真丝绸吸湿性能与棉差不多,但放湿性比棉约高 30%,夏季穿着真丝服装具有凉爽感。棉织物如果吸湿太多,就会因来不及挥发而产生不适感。化纤纤维一般放湿性好,但吸湿性差,可以采用与吸湿性好的纤维混纺以取长补短,提高舒适性,还可以使纤维截面异形化，以提高织物芯吸和放湿效应。在大量出汗的情况下，可以设计成多层复合结构，每层结构的毛细能力由内向外逐渐增强，以保持皮肤干爽。

在太阳光或有大辐射热源的地方，应选择白色或浅色衣服，因为有色布比白色布吸热量高，深色布比浅色布吸热量高，浓色布比淡色布吸热量高，如黑色布的吸热量比白色布约高2倍。还可以选择能够遮蔽紫外线、红外线的面料作为外衣，以减少外界热向人体传递。

2. 冬季服装面料的选择

冬季服装要求降低织物热传导性，并防止对流发生。织物的热传导由织物中纤维的热传导系数和其包含的空气的导热系数共同决定。应选择合适的体积密度，使纤维集合体的导热系数尽可能低。为防止服装微环境与外界环境之间发生空气交换而降低保暖效果，应尽可能减少织物中的直通气孔，减少织物透气性。一般经过缩绒或缩呢整理的毛织物、起毛织物、绒毛织物等适合用作防寒衣料。可以通过内外服装配合来提高服装保暖性，内层衣料疏松多孔以提高保暖性，如羊毛针织套衫；外层衣料致密厚实或采用涂层结构以减少空气流通。冬季贴身内衣，为使水汽蒸发和不发生凝露，应选择吸湿性和透气性好且柔软膨松的纯棉织物等。

第四节 织物的刺痒感

刺痒感一般是指织物表面毛羽对皮肤的刺扎疼痛和轻扎、刮拉、摩擦，使人产生"刺痒"的综合感觉，往往以"痒"为主。麻织物和粗纺毛织物所引起的刺痒或刺扎感，就是典型的刺痒感觉。碳纤维、玻璃纤维、金属纤维等刚性纤维，易直接扎入皮肤造成刺痛感。部分化纤织物或变形纱织物，易于勾挂汗毛，是典型的刮拉作用，会引起拔拉不适和疼痛感。而粗糙硬涩的化纤织物和低档麻织物会引起强烈的粗搓感觉，产生痒或不适的感觉。实际上，织物经染整加工产生的硬化、织物上浆料过多、服装标签、粗厚衣料的布纹等，都可能产生刺痒感。

一、刺痒感产生机理

织物的刺痒感与通常说的织物表面的粗糙、软硬的概念无关。神经生理学认为，痒主要由痛觉和触觉感受器感受，其中痛觉神经末梢的感受是最主要的。低作用力的反复、持久作用极易引起皮肤痒的感觉，而强烈、局部的大变形的刺激将引起疼痛。痒觉是痛觉的先导，当纤维作用于皮肤上的力大于0.75 mN时，将出现刺痒感。织物表面毛羽刺扎皮肤的示意图见图22-13。

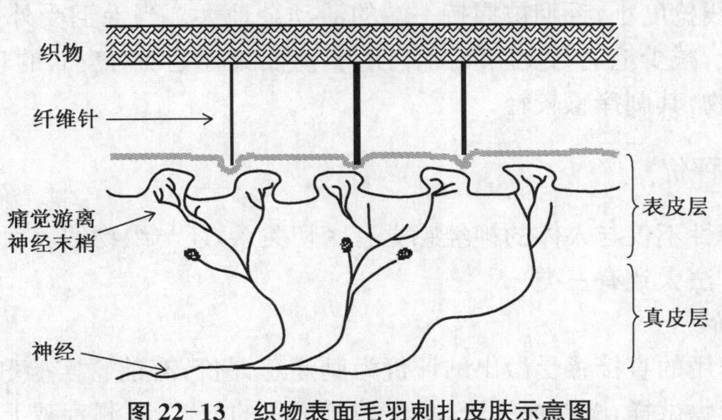

图22-13 织物表面毛羽刺扎皮肤示意图

二、影响织物刺痒感的因素

织物刺痒感依赖于织物上突出毛羽及其力学性能、织物和纱线结构对毛羽的约束作用。

1. 纤维性状

纤维性状，如直径、长度和抗弯刚度，是影响织物刺痒性的重要因素。纤维直径和长度影响织物表面毛羽的长度和密度，如传统苎麻产品——夏布，并不像机织麻织物那样产生刺痒感，这是由于它的原料是以手工劈细而形成的工艺纤维，纤维体较长，而机织麻纱采用精干麻（切断、打松），纤维较短，纱线表面毛羽较多。直径对天然纤维来说是极重要的，羊毛直径大于 26 μm 就可能产生刺痒。羊毛的直径分布中一般有 5%以上的 30 μm 的羊毛，因而会产生刺痒。纤维弯曲刚度不仅影响成纱的表面光洁度，还直接决定纤维对皮肤表面的刺扎作用。

2. 毛羽长度、数量与形态

毛羽数量是指织物单位体积中毛羽的根数，直接表示可发生刺痒作用的纤维的概率。纱线中短纤维含量越高，结构越松，越易产生毛羽，呢面、绒面织物和长浮点、交织少的织物，它们的毛羽含量较多。

毛羽长度太长，纤维整体柔软，不易发生刺痒；毛羽太短，因纤维的退让不足而引起刺扎。一般毛羽的长度在 1～5 mm 范围内最易发生刺痒，尤其是长/径比为 50～200 的毛羽。

毛羽突出的形态有伸直状和弯曲状，有垂直于和倾斜于布面。状态不同，刺扎和摩擦、刮拉的作用不同。如作用力方向与纤维轴一致，则为正压，刺扎作用明显。如呈一定角度，则皮肤与纤维末端形成自锁，同样会刺扎，但正向刺扎作用减少；若无法自锁，则会发生滑移而摩擦刮拉。如果作用方向与纤维轴垂直，则是摩擦和刮拉作用。基本作用形式如图 22-14 所示。

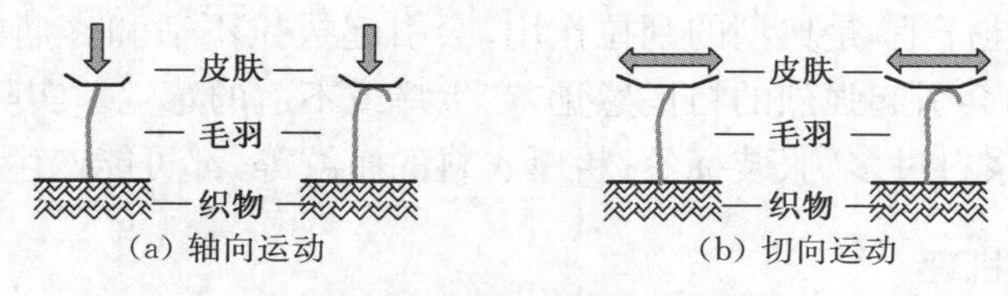

图 22-14　毛羽与皮肤间的作用

3. 织物和纱线结构的影响

结构的影响主要是指织物和纱线结构的紧密性，与织物的排列密度、紧度、组织相关，与纱线的加捻和加工方式有关。毛羽一端被织物中的纱线主体抱合握持，另一端伸展在外。如果织物结构松散，纱线捻度小，毛羽被握持一端的活动余地大。当毛羽受外力被挤压时，毛羽容易向织物方向避让，减少毛羽与皮肤间的作用力，从而减轻毛羽对皮肤的刺激程度。松结构的织物，尤其是针织物，其刺痒感较轻。

三、刺痒感的评价

由于织物刺痒性不仅与人体的神经感觉有密切关系，还与织物的表面毛羽形态密切相关，因此目前的评测方法大致有三类。

1. 刺痒感评价

由人对刺痒作用的直接感受做出的评价为刺痒感评价，有前臂实验和试穿实验。前臂实验是选取不同的织物试样，缝制成袖子，穿于被测试者的前臂，观测者戴上橡皮手套，在该织物上轻轻拍打或来回移动，被测试者针对不同织物给出刺痒感评价；或将织物裁成大小一致并固定于可调质量的压块上，置于被测者前臂，采取反复轻放、移动、摇摆等方式刺激被测者，并询问和记录被测者的反应，给出刺痒感及粗糙、冷、暖感的评价。

试穿实验是选择一定数量的评价员，在规定的时限范围内对衣物进行试穿，根据不同形容词的描述，给出评价等级，一般把刺痒感划分为 0～5 个等级。最后汇总评定结果，进行加权平均，得出织物总的刺痒感评定等级。

2. *织物表面毛羽的评价*

这是针对主要刺痒源性能的评价，有纤维针法、薄膜法、点数毛羽法等。

(1) 纤维针法

用单纤维刺扎类皮肤膜，测量其刺扎曲线，获得最大刺扎力 P_{cr}，可用于毛羽是否产生刺痒作用的评价，如图 22-15 所示。$P_{cr} \geqslant 0.75$ mN 的毛羽会发生刺痒。

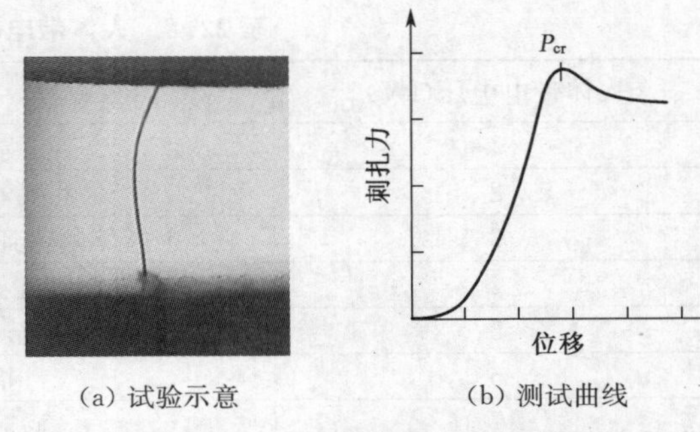

(a) 试验示意　　(b) 测试曲线

图 22-15　纤维针法试验示意图

(2) 薄膜法

薄膜法是将聚四氟乙烯膜压在织物表面，可在膜上留下压痕，根据压痕的深浅评价织物可能产生的刺痒程度。基本方式是测透光量，即压痕的深浅和密度不同，会使膜的透光量不同，根据膜的透光量可评价织物的刺痒程度；或人工点数每张薄膜上压痕的数目，以数目的多少作为刺痒评价依据。

四、刺痒感的消除方法

刺痒感的主要成因是织物表面硬挺突出的毛羽，且是较短的突出硬纤维，因此改进织物刺痒感的方法有三种：

① 减少毛羽数量或增加毛羽长度。去除或减少毛羽，如烧毛、剪毛处理；反之，增长毛羽，使毛羽倒伏，如拉毛、梳毛和压烫等处理。

② 纤维的柔软化。如碱液、氨处理、砂洗和酶处理，使纤维柔软、变细或原纤化。

③ 选择较细的纤维进行加工。

上述方法能减少织物的刺痒感，但无法消除。有些效果不明显或对纤维损伤太大。

第五节　织物的静电刺激与接触冷暖感

一、织物的静电刺激

1. *静电现象与原因*

与织物有关的静电现象基本可分为两类，分别由静电力与静电放电产生。织物使用过程中，常见的静电现象，比如服装缠绕、黏附人体和易于吸附灰尘，就是由于静电力引起的。静电放电能够引起对人体的强烈刺激，主要表现在人手接触金属等物体时产生的电击感和脱衣服时产生的“噼啪”声和电火花，尤其在北方秋冬干燥季节时，这种刺激频繁而剧烈，引发生理不适和神经紧张，甚至造成痛感。这种作用被称为静电放电或电击刺激，简称静电刺激。

纺织品不论是在加工还是在使用过程中，都避免不了纺织材料之间或纺织材料与其他材料之间的接触、摩擦和分离作用，使织物表面产生电荷集聚与电荷转移。而多数纤维材料有良好的绝缘性能，使产生的电荷无法散逸，织物成为带电体。当织物相互分离或人体遇到可放电端时，电荷在静电压的作用下快速转移和释放，形成电火花、噼啪声和高能量的电子流释放与电击。

静电压不超过 1.5 kV，不会引发各种静电性障碍；不超过 2 kV，不会发生衣服裹缠和尘埃附着现象。人体带电电压与静电刺激的关系见表 22-8。

表 22-8　人体带电电压与静电刺激的关系

人体带电电压(kV)	静 电 刺 激	外 在 表 现
1	感觉不到	无
2	手指外侧稍有感觉	有轻微放电声
3	手指外侧感到痛，内侧有轻微痛感	有轻微放电声
4	手指外侧针扎感，内侧有较大面积痛	有轻微放电声
5	手中至小臂感到电击	可见放电火花
6	指痛加剧	可见放电火花
7	痛遍所有手指	可见放电火花
8	手腕至小臂电击感更强	可见放电火花

由静电产生的原因可知，影响静电刺激的因素主要有：①纤维材料比电阻的高低；②织物在使用过程中的摩擦程度；③织物使用的环境条件。

2. 织物抗静电性能的测试

现阶段没有专用的静电刺激评价方法及设备，一般根据静电刺激与静电电压之间的关系，通过织物静电性能测试来间接评价静电刺激可能发生的程度。织物静电性能有定性和定量测试两种方法。定性法比较简单，不需要精密仪器，能够大致比较带电程度；定量法需要较精密的仪器，能够用具体的物理量来表示测试结果。

(1) 定性分析法

① 织物缠贴性测试。将试样用摩擦布摩擦，使之带电后黏在金属板上，然后进行反复附着和脱离的操作，测定试样脱离金属板所需要的时间。

② 吸灰高度法。将纤维或织物在特定摩擦布上摩擦一定次数，然后迅速贴近新鲜烟灰等，观察纤维或织物带静电后吸附烟灰的高度和吸灰量。

③ 吸尘法。在尘埃浓度 1 g/m^3、风速 0.5 m/s、相对湿度低于 50%的尘箱内，放入摩擦后的带电织物，用一定时间后织物上的附着尘屑量来判断带电的程度。尘箱内的尘埃大多使用碳黑或纤维屑等轻微尘屑。

(2) 定量分析法

织物抗静电性能的定量评价指标主要有静电电压、静电电压半衰期、带电电荷密度、比电阻等。

① 静电电压。静电电压是指在接地条件下纺织品试样受到外界作用后积聚的相对稳定电荷所产生的对地电位。静电电压半衰期是指当外界作用撤出后，试样静电电压衰减到原始值一半所需的时间 $T_{\frac{1}{2}}$(s)。测试装置可使用电晕放电式织物静电测试仪。

② 带电电荷密度。带电电荷密度是指织物试样摩擦起电后经静电中和或静电泄漏，在规

定条件下测得的电荷量。可使用法拉第圆筒和振动电容微电流电位计。

③ 表面比电阻。表面比电阻是指两电极置于纺织品试样表面，两电极的长度和相互距离都为单位长度时试样所具有的电阻。可采用织物表面比电阻仪进行测量。

④ 体积比电阻。纤维体积比电阻的测定是将一定量的纤维填塞在测定箱中，测出其电阻，再计算出电阻率。

⑤ 摩擦带电电压测试。测定试样边回转边用摩擦布摩擦时产生的静电电压。

二、接触冷暖感

当人体接触织物时，由于两者温度不同和热量的传递，导致接触部位的皮肤温度下降或上升，从而与其他部位的皮肤温度出现一定差异，由此产生的冷暖判断及知觉，称为接触冷暖感。

1. 接触冷暖感产生的原因

接触冷暖感的持续过程非常短暂，因为温觉有适应现象，即刺激温度保持恒定时，温觉会逐渐减弱(不完全适应)甚至完全消失(完全适应)。织物与人体皮肤因接触会产生热交换，以织物温度低于皮肤温度为例，织物将吸收皮肤热量，织物温度会缓慢上升，人体内部发生热量传递，皮肤表面温度会停止下降，并随后有所上升，导致温差减少，冷感逐渐减弱；织物温度高于皮肤温度时，热量传递和温度变化与上述情况正好相反。研究表明，人体皮肤完全适应的温度范围为 12～42 ℃，感觉舒适的皮肤平均温度为 33.4～33.5 ℃，身体任何部位的温度与皮肤平均温度的差异超过±4.5 ℃，人体将产生冷暖感。

2. 接触冷暖感的测量

接触冷暖感的大小，可根据皮肤接触织物初期，织物与人体交换的热量多少来表征。

(1) 最大热流束法

测量时，将衣料置于加热的铜板(与皮肤温度相当)上，计量由加热铜板向衣料的瞬间导热率，导热初期的最大热流束值越大，就会感到越冷。在众多的瞬间热传递性能测试仪器中，日本川端的 KES-F-TL Ⅱ型精密热物性测试仪较有代表性。图 22-16 是铜板放热时的最大热流束值 q_{max} 与接触冷暖感的关系图。

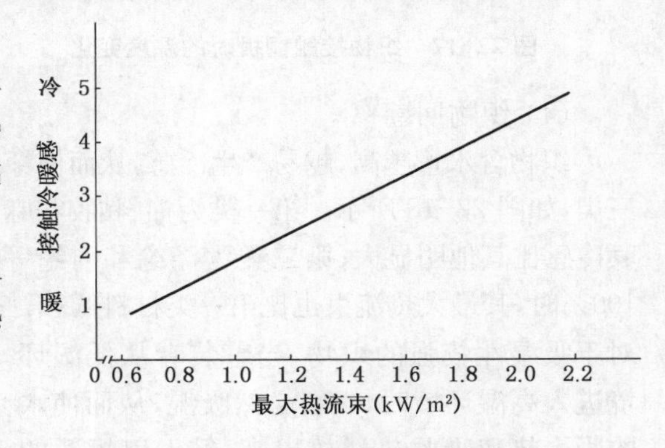

图 22-16　最大热流束与接触冷暖感

(2) 热浸透率法(仲氏法)

接触冷暖感还可以用仲氏提出的物理特性值热浸透率 b 来表述。它与最大热流束法在理论上具有一致性。热浸透率 b 的计算式为：

$$b=\sqrt{\lambda\gamma C} \tag{22-11}$$

式中：λ 为衣料的热传导率；γ 为衣料的密度；C 为衣料的比热。

3. 影响接触冷暖感的因素

(1) 织物热传导率

一般认为，织物的热传导率高，人体皮肤表面的热量迅速传至织物，相应地就产生冷感；反之，织物热传导率低，人体皮肤表面的热量传至织物缓慢，则相应地产生暖感。

（2）纤维的瞬时传热性能

当织物结构完全相同时，随着纤维导热率的增大，对它们的温度感觉将从暖向冷过渡。如麻和棉的最大热流束值比羊毛大，所以，接触麻、棉织物时感觉冷，接触毛织物时则感觉暖。蚕丝、化纤长丝织物与棉、毛织物相比更具有冷感。

（3）织物结构

当织物结构致密、表面光滑时，与皮肤接触的表面积较大，热量容易传递，通常具有冷感。当织物表面绒毛较多、结构松散时，其表层的空气含量较多，导热率较低，热量传递比较缓慢，所以，通常具有暖感。

图 22-17 为 25 ℃衣料接触 37 ℃铜板时铜板的表面温度变化，表面有毛羽的毛毯、棉毯未引起铜板温度降低，与麻、黏胶织物相比，接触时有暖感。

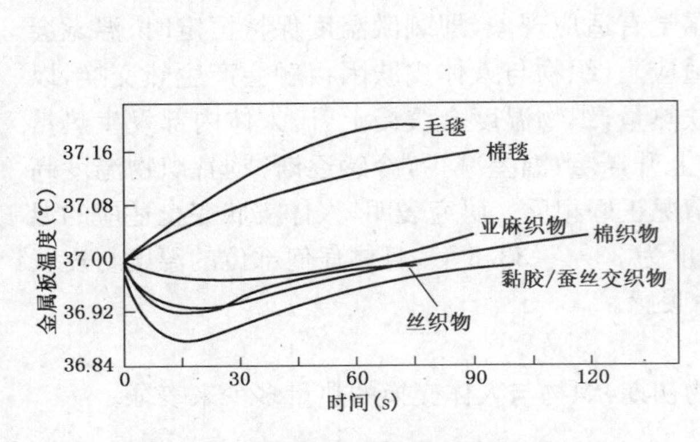

图 22-17　织物接触铜板时的温度变化

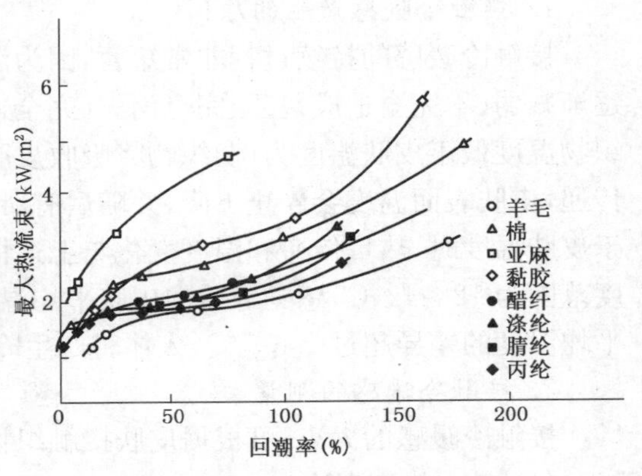

图 22-18　回潮率与冷暖感的关系

（4）织物回潮率

织物含水量越高，越易产生冷感，从而使穿着者感到不快。回潮率与冷暖感的关系可划分为三类，如图 22-18 所示。第一类为棉、黏胶和麻，无论回潮率多大，最大热流束都很大，特别是麻，其冷感比其他明显大；第二类为涤纶和丙纶等，标准状态时纤维的回潮率较低，当回潮率达到 100%时，其最大热流束也比第一类材料低；第三类为羊毛，不论回潮率多少，其接触冷感都最小。对于吸湿性较强的织物，当着装者从低湿环境进入高湿环境时，衣料必然吸湿，从而使水的凝聚热和吸收热释放出来，给人以短暂的暖感；但随后，由于织物的吸湿，使其导热率大大增加，又给人带来冷感。

（5）织物与皮肤的温差

织物温度低，会产生冷感。

（6）织物对人体的压力

织物的压力越大，冷感越大，但当压力达到一定程度时，冷感则几乎不再变化（图 22-19）。由图可见，针织物的冷感较小，男用夏装比冬装的冷感大，薄型女装的冷感最大。

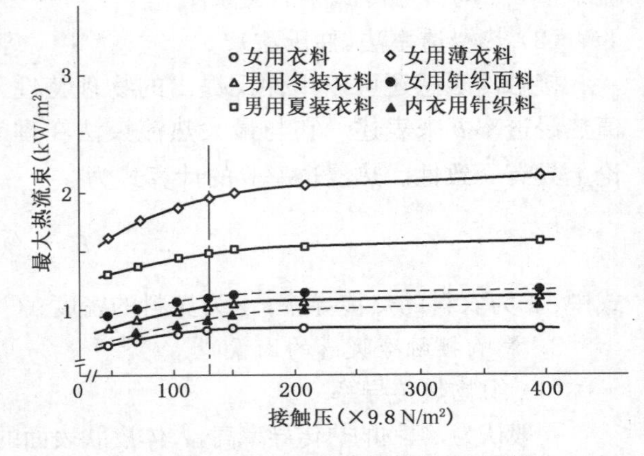

图 22-19　服装压与最大热流束的关系

三、湿冷刺激

湿冷刺激也属于接触冷暖感的概念范畴，但具有较为独特的影响因素，特单独阐述。

1. 现象和起因

当人体皮肤触及高含湿或有凝露的织物时，会感觉到湿冷。尤其在冬季穿着吸湿性好的织物或高运动量出汗后，接触潮湿的织物以及尿湿的尿布等，会产生湿冷感。这种感觉尽管发生在人体的局部，但会使人感到明显不适，肌肉紧缩，甚至寒战，是典型的湿冷刺激反应。

产生湿冷刺激的原因是，织物大量的吸湿、吸水，使织物变得潮湿，而水的导热系数、比热容和可能发生的接触面积与接触有效性，都远大于高热阻、低比热、多绒毛、点接触的织物。因此，当人体接触潮湿织物时，触及部位的热量会被快速地导散、吸收，而触及物的温度（因水的比热大）的提高又比较缓慢，其结果是又湿又冷。人们认为织物是柔软、温暖的错觉，会加剧湿冷感觉，使人觉得难以忍受和畏缩，湿冷刺激感更强。

2. 湿冷刺激评价

织物的湿冷感是织物与皮肤直接发生的生理和物理作用引起的感觉。因此，从生理学或神经学角度说，织物的湿冷感觉直接取决于人体的皮肤感觉系统中冷觉和温觉感受器的作用。人体无湿觉感受器，这样湿冷就被转换成冷的感觉。

目前还没有直接测量织物湿冷刺激的方法与装置，不过借鉴接触冷暖感的测量方法可以评价织物瞬时热传导率以及织物的热阻，还可以通过评价织物的含水状态及织物表面状态来进行间接评价，比如评价织物的表面干爽性、纤维的接触角及铺展性、织物表面的毛羽量、粗糙度和蓬松性等。下边简单介绍与织物含水状态及表面状态有关的指标，其他指标参见相关章节。

（1）表面干爽性

它是指与潮湿织物接触时，皮肤上无水分黏附而仍感觉干爽的性质。其取决于织物对水分的保持、接触面积大小和接触面的干燥程度。采用将一定含水量（水有颜色）的织物试样平放于光洁的白纸上，再用同样的白纸覆盖，并加上均匀的压力，待一定时间（2～10 min）后，测量被织物浸湿的纸的质量或导电性或水迹纹的占有面积，经过计算获得织物的干爽系数。

（2）织物表面毛羽量

可以用织物烧毛前后的质量差异表示，也可采用织物表观厚度或膨松度间接表达。

3. 影响因素

导致湿冷刺激的主要因素是水在织物中的分布状态，如纤维不吸湿但吸水，表面又能很好地铺展导水，则可以减少湿冷刺激。若纤维吸湿、吸水并能很好地保持水分于纤维体内（或织物体内），从而使接触面无水，且有较高的热阻，则同样不会使人产生湿冷刺激。

（1）纤维性状

主要与纤维的热学性能、吸湿性能、保水性能和导散性能有关。纤维的热学性能主要是纤维的导热和热吸收性能，一般要求接触热阻大，导热系数和比热容小。水分在纤维中的保持性和导散性能主要与纤维的粗细、比表面积、纤维表面的凹槽和与内部相连的孔隙以及表面对水的铺展性有关。纤维越细，比表面积越大，沟槽、孔隙越多，水分的保持性越强，水分导散性能越好，表面铺展性越强，则湿冷刺激越不易发生。纤维的吸湿性也会影响湿冷刺激，吸湿大的纤维，不会快速形成湿冷条件而产生湿冷刺激，但大量吸湿、吸水后，其湿冷效果明显且持久；

并且由于纤维吸水后引起质量增加和模量降低，会使接触面积及接触可能性大大增加，水分因蒸发所需的热量也大大增加，故湿冷刺激程度更为剧烈。

(2) 织物的结构和性能

主要与织物表面凝水能力和吸水及保水性能有关。易造成织物表面凝水和接触面积大的结构或易吸收水分又不能有效保持水分的结构，都会引起湿冷作用。如紧密、板硬、光滑、毛羽少的织物；吸水、不吸湿、易变形的织物；不透气(汽)的涂层膜、衬、织物材料等。对于必须高吸水的尿布和卫生用品，则需采用高膨胀吸水、保水材料和低接触面积、高导水性织物的设计，以减少湿冷刺激，避免引起皮肤湿疹与过敏。

(3) 环境因素

阴冷的环境易于产生水分存留，形成湿冷刺激；低温有风的环境会使热量流失加大，产生寒冷感觉，甚至引起心理上的恐惧。

思 考 题

22-1　影响织物舒适性的因素有哪些？

22-2　对比织物透气、透湿、透水性的透通途径。试举出利用透通性能差异开发织物的例子，并阐述其开发原理。

22-3　试述影响织物透气性、透湿性、透水性的因素。

22-4　如何设计防水、导湿、导热织物？并给出理由。

22-5　试讨论热舒适的条件和湿舒适的条件。最有特征的指标是什么？

22-6　试述织物热湿舒适性的定义、评价方法和测量方法及影响因素。

22-7　人体向外界传播热湿的途径有哪些？如何从织物热湿舒适性角度出发，选择不同季节的面料？

22-8　试述织物刺痒感的产生原因。如何消除织物刺痒感？

22-9　试述静电刺激的起因及消除或减轻的方法。

22-10　试述接触冷暖感产生的原因及影响因素。

22-11　织物湿冷刺激最易发生的条件和消除方法有哪些？

第二十三章　织物的风格与评价

本章要点

介绍织物风格的概念及其评判方法;阐述织物手感的仪器表征指标及评判,织物的颜色和影响因素,织物的光泽、影响因素和测量方法,织物的纹理构成;分析讨论织物成形性和服装成衣加工性能。

第一节　织物风格的含义与分类

一、织物风格的定义与评价

从广义上说,织物风格是织物本身所固有的性状作用于人的感官所产生的综合效应,就是指织物物理机械性能和外观等特征刺激人的感觉器官以后,由客观实体与人的主观意识交互作用的产物。织物风格是一种复杂的物理、生理、心理以及社会因素的综合反映,其涉及内容和因素十分广泛,但决定风格的主体因素仍是织物本身的物理特征。

人的感觉系统由视觉、触觉、听觉、嗅觉和味觉等构成,但表达和评价织物风格的主要感觉系统为触觉和视觉,偶尔兼顾听觉。感官对织物的感受分为六个方面。

1. 触觉风格

由人的触觉判断的织物性能被称为触觉风格。多数情况下,是用手触摸织物进行判断,故触觉风格主要体现在手感(hand or handle)上。在一些国家,如日本、中国、澳大利亚等,触觉风格也被简称为风格。触觉风格有时还包括嗅觉,如织物的香味。手感是织物风格的狭义概念,一直是织物风格研究的重要内容,现已初步达到定量化和客观化的表征。

2. 视觉风格

视觉风格主要体现在外观、光泽、色泽和表面特征等方面:

① 形感。主要是指织物在特定条件下形成的线条和造型上的视觉效果,是织物的形态风格。织物的悬垂性是其重要的评价内容。

② 光感。即光泽感,是指光泽所形成的视觉效果。光感来源于光的强弱、反射光的分布组成与结构。定性的描述如极光、肥光、膘光、柔和光、金属光和电光等。

③ 色泽感。指由织物颜色所形成的视觉效果。色泽感与织物的色相、饱和度、纯度有关。

不同的人接受织物的色彩刺激后，所形成的心理映射感觉是不一样的，并且色彩刺激能够产生冷热、轻重、软硬、快乐、忧郁、沉稳等不同的感觉效果。

④ 图像感。主要是指由织物表面形态、织纹所引起的一种视觉效果，有毛型感、绒面感、织物纹理和组织效应等，甚至粗犷、细腻风格等定性描述。

3. 听觉风格

听觉风格即声感，主要是指织物与织物间摩擦时所产生的声响效果。蚕丝或其织物经过特殊处理(酸处理)后，相互之间摩擦会发出一种类似于谐音结构的声音，称为“丝鸣”。部分织物尤其是长丝织物或涂层织物，相互之间摩擦所发出的沙沙声则可能带来不悦的效果。

二、织物风格的分类与要求

1. 风格的分类

关于风格的分类有多种，不太系统，其中以松尾的分类法可以借鉴(图 23-1)，是以要求和测量对象为基础的混合分类。

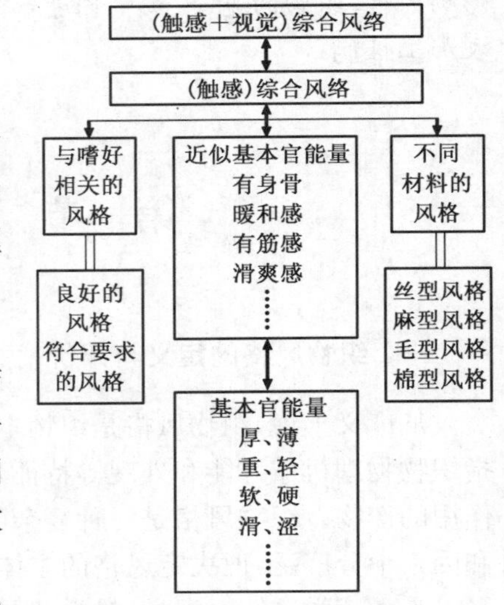

图 23-1　织物风格的分类

2. 织物风格的要求

(1) 基本物理性能要求

主要包括：力学性质中在低应力下的拉伸、弯曲、剪切、摩擦及复合作用；织物的导热性与接触冷暖感；织物的几何形态及质量等。即基本以人手所能感受的基本物理量来检验织物与其风格要求的吻合程度或优劣。

(2) 织物风格特征的要求

① 棉型风格。布面匀洁，条干均匀。薄型织物应细洁柔软，质地轻薄，手感滑爽；中厚型织物要质地坚实，布身厚而不硬，手感柔韧而丰满，弹性较好。不同品种有不同的要求，比如府绸要求布面均匀洁净，粒纹清晰，布身柔软薄爽，光滑似绸。

② 毛型风格。手感柔润丰满，身骨结实，挺括抗皱，弹性滑糯，不板不烂，呢面匀净，花型大方有立体感，颜色鲜明悦目，光泽自然柔和，边道平直，不易变形。

③ 丝型风格。布面平挺，轻盈柔软但有身骨，滑爽并有一定弹性，色泽鲜艳，光洁美观。其中薄型织物要求质地轻薄、飘逸。

④ 麻型风格。布身光滑，手感滑爽，质地坚牢，布面匀净。麻型手感中，最重要的是弯曲刚度大，比较刚硬，视觉上显得朴素、粗犷豪放。

(3) 穿着用途的要求

织物的穿着用途不同，对风格的要求也不同。外衣类织物要求有毛型感；内衣类织物要求有柔软的棉型感；夏季用织物要求具有轻薄、滑爽的丝绸感或挺括滑爽的仿麻感；冬季用织物则要求具有丰满、厚实、挺括、柔糯、蓬松感等特征。

(4) 文化背景要求

织物风格带有心理和生理方面的影响，并取决于穿着者的经历、经验、偏好、情绪、地域、民族等心理、生理、社会等因素。所以，国家、文化背景、季节、年龄、性别和习惯等不同，对织物风格都有不同的要求。

第二节　织物手感与触觉风格

一、织物手感的定义与手感用语

织物手感是织物某些机械和物理性能对人手掌的刺激所引起的综合反应。手感可以获得的面料信息非常丰富,有软硬、滑糙、蓬松、弹塑性、棉型感、毛型感、绒感等。欧美和日本等国的学者经过大量研究后,认为织物风格是人与织物接触时一些物理量使感觉器官获得各种力学刺激和热刺激,然后传递到大脑并与经验意识比较后做出的评判,其中包括感觉方面的因素如柔软和光滑等,也有感情方面的因素如穿着舒适和喜好等,并对织物风格感官评价用语作了总结。感官评价用语以手感为主,结合视觉和冷暖感。日本学者又将其发展为 25 对手感术语概念,如表 23-1 所列。

表 23-1　手感用语中英文对照参考(* 原 16 类)

编　号	英　　文	中　　文	英　　文	中　　文
1*	Heavy	重	Light	轻
2*	Thick	厚	Thin	薄
3*	Deep	深厚(身骨好)	Superficial	肤浅、浅薄(身骨差)
4*	Full	丰满	Lean	干瘪
5*	Bulky	蓬松	Sleazy	瘦薄
6*	Stiff	挺	Pliable	疲、烂
7*	Hard	硬	Soft	软
8*	Boardy	刚	Limp	糯
9	Koshi	回弹性好	Not koshi	回弹性不好
10*	Dry	干燥	Clammy	黏湿
11	Shari	爽利	Numeri	黏腻(脂蜡感)
12*	Refreshing	爽快、鲜畅	Stuff	闷阻
13*	Rich	油润	Poor	枯燥
14*	Delicate	优雅、精细	Active	彪犷、粗犷
15*	Springy	活络	Dead	呆板、死板
16*	Homely	朴实	Smart	花哨
17*	Superior	华贵	Inferior	低劣、粗劣
18*	Grogeous	华丽	Plainly	平淡、单调
19	Smooth	滑	Rough	糙
20	Fuzzy	毛茸、模糊	Clean	光洁
21	Light	亮	Dark	暗
22	Lustrous	晶明	Lusterless	晦淡
23	Beautiful	美丽、漂亮	Ugly	难看
24	Familiar	和谐	Unfamiliar	不协调
25	Cool	凉	Warm	暖

二、织物风格的主观评定

织物风格的主观评定是通过人的手或肌肤对织物触摸所引起的感觉和对织物外观的视觉

印象做出的评价，通常又称为感官评价。检验时，通常将手平放在织物上以检验其柔软性、厚度和冷暖感，手在织物表面上移动以检验其光滑和滑溜性，手摸捏织物以检验其柔韧性和质量，并综合这些特征以评价风格。

这一方法的典型应用是精纺呢绒的检验。具体方法可归纳为"一捏""二摸""三抓""四看"："一捏"是用三个手指捏住呢边，织物正面朝上，中指在呢面下，拇指和食指捏在呢面上，将呢面交叉捻动，确定呢绒的滑爽度、弹性及厚薄、身骨等特征；"二摸"是将呢面贴着手心，拇指向上，其他四指在呢面下，将局部呢绒的正反面反复擦摸，确定呢绒的厚薄、软硬、松紧、滑糯等特性；"三抓"是将局部呢面捏成一团，有轻有重，抓抓放放，反复多次，确定呢绒的弹性、活络、挺糯、软硬等特性；"四看"是从呢面的局部到全幅仔细观察，确定呢面光泽、条干、边道、花型、颜色、斜纹等质量的优劣，然后对织物做出诸如滑糯、刚挺或柔软、丰满、厚实、活络、滑爽等语言评价。

感官的评价方法一般由适当数量的有经验的检验者来完成，在一定的环境条件下，检验者根据个人经验对试样的风格给予评定，可用两种方法进行。

1. 语义评定法

语义评定法也称 SD 方法，它是将评定的内容区分为各种不同的语言概念，如表 23-1 所示的手感术语对，把它们放在 SD 表(图 23-2)的左右两端，然后按不同的语义范围划分出 5～7 个评价尺度，每一个尺度都可给出一个确定的分数等级，最后将每一个对象在不同语言概念上的得分相加，就可以取得该试样经过数值化处理的评价结果。

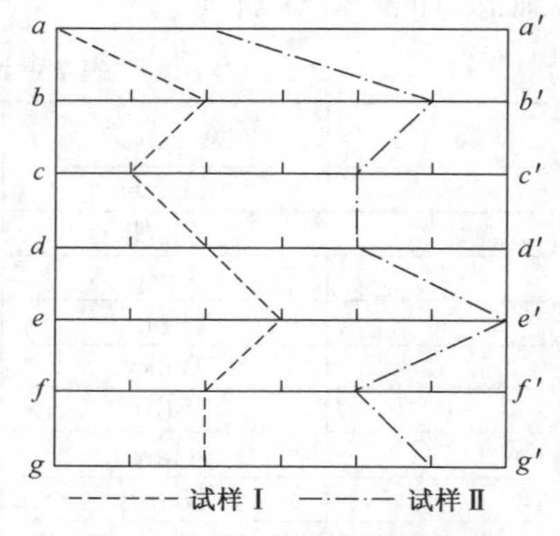

图 23-2 官感评价的 SD 表

a, a'—丰满，干瘪 b, b'—挺，疲，烂 c, c'—刚，糯 d, d'—滑，糙 e, e'—回弹性好，回弹性差 f, f'—凉，暖 g, g'—中国味，外国味

图 23-2 中，选用了 7 种风格的概念用语，即从 7 个方面进行风格评价。在两个对立的概念用语之间划分出 7 个语义范围(即非常、颇、稍稍、既不这样也不那样、稍稍、颇、非常)，代表着 7 个分数级。每一个检查人员根据自己的感觉效果给试样打出如图所示的分数线，既可以直观地看出试样间的风格差别，也可以根据尺度值概略地辨别出这种差别的程度。

2. 秩位法

秩位法是指用数值量来表示感觉差别的感官评价方法。先由数名评定人员按各自的感觉效果对织物风格水平做出判断，并用数值(打分)表示水平的高低，然后将各评定人员打出的分数相加，即得到试样的总秩位数。表 23-2 所示为 5 名评定人员对 7 种合纤绸的风格仿真水平做出的感官评价。

表 23-2 感官评价秩位表

检验员编号	织物编号						
	1	2	3	4	5	6	7
甲	7	3	1	6	2	5	4
乙	5	4	2	7	1	6	3
丙	4	5	1	6	2	7	3
丁	7	1	2	5	3	6	4
戊	7	3	1	6	2	5	4
总秩位数	30	16	7	30	10	29	18

表中，总秩位数小，表示织物的丝绸风格好；总秩位数大，表示织物的丝绸风格差。从评定结果得出的优劣顺序为：3号＞5号＞2号＞7号＞6号＞1号＝4号。

织物风格的主观评价方法具有简便、快速的优点，特别是有实践经验的人具有丰富的判断能力，能做出较正确的评定。但是此法具有很大的局限性，如评判结果易受个性特征以及客观环境等多种因素的影响、织物性能与评定结果之间并不存在严格的单值对应关系、评定过程中很难排除视觉的作用等。

三、织物风格的客观评定

自1926年英国人Binns首次提出织物风格的研究问题以来，至今已有70余年的历史。Perice于1930年首次使用悬臂梁方法测量织物的弯曲长度与弯曲刚度，并用于表征织物风格，从此拉开了织物力学性能与风格关系研究的序幕。20世纪40～50年代，Hoffman发现织物风格在很大程度上受三方面因素的左右，即：初始模量、由于负荷和伸长增强而导致的刚性变化、消除负荷时的回复性；到70年代，织物风格研究在日本有了飞跃性的进展，松尾首次提出将织物风格分为综合风格、基本风格以及基本力学量三个层次。1972年，以川端为首的日本织物风格测量与标准化委员会（HESC）成立，进一步全面推动和发展了织物风格的研究工作。HESC对风格评价进行标准化，将基本风格在1～10范围内数值化，1最弱，10最强，无好坏之分；将综合风格在1～5范围内数值化，1最差，5最好；并且分别制定了男用冬夏季西服面料、女用轻薄型外衣面料基本风格的实物标准。在这期间，川端等首先开发成功男子西服面料风格的客观评价系统，用多元逐次回归方法提出了物理力学测定值与感官评定结果之间的经验关系，并用综合风格值 *THV* 表现织物的风格。

织物在日常穿用过程中，人体的运动往往对织物施加多种作用：如胸背部、肘膝部位的织物要承受拉伸、剪切、弯曲和压缩等负荷，这些负荷一般不会超过断裂负荷的5%，为低负荷。织物在低负荷下的变形行为就是织物手感风格评价的主要内容，其决定着织物的穿着舒适性、成形性、手感等服用性能。

织物的很多复合变形都可以分解为若干个简单变形的叠加，通常只讨论拉伸、剪切、压缩等性能。测试织物在低负荷下的基本力学行为，目前国际上主要有日本的KES-F（Kawabta's Evaluation System Fabric）织物风格测量系统和澳大利亚联邦科学院（CSIRO）的简易织物质量保证系统FAST（Fabric Assurance by Simple Testing）。此外，国内在KES-F系统的基础上研制了YG821型织物风格测量仪。

1. KES-F织物风格仪

KES-F织物风格仪属于多机台多指标型测试系统，由4台试验仪器组成，分别为KES-FB 1拉伸与剪切仪、KES-FB 2弯曲试验仪、KES-FB 3压缩仪和KES-FB 4表面摩擦及变化试验仪，分别测量织物拉伸、剪切、弯曲、压缩、摩擦等力学性能；可测量的力学指标为14个，加上织物平方米重和织物厚度，共计16个指标，有时还可加上最大拉伸伸长率。

（1）基本力学性能测试

① 拉伸性能。将试样在低应力下拉伸，记录一个拉伸循环的负荷变形曲线（图23-3），由此可获得拉伸比功、拉伸功回复率、拉伸曲线线性度3个指标。

② 压缩性能。织物在厚度方向的压缩性能与其蓬松度、丰满度、表面滑糯度关系密切。用面积2 cm^2 的圆形测头以恒定速度垂直压向织物，当达到最大压力后，测头上升而卸去压

力，从而获得加压和卸压过程中压力与织物厚度之间的关系曲线(图23-4)。

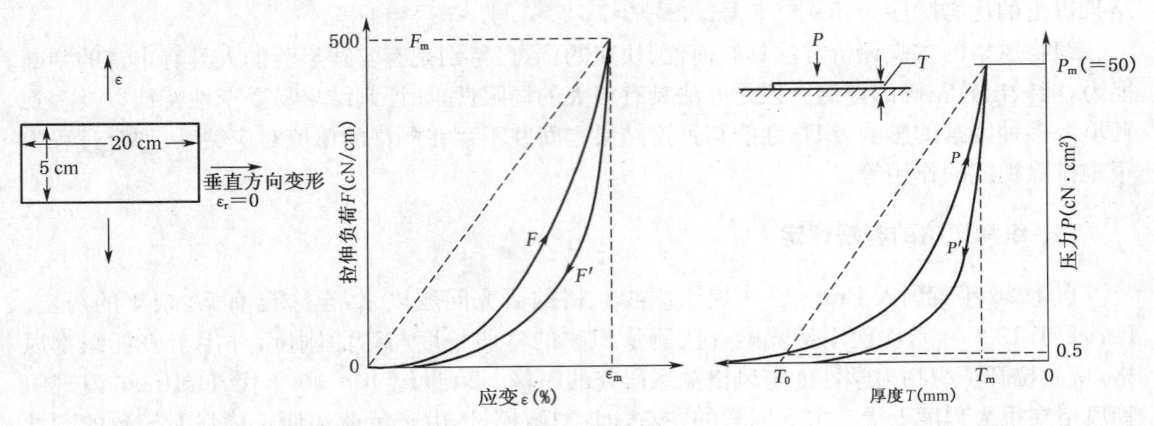

图 23-3　拉伸特性　　　图 23-4　压缩特性

③ 弯曲性能。KES-F 的织物弯曲性能测量为纯弯曲形式测量，即织物竖置，以消除重力的影响。织物首先向正面弯曲，曲率k从0增加到2.5后回复至初始状态，继续向反面弯曲至曲率 $k=-2.5$ 后，回复到初始状态，至此完成一个弯曲循环(图 23-5)。整个测量过程中曲率以匀速增减。

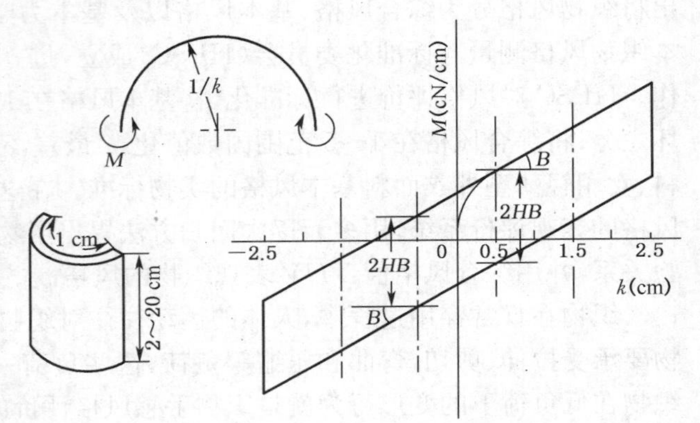

图 23-5　弯曲特性

④ 剪切性能。当织物受到自身平面内的力或力矩作用时，其经纬向(或纵横向)的交角发生变化，原本矩形的试样可能会变成平行四边形(图 23-6)。织物的剪切变形是制作复杂曲面服装的基本条件，决定织物成形性优劣。通常测量织物纯剪切、织物中纱线交织阻力和织物斜向拉伸等。

KES-F 测量系统采用纯剪切形式。试样一端固定，另一端沿与固定端相平行的方向进行正反向移动。在一个剪切循环中，剪切角 ϕ 按以下次序变化：0°→8°→0°→−8°→0°。据此可得到整个剪切过程中剪应力与剪应变(用 ϕ 表示)的变化曲线，并计算出描述剪切性能的指标。由于0°～−8°的剪切变形曲线与 0°～8°的变形曲线呈中心对称，所以图 23-6 只给出其中一半。

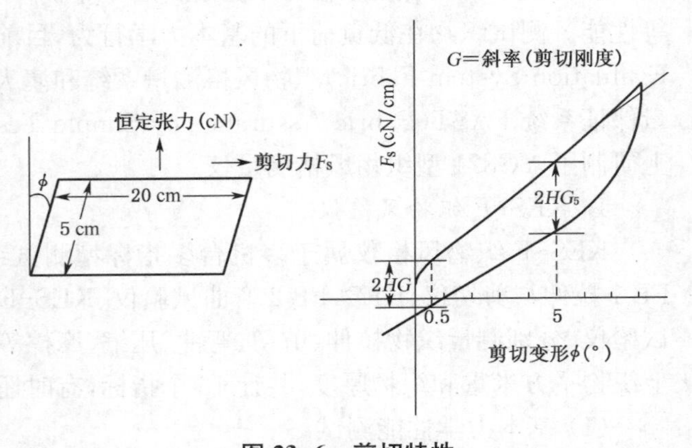

图 23-6　剪切特性

⑤ 摩擦性能。织物手感风格中的滑、糯、爽、糙与织物的表面摩擦性能有关。KES-F 测量系统采用两个测头，第一个测头模仿人的指纹，由 10 根 0.5 mm 的细钢丝排成一个平面，测量时该

平面与织物表面在一定压力作用下相对滑动，测得动摩擦系数随位移量的变化曲线；第二个测头由单根 0.5 mm 钢丝制成矩形环，测量时矩形环在一定压力作用下与织物接触，随织物表面厚度变化而发生上下移动，即可测得织物厚度随位移量的变化曲线。分别参阅图 23-7和图 23-8。

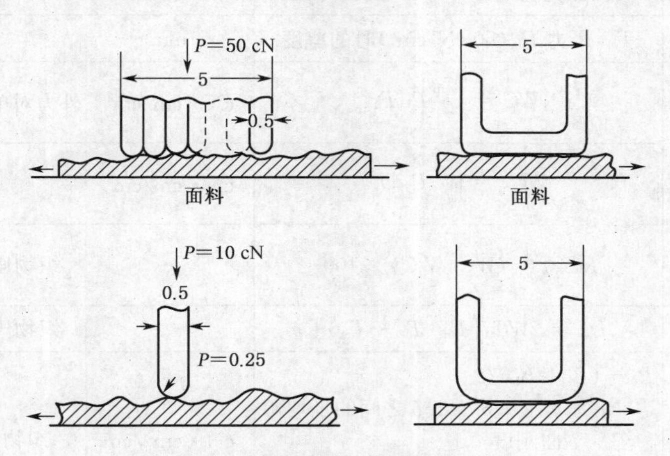

图 23-7 表面性状测头(长度单位 mm)

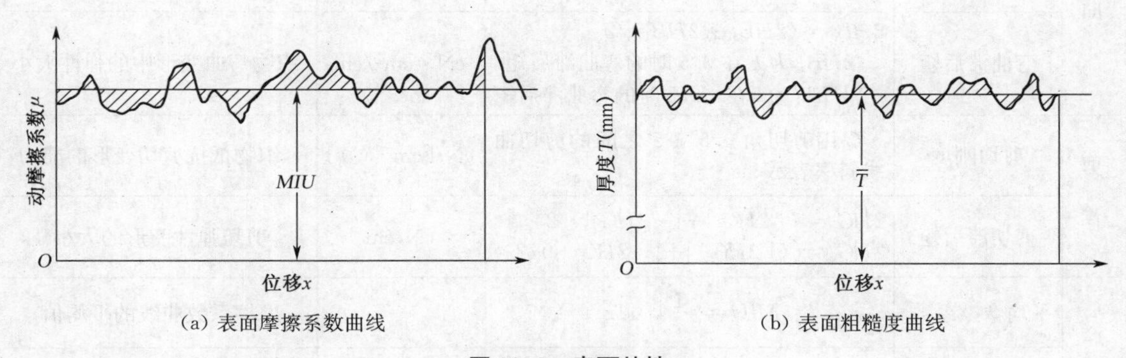

(a) 表面摩擦系数曲线 (b) 表面粗糙度曲线

图 23-8 表面特性

KES-F 织物风格仪测试指标见表 23-3 所示。

表 23-3 KES-F 织物风格仪测试指标

	指标名称	定义式	单位	含义
拉伸性能	拉伸比功	$WT=\int_0^{\varepsilon_m} F\mathrm{d}\varepsilon$	cN·cm/cm²	面料变形难易
	拉伸回复功	$WT'=\int_0^{\varepsilon_m} F'\mathrm{d}\varepsilon$	cN·cm/cm²	—
	拉伸回复率	$RT(\%)=(WT'/WT)\times 100$	—	面料拉伸弹性的回复性能
	线性度	$LT=\dfrac{WT}{WOT}, WOT=\dfrac{F_m\times\varepsilon_m}{2}$	cN·cm/cm²	拉伸曲线的屈曲程度
	最大伸长率	ε_m	—	—

（续 表）

	指标名称	定义式	单位	含义
压缩	表观厚度	T_0，压力为 0.5 cN/cm² 时的厚度	mm	—
	厚度	T_m，压力 P_m(50 cN/cm²)时的厚度	mm	—
	压缩比功	$WC=\int_{T_0}^{T_m} P\mathrm{d}T$	cN·cm/cm²	外力对单位面积试样所做的功
	压缩回复功	$WC'=\int_{T_m}^{T_0} P'\mathrm{d}T$	cN·cm/cm²	—
	压缩回复率	$RC\%=(WC'/WC)\times 100$	—	织物压缩弹性的回复性能
	压缩线性度	$LC=2WC/[P_m(T_0-T_m)]$	—	织物压缩曲线的屈曲程度
弯曲	平均弯曲刚度	$B=(B_f+B_b)/2$ B_f 为 k 在 0.5～1.5 之间的平均弯曲刚度 B_b 为 k 在 −0.5～1.5 之间的平均弯曲刚度	cN·cm²/cm	织物的抗弯曲变形能力
	弯曲滞后矩	$2HB=(2HB_f+2HB_b)/2$ $2HB_f$ 为 k 在 0.5 时的弯曲滞后矩 $2HB_b$ 为 k 在 −0.5 时的弯曲滞后矩	cN·cm²/cm	织物弯曲变形中的弹性大小
剪切	剪切刚度	G 用剪切角 0.5°～5°之间的剪切曲线斜率表示	cN/[cm·(°)]	织物抵抗剪切变形的能力
	剪切滞后矩	$2HG=(\lvert 2HG\rvert+\lvert -2HG\rvert)/2$ $2HG_5=(\lvert 2HG_5\rvert+\lvert -2HG_5\rvert)/2$	cN/cm	剪切弹性变形的大小
摩擦系数	平均摩擦系数	$MIU=\frac{1}{x}\int_0^x \mu\mathrm{d}x$	—	摩擦系数曲线的平均值
	摩擦系数平均偏差	$MMD=\frac{1}{x}\int_0^x \lvert \mu-MIU\rvert \mathrm{d}x$	—	摩擦系数曲线的平均差不匀率
	表面粗糙度	$SMD=\frac{1}{x}\int_0^x \lvert T-\overline{T}\rvert \mathrm{d}x$	—	平均差不匀率
其他	单位面积质量	W	mg/cm²	

2. 织物风格评定

川端等人把织物风格的客观评定分为如图 23-9 所示的三个层次：织物的力学物理量，基本风格和综合风格。日本 HESC 专家组认为，不同用途的衣料有不同的风格要求，主要表现

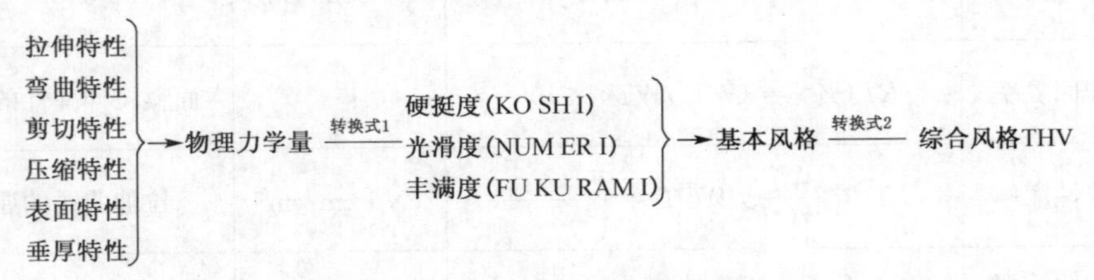

图 23-9　川端法评价织物风格示意图(以男女用冬春季西服面料为例)

为各自包含的基本风格的内容不同和各基本风格在总风格中的比例不同。例如，男用冬季西服面料所包含的基本风格是硬挺度、滑爽性和丰满性；而男用夏季西服面料包含的基本风格除以上三项外，还应加上平展度。典型面料的重要基本风格见表 23-4。

表 23-4 典型面料重要基本风格

类　别	基本风格项目
男女用冬春季西服面料	滑糯度、硬挺度、丰满度
男用夏季西服面料	滑糯度、硬挺度、丰满度、平展度
女用轻薄外衣料	滑糯度、硬挺度、丰满度、平展度、柔顺度、丝鸣感
女用中厚外衣料	滑糯度、硬挺度、丰满度、柔软度

为了建立基本物理力学量与基本风格值之间的转换，川端收集了 1 000 余种织物，精选出 200 余种，并确定织物用途，由专家采用感官评定法评出基本风格值(HV)和综合风格值 THV。同时用 KES-F 测试系统逐一测量各种织物的基本物理力学量，然后用多元回归方法，建立了 16 个力学物理指标与织物基本风格以及基本风格与综合风格之间的回归方程式：

$$HV = C_0 + \sum_{i=1}^{16} C_i X_i \tag{23-1}$$

式中：HV 为基本手感值；i 为物理指标的序号；C_0，C_i 为回归系数(均为常数)，C_i 反映第 i 项指标对基本风格值的影响程度；X_i 表示经标准化(归一化)处理后的各项指标平均值。

$$X_i = (x_i - m_i)/\sigma_i \tag{23-2}$$

式中：x_i 表示第 i 项指标的测试值；m_i 为求回归方程时所有试样组的第 i 项指标的平均值；σ_i 为求回归方程时所有试样组的第 i 项指标的标准差。

根据公式说明，可以指导各种类别面料的回归系数只能适用于本类面料的基本风格值测定，不具有通用性。

综合风格值的评定，可以在基本风格值得到后，根据其与综合风格值的回归方程式获得：

$$THV = Z_0 + \sum_{j=1}^{k} Z_j \tag{23-3}$$

$$Z_j = Z_{j1}\left(\frac{Y_j - \overline{Y}_j}{\sigma_{j1}}\right) + Z_{j2}\left(\frac{Y_j^2 - \overline{Y}_j^2}{\sigma_{j2}}\right) \tag{23-4}$$

式中：Y_j 为所测织物的基本风格值；$\overline{Y}_j$，$\overline{Y}_j^2$ 为建立回归方程时标准试样的基本风格值的平均值及其平均值平方的平均值(对既定用途织物是常数)；σ_{j1}，σ_{j2} 为建立回归方程时标准试样的基本风格值的标准偏差及其基本风格值平方的标准偏差(对既定用途织物是常数)；Z_{j1}，Z_{j2} 对既定用途织物是常数。

KES-F 织物风格系统实际上包含了用物理量表征感觉量的技术环节，能够实现对风格(手感)的评价与设计。但上述回归方程依赖于主观评定，而主观评定又受到民族习惯、心理偏好和社会环境等影响，故不能完全适用于其他国家。其他国家可在此基础上组织本国专家建立新的适合本国喜好的回归方程式。

2. FAST 织物测试系统

FAST 织物测试系统能够测试小负荷、小变形条件下织物的压缩、弯曲、拉伸、剪切等四项基本力学性能和尺寸稳定性，其重点在于预测织物尤其是毛织物的成衣加工性能。根据测试结果，参照制衣过程控制图，估计织物是否适合最终用途。它包括三台仪器和一种测量方法，其测试指标见表 23-5。

表 23-5 FAST 织物测试系统测试指标

型号	指标名称(代号)	单位	测量条件或计算	指标说明	推论织物特性
FAST-1	厚度(T_2，T_{10})	mm	2 cN/cm², 100 cN/cm²	—	—
	表观厚度(ST)	mm	$ST = T_2 - T_{100}$	—	压缩性
	松弛厚度(T_{2R}，T_{100R})	mm	2 cN/cm², 100 cN/cm²	汽蒸以后	压缩稳定性
	表观厚度(ST_R)	mm	$ST_R = T_{2R} - T_{100R}$	汽蒸以后	—
FAST-2	弯曲长度(C)	mm	—	经向和纬向	弯曲刚度
	弯曲刚度(B)	μN·m	$B = w \times C^3 \times 9.81 \times 10^6$	w 面密度(g/m²)	—
FAST-3	伸长(E_5，E_{20}，E_{100})	%	5 cN/cm, 20 cN/cm, 100 cN/cm	经向和纬向	—
	斜向拉伸(EB_5)	%	5 cN/cm	右斜和左斜	拉伸特性
	剪切刚度(G)	N/m	$G = 123/EB_5$	—	剪切刚度
FAST-2&3	成形性(F)	mm²	$F = (E_{20} - E_5) \times B/14.7$	—	可成形性
FAST-4	L_1	mm	原始干燥长度	经向和纬向	—
	L_2	mm	湿长度	经向和纬向	—
	L_3	mm	最后干燥长度	经向和纬向	尺寸稳定性
	松弛收缩率(RS)	%	$RS = [(L_1 - L_3)/L_1] \times 100$	经向和纬向	—
	吸湿膨胀率(HE)	%	$HE = [(L_2 - L_3)/L_3] \times 100$	经向和纬向	—

注：FAST-1 型压缩仪：可测定织物在不同负荷下的厚度和织物表观厚度。
FAST-2 型弯曲仪：可测定织物的弯曲长度和弯曲刚度。
FAST-3 型拉伸仪：可测定不同轻负荷下的拉伸和剪切性能。
FAST-4 型尺寸稳定性装置及方法：可测织物的松弛收缩率和湿膨胀率。

3. YG 821 型织物风格测量仪

YG 821 型是单台多测多指标的织物风格测量仪，可测量织物的弯曲性能、压缩性能、表面摩擦性能、交织阻力、起拱变形和平整度，并做出织物相应的风格评语。

(1) 基本力学性能测试

① 弯曲性能。如图 23-10 所示，将试样弯成环状，用压板向下压试样环，当压至设定位移时自动返回，测得弯曲滞后曲线。

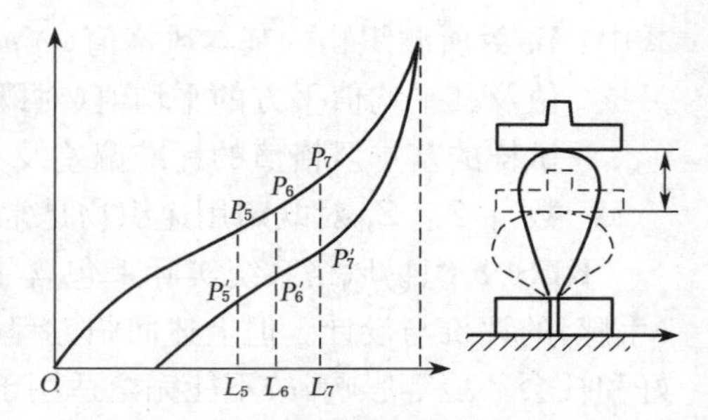

图 23-10 竖向瓣形环弯曲实验

② 压缩性能。通过测量织物试样在轻、重负荷作用下以及去除负荷后试样厚度的变化，可求得压缩性能指标。

③ 表面摩擦性能。将两块织物试样正面相对叠

合在一起，在一定正压力和速度条件下，测定沿水平方向滑动过程中摩擦力的变化。

表 23-6　YG 821 型织物风格测量仪主要测量指标

指标名称		计算公式	单　位
弯曲	活络率	$L_P(\%)=\dfrac{P'_5+P'_6+P'_7-3P_0}{P_5+P_6+P_7-3P_0}\times 100$	—
	弯曲刚性	$S_B=(P_7-P_5)/(L_7-L_5)$	cN/mm
	弯曲刚性指数	$S_{BI}=S_B/T_0$	cN/mm^2
	最大抗弯力	$P_{max}=P_{10}-P_0$	cN
压缩	表观厚度	T_0，轻压（2 cN/cm^2）下的织物厚度，绒毯类织物为 0.5 cN/cm^2	mm
	压缩厚度	T_s，重压（49 cN/cm^2）下的厚度，绒毯类织物为 14.7 cN/cm^2	mm
	稳定厚度	T_{fr}，释压一定时间，再在轻压下测得的厚度	mm
	平方米质量	w	g/m^2
	压缩率	$C(\%)=[(T_0-T_s)/T_0]\times 100$	—
	压缩弹性率	$R_E(\%)=[(T_{fr}-T_s)/(T_0-T_s)]\times 100$	—
	比压缩弹性率	$R_{CE}(\%)=[(T_{fr}-T_s)/T_0]\times 100$	—
	膨松度	$B=(T_0/w)\times 10^3$	cm^3/g
摩擦性能	静摩擦系数	$\mu_s=f_{max}/N$，f_{max} 为最大静摩擦力，N 为正压力	—
	动摩擦系数	$\mu_k=\left(\sum_{i=1}^{n}f_i\right)/nN$，$n$ 为取样次数，f_i 为动摩擦力	—
	动摩擦变异系数	$CV_{\mu_k}(\%)=\sqrt{\left(\sum_{i=1}^{n}f_i^2-n\bar{f}\right)/[(n-1)\bar{f}^2]}\times 100$，$\bar{f}$ 为平均动摩擦力	—
	最大交织阻力	P_{max}	cN

④ 织物中纱线交织阻力。纱线表面的滑糙程度、织物结构的稀密以及织物的后整理工艺等，均与织物中纱线间的摩擦阻力有密切关系。交织阻力是指从一定尺寸的织物试样中抽出一根纱线时所出现的最大摩擦阻力，其试验装置如图 23-11 所示。根据测得的交织阻力曲线，取最大峰值 P_{max} 即为交织阻力。

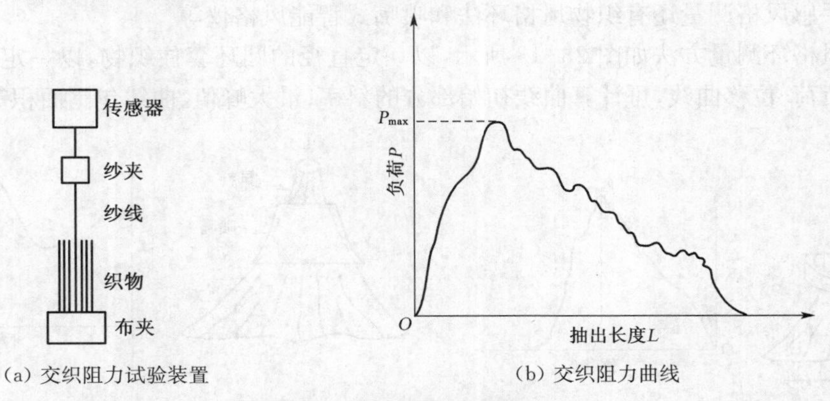

图 23-11　交织阻力试验示意图

交织阻力大，表示织物内纱线间摩擦阻力大，则织物受外力发生弯曲变形时，纱线交织点处不易发生微量的相对移动，手感比较板结。对于长丝织物，当测得的交织阻力小于一定范围时，可以预测该长丝织物在使用中容易发生纰裂。因此，交织阻力的大小，一方面可用来衡量织物手感的板结程度，另一方面也反映了织物抵抗剪切变形的能力。

⑤ 起拱变形试验。起拱变形试验是模拟服装的肘部与膝部的受力积累而产生的起拱变形(图 23-12)。将试样拱顶至一定高度(h_0)，保持一定时间，然后半圆球回复原位，让试样回复一定时间，测定回复后的残留拱高(h)，可得起拱残留率指标 R_{ar}。

$$R_{ar}(\%)=[(h-h_d)/h_0]\times 100 \qquad (23-5)$$

式中：h_d 为起拱前测得的间隙高度。

R_{ar}大，表示织物的抗张回复性差，服用中膝部、肘部容易产生残留变形。

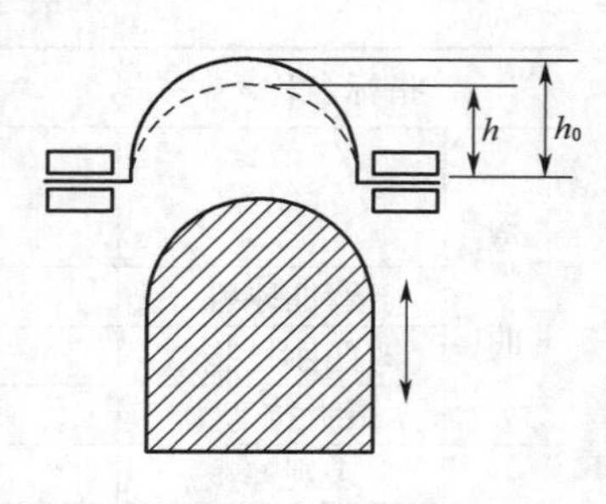

图 23-12 起拱变形

⑥ 平整度试验。织物平整度(CV_r)是在一定的压力条件下，用一定大小的圆形试样平面所测的厚度变异系数。织物厚度不匀，是由纱线张力不匀、条干不匀、绒毛不匀等原因造成的。CV_r 大，表示织物厚度不匀；对绒类织物，表示缩绒或剪毛长度不匀。

(2) 织物风格评定

YG 821 系统在所得指标的基础上，结合感官评价方法并借助评价语言对织物风格做出判断。

① 挺括性。主要涉及弯曲性能。L_p 大，织物的手感活络，弹跳性好；L_p 小，手感呆滞，外形保持性差。S_B 大，织物手感刚硬；S_B 小，手感柔软。S_{BI} 与 S_B 意义相同，可适用于不同品种、不同规格织物间的比较。最大抗弯力 P_{max} 与 S_B 含义相同。

② 丰满性。几乎与所有压缩性能有关。T_0 值大，表示织物较丰厚；T_s 值大，表示织物较厚实。C 值大，表示织物的蓬松性好。R_E 值大，表示织物的丰厚性有较好的保持能力。R_{CE} 值大，表示有较大的 C 值和 R_E 值，是描述织物蓬松性和压缩性的综合指标。B 大，表示织物比较蓬松或组织稀疏。

③ 滑爽(糯、腻)性。当动摩擦系数低而动摩擦系数变异系数较大时，表现为织物手感滑爽；当弯曲刚性指数小、活络率大、动摩擦系数小、织物稳定厚度较大时，手感表现为滑糯；当弯曲刚性指数、动摩擦系数、稳定厚度较小时，则手感滑腻。

4. 其他测试方式

织物手感风格测量还有织物风格环法和喷嘴式智能风格仪等。

织物风格环测量方法如图 23-13 所示，以一定直径的圆环套住织物，以一定速度下降，根据测得的负荷-位移曲线，可计算曲线初始部分的斜率、最大峰值、曲线包围面积等指标。

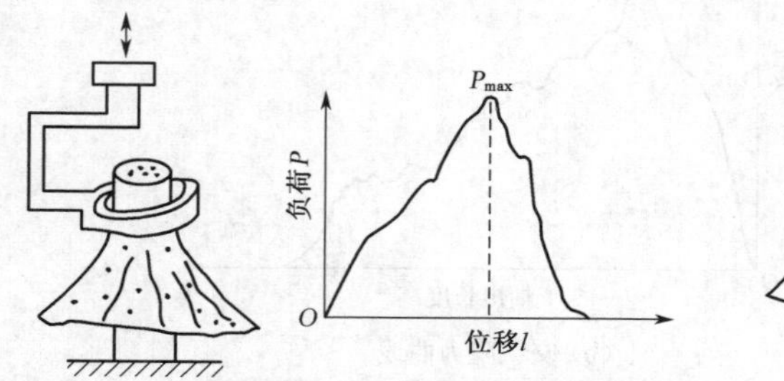

图 23-13 风格环法及其负荷-位移曲线

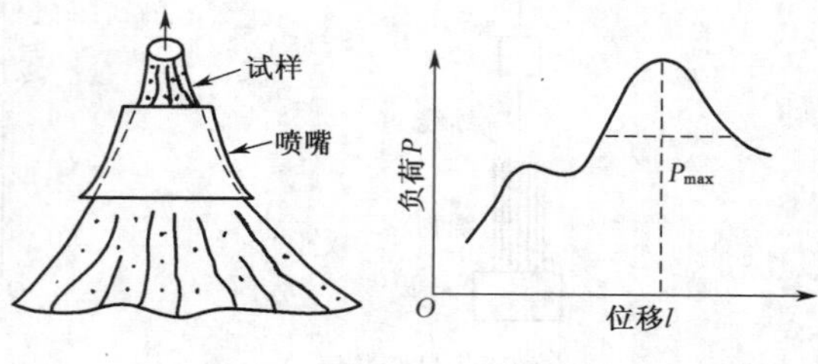

图 23-14 喷嘴法试验及其负荷-位移曲线

喷嘴式智能风格仪测量见图 23-14，将试样从一喷嘴式喇叭口拉出，记录其负荷-位移曲线，可以计算曲线初始斜率、最大峰高、峰宽以及峰面积等指标。

第三节　织物的视觉风格

织物视觉风格是由人的视觉器官对织物外观效果的质量评价，是一种心理感知，不仅与布面的印花图形和色彩有关，而且与织物的光泽、织纹和悬垂性有关。

一、织物的色感

色感觉属于心理物理学现象，而引发色感觉的光刺激则是一种物理现象。织物的颜色可按色彩学分解为色泽、亮度和色度。其中，色泽和色度决定于染料，亮度基本决定于染色浓度。

1. 织物的颜色

织物属于非发光体，而任何非发光体的颜色都是对照射光线有选择地吸收、透射和反射的结果。织物对光线的反射可分为两种情况：一种是表面直接反射，直接反射光不反映织物颜色，只是光源的颜色；另一种是吸收后再反射，这是产生物体色的原因。为增强织物色感觉，应提高物体色的比例，减少光源色。

研究发现，自然界中所有的颜色都可以用色相、饱和度和明度来描述，称为颜色三属性。利用这些属性就可以对颜色进行测量。一般地说，明度决定于有色物质的浓淡，色相决定于有色物质的颜色，饱和度则和颜色的鲜艳度有关。但这些关系不是简单的线性关系，因为人的色感会受到相当大的心理因素的影响。

织物的颜色能够通过对人眼的刺激引发情感响应，这实际上是织物色彩的风格特征。比如红色能够引发兴奋，蓝色有文雅的感觉；纯度高的色显得华丽，纯度低的色显得朴素；明度高的色显得活泼，明度低的色则显得忧郁。通过色彩联想，不同的人会得到不同的心理感受。

2. 色彩的测量和表征

颜色的测量方法有目视法、光电积分法和分光光度法。目视法利用人眼来比较颜色样品和标准颜色的差别，一般在某种规定的 CIE 光源下进行。这种方法的主观影响因素较多，正逐渐被仪器测量方法取代。仪器测量时，一般采用 CIE 标准色度观察者光谱三刺激值 X，Y，Z 进行表征。测试反射物体颜色的三刺激值的标准方程是：

$$X = k\int_{\lambda}\rho(\lambda)S(\lambda)\,\overline{x}(\lambda)\mathrm{d}\lambda,\ Y = k\int_{\lambda}\rho(\lambda)S(\lambda)\,\overline{y}(\lambda)\mathrm{d}\lambda,\ Z = k\int_{\lambda}\rho(\lambda)S(\lambda)\,\overline{z}(\lambda)\mathrm{d}\lambda$$

三刺激值以最低覆盖范围在 400～700 nm 的光谱反射曲线 $\rho(\lambda)$ 为基础进行计算。

光电积分法无法测量颜色的光谱组成，因此纺织品的颜色测量应该采用分光光度法，采用是积分球式分光光度计，根据反射率曲线，再依照上述公式进行计算。

二、织物的光泽感

织物光泽感是指在一定的环境条件下，织物光泽信息刺激人的视觉细胞，从而在人脑中形成对织物光泽的判断，是人对织物光泽信息产生的感觉和知觉反应。织物的光泽来自于其对光线的反射，是评价织物外观质量的一项重要内容。

织物由纤维集合而成，内部有孔隙且表面凹凸不平，而且纤维为半透明材料，因此织物的光泽实际上由三部分组成：正反射光、表面散射光和来自内部的反射光。织物的光泽效果取决于这三个成分的强度、比例和分布。如果反射光量很大但分布并不均匀，形成局部较强反射，形成“极光”；如果反射光量较大且分布比较均匀，形成总体明亮均匀的光效果，就是俗称的“肥光”、“膘光”。光泽属物理概念，可以通过光刺激物理量进行表征；光泽感则属感觉概念，是光感觉的主观响应，只能借助相关光刺激的物理量进行间接表征。

1. 光泽感的组成

(1) 物体表面总亮度

它是来自不同反射方向的反射光量的总和，包括正反射光、表面散射反射光和来自内部的散射反射光。

(2) 反射光光强分布

它是不同反射方向的反射光量之间的大小差异，会形成物体表面亮度的方向间差异。

(3) 内外部反射光的比例

内部反射光是物体色，外部反射光是光源色。在总反射光中，当两者的比例发生变化时，光泽的质感就有差别。

(4) 亮度微观差异

指在同一光照下因纤维与纺织品表面形态的非均一性而引发的亮度微观差异。它通过对感官的不均匀刺激，对光泽的显微质感产生影响。

(5) 内部反射光色散

光线在纤维内部经过多次反射和折射，而不同频率的光的折射率是不同的，从而产生色散。色散程度不同会使光泽具有不同的“彩度”，比如白色织物因色散现象会隐隐显示彩色的晕光。

上述五种表现形式中，(1)和(2)主要表达光泽感的“量”，(3)(4)(5)主要表达光泽感的“质”。其中(1)(2)(3)是最重要的三种表现形式，可利用这三种形式提供的物理数据对织物的光泽感做出间接表征。物体表面总亮度和发射光光强分布，可以采用变角光度法测得，内外部反射光的比例可通过偏光光度法测出。

2. 织物光泽的测量和评价

织物光泽的评价是一个十分复杂的问题，其评价标准有两类：一类是追求天然材料的质感，如真丝面料的华丽高雅、毛织物柔和的光泽、棉织物淳朴的质感和麻织物粗犷的风格等；另一类是依据视觉美学规律，其评价结果受个人特点、风俗习惯和流行趋势的影响。

目前常用的方法分两类：感官评定与仪器测试。感观评定简便、快速，但带有较强的主观因素且只能得出相对优劣，即定性描述，故人们设想用物理测量方法辅助或取代视觉评价。

(1) 变角光度法

用一定角度的入射光照射材料表面，测量反射到不同角度上的光量大小及其分布，绘出变角光度曲线（图 23-15）。根据测量位置的变化情况，可分为二次元变角光度法和三次元变角光度法。变角光度曲线反映整个反射光量的大小和分布状况，并可提出一些表征光泽的指标，如镜面光泽度和对比光泽度，这是两个使用比较广泛的光泽特征指标。下面主要介绍根据二次元变角光度曲线获得的指标：

① 镜面光泽度。也称正反射光泽度，是正反射角处的

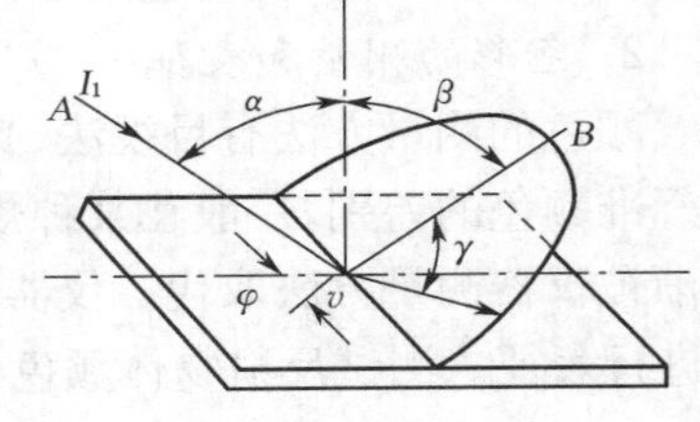

(a) 二次元和三次元变角光度

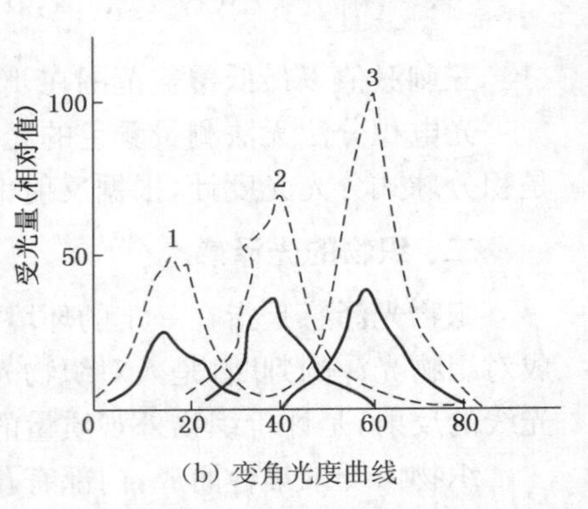

(b) 变角光度曲线

图 23-15 变角光度法示意图

（1，2，3 分别表示入射角 α 为 20°，40°，60°；实线和虚线代表两种 β 角）

反射光量。对光滑表面来讲，这是反射光量最大的位置。纤维材料表面凹凸不平，会使反射减弱或偏移。测试时，入射角一般以 60°或 45°为宜，测量结果与视觉评价有较好的相关性。

② 对比光泽度。指同一入射角不同反射角或同一反射角不同入射角时测得的反射光量之比。在二次元变角光度曲线上，取入射角与反射角相等并为 45°时的反射光强 I_{45-45} 及入射角为 0°时的漫反射光强 I_{0-45}，计算两者的比值，即为二维对比光泽度：

$$G_2 = I_{45-45}/I_{0-45} \tag{23-6}$$

③ 漫射光泽度。根据二维漫反射曲线可获得二维漫射光泽度 G_D。漫射光泽度能够扩大对比光泽度难以区分的织物光泽差异，并能对总反射光量进行推测。

$$G_D = \int_0^{\alpha} \frac{I_{\alpha-\theta}\,d\theta}{I_{\alpha-\alpha}} \tag{23-7}$$

式中：α 为入射角；θ 为漫反射角；$I_{\alpha-\theta}$ 为入射角为 α 和漫反射角为 θ 时的反射光量；$I_{\alpha-\alpha}$ 为正反射光量。

如果织物的镜面光泽度大，对比光泽度小，说明试样有比较突出的“极光”现象；如果变角光度曲线下的积分面积较大或漫射光泽度较大，而对比光泽度比较小，说明“肥光”比较突出。

(2) 垂直轴旋转法(Jeffries)

本法中，入射光、受光器与试样法线在同一平面内，光源与受光器固定，试样以通过入射点的试样法线为轴在试样面内回转，获得发射光强度与不同旋转角的关系曲线(图 23-16)，称为 Jeffries 光泽度曲线。一般入射角 $\varphi_1 = 45°$，受光角 $\varphi_2 = 75°$。

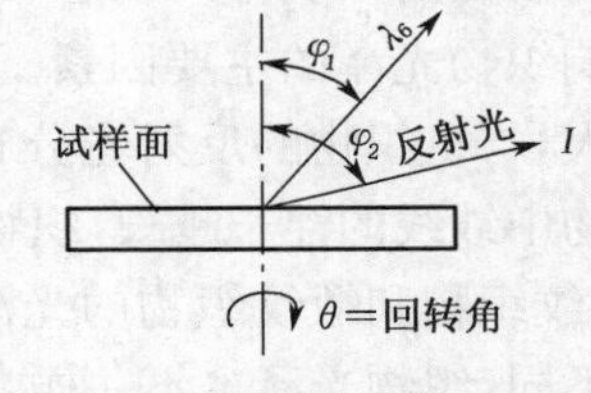

(a) 回转法示意图

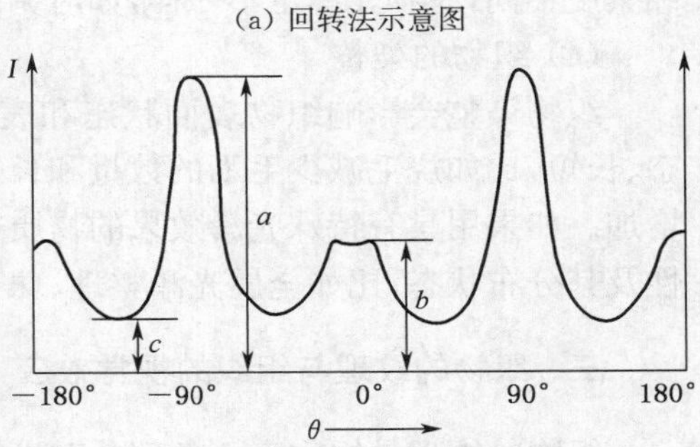

(b) Jeffries 光泽度曲线

图 23-16　Jeffries 回转法示意图

由于机织物由经纬交织而成，Jeffries 光泽度曲线上会出现波峰和波谷，波峰一般与织物的经向和纬向相对应，波谷一般在经纬纱的对角线方向，峰、谷的值比较稳定。因为经纬向峰值可能不同，所以从 Jeffries 光泽度曲线上获得两种指标：

$$G_J' = (a-c)/c,\ G_J'' = (b-c)/c \tag{23-8}$$

(3) 偏光旋转法

如图 23-17，测试时试样随平台绕 NN 轴回转，在光源和受光器前加放偏光器，分别接收垂直于和平行于入射平面的反射光，获得偏光光泽度和回转角 θ 的关系曲线。入射角和反射角相等，均按全反射角的数值选取。根据该曲线可得偏光光泽度：

$$G_P = (I_{\perp} - I_{/\!/})/(I_{\perp} + I_{/\!/}) \tag{23-9}$$

式(23-9)中，分子部分与来自织物内部的反射光有关，分母部分与总反射光量有关。可见，偏光光泽度实际上反映了内部反射光在整个反射光中的比例，但由于受织物表面状态的影响，只能近似反映。

3. 影响织物光泽的因素

(1) 纤维性状

纤维性状是影响织物光泽的一个重要因素，主要有纤维表面状态、纤维横截面形状和纤维内部的层状结构。

(2) 纱线结构

纱线的结构不同,即纱线中纤维的空间形态及纤维间的结合堆砌状态不同,其光泽效果明显不同。纱中纤维的伸直度愈好,纤维间排列愈整齐,织物的光泽愈强,如缎类丝织物一般采用无捻或弱捻长丝纱。纱线的毛羽会使漫反射光增强,使织物的光泽度减弱。

(3) 织物结构

织物表面的纱线排列状态、纱线弯曲情况及纱线粗细都是影响织物光泽的主要因素。针织物采用线圈结构,纱线曲率大,与机织物的反射光分布与光泽效果有明显的差异。织物中纱线的浮长越长,织物的光泽度愈强,比如平纹织物、斜纹织物和缎纹织物的光泽度依次增强。织物的经纬紧度不同,织物光泽也不一样,如府绸的光泽较平布好。

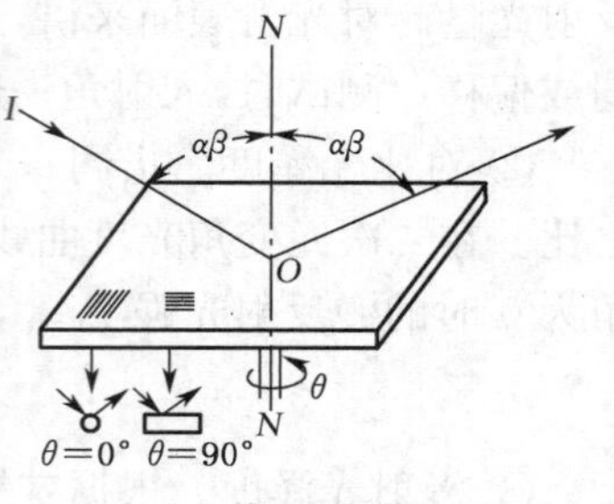

(4) 织物的染整

(a) 偏光法示意

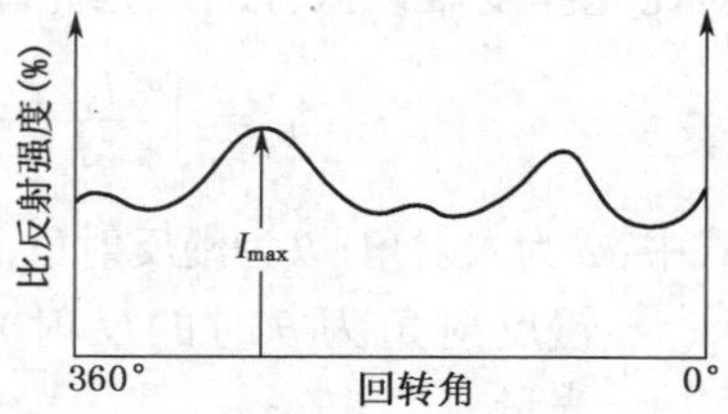

(b) 偏光光泽度曲线

图 23-17 偏光光泽度测定方法示意图

织物染整会影响织物表面状态和表面毛羽的数量、状态、长短,比如烧毛减少毛羽的数量和长短,轧光使织物表面变得平整,均使织物的镜面反射光增加。如果用具有特殊光泽效果的物质进行整理,织物的表面光泽将依赖于该物质的光泽特性及其分布状态,比如金属光泽整理、珠光整理等。

三、织物的纹理与组织的视觉效应

织物的纹理是织物表面各部分对光线反射的强度、方向、质感等差异造成的。为保证织物能正常成形,纱线编织是有规则的,但最终获得的纹理却有不同。纺织品的纹理主要依赖纤维原料、纱线造型、结构纹理、色纱排列以及整理后加工工艺,使纺织品产生诸如平整、凹凸、起绉、条纹、格子、闪光、暗淡、粗犷、细腻、蓬松、起绒等纹理效果。

1. 纱线结构和造型对纹理的影响

短纤纱赋予织物细微的粗糙度、相当程度的柔软度及较弱的光泽;长丝则具有相对于纱轴最大的纤维取向度、几乎无缺陷的均匀度和尽可能高的聚集密度,使织物在光泽、透明度和光滑度方面达到顶点;而变形长丝赋予织物极大的蓬松性、覆盖性及柔软的外形和柔和的光泽。

纱线粗细直接影响织物的厚薄和纹理细腻程度。纱线加捻不仅使其本身抱紧并产生螺旋状扭曲,其捻度和捻向对织物的光泽、强度、弹性、悬垂性、绉效应、凹凸感都有很大的影响;而由相同或不同类别、性能(如收缩性)、质感的材料并捻加工而成的花式纱(线),使织物产生绒圈、绒毛、疙瘩、闪光等各种形态肌理的视觉效果。不规则的彩芯、彩点,给织物带来丰富和多变的细腻色彩效果;结子线、疙瘩纱有仿麻特征;竹节纱和大肚纱使面料表面产生随机疙瘩效果;雪尼尔纱使织物具有丝绒感;断丝线通过色彩搭配可形成不规则和参差不齐的断丝光泽风格;渐变色纱可使织物的色彩纹理自然过渡和渐变。

2. 织物组织结构对纹理的影响

纱线交织的组织所产生的织物纹理概括称为织纹(也可称为纹路),大致可归纳为:点纹,指平纹、变化平纹、斜方平等点状纹理;线纹,有纵纹、横纹、斜纹、折纹、曲线纹及花式线状纹等;面纹,如缎纹的光面纹或用不同组织以块面组合形成的棋盘格形式;凹凸纹,由绉纹、凸条、蜂巢等组织而形成;纱罗、透孔、网目等组织,使织物形成孔状纹路。

各类组织的复合运用能够赋予面料凹凸、起绉、起绒、厚实等效果;重组织能够赋予面料多色彩、起绒、隐约闪光以及丰厚等效果;起绒组织赋予面料起绒效果;绞纱、经编网眼赋予面料透通的效果;纬浮组织除通常的起花作用外,还用于正面长浮修剪,使面料在透明地上露出长长的浮线。麻纱织物利用变化纬重组织,其外观呈经向凸条或经向菱纹,具有像麻织物一样的粗犷风格;蜂巢组织的织物外观呈现菱形几何图形的凹凸立体效果,手感丰厚;绉组织赋予织物均匀暗淡的光泽;凸条组织使织物有明显的凹凸条纹;网目组织有特殊的经或纬浮长线做屈曲移动所形成的网络状图案等。

针织物组织,如集圈组织,利用集圈线圈的排列和不同色彩纱线,可使织物表面产生图案、闪色及凹凸等效应。机织物中,由织造时两种不同张力经纱在织物表面形成泡泡或有规律的条状绉纹,也可以在染整加工中利用棉织物遇烧碱急剧收缩的特性加工成各种花式纹样的泡泡纱。平绒、灯芯绒织物则由割绒工艺加工而成。非织造布由于针刺或黏合方式不同,其表面纹理也有差异。

3. 染整加工及表面修饰

织物通过染整加工可产生多种与原织物迥然相异的外观纹理风格。特色突出、效果显著的后整理主要有:烧毛、轧光等光面整理,使织物表面平整、滑爽、光亮;磨绒、拉毛、植绒等绒面整理,使织物表面形成一层短或长的细密毛绒,通过进一步整理,可生成顺绒、立绒、波状绒、球珠状绒等效应;超喂、轧泡等起绉整理,使织物表面凹凸不平;涂层、静电植绒等添加整理,使织物具有仿皮革、仿麂皮的纹理效果。

第四节　织物成形性

一、织物成形性概述

1. 织物成形性概念

织物的成形性,或称加工成衣性,主要指将二维织物制成三维服装时,织物性能对服装三维曲面造型的适合程度。此外,人体在运动中由织物力学性能支配的服装形体美感也包括在成衣性范畴内。由于服装款式多样,其空间曲面造型迥异,所以对织物成衣性的要求也不同。例如,悬垂类服装的面料成形性主要是悬垂性,制服类服装则要求面料在肩、背等部位具有良好的曲面造型能力。

织物的成形性主要与剪切性能、弯曲性能、单位面积质量和低应力下的拉伸性能有关。研究织物客观力学物理性能及其与服装加工性能的关系,对指导织物生产、服装款式设计和服装缝纫加工,都具有重要意义。

2. 织物成形性指标

Lindberg 最早注意到服装造型效果优劣的决定因素之一是两个长度不等的织物是否能通过一侧超喂缝制成无皱折的自然曲面,如西服的肩袖缝合区、肩部的前后身缝合区和西裤的腰部等。为此,Lindberg 定义了成形性指标 F(formability)。

$$F = C \times B \tag{23-10}$$

式中：F 为成形性，类似等级指标，无单位；C 为面料在自身平面内压缩变形曲线的线性度；B 为织物弯曲刚度。

由于线性度指标 C 的测量非常困难，故假设织物在同一方向的拉伸与压缩这两个性能相关，并给出用拉伸指标取代压缩指标的近似公式，式(23-11)就是一例，它是澳大利亚联邦科学工业研究组织(CSIRO)开发的在 FAST 基本力学性能指标下的成形性指标。

$$F = (E_{20} - E_5) \times B / 14.7 \tag{23-11}$$

式中：E_{20} 和 E_5 分别为拉伸应力为 20 cN/cm 和 5 cN/cm 条件下的伸长率。

应该说，上述成形性指标只反映服装曲面造型的某些特殊方面，而不是全部。在很多情况下，服装是曲线裁剪等量喂入缝制成曲面(如制服的腰部)，还有些情况是通过面料悬垂形成曲面，可见不同款式的服装其成形性的主要内容或侧重面有所不同。对于造型复杂的服装，面料的成形性根本不能只用一个指标表征。日本在将服装分为制服类、悬垂类、宽松类的基础上，利用 KES-F 测试指标，已开发出判断给定面料所适合的最佳服装款式类型的聚类判别公式。但关于织物的成形性，还未形成一个比较完善的知识体系。

二、织物成衣性控制图

FAST 系统测试的力学指标分布图(fast control chart)实际上是制衣过程控制图，如图 23-18

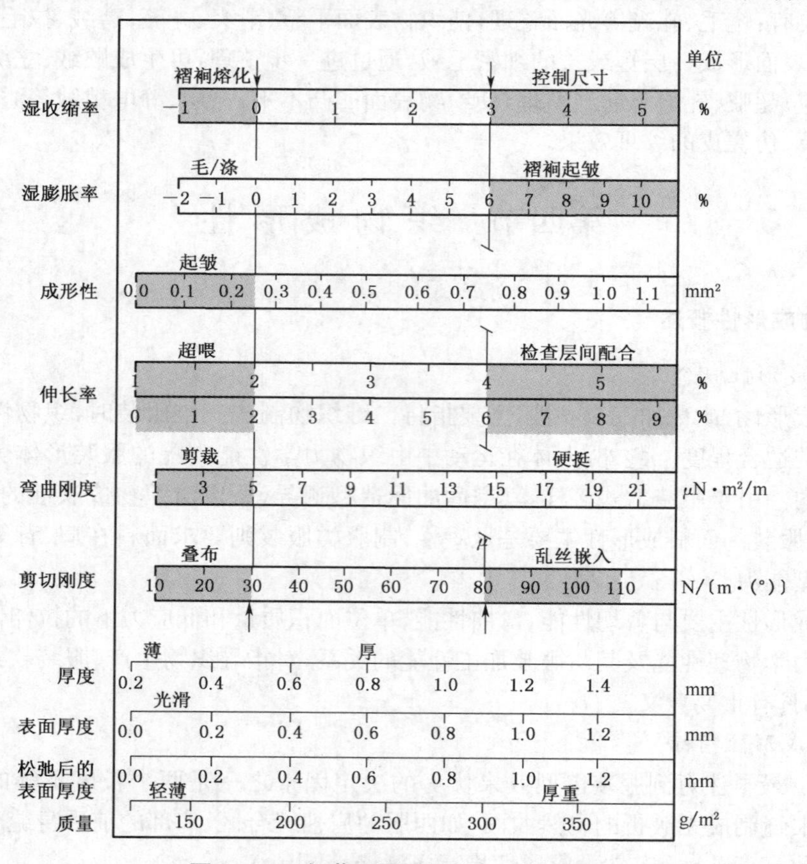

图 23-18　轻薄西服面料的 FAST 控制图

(注：图中阴影区域表示制衣过程需加以控制)

所示。若性能落在阴影区域,则表明制衣过程需要特别控制。图中还给出了织物剪裁、缝纫、熨烫的指导说明,表 23-7 是对指标的详细说明。KES-F 系统也有类似的图形。

表 23-7　FAST 测试系统制衣过程控制指标及范围

控制指标	指标代号	控制范围	控制说明
松弛收缩	RS	<0.0%	织物熨烫、黏合等困难,重新整理,增大松弛收缩值
		3.0%~4.0%	服装尺寸不稳定,故裁剪时要增加 2%
		>4.0%	重新整理,以减小松弛收缩值
吸湿膨胀	HE	5.0%~6.0%	服装可能打褶和起皱,要进行热压
		>6.0%	重新整理,以减小吸湿膨胀
成衣性	F_1, F_2	<0.25	服装要起皱,应重新整理,增加伸长
	F_1	0.25~0.30	贮存后检验服装,以防缝纫起皱现象
	F_2	0.20~0.25	
伸长能力	E_{100-1}	<1.5%	服装成形模制困难
		1.5%~2%	缝纫前拉长曲线缝的外边,长缝边和放宽缝边要施以额外熨烫,裁剪时稍斜方向裁
		4.0%~5.0%	展开布料时动作要轻,叠放时要特别检查伸长情况
		>5.0%	要重新整理以减少织物伸长
	E_{100-2}	<1.3%	重新整理,增加伸长
		>6.0%	要重新整理以减少织物伸长
弯曲刚度	B_1	<5 μN·m	织物裁剪、传送和缝纫困难
	B_2	<5 μN·m	裁剪要用真空台
剪切刚度	G	20 N/m	铺幅、落料比较困难,应重新整理
		20~30 N/m	缝肩缝要仔细,确保缝制后的尺寸,在裁剪前展放织物要直
		80~100 N/m	绱袖和成形较困难,梢袖时要仔细,48 h 后检查缝纫起皱情况
		>100 N/m	要重新整理,减少剪切刚度
松弛表观厚度	STR	0.100~0.180 mm	有利加工
松弛前后厚度比	STR/ST	<2.0	适合加工
织物质量	w	—	越轻,生产越困难

三、影响制衣加工性能的因素

服装生产加工过程就是将面料立体缝合成形的过程,加工难易受织物低负荷下力学性能、织物热湿性状变化和可缝性能的影响。

1. 织物低负荷下力学性能的影响

将二维面料缝制为三维服装的生产过程中,面料会发生拉伸变形、剪切变形、弯曲变形、压缩变形以及它们的复合变形。

面料拉伸性能过低，车缝超喂时难以拉伸，缝纫过程中易产生歪斜，绱袖时难以形成三维造型；面料拉伸性能若与缝线拉伸性不匹配，缝合处易发生接缝起皱；面料的拉伸性能过高，铺料时容易变形，裁剪出的衣片尺寸不准确。当面料剪切刚度过低或拉伸性能过高时，容易造成裁片歪斜或小于原定尺寸。若面料弯曲刚度过低，裁剪过程中易变形，缝制过程中易发生接缝起皱；弯曲刚度过高，则会影响面料的悬垂性，进而影响服装的外观效果。面料剪切刚度过低，铺料、打剪口、裁剪过程中易变形。

成功的超喂要求面料在起皱情况下具有抗压缩的能力，利用成形性指标能够判定面料在超喂阶段是否容易起皱，指示面料是否容易形成三维造型。

2. 织物热湿性状变化的影响

在服装加工中，织物受反复加热、加压、烘干、加湿的作用，织物的热湿变形会对成衣加工造成影响。吸湿膨胀（*HE*）、松弛收缩（*RS*）是服装穿着、干洗或熨烫后织物尺寸变化、织物结构不稳定的重要因素。汽蒸和化学定形，会增加织物吸湿膨胀的变化程度。*HE* 过大，会使服装外观发生问题，特别是在低湿度环境下制衣而在高湿度环境下穿着，服装缝边易发生起皱，有黏合衬的面料表面会扭皱、变形等。*RS* 值小，可减小有黏合衬面料的表面变形。

服装加工过程中，织物回潮率在不断变化，相应的力学物理性能也在变化，要考虑吸湿膨胀、吸湿滞后对织物力学性能的影响。当面料和衬料黏合后，面料的性质会有所改变，当相对湿度改变时，面料吸收湿气而膨胀，若为部分黏合，黏合边缘会产生褶皱；而较严重的膨胀会使黏合片产生气泡且不能用压整去除。

熨烫对最终成衣外观起着重要作用。熨烫效果的评价，可用面料的褶皱经熨烫后的回复角表达，低的回复角意味着好的熨烫效果。具有低于 20°的熨烫回复角的面料熨烫后缝制效果，主要取决于面料的剪切模量、松弛收缩值和织物平方米质量。松弛收缩值大，有利于熨烫过程中去除缝纫起皱，较低的剪切模量能使织物形成光滑的缝纫面并能调节宽余量。

3. 织物可缝性能的影响因素

织物的可缝性是指由织物自身结构和特性所决定的缝纫加工的难易程度。它具有广泛的含义，其影响因素很复杂，根据各方面的研究，可绘成如图 23-19 所示的鱼刺图。

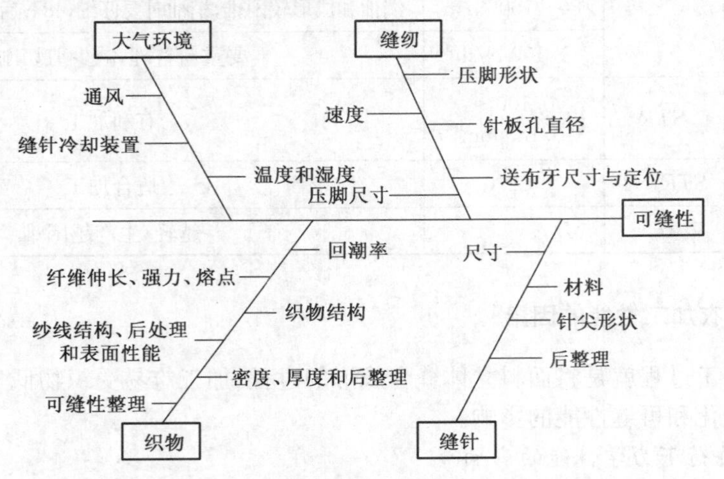

图 23-19　织物可缝性影响因素分析

比如织物表面性能的影响，即织物的摩擦性能及粗糙度，质地光滑、轻薄的面料，如细旦真丝、人造丝、化纤异形丝等产品或高支纱丝光烧毛产品，表面非常光洁，在送布过程中，容易因压脚的阻滞作用而使上下层布料的送布量产生差异，形成接缝起皱。

织物的缝纫性能不但与织物的物理机械性质有关，还和缝纫加工条件、服装成形工艺密切相关，在此不详述。

思　考　题

23-1　试简述织物风格包含的内容。

23-2　试述目前仪器测量织物手感时有哪些项目和指标？各种测试系统如何评价织物手感？

23-3　织物风格中弯曲特性与手感有何关系？

23-4　织物压缩特性与织物手感有何关系？

23-5　织物摩擦特性与织物手感有何关系？

23-6　什么是织物的颜色？影响织物颜色的因素有哪些？

23-7　什么是织物的光泽？织物光泽感由哪些因素组成？

23-8　测量织物光泽的方法和相应指标有哪些？

23-9　试述影响织物光泽的因素有哪些？

23-10　试述织物纹理由哪些因素构成？

23-11　什么是织物加工成衣性？如何表达织物成衣性？影响织物成衣性的因素有哪些？

第二十四章　纺织品的防护功能与安全性

本章要点

介绍纺织品防护功能与分类，阐述各种防护用纺织品的防护原理和实现手段，简要介绍智能纺织品的分类和典型应用。

随着现代科技与产业的发展，为避免人员作业时受到劳动环境中物理、化学和生物等因素的影响，对纺织品提出了防护性要求。此外，对人们日常生活中使用的纺织品也逐渐提出防护要求。纺织品的防护性能分类及应用举例见表 24-1。

表 24-1　纺织品防护对象及特种纺织品

防护对象		纺织品应用举例
物理因素	机械外力	防弹织物、防刺织物、冰球服、赛车服
	寒冷/雨水/风	抗浸防寒服、防风透湿织物、防水透气服、防风服
	高温/火	防火织物、阻燃织物、消防服、电焊防护服
	电/静电	绝缘服、强电工作服、防静电织物
	电磁辐射/放射线/光	防电磁辐射织物、X 射线防护服、微波防护服、防紫外线织物
	粉尘	防/无尘服
化学因素	毒液/毒气	防毒服、生化防护服
	油污/化学品/药品	防油污织物、化学品防护服、卫生保护衣、防酸/碱工作服、农药播撒服
生物因素	细菌/病毒	无菌服、抗菌防臭织物
	血液/体液	医用血液/体液屏蔽织物
	昆虫	防蚊虫服、防螨纺织品

第一节　织物的物理防护作用

一、热防护

热防护指的是纺织品在高温或低温环境中，能够保持必要的力学性能和结构稳定，并具有必要的隔热功能。热防护包括高温环境和低温环境，典型的低温环境有极地、冰水、高空及太空等；典型的高温环境主要有火灾、冶金、电焊、铸造等。这些区域的共同点都是织物通过热防护，保证人体与织物之间的内环境处于人体能够承受的范围，以防止人体受到伤害。可以看出，织物的力学性能也必须保证人员必要的操作能力，比如灭火需求。寒冷环境下的热防护，一般与织物的抗风、雨水或冷水性能相联系，这与织物的热学性质和透通性能密切相关，具体内容可参见有关章节，在此不单独阐述。下边主要介绍高温或明火环境下的热防护。根据防护对象的不同，可以分为阻燃隔热织物和阻燃织物。

1. 阻燃隔热织物

阻燃隔热织物的防护原理主要是采取隔热、反射、吸收、碳化隔离等屏蔽作用，保护劳动者免受明火或热源的伤害。阻燃隔热织物主要适用于在明火或熔融金属等高温场合附近以及有易燃、易爆物质并有着火危险的地方工作时穿用，为上述场合的工作人员提供保护。

阻燃隔热织物一般作为防护服装使用。国际上将其分为防熔融金属、防火焰及对流热、防辐射热、防接触热 4 大类。我国按防护要求主要分为高温防护服和耐高温防护服，前者用于冶金、钢铁、焊接等作业，后者用于消防等场合。

阻燃隔热织物的力学性能和结构应对明火和高温具有高稳定性能，对热具有高隔绝和强衰减的能力，能承担对人体或物体的安全、可靠的防护功能。为达到上述要求，一般采用多层结构，具有复合功能。

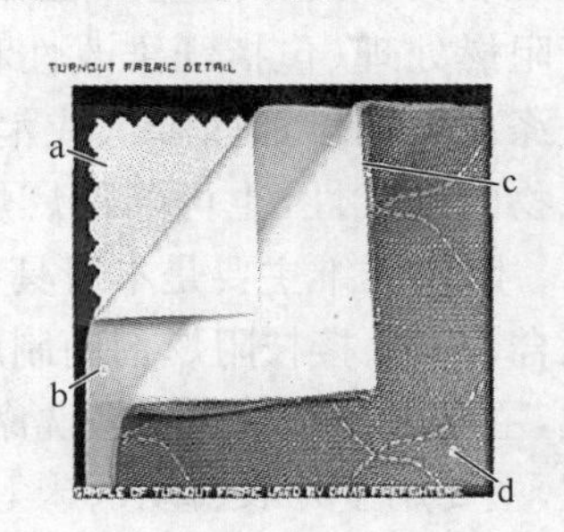

图 24-1　消防服装的面料层次设计

a—外壳层：Kevlar/PBI 混纺机织物
b—蒸汽阻挡层：PTFE 层压芳纶无纺布
c—隔热层：Nomex/para-aramid 复合布
d—舒适层：棉布或棉/涤混纺织物

图 24-1 为消防服装面料层次设计。最外层是与火焰直接接触的一层，要求具有永久阻燃防火性能，并能反射光和热，可选择极限氧指数高、耐热性和热稳定性强的纤维材料，如芳纶类纤维、预氧丝（或纤维）、陶瓷和石棉类纤维，根据使用要求还可进行镀铝等防火涂层整理。中间层要求保证热量的阻隔、温度的降低，防止直接灼烧的热传导性能和辐射热的渗透，达到安全防护并提供充分时间实施灭火救援。内层主要提供穿着舒适性能。

阻燃隔热织物主要品种有：

① 帆布织物。用天然棉或麻制成的帆布，经耐燃整理加工后，遇火只炭化而不发生燃烧，离开火焰能自熄。可在内层增加衬呢织物，提高隔热效果。为增加对热辐射的反射，面料多为白色或银色。

② 石棉织物。石棉导热系数小，耐高温，可应用于高温炉前操作。但石棉织物自重大，强度低，并且石棉粉末有致癌危险。

③ 铝膜布。以阻燃棉布、石棉布或玻纤布为坯身，外镀铝膜或贴铝箔，能够用于高温作业。若采用重型铝膜布服装，并配安全帽与呼气罩，可直接进入 200～800 ℃的高温缺氧环境。

④ 阻燃防火服。采用芳纶纤维、聚丙烯腈基氧化纤维、PBI 纤维或碳纤维等耐高温纤维，在火中不燃不融，并耐化学腐蚀。长期使用可耐 150 ℃以上，短时间可耐 2 000 ℃火焰。

2. 阻燃织物

阻燃织物在保证常态使用时对人体无害、保持原有织物风格及外观特征的前提下，提供或具有阻燃功能。阻燃是在纺织品原有正常使用功能基础上的附加功能，以不妨碍原纺织品的使用为原则。因主要应用于人们的日常生活和工作中，阻燃防护材料必须对人体无害、安全，并满足产品的有效使用期要求。

据统计，约50%以上的火灾事故是因纺织品不阻燃而引起或扩大的，尤其是住宅火灾，因纺织品着火而酿成事故的比例更大。欧美等发达国家根据纺织品的不同要求，对纤维及其制品的燃烧性能提出了具体的要求和限制，并制定有关纺织品阻燃的法令法规和测试标准，规定宾馆、医院、酒店等公共场合的窗帘、帏帐以及老人、小孩、残疾者等行动不便或缺乏生活自理能力者的服用纺织品必须达到一定的阻燃标准。我国纺织品阻燃技术起步于20世纪60年代，但真正较全面、系统并迅速地发展，却始于80年代，相继推出不少阻燃规定和防火规范。

纺织品的阻燃性能主要通过两种方法获得：一种方法是直接生产阻燃纤维，采用纯纺、混纺或交织的方法生产阻燃织物，其阻燃性能耐洗涤，具有永久阻燃性；另一种是对织物进行阻燃处理（包括纤维改性和后整理），该方法成本低，加工容易，但阻燃性能随使用年限和洗涤次数的增加而降低或消失。此外通过选择厚重、致密、多层、少毛羽结构的织物，减少织物的透气性，也可降低燃烧性能。

阻燃纤维主要是本身具有阻燃功能的高性能纤维和改性阻燃纤维。改性阻燃纤维可通过混合、共聚、接枝阻燃剂而制成。阻燃整理主要对纺织品的表面进行处理，常用方式有：喷涂处理，主要用于较少或不需洗涤的装饰织物和建筑用织物，如地毯、墙布、建筑膜等；浸轧、浸渍处理，主要用于外衣、睡衣、床上用品和其他家用纺织品，具有较高的耐洗性能；涂层处理，主要加工劳动防护服以及装饰织物，如电焊工作服和炼钢工作服以及装饰用织物等。

阻燃性能评价是非常困难和复杂的（表24-2），各国对纤维材料的燃烧性能测试已建立许多标准，但所测结果大都是半定量的，测试信息也不足，各种方法较难比较。纺织品燃烧性能可由引燃、火焰蔓延及持续性、能量和燃烧产物四个方面所属的许多评定项目进行表征。在实际测试中，一般选择与织物使用环境和条件相关的项目进行测评。

表24-2 表征纺织品燃烧性的参数

参数	评定项目
引燃	火源的性质、引燃的容易程度
火焰的蔓延和持续性	各方向的蔓延速度、引燃方式的影响、燃烧程度、样品消耗速率、火焰熄灭速率、余辉性质
能量	放出的总能量、能量释放速率、能量消耗速率、能量转移速率
燃烧产物	气体产物组成和浓度、发烟性、气体毒性、残骸性质

广泛采用的测量方法是极限氧指数测定法，采用垂直配置的试样，在其顶部点燃后保持火焰向下扩散，测量保持燃烧的大气中所含最低含氧体积分数。

常用测量方法还有垂直法、水平法和45°倾斜放置的燃烧实验，主要考察炭化长度或面积、续燃时间、滴落物质量，以表征材料燃烧性能。垂直法适用于各类材料，水平法主要用于地毯类的铺垫材料，45°法适用于窗帘和帏幕材料。

二、电磁辐射防护

现代人类生产和生活中会产生各种形式、不同频率、不同强度的电磁辐射，形成电磁环境污染。人体长期处于电磁波辐射环境中，将严重损害身心健康，影响正常生活秩序。研究证明，电磁波辐射危害人体的机理主要是致热效应、非热效应和累计效应等，致热效应是高频电磁波对生物机体细胞的加热作用，会直接影响人体器官正常工作；非热效应是低频电磁波产生的影响，会干扰和破坏人体固有的微弱电磁场。

从 20 世纪 60 年代起，为了保护人们的身心健康，各国政府相继制定了国家标准，对电磁辐射源进一步加强屏蔽、兼容，在减少电磁辐射的同时，开始研制开发个体防护材料，进行防范。

电磁波传播到达防护材料表面时，主要采用以下两种方法进行电磁屏蔽：

① 当电磁波的频率较高时，利用低电阻率的材料中产生的涡流，产生与外界电磁场方向相反的感应磁场，从而与外界电磁场相抵消，达到对外界电磁场的屏蔽效果。这要求纺织材料具有良好的导电性。

② 当电磁波的频率较低时，采用高导磁率的材料，使电磁能转化为其他形式的能量，由此达到吸收电磁辐射的目的。这要求纺织材料具有较强的导磁性，能有效地起到消磁作用。

电磁辐射防护织物中常用的导电纤维有：金属纤维、碳化硅(SiC)纤维、导电镀层或涂层纤维、导电高聚物或其接枝高聚物纤维和碳纤维等。常用的涂层或者浸渍处理织物有：含 SiC、含金属、含碳粉末的涂层织物或金属喷镀织物。如德国的 Smowtex 织物，采用聚酯或聚酰胺纤维与铜、不锈钢或其他金属合金混纺后织制而成，可以保护人类免遭有害电磁辐射。美国已制造出由极细不锈钢纤维制成的织物，用于发射天线附近的工作人员。俄罗斯开发出含极细镍合金丝交织针织物，对视频终端设备散发的电磁波的屏蔽效能为 40 dB(相当于使电场强度减小 100 倍)。瑞士采用非常细的镀银铜丝，外覆聚亚胺酯膜或特殊的银合金，再在外层包覆棉或聚酯纤维，开发出能提供有效电磁防护的薄型织物，屏蔽效能可达 50 dB，所有织物可以成形、剪裁、折叠、缝制加工并可免烫。

三、高能辐射防护

自然界存在的高能辐射一般不会对人体造成伤害。由于工农业生产和医疗卫生的要求，人们常常利用一些高能辐射进行探伤或辐射育种及杀菌、核工业设施及核装备场合。高能辐射主要包括 X 射线、γ 射线及中子射线。

依靠织物抵抗 γ 射线比较困难，主要采用铅粉或铅的化合物制成防护服，也可以采用质量比为 45%～60%的硫酸钡溶液喷涂纯棉织物。采用铅、钡、钼、钨等金属及其化合物与织物黏合后可用作此类防护面料。

X 射线常用于医疗器械，以检查人体内脏的某些疾病或用于工业产品的质量检测。有关工作人员长期接触 X 射线，会发生蛋白质分子破坏、DNA 键断裂和酶破坏等，使细胞、组织、器官发生损伤，对人体造成伤害，若超过一定的剂量还会造成白血病、骨肿瘤等疾病，给生命带来严重威胁。X 射线防护服主要由防 X 射线纤维制成，主要利用铅、钡等重金属盐，采用对传统纤维改性、共混或复合纺丝方法制备防 X 射线纤维。

中子虽不带电荷，但具有很强的穿透力，在空气和其他物质中，可以传播更远的距离，对人体产生的危害比相同剂量的射线更为严重。中子辐射防护服主要由防中子辐射纤维制成。防中子辐射纤维是指对中子流具有突出抗辐射性能的特种合成纤维，在高能辐射下仍能保持较好的机械性能和电气性能，同时具有良好的耐高温和抗燃性能。由防中子辐射纤维制成的防护服，其作用就是将快速中子减速和将慢速热中子吸收。通常的中子辐射防护服装只能对中、低能中子进行有效防护。日本将锂和硼的化合物粉末与聚乙烯树脂共聚后，采用熔融皮芯复合纺丝工艺研制防中子辐射纤维，纤维中锂或硼化合物的含量高达纤维质量的 30%，具有较好的防护中子辐射效果，可加工成机织物和非织造布，面密度为 430 g/m² 的机织物，其热中子屏蔽率可达 40%，常用于医院放疗室内。

国内采用硼化合物、重金属化合物与聚丙烯等共混后熔纺制成皮芯型防中子、防 X 射线纤维。纤维中的碳化硼含量可达 35%，可加工成针织物、机织物和非织造布，用在原子能反应堆周围，可使中子辐射防护屏蔽率达到 44%以上。

四、紫外线防护

紫外线具有消毒杀菌的作用，并且能促进维生素 D 的合成，抑制佝偻病的发生。但过度的紫外线照射能够引起疾病，尤其是由于人类生活和生产活动破坏了地球的保护伞——臭氧层，使到达地面的紫外线辐射量增多。一般情况下，人体皮肤所能接受紫外线的安全辐射量每天应在 20 kJ/m² 以内，而紫外线到达地面的辐射量阴天时为 40～60 kJ/m²，晴天时为 80～100 kJ/m²，炎夏烈日时可达 100～200 kJ/m²。普通衣料对紫外线的遮蔽率一般在 50%左右，远远达不到防护要求，因此世界各国都在加强开发防紫外产品的工作。

1. 紫外线防护机理

紫外光是波长比可见光短的电磁波，约占光谱的 5%，其波长为 200～400 nm。紫外线分类及其对人体的危害见图 24-2。

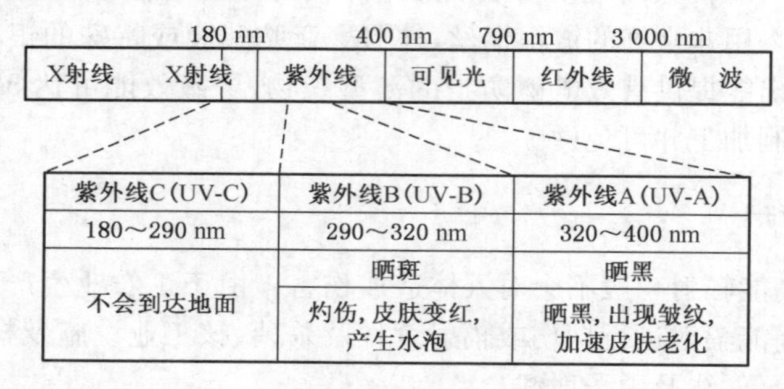

图 24-2 紫外线分类及其对人体的危害

紫外线照射到纺织品上，一部分在表面反射，一部分被吸收，其余则透过纺织材料。随反射率和吸收率增大，透过率减少，对紫外线的防护性越好。抗紫外线机理就是通过增加纺织品对紫外线的反射或吸收能力，达到遮断紫外线的目的。能够增加紫外线反射率的物质叫紫外线屏蔽剂，能对紫外线有强烈选择性吸收并能进行能量转换而减少其透过率的物质叫紫外线吸收剂。实际上，屏蔽与吸收同时存在，它们从不同途径提高了纤维及纺织品的紫外线防护功能。

2. 纺织品紫外线辐射防护办法

依据防紫外线辐射的基本原理，防护方法分为选择抗紫外线辐射的纤维和对织物实施抗紫外线辐射的涂层。

防紫外线纤维有两类：一类是自身具有抗紫外线破坏能力的纤维，如腈纶、金属纤维等；另一类是含有防紫外线添加剂的纤维，如锦纶、涤纶、丙纶等改性纤维，即在成纤高聚物中添加少量防紫外线添加剂，然后纺丝制成防紫外线纤维，或直接对纤维进行表面接枝与涂层改性。对织物进行含有抗紫外线物质的涂层浸渍处理，可以增加织物对紫外线的反射和无损伤吸收，以防止紫外线通过，从而达到防护人体的目的。

常用的无机类紫外线屏蔽剂大多是金属、金属氧化物及其盐类，具有无毒、无味、无刺激性、热稳定性好、不分解、不挥发、紫外线屏蔽性好等性能，是高效安全的紫外线防护剂，如 TiO_2、ZnO、Al_2O_3、高岭土、滑石粉、炭黑、氧化铁、氧化亚铅和 $CaCO_3$ 等。应注意，炭黑不仅散射紫外线，连可见光也完全遮断，所以只在遮光涂层时采用。

理想的紫外线吸收剂要求安全无毒，吸收紫外线范围广、效果好，化学稳定性好，耐久性好，易于使用，不影响纺织材料的原有性能。但现有紫外线吸收剂很难完全达到上述要求，部分吸收剂以本身淬灭为代价，耐久性差；有些可能引起织物光敏破坏。现在常用的紫外线吸收剂大多具有共轭结构和氢键或为金属离子化合物，主要有苯酮类化合物、苯并三唑类、水杨酸酯类、有机镍聚合物、三嗪类。

3. 织物抗紫外线性能评价

评价材料抗紫外线效果的指标有多种，主要有防晒因子 SPF(sun protection factor)和防紫外线因子 UPF(ultraviolet protection factor)两个指标，其中 SPF 用于化妆品，UPF 用于纺织品。

(1) 紫外线透射比

紫外线透射比(又称透过率、光传播率)是指有试样时的 UV 透射辐射通量与无试样时的 UV 透射辐射通量之比，也有人描述为透射织物的紫外线通量与入射到织物的紫外线通量之比，通常分为长波紫外线 UV-A 透射比和中波紫外线 UV-B 透射比。

透射比越小越好，通常以数据表或光谱曲线图的形式给出，给出的波长间隔为 5 nm 或 10 nm。使用透射比，不但能直观地比较织物防紫外线性能的优劣，并且可用公式计算，以评价织物的紫外线透射比是否低于允许紫外线透射比，从而判断在特定的条件下，织物是否可以避免紫外线对皮肤的伤害。

(2) 紫外防护因子(UPF)和防晒因子(SPF)

紫外防护因子 UPF 也称为紫外线遮挡因子或抗紫外指数，是衡量织物抗紫外性能的重要参数。UPF 值是指某防护品被采用后紫外辐射使皮肤达到某一损伤(如红斑等)的临界剂量所需的时间阈值，与不用防护品时达到同样伤害程度的时间阈值之比。比如在正常情况下，裸露皮肤可接受某一强度紫外线辐射量为20 min，则使用 UPF 为 5 的纺织品后，可在该强度紫外线下暴晒 100 min。UPF 值及相应的防护等级见表 24-3。

表 24-3　UPF 值及相应的防护等级

UPF 值	效　果	紫外线透过率(%)	UPF 等级
15～24	较　好	6.7～4.2	15，20
25～39	非常好	2.6～4.1	25，30，35
40～50	优　异	≤2.5	40，45，50，50+

UPF 是目前国外采用较多的评价织物抗紫外线性能的指标。UPF 值越高，织物的抗紫外性能越强。由于没有引入使用条件的限制，可以用 UPF 来评价不同织物防紫外性能的高低。

我国国家标准将 UPF 值与 UV-A 透射比一起作为评价抗紫外线性能的指标，规定为 UPF 值大于 30，UV-A 透射比不大于 5%。而由澳大利亚国家辐射实验室出具的织物检测报告中提出，当织物的 UPF 值为 50+时，该产品才有资格用作抗紫外线的广告宣传。

(3) 其他测试指标

① 紫外线屏蔽率。又称阻断率、遮蔽率、遮挡率。其计算公式为：屏蔽率＝1－透射比。

用屏蔽率来评价抗紫外性能,更直观,更易被消费者所接受。

② 紫外线透过量减少率。即传统织物的紫外线透过率与防紫外线织物的紫外线透过率的差值与传统织物的紫外线透过率的百分比。

日本提出了紫外线屏蔽率与紫外线透过量减少率相结合的标准,规定织物首先要满足紫外线透过量减少率达到 50%的要求,再根据紫外线屏蔽率划分等级。一般分为 A, B, C 三个级别:A 级,紫外线屏蔽率大于 90%;B 级,屏蔽率为 80%~90%;C 级,屏蔽率为 50%~80%。

③ 穿透率。为 UPF 值的倒数。

④ 紫外线反射率。此指标应用不多,但用于对经过防紫外线处理的织物和未经防紫外线处理的织物进行对比测量时,其数据仍有一定意义。

⑤ A、B 波段织物平均透射率的对数。分别用 UV-A 和 UV-B 波段的平均透射率的对数来表征抗紫外线能力,其绝对值愈大,抗紫外线能力愈强。并且用数值代替透射率曲线,应用方便。分别采用 UV-A 和 UV-B 两个数值,是由于两波段的防护目的和数量级不同。

五、吸声降噪纺织品

要保证舒适的声音环境,有两方面的含义:一是要对外界环境中的噪音进行隔绝;二要防止对所处环境的声音发生多次反射,产生混响。图 24-3 为声音与物体相遇时的相互作用情况,当然低频声音能够绕射通过物体的阻隔。材料通过对声音的反射、吸收,使透射的声波减少,从而达到隔音效果。对于室内环境,不能仅仅依靠反射来防止室内声音透射到室外,坚硬、光滑表面的反射能力很强,反而会使室内环境的噪声水平提高。

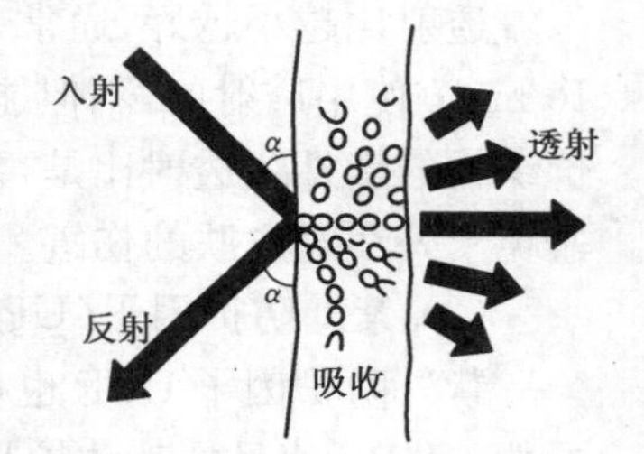

图 24-3 吸声降噪原理示意图

屏障物引起的声能降低的现象就叫做隔声。屏障物的厚度相对于声波波长而言很小时,可忽略屏障物的存在,即声波能够全部透过;当屏障物的厚度等于声波半波长的整数倍时,声波可以完全透过,同样可以忽略屏障物的存在;当屏障物的厚度为 1/4 波长的奇数倍时,声波被屏障物隔绝,完全不能透过。由于纺织品一般很薄,所以对高频声音的阻隔能力较强,对低频声音则难以隔绝。

由于纺织品是多孔疏松的结构,织物中的纤维互相交织,形成多层次状态,织物空隙中滞留了空气,空气又起着低通滤波的作用,能够衰减高频声波,使得声音的频谱失真,从而降低声音的强度并改变声音的传播路径,起到吸声降噪的效果;另外,从声音传递和耗散角度看,外界声波入射到织物表面时,声波进入材料内部引起空隙间的空气振动,由于摩擦、空气黏滞阻力和空隙间空气与纤维之间的热传导作用,使得一部分声能转化为热能而被吸收,也能够起到吸音效果。

吸声纺织材料常利用多孔材料和共振吸声结构来达到吸声降噪的目的。

1. 共振吸声结构

共振吸声结构就是利用薄板吸收。基于赫姆霍兹共振吸声原理,声波激发薄板的振动,由于内部阻尼而消耗能量。当薄板与声波达到共振时,其声抗最小,振动速度达到最大,对声波的吸收量也达到最大,吸收的频率范围相当广泛,对低频吸收的效果更好。微穿孔薄板是在薄板上穿以微孔,利用空气在孔中摩擦形成很好的吸声效果。孔的大小和间距决定最大吸声系数,板的构造及它与墙的距离决定吸声的频率范围。可以采用超细纤维毡、矿棉渣、石棉和麻纤维板等达到吸声隔音目的。将纺织品挂在墙前一定距离可以有很好的吸声效果，它的基本原理和微穿孔薄板相同，如窗帘幕，能在阻挡外界噪音的同时较好地吸收室内声音，声音经过织物后形成漫反射并消耗部分声能，反而使声音变得更加清新悦耳。

2. 多孔材料

现在声学研究已将多孔材料的基本声学理论应用于日用纺织品中。轻、薄的纺织品可以代替厚重材料作为吸声材料。织物的吸声系数由织物的原料类别、悬挂距离、褶皱程度以及所对应的频率决定，多层织物加空气层，会增加对低频声波的吸收。研究发现，当纺织品一侧接近声源时其吸声效果最好。

地毯具有丰厚的质地与簇立的毛绒表面而具有良好的吸声效果，墙布也具有相似的作用。无纺布已成为汽车结构最优化噪声控制中的基本材料，能够以车用装饰和衬填纺织品等形式应用，达到装饰与功能（吸音）的统一。

第二节　织物的生物与化学防护

一、生物防护

生物防护主要是指对人体有害的生物体和化学物质的防护，如细菌、病毒、昆虫、化学品以及携带这些生物体、化学品和化学物质的气体、液体和固体。

1. 抗菌防护

大部分细菌在正常情况下对人类是没有危害的。通常将能引起人类致病的细菌称为病原菌，病原菌致病一般通过两条途径：一是由细菌毒素直接引起；二是生物体对细菌产生的产物过敏，通过免疫反应间接地造成损伤。真菌是另一类重要的和人们日常生活关系密切的微生物，少数真菌也可以感染人体而形成疾病。

致病菌的传播除直接接触外，更多的是通过间接方式。其中，纺织品是一个重要的传播媒体，尤其在某些公共场所，如医院、宾馆、饭店、浴室等。此外，细菌或真菌的滋生和繁殖，会使纺织品发出臭味、变硬或变色，使织物服用舒适性下降。

抗菌性能可通过织物的抑菌或杀菌作用获得，也可通过阻断细菌透过织物的孔隙来获得。织物抑菌或杀菌性能的获得，可利用抗菌纤维或织物抗菌整理，一般需使用抗菌剂。常用的抗菌整理剂可分为无机类、有机类和天然产物类。无机抗菌整理剂主要是银、铜、锌、钛、汞、铅等金属及其离子，以无毒、无色银离子及其化合物应用较多，锌、钛等化合物也有应用。无机抗菌整理剂是广谱抗菌剂，属于离子溶出接触型抗菌剂，其抗菌作用是被动式的。有机类抗菌整理剂是目前织物用抗菌、防臭整理的主体，按其化学结构特征分为季铵盐类、苯类、脲类、胍类、杂环类、有机金属类等。有机抗菌整理剂通过和微生物细胞膜表面的阴离子结合而逐渐进入细胞或与细胞表面的巯基等基团反应，破坏蛋白质和细胞膜的合成系统，抑制微生物的繁殖。有机硅-季铵盐整理是常用的织物整理方法。另外，甲壳素和壳聚糖纤维自身具有广谱的抗菌效果，对多种细菌、真菌均具有抑制作用。阻断细菌透过织物的实现可采用覆膜的方法，比如聚氨酯膜和聚四氟乙烯膜。

2. 有害昆虫防护

对人体有害的虫类较多，与人类经常接触主要有螨、虱、蚤、蚊类。这些昆虫不但给人类带来众多不适，而且携带多种有害微生物，损害人类健康。对这些生物的防护一般采用隔绝的方法，给予被动防护。

（1）防螨

螨虫是一种长0.1～0.2 mm，专靠刺吸人的皮肤组织细胞、皮脂腺分泌的油脂等为生的寄生虫，主要生活在阴暗角落、地毯、床垫、枕头、沙发、空调、衣物甚至皮肤毛囊中。由于螨虫的运动速度慢、活动范围小，故以杀灭或防止寄生为主。常用的方法是对面料进行涂层整理或将杀螨剂涂覆或渗入纺织品中。此外，可通过加工高密度织物来达到防螨效果。根据美国 Virginia 大学试验，若使用高密度织物，孔径为 53 μm 就可防止尘螨通过，而孔径在 10 μm 以下才可防止尘螨排泄物和其他过敏源通过。杜邦公司的 Tyvek ADM 织物，单丝细度最细可达 0.5 μm，可使尘埃、液态水、油污、皮屑等均不能透过，具有永久性防螨效果。

（2）防蚊

蚊虫的叮咬不仅令人痛痒难忍，而且传播脑炎、疟疾和其他传染病。纺织品的防蚊处理主要采用织物整理方法，对丝袜、夏季衬衫、野外活动服、蚊帐等使用无毒驱蚊剂，如避蚊胺(DEET)、除虫菊等，直接涂覆或浸泡，通过分子扩散的气味作用驱赶蚊虫。对面部防护，可采用密封式头盔(罩)或网眼织物。

3. 病毒隔离防护

对病毒一般采用隔离防护的办法，主要采用防病毒功能的阻隔织物、层压或涂层织物，因需对全身整体防护，一般需制成密封式防护服装。一般防护服装可采用涂层织物和超细纤维高致密化的非织造布，外边采用聚四氟乙烯膜材料；高级防护可采用生化防护服。

4. 血液/体液隔离

医用屏蔽织物是一种用于医院和其他医疗救护机构的防护织物，能够防止病人的血液和体液的溅射与渗透，使其与医护人员隔离。目前医用屏蔽织物分为用即弃型和重复使用型两类。前者多以非织造布为原料，后者多采用机织物、针织物及多种织物的复合物。

医用屏蔽织物最重要的用途就是防止水、有害的化学物质或可能携带有病原体的血液或体液的渗透，因此要求具有良好的阻隔性能。阻隔性能测定主要包括：沾水试验，防止病毒或飞沫沾附防护服表面；防水性试验，检测防液体透过性(对于密封式纺织品要进行喷淋试验)；抗病毒透过测试，防止医护人员在医疗急救当中受到“不可避免”的含有传染性病原体的血液和体液的感染；过滤效率测试，测定织物对气溶胶的阻隔能力，防止携带病毒的飞沫所形成的气溶胶被人体吸入。

美国 Gore 公司的外科手术用 Crosstech EMS 织物(隔离复合膜结构)，是第一种严格符合 ASTM 1671 标准的可重复使用的隔离织物，其设计性能超过 NFPA 1999 最低的耐久性要求。另一个成功例子就是杜邦公司的 Biowear 材料，用来防护血液中携带的病原体。

二、化学品防护

织物的化学品防护功能，主要体现在抗化学品的腐蚀与抗溅射损害防护和抗化学气体吸入与接触防护。

1. 防护服分类

为保证操作人员的人身安全，美国和欧盟均有关于化学防护服的标准体系。美国环境保护署 EPA 将化学防护服按防护等级分为 4 种，见表 24-4。

表 24-4　美国化学防护服分类

等级及名称	防护特点	防护对象	防护能力
A级：气体密闭型防护服	配备内置或外置的正压自给式空气呼吸器或长管式呼吸器，服装完全密闭	常规工业生产中所遇到的几乎所有种类、所有形态的危险化学品（包括气态、液态和固态）或其他危险物质对人体的威胁	符合 NFPA 1991 的要求，在国际上通常被视为防护能力最强的防化服
B级：防液体溅射防护服	能防止液体化学物质的渗透，但不能防止有毒化学物质的蒸汽或气体的渗透	主要用于污染环境中，化学物质的成分和浓度不需要很高的皮肤防护等级的场合	符合 NFPA 1992 的要求，对呼吸系统的保护水平可达到 A 级，而对皮肤和眼睛的保护水平比 A 级低
C级：增强功能型防护服	能防止有毒液体物质的喷射，但不能防止有毒化学物质的蒸汽或气体	主要用于污染源不会对暴露的皮肤造成损害的场合，污染源不会立即对生命和健康造成损害	对皮肤的保护等级与 B 级相当，但对呼吸系统的保护比 B 级低
D级：一般型防护服	不能防止液体飞溅，不能浸入液体或接触化学物质，不能在有对呼吸道和皮肤危险的场合穿戴	主要用于具有一般危害性因素的工作场所，空气中无明显危险的场合，不能在热环境中使用	只能提供最低的皮肤保护，不能保护呼吸系统

欧盟标准体系中将化学防护服分为 6 个等级，即：1 级——“气密型”防护服，相当于美标中的 A 级；2 级——“非气密型”防护服，相当于美标中的 B 级；3 级——液体致密型防护服；4 级——喷液致密型防护服；5 级——漂浮于空气中的固体微粒致密型防护服；6 级——有限喷溅致密型防护服。虽然分级方法不同，但是 NFPA 标准体系和欧盟标准体系对各级防护服的性能要求大体相同。

2. 性能要求

化学防护服对面料性能和服装整体结构的要求非常严格，其中核心指标包括：对有害化学物质的阻隔能力、物理机械性能和舒适性等。对有害化学物质的阻隔能力主要包括对各种化学物质的抗穿透性和抗渗透性。

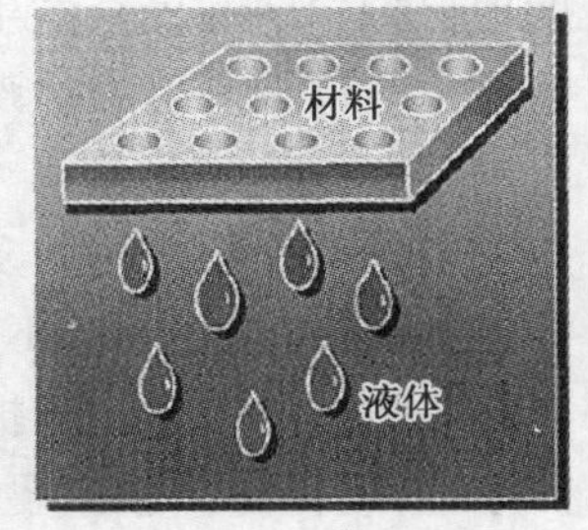

图 24-4　液体穿透材料表面空隙示意图

穿透指使用过程中化学物质通过材料空隙进入防护服内部的现象（图 24-4），是肉眼可见的过程。化学穿透既与防护服材料的结构、纤维与纱线之间的空隙、材料与液体之间的亲和性等有关，也和服装的结构、接缝密封方式、辅料性能有密切关系。通常，对于较低等级的防护服需进行该性能测试，测试方法主要有两种：无压力条件下和一定压力条件下的液体穿透性能测试。无压力穿透性能测试主要包括淋水试验、液体穿透实验和拒液性能试验。由于在化学品事故应急救援过程中，服装可能面对具有较高压力的液体喷射，因此还需进行一定压力条件下的穿透性能试验。

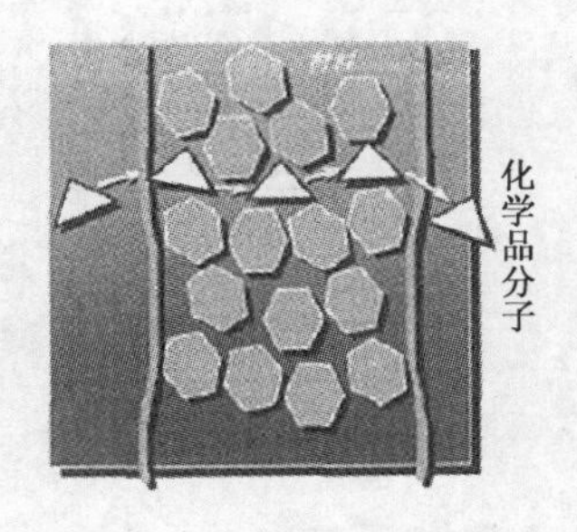

图 24-5　化学品分子渗透通过材料示意图

对于高等级防护服，则需要进行防渗透性能试验。渗透是指化学物质以分子形式透过防护材料的现象（图 24-5），是肉眼不可见的。由于化学防护服的隔离层通常是由高分子聚合物材料如橡胶或膜材料构成的，聚合物运动单元的多重性及高聚物的蠕变性使聚合物本质上是可渗透的，其渗透性取决于透过物的种类、聚合物结构以及聚合物与透过物的相互作用。化学防护服的防渗透性能常以穿透时间和渗透率表示。穿透时间是指化学物质分子从防护材料的一侧渗透到另一侧的时间。当一种化学物质对防护材料的穿透时间超过某一时间限度时，则认为防护服材料对该种化学物质的抗渗透性能是合格的。渗透率表示在单位时间内单位面积的防护材料上化学物质的渗透量，影响因素很多，如化学物质的浓度、防护服材料的厚度、环境温湿度以及化学物质的压力等。ASTM F739 测试方法的灵敏度比 EN 369 高 10 倍，欧盟标准中只要求被测防护服在 10 min 内的化学物质最大渗透量不超过 1.0 μg/(cm^2·min)。

高等级防护服的气密性能(A 级)和液密性能(A 级和 B 级)也是重要的核心性能，化学降解性能、血液和病毒透过性能、微粒隔离性能也是某些类型防护服的重要指标。

化学防护服的其他物理性能包括材料的耐曲折性能、耐磨性能、阻燃性能、低温机械性能、防割性能、热防护性能、抗冲击和耐压缩性能、抗顶破强度、抗刺穿和抗撕裂强度、接缝机械强度、气密型防护服排气阀安装强度、排气阀门泄漏率等。

穿着舒适性也是防护服的一个重要指标。由于重型防护服是用不透气的面料制成的，长时间穿着会使皮肤温度升高，而且人体在运动过程中产生的湿气不易排出，加重了穿着的不舒适，增加了人体负担，会降低作业人员的工作效率。为了提高化学防护服的穿着舒适性，现在正在开发透气式防护服面料，但这种面料对化学物质的阻隔能力较低。

三、生化防护

面对各种生化战剂或毒剂的威胁，各国都越来越重视生化防护服的研究和开发，以最大限度地保护军队和民众的生命安全。目前，这种防护较多地应用于国防军事，在民用与公共事业的应急事件如高传染性疾病、不明微生物传播、地震、海啸等自然灾害后的救生与清理中也有应用。

生物与化学作用的多样性和复合性，使高效的生化防护处理极为困难。而作用媒介或载体的不同，作用机制的不同，又导致各自防护机理的不同。因此，单一结构与方法是不可能完成有效防护的。生化防护服的基本措施是采用复合和多层结构，应用功能分担原则。按照防护原理，生化防护服主要分为 4 大类：隔绝式、透气式、半透气式和选择性透气式。图 24-6 为这些防护服的防护和透湿机理。生化防护服的分类及特点见表 24-5。

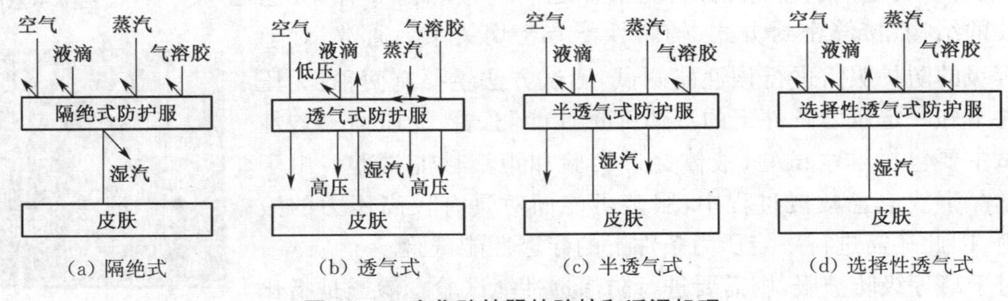

图 24-6 生化防护服的防护和透湿机理

表 24-5　生化防护服的分类及特点

种　类	防护对象	材　料	性能特点
隔绝式防护服	液态、气态和气溶胶物质都不能透过	由丁基橡胶或氯化丁基胶的双面涂层胶布等不透气材料制成	防护性能好，完全不透气，短期使用，需要配备微气候调温装置
透气式防护服	可透过空气和湿汽，阻止毒剂气体透过；高静压下，液态化学物质、有毒蒸汽和气溶胶均可以透过	由外层织物、吸附层和内层织物构成，吸附主要基于活性炭过滤性。为获得拒液性，可在外层织物涂覆含氟聚合物涂层	具有较好的透气散热性能，综合性能优良
半透气式防护服	允许小分子气体透过，阻止大分子气体及液体和气溶胶透过	由微孔材料制成，有毒化学蒸汽仍可透过，须添加吸附材料	具有良好的舒适性能，只能提供生物防护
选择性透气式防护服	只允许水汽分子透过，阻止其他液体、气体和气溶胶物质	由选择性渗透膜材料制成，通过溶解/扩散机理透过水汽	可防护液态、气相化学剂、气悬物、微生物和毒素

微孔膜的代表性产品有 Gore-Tex 膜，是由聚四氟乙烯微孔膜和拒油亲水聚氨酯构成的复合膜，具有良好的透湿性，能有效减少防护服的“热应激”现象；具有良好的抗渗透性能，可有效地防止液体和气溶胶的穿透。

Crosstech 医疗急救防护织物由功能性纺织品与抗渗透、透气 Crosstechtm 隔离层经层压而成，隔离层为双组分透气性薄膜，其防护和舒适性能均高于其他材料。

杜邦 Tychem C 防护服，采用经多聚物涂层的 Tyvek（特卫强）织物，具有较高的强度、柔软性、耐撕裂和耐磨损性、100%的颗粒阻隔性，完全防护超细有害粉尘、高浓度无机酸或碱及水基盐溶液的侵入，防溅射能力达到 2×10^5 Pa，可防止体液、血液及血液中病毒的侵入。

在研的选择性渗透膜品种主要有 PTFE、氨基薄膜/纤维系统和纤维基薄膜/纤维系统、PVOH（聚乙烯醇）和 PEI（聚乙烯亚胺）聚合物。

第三节　智能纺织品

一、智能纺织品

智能纺织品源于智能材料。1989 年，日本的高木俊益教授根据将信息科学融于材料构型和功能的设想，首次提出智能材料（intelligent material）的概念。随后，美国又称其为灵巧材料或机敏材料（smart material）。

智能纺织品是指对环境条件或环境因素的刺激有感知并能做出响应，同时保留纺织材料、纺织品风格和技术性能的纺织品。智能纺织品能在热、光、电、湿、机械和化学物质等因素刺激下，通过颜色、振动、电性能、能量储藏等变化，对外界刺激做出响应。与传统纺织品相比，智能型纺织品具有多功能的特征，其命名通常与其功能紧密联系，属于功能纺织品的范畴。

智能纺织品根据对外界感知和响应的状态不同，分为被动智能型、主动智能型和非常智能型三类。

(1) 被动智能型纺织品(passive smart textile)

对外界条件和刺激仅能感知，如光导纤维能感知外界刺激并有传感作用，可用做测量应变、温度、位移、压力、电流、磁场等的传感器，但其功能的提供是被动的。

(2) 主动智能型纺织品(active smart textile)

不仅能感知外界环境的刺激，还能有所响应，既有传感器的作用，又有执行器的作用，可与特定的环境相协调，如形状记忆、防水透湿、变色、蓄热调温等纺织品，用此类纺织品制成的衣服具有造型记忆、防水排汗、光(热)改变颜色、调节温度等功能。

(3) 非常智能型纺织品(very smart textile)

又称适应型智能纺织品，是最高水平的智能纺织品，除对外界环境刺激能感知和响应外，还能自动调节以适应外界环境和刺激，是纺织科学与材料科学及机械、传感、通信、人工智能、生物等科学相结合的产物。

二、智能纺织品的典型应用

1. 智能调温

智能调温纺织品是将相变材料填加在纤维内部或黏附在纺织品表面，利用相变材料的吸热和放热效应而使其获得智能调温功能。固-液相变材料的作用原理见图 24-7，相态变化和热效应见图 24-8。

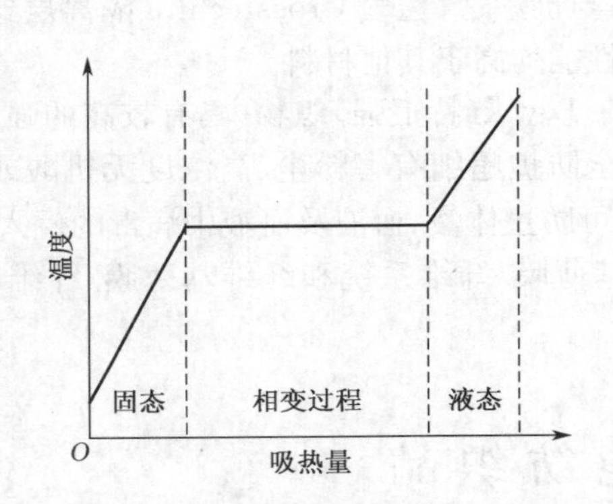

图 24-7　固-液相变材料温度的升高与吸收热量的关系

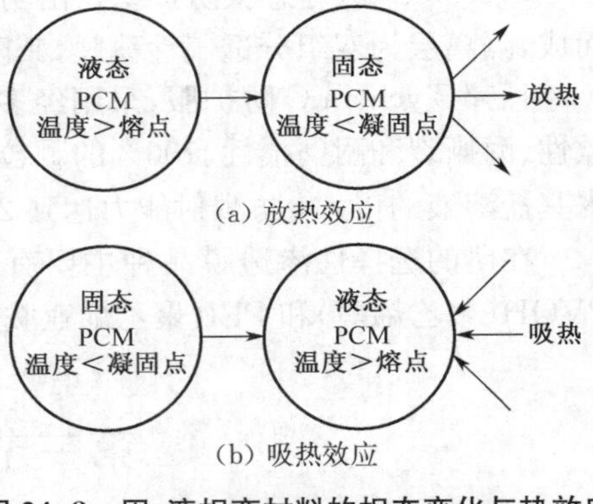

液态 PCM 温度＞熔点 → 固态 PCM 温度＜凝固点 → 放热

(a) 放热效应

固态 PCM 温度＜凝固点 → 液态 PCM 温度＞熔点 ← 吸热

(b) 吸热效应

图 24-8　固-液相变材料的相态变化与热效应

相变材料的相变温度选择，主要根据人体皮肤感受温度的要求而定。应选择相变温度范围接近于人体皮肤温度变化范围的相变材料，并应选择与使用时的环境温度尽量接近的相变温度范围。用于制造相变纺织品的主要有石蜡烃、含 12～24 个碳原子的直链烷烃和高分子相变材料。有机高分子相变材料主要是聚合多元醇、聚酯、聚环氧乙烷、聚酰胺等。

美国 Outlast 公司生产智能调温纺织品，产品范围涵盖衣服、帽子、手套、雨衣、室外运动服、夹克和夹克衬里、靴子、高尔夫鞋、跑鞋、袜子、滑雪服和滑冰服、被褥、床垫、床垫衬垫、枕头、围巾、汽车座套等。美国 Acodis 公司在智能调温纤维生产领域处于领先地位，其质量标准已被市场所接受。

2. 变色材料

变色材料是当相应的外界条件发生变化时，材料对可见光的吸收光谱发生变化，即材料发生颜色的变化。能够引起变色的外界条件有光、热、电、湿及化学因素。变色材料包括液晶、有机染料和含水结晶盐等。

利用变色材料可以开发变色纺织品，当外界光强、温度发生变化时发生色彩变化，使纺织品更加多姿多彩。胆甾型液晶能够根据气体成分的不同及浓度的高低而改变其颜色，而且变色反应极灵敏。利用这一特性开发的防护服，可以从颜色的变化上判断作业环境中有害气体的成分及浓度，有利于保证作业人员的安全。

变色织物在军事伪装上也极具开发潜力。以美国为首的军事大国都在致力于具有“变色龙”功能的伪装服、伪装遮障、军事目标伪装罩衣的研制，其特点是伪装服的颜色随周围环境的色光而自动改变：在树林草丛中呈现草绿色；在大雪覆盖的荒山野岭呈现白色；在沙漠中显土黄色；海洋中显蓝色等。结合红外隐身材料，更可达到智能伪装与隐身的目的。

3. 形状记忆

形状记忆材料是具有某一原始形状的制品，经过形变并固定后，在特定的外界条件（如热、化学、机械、光、磁或电等外加刺激）下，能自动回复初始形状的一类材料。纺织上应用的形状记忆材料主要有以 Ni-Ti 合金为代表的形状记忆合金和以聚氨酯为代表的形状记忆高聚物。

形状记忆织物可用作衬衣、内衣、外套、领带、手套、家用装饰品等，尤其可满足衬衣的领口和袖口较高的形状保持要求、上衣肘部和裤子膝盖部位起拱后的形状回复要求、内衣的贴身和弹性与舒适性要求、牛仔布的定形与弹性要求、裤腰或腹带长度的稳定要求、针织物的形状稳定要求。形状记忆花式织物可用于时装、窗帘布、台布等。

还可以利用 Ni-Ti 合金制备隔热防护织物，将直径为 1 mm 的 Ni-Ti 记忆合金纤维加工成宝塔式螺旋弹簧状并使其平面化（图 24-9），然后固定在服装面料内，当服装表面接触高温（≥45 ℃）时，纤维迅速由平面状变化成宝塔状，在两层织物内形成很大的空腔，使高温远离皮肤，防止烫伤。

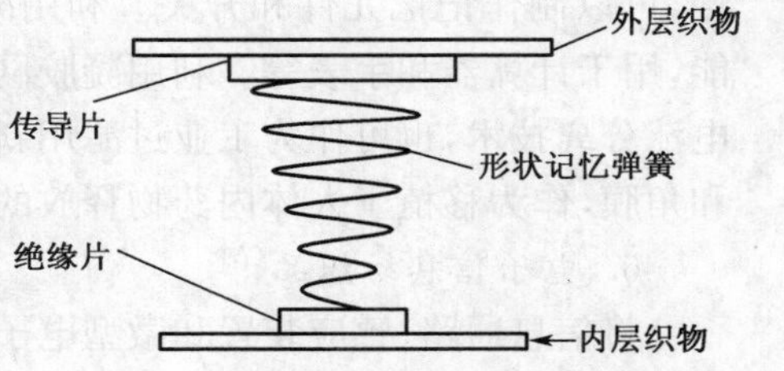

外层织物
传导片
形状记忆弹簧
绝缘片
内层织物

图 24-9　形状记忆绝缘织物激发器结构

4. 智能透湿

智能透湿主要应用温度感应型聚氨酯材料（TS-PU），在特定的温度范围内，材料的透湿性能随外界温度的变化而发生相应变化。特别是通过分子设计，可以将透湿性能发生变化的温度段控制在室温范围内，使其能够在纺织服装、医药、环境保护等领域中应用。

当温度低于 TS-PU 的相转变温度时，TS-PU 膜的透湿性极低，能避免空气和水分子穿过，从而保持人体温暖，同时高温时更加透气而保持人体舒适。TS-PU 的智能性质见图 24-10。

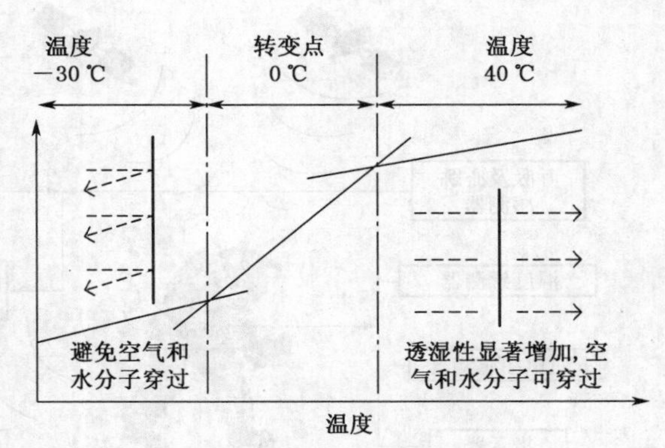

图 24-10　TS-PU 智能性质

Diaplex 织物是采用 TS-PU 膜与普通织物复合而生产的智能防水透湿织物，其透湿量可达 8 000～12 000 g/(m^2 · 24 h)，耐水压可达 196.4～392.84 kPa（20 000～40 000 mmH_2O），因此能用于服装、鞋子、手套和帽子，具有广泛的应用领域。

5. 响应防护

响应防护主要使用自适应型水凝胶，随着 pH 值、温度、光强、电场、磁场、压力、化学物质等变化，发生形状、结构等性状的敏锐响应。

美国利用温度响应性水凝胶开发了新型织物 SmartSkin，可用于潜水服装，能够根据潜水员体表温度，自动改变凝胶厚度，调节人体与环境之间的热量交换，可以在很宽范围的潜水条件下实现对潜水员的体温调节。

SmartSkin 还被用于开发新型功能纺织品，如 Ultima 2sL™ 产品，如图 24-11 所示，为三层结构，外层为 Velcro® hook 织物，中间为 SmartSkin™膜材料，内层是快速芯吸微绒织物。当人体温度升高并开始出汗时，中间薄膜吸收汗液后轻微溶胀，提供导湿性能；当人体温度降低时，SmartSkin 膜回复原始形状和尺寸，关闭导湿性能。

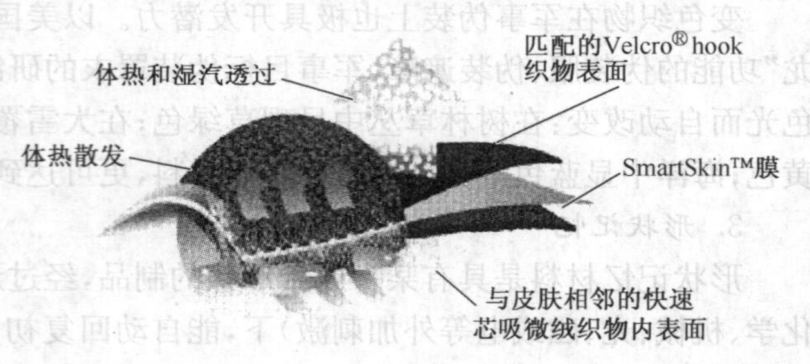

图 24-11 Ultima 2sL™的结构

利用水凝胶的刺激应答性可以用于人造肌肉。利用凝胶体积的变化的不连续和可预测性，可以制作记忆元件和开关。利用凝胶对压力的变化，可以设计出使其颜色变化的显示功能，用于计算器和手表等。利用凝胶网络孔眼可以预先控制的特性，可进一步改进化学层析和电泳分离技术，也可作为工业过滤用新材料。在医学和仿生学上的应用，如眼球中人造玻璃体和角膜，作为移植于人体内药物释放的载体等。

6. 电子信息纺织品

将信息通路、感应装置和微型电子装置安装在纺织品中，即为电子信息纺织品。可以给人们提供通讯、娱乐、记录等功能；也可以利用内置传感器对人体的心跳、呼吸、血压、脑电等健康指标进行检测，并利用通讯装置将相关信息传至相关医疗机构，实现健康预警功能。利用柔性显示装置可进行视频显示和伪装。利用智能纤维和各种内置探测仪器，可以对外界环境进行主动检测并主动反应或报警，如正在研制的美军智能军装。图 24-12 为智能消防服的结构；图 24-13 为发光夹克，具有警示作用。

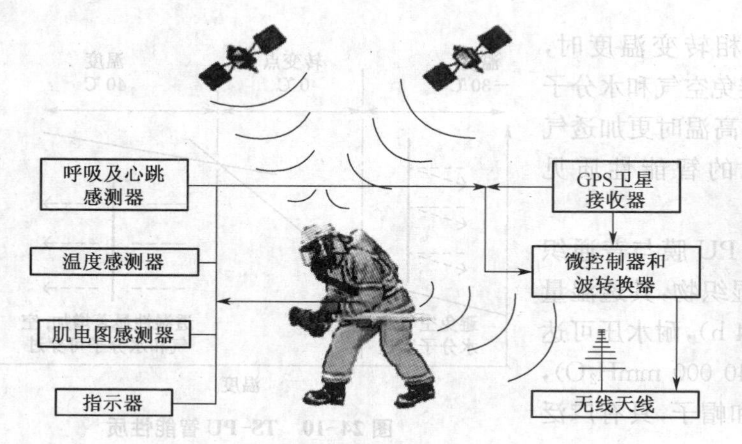

图 24-12 智能消防服

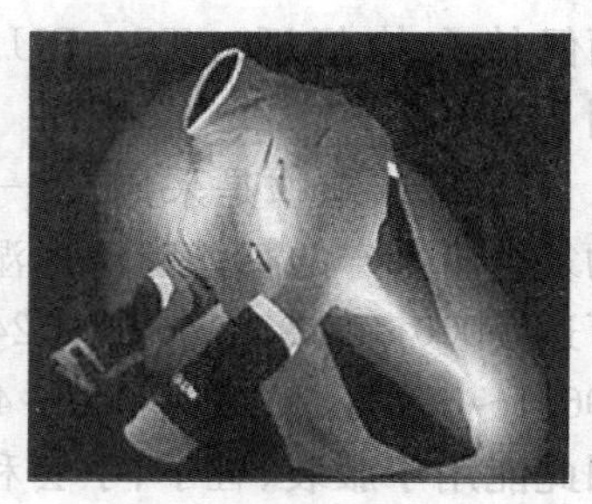

图 24-13 发光夹克

思　考　题

24-1　试述纺织品对人体防护的种类。

24-2　试述高温(火)防护织物的实现特点。

24-3　试述电磁辐射防护的原理及实现的方法。

24-4　试述紫外线防护的原理及实现的方法。

24-5　试述纺织品降噪隔声原理及材料结构种类。

24-6　依据生化防护的基本原理，防病毒和防细菌的有效方法有哪些？其理由是什么？

24-7　简述智能纺织品的分类。试举出智能纺织品应用实例。

第二十五章　织物的品质评定

本章要点

系统介绍我国纺织品的强制检测标准、织物品质评定的内容、典型织物的评价标准与方法，以及产业用纺织品的物理性能检测指标。

第一节　织物品质评定概述

织物的品质检验与评定一般是根据纺织产品标准或客户共同协议的规定进行。我国标准按照性质分为强制性标准和推荐性标准；按照制定部分和适用范围，分为国家标准、行业标准、地方标准和企业标准四级；按标准用途分为基础标准、方法标准和产品标准。我国强制性标准代号为“GB”，推荐性国家标准的代号为“GB/T”。对没有国家标准而又需要在全国某个行业范围内统一的技术要求，可以制定行业标准。我国强制性纺织行业标准代号为“FZ”，推荐性纺织行业标准代号为“FZ/T”。

一、中国纺织品通用强制性标准

根据标准化法规定，纺织产品在满足产品标准要求的同时，必须符合国家强制性标准的规定。我国纺织品通用强制性标准有两项，一项是 GB 5296.4《消费品使用说明 纺织品和服装使用说明》；另一项是 GB 18401《国家纺织产品基本安全技术规范》。此外，针织服装产品要符合 GB/T 1335《服装号型》的规定。

1.《消费品使用说明 纺织品和服装使用说明》强制性标准简介

GB 5296.4－1998《消费品使用说明 纺织品和服装使用说明》对纺织品和服装使用说明的标注内容、标注要求和表述方法做出规定，要求标注的内容有：

① 制造者的名称和地址；　② 产品名称；
③ 产品的号型和规格；　④ 采用的原料的成分和含量；
⑤ 洗涤方法；　⑥ 使用和储藏条件的注意事项(可不标)；
⑦ 产品使用年限(功能性产品标注)；　⑧ 产品标准编号；
⑨ 产品质量等级；　⑩ 产品质量检验证明。

2.《国家纺织产品基本安全技术规范》强制性标准简介

GB 18401－2003《国家纺织产品基本安全技术规范》对服用和装饰用纺织产品提出安全方面的最基本的要求，以保障纺织产品在生产、流通和消费过程中能够保障人体健康和人身安全。该标准见表25-1，它将产品分为三类：A类，婴幼儿用品；B类，直接接触皮肤的产品；C类，非直接接触皮肤的产品。需用户加工后方可使用的产品（例如面料、绒线），根据最终用途归类。

表25-1 纺织产品的基本技术要求

项目		A类	B类	C类
甲醛含量(mg/kg)		20	75	300
pH值[a]		4.0～7.5	4.0～7.5	4.0～9.0
色牢度[b]（级）	耐水（变色、沾色）	3-4	3	3
	耐酸汗渍（变色、沾色）	3-4	3	3
	耐碱汗渍（变色、沾色）	3-4	3	3
	耐干摩擦	4	3	3
	耐唾液（变色、沾色）	4	—	—
异味		无		
可分解芳香胺染料		禁用		

注：a. 后续加工工艺中必须经过湿处理的产品，pH值可放宽至4.0～10.5。
b. 洗涤褪色型产品不要求。

二、织物品质评定项目

织物品质评定的项目和指标繁多，不同类别和品种的织物有不同的标准和检测内容。但作为纺织品，其中部分项目是通用内容，其余项目则是各自的特殊项目。针对不同材料的应用对象，应该特别关注各自的特殊项目和指标。

① 织物结构特征。幅宽、织物内原纱或长丝的细度（特数、旦数与支数）、经纬密度或针圈密度、经纬向紧度与织物总紧度、平方米质量、纱线的捻度、捻向、捻缩率、织缩率、织物厚度、体积质量、不同纤维混纺比等。

② 织物外观特征。织造疵点、棉结（毛粒）及杂质。

③ 织物物理机械性能。回潮率、断裂强度与断裂伸长率、定伸长弹性率、撕裂强度、顶破强度、缩水率、抗皱性、耐磨性、抗起毛起球性、抗勾丝性、抗弯性、悬垂性、起拱变形、表面摩擦性、压缩性、透气性、透水性、透湿汽性、防水性、吸水性等。

④ 织物染色性能。色调、均匀性、一致性和染色牢度等。

⑤ 安全性能。至少满足《国家纺织产品基本安全技术规范》标准要求，最好满足GB/T 18885－2002《生态纺织品技术要求》。

⑥ 其他特殊要求。产业用纺织品要求织物具有特定的电学、声学、光学或热学等性能。

如农用纺织品要求具有保温性、耐气候性和耐土埋性；渔业用纺织品要求具有高强度和耐海水腐蚀性；土工布要求具有较好的力学性能、适当的渗透性、孔径尺寸和孔隙率；帐篷用织物要求具有良好的力学性能、透气性、难燃性和抗污性。

第二节　机织物品质评定

我国机织物标准按原料、织物结构和染整工艺分别制定，因此多而细致，几乎覆盖了全部纺织面料产品。纺织面料标准按原料分为棉纺织品、毛纺织品、麻纺织品、丝纺织品。

按产品标准，检测项目分为内在质量和外观质量或统称为技术要求。同一检测项目在不同标准中归类并不一致，如幅宽偏差，有的标准归为内在质量，有的归为外观质量。

一、棉本色布品质评定

棉本色布的品种有平布、府绸、斜纹、哔叽、华达呢、卡其、直贡、横贡、麻纱、绒布坯等。棉本色布的组织规格可根据产品的不同用途或用户要求进行设计。

1. 棉本色布品质评定的指标

主要评定指标有织物组织、幅宽、密度、断裂强力、棉结杂质疵点格率和布面疵点共七项，分别见表25-2至表25-5。

表25-2　织物组织、幅宽、密度和断裂强力评等规定

项　目	标　准	允　许　偏　差			
		优等品	一等品	二等品	三等品
织物组织	设计规定	符合设计要求	符合设计要求	不符合设计要求	不符合设计要求
幅宽(cm)	产品规格	+1.5%，-1.0%	+1.5%，-1.0%	+2.0%，-1.5%	超过+2.0%，-1.5%
排列密度(根/10 cm)	产品规格	经密：-1.5%	经密：-1.5%	经密：超过-1.5%	
		纬密：-1.0%	纬密：-1.0%	纬密：超过-1.0%	
断裂强力(N)	按断裂强力公式计算	经向：-8.0%	经向：-8.0%	经向：超过-8.0%	
		纬向：-8.0%	纬向：-8.0%	纬向：超过-8.0%	

表25-3　织物紧度、棉结杂质疵点格率和棉结疵点格率评等规定

织物分类	织物总紧度	棉结杂质疵点格率(%)不大于		棉结疵点格率(%)不大于	
		优等品	一等品	优等品	一等品
精梳织物	85%以下	18	23	5	12
	85%及以上	21	27	5	14

（续　表）

织物分类		织物总紧度	棉结杂质疵点格率（%）不大于		棉结疵点格率（%）不大于	
			优等品	一等品	优等品	一等品
半精梳织物			28	36	7	18
非精梳织物	细织物	65%以下	28	36	7	18
		65%～75%以下	32	41	8	21
		75%及以上	35	45	9	23
	中粗织物	70%以下	35	45	9	23
		70%～80%以下	39	50	10	25
		80%及以上	42	54	11	27
	粗织物	70%以下	42	54	11	27
		70%～80%以下	46	59	12	30
		80%及以上	49	63	12	32
	全线或半线织物	90%以下	34	43	8	22
		90%及以上	36	47	9	24

注　① 棉结杂质疵点格率、棉结疵点格率超过规定降为二等为止。

② 棉本色布按经、纬纱平均线密度分类：细织物：11～20 tex（55～29 英支）；中粗织物：21～31 tex（28～19 英支）；粗织物：32 tex 及以上（18 英支及以下）。

表 25-4　布面疵点评分限度

	品　等	幅　宽（cm）			
		110 及以下	110（含）～150	150（含）～190	190 及以上
布面疵点评分限度（平均分/m）	优等品	0.20	0.30	0.40	0.50
	一等品	0.40	0.50	0.60	0.70
	二等品	0.80	1.00	1.20	1.40
	三等品	1.60	2.00	2.40	2.80

表 25-5　棉本色布布面疵点的评分规定

		1	3	5	10
经向明显疵点条		5 cm 及以下	5 cm 以上～20 cm	20 cm 以上～50 cm	50 cm 以上～100 cm
纬向明显疵点条		5 cm 及以下	5 cm 以上～20 cm	20 cm 以上～半幅	半幅以上
横档	不明显	半幅及以下	半幅以上	—	—
	明显	—	—	半幅及以下	半幅以上
严重疵点	根数评分	—	—	3～4 根	5 根及以上
	长度评分	—	—	1 cm 以下	1 cm 及以上

2. 棉本色布的评等

棉本色布的品等分为优等品、一等品、二等品和三等品，低于三等品的为等外品。棉本色布的评等以匹为单位，织物组织、幅宽、布面疵点按匹评等，密度、断裂强力、棉结杂质疵点格率、棉结疵点格率按批评等，以其中最低的一项品等作为该匹布的品等。

二、棉印染布品质评定

1. 内在质量和外观质量评定

内在质量指标包括纬密、水洗尺寸变化率、断裂强力和染色牢度，见表25-6。不同组织织物的各类产品水洗尺寸变化范围见表25-7。印染布幅宽加工系数、纬密系数和断裂强力系数分布见表25-8、表25-9和表25-10。

表25-6　棉印染布项目评等规定

项目	标准	评等规定			
		优等品	一等品	二等品	三等品
纬密(根/10 cm)	按设计规定	符合规定指标	−2%及以内	−2%及以上	—
断裂强力(N)	按设计规定	符合规定指标	−10%及以内	−10.1%～−16%	−16.1%～−22%
水洗尺寸变化(%)	按品种规定指标	经向−3%及以内	符合规定指标	低于规定指标	—
染色牢度级	按试验项目规定指标	其中允许一项低1/2级	其中允许二项低1/2级	低于一等品允许偏差	—

注：断裂强力低于三等品规定降为等外品，按实际使用价值，由供需双方协商处理。

表25-7　水洗尺寸控制指标

织物类别	水洗尺寸变化不低于(%)	
平布(粗、中、细)	−3.5	−3.5
斜纹、哔叽、贡呢	−4.0	−3.0
府绸	−4.5	−2.0
纱卡其、纱华达呢	−5.0	−2.0
线卡其、线华达呢	−5.5	−2.0

注：水洗尺寸变化不得超过+1.5%。

表25-8　棉印染布幅宽加工系数

档次	一	二	三	四	五
产品种类	花、色平布，及漂、色、花麻纱织物类	漂白平布，及漂色、花贡呢、哔叽斜纹织物类	漂、色、花府绸、纱卡其、纱华达呢织物类	漂、色线华达呢织物类	漂、色线卡其织物类
幅宽加工系数	0.878	0.888	0.915	0.935	0.945

注：① 平布包括粗、中细、各类平布。

② 贡呢、哔叽、斜纹等织物包括纱和线织物，线卡其、线华达呢包括半线和全线织物。

表 25-9　棉印染布幅宽纬密系数

织物种类	纬密加工系数	织物种类	纬密加工系数
粗平布	0.92	纱卡其,纱、线华达呢	0.96
中、细平布	0.93	纱卡其	0.97
哔叽、斜纹、府绸	0.95	纱贡呢,麻纱	0.98

表 25-10　棉印染布幅宽断裂强力系数

产品种类	断裂强力加工系数	
	经向	纬向
各类漂白布	0.96	0.96
斜纹、缎纹染色织物(卷染和轧染)	1.00	0.95
平纹染色织物(轧染)	1.00	0.95
平纹染色织物(卷染)	0.94	0.92
一般花布	1.00	0.95
印花麻纱	1.00	0.90

染色牢度分为耐洗色牢度、耐汗渍色牢度、耐摩擦色牢度、耐热压色牢度,不同染料的评定指标有差别,具体指标见表 25-11。

表 25-11　棉印染布染色牢度指标　　级

布别	染料名称	耐光	耐洗		耐摩擦		耐汗渍		耐熨烫	耐刷洗
			原样变色	白布沾色	干摩	湿摩	原样变色	白布沾色	湿烫沾色	
染色布	还原染料	4	3-4	4-5	3	2	4	4-5	—	3
	硫化染料	4	3	3	2-3	1-2	—	—	—	—
	纳夫妥染料	4	3	3	2-3	2-3	—	—	—	3
	活性染料	4-5	3	3	3	2-3	—	—	3	—
	直接铜盐染料	4-5	3	3	2-3	2-3	—	—	—	—
	酞青	7	4	4	3-4	2-3	—	—	—	—
	涂料	4	3	3	2-3	1-2	—	—	—	2
印花布	各类染料	4	3	3	2-3	1-2	—	—	2-3	2

注:① 耐光色牢度为保证指标。
② 还原染料耐汗渍色牢度只考核浅色,不考核深、中色。
③ 考核时,染色牢度按规定指标允许其中两项低半级,但规定指标为 1-2 级者,不允许再低半级。

外观质量规定检验织物正面,分为局部性疵点和散布性疵点。局部性疵点根据疵点大小进行评分。疵点长度按经向或纬向的最大长度计;成曲线形的疵点,按其实际影响面积的最大距离量计;重叠疵点按评分最多的评定。局部性疵点种类见表 25-12。散布性疵点按幅宽偏差、色差、歪斜不同疵点,采取对不同等级产品规定不同疵点程度的方法。

表 25-12　局部性疵点种类

疵点名称	疵点种类	疵点名称	疵点种类	
经向疵点	线　状	边　疵	荷叶边	
	条　状		针　眼	
纬向疵点	线　状		明显深浅边	
	条　状	织　疵	影响外观竹节	
	稀密路		杂物织入	
破　损	破　洞		百脚	线　状
	破　边			锯　状

2. 品质评定

在同一布段内，内在质量以最低一项评等。

外观质量评等时，局部性疵点采用有限度的每米允许评分的办法评定等级，一等品以上不允许有局部性疵点；散布性疵点按严重一项评等。在同一段布内，先评定局部性疵点的等级，再与散布性疵点的等级结合定等，作为该段布外观质量的等级。

内在质量按批评等，外观质量按段评等，成品的等级由内在质量与外观质量中的最低等级评定分为优等品、一等品、三等品、二等品、等外品。

第三节　针织物品质评定

针织物有针织坯布、针织内衣、手套、袜子等多种产品。针织坯布有棉平针布、棉双面布、纬编涤纶坯布、经编涤纶坯布等；针织内衣有圆领衫、背心等品种，都分别有标准进行品种评定。按产品标准，检测项目分为内在质量和外观质量。原料相近的产品检测标准的检测项目大致相同，只是根据产品的服用特点增减个别检测项目，如针织运动服和针织 T 恤衫考虑耐光汗复合色牢度，而内衣类不考核。另一方面，相同检测项目由于原料不同有时采用的检测方法不同，如棉针织品起球实验采用圆轨迹法，毛针织品规定采用起球箱法。

一、棉针织内衣品质检验

1. 技术要求

(1) 外观质量评定

针织品外观质量评定应包括两个方面的内容：一是针织品表面疵点(外观疵点)；二是针织成形产品(如上衣、裤子等)的规格尺寸公差、本身尺寸差异等指标。棉针织内衣的外观疵点分类如表 25-13 所示。针织品表面疵点一般在规定的灯光条件下比照标样进行检验。

表 25-13　棉针织内衣外观疵点分类

表面疵点	棉针织内衣	涤纶针织面料
原料疵点	细纱、粗纱、油纱、色纱、大肚纱	直横向毛丝、细丝、松丝、粗丝、油色丝
编织疵点	长花针、断里子纱、小辫子、三角眼、反罗纹、修疤、断面子纱、纱拉紧、单纱、修痕、油棉飞花、里子跳纱、里子纱露面、进纱不匀、稀路纱、横路、散花针、油针	拼丝、丝拉紧、直条丝、色泽条、稀密路、油针、花针、毛针、挺车痕、钩丝、擦毛、节疤、修疤、修痕、错花纹、漏针、缺丝、纬编断丝、经编断丝、纬编环针、破洞、横路

（续　表）

表面疵点	棉针织内衣	涤纶针织面料
裁缝和染整疵点	色差、纹路歪斜、起毛露底、脱绒、起毛不匀、极光印、色花、风渍、折印、锈斑、烫花搭色、缝纫油污线、缝纫曲折高低、底边脱线、底边明针、三针重针、烫黄针洞、印花沙眼、干版露底、印花缺花、印花搭色、套版不干、泪色渗花、黄白油渍、浅色渍、黑油渍、深色渍、水黄渍、土污渍	色花、色差、色渍、油渍、土污渍、擂印、极光印、定形色档、纬斜、脱边、坏边、双边、卷边、荷叶边

(2) 内在质量评定

针织物内在质量评定以批为单位，按纵横向针圈密度、平方米干燥质量、强度、缩水率及染色牢度定等。表 25-14 为平方米干燥质量和弹子顶破强力分等规定。

表 25-14　平方米干燥质量公差、弹子顶破强力

产品分类	平方米干燥质量公差(%)		弹子顶破强力(N,≥)
	优等品	一等品	不分品等
单面织物，弹力罗纹织物	−4	−5	180
双面织物，绒织物	−4	−5	240

(3) 产品分类及规格

棉针织内衣按织物组织分为单面织物、双面织物、绒织物三类。棉针织内衣规格尺寸按 GB/T 6411 执行，应检验成衣的规格尺寸公差、本身尺寸差异等指标。

(4) 缝制规定

缝制规定主要规定缝合部位、缝合方式、缝制附属用料规定和缝纫要求。

2. 分等规定

棉针织内衣的质量定等，以件为单位，分为优等品、一等品、二等品、三等品，低于三等品者为等外品。

外观质量评等按表面疵点、规格尺寸公差、本身尺寸差异评定。在同一件产品上，发现属于不同品等的外观疵点时，按最低品等疵点评定。内在质量各项指标，以试验结果最低一项作为该批产品的评等依据。

棉针织内衣的质量分等，内在质量按批（交货批）评等，外观质量按件评等，二者结合定等。按品种、色别、规格尺寸，计算不符品等率，凡不符品等率在 5%及以内者，判定该批产品合格；不符品率在 5%以上者，判该批不合格。

二、涤纶针织面料

1. 分等规定

涤纶针织面料产品的定等以匹长为单位，以米计量逐匹进行检验。按外观质量和内在质量检验结果定等，并以其中最低一项定等。分优等品、一等品、二等品、三等品和等外品。内在质量的评等以批为单位，根据试验结果按规定的公差评定。

2. 技术要求

(1) 外观质量要求

外观质量包括有效幅宽、局部性疵点和散布性疵点。局部性疵点,优等品每匹平均4 m解辫一个;散布性疵点有两项以上(包括两项)同时降为二等品或三等品时,则应加降一等。有效幅宽评等规定见表25-15,外观疵点的种类见表25-13。

表25-15 有效幅宽评等规定

	优等品、一等品			二等品			三等品		
有效幅宽(cm)	120以下	120～160	160以上	120以下	120～160	160以上	120以下	120～160	160以上
公差	−1.5	−2	−3	−3	−4	−6	−4.5	−6	−9

(2) 内在质量评定

内在质量包括平方米质量、顶破强力、缩水率、染色牢度等项指标。内在质量评等规定见表25-16,色牢度评等规定见表25-17。

表25-16 内在质量评等规定

		优等品	一等品	二等品	三等品
平方米质量公差(%)		−6	−7	−10	−14
顶破强力(N)≥	80～110 g/m²	133			
	110 g/m² 以上	222			
缩水率(%)≤		直向3,横向3		超过一等品者降为二等品	

表25-17 色牢度评等规定

项目	耐洗		耐汗渍		耐摩擦	
	原样变色	白布沾色	原样变色	白布沾色	原样变色	白布沾色
优等品	4	3	4	3	4	3
优等品	3-4	3	3-4	3	3	2-3
评等方法	优等品:符合标准;一等品:允许二项低半级;二等品:允许三项低半级或二项低一级;三等品:低于二等品允许偏差					

纬编织物和80～110 g/m² 的织物缩水率,直、横向增加1%;绒类产品缩水率,横向倒涨1%;优等品面料可根据用途需要考核起毛起球。

非服用面料,耐汗渍色牢度可不考核;优等品面料,增加考核耐光色牢度。

第四节 非织造布品质评定

非织造材料的生产特点和使用范围与传统纺织品不同,其性能大多有别于传统纺织品。对传统纺织品质量检验和性能测试的一套测试方法,不完全适合非织造材料。例如非织造材料的过滤性能、吸液能力、最大孔径、孔径分布、压缩性能、抗老化、针刺密度等，都有其特定的检测项目与方法。即使是常规项目的测试，在试样制备和测试手段上也与传统纺织品不同。

我国的非织造材料及其产品的相关标准和测试方法的制定起步较晚，但发展较快。近十几年来，相继制定包括土工布在内的非织造材料相关标准几十项，其中包括《薄型黏合法非织造布》《水刺法非织造布》《短纤针刺非织造上工布》《长丝纺丝成网针刺非织造土工市》《卫生用薄型非织造布》等国标或行业标准，有力地推动了我国非织造行业标准化建设和技术进步。许多非织造企业针对各自生产的产品也制定了相应的企业标准，正逐步向标准化、国际化迈进。

一、非织造布性能检测项目

① 物理(特征)性能。主要包括面密度、厚度、回潮率、均匀度或不匀率等。

② 力学性能。指断裂强力和伸长率、撕破(裂)强力、顶破(破裂)强力。

③ 吸收性能。测试项目主要有吸液能力(吸液时间、吸液率、液体芯吸率)、液体穿透时间、液体返湿量、接触角等。

④ 透通性。主要测试指标有透气性、防水性、透湿性、透水性。

⑤ 过滤性能。主要指标有过滤效率、容尘量、截留粒径(最大孔径、孔隙分布)、孔隙率、透气量、滤阻、滤速等。

⑥ 其他品质指标。主要有耐磨性、保暖性、弯曲性能、压缩性能。

二、非织造布品质评定

下面以短纤针刺非织造土工布为例介绍非织造布品质评定。

1. 技术要求

短纤针刺非织造土工布的技术要求分为内在质量和外观质量。内在质量分基本项和选择项。基本项包含的项目都是考核项；选择项包含的项目为可选项，可根据合同需要而定。基本项和可选项全部达到要求的，内在质量合格，否则为不合格。基本项要求见表25-18，表中所列标准值为生产控制性指标，对于合同另有要求的，则以合同规定作为考核指标。对于根据需要采用加筋复合等特殊结构的产品，考核指标由供需双方参照表 25-18 协商确定。

表 25-18　基本项技术要求

序号	项　目	规　格										
		100	150	200	250	300	350	400	450	500	600	800
1	单位面积质量偏差(%)	−8	−8	−8	−8	−7	−7	−7	−7	−6	−6	−6
2	厚度(nm) ≥	0.9	1.3	1.7	2.1	2.4	2.7	3.0	3.3	3.6	4.1	5.0
3	幅宽偏差(%)	−0.5										
4	断裂强力(kN/m)(纵横向) ≥	2.5	4.5	6.5	8.0	9.5	11.0	12.5	14.0	16.0	19.0	25.0
5	断裂伸长率(%)	25～100										
6	CBR 顶破强力(kN) ≥	0.3	0.6	0.9	1.2	1.5	1.8	2.1	2.4	2.7	3.2	4.0
7	等效孔径 O_{90} (O_{50})(mm)	0.07～0.2										

（续 表）

序号	项 目	规 格										
		100	150	200	250	300	350	400	450	500	600	800
8	垂直渗透系数(cm/s)	$K\times(10-110-3)$, $K=1.0\sim9.9$										
9	撕破强力(kN)(纵横向)≥	0.08	0.12	0.16	0.20	0.24	0.28	0.33	0.38	0.42	0.46	0.60

注：规格按单位面积质量，实际规格介于表中相邻规格之间时，按内插法计算相应考核指标；超出表中范围时，考核指标由供需双方协商确定。

外观质量根据外观疵点进行评定(表 25-19)。外观疵点分为轻缺陷和重缺陷。

表 25-19 外观疵点的评定

序号	疵点名称	轻缺陷	重缺陷	备注
1	布面不匀、折痕	轻微	严重	—
2	杂物	软质，粗≤5 mm	硬质，软质，粗>5 mm	—
3	边不良	≤300 cm，每 50 cm 计一处	>300 cm	—
4	破损	≤0.5 cm	>0.5 cm，破洞	以疵点最大长度计
5	其他	参照相似疵点评定		

2. 品质评定

短纤针刺非织造土工布的质量评定以卷(段)为单位，内在质量和外观质量均达要求的为合格，否则为不合格。

内在质量指标分批试验，按批评定。外观质量评定逐卷(段)检验，按卷(段)评定。一般检验产品正面，疵点延及两面时以严重一面为准。在一卷土工布上不允许存在重缺陷，轻缺陷每 200 m^2 应不超过 5 个，否则外观质量为不合格。

思考题

25-1 我国对纺织品的强制性标准有哪些？主要规定什么内容？
25-2 织物品质评定的内容包括哪些方面？
25-3 试述机织物品质评定内容。
25-4 试述针织物品质评定内容
25-5 织物品质评定的基本依据是什么？
25-6 产业用纺织的物理性能检测指标有哪些？
25-7 不同用途和不同品种织物的测试项目有何差异？试举例说明。

主要参考文献

[1] 姜怀，邬福麟，梁浩，等. 纺织材料学[M]. 2版. 北京：中国纺织出版社，1996.
[2] 于伟东. 纺织材料学[M]. 北京：中国纺织出版社，2006.
[3] 李栋高，蒋惠钧. 纺织新材料[M]. 北京：中国纺织出版社，2002.
[4] 陈运能，范雪荣，高卫东. 新型纺织原料[M]. 北京：中国纺织出版社，2003.
[5] 姚穆. 纺织材料学[M]. 3版. 北京：中国纺织出版社，2009.
[6] 王署中，王庆瑞，刘兆峰. 高科技纤维概论[M]. 上海：中国纺织大学出版社，1999.
[7] 朱松文，刘静伟. 服装材料学[M]. 4版. 北京：中国纺织出版社，2001.
[8] 杨建忠. 新型纺织材料及应用[M]. 2版. 上海：东华大学出版社，2011.
[9] 李汝勤，宋钧才. 纤维和纺织品测试技术[M]. 3版. 上海：东华大学出版社，2009.
[10] 潘志娟. 纤维材料近代测试技术[M]. 北京：中国纺织出版社，2005.
[11] 邢声远，孔丽萍. 纺织纤维鉴别方法[M]. 北京：中国纺织出版社，2004.
[12] 蒋耀兴，郭雅琳. 纺织品检验学[M]. 北京：中国纺织出版社，2001.
[13] 万融. 衣着纺织品质量分析与检验[M]. 北京：化学工业出版社，2000.
[14] 余序芬，鲍燕萍，吴兆平，等. 纺织材料实验技术[M]. 北京：中国纺织出版社，2004.
[15] 沈建明，徐虹，邬福麟，等. 纺材实验[M]. 北京：中国纺织出版社，1999.
[16] 赵书经. 纺织材料实验教程[M]. 北京：中国纺织出版社，2004.
[17] 郭秉臣. 非织造布的性能与测试[M]. 北京：中国纺织出版社，1998.
[18] 朱美芳，许文菊. 绿色纤维和生物纺织新技术[M]. 北京：化学工业出版社，2005.
[19] 于伟东，储才元. 纺织物理[M]. 2版. 上海：东华大学出版社，2009.
[20] 高绪珊，吴大诚. 纤维应用物理学[M]. 北京：中国纺织出版社，2001.
[21] 董纪震. 合成纤维生产工艺学[M]. 北京：中国纺织出版社，1994.
[22] 王善元. 变形纱[M]. 上海：上海科学技术出版社，1992.
[23] 狄剑锋. 新型纺纱产品开发[M]. 北京：中国纺织出版社，1998.
[24] 顾平. 织物结构与设计学[M]. 上海：东华大学出版社，2004.
[25] 王府梅. 服装面料的性能设计[M]. 上海：东华大学出版社，2000.
[26] 宋心远. 新型纤维及织物染整[M]. 北京：东华出版社，2006.
[27] 邵宽. 纺织加工化学[M]. 北京：中国纺织出版社，1996.
[28] 余肇铭，张守中，睦伟民. 纺织有机化学[M]. 上海：交通大学出版社，1985.
[29] 柯勤飞，靳向煜. 非织造学[M]. 2版. 上海：东华大学出版社，2010.
[30] 陈国芬. 针织产品与设计[M]. 2版. 上海：东华大学出版社，2010.
[31] 朱平. 功能纤维及功能纺织品[M]. 北京：中国纺织出版社，2006.
[32] 颜肖慈，罗明道. 界面化学[M]. 北京：化学工业出版社，2005.

[33] 胡福增,陈国荣,杜永娟. 材料表界面[M]. 2 版. 上海:华东理工大学出版社,2007.
[34] [美] Souheng Wu. Polymer Interface and Adhesion. New York: Marcel Dekker Inc, 1982.
[35] [日]宫本武明,本宫达也. 新纤维材料入门[M]. 日本工业新闻社,1992.
[36] [美]M. J. 希克. 纤维和纺织品表面性能[M]. 杨建生,译. 北京:纺织工业出版社,1985.
[37] [苏]Г. Н 库金. 纺织纤维和纱线[M]. 黄淑珍,胡文侠,译. 北京:纺织工业出版社,1992.
[38] 邢声远,霍金花,周硕,等. 生态纺织品检测技术[M]. 北京:清华大学出版社,2006.
[39] 姜怀,林兰天,孙熊. 常用/特殊服装功能构成评价与展望(上、下册)[M]. 上海:东华大学出版社,2006, 2007.
[40] 中国纺织工业协会产业部. 生态纺织品标准[M]. 北京:中国纺织出版社,2003.
[41] 龚建培. 现代家用纺织品的设计与开发[M]. 北京:中国纺织出版社,2004.
[42] 晏雄. 产业用纺织品[M]. 2 版. 上海:东华大学出版社,2013.
[43] 焦晓宁,刘建勇. 非织造布后整理[M]. 北京:中国纺织出版社,2008.
[44] 姜怀,卢可盛,林兰天,等. 功能纺织品开发与应用[M]. 北京:化学工业出版社,2013.
[45] 姜怀,胡守忠,刘晓霞,等. 智能纺织品开发与应用[M]. 北京:化学工业出版社,2013.